Java高并发核心编程 卷3 ·加强版·

亿级用户Web应用架构与实战

尼恩 德鲁 李鹏举 尤里乌斯 著

清華大學出版社
北京

内容简介

本书从动态代理模式、Reactor模式、三大限流策略等知识入手，深入浅出地剖析Spring Cloud+Nginx系统架构的核心原理以及Web高并发开发技术。全书从基础设计模式和基础原理出发，理论与实战相结合，系统、详尽地介绍Spring Cloud + Nginx高并发核心编程。

本书共10章。前6章剖析Feign高并发RPC的底层原理，解析Hystrix高性能配置的核心选项，阐述Hystrix滑动窗口的核心原理；后4章介绍Nginx的核心原理及其配置，并结合秒杀场景实现Spring Cloud秒杀、Spring Cloud+Nginx Lua秒杀，为广大Java开发者提供一个全面学习高并发开发的实战案例。这些知识会为广大Java工程师解决后台开发中遇到的高并发、高性能问题打下坚实的技术基础。

图书在版编目（CIP）数据

Java 高并发核心编程：加强版. 卷 3，亿级用户 Web 应用架构与实战/尼恩等著. —北京：清华大学出版社，2022.11（2025.1重印）

ISBN 978-7-302-62141-6

Ⅰ. ①J… Ⅱ. ①尼… Ⅲ. ①JAVA 语言—程序设计 Ⅳ. ①TP312.8

中国版本图书馆 CIP 数据核字（2022）第 201092 号

责任编辑： 赵　军
封面设计： 王　翔
责任校对： 闫秀华
责任印制： 宋　林

出版发行： 清华大学出版社
网　　址： https://www.tup.com.cn，https://www.wqxuetang.com
地　　址： 北京清华大学学研大厦 A 座　　**邮　　编：** 100084
社 总 机： 010-83470000　　**邮　　购：** 010-62786544
投稿与读者服务： 010-62776969，c-service@tup.tsinghua.edu.cn
质量反馈： 010-62772015，zhiliang@tup.tsinghua.edu.cn
印 装 者： 三河市铭诚印务有限公司
经　　销： 全国新华书店
开　　本： 190mm×260mm　　**印　　张：** 28.5　　**字　　数：** 775 千字
版　　次： 2022 年 11 月第 1 版　　**印　　次：** 2025 年 1 月第 3 次印刷
定　　价： 118.00 元

产品编号： 100126-01

前　　言

在平时的开发工作中，大部分小伙伴并不能涉及高并发、高可用、高性能（简称“3高”）的场景，而这些“3高”理论和实操知识又是大家面试必备的核心知识，笔者希望通过本书，基于亿级用户“3高”Web应用的架构分析理论，为大家对“3高”架构系统做一个系统化和清晰化的介绍。

从实操的维度来说，Spring Cloud+Nginx系统架构毫无疑问是当今“3高”Web应用的主流技术之一。分布式Spring Cloud微服务框架和高性能的Nginx反向代理Web服务的优秀组合，满足了各大产品和项目的可扩展、高可用、高性能架构的需求。

本书从基础设计模式、基础原理出发，理论与实战相结合，对“3高”Web应用的基础理论与知识体系，以及Spring Cloud + Nginx高并发编程的核心原理做了非常系统和详尽的介绍。本书旨在帮助初、中、高级开发工程师弥补在“3高”Web应用知识体系、Spring Cloud微服务、Nginx反向代理核心知识方面的短板，为广大开发人员顺利成长为优秀的Java高级工程师、系统架构师提供帮助。

本书内容

本书内容分为11章，分别说明如下：

第1章介绍亿级用户Web应用的架构所涉及的分层架构、扩展架构、缓存架构、数据层架构、异步架构、高可用架构等基础原理，介绍亿级用户量场景下的流量预估方法和实操技巧。

第2章介绍接入层Nginx和服务层Spring Cloud高并发核心编程的学习准备，包括知识背景、开发和自验证环境的准备。

第3章介绍服务层Spring Cloud入门实战，包括注册中心、配置中心、微服务提供者的入门开发和配置。

第4章介绍服务层Spring Cloud RPC远程调用的核心原理，从设计模式的代理模式开始，抽丝剥茧、层层递进地揭秘Spring Cloud Feign的底层RPC远程调用的核心原理。

第5章介绍RxJava响应式编程框架。在Spring Cloud框架中涉及Ribbon和Hystrix两个重要的组件，它们都用到了RxJava响应式编程框架。作为非常重要的编程基础知识，本书特意设立本章对RxJava的原理和使用进行详细介绍。

第6章介绍服务层Hystrix RPC保护的原理，从RxJava响应式编程框架的应用开始，溯本求源、循序渐进地揭秘Spring Cloud Hystrix的底层RPC保护的核心原理。

第7章介绍微服务网关与用户身份识别。微服务网关是微服务架构中不可或缺的部分，它统一解决Provider路由、负载均衡、权限控制等问题。

第8章详解接入层Nginx/OpenResty，从高性能传输模式Reactor模型入手，寻踪觅源、由浅入深地揭秘Nginx反向代理Web服务器的核心知识，包括Reactor模型、Nginx的模块化设计、Nginx的请求处理流程等。

第9章介绍接入层Nginx Lua编程。在高并发场景下，Nginx Lua编程是解决性能问题的利器，本章介绍Nginx Lua编程的基础知识。

第10章介绍限流原理与实战。高并发系统用三把利器——缓存、降级和限流来保护系统，本章介绍计数器、令牌桶、漏桶这三大限流策略的原理和实现。

第11章介绍Spring Cloud+Nginx秒杀实战，通过这个综合性的实战案例说明缓存、降级和限流的应用。

读者对象

1）对Spring Cloud+Nginx系统架构感兴趣的大专院校师生。

2）需要学习Spring Cloud+Nginx分布式高并发技术和高并发架构的初、中、高级Java工程师。

3）生产场景中需要用到Spring Cloud+Nginx组合或者其中某个框架的架构师或工程师。

资源下载

本书的源代码可以通过扫描二维码进行下载，若下载有问题，请发送电子邮件至booksaga@126.com。

秒杀前端

秒杀后台

致谢

首先感谢卞诚君老师在笔者写书过程中给予的指导和帮助。没有他的提议，我不会想到将自己的“疯狂创客圈”社群中高并发方面的博客整理成图书出版。感谢“疯狂创客圈”社群中的小伙伴们，虽然大家在群里抛出的很多技术难题笔者不一定能给出更佳的解决方案，但正是因为一路同行，一直坦诚、纯粹地进行技术交流，才能相互启发技术灵感，进而扩充小伙伴们的技术视野，最终提升编程水平。欢迎大家在“疯狂创客圈”社群提出问题，也欢迎大家多多交流。

写书不仅仅是一种技术活，更是一种工匠活，为了保证书中的知识是全面的、系统化的，笔者需要不断地思考和总结，不断地检查与修正。为了保证书中的每一行代码是正确的，笔者需要反复地编写LLT用例进行验证。尽管如此，还是不能保证书中没有瑕疵，不妥之处希望读者批评指正。

完成一本优质的书需要投入大量的业余时间，这也意味着牺牲了本该陪伴家人的时间，在这里特别感谢我的家人给予的理解、支持和帮助。

尼　恩

2022年9月26日

自　　序

身边常常有小伙伴问我怎样提高Java技术水平。下面给出两个简单的例子：

小伙伴A（6年经验）说：尼恩，使用Java编程时，我在思路和速度上都赶不上小伙伴B（5年经验），尤其是在解决复杂问题的时候，我该怎么办？

小伙伴C（12年经验）说：尼恩，我司刚刚引进了一位高薪的Java核心架构师，他的薪酬挺令人心动的，如何才能提高我的Java技术水平，成为核心架构师呢？

遇到这类问题，我一概回答："多读书、多画图、多实操。就目前看来，这是一条快捷、经济、有效地提高Java水平的途径。"

为什么这么说呢？首先，以我本人为例，身为核心架构师，我在技术能力方面早已得到团队认可，在团队内长期居于Bug排除榜前列，专门负责解决复杂、困难的技术问题。实际上，方法很简单，就是多阅读专业图书，我家里的技术书都可以用汗牛充栋来形容了。其次，给大家简单地分析一下具体原因。目前学习技术的途径大致有三种：（1）阅读博文；（2）观看视频；（3）阅读图书。通过途径（1）（阅读博文）获得的知识往往过于碎片化，难成体系。这种途径更适用于了解技术趋势、解决临时的技术问题。通过途径（2）（观看视频）获取知识需要耗费大量的时间，而且很多视频是填鸭式的知识灌输。所以，途径（2）更适用于初学者，或者用于掌握某个完整的知识体系。对于有经验、能动性高的Java工程师来说，途径（2）的不足之处在于效率太低、时间成本高。通过途径（3）（阅读图书）获取知识有一个显著的优势：图书能以很小的体积承载巨量知识，而且所承载的是系统化、层次化的知识。

上述三种途径各有优劣，鉴于Java高并发所涉及的核心技术比较多，包括"3高"架构理论体系、 Spring Cloud、Netty、Nginx、JUC、JMM、Kafka、ElasticSearch等，我将结合博文、视频、图书三种形式，为大家提供一个立体的、全方位的Java高并发核心编程知识仓库。在"疯狂创客圈"（我发起的Java高并发交流社群）中，将规划中的图书整合成一个高并发核心编程的图书系列，大致清单如下：

1）《Java高并发核心编程 卷1（加强版）：NIO、Netty、Redis、ZooKeeper》：从操作系统底层IO模式和原理、Reactor高并发IO模式入手，介绍Java分布式、高并发通信原理，并指导大家进行高并发IM实战。

卷1详细介绍Reactor模式、Netty、ZooKeeper、Redis、TCP、HTTP、WebSocket、NIO等Java高性能通信的核心原理和编程知识，并指导大家编写一个高并发的分布式IM实战程序——CrazyIM。

2）《Java高并发核心编程 卷2（加强版）：多线程、锁、JMM、JUC、高并发设计模式》：聚焦Java高并发基础知识，内容包括多线程、线程池、JMM内存模型、JUC并发包、AQS同步器、高并发容器类、高并发设计模式等。

卷2为大家建立高并发、高性能Java应用的底层知识体系，是本系列图书中最为基础、最为核心的一卷书。

3）《Java高并发核心编程 卷3（加强版）：亿级用户Web应用架构与实战》：从亿级用户的Web应用架构入手，介绍"3高"架构所涉及的理论知识体系和核心实操知识，涵盖Spring Cloud、Nginx的核心原理和编程知识，并指导大家编写一个高并发的秒杀实战程序。

卷3通过高并发架构的介绍和实操指导，引导大家建立架构师知识框架体系，并且指导大家做一些架构师必备的实操。

本书是《Spring Cloud、Nginx高并发核心编程》的加强版。自《Spring Cloud、Nginx高并发核心编程》出版后的两年以来，在和广大读者小伙伴的答疑、交流过程中，以及在对Java顶级高并发组件的研究过程中，笔者进行了大量的修订、完善、充实，增加了大量的内容，形成了此书。此书加强的要点内容如下：

1）加强了"3高"理论和实操知识。在当今的面试场景中，"3高"知识是大家面试必备的核心知识，本章基于亿级用户"3高"Web应用的架构分析理论，为大家对"3高"架构系统做一个系统化和清晰化的介绍。

2）加强了计数器、漏桶、令牌桶三大限流算法的实操代码，并且对计数器限流算法的临界问题，进行细致深入的说明。

Java高并发核心编程系列图书的初衷是为大家奉上一系列有关Java高并发方面的"原理级""思想级"的图书，帮助大家轻松、切实、快捷地获取Java高并发核心知识，从而扎稳自己的知识底盘，提升自己的开发内功。

由于本书篇幅着实有限，"3高"知识体系又非常庞大，所以，笔者还编写了大量博客文章作为本书的配套知识和补充知识，具体的博客地址请加"疯狂创客圈"社群获取。

尼　恩

2022年9月26日

目　录

第 1 章 亿级用户Web应用的架构与实操

在本书的上一卷——《Java高并发核心编程 卷2（加强版）：多线程、锁、JMM、JUC、高并发设计模式》的开头部分，笔者提到：尼恩作为核心架构师、技术主管，会经常性地组织技术面试，而在此期间，尼恩遇到过很多有意思的候选人，遇到过很多有意思的小故事。尼恩介绍完小故事之后，给大家做了总结：在项目的开发过程中，大部分开发小伙伴都在做业务类CRUD（增查改删）开发工作，而那些CRUD业务对吞吐量、可用行、性能的要求都不高，所以导致大家对高并发的实操不足、理论了解不够。

正因为在平时的业务开发中，大部分小伙伴并不能涉及高并发、高可用、高性能（简称“3高”）的场景，所以笔者希望通过本书，基于亿级用户Web应用的架构分析理论，对“3高”架构系统做一个彻底介绍。

1.1 高并发基本原理

什么是高并发？高并发（High Concurrency）是互联网分布式系统架构设计中必须考虑的因素之一，它通常是指通过设计保证系统能够同时并行处理多个请求。

高并发相关的一些常用指标有：

- 响应时间（Response Time，RT）
- 吞吐量（Throughput）
- 错误率

1.1.1 响应时间

什么是响应时间呢？响应时间是指Web应用对用户的请求做出响应的时间。简单来说，响应时间是用户对Web应用的性能的主观感受。响应时间既包括了整个Web应用系统处理用户请求的时间，也包括了请求数据、传输结果数据的时间。一个Web应用的响应时间通常会包括应用所有功能的平均时间，以及所有功能的最大响应时间。

响应时间和用户的接受程度有关：不同的应用，用户所能接受的响应时间范围不一样。比如，对于一个游戏软件来说，响应时间小于100毫秒时用户体验会非常好，没有什么卡顿，响应时间在1秒左右属于勉强可以接受，如果响应时间达到3秒就完全难以接受了。

但是，对于一些耗时的计算应用来说，响应时间可能是几十分钟、几个小时甚至更长时间，用户也都是可以接受的。比如笔者曾经工作过的一个亿级数据的搜索中台系统，一次索引的全量刷新时间需要5天以上。

那么，响应时间如何度量呢？一般来说，一份Web应用的性能聚合报告大致会包含Average、Median、90%Line、95%Line、99%Line、Min、Max六个RT时间指标，具体如下：

- Average（平均值）：平均响应时间（单位：毫秒），默认是单个请求的平均响应时间。
- Median（中位数）：50%的用户响应时间小于这个值。
- 90%Line（90%百分位）：90%的用户响应时间小于这个值。
- 95%Line（95%百分位）：95%的用户响应时间小于这个值。
- 99%Line（99%百分位）：99%的用户响应时间小于这个值。
- Min（最小值）：用户响应时间最小值。
- Max（最大值）：用户响应时间最大值。

这些指标的值越小效果越好，表示接口响应越快。在实际工作中，大家一般会关注90%Line指标，表示90%的响应时间小于某个值。如果90%的响应时间小于1秒，代表使用这个接口的90%的用户都能在1秒内得到响应。

在实际的工作中，有些项目也比较关注Average（平均响应时间）指标。但是由于受到极端值的影响，总体来说，Average指标的参考意义并没有90%Line这个指标的参考意义大。

当然，不同的项目对于响应时间都有具体的要求。如果项目中没有明确的响应时间的要求，则可以使用一些行业的通用要求。对于用户响应时间，IT行业有一个通用的评价原则，就是所谓的响应时间的“2-5-8原则”，大致如下：

- 当用户能够在2秒以内得到响应时，会感觉系统的响应很快。
- 当用户在2~5秒得到响应时，会感觉系统的响应速度还可以。
- 当用户在5~8秒得到响应时，会感觉系统的响应速度很慢，但是尚可以接受。
- 当用户在超过8秒后仍然无法得到响应时，会感觉系统糟透了，从而会选择终止请求离开应用，或者发起第二次请求。

如果一个普通应用没有特定的性能要求，那么按照响应时间的“2-5-8原则”，该应用的90%Line指标值在2秒以内就是合格的了。

1.1.2 吞吐量

什么是吞吐量呢？吞吐量是指系统在单位时间内处理请求的数量。简单地从数据量的维度来说，吞吐量与响应时间成严格的反比关系，吞吐量越大，响应时间越小。

对于并发系统，通常使用吞吐量作为性能指标，并不使用响应时间作为性能指标。两个具有不同用户数和用户使用模式的系统，如果它们的最大吞吐量基本一致，则可以判断两个系统的处理能力基本一致。

那么，吞吐量如何度量呢？一般来说，吞吐量的度量指标大致如下：

QPS（每秒查询数）

QPS是对一个特定的查询服务器在1秒内所处理流量多少的衡量标准。对一个特定的查询服务器（例如读写分离架构中的读服务器），QPS指的是在规定时间内所处理的查询流量的规模大小，对应的英文意思为fetches/sec，即每秒的响应请求数，也即是最大吞吐能力。

TPS（每秒事务数）

TPS的全称为Transactions Per Second，意思是每秒事务数。一个事务是指一个客户端向服务器（例如读写分离架构中的写服务器）发送写入请求，然后服务器做出反应的过程。

每个事务包括了如下3个过程：

1）用户请求服务器。

2）服务器自己的内部处理（包含应用服务器、数据库服务器等）。

3）服务器返回给用户。

如果每秒能够完成N个事务，TPS的值就是N。

说明 从字面意思的角度来说，TPS仅针对修改类型的请求，QPS仅针对查询类型的请求。但是在实际使用的过程中，TPS不仅包括修改类型的请求，还会包含查询类型的请求。

QPS（每秒查询数）与TPS（每秒事务数）有什么关系呢？

如果一次请求只会调用一个后端的接口或者访问后端的一个资源，那么QPS=TPS。具体的例子是：如果是对一个查询接口做压力测试（简称压测），且这个接口内部不会再去请求其他接口，那么 TPS = QPS。尽管从字面意思的角度来说，TPS仅针对修改类型的请求，但是在实际使用过程中，单一查询类型的请求也可以计入TPS范围。

如果一次请求会调用后端的多个接口或者访问后端的多个资源，那么QPS≠TPS。可以把一次请求中所访问的接口（或者资源）理解为子请求，那么在一次整体的请求过程中，每对一个资源发送一次子请求，就可以计入QPS之中。此时，QPS>TPS。

当前的应用基本上都是前后端分离的，所以性能也分为前端性能和后端性能。对于Java程序员来说，大部分时候所关注的是后端性能，即服务端性能。大家通常需要对服务端接口做压测。

在做后端压测时，如果是对一个接口压测（单接口场景），且这个接口内部不会再去请求其他接口，此时，QPS=TPS；如果是对多个接口压测（多接口场景），需要用到Jmeter压测工具的事务控制器组件，最终的结果才是整个场景的TPS，此时，QPS≠TPS。在Jmeter聚合报告中，吞吐量通常由TPS来表示，具体如图1-1所示。

在Jmeter聚合报告中，吞吐量是指Throughput项（即TPS），实际上，这里的TPS已经远远超过了写入操作的范围，而是表示服务器每秒处理请求数或任务数。该TPS值越大，表示服务器处理能力越强。

QPS、TPS是从秒级别时间维度去度量吞吐量的。除了这组指标之外，还有一组从日级别时间维度去度量吞吐量的指标，具体如下：

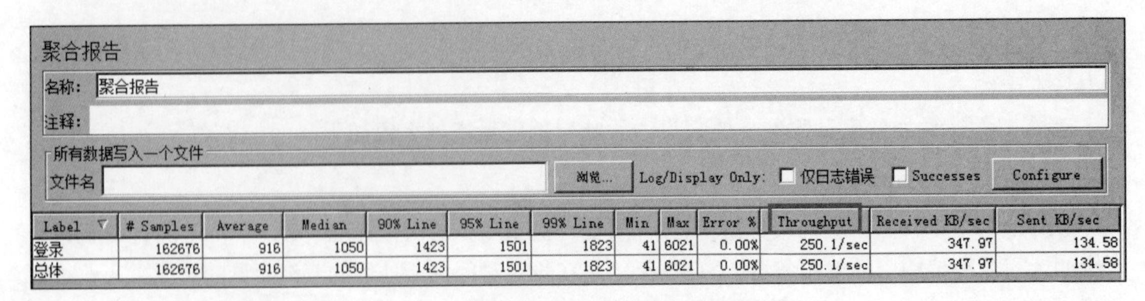

Label	# Samples	Average	Median	90% Line	95% Line	99% Line	Min	Max	Error %	Throughput	Received KB/sec	Sent KB/sec
登录	162676	916	1050	1423	1501	1823	41	6021	0.00%	250.1/sec	347.97	134.58
总体	162676	916	1050	1423	1501	1823	41	6021	0.00%	250.1/sec	347.97	134.58

图 1-1　Jmeter 聚合报告中的性能指标

➲ 日PV（Page View）值

日PV值也简称为PV值。PV值即页面访问量，该指标反映的是网站的页面日浏览量，网页每刷新一次，都会计算一次。日PV值与来访者的数量成正比，但PV值并不是页面的来访者数量，而是网站被访问的页面数量。网站每日访问量IP越多，PV越多，访问量越大。

➲ 日UV（Unique Visitor）值

日UV（Unique Visitor）值也简称为UV值。UV访问数指独立访客访问数。什么是独立访客呢？简单来说，一个独立的访问终端（计算机、平板电脑等）可以理解为一个访客，UV可以理解成访问某网站的终端的数量。判断来访计算机的身份，可以通过来访计算机的Cookies身份标识而不是IP去实现，也就是说，更换了IP但不清除Cookies，再访问相同网站，该网站的统计中的UV数是不变的。一个UV可以产生多个PV，所以PV个数≥UV个数。

以下是一个使用PV/UV进行较大时间范围维度的吞吐量统计的案例：

```
日均 UV / PV 访问量约为 60000 / 240000
```

表示：日均访问网站次数为240000次，日均独立访客访问数为60000个，也就是说这60000个独立访客一共访问网站240000次。

1.1.3　错误率

什么是错误率呢？这个指标比较好理解，就是响应结果的错误比例，具体的公式为：

错误率=错误的请求的数量/请求的总数

在Jmeter聚合报告中，错误率是指“Error%()”一栏的值。在所有的度量指标中，错误率越低越好，错误率为0，表示没有错误请求。

一般来说，错误率要在万分之一以下。当然考虑到不同业务的区别，这个标准可能会有变化，具体以项目的要求为准。

1.2　提升系统的并发能力

如何提升系统的并发能力呢？这个问题在高级Java面试中十分常见。下面是一道来自疯狂创客圈社群的面试真题。

社群小伙伴： 尼恩老师，我遇到这样一道面试题：一个系统中，如果每个请求都是一个线程，服务器承受不了大的流量，那么该怎么优化？

尼恩答曰： 纵向扩展（Scale Up）和横向扩展（Scale Out）。所谓纵向扩展，就是提升单进程的处理能力，核心就是提升单线程的处理能力。比如500线程，如果一次请求纵向优化到100毫秒，一个线程1秒可以处理10个请求，那么500线程可以达到 5000 TPS。所谓横向扩展，就是从一个进程提供服务扩展到由多个服务进程提供服务。从物理资源角度来说，一个服务器可以开2个进程，或者N个进程（如10个）。当然，横向扩展得考虑资源是否足够。假设资源足够，一个服务器开10个进程，就是5万TPS。利用K8S等虚拟化管理平台进行横向扩展十分方便。对于纵向扩展来说，异步是基础，还有各种性能优化，具体如何做性能优化，可以看看Netty源码、RocketMQ源码，真可谓“无所不用其极”，非常复杂。和Netty那种高性能优化措施相比，其实横向扩展简单多了。

在互联网分布式架构设计领域，如果想提高系统的并发能力，使得应用能扛住更多的并发请求，主要有以下两种手段：

- 纵向扩展
- 横向扩展

1.2.1　纵向扩展

什么是纵向扩展呢？所谓纵向扩展，就是提升单进程的处理能力。由于进程内部可以通过多线程并行处理，所以纵向扩展的核心就是提升单线程的处理能力。纵向扩展通常也叫作垂直扩展。

纵向扩展可以从以下两个维度进行展开：

➲ 提升单节点硬件性能

通过增加内存、CPU核数、存储性能（如将机械硬盘升级为固态硬盘）等提升硬件性能的方式来提升并发能力。

➲ 提升进程的软件性能

（1）使用各级缓存，把计算结果缓存起来，减少耗时操作的次数

通过分析高性能应用的标杆——Netty的源码，大家可以看到，Netty大量使用了缓存，包括对象池、Map缓存、内存池等。

（2）使用无锁模式和无锁数据结构来提升性能，减少处理时间

Netty的源码中使用的Mpsc队列、ThreadLocal都是无锁数据结构，这些结构的使用大大提升了性能。

无论是Java内置锁、JUC显示锁，还是volatile底层为保障内存可见性使用的CPU总线锁，都有很大的性能消耗。在高并发场景下，锁的抢占与释放的性能消耗是非常高的，笔者进行过JUC有锁线程池和Netty无锁线程池的对比测试，有锁线程池大概要消耗30%左右的性能。

Netty的源码中使用了无锁模式进行反应器任务调度，保障了同一个Channel的多个处理任务在直接进行数据同步操作时，不需要加锁。

（3）使用零复制来减少IO次数

进行IO操作时，使用直接内存而不是堆内存来进行读写；进行文件发送时，通过sendfile底层

调用直接传输文件从而避免让CPU去执行数据复制的操作。使用直接内存时注意要和内存池配合使用，因为通过操作系统的系统调用进行内存分配和回收的成本实在太高。

（4）使用异步操作来增加吞吐量

异步操作相比于同步操作的优势在于：同步等待的时间被异步的方式拿来执行其他的处理，因此，相同线程数量下，异步支持的并发和吞吐量都会高一些。

（5）使用对象的池化机制，减少GC次数

对于一些频繁使用的Java对象，可以使用对象池进行缓存，避免JVM频繁地进行GC操作，这样可以减少GC的次数和STW卡顿的次数。

总之，提升进程的软件性能是一件非常有技术含量的事情。在这个领域，Netty源码可以作为标杆去学习和研究。当然，RocketMQ源码同样应用了大量的性能优化技术与优化模式，同样可以作为学习和研究的样板。

但是，不管是提升单节点硬件性能，还是提升进程的软件性能，都有一个致命的不足：单节点的性能总是有极限的。如何解决单节点的性能极限呢？解决方案是横向扩展。

1.2.2 横向扩展

什么是横向扩展？简单来说，横向扩展就是通过增加服务器数量来线性扩充系统性能。横向扩展通常也叫作水平扩展。

如何进行横向扩展呢？ 横向扩展的策略总体来说大致如下：

➲ 做好分层架构

做好分层架构是横向扩展的前提。首先，高并发系统往往业务复杂，通过分层处理可以简化复杂问题，更容易做到横向扩展。其次，做好分层架构之后，可以更加方便地进行读写访问链路解耦和冷热链路解耦，更容易做到靶向式的有效横向扩展。

➲ 分层进行水平扩展

横向扩展的一条简单的原则是：无状态水平扩容，有状态做分片路由。接入网关、业务服务层通常能设计成无状态的，可以很方便地进行水平扩容；而数据库层、缓存层往往是有状态的，因此需要设计分区键做好存储分片。

➲ 访问链路解耦

比如可以将读写访问链路解耦，通过读写分离的方案提升读性能。当然，这种策略需要数据库层、缓存层主从同步机制进行配合。

1.2.3 高并发架构中的分层策略

常见的高并发系统在高并发架构上可以分为以下几层：

1）客户端层：用户使用的交互工具，包含浏览器Browser、手机APP等。

2）接入层：系统入口，反向代理。

3）服务层：实现核心应用逻辑，接收用户请求，处理完后返回HTML或者JSON。

4）缓存层：加速数据的访问。

5）数据库层：数据存储。

6）中间件：含分布式协调组件如ZooKeeper、消息队列如RocketMQ、搜索引擎如ElasticSearch等。

接下来按照层次依次介绍系统的高并发架构。

1.3　接入层横向扩展高并发架构

1.3.1　硬负载均衡

什么是硬负载均衡？顾名思义，硬负载均衡是在服务器节点之间安装的专门的硬件设备，负责完成负载均衡的横向扩展工作，如图1-2所示。

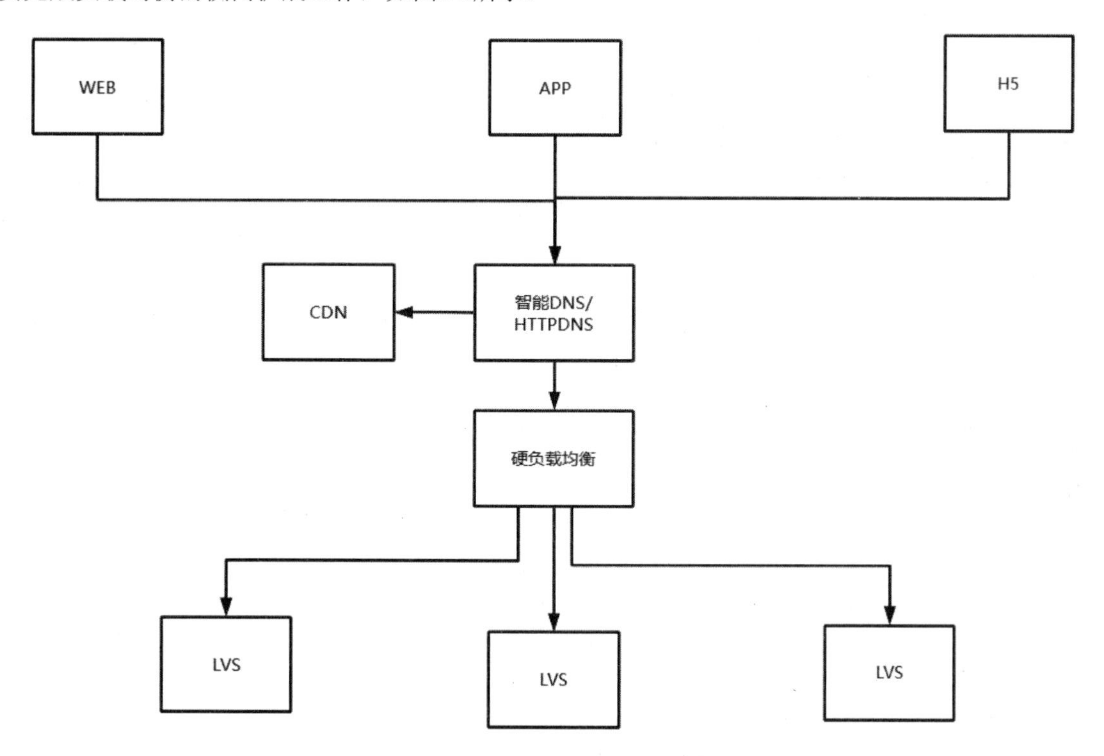

图 1-2　接入层使用硬负载均衡的架构图

F5是负载均衡产品的一个品牌，其地位类似于iPhone手机在手机品牌中的位置。除了F5以外，Radware、Array、A10、Cisco、深信服、华夏创新都有负载均衡硬件产品，只是F5在这类产品中影响最大，所以经常说F5负载均衡。

如果接入层选择F5硬件完成负载均衡，前端进入的用户流量就会被“打”到F5硬件，再通过F5转发到上游的LVS/Nginx。

硬负载均衡的性能很高，通常可以达到100万TPS，但F5硬件价格昂贵，相对来说，是一种性价比很低的横向扩展策略。

硬负载均衡的优点如下：

- 功能强大：全面支持各层级的负载均衡，支持全面的负载均衡算法，支持全局负载均衡。
- 性能强大：硬负载均衡可以支持100万TPS以上的并发，相比较而言，软负载均衡只支持10万TPS级并发量，硬负载均衡的性能是软负载均衡的十倍甚至数十倍。
- 稳定性高：商用硬负载均衡经过严格测试，经过大规模使用，稳定性高。
- 支持安全防护：硬件均衡设备除具备负载均衡功能外，还具备防火墙、防DDoS攻击等安全功能。

硬负载均衡的缺点是：

- 价格昂贵。
- 扩展能力差。硬件设备可以根据业务进行配置，但无法进行扩展和定制。

1.3.2 软负载均衡

什么是软负载均衡？顾名思义，软负载均衡通过负载均衡软件来实现负载均衡功能。常见的负载均衡软件有LVS和Nginx。虽然一般情况下，LVS是属于第4层的负载均衡软件，但是LVS本质上可以工作在2~4层。同理，虽然一般情况下，Nginx是属于第7层的负载均衡软件，但是Nginx本质上可以工作在4~7层。这里所谓的层来自OSI模型结构，具体如下：

- 第1层：物理层。硬负载均衡（如F5）实际上属于这一层。
- 第2层：数据链路层。LVS的DR模型属于这一层，在此模型中可以通过修改MAC地址实现高性能的负载均衡。
- 第3层：网络层，如IP，ICMP。
- 第4层：传输层，如TCP、UDP。LVS的NAT模型属于这一层。经过合理的配置，Nginx也可以进行TCP的负载均衡。
- 第5层：会话层，如DNS、SMTP（简单邮件传输协议）。
- 第6层：表示层，如Telnet、SNMP（简单网管协议）
- 第7层：应用层，如HTTP、NFS、FTP、TFTP等。Nginx主要负责这一层的负载均衡。

LVS是Linux内核的2~4层负载均衡软件，大致作用如下：

- LVS主要用于多服务器的负载均衡。
- 实现高性能、高可用的服务器集群技术。它可以把许多低性能的服务器组合在一起形成一个超级服务器。
- 配置非常简单，且有多种负载均衡的方法。
- 稳定可靠，即使集群的服务器中某台服务器无法正常工作，也不影响整体效果。
- LVS可扩展性非常好。

Nginx是4~7层的负载均衡软件，大致作用如下：

- 反向代理：将多台服务器代理成一台服务器。
- 负载均衡：将多个请求均匀分配到多台服务器上，减轻每台服务器的压力，提高服务的吞吐量。

- 动静分离：可以用作静态文件的缓存服务器，以提高访问速度。
- 脚本编程：可以通过Lua执行高性能Lua脚本，从而完成超高并发场景下的业务预处理、用户的安全校验等操作。

Nginx和LVS的区别就在于协议和灵活性，Nginx不但可以支持TCP的负载均衡，而且还可以支持HTTP、E-mail、Websocket 等应用层协议；而LVS是第4层的负载均衡，和应用层协议无关，反过来说，LVS几乎支持所有应用层协议（第7层的协议），例如，聊天、数据库等，如图1-3所示。

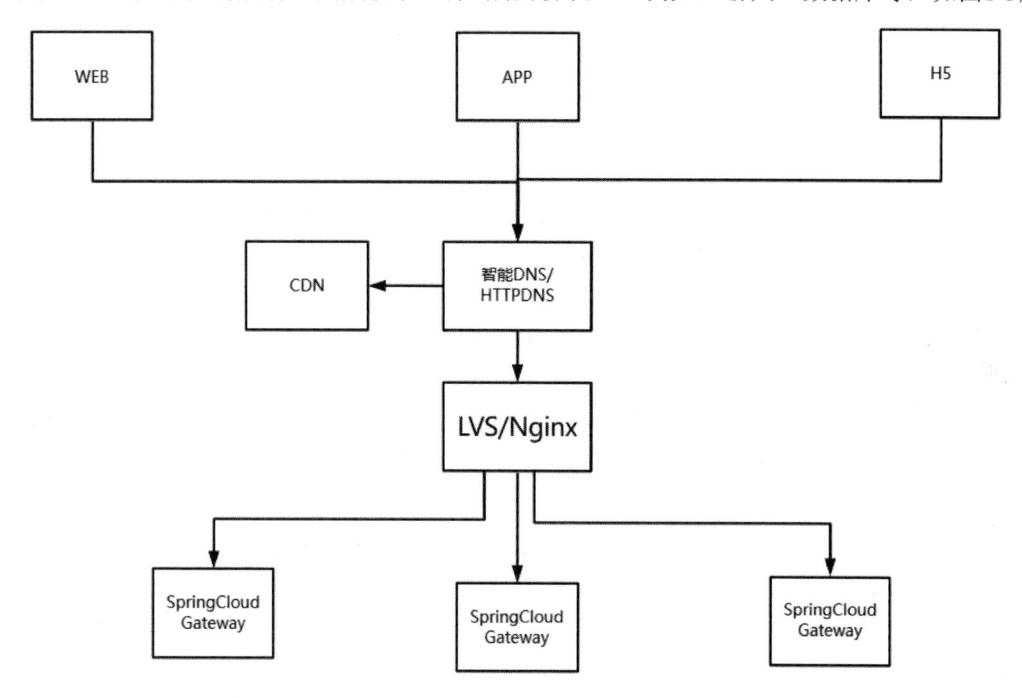

图 1-3　接入层使用软负载均衡的架构图

软件和硬件的最主要区别就在于性能：硬负载均衡性能远远高于软负载均衡性能。具体来说，Nginx的性能是万级，一般来说，一个Nginx大概能到5万TPS；LVS的性能是10万级，据说可达到80万TPS；而F5设备的性能是百万级，从200万TPS到800万TPS都有。

软负载均衡的优点如下：

- 简单：无论是部署还是维护，软负载均衡都比较简单。
- 便宜：只需买台服务器，装上负载均衡软件即可。
- 灵活：可以根据业务进行负载均衡算法的选择；也可以根据业务进行负载均衡算法的扩展。例如，可以通过Nginx的插件来实现业务的负载均衡算法定制化。

软负载均衡的缺点如下：

- 性能一般：一个Nginx大约能支撑5万TPS并发量。
- 安全防护弱：在安全防护领域，软负载均衡没有硬负载均衡那么强大，软负载均衡一般不具备防火墙和防DDoS攻击等安全功能。

当然，软负载均衡的最大优势是比硬负载均衡便宜。

1.3.3 LVS 和 Nginx 的配合使用

一般来说，为了更好地发挥LVS和Nginx各自的优势，在生产项目中会将二者进行配合使用，如图1-4所示。

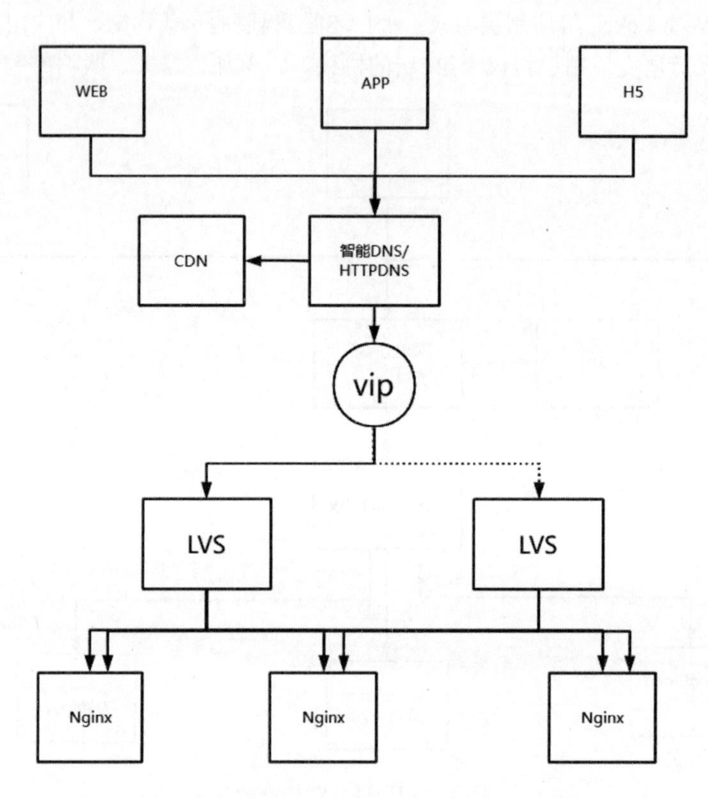

图 1-4 接入层 LVS 和 Nginx 配合使用的架构图

接入层LVS和Nginx配合使用的策略如下：

- Nginx工作在网络的应用层，主要做反向代理；LVS工作在网络层，主要做负载均衡。
- 一般来说，LVS处于接收请求的最前端、最前线，而Nginx可作为LVS节点机器使用。这主要是因为Nginx的载度和稳定度不及LVS。
- Nginx可以结合Lua脚本完成一些超高并发的简单操作，比如秒杀令牌的发放、用户的黑白名单校验等。
- Nginx对网络的依赖较小，LVS就比较依赖网络环境。

1.3.4 DNS 负载均衡

前面所介绍的LVS是对同一个地理区域，甚至是同一个机房的同一个集群内的物理主机之间的负载均衡，在术语上属于SLB（Server Load Balancing）类型。还有一种更大地理范围的负载均衡技术，是在不同地理区域的物理集群之间进行负载均衡，它在术语上叫作GSLB（Global Server Load Balance，全局负载均衡）。SLB一般局限于一定的区域范围内，其目标是在特定的区域范围内寻找一台最适合的节点提供服务。GSLB主要的目的是在整个网络范围内将用户的请求定向到最近的节点（或者区域）。因此，就近性判断是全局负载均衡的主要功能。这里的负载均衡不只是简单的流量均匀分配，而是根据策略的不同实现不同场景的应用交付。

在实际的应用中，GSLB技术一般和DNS一起使用，所以这里把GSLB负载均衡技术归纳到DNS负载均衡的范围内。

什么是DNS呢？DNS是Domain Name System的缩写，也就是域名解析系统，它的作用非常简单，就是根据域名查出对应的 IP地址。可以把DNS想象成一本巨大的电话本。举个例子，如果要访问域名www.163.com，首先要通过DNS查出这个域名对应的IP地址，比如112.48.162.8，然后才能通过这个IP地址进行服务的访问。DNS的作用就是把域名解析到一个具体的IP地址。

DNS的技术非常复杂，复杂的原因不在于DNS有很复杂的原理，而是在于DNS的配置和使用涉及大量的技术细节。由于篇幅的原因，这里不对DNS做细节的阐述，仅仅聚焦于DNS的负载均衡技术。DNS的负载均衡技术分为两类：A记录解析负载均衡和智能DNS负载均衡。

➲ A记录解析负载均衡

ISP（Internet Service Provider）一般会有自己的DNS服务器，在这些DNS服务器上，一个域名可以绑定多条A记录（IP记录）。在进行域名解析的时候，ISP的DNS服务器可以在多个A记录之间进行负载均衡。A记录解析负载均衡的流程如图1-5所示。

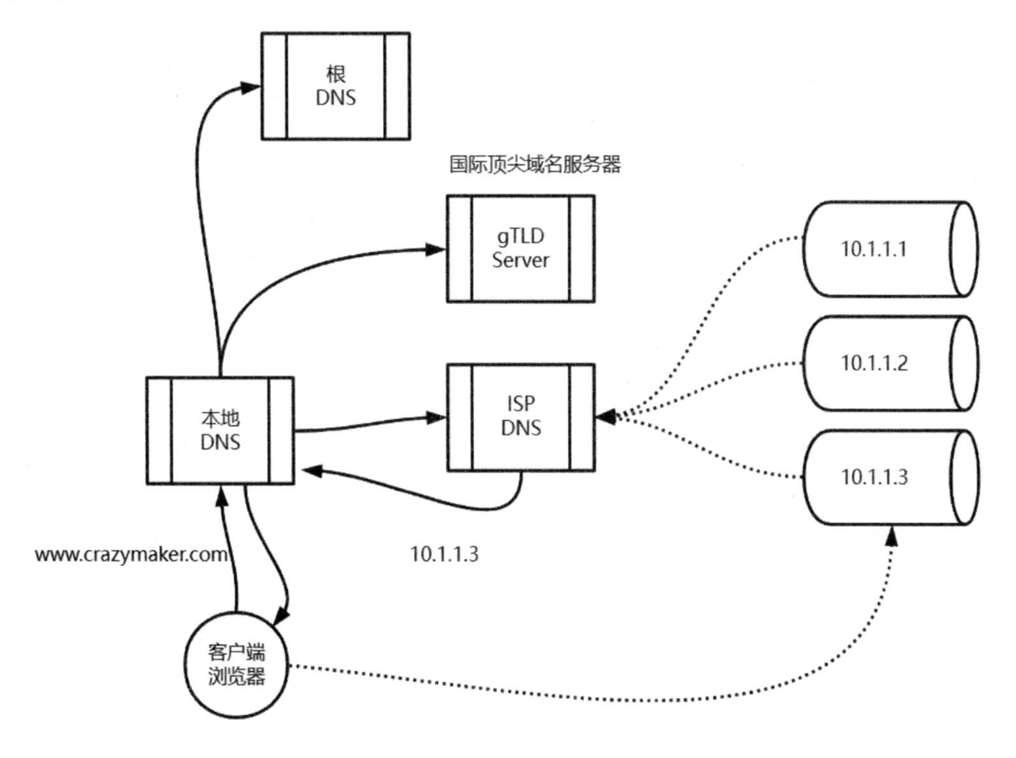

图 1-5　A 记录解析负载均衡的流程

由图1-5可以看出，在DNS服务器中可以为一个域名配置多个A记录，如：

```
www.crazymaker.com IN A 10.1.1.1
www.crazymaker.com IN A 10.1.1.2
www.crazymaker.com IN A 10.1.1.3
```

因此，每次域名解析请求都会根据对应的负载均衡算法计算出一个不同的IP地址并返回，这样在A记录中配置多个服务器就可以构成一个集群，并可以实现负载均衡。

图1-5中，用户请求www.crazymaker.com，DNS根据A记录和负载均衡算法计算得到一个IP地址10.1.1.3，并返回给浏览器，浏览器根据该IP地址访问真实的物理服务器10.1.1.3。所有这些操作对用户来说都是透明的，用户只需知道www.crazymaker.com这个域名。

DNS的A记录解析负载均衡有如下优点：

1）将负载均衡的工作交给DNS，省去了网站管理和维护负载均衡服务器的麻烦。

2）技术实现比较灵活方便、简单易行、成本低，可用于大多数TCP/IP应用。

3）对于部署在服务器上的应用来说不需要进行任何的代码修改即可实现不同机器上的应用访问。

4）除了简单的A记录轮询，一些DNS软件还支持基于地理位置的域名解析，即会将域名解析成距离用户地理位置最近的一个服务器地址，这样就可以加速用户访问，改善性能。

有优点必有缺点，DNS的A记录解析负载均衡也存在如下缺点：

1）DNS是多级解析的，每一级DNS都有缓存机制，都可能缓存A记录。这种缓存会带来新的问题，就是当某台服务器下线之后，即使运维人员去ISP的DNS服务器修改了A记录，修改后新的负载均衡算法或策略生效也需要较长的时间，在这段时间，DNS仍然会将域名解析到已下线的服务器上，最终导致用户访问失败。

2）减少DNS的缓存刷新时间之后，可能会造成额外的网络问题。为了使本地DNS服务器和其他DNS服务器及时交互，保证DNS数据及时更新，一般都要将DNS的刷新时间设置得比较小，但太小将会使DNS流量大增造成额外的网络问题。

3）A记录负载均衡的策略有限，不能够按服务器的处理能力来分配负载。DNS负载均衡采用的是简单的轮询算法，不能区分服务器之间的差异，不能反映服务器当前的运行状态，所以其负载均衡效果并不是太好。

➲ 智能DNS负载均衡

ISP一般会有自己的DNS服务器，在这些DNS服务器上，一个域名可以绑定多条A记录（IP记录），也可以通过CNAME别名将这个域名绑定到另一个智能的域名服务器。这种专用的、智能的域名服务器具有动态在多个目标服务器上直接进行更加智能化的负载均衡的能力。

在DNS配置的时候，A记录、CNAME记录是常见的配置类型，二者的区别如下：

- A记录：全称为Address记录，又称IP指向记录。用户可以在此设置子域名并指到目标主机地址上，从而实现域名到IP地址的转换。
- CNAME记录：又称别名记录，相当于给域名起个别名。和A记录一样，是一种指向关系，只是指向了另一个域名服务器。

在DNS服务器配置目标域名（如www.crazymaker.com）时，通过CNAME别名将目标域名设置为具有智能DNS。智能DNS具有更加智能的负载均衡能力，它会先根据一些静态或动态策略进行目标服务器的智能计算，这些策略大致如下：

- 服务器的“健康状况”。
- 地理区域距离。
- 会话保持。
- 响应时间。
- IP地址权重。
- 会话能力阈值。
- 往返时间（TTL）。
- 其他信息，包括服务器当前可用会话数、最少选择次数、轮询等。

智能DNS的负载均衡策略非常复杂，最终的目标是返回给用户最合适的IP（列表）。智能DNS的负载均衡流程如图1-6所示。

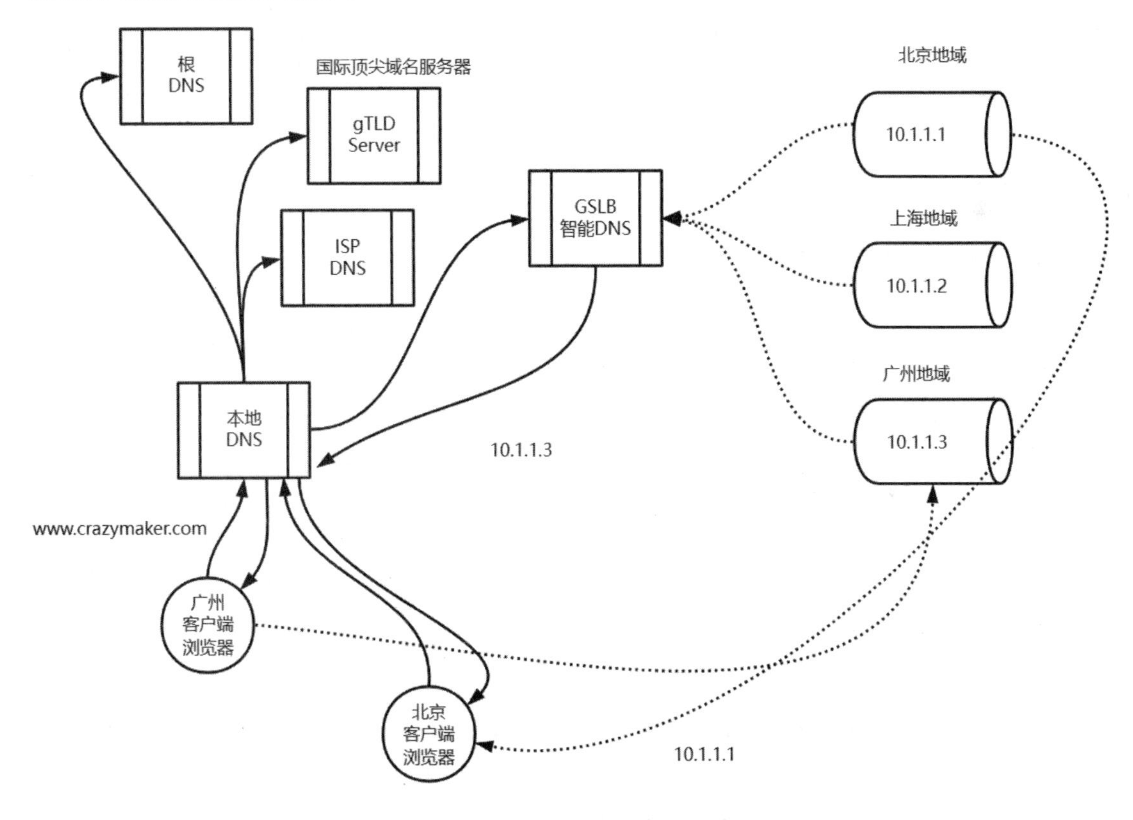

图 1-6 智能 DNS 的负载均衡流程

由图1-6可以看出，在DNS服务器中可以为一个域配置一个CNAME别名记录，如：

```
www.crazymaker.com  NS  ns1.crazymaker.com
```

在上面的配置中，ns1.crazymaker.com是智能DSN域名服务器的地址，客户端对域名解析的请求最终都会提交给ns1.crazymaker.com去执行智能解析，实现更加智能化的负载均衡。

图1-6中，广州的用户请求www.crazymaker.com，智能DNS负载均衡算法计算得到一个广州机房的IP地址10.1.1.3并返回给客户端，客户端根据该IP地址访问真实的物理服务器10.1.1.3。北京的用户请求www.crazymaker.com，智能DNS负载均衡算法计算得到一个北京机房的IP地址10.1.1.1并

返回给客户端，客户端根据该IP地址访问真实的物理服务器10.1.1.1。所有这些智能化的解析操作对用户来说都是透明的，用户只需知道www.crazymaker.com这个域名就可以访问就近的服务器。

1.4 动静分离与接入层的缓存架构

只要需要做性能优化、提升并发访问能力，就可以考虑缓存架构。这在尼恩的3高架构理论中已经被归纳为一条思想，或者说抽取为一种模式。从物理层的CPU内部到操作系统的设备管理器内部，到中间件Netty、RocketMQ的内部实现，到高并发Web应用架构，无一例外，都充斥着缓存架构的模式和思想。

在大部分应用中，静态资源（如HTML文件、CSS文件、JavaScript文件等）往往变化较少，但是动态资源（如后端的Rest接口）却往往变化较大，如果每次访问时静态资源和动态资源全部都重新加载，则既浪费带宽，又影响性能。

能不能通过缓存架构在最为接近用户的地方，或者说在最接近使用的地方，把静态资源缓存起来，从而提升静态资源的访问速度呢？当然是可以的。

静态资源的缓存策略包括了接入层网关缓存和CDN缓存。

1.4.1 接入层网关缓存

使用静态资源的缓存策略有一个前提，就是静态资源和动态资源分离，或者说解耦。为什么静态资源和动态资源需要分离呢？只有将静态资源和动态资源分开处理之后，才能比较方便地通过接入层网关Nginx对静态资源进行缓存。

接入层网关缓存对静态资源的缓存策略可以分为两种：

- 将静态资源的URL请求结果暂存到Nginx本地缓存，后面访问直接从本地缓存返回。
- 将静态资源的URL请求结果暂存到单独的缓存服务（如Varnish或者Squid），后面访问直接从缓存服务返回。

Varnish或者Squid是专业的缓存服务，类似于动态资源的缓存服务Redis或者MemCache，可以理解为分布式缓冲；而Nginx本地缓存由第三方模块完成，可以理解为进程内缓冲，类似Java中的Map。

在旧的应用架构中前后端是没有分离的，静态资源存放在后端的Web应用的资源目录中，部署的时候，静态资源和动态资源一起部署。但是，目前大部分应用已经演进为前后端分离的架构，基本上都是Spring Cloud +Vue 架构，Vue工程为前端工程。在新的架构中，前端工程的代码一般独立部署，大部分情况都通过Nginx部署。所以说，在前后端分离的架构中已经直接将主要的静态资源部署在Nginx上，如图1-7所示。

另外，还可以通过配置expires、cache-control、if-modified-since来对浏览器端的缓存行为进行控制，使得浏览器端在一段时间内对于静态资源不会重复请求。当然，这一层可以称为浏览器端的缓存。

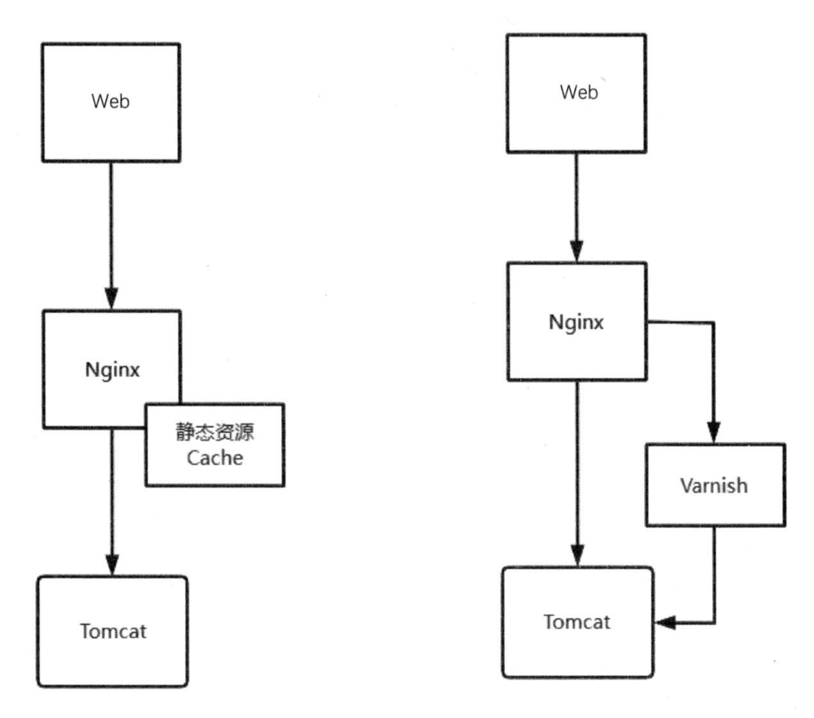

图 1-7　接入层缓存使用的架构图

1.4.2　CDN 加速

前面提到：缓存架构，是尽可能在最接近用户的地方，或者说在最接近使用的地方，把静态资源缓存起来，从而提升静态资源的访问速度。那么，有没有比接入层网关Nginx更加接近用户的地方呢？有，就是CDN的就近节点。所以对于静态资源而言，除了通过接入层网关Nginx进行缓存加速之外，还可以缓存到更加靠近用户的地方，即CDN就近节点（或者说就近的PoP点）。

什么是CDN呢？CDN的全称是Content Delivery Network，即内容分发网络。CDN是构建在现有网络基础之上的智能虚拟网络，依靠部署在各地的边缘服务器通过中心平台的负载均衡、内容分发、调度等功能模块，使用户就近获取所需内容，降低网络拥塞，提高用户访问响应速度和命中率。CDN的关键技术主要有内容存储和分发技术。在CDN技术中，有一个核心的概念叫作PoP点。

什么是PoP点呢？在计算机网络中，PoP（Point-of-Presence）表示入网点。PoP点位于企业网络的边缘外侧，是访问企业网络内部的进入点，外界提供的服务通过PoP点进入，这些服务包括互联网接入、广域连接以及电话服务（PSTN）。PoP点提供通往外部服务和站点的链路，可以直接连接到一家或多家互联网服务提供商（ISP），企业内部用户便可以通过这些链路来访问互联网。

CDN厂商的覆盖范围往往更广，每个运营商在每个地区都有自己的PoP点，所以总有更加靠近用户的相同运营商的就近地点的CDN节点就近获取静态数据，避免了跨运营商和跨地域的访问。

在使用了CDN之后，用户访问资源的时候会通过CDN专用的域名进行访问，在进行DNS解析的时候，会将域名的解析权交给CDN厂商的DNS服务器，而CDN厂商的DNS服务器可以通过CDN厂商的GSLB找到最接近客户的POP点，将数据返回给用户。 在使用了CDN之后用户访问资源的请求执行流程如图1-8所示。

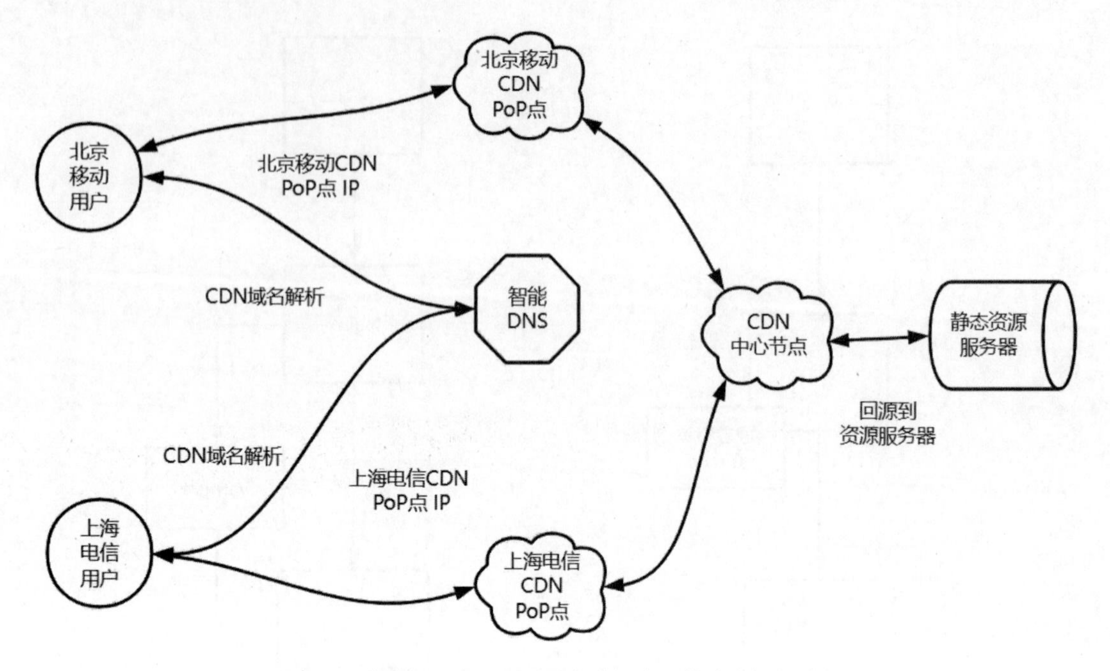

图 1-8 在使用 CDN 之后用户访问资源的请求执行流程

当在CDN中没有找到缓存数据的时候，则需要到真正的服务器中去拿，这个称为回源。仅非常少数的流量需要回源，大大减少了服务器的压力。

在CDN网络中，这些分布在各个地方的各个数据中心的PoP节点，在术语上也叫作“边缘节点”（edge node）。由于边缘节点数目比较多，但是每个PoP节点存储规模比较小，不可能缓存下来所有的东西，因而可能无法命中，这样就会在边缘节点之上建立区域节点，区域节点规模就要更大，缓存的数据会更多，命中的概率也就更大。在区域节点之上是中心节点，规模更大，缓存数据更多。如果还不命中，就只好回源网站访问了。所以，CDN的内容分发系统的架构是一种多层级架构，具体如图1-9所示。

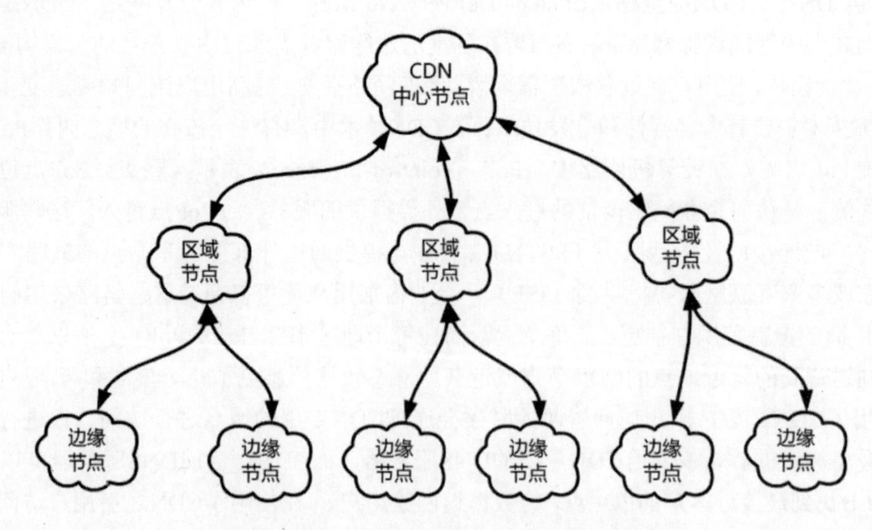

图 1-9 CDN 的内容分发系统的多层级架构

从图1-9中可以看到，CDN系统的缓存是一层一层的，查找缓存的时候一路向上层查找。这类似于JVM里边的双亲委派Class查找机制，在查找缓存内容时，如果最近的北京局找不到，就到它的上一级华北局找，如果华北局找不到，再到中心节点找，如果还找不到，就回源到最初的业务系统。

当然，对于并发量或者突发流量不高的场景，CDN的静态资源可以在访问的时候加载，类似于Java单例模式的懒加载。对于并发量或者突发流量很高的场景，CDN的静态资源可以预加载，就是通过CDN的特定接口，将内容主动推送到CDN。

1.4.3 接入层的缓存架构的原则

（1）缩短用户的请求距离，使用CDN进行静态资源加速

CDN 就是将静态的资源分发到位于多个地理位置机房中的服务器上，因此它能很好地解决数据就近访问的问题，也就加快了静态资源的访问速度。

（2）前端工程，建议迁移到最外层网关

对于有多层Nginx反向代理的复杂应用，可以把前端工程部署在最外层的Nginx反向代理，如图1-10所示。

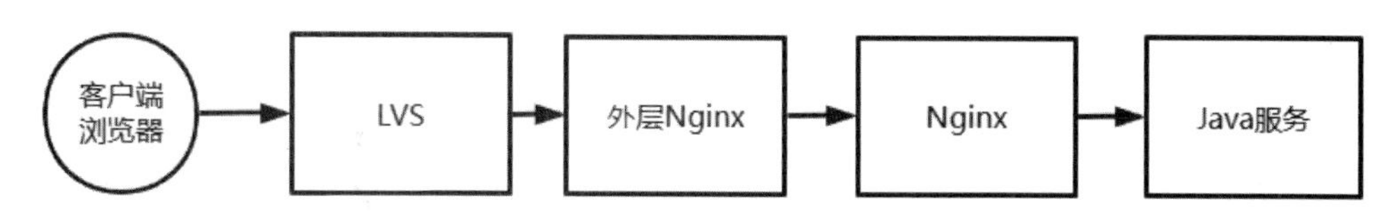

图 1-10 前端工程部署在最外层的 Nginx 代理

（3）缓存静态资源

将静态资源的URL请求结果暂存到Nginx本地缓存，或者单独的缓存层如Varnish或者Squid。

（4）动态数据静态化

在动静分离之后，静态页面可以很好地缓存，那么，动态的数据能不能被缓存呢？答案是可以的。首先，动态的数据来自于后端服务，在缓存中没有数据的时候还是会向后端服务进行请求，然后进行动态数据静态化，然后，对静态化之后的数据进行缓存。在接入层还可以通过Redis或者Memcached对动态资源进行缓存。

动态数据静态化之后的一个问题是：如果后端的动态数据变化了，如何让缓存中的数据保持一致性呢？这就需要引入缓存一致性策略。比如，可以让接入层缓存定时轮询后端的应用，当有数据修改的时候，先进行新版本的动态数据的静态化，然后更新到缓存。轮询策略的缺点是更新的速度有些慢，对于大促场景下的并发访问高的页面可以进行如此的处理。

更为简单的数据一致性策略是：一旦有数据变更就主动刷新动态数据缓存，保障数据的及时更新。这种策略适用于数据强一致的场景。

加入了缓存架构之后，接入层数据访问的流程大致如图1-11所示。

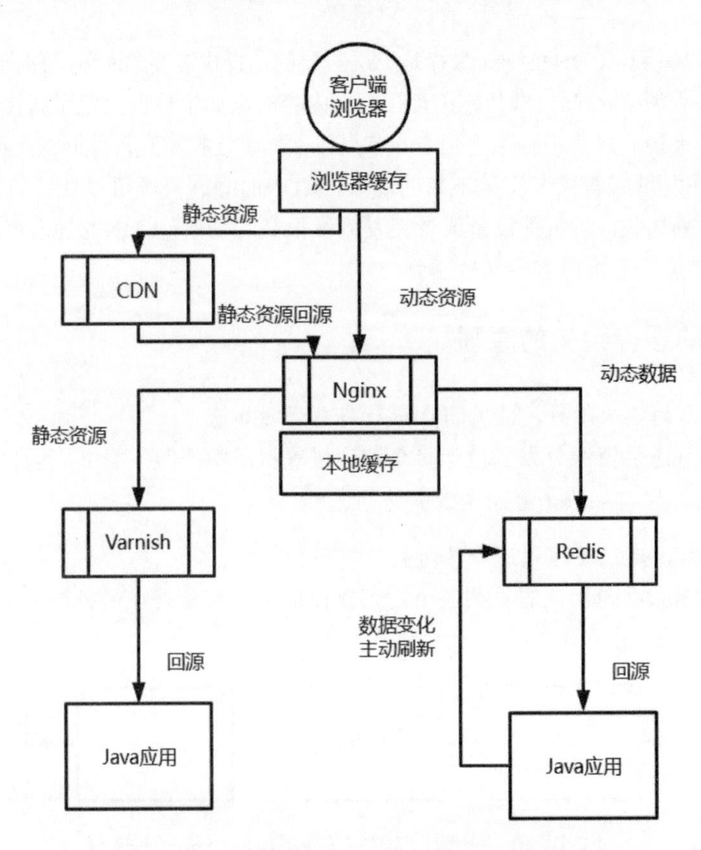

图 1-11　加入缓存架构之后，接入层数据访问的流程

1.5　服务层的横向扩展高并发架构

接入层的核心职责：接收用户请求，通过多种策略（如缓存策略）提升系统的读写吞吐量，通过多种策略（如限流策略）防止系统雪崩，通过多种策略（如黑名单）提升系统的访问安全性。

服务层的核心职责：实现核心业务逻辑，接收用户请求参数，完成业务处理之后最终返回HTML或者JSON给用户。

在Spring Cloud分布式应用中，接入层通过LVS或者Nginx可以将请求路由到服务层多个Spring Cloud Gateway网关服务，请求顺利从接入层进入服务层。服务层的横向扩展高并发架构可以分为：

- 微服务网关的高并发横向扩展。
- 微服务Provider（提供者）的高并发横向扩展。
- 微服务Provider的自动伸缩。

1.5.1　微服务网关的高并发横向扩展

当微服务层网关Zuul/Spring Cloud Gateway成为瓶颈时，可以进行横向扩展：增加服务节点数量，新增Zuul/Spring Cloud Gateway服务的部署。在接入层Nginx配置中配置新的Zuul/Spring Cloud Gateway的IP和端口就能扩展服务网关的性能，做到理论上的无限高并发。

微服务网关的高并发横向扩展如图1-12所示。

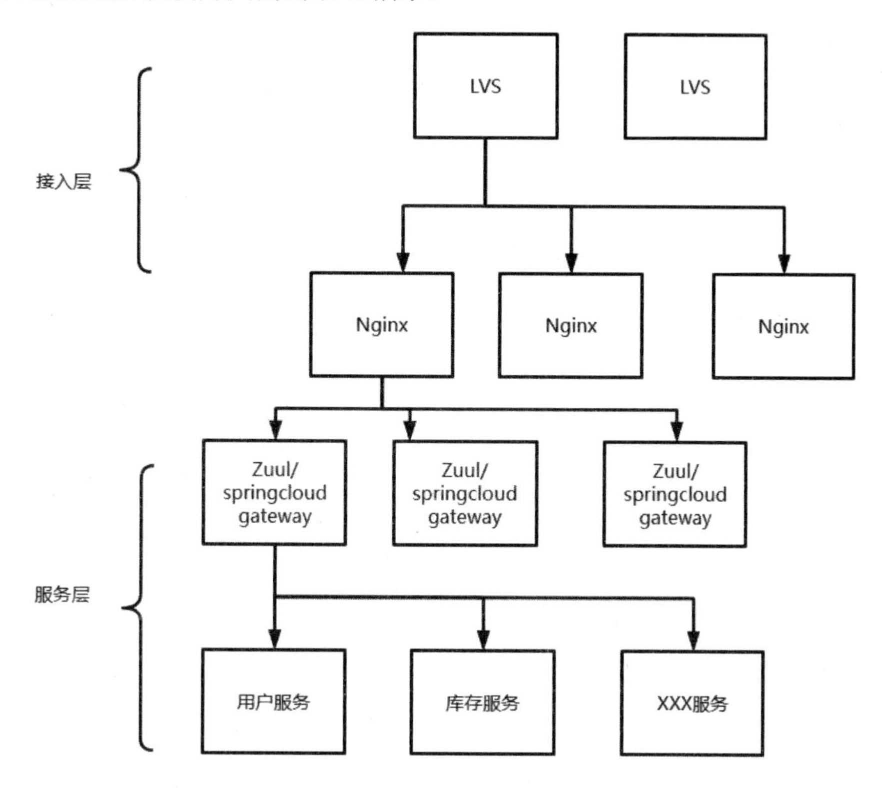

图 1-12　微服务网关的高并发横向扩展

1.5.2　微服务 Provider 高并发横向扩展

微服务统一的入口是微服务网关Zuul或者Spring Cloud Gateway，那么微服务网关和接入层网关Nginx最大的不同是什么呢？答案是微服务网关能自动发现后端微服务Provider（提供者），而接入层网关仅有反向代理、负载均衡的作用，并不能进行后端微服务Provider的自动发现。当微服务Provider有所变化时，微服务网关能够对目标Provider进行动态发现、动态的负载均衡，而接入层网关却做不到这点。

微服务Provider的动态发现、动态的负载均衡，不仅是微服务网关的基础能力，也是各个RPC客户端的能力。各个微服务Provider之间需要进行RPC远程调用时，作为RPC客户端，对目标Provider也需要进行动态发现、动态的负载均衡。而各微服务Provider可以动态地加入集群（自动上线），或者可以动态地离开集群（自动下线）。

常见的RPC框架是 Dubbo和Spring Cloud，服务的注册中心可以是 ZooKeeper、Consul、Etcd、Eureka、Nacos等。

微服务Provider高并发横向扩展策略就是基于注册中心的服务注册发现、RPC客户端的动态发现、动态负载均衡机制完成的。而RPC客户端、微服务网关对目标微服务Provider的动态发现、动态的负载均衡，需要基于注册中心（如Eureka、Zookeeper、Nacos等）去实现。

注册中心具备微服务Provider的管理能力、健康检查能力，能够完成微服务Provider的自动注册与发现，并且将这些信息作为集群的重要元数据信息。RPC客户端、微服务网关会从注册中心（如

Eureka、Zookeeper、Nacos等）去定期更新元数据信息，并且缓存在本地，然后基于这些元数据信息实现微服务Provider的动态发现、动态的负载均衡。

在生产环境上，一旦发现Java服务（微服务Provider）集群的吞吐能力不足，具体来说就是集群吞吐量不足以支撑线上的用户请求规模，就需要进行微服务Provider的高并发横向扩展，开启新的Java服务。

微服务Provider的高并发横向扩展架构大致如图1-13所示。

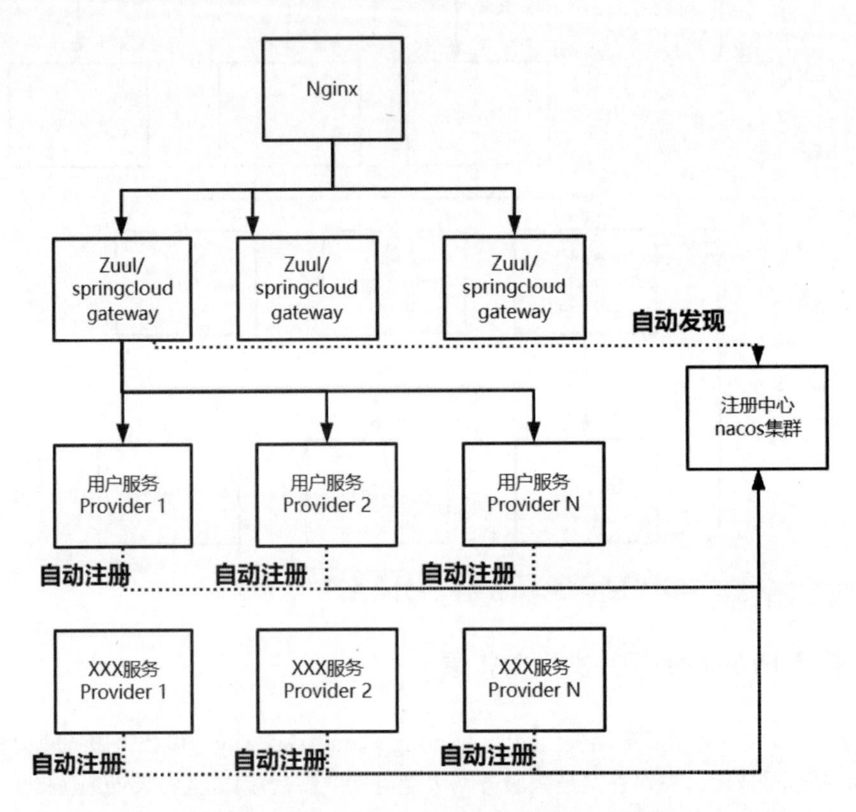

图 1-13 微服务 Provider 的高并发横向扩展架构

1.5.3 微服务 Provider 的自动伸缩

微服务Provider的自动伸缩也叫作自动扩容、自动缩容。自动伸缩是和手动伸缩相对而言的，就是通过运维工具实现资源监控，然后根据资源的紧张程度自动开启新的Java服务（微服务Provider），或者自动关闭一些空闲的Java服务。

传统的微服务Provider扩容策略是手动的，由运维人员手动进行。一旦发现现有的微服务Provider能力不够，运维人员就会开启新的Java服务并且动态地加入集群；一旦发现现有的微服务Provider能力有富余，运维人员就会关闭部分Java服务，这些Provider会动态地离开集群（自动下线）。

手动伸缩的问题是无法面对突发流量。一旦出现突发流量，等到运维人员收到监控系统的资源预警信息后再去进行微服务Provider扩容，中间会有较大的时间延迟，在这个时间延迟内，系统可能已经发生雪崩了。所以，对于会出现突发流量的系统需要用到自动扩容、自动缩容的策略。

常见的微服务Provider的自动伸缩策略有以下两种：

1）通过Kubernetes HPA组件实现自动伸缩。

2）通过微服务Provider自动伸缩伺服组件实现自动伸缩。

自动伸缩策略之1：通过Kubernetes HPA组件实现自动伸缩。

为了方便物理资源的细粒度管理和调度，现在大多数应用都是基于Kubernetes（简称K8S）容器化平台部署的。在K8S平台中，Pod是最小部署单元，负责运行实际的应用程序。一般来说，在进行微服务部署的时候，一个Java进程（微服务实例）作为一个Pod（容器）进行部署。K8S容器化平台有一项功能叫作Kubernetes HPA（Horizontal Pod Autoscaling），通过HPA可以进行Pod水平自动伸缩。

通过Kubernetes HPA功能，只需简单的配置，微服务Provider集群就可以利用监控指标（CPU利用率等）自动地扩容或者缩容，或者说自动地增加或者减少服务Pod数量。Kubernetes HPA的自动伸缩架构具体如图1-14所示。

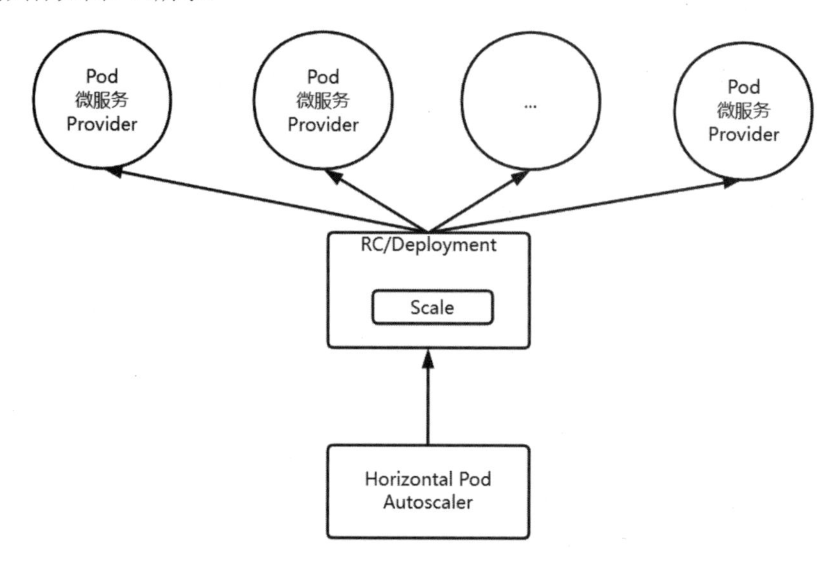

图 1-14　Kubernetes HPA 的自动伸缩架构

在K8S平台上，Deployment（用来管理发布的控制器）或RC（Replication Controller）的主要功能之一是自动部署一个容器应用的多份副本，以及持续监控副本的数量，在集群内始终维持用户指定的副本数量。Deployment配置文件为Pod提供声明式更新，通过Deployment配置文件配置Pod的目标状态，Deployment Controller就会将 Pod的实际状态改变为配置的目标状态。Deployment是一种资源，是属于控制器（Controller）类型的资源。

Deployment控制器并不直接管理Pod，而是通过管理ReplicaSet（简称RS，是RC的增强版）来间接管理Pod，即Deployment Controller管理ReplicaSet，ReplicaSet管理Pod。

下面的例子是K8S官方的一个Deployment配置文件，文件名称为 hap-deploy-demo.yaml，使用这个配置文件可以创建一个ReplicaSet，这个ReplicaSet会创建1个Nginx应用的Pod。

```
apiVersion: apps/v1
kind: Deployment
metadata:
  name: hpa-nginx-deploy
spec:
```

```
  selector:
    matchLabels:
      run: hpa-nginx-deploy
  replicas: 1
  template:
    metadata:
      labels:
        run: hpa-nginx-deploy
    spec:
      containers:
      - name: nginx
        image: hub.test.com/library/mynginx:v1  # 镜像地址
        ports:
        - containerPort: 80
        resources:
          limits:          # 最大限制
            cpu: 500m   # CPU最大是500微核
          requests:      # 最低保证
            cpu: 200m   # CPU最小是200微核
```

使用kubectl create命令创建Deployment Controller（-n test指定命名空间）：

```
$ kubectl create -f hpa-deploy-demo.yaml -n test
deployment.apps/hpa-nginx-deploy created
```

使用kubectl get deploy命令查询Deployment Controller：

```
$ kubectl get deploy -n test
NAME               READY   UP-TO-DATE   AVAILABLE   AGE
hpa-nginx-deploy   1/1     1            1           37s
```

使用kubectl get pod命令查询Pod状态信息：

```
$ kubectl get pod -n test
NAME                                READY   STATUS     RESTARTS   AGE
hpa-nginx-deploy-85ff79dd56-jcl67   1/1     Running    0          6m41s
```

Horizontal Pod Autoscaler（HPA）在K8S平台中被设计为Controller，可以简单地使用kubectl autoscale命令来创建。

```
$ kubectl autoscale deployment hpa-nginx-deploy --cpu-percent=20 --min=1 --max=10 -n
test
horizontalpodautoscaler.autoscaling/hpa-nginx-deploy autoscaled
```

此命令创建了一个关联资源hpa-nginx-deploy的HPA，最小的Pod副本数为1，最大为10。HPA会根据设定的CPU使用率（20%）动态地增加或者减少Pod数量。kubectl autoscale命令的参数如下：

- --cpu-percent=20HPA会通过Pod伸缩保持平均CPU利用率在20%以内。
- --min=1　　　HPA允许Pod的伸缩范围，最小的Pod副本数为1。
- --max=10　　　HPA允许Pod的伸缩范围，最大的Pod副本数为10。

可以通过kubectl get hpa命令查看HPA当前状态：

```
$ kubectl get hpa -n test
NAME               REFERENCE                     TARGETS  MINPODS  MAXPODS REPLICAS  AGE
hpa-nginx-deploy   Deployment/hpa-nginx-deploy   0%/20%   1        10      1         37m
```

HPA由一个控制循环实现，循环周期由kube-controller-manager中的--horizontal-pod-autoscaler-sync-period参数指定（默认是15秒）。在每个周期内，kube-controller-manager会查询Horizontal Pod Autoscaler

中定义的指标度量值，并且与创建时设定的值和指标度量值作对比，从而实现自动伸缩的功能。

在HPA的第一个版本中，需要通过Heapster组件提供CPU和内存指标。在HPA V2版本中，需要安装Metrcis Server，Metrics Server可以通过标准的Kubernetes API把监控数据暴露出来。

HPA Controller的自动伸缩原理：通过调整Pod副本数量使得CPU使用率（或者其他的配置指标）尽量向期望值靠近，而且不是完全相等。另外，自动扩展的决策可能需要一段时间才会生效，例如当Pod所需要的CPU负荷过大从而开始扩容，但是在创建一个新Pod的过程中，系统的CPU使用量可能同样会有一个攀升的过程。所以，在每一次做出决策后的一段时间内将不再进行扩展决策。对于扩容而言，这个时间段为3分钟，缩容为5分钟。

HPA Controller每次扩容或者缩容的Pod数量的计算方法为：Ceil（当前采集到的使用率/用户自定义的使用率×Pod数量）；每次最大扩容Pod数量不会超过当前副本数量的2倍。

自动伸缩策略之2：通过微服务Provider自动伸缩伺服组件实现自动伸缩。

使用K8S平台的HPA Controller方案的问题是必须基于K8S平台使用。在实际的生产项目中，很多项目并不是基于K8S平台进行资源管理和应用部署的，而是通过自动化Shell脚本的方式，甚至手工方式进行资源管理和应用部署的。在非K8S部署的场景中，HPA Controller自动伸缩的方案就没有办法使用了，只能通过自定义的微服务Provider伺服组件实现自动伸缩。

自定义的微服务Provider伺服组件在架构上一般分为两个部分：

- AutoScaler伺服进程。
- AutoScaler监控中心。

通过微服务Provider自动伸缩伺服组件实现自动伸缩的系统架构，大致如图1-15所示。

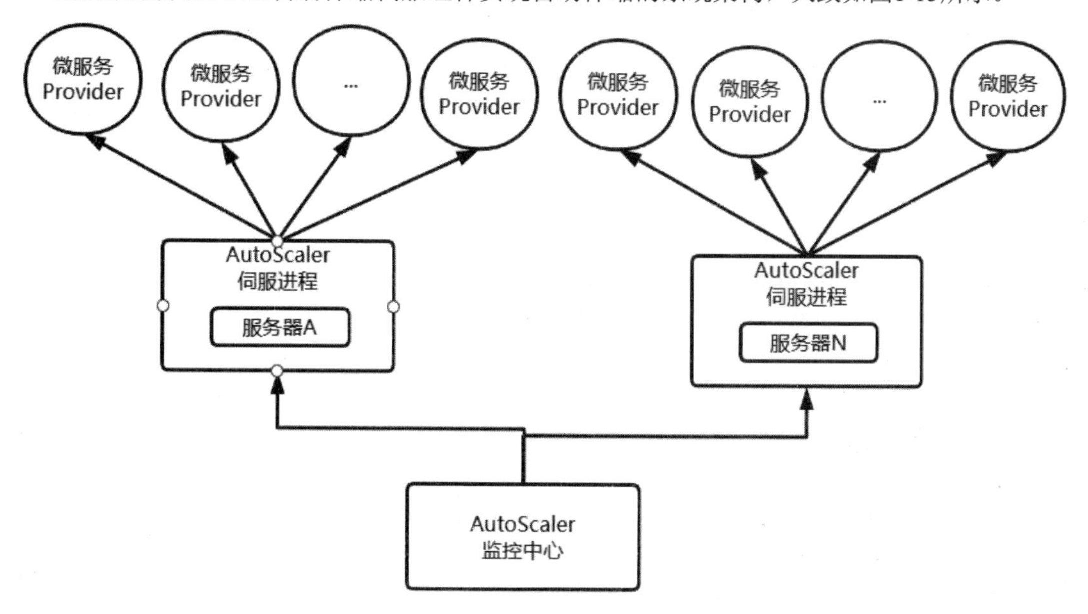

图 1-15　通过微服务 Provider 自动伸缩伺服组件实现自动伸缩的系统架构

AutoScaler伺服进程的职责：作为伺服进程运行在服务器上；通过RPC机制和AutoScaler监控中心进行通讯，接收扩容和缩容命令；根据命令进行微服务Provider进程的扩容和缩容管理。

AutoScaler监控中心的职责：收集各种系统资源、服务器资源、微服务Provider实例的参数指标，然后根据配置的指标阈值计算实际需要的微服务Provider实例数量，产生扩容和缩容的命令；通过RPC机制把扩容和缩容的命令发送到相应的AutoScaler伺服进程，由AutoScaler伺服进程执行扩容和缩容的命令，完成扩容和缩容操作。

1.6 缓存层的高并发架构

狭义的缓存层指的是动态数据的分布式缓存中间件Redis或者Memcached。

缓存层的高并发架构指的是在服务层和数据层直接加上一层分布式缓存中间件，实现数据的高并发写入/读取，从而提升性能、缓解数据库压力。缓存的高并发架构如图1-16所示。

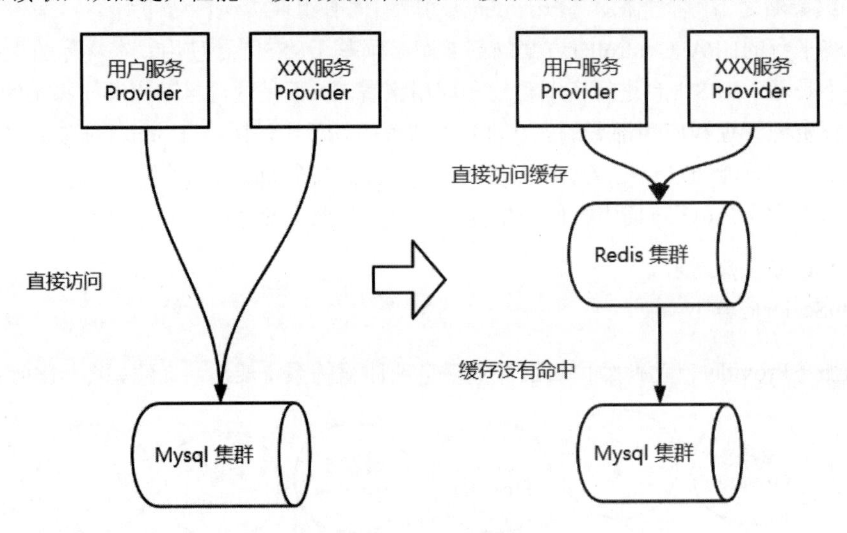

图 1-16 缓存的高并发架构

如何使用缓存呢？有三种经典的缓存模式：

- 旁路缓存（Cache-Aside Pattern）模式。
- 读/写穿透（Read/Write Through）模式。
- 异步回写（Write Behind）模式。

1.6.1 旁路缓存模式

旁路缓存模式又称为旁路路由策略，在这种模式中，读取缓存、读取数据库和更新缓存的操作都在应用程序中完成。此模式是业务系统最常用的缓存策略。

旁路缓存模式分为读缓存和写缓存。旁路缓存模式在读的时候，先读缓存，缓存命中（cache hit）的话则直接返回数据；如果缓存没有命中（cache miss），就去读数据库，从数据库中取出数据放入缓存，同时将读到的数据返回给数据查询方。

旁路缓存模式的读操作流程具体如下：

步骤 01 应用程序接收用户的数据查询请求。

步骤02　应用程序优先从缓存中查找数据。

步骤03　如果数据存在（缓存命中，即 cache hit），则从缓存中查询出来，返回查询到的数据。

步骤04　如果数据不存在（缓存未命中，即 cache miss），则从数据库中查询数据并存入缓存中，返回查询到的数据。

旁路缓存模式的读操作流程具体如图1-17所示。

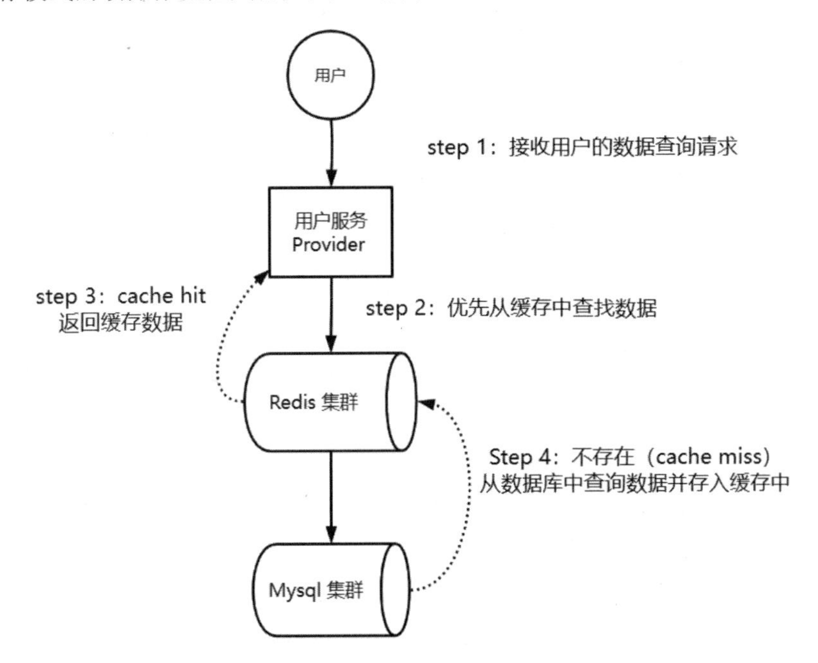

图 1-17　旁路缓存模式的读操作流程

旁路缓存模式的写操作流程具体如下：

步骤01　接收用户的数据写入请求。

步骤02　先写入数据库。

步骤03　再写入缓存。

旁路缓存模式的写操作流程具体如图1-18所示。

数据什么时候从数据库（如MySQL集群）加载到缓存（如Redis集群）呢？有以下两种加载模式可被选择：懒汉模式、饿汉模式。懒汉模式、饿汉模式可以分别理解为及时加载模式和延迟加载模式。

- 所谓懒汉模式，就是在使用时临时加载缓存。具体来说，当需要使用数据时，从数据库中把它查询出来，然后写入缓存。第一次查询之后，后续的请求都能从缓存中查询到数据。
- 所谓饿汉模式，就是提前预加载缓存。具体来说，在项目启动时，预加载数据到缓存，当需要使用数据时，能直接从缓存获取数据，而不需要从数据库获取。

饿汉模式可以提前预加载数据到缓存，能极大地提升请求处理的性能、提升系统的吞吐量。此模式适合缓存那些不经常变更的数据（例如商品类目数据），或者那些访问非常频繁的极热数据（例如秒杀商品数据）。

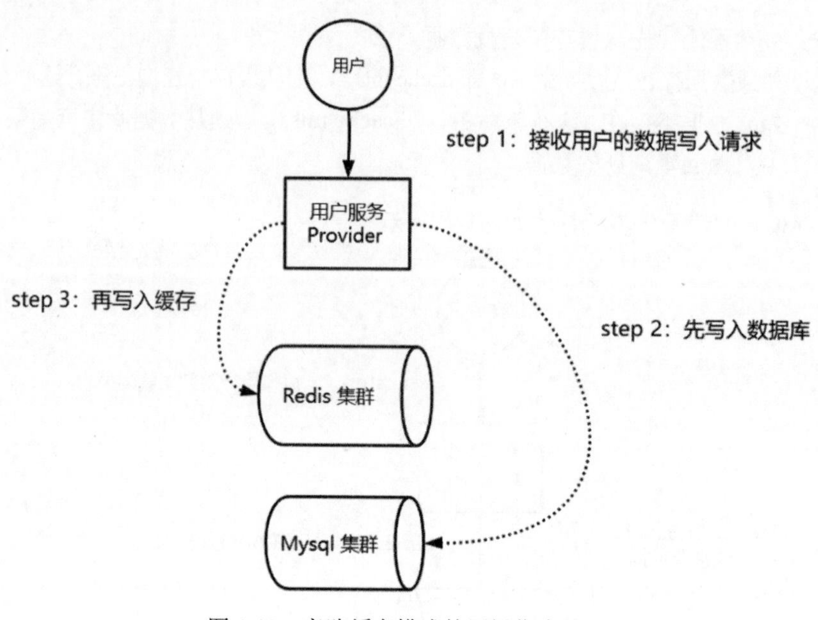

图 1-18 旁路缓存模式的写操作流程

说明 懒汉模式、饿汉模式这组名词来自于Java的单例模式，关于Java的单例模式的详细介绍，请参考《Java高并发核心编程 卷2（加强版）：多线程、锁、JMM、JUC、高并发设计模式》。

1.6.2 读/写穿透模式

在读写穿透模式中，应用程序把缓存作为主要数据存储。应用程序跟数据库缓存的交互都是通过抽象缓存层完成的。而读写穿透模式（Read/Write Through）实际只是在缓存旁路模式（Cache-Aside）之上进行了一层封装，封装出一层独立的缓存程序Cache Provider，数据的读写由Cache Provider负责完成，它会让程序代码变得更简洁，同时也减少了数据库的负载。

说明 为什么说读写穿透模式减少了数据库的负载呢？因为在这个模式中，所有的应用实例不用直接和数据库直连，所有的应用实例都访问Cache Provider，只有Cache Provider去直接访问缓存组件和数据库组件。

读穿透模式的读操作流程具体如下：

步骤01 应用程序接收用户的数据查询请求。

步骤02 应用程序通过 Cache Provider 查询数据。

步骤03 Cache Provider 自己决定从哪查询数据。如果数据存在 Redis 缓存（cache hit）中，则从缓存中查询出来，返回查询到数据。

步骤04 如果数据不存在 Redis 中（cache miss），则 Cache Provider 从数据库中查询数据并存入缓存中，返回查询到的数据。

读穿透模式的读操作流程具体如图1-19所示。

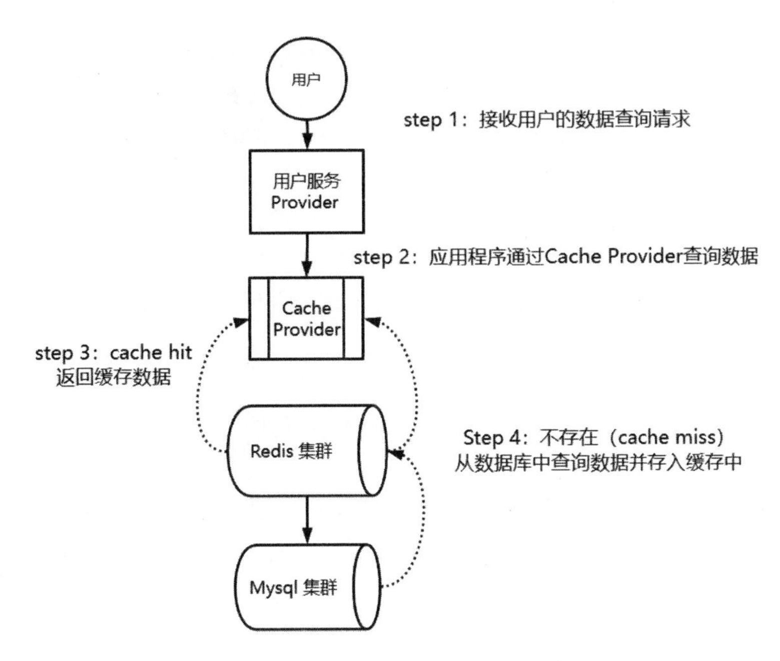

图 1-19　Read-Through（读穿透）模式的读操作流程

读穿透模式的写操作流程具体如下：

步骤01 应用程序接收用户的数据写入请求。

步骤02 应用程序通过 Cache Provider 写入数据。

步骤03 Cache Provider 先写入缓存。

步骤04 Cache Provider 再写入数据库。

写穿透模式的写操作流程具体如图1-20所示。

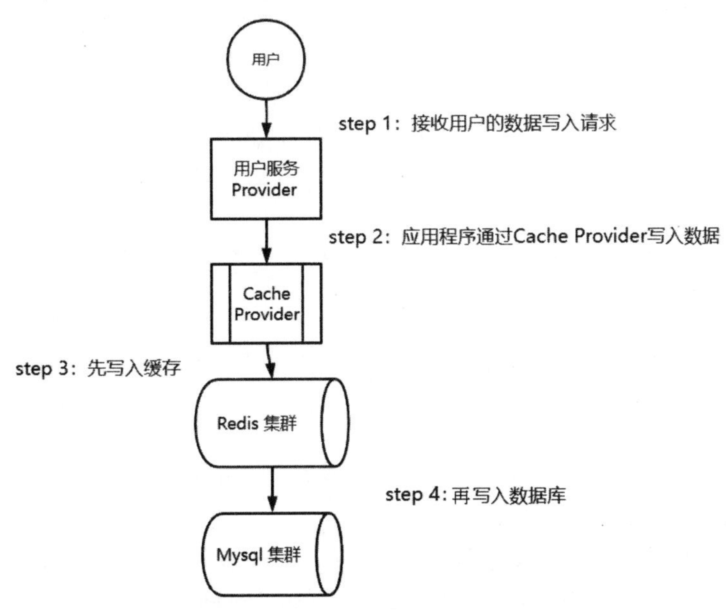

图 1-20　Write-Through（写穿透）模式的写操作流程

写穿透模式下所有的写操作都经过缓存，每次Cache Provider向Cache中写数据，写完缓存（Cache）之后，再把数据持久化到对应的数据库中去。Cache Provider的两次写操作，都在一个事务中完成，因此，只有两次都写成功了才是最终写成功了。Cache Provider保证了数据一致性，但是会带来了一些写延迟。

读/写穿透和旁路缓存模式很相似，不同点在于：在读/写穿透模式中，应用程序不需要管理从哪去读数据(是从缓存还是数据库读取数据)，它会直接从Cache Provider中读数据，由Cache Provider决定从哪查询数据，或者去哪写入数据。经过简单比较会发现：读/写穿透模式让程序代码变得更简洁。

读/写穿透模式与旁路缓存模式另外一个显著的不同是：在写流程中，写穿透模式是直接写入缓存，而不是删除缓存中的数据。默认情况下，旁路缓存模式都会选择删除缓存中的数据，并且是双删。

读/写穿透模式的适用场景：写操作较多，且数据一致性要求高的场景。注意：此模式的性能比较低。为什么呢？为了避免前面提到并发双写导致的一致性问题，需要给更新数据库和更新缓存的操作进行同步，比如使用分布式锁，这样就会极大地降低性能。读/写穿透模式的潜在使用案例是银行系统。

1.6.3 异步回写模式

异步回写模式和读/写穿透模式很相似，两者都是由Cache Provider服务来负责缓存和数据库的读写。

与读/写穿透模式的不同：在写入时，异步回写模式只更新缓存，不同步更新数据库，而改为异步批量的方式来写入数据库。读/写穿透模式是同步更新缓存和数据库。

异步回写模式在写入时使用了异步、批量写入模式，这是一种超高性能的写入模式，尼恩在做Netty源码研究和分析时发现Netty在进行IO写入的时候，也是用的这种超高并发写入模式。实际上，由于异步、批量写入模式的性能非常高，因此使用得非常广泛。比如消息队列中消息的异步写入磁盘、MySQL的InnoDB Buffer Pool机制都用到了这种策略。

很明显，异步、批量写入模式对数据一致性带来了更大的挑战。比如在缓存数据还没异步更新到数据库的时候，如果缓存服务崩溃，就会导致那些没有来得及持久化的数据丢失。

总体来说，异步回写模式就是先写缓存，再由Cache Provider定时在数据库负载较低的时候写入数据库。可以看出，此方案的缓存与数据库为弱一致性，且有丢数据的风险，需做好缓存的高可用，对于一致性要求高的系统应慎用此方案。

所以，异步回写模式性能高，但是数据可靠性低，非常适合一些数据变化频繁、又对数据一致性要求没那么高的场景，比如浏览量、点赞量。

1.6.4 三大缓存使用模式的比较

旁路缓存、读/写穿透、异步回写三种模式的比较：

- 旁路缓存更新模式实现起来比较简单，但是应用程序需要维护两套数据存储:一套是缓存（Cache）、一套是数据库（DB）。
- 在读/写穿透模式中，应用程序和Cache Provider配合使用，简化了应用程序的开发，但是需要设计和实现一套专用的Cache Provider组件，Cache Provider实现起来其实是比较复杂的。

- 异步回写模式和读/写穿透模式类似，区别是异步回写模式的数据持久化操作是异步的，但是读/写穿透模式的数据持久化操作是同步的。
- 异步回写优点是速度快，因为此模式直接操作缓存，而不是直接操作数据库，然后将多次操作合并之后批量持久化到数据库。缺点是数据可能会丢失，例如系统断电时等。

1.6.5　旁路缓存模式如何保证双写的数据一致性

旁路缓存模式是日常开发中使用最多的缓存层高并发访问模式，所以面试官也喜欢围绕这种模式进行提问。一个非常高频的问题是：旁路缓存模式（Cache-Aside）在写入的时候，为什么是删除缓存而不是更新缓存呢？很多大厂也喜欢问这个领域的问题，下面就是一道来自于社群的美团面试题。

美团面试题

旁路缓存模式如何保证数据库和缓存双写的数据一致性？

要完美地回答这个问题，需要把旁路缓存模式下的数据库和缓存双写的策略做一个系统化的梳理，大概分为如下五大策略：

- 策略一：先更新数据库，再更新缓存。
- 策略二：先删除缓存，再更新数据库。
- 策略三：先更新数据库，再删除缓存。
- 策略四：延迟双删。
- 策略五：先更新数据库，再基于队列删除缓存。

如果能在面试的时候把每一种策略的角色功能、适用场景、执行流程、优势弱点、改进策略进行系统化、体系化的陈述，则无论哪个大厂都一定会十分认可候选人的能力。

---

1. 策略一：先更新数据库，再更新缓存

在实际的业务场景中，一种常见的并发场景是：微服务Provider实例A、B同时进行同一个数据的更新操作。按照先更新数据库，再更新缓存的策略，微服务Provider实例A、B可能会出现下面的执行次序：

步骤01 微服务 A 去执行更新数据库（update DB）操作。

步骤02 微服务 B 去执行更新数据库（update DB）操作。

步骤03 微服务 B 去执行更新缓存（update Cache）操作。

步骤04 微服务 A 去执行更新缓存（update Cache）操作。

上面的执行流程是典型的并发写入场景，具体如图1-21所示。

从图1-21中可以看出，Provider A进行数据的写入，Provider B也进行数据的写入。最终的结果是数据库中的数据是Provider B的数据，缓存中的数据是Provider A的数据，出现数据库和缓存数据不一致问题。

具体的原因是：Provider B更新到缓存中的数据被Provider A更新到缓存中的数据覆盖了。数据库的更新次序是先A后B，理论上缓存中的数据更新也应该是先A后B，即最终在缓存中的数据应该

是Provider B的数据而不是Provider A的数据。所以，在上述流程执行完毕后，缓存中的Provider A的数据为脏数据。

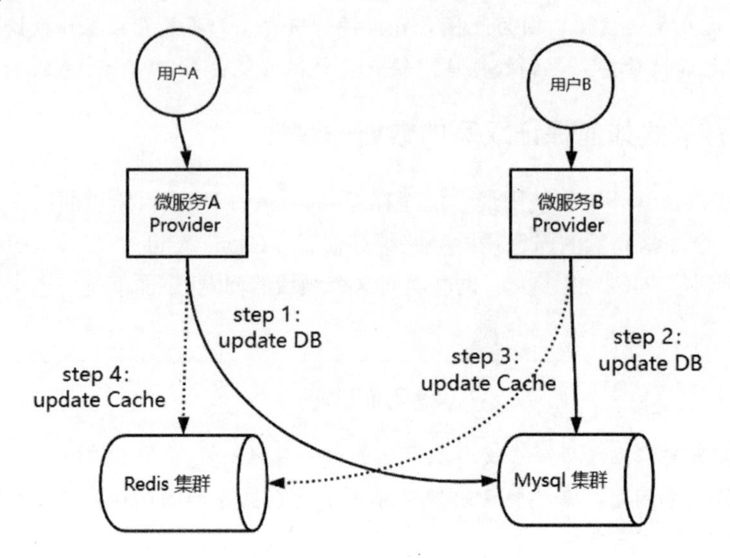

图 1-21　先更新数据库，再更新缓存的并发执行案例

之所以出现这个问题，是因为以上流程中步骤3与步骤4执行的均为操作缓存，都是高并发的操作，很难保证先后次序，所以缓存出现脏数据的概率很大。

2. 为何不更新缓存而是删除缓存

一个非常高频的问题是：旁路缓存模式在写入的时候，为什么是删除缓存而不是更新缓存呢？

回到上一节的例子，在图1-21中的并发写入的场景中，Provider A进行数据的写入，Provider B也进行数据的写入。

在这个例子中，写入数据库的次序如下：

- Provider A先发起一个写操作，更新了数据库。
- Provider B再发起一个写操作，更新了数据库。

现在，由于分布式系统无法保证并发操作的有序性，因此写入缓存的次序可能如下：

- Provider B先发起一个缓存写操作，更新了缓存。
- Provider A再发起一个缓存写操作，更新了缓存。

这时，缓存保存的是Provider A的数据（旧数据），数据库保存的是Provider B的数据（新数据），于是出现了数据库和缓存中数据不一致的情况，缓存中出现了脏数据。

如果使用删除操作取代更新操作，则缓存不会出现上面的脏数据问题。具体如图1-22所示。

除了出现脏数据之外，更新缓存相对于删除缓存还有两点劣势：

1）如果写入缓存的值是经过复杂计算才得到的，更新缓存频率高的话，就会大大降低性能。

2）及时更新缓存属于饿汉模式，适用于数据读取高频的场景。在写多读少的情况下，数据很多时候还没被读取到就又被更新了，这也浪费了缓存的空间，降低了性能。

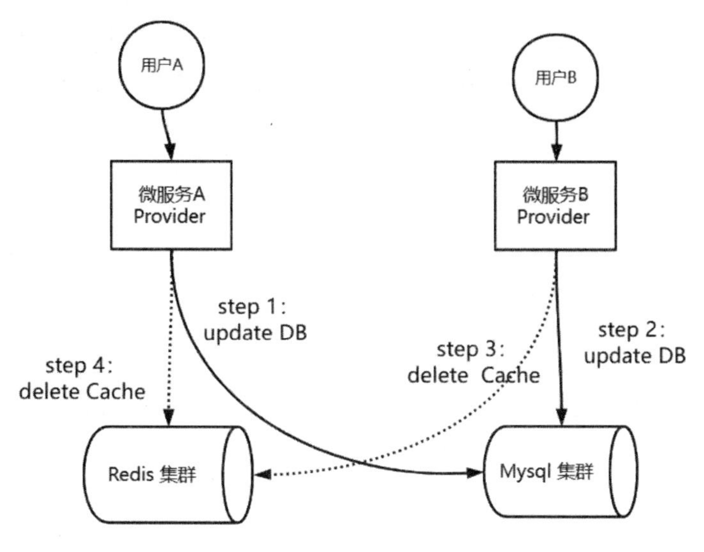

图 1-22　删除缓存避免脏数据

3. 策略二：先删除缓存，再更新数据库

在实际的业务场景中，一种常见的并发场景是：微服务Provider实例A进行数据的写操作，而微服务Provider实例B同时进行同一个数据的读操作。按照先删除缓存，再更新数据库的策略，微服务Provider实例A、B可能会出现下面的执行次序：

步骤 01 微服务 A 去执行删除缓存（delete Cache）中数据的操作。

步骤 02 微服务 B 去执行从数据库加载（load from DB）数据的操作。

步骤 03 微服务 B 去执行更新缓存（update Cache）的操作。

步骤 04 微服务 A 去执行更新数据库（update DB）的操作。

上面的执行流程是典型的并发读写场景，具体如图1-23所示。

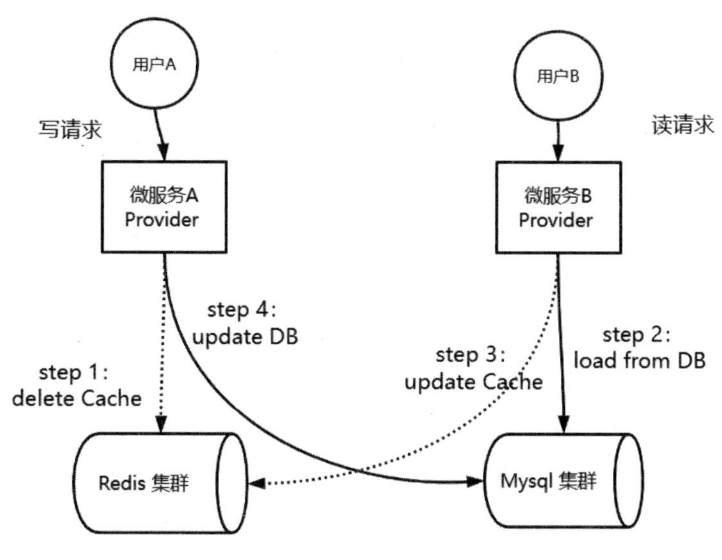

图 1-23　先删缓存，再更新数据库的并发执行案例

从图1-23中可以看出Provider A进行数据的写入，Provider B进行数据的查询。最终，数据库中的数据是Provider A的更新数据，缓存中的数据是Provider B从数据库加载的数据，而这个数据已经过时了，出现数据库和缓存中数据不一致的问题。

具体的原因是：Provider B查询缓存的时候，缓存中的数据被删除，Provider B只能去数据库中查找，然后将数据更新到缓存，而Provider A在Provider B查询完之后更新了数据库，导致了数据库和缓存的不一致。

出现这种数据库和缓存中数据不一致问题的根本原因：写操作是先删缓存（操作1）再写数据库（操作2），如果在此期间发生并发读，读取的动作很容易发生在操作1和操作2的中间，从而读取到过时的数据，最终导致缓存和数据库不一致。更为严重的是，读操作把过期数据刷入缓存后会导致后面比较长时间的不一致。这个时间会一直持续到缓存过期，比如4个小时（以项目中的配置时间为准）。

缓存和数据库不一致将导致一个严重的后果：因为后续的读操作都会使用缓存中的数据，所以后面的读操作都会使用过时数据。

4. 策略三：先更新数据库，再删除缓存

先更新数据库，再删除缓存，基本上可以解决并发读写场景中缓存和数据库中 数据不一致的问题。但是，在一些特殊的场景中，还是会存在数据不一致的问题。

一种非常特殊的并发场景是：微服务Provider实例A进行数据的写操作，先写数据库（操作1），再删缓存（操作2），如果由于某种原因微服务Provider实例A出现了卡顿，没有及时操作缓存，或者说没有及时执行删除缓存的操作，简单地说就是操作2发生了滞后。此时，微服务Provider实例B进行一个数据的读操作，读取的次序仍然是先读缓存，再读数据库，则很容易导致数据库和缓存中数据的不一致性。

按照先更新数据库，再删除缓存的策略，微服务Provider实例A、B可能会出现下面的执行次序：

步骤01 微服务 A 去执行更新数据库（update DB）的操作。

步骤02 微服务 B 去执行从缓存中加载（load from Cache）数据的操作。

步骤03 微服务 A 去执行删除缓存（delete Cache）中数据的操作，但是发生了延迟。

上面的执行流程具体如图1-24所示。

在图1-24中的并发读写的场景中，Provider A进行数据的写入，Provider B进行数据的查询。

微服务Provider实例A先写数据库（操作1），再删缓存（操作2），如果Provider实例A由于卡顿或者网络延迟等异常的问题导致操作2严重滞后，在操作2执行完成之前，数据库和缓存中的数据是不一致的。在此期间，其他的数据读操作都会读取缓存中的过期数据，出现数据库和缓存中数据不一致问题。

出现数据库和缓存中数据不一致问题的根本原因是：先写入数据库（操作1）再从缓存中删除数据（操作2），如果在此期间发生并发读，读操作很容易发生在操作1和操作2的中间，从而导致并发读操作从缓存读取到过时的数据，最终导致缓存和数据库中数据不一致。但是等到写操作和删除缓存的操作执行完成之后，缓存和数据库中的数据会恢复一致性。

无论如何，策略三（先写数据库再删缓存）比策略二（先删缓存再写数据库）发生数据不一致的时间短。相比较而言，推荐使用策略三而不是策略二。

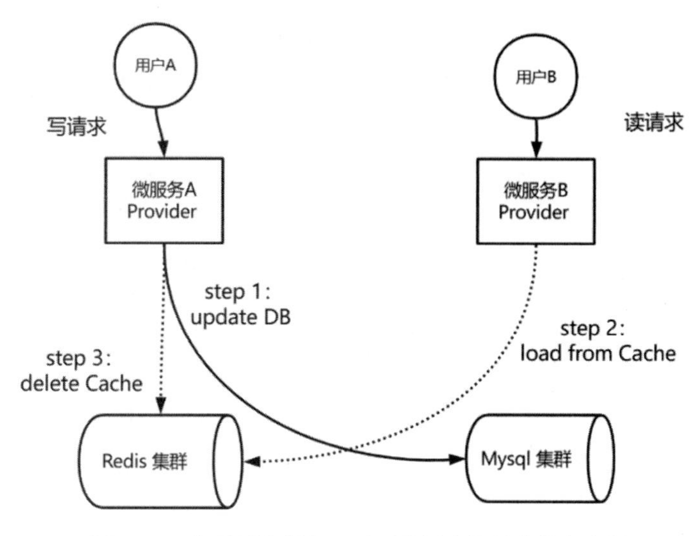

图 1-24　先更新数据库，再删除缓存的并发执行案例

那么，策略三有什么问题呢？

1）写入数据库（操作1）和删缓存（操作2）之间，存在短时间的数据不一致。

2）如果删缓存失败，则会存在较长时间的数据不一致，这个时间会一直持续到缓存过期。

如何解决策略三中缓存删除失败所导致的数据库和缓存较长时间的数据不一致呢？可以使用策略四：延迟双删。

5. 策略四：延迟双删

什么是延迟双删呢？延迟双删是基于策略二进行的改进，就是先删缓存，后写数据库，最后延迟一定时间再删缓存。

在实际的业务场景中，一种常见的并发场景是：微服务Provider实例A进行数据的写操作，而微服务Provider实例B同时进行同一个数据的读操作。按照先删缓存，后写数据库，最后延迟一定时间再删缓存的策略，微服务Provider实例A、B可能会出现下面的执行次序：

步骤01 微服务 A 去执行删除缓存（delete Cache）中数据的操作。

步骤02 微服务 B 去执行从数据库中加载（load from DB）数据的操作。

步骤03 微服务 B 去执行更新缓存（update Cache）的操作。

步骤04 微服务 A 去执行更新数据库（update DB）的操作。

步骤05 微服务 A 去执行延迟删除缓存（delay delete Cache）中数据的操作。

上面的执行流程具体如图1-25所示。

在图1-25中的并发读写的场景中，Provider A进行数据的写入，Provider B进行数据的查询。最终微服务Provider实例A先删缓存（操作1），再写数据库（操作2），最后再次延迟删除缓存（操作3）。在操作2之前，如果发生并发读，从数据库读取到过时数据，可能出现数据库和缓存数据不一致的问题。

出现数据库和缓存中数据不一致问题的根本原因是：写操作是先删缓存（操作1）再写数据库（操作2），如果在此期间发生并发读，读操作容易发生在（操作1）和（操作2）的中间，从数据库读到过时数据，最终导致缓存和数据库不一致。但是，这一轮的数据不一致的持续时间不会太长。

为什么呢？因为写操作还有一个兜底的动作，即再次延迟删除缓存（操作3），从而保证数据一致。所以延迟双删也会存在数据不一致的问题，不过持续时间比较短而已。

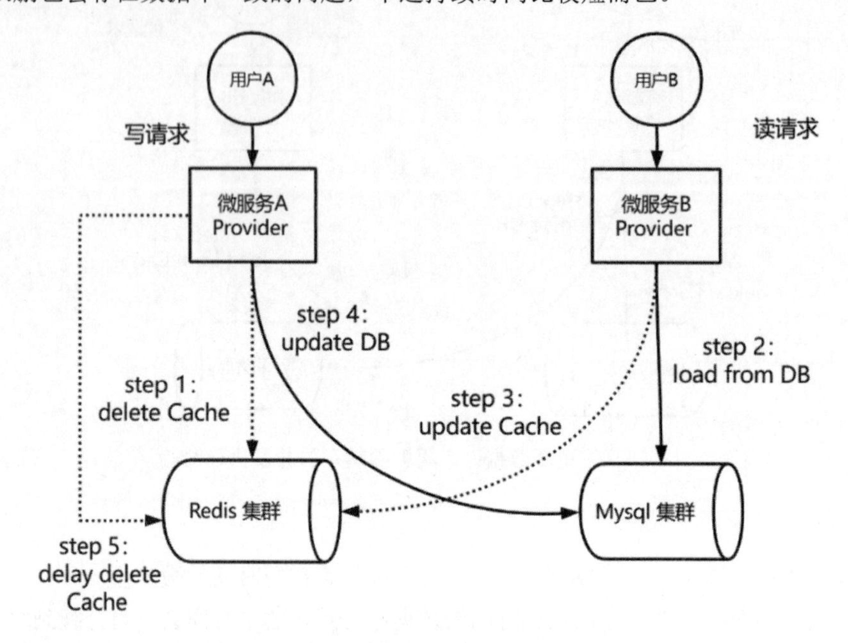

图 1-25　先删缓存，后写数据库，再次延迟删缓存的并发执行案例

那么，策略四有什么问题呢？

1）如果写操作比较频繁，可能会对Redis造成一定的压力。

2）在极端情况下，第二次延迟删缓存失败，操作的效果退化到策略二：数据库和缓存存在较长时间的数据不一致，这段时间会一直持续到缓存过期，比如4个小时（以项目中的配置时间为准）。

如何解决策略四的以上两个问题呢？可以使用策略五：先更新数据库，再基于队列删除缓存。

6. 策略五：先更新数据库，再基于队列删除缓存

来到策略五：先更新数据库，再基于队列删除缓存。那么，如何基于任务队列删缓存呢？实质上，策略五是基于策略三进行的改进。首先回顾一下策略三的问题？

1）写数据库（操作1）和删缓存（操作2）之间存在短时间的数据不一致。

2）如果删缓存失败，则会存在较长时间的数据不一致，这个时间会一直持续到缓存过期。

策略五主要的操作次序和策略三保持一致，依然是先写数据库后删缓存。不同的是，策略五引入队列，把删缓存的操作加入队列，后台会有一个异步线程或者进程去异步消费（即执行）队列中的删除任务，去执行删缓存的操作。

基于队列删除缓存，可以细分为：

- 基于内存队列删除缓存。
- 基于消息队列删除缓存。
- 基于binlog+消息队列删除缓存。

➲ 第一种细分方案：基于内存队列删除缓存

此方案把删缓存的操作加入任务队列，后台会有一个异步线程去异步执行任务队列中的删除任务，去执行删缓存的操作，如果缓存删除失败，可以重试多次，确保删除成功。

在实际的业务场景中，一种常见的并发场景是：微服务Provider实例A进行数据的写操作，而微服务Provider实例B同时执行同一个数据的读操作。Provider实例A先写数据库，然后将删缓存操作加入任务队列；Provider实例 B则是先读缓存，没有数据再读数据库。微服务Provider实例A、B可能会出现下面的执行次序：

步骤01 微服务 A 去执行更新数据库（update DB）的操作。

步骤02 微服务 A 将删除缓存（delete Cache）操作加入任务队列。

步骤03 微服务 B 去执行从缓存中加载（load from Cache）数据的操作。

步骤04 消费线程从任务队列提取删除缓存（delete Cache）操作，执行删除缓存的操作，直到删除成功。

上面的执行流程具体如图1-26所示。

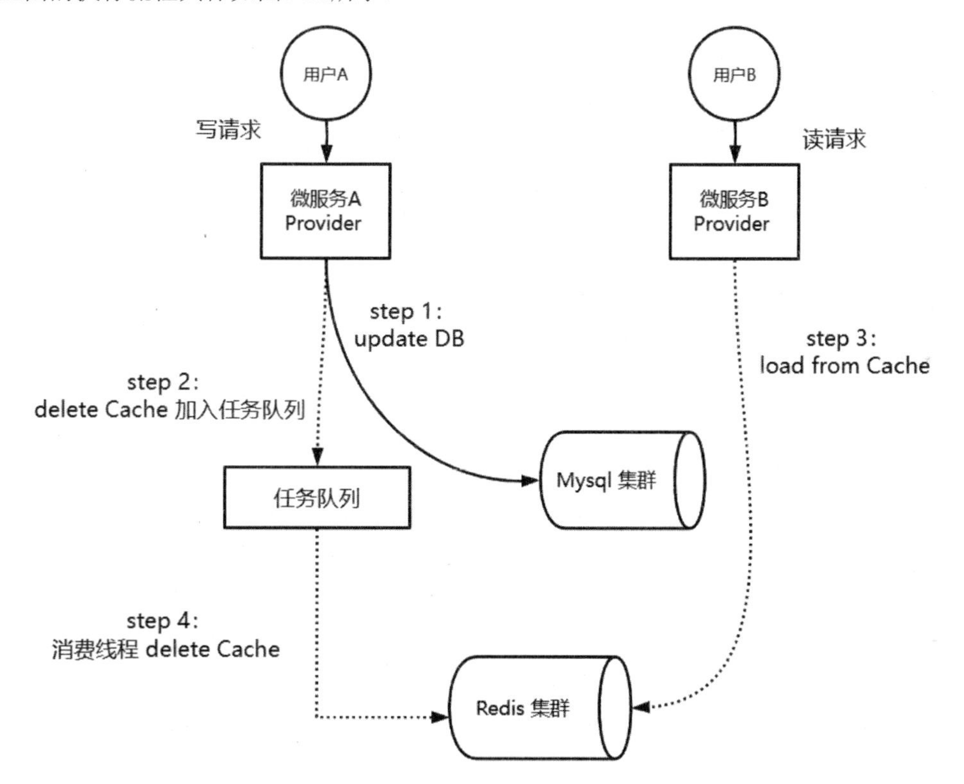

图 1-26　先更新数据库，后基于内存队列删除缓存的并发执行案例

在图1-26中的并发读写的场景中，Provider A进行数据的写入，Provider B进行数据的查询。最终微服务Provider实例A先写数据库（操作1），再将删除缓存的操作加入任务队列（操作2）。在删除缓存的操作真正执行完成之前，其他的数据读操作都会读取缓存中的过期数据，出现数据库和缓存中数据不一致的问题。但是这种不一致是短暂的。任务队列的消费线程会异步执行删除缓存的任务，并且会不断重试确保成功，删除缓存之后，数据库和缓存中数据不一致问题就会得到解决。

说明 保存删除缓存任务的队列建议使用阻塞队列。任务队列的消费线程可参考Rocketmq源码中的ServiceThread异步服务线程，其设计思想和执行性能都非常优越。后面尼恩会通过本书配套的教学视频演示基于队列删除缓存的实操。

策略五也会出现数据库和缓存不一致的问题，尤其是当写操作非常频繁时，队列的任务比较多，消费可能会比较慢，导致数据库和缓存不一致的时间会延长。在这种情况下，可以根据任务队列的拥塞程度开启多个线程，提升并发执行的效率。

与策略四相比，策略五的优势是：

1）在写操作比较频繁的场景，策略四有两次删缓存操作，可能会对Redis造成一定的压力；策略五只有一次删缓存操作，Redis的压力小一半。

2）策略四如果删缓存失败，没有引入重试策略；策略五会多次重试，确保删缓存成功，如果重试多次仍然不成功，可以执行运维预警。

3）策略四将写数据库和删缓存这两个操作耦合在了一起，没有很好地做到单一职责；策略五将写数据库和删缓存这两个操作解耦，模块职责更加单一。

那么，策略五有什么问题呢？

1）如果写操作非常频繁，队列的任务比较多，消费可能会比较慢，需要引入多线程机制，加快消费速度。

2）程序复杂度成倍上升，引入了消费线程、任务队列，并且还需要不断进行性能优化。

3）内存队列是JVM进程的内部队列，如果JVM崩溃，内存队列没有来得及处理的缓存记录删除任务会丢失，导致这些数据的缓存记录和数据库记录会长时间不一致。

➲ 第二种细分方案：基于消息队列删除缓存

在第一种细分方案中，将删除缓存的任务保存在内存队列；这不是高可靠的。

为了保证高可靠地删除缓存记录，这里引入高可用的独立组件——RocketMQ消息队列。需要注意的是，这里引入的RocketMQ消息队列是高可用的类型消息队列，不是单节点的类型消息队列，从而保障消息记录的高可用，保障缓存的删除操作只要没有被成功执行，就不会丢失。

引入高可用RocketMQ消息队列之后，执行双写操作的Provider A的操作流程有小幅度的调整。Provider A需要将删除缓存的操作序列化成RocketMQ消息，然后写入高可用RocketMQ消息队列中间件，再由专门的消费者（Cache Delete Consumer）进行消息的消费，根据消息内容执行删除缓存记录的工作。

数据库和Redis双写的场景下，Provider A先更新数据库，然后基于消息队列删除缓存的并发执行案例的执行流程如图1-27所示。

引入高可用的独立组件RocketMQ消息队列之后，Provider A的写入逻辑变得很简单，删缓存的时候，只需要发送消息到RocketMQ即可，大大简化了Provider A程序的写入逻辑。只是为了保证消息的高可靠传递，这里Provider A在发送消息的时候需要使用同步发送模式，而不能使用异步发送的模式。

在消息投递的环节，由RocketMQ高可用组件的ACK机制保证消息的高可靠投递。如果消息第一次消费失败，RocketMQ会重复多次进行投递，确保消息被正常消费，如果一直不能被成功消费，在重复投递一定的次数之后（默认16次），消息会进入死信队列。系统的监控程序会对死信队列进行监控，一旦发现死信消息，监控程序会进行运维警告，由运维人员解决最终的缓存删除问题。除非Redis集群崩溃，一般都不会出现这种极端情况。

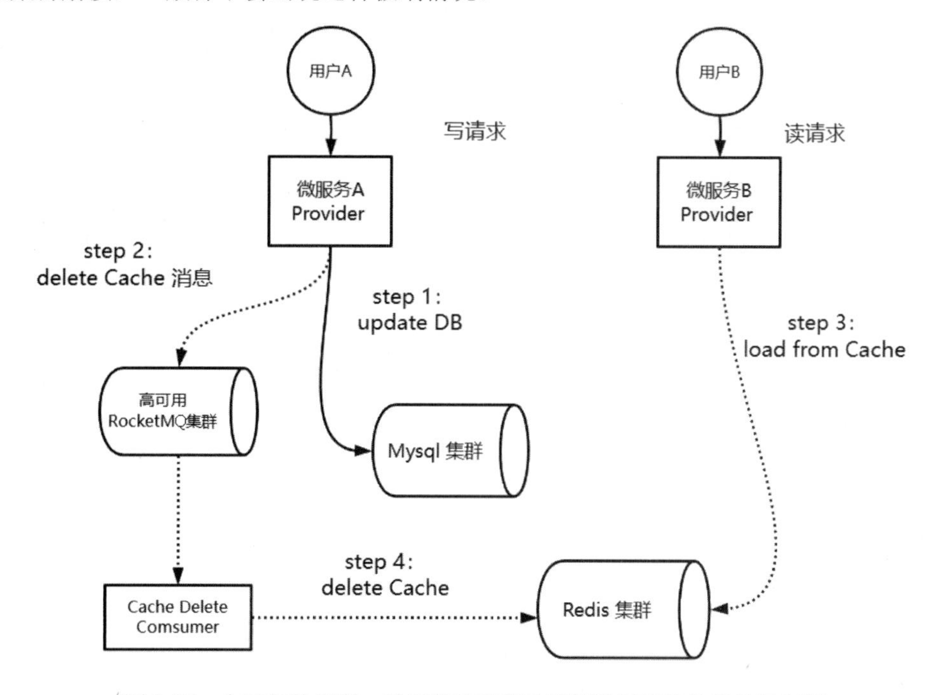

图 1-27　先更新数据库，然后基于消息队列删除缓存的并发执行案例

和基于内存队列删除缓存相比，基于消息队列删除缓存的优势是：增加了缓存删除的可靠性，避免了因JVM崩溃所导致的内存队列中的记录丢失的问题。

那么，Provider在执行数据库和缓存双写时，能不能进一步减少双写的负担，将发送删除缓存消息的操作从双写逻辑中剥离，交给其他的组件去完成呢？答案是可以的。具体来说，就是使用基于binlog+消息队列删除缓存的方案。

➲ 第三种细分方案：基于binlog+消息队列删除缓存

以MySQL为例，可以使用阿里的Canal中间件采集在数据写入MySQL时生成的binlog日志，然后将日志发送到RocketMQ队列。在消费端，可以编写一个专门的消费者（Cache Delete Consumer）缓存binlog日志订阅，筛选出其中的更新类型日志，解析之后执行对应缓存的删除操作，并且通过RocketMQ队列的ACK机制确认处理这条更新日志，保证缓存删除能够最终成功执行。

数据库和Redis双写的场景下，Provider A先更数据库，然后基于binlog+消息队列删除缓存的并发执行案例的执行流程如图1-28所示。

基于binlog+消息队列删除缓存的方案的优势是：微服务Provider在执行数据库和缓存双写时，只需要执行写入数据库的操作就可以了，大大简化了微服务Provider的业务逻辑。缓存的删除工作已经完全被Canal、RocketMQ、专门的消费者（Cache Delete Consumer）三者相互结合接管了。

这么多的旁路缓存模式（Cache-Aside）保证了双写的数据一致性方案，该如何选型呢？只有更合适，没有最合适，大家可以根据项目和团队的情况选择最合适的。具体的方案选型，大家可以在高并发社群——疯狂创客圈的微信群里边交流。

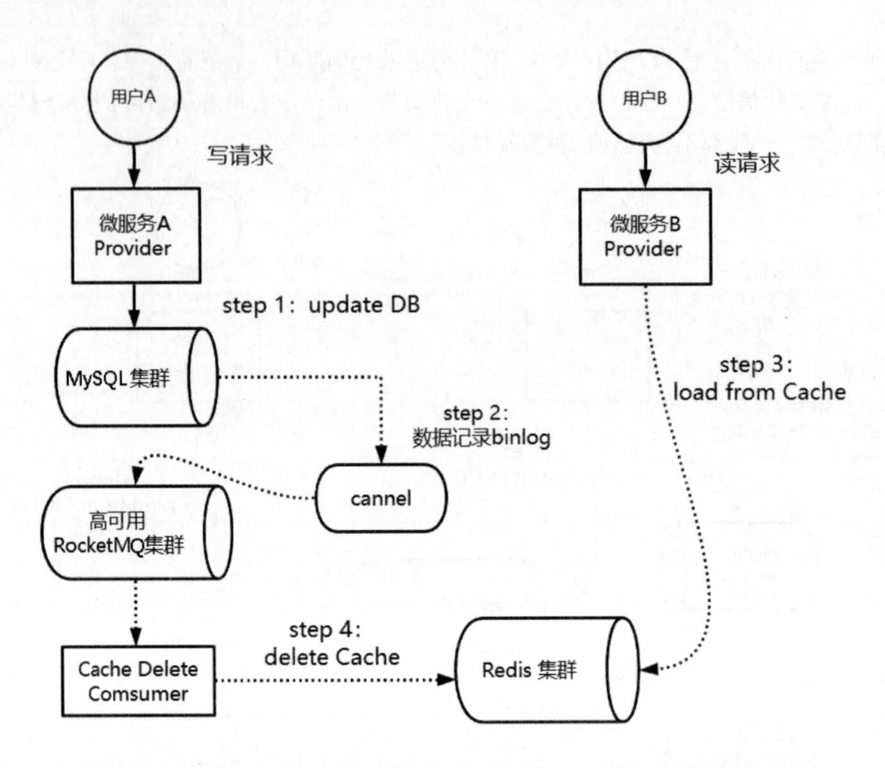

图 1-28　先更新数据库，然后基于 binlog+消息队列删缓存的并发执行案例

7. 从 CAP 视角分析数据库与缓存的数据一致性

CAP理论作为分布式系统的基础理论，描述的是一个分布式系统在一致性（Consistency）、可用性（Availability）、分区容错性（Partition tolerance）这三个特性中，最多满足其中的两个特性：要么满足CA，要么满足CP，要么满足AP，无法同时满足CAP。也就是说AP和CP是一组“天敌”，要满足AP高性能，只能舍弃CP。

在数据库和缓存的分布式架构中，加入分布式缓存是为了获得高性能、高吞吐，即为了获得分布式系统的AP特性。所以，如果需要数据库和缓存数据保持强一致（强CP特性），就不适合使用缓存。

所以，从CAP的理论出发，使用缓存提升性能就是会有数据更新的延迟，就会产生数据的不一致。使用分布式缓存，可以通过一些方案优化保证弱一致性，通过不断地方案迭代减少不一致性的时间长度。这需要在设计缓存时结合业务仔细思考是否适合使用缓存，结合业务仔细思考缓存过期时间。

缓存一定要设置过期时间，这个时间太短或者太长都不好。如果过期时间太短，请求可能会比较多地落到数据库上，这也意味着失去了缓存的优势。如果过期时间太长，缓存中的脏数据会使系统长时间处于一个延迟的状态，而且系统中长时间没有人访问的数据会一直存在内存中不过期，浪费内存。

为什么数据库和缓存没有办法强一致呢？主要因为是写数据库和删缓存是两个独立的操作，这两个操作并没有保证原子性。如果一定要强CP，就需要非常复杂的低性能方案保证写数据库和删缓存两个操作的原子性，比如引入分布式锁，并且需要引入CP类型的ZooKeeper分布式锁，或者引入CP类型的Redis RedLock，而不是引入AP类型的普通Redis分布式锁。所以，如果一定要强CP，就需要非常复杂的低性能方案，这有点得不偿失。

1.6.6　本地缓存架构

广义的缓存层覆盖整个系统架构的不同系统层级进行数据缓存，以提升访问效率。它覆盖的范围非常大，主要有：

- 客户端缓存。
- 服务端本地缓存。
- 文件系统缓存。
- 分布式缓存（如Redis）。
- CPU缓存。

首先看看什么是客户端缓存。客户端浏览器一般针对图片、CSS脚本、HTML文件等静态内容进行缓存。客户端浏览器能够根据服务器端返回的响应头缓存设置，将响应内容缓存到浏览器。如果客户端本地缓存没有过期，则浏览器可以直接从本地读取数据，从而减少浏览器端和服务器端之间来回传输的数据量，节省带宽。

其次看看什么是CPU缓存和文件系统缓存。这两部分内容都非常复杂，在此不做展开，而且由于篇幅限制，也没有办法展开。关于CPU的缓存架构，请参考尼恩编著的《Java高并发核心编程卷2（加强版）：多线程、锁、JMM、JUC、高并发设计模式》里边对CPU的多级缓存架构，以及对CPU多级缓存的数据一致性，做了非常深入的介绍。关于文件系统缓存的架构和原理，这部分内容更复杂，后续将在疯狂创客圈博客中通过视频方式进行介绍。

本小节所讨论的缓存，主要是服务端的进程内的本地缓存，主要有两类：

- Java应用本地缓存。
- Nginx接入层本地缓存。

1. Java 应用本地缓存

Java应用本地缓存简单一点的可以是Map，复杂一点的可以使是Guava、Caffeine这样的第三方组件。Java应用本地缓存类似于寄生虫，占用的是JVM进程的内存空间。

Guava Cache是Google开源的一款本地缓存工具库，它的设计灵感来源于ConcurrentHashMap，使用多个Segments方式的细粒度锁，在保证线程安全的同时，支持高并发场景需求，同时支持多种类型的缓存清理策略，包括基于容量的清理、基于时间的清理、基于引用的清理等。

Caffeine是Spring 5默认支持的缓存，Spring抛弃Guava转向了Caffeine，可见Spring对它的看重。Caffeine因使用Window TinyLfu 回收策略而提供了一个近乎最佳的命中率。

Caffeine的底层数据存储采用ConcurrentHashMap。因为Caffeine面向JDK8，而在JDK8中ConcurrentHashMap增加了红黑树，所以在Hash冲突严重时Caffeine也能有良好的读性能。

如果要在Java应用中使用本地缓存，建议使用Caffeine组件。

2. Nginx 接入层本地缓存

Nginx有三类本地缓存：

- proxy_cache（代理缓存）。
- shared_dict（共享字典）。

- lua-resty-lrucache缓存。

（1）Nginx的proxy_cache（代理缓存）

第一类Nginx缓存是proxy_cache（代理缓存），此类缓存是Nginx的标准缓存机制。Nginx作为反向代理，在请求转发的过程中可将中间数据在本地进行缓存，这样若在未来一段时间内请求相同的数据，Nginx 可以直接返回本地的副本（缓存），而不是再次向后端服务发起请求，因此可以大大降低后端服务器的压力。

```
# 定义缓存路径、名称、空间大小等
proxy_cache_path /data/nginx/cache keys_zone=my_cache_name:10m;
 server {
      listen       8000;
      server_name  localhost;
      # 添加缓存的 http 状态头
      add_header X-Cache-Status $upstream_cache_status;
      location / {
             # 使用缓存名称
             proxy_cache my_cache_name;
             # 定义缓存key
             proxy_cache_key $host$uri$is_args$args;
             proxy_cache_valid 200 304 10m;
             proxy_cache_bypass $arg_nocache $http_nocahe;
             proxy_pass http://localhost:8080;
      }
 }
```

注意 proxy_cache用于缓存请求的中间结果，涉及两个指令：proxy_cache_path、proxy_cache。

proxy_cache_path指令用于定义缓存。其第一个强制参数为用于缓存内容的本地文件系统路径；第二个强制参数为keys_zone，用于定义共享内存区（shared memory zone）的名称和大小，该共享内存用于保存缓存项目的元数据。上面例子中共享内存区域的名称为my_cache_name，大小是10MB。

注意，proxy_cache_path定义的这块内存区域不是用来放置缓存内容的，而是用来放置缓存内容的元数据，比如缓存内容的url、参数、大小、磁盘上的文件等。缓存内容放在哪里呢？实际上是存储在proxy_cache_path配置的磁盘目录下。

location区块中的proxy_cache指令用来指定共享内存区的名称，即proxy_cache_path指令中的keys_zone参数中的名称，此处为my_cache_name。

proxy_cache缓存的特点：缓存的内容存储在磁盘，缓存的元数据信息存储在内存。所以，proxy_cache缓存的读写并不是纯内存的操作，而是存在着大量的磁盘IO操作，这也符合请求的中间结果数据规模很大的特点。一般来说，请求的中间结果数据量是很大的，可能是几十个GB，甚至几百个GB。

（2）Nginx的shared_dict（共享字典）

和proxy_cache的不同之一：Nginx的第二类本地缓存shared_dict（共享字典）缓存、第三类本地缓存lrucache缓存不是Nginx的标准缓存，而是Nginx的Lua扩展缓存。

和proxy_cache的不同之二：shared_dict、lrucache是纯内存的操作，受限于内存大小，这两类本地缓存的尺寸都比较小。

shared_dict的数据结构类似于Java中的Map，以Key-Value（键一值对）的形式使用。shared_dict只能缓存字符串对象，缓存的数据有且只有一份，每一个 Nginx Worker都可以进行访问，所以常用于Nginx Worker 之间的数据通信。

使用shared_dict的时候，第一步是在nginx.conf里面添加shared_dict配置，通过lua_shared_dict命令实现，具体如下：

```
lua_shared_dict    my_cache    128m;      --mycahe是lua_shared_dict的缓存名字
```

第二步是在代码里面进行键一值对（Key-Value Pair）的设置和获取，与Map的使用非常类似，从shared_dict获取Value的示例代码如下：

```
function get_from_cache(key)
    local my_cache = ngx.shared.my_cache --拿到共享字典
    local value = my_cache:get(key) --获取值
    return value
End
```

shared_dict是内存缓存，同一个服务器上的不同Nginx Worker之间是共享缓存的，操作的是同一个Key-Value，所以必须保证操作的原子性。可以使用resty_lock保障shared_dict设置的原子性，参考代码如下：

```
local resty_lock = require "resty.lock"
local cache = ngx.shared.my_cache
--创建锁
local lock, err = resty_lock:new("my_locks")
--抢占锁
local elapsed, err = lock:lock(key)
if not elapsed then
  return fail("failed to acquire the lock: ", err)
end
-- 省略key 的新value的获取过程
-- 使用新value，设置缓存
local ok, err = cache:set(key, val, 1)
if not ok then
   return fail("failed to set cache: ", err)
end
--释放锁
local ok, err = lock:unlock()
if not ok then
   return fail("failed to unlock: ", err)
end
```

（3）Nginx的lrucache缓存

lrucache是通过Lua脚本实现的最近经常使用的缓存。与shared_dict不同，lrucache缓存可以缓存所有Lua对象，而且lrucache缓存是进程独享的，只能在单个Nginx Worker进程内访问，有多少个Nginx Worker，就会有多少份lrucache缓存数据。

lrucache的数据结构仍然类似于Java中的Map，以键一值对（Key-Value Pair）的形式使用，可以进行键一值对的get\set\delete操作。使用lrucache的示例代码如下：

```
local lrucache = require "resty.lrucache"
 --创建缓存，缓存的大小，可以容纳200个元素
local c = lrucache.new(200)
if not c then
   return error("failed to create the cache: " .. (err or "unknown"))
end
```

```
--设置缓存
c:set("foo", 32)
--获取缓存
ngx.say("foo: ", c:get("foo"))
```

Nginx扩展的本地缓存可以是Map或者其他的JDK容器，也可以是Guava、Caffeine这样的第三方组件。

3. 什么场景使用本地缓存

和Redis分布式缓存相比，本地缓存的优势是性能高很多。性能高的原因是本地缓存是纯内存操作，避免了网络IO，所以访问的速度最快。

什么数据使用本地缓存呢？

- 修改频率低、数据量不大的数据。比如一个管理系统的组织机构类目信息。
- 极热的数据，尤其是查询QPS极高的数据。比如秒杀热点商品缓存。

总之，本地缓存通过纯内存操作，避免了网络IO，速度比Redis更快。对性能有极致要求的场景可以充分考虑使用本地缓存。

1.6.7 多级、细粒度缓存架构

假设一个互联网平台的日均PV过百万，QPS峰值过万，需要通过多级缓存来提升性能，那么就需要对缓存的细粒度、多级模式进行改造。

1. 多级缓存架构

什么是多级缓存呢？就是根据分布式缓存、本地缓存的特点，对缓存进行分级。在整个系统架构的不同系统层级进行数据缓存，以提升访问的高并发吞吐量。

从Java程序在访问缓存时的距离远近的角度对缓存进行分级，可以将缓存划分为：

- 一级缓存：JVM本地缓存，如Guava Cache、Caffeine等。
- 二级缓存：经典的分布式缓存，如Redis Cluster集群。
- 三级缓存：在接入层的本地缓存，如Nginx的shared_dict（共享字典）。

一个多级缓存架构的案例如图1-29所示。

将数据按照不同的访问热度进行划分，可以分为：

- 极热数据：访问热度最高的数据。
- 较热的数据：访问热度没有那么高的数据。
- 普通数据：访问热度比较一般的数据。

不同热度的数据可以按照不同的层级进行存放：

- 对于访问热度最高的数据，可以在接入层Nginx的shared_dict（共享字典）缓存，此为三级缓存（规模在1GB以内），比如秒杀系统中的优惠券详情、秒杀商品详情信息，这些信息访问得非常频繁。

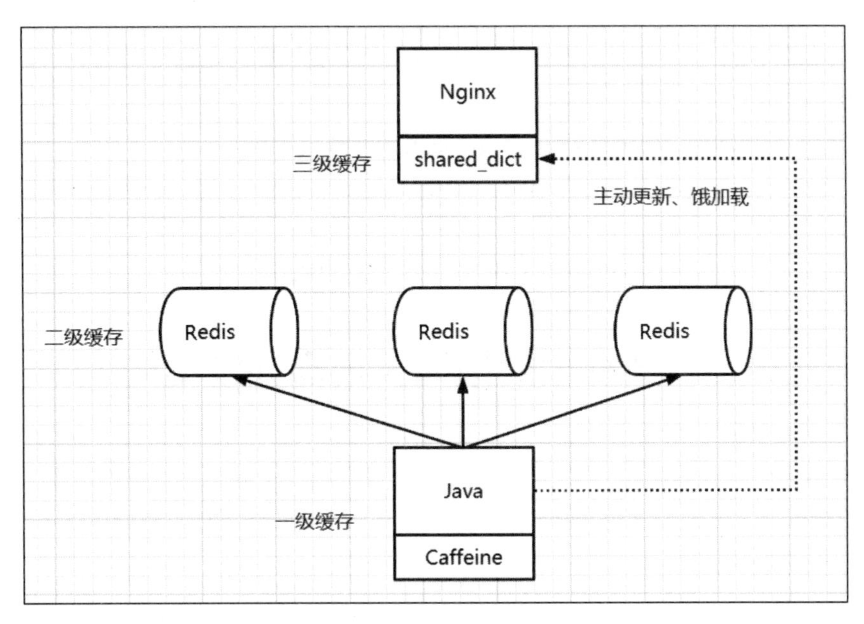

图 1-29　一个多级缓存架构的案例

- 对于访问热度没有那么高但也访问频繁的数据，可以在JVM进程内缓存（如Caffeine），这部分的数据规模也不能太大，大概在1GB以内，作为一级缓存。
- 对于访问热度比较一般的数据，存放到Redis Cluster集群，作为二级缓存，这部分的数据规模最大，可以以10GB为节点单位进行横向扩展。

缓存级别的划分标准

关于缓存级别的划分，业内没有一个统一的标准。以上的一级、二级、三级是以Java程序在访问缓存时的距离远近来划分的。一级、三级缓存都是纯内存操作，避免了网络请求，对性能有极致要求，速度比二级缓存Redis更快。但是一级、三级缓存在规模上无法与二级缓存相比。

2. 细粒度缓存架构

在没有使用多级缓存的场景下，缓存的粒度是比粗的，通常一个应用的代码中有一个Redis客户端模块，需要缓存的数据统一使用Redis访问客户端模块进行设置和读取。在使用多级缓存的情况下，缓存的粒度是比较细致的，从业务的维度需要进行数据的细粒度划分，划分的时候，需要考虑数据的多个属性：

- 热度属性
- 规模属性

比如在秒杀系统中，可以将缓存数据的细粒度划分为：秒杀商品数据、商品类目数据、普通商品数据、用户数据。

不同细粒度的数据使用不同层级的缓存进行保存：

- 秒杀商品数据：极热，规模在1GB以内，使用三级缓存。
- 商品类目数据：次热，规模在1GB以内，使用一级缓存。
- 普通商品数据、用户数据：普通热度，规模在10GB以上，使用二级缓存。

使用了缓存之后，一定不要忘记去解决缓存的数据一致性问题。在三级缓存的场景下，不同级别的缓存有不同的数据一致性的保证方案：

- 一级缓存，可以基于Canal+RocketMq的饿汉加载模式。
- 二级缓存，可以使用旁路缓存模式（Cache-Aside）延迟双删，或者Canal+RocketMQ删除模式。
- 三级缓存，可以基于Canal+RocketMQ的饿汉加载模式。

1.7 数据层的横向扩展高并发架构

在数据规模量很大的场景下，数据层数据库涉及数据横向扩展高并发架构，将原本存储在一台服务器上的数据层数据库拆分到不同服务器上，以达到扩充系统性能的目的。

数据层的横向扩展高并发架构主要包括两个方面：

- 结构化数据的高并发架构方案：分库分表。
- 异构数据、复杂查询的高并发架构方案：NoSQL海量存储（如ElasticSearch、HBASE、ClickHouse）。

1.7.1 数据库服务器的能力参考数据

首先要弄清楚一个核心问题：一台数据库服务器能够承受多大的并发量、数据量？数据库服务器的能力参考数据受多方面因素影响，大致如下：

（1）数据库的类型

读者使用的数据库是MySQL还是Oracle或是DB2、PostgreSQL等？要知道不同数据库的性能在不同的场景中是不一样的。

由于大家平时主要使用MySQL数据库，因此接下来以MySQL为样本进行阐述。

（2）数据库服务器是什么配置

- CPU是几核？现代数据库应用都充分运用了多核CPU的并行处理能力。
- 内存多大？数据库的索引数据、缓存数据都会进入内存中。
- 磁盘IO能力？是机械硬盘还是固态硬盘？数据库文件都存储在磁盘中，所以磁盘的IO能力将是影响数据库性能的最直接因素。
- 网络带宽？是千兆网卡还是万兆网卡？网络的上行和下行带宽，数据库服务器可支持的最大连接数是多少？

度量数据库并发量/吞吐量的最好办法是做数据库压力测试。在做压力测试的时候，可以一点一点地加压力，逐步得出数据库的以下参数：

- QPS（Queries Per Second）：每秒处理的查询数（如果是数据库，就相当于读取）。
- TPS（Transactions Per Second）：每秒处理的事务数（如果是数据库，就相当于写入、修改）。
- IOPS：每秒磁盘进行的I/O操作次数。

除了弄清楚线上数据库实际的吞吐量/并发量指标值之外，业内对于结构化数据库（主要针对MySQL）有一些比较共识的参考数据（基线值）：

- 单表的记录参考上限：500万~1000万。
- 单库的TPS上限：1000~1500 TPS。

在进行架构设计时，如果没有数据库实际的吞吐量/并发量指标值，可以按照这些基线值进行架构设计。

1.7.2　结构化数据的高并发架构方案：分库分表

为什么要分库分表？随着数据量的增长，数据库很容易产生性能瓶颈：IO瓶颈、CPU瓶颈。

1. IO 瓶颈

IO瓶颈包括：磁盘读IO瓶颈、磁盘写IO瓶颈。

什么是磁盘读IO瓶颈？由于热点数据太多，数据库缓存完全存放不下，查询时会产生大量的磁盘IO，查询速度会比较慢，这样会产生大量的活跃连接，最终可能会导致产生无连接可用的后果。如果要解决IO瓶颈，可以采用一主多从、读写分离的方案，用多个从库分摊查询流量；或者采用分库+水平分表（把一个表的数据拆成多个表来存放，比如订单表可以按user_id来拆分）的方案。

什么是磁盘写IO瓶颈？由于数据库写入频繁，会产生大量的磁盘写入IO操作，磁盘写入的性能是很低的，频繁的磁盘写入同样会产生大量的活跃连接，最终同样会导致产生无连接可用的后果。这时只能采用分库方案，用多个库来分摊写入压力。再加上水平分表的策略，分表后单表存储的数据量会更小，插入数据时索引查找和更新的成本会更低，插入速度自然会更快。

两种IO瓶颈都会导致数据库的活跃连接数增加，进而达到数据库可承受的最大活跃连接数阈值，最终导致应用服务无连接可用，造成灾难性后果。

2. CPU 瓶颈

什么是CPU瓶颈？即CPU利用率满载，一般体现为长时间CPU利用率大于99%。导致数据库CPU瓶颈的问题有：

1）慢SQL问题。如果SQL中包含 join、group by、order by、非索引字段条件查询等增加CPU运算的操作，会对CPU产生明显的压力。解决的方案为：可以考虑SQL优化，创建适当的索引；也可以把一些计算量大的SQL逻辑放到应用中处理。

2）单表数据量太大。由于单个表数据量过大，比如超过1000万，查询时遍历树的层次太深或者扫描的行太多，SQL效率会很低，也会非常消耗CPU。这时可以根据业务场景水平分表。

出现IO瓶颈、CPU瓶颈时，可以先从代码、SQL、索引几方面进行优化。如果这几方面已经没有太多优化的余地，就该考虑分库分表了。

什么是分库？就是将一个数据库分为多个数据库。一个库一般最多支撑并发2000TPS，较为合理是1500TPS。如果吞吐量需要达到1万TPS，则考虑分为8个库，一个库支撑1250TPS。

什么是分表？就是把一个表的数据放到多个表中，然后查询的时候只查一个表。

什么场景下需要分库，什么场景下需要分表呢？具体请参考表1-1。

表 1-1 分库分表的使用场景

场 景	分库分表前	分库分表后
并发支撑情况	数据库单机部署，扛不住高并发	数据库从单机到多机，能承受的并发增加了多倍
磁盘使用情况	数据库单机磁盘容量几乎撑满	拆分为多个库，数据库服务器磁盘使用率大大降低
SQL 执行性能	单表数据量太大，SQL 执行效率越来越慢	单表数据量减少，SQL 执行效率明显提升

1.7.3 结构化分库分表：水平拆分与垂直拆分

1. 水平拆分

水平拆分就是拆分数据，不拆分结构。具体来说，水平拆分把一个表的数据，拆分到多个库的多个表里，但是每个库的表结构都一样，只不过每个库表存放的数据是不同的，所有库表的数据加起来就是全部数据。

水平拆分的意义就是将数据均匀地存放在更多的库里，然后用多个库来抗更高的并发；还有就是用多个库的存储容量来进行扩容。

水平拆分的案例——1000万记录大表水平拆分为4个250万记录的小表，具体如图1-30所示。

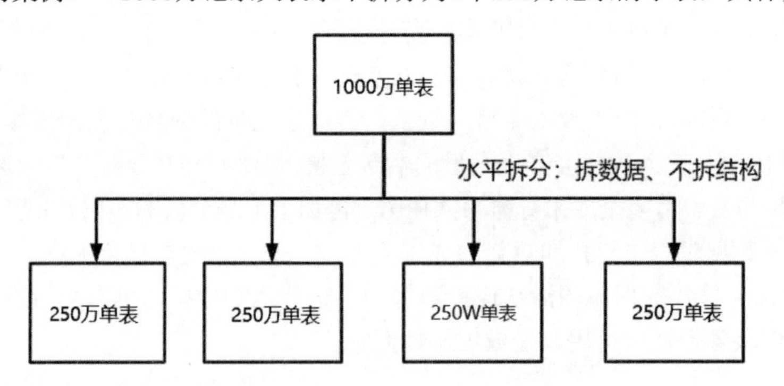

图 1-30 1000 万记录大表水平拆分

水平拆分的时候，会让每个表的数据记录（Row）的数量控制在一定范围内，保证SQL的性能。因为单个表数据量越大，SQL性能就越差。一般单表的数据记录的数量在500万~1000万行左右。

水平拆分总的原则：SQL越复杂，就让单表数据记录数越少。

水平拆分一般是分表和分库的结合。拆分出来的子表可以扩展到新库，具体扩展多少新库，可以根据吞吐量规模而定。

- 单库的TPS上限：1000~1500 TPS。

假设预估的吞吐量为：5000TPS，那么需要4个库。

2. 垂直拆分

垂直拆分就是既拆分结构，也拆分数据。具体来说，垂直拆分就是把一个有很多字段的表从结构上拆分成多个表或者是多个库，每个库表的结构都不一样，每个库表都包含部分字段。

垂直拆分的原则：将较少的访问频率很高的字段放到一个表里，将较多的访问频率很低的字段放到另外一个表里。原因是什么呢？因为数据记录是有缓存的，访问频率高的字段越少，就可以在同样大的缓存里边放置更多的数据记录，这样性能就越好。所以，垂直拆分的出发点是充分利用数据库的缓存，提升性能。

垂直拆分的案例——一个有10个列的宽表垂直拆分为4个窄表，具体如图1-31所示。

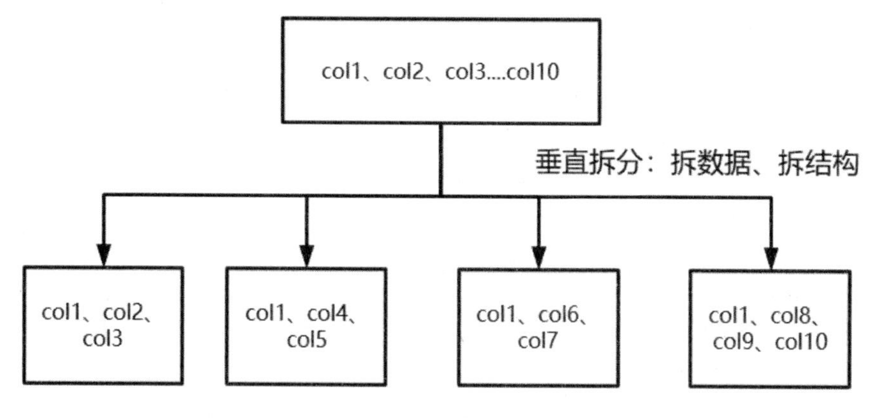

图 1-31　10 个列的宽表垂直拆分

一个生产场景的案例：在电商系统中，可以把一个大的订单宽表拆分成3个窄表——订单表、订单支付表、订单商品表。

1.7.4　亿级库表规模架构设计

了解了分库分表的扩展策略之后，接下来看看海量规模结构化数据存储的架构设计，分为两个维度：

- 亿级库表规模架构设计。
- 百亿级库表规模架构设计。

首先来看相对小规模的维度——亿级库表规模架构设计。

1. 表的数量规划

假设一个系统，其中某个表每天增长100万记录，2年内保持稳定增长，那么表的数据量预估为：

两年数据记录总量是7.3亿（每天100万×730天）。

假设每个表的标准值为500万，库中表的数量平均是146个，若用2的幂次方形式表示，则比较接近146的是2^7，即128。接下来，按照128个表进行折算，单个表存放570万（570万=7.3亿/128）的数据，其数据规模也是可以接受的。

按照上面的算法，最终按照128个的数量进行表的规划，具体的规划路线如图1-32所示。

2. 库的数量规划

假设按照TPS峰值1万的要求进行表库的规划：

相对乐观一点，假设每个库正常承载的写入并发量是1500TPS。那么8个库就可以承载8×1500 = 12000TPS的写并发。

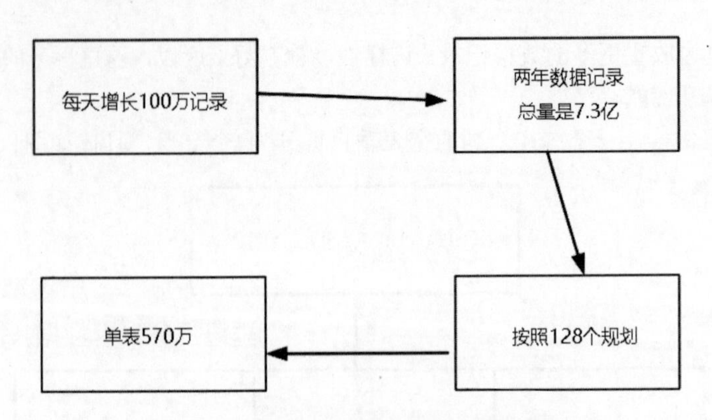

图 1-32　亿级数据的表库规划的具体路线

如果每秒写入不超过1万TPS，8个库是可以胜任的。如果每秒写入超过1万TPS，比如5万TPS呢？那么可以通过RocketMQ削峰+批写入的异步降级策略，进行高并发异步批量写入。

由于RocketMQ集群的写入吞吐量可以轻松到达10万TPS级别，所以通过RocketMQ削峰+批写入的异步降级策略，10万TPS以内的数据写入吞吐量还是比较容易实现的。

如果写入的吞吐量超高10万TPS呢？这种超高的写入吞吐量的解决方案非常复杂，具体的解决方案需要根据场景而定，在这里不做展开。如果对这个问题感兴趣，可以在疯狂创客圈社群交流。

1.7.5　百亿级库表架构设计

接下来看相对大规模的维度：百亿级库表规模架构设计。

1. 表的数量规划

假设一个系统，其中某个表每天增长1000万记录，2年内保持稳定增长，那么表的数据量预估为：

两年总量是73亿（每天1000万×730天）

假设每个表的标准值为500万，库中表的数量平均是1460个，若用2的幂次方形式表示，则比较接近1460的是2^{10}，即1024个。

反过来计算，单表的数据量为692万（692万=73亿/1024）<1000万，也是可以接受的。

按照上面的算法，最终按照1024个的数量进行表的规划，具体的规划路线如图1-33所示。

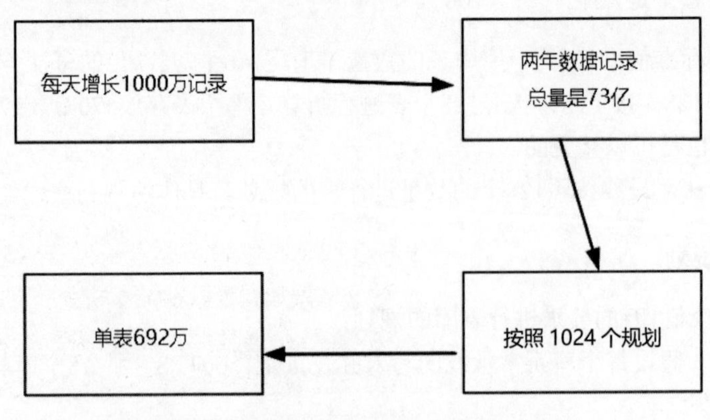

图 1-33　百亿级数据的表规划的具体路线

2. 库的数量规划

假设按照TPS峰值5W的要求进行表库的规划：

相对乐观一点，假设每个库正常承载的写入并发量是1500TPS。那么32个库就可以承载32×1500＝48000TPS的写并发。

吞吐量在5万TPS，那么可以通过RocketMQ削峰+批写入的异步降级策略，进行高并发异步批量写入。

1.7.6　百亿级数据的异构查询

比如对于订单库，当对其分库分表后，如果不是按照数据分片键而是按照分片键之外的商家维度或者按照用户维度进行查询，那么是非常困难的，性能也是非常低的。如果需要进行跨库查询或者按照分片键之外的复杂维度去查询，可以通过异构数据库来解决这个问题。采用如图1-34所示的ES（ElasticSearch）+HBase的异构查询架构。

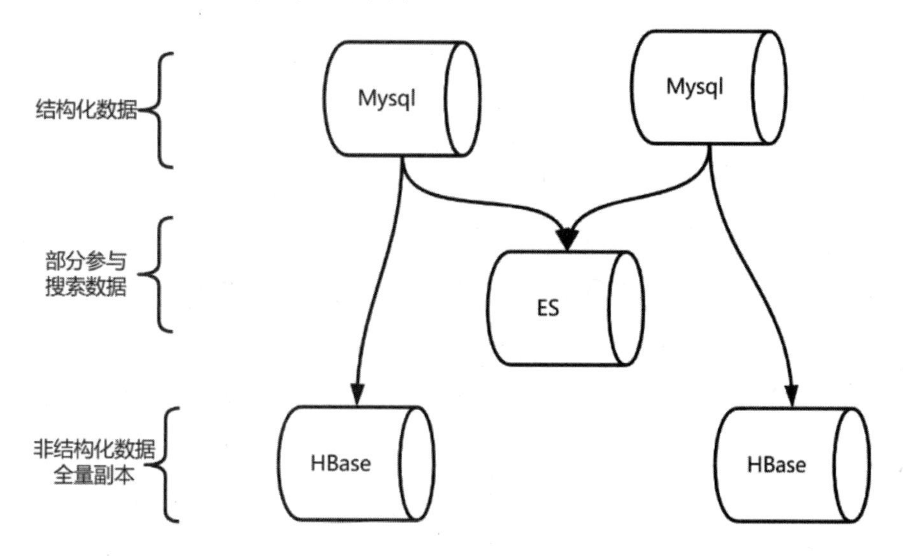

图 1-34　ES+HBase 的异构查询架构

ES+HBase组合方案的特点：将索引与数据存储隔离。

ES的优势是进行高速的分布式全文检索，所以那些参与条件检索的字段都会在ES中建一份索引，例如商家、商品名称、订单日期等。HBase的优势是支持海量存储，所有全量数据的副本都保存一份到HBase中。

HBase的一个高速的特点是根据Rowkey查询速度超快，业内戏称“快如闪电”。

ES+HBase组合方案利用了ES的多条件检索能力非常强大的特点，也利用了HBase基于Rowkey查询速度超快的特点，可以说这个方案把ES和HBase的优点发挥得淋漓尽致。

> **说明**　由于ES中存储的是参与搜索的数据的副本，HBase中存储的是全量数据的副本，因此这种方案归根结底属于以空间换时间的方案。

1.7.7 ES+HBase 组合方案的数据查询过程

ES+HBase组合方案的查询过程大致如下：

- 先根据搜索条件去ES相应的索引上查询符合条件的Rowkey值。
- 然后用Rowkey值去HBase查询，这一步查询速度极快。

ES+HBase组合方案的数据查询过程具体如图1-35所示。

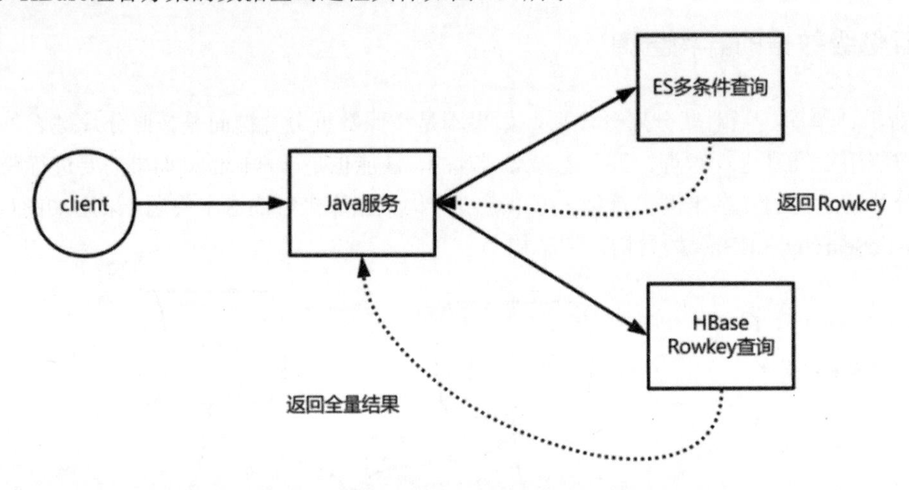

图 1-35 ES+HBase 组合方案的数据查询过程

通过这种以空间换时间的方案，可以解决根据各种字段条件进行复杂查询、跨库查询的业务需求。那么，ES、HBase中的数据何时进入呢？数据应该何时进入ES、HBase中的解决方案非常复杂，需要根据场景而定，在这里不做展开。如果对这个问题感兴趣，可以在疯狂创客圈社群交流。

1.8 亿级用户量场景下的流量预估

在介绍亿级用户量场景下请求流量预估的方法之前，先来看两种请求处理模型：

- 直筒型。
- 漏斗型。

1.8.1 请求处理模型

1. 直筒型

直筒型请求处理模型指的是用户请求1:1地洞穿到数据库层，如图1-36所示。在比较简单的业务中才会采用这个模型，比如传统的低并发、低性能、低可用项目，就是直筒型请求处理模型。直筒型请求处理模型的适用场景：

- 用户规模较小。
- 请求峰值和平均值相差不大。

- 请求峰值不会超过数据层的处理能力。

2. 漏斗型

漏斗型请求处理模型指的是用户的请求从客户端到数据库层逐层递减，递减的程度视业务而定。例如当10万人去抢1000个物品时，数据库层的请求在个位数量级1000以内，这就是比较理想的模型，如图1-37所示。

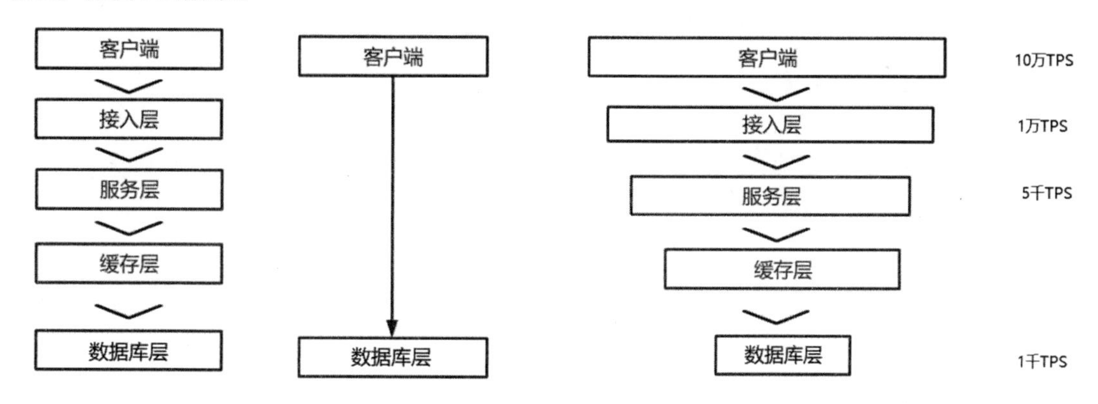

图 1-36　直筒型请求处理模型　　　　图 1-37　漏斗型请求处理模型

互联网应用（如秒杀）基本都是这种请求处理模型。漏斗型请求处理模型的适用场景：

- 用户规模大。
- 请求峰值和平均值相差巨大。
- 请求峰值远远超出最后一层（数据层）的处理能力。

漏斗型请求处理模型的核心策略：对请求进行分层过滤，从而过滤掉一些无效的请求。

3. 案例：秒杀系统的分层过滤

在秒杀系统中，请求分别经过 CDN、接入层（含Nginx）、微服务层和数据库这几层。以秒杀商品详情的访问为例，一次秒杀商品详情的访问请求的分层过滤流程大致如下：

1）大部分数据和流量在用户浏览器或者 CDN 上获取，这一层可以拦截大部分静态资源的读取。

2）闯过了第一层CDN之后，进入接入层Nginx。此时，请求尽量得通过Nginx Cache，如果缓存命中，可以过滤一些访问服务层的请求。

3）在第二层 Nginx上也可以进行流控，还可以进行黑名单过滤，拦截一些无效的流量。

4）闯过了第二层Nginx之后，再到服务层，进入微服务网关时可以做用户的授权检验，对系统做好保护和限流，这样数据量和请求就进一步减少了。

5）请求到底服务层的业务层的微服务Provider之后，还可以进行数据的有效性、一致性过滤，这里又减少了一些流量。

这样就像漏斗一样，把数据量和请求量一层一层地过滤和减少了。

分层过滤的核心思想：在不同的层次尽可能地过滤掉无效请求，让“漏斗”最末端的才是有效请求。而要达到这种效果，就必须对数据做分层的校验。

分层过滤的基本原则是：

- 通过在不同的层次尽可能地过滤掉无效请求，尽早处理请求。
- 通过CDN过滤掉大量的图片即静态资源的请求。
- 读请求尽量命中缓存，不要穿透到数据库。
- 尽量将动态读数据请求命中在三级缓存或者二级缓存，过滤掉无效的数据读。
- 对写入操作进行削峰，争取批量写入，提高写入的吞吐量。

1.8.2 旧系统的流量架构

如果是旧系统，做流量架构的时候可以参考现有的监控数据、服务能力、流量指标。

对着旧的架构版本进行偏离指标的计算，折算成冗余系数，完成流量架构的工作：

1）做出系统在不同用户量、不同场景（高峰、平峰、低峰）下的流量（吞吐量）预估，包含未来一段时期如两年的流量预估。

2）做出系统在不同用户量、不同场景下的各层组件的部署架构。

1.8.3 新系统的流量架构

接下来重点介绍一下新系统，也是实际工作中遇到得最多的情况。

有的读者可能说：我们公司的项目就是什么都没有，三无产品，没有业务监控，没有中间件日志，也没有日活数据，那怎么评估预期指标。

如果是新系统，线上并没有任何的历史监控数据和日志数据，所以之前介绍的方法就不再适用，这个时候需要使用另外一种方法来评估性能指标，那就是“二八定律”。

对新系统来说，完成流量架构的工作包括：

1）根据二八定律做出系统在不同用户量、不同场景下的流量（吞吐量）预估，包含未来一段时期如两年的流量预估。

2）做出系统在不同用户量、不同场景下的各层组件的部署架构。

1.8.4 二八定律

什么是二八定律？二八定律的别名很多，又名80/20定律、帕累托法则（Pareto’s principle）、巴莱特定律、朱伦法则（Juran's Principle）、关键少数法则（Vital FeRule）、不重要多数法则（Trivial Many Rule）、最省力的法则、不平衡原则等，被广泛应用于社会学及企业管理学等。

二八定律是19世纪末20世纪初意大利经济学家帕累托发现的。他认为在任何一种事物中，最重要的只占其中一小部分，约20%，其余80%尽管是多数，却是次要的。

二八定律的使用场景非常多，在大量的场景中都有应用。例如在软件测试场景：

- 80%的测试成本花在20%的软件模块中。
- 80%的BUG多发生在软件的20%的模块中，在回归测试的时候，这20%的高发地带是关注的重点。
- 80%的错误是由20%的模块引起的。

在经济学场景：

- 从经济学上看，世界上80%的财富都集中的20%的人手里。

在心理学场景：

- 从心理学来说，人类80%的智慧都集中在20%的人身上。

二八定律是一种社会准则，符合大多数社会现象的规律，同样也适用于互联网领域。比如互联网行为场景常应用到，比如二八原则：

- 一个网站有成千上万的用户，但是80%的用户请求是发生在20%的时间内，比如大家去网上购物，基本都集中在中午休息或者晚上下班后。

二八定律的核心原则是关注重要部分，忽略次要部分。系统性能如果能支撑发生在20%时间内的高并发请求，必然也能支持非高峰期的80%的访问。

1.8.5　通过二八定律进行流量预估

下面具体介绍一下怎么通过二八定律计算预期指标。

1. 通过用户量来预估 QPS

首先预估系统的每日总请求数，这个没有固定的方法，如果没有任何历史数据可以参考，一般是通过用户量或者其他关联系统来评估。

术语说明：

QPS = req/sec =请求数/秒。对于单次接口调用的请求，QPS=TPS。

第一步：通过用户量来推算PV。

参照淘宝的经验，每一个活跃用户每天的点击次数大概为30～50次，大致的PV的估算公式如下：

（总用户数×20%）×每天的大致点击次数（淘宝经验值为30～50次）= PV

例如：用户数是1000万，PV值是多少？

答：1000万×20%×30= 6000万。

第二步：通过PV推算QPS。

按照二八定律，80%的请求发送在20%的时间里边，然后通过PV推算QPS/TPS，大致的估算公式如下：

（总PV数×80%）/（每天秒数×20%）=峰值时间每秒请求数（QPS）

例如：每天6000万PV，多少QPS？

答：（6000万×0.8）/（86400×0.2）= 4800万/17280=2700（QPS）。

第三步：乘上冗余系数。

评估出指标后，为了更加保险一些，最好再乘以一个冗余系数（偏离系数），提高预期指标，防止人为评估造成预期指标偏低的情况。

这个冗余系数一般定为2～5（行业经验），上面计算出来的QPS指标为2700，如果再乘以一个冗余系数4，那么最终QPS指标就是10800。

2700（QPS）×4 =10800（QPS）

总结一下，第三步使用二八定律的方式为：

80%的请求 / 20%的时间×冗余系数

第四步：冗余系数的迭代。

将来项目上线后，可以通过项目接口的峰值监控来对比之前评估的算法结果，调整冗余系数，最终随着不断的数据积累形成一套本项目的性能模型。

2. 十万级用户量的压力预估

假设这个网站预估的用户数是10万，那么根据二八定律，每天会来访问这个网站的用户占到20%，也就是每天会有2万用户来访问。

第一步：通过用户量来推算PV。

公式：（总用户数×20%）×每天的大致点击次数（淘宝经验值为30～50次）= PV

例如：用户数是10万，PV值是多少？

答：10万×20%×30= 60万。

通常假设平均每个用户每次过来会有30次的点击，那么总共就有60万的点击（PV）。

第二步：通过PV推算QPS。

公式：（总PV数×80%）/（每天秒数×20%）=峰值时间每秒请求数（QPS）

例如：5小时内会有60万点击，多少QPS？

答：（60万×0.8）/（5×3600）= 27（QPS）。

第三步：乘上冗余系数。

27（QPS）×4 =108（QPS）

3. 百万级用户量的压力预估

假设这个网站预估的用户数是100万，那么根据二八定律，每天会来访问这个网站的用户占到20%，也就是每天会有20万用户来访问。

第一步：通过用户量来推算PV。

公式：（总用户数×20%）×每天的大致点击次数（淘宝经验值为30～50次）= PV

问：用户数是100万，PV值是多少？

答：100万×20%×30= 600万。

通常假设平均每个用户每次过来会有30次的点击，那么总共就有600万的点击（PV）。

第二步：通过PV推算QPS。

公式：（总PV数×80%）/（每天秒数×20%）=峰值时间每秒请求数（QPS）

问：5小时内会有600万点击，多少QPS？

答：（600万×0.8）/（5×3600）= 270（QPS）。

第三步：乘上冗余系数。

270（QPS）×4 =1080（QPS）

4. 千万级用户量的压力预估

假设这个网站预估的用户数是1000万，那么根据二八定律，每天会来访问这个网站的用户占到20%，也就是每天会有200万用户来访问。

第一步：通过用户量来推算PV。

公式：（总用户数×20%）×每天的大致点击次数（淘宝经验值为30～50次）= PV

问：用户数是1000万，PV值是多少？

答：1000万×20%×30= 6000万。

通常假设平均每个用户每次过来会有30次的点击，那么总共就有6000万的点击（PV）。

第二步：通过PV推算QPS。

公式：（总PV数×80%）/（每天秒数×20%）= 峰值时间每秒请求数（QPS）

问：5小时内会有6000万点击，多少QPS？

答：（6000万×0.8）/（5×3600）= 2700（QPS）。

第三步：乘上冗余系数。

2700（QPS）×4 =10800（QPS）

5. 亿级用户量的压力预估

假设这个网站预估的用户数是10000万，那么根据二八定律，每天会来访问这个网站的用户占到20%，也就是每天会有2000万用户来访问。

第一步：通过用户量来推算PV。

公式：（总用户数×20%）×每天的大致点击次数（淘宝经验值为30～50次）= PV

问：用户数是1000万，PV值是多少？

答：10000万×20%×30= 60000万。

通常假设平均每个用户每次过来会有30次的点击，那么总共就有60000万的点击（PV）。

第二步：通过PV推算QPS。

公式：（总PV数×80%）/（每天秒数×20%） = 峰值时间每秒请求数（QPS）

问：5小时内会有6000万点击，一共多少QPS？

答：（60000万×0.8）/（5×3600）= 27000（QPS）。

第三步：乘上冗余系数。

27000（QPS）×4 =108000（QPS）

6. 实际与理论的差距

将来项目上线后，接口的访问量真的和计算的一模一样吗？这个肯定不会，大家一定得知道一个原则：性能测试从来都不是一项非常精确的技术。二八定律也并不是100%适用于所有业务场景。在没有任何历史数据参考的背景下，二八定律是一种相对靠谱的算法，最起码有一定的理论依据，比猜的值靠谱多了。

1.9 高并发架构

异步架构是一种常见的高并发架构，与之相对的架构模式就是同步架构。

1.9.1 同步架构

什么是同步架构？以方法调用为例，同步调用代表调用方要阻塞等待，一直到被调用方法中的逻辑执行完成，返回结果。这种方式下，如果被调用方法响应时间较长，会造成调用方长久阻塞，在高并发下会造成整体系统性能下降甚至发生雪崩。

在分层架构中，一般都是上层调用下层，同步调用的流程如图1-38所示。

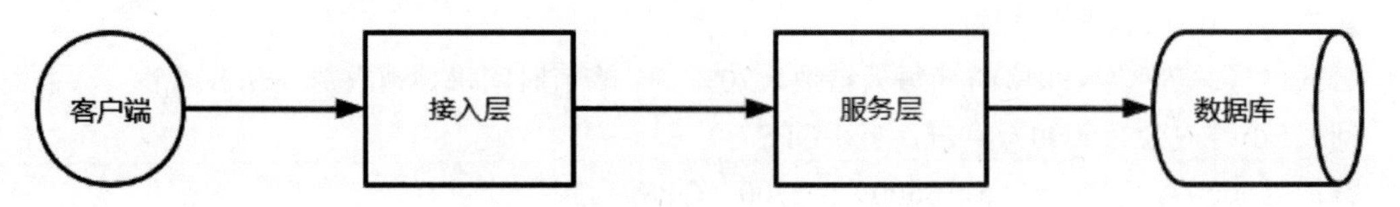

图 1-38 同步调用的流程

在同步调用的架构模式（简称同步架构）中，假设接入层的吞吐量在10万级TPS，服务层的吞吐量在1万级TPS，就会出现速率严重不匹配导致接入层大量的请求被阻塞和积压，严重拖慢了性能。

怎么解决呢？可以采用异步架构。

1.9.2 异步架构

什么是异步架构？异步调用与同步调用相反，调用方不需要等待被调用方法中的逻辑执行完成，调用方提交请求后就可以返回执行其他的逻辑。在被调用方法执行完毕后，调用方通过回调、事件通知、定时查询等方式获得结果。

异步架构在高并发场景中得到了大量的使用：

- 分布式服务框架Dubbo中有异步方法调用模式。
- IO模型中有异步IO模式。
- 异步调用在大规模高并发系统中被大量使用，比如大家熟知的12306网站。

当我们在12306网站订票时，页面会显示系统正在排队，这个提示就代表着系统在异步处理我们的订票请求。在12306系统中查询余票、下单和更改余票状态都是比较耗时的操作，可能涉及多个内部系统的互相调用。如果是同步架构，那么12306网站在高峰时期会出现严重拥塞。而采用异步架构，上层处理时会把请求写入请求队列，同时快速响应用户，告诉用户正在排队处理，然后释放出资源来处理更多的请求。订票请求处理完成之后，再通知用户订票成功或者失败，如图1-39所示。

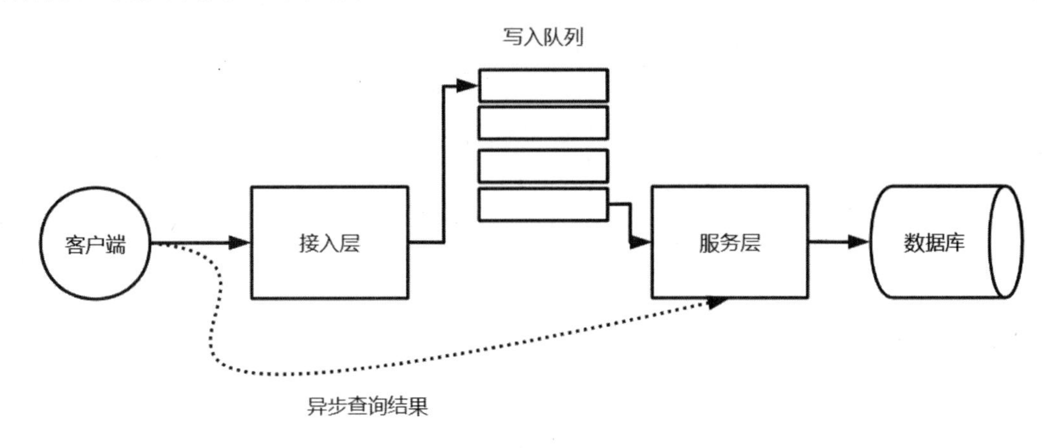

图 1-39　异步架构

采用异步架构后，请求移到异步处理程序中，Web服务的压力小了，资源占用得少了，自然就能接收更多的用户订票请求，系统承受高并发的能力也就提升了。

注意　这里的队列可以是内存队列、消息队列，具体的选型需要依据场景而定。

说明　异步架构的使用场景非常多，如果对异步架构的使用场景有疑问或者感兴趣，可以来疯狂创客圈社群交流。

1.10　高可用架构

介绍完系统的高并发架构之后，接下来开始介绍系统的高可用架构。

1.10.1　什么是高可用

高可用（High Availability，简称为HA）是分布式系统架构设计中的核心架构维度。

高可用表示系统可以提供正常服务的时间。高可用力争保障系统全年不停机、无故障，而不是隔三差五地出线上事故、宕机。所以HA架构通常是指通过设计减少系统不能提供服务的时间。

假设系统一直能够提供服务，就说系统的可用性是100%。如果系统每运行100个时间单位，会有1个时间单位无法提供服务，就说系统的可用性是99%。很多公司的高可用目标是4个9，也就是99.99%，这就意味着系统的年停机时间为8.76个小时。

百度的搜索首页是业内公认的高可用保障非常出色的系统，甚至人们会通过 www.baidu.com 能不能访问来判断网络的连通性，百度高可用的服务让人留下“网络通畅，百度就能访问”“百度打不开，应该是网络连不上”的印象，这其实是对百度HA最高的褒奖。

1.10.2 高可用的度量

业界高可用的通用指标是用几个9来评判一个系统的可用性。比如，5个9，即99.999%，5个9代表该系统在所有的运行时间中99.999%的时间都是可用的，代表一年业务不可用的时间是5分钟，这样的系统就是非常高可用。4个9，即99.99%，代表一年业务的不可用时间是50分钟。

1.10.3 高并发架构中的分层策略

常见的互联网分布式架构分为：

1）客户端层：用户使用的交互工具，包含浏览器（Browser）、手机APP等。

2）接入层：系统入口，反向代理。

3）服务层：实现核心应用逻辑，返回HTML或者JSON。

4）缓存层：加速数据的访问。

5）数据库层：数据存储。

6）中间件：含分布式协调组件如ZooKeeper、对象队列如RocketMQ、搜索引擎如ElasticSearch等。

整个系统的高可用又是通过每一层的冗余+自动故障转移来综合实现的。

最为关键的要点：系统的各个环节都需要规避单点瓶颈。单点瓶颈往往是系统高可用最大的风险和敌人，应尽量避免在系统设计的过程中形成单点瓶颈。

理论上，高可用保证的原则是“集群化”，或者叫“冗余”：只有一个单点，挂了服务会受影响；如果有冗余备份，挂了还有其他备份能够顶上。所以，要保证系统高可用，架构设计的核心准则是冗余。仅有冗余还不够，每次出现故障都需要人工介入去恢复势必会增加系统的不可服务实践。所以，又通过“自动故障转移”来实现系统的高可用。典型的互联网架构通过冗余+自动故障转移来保证系统的高可用特性。

1.10.4 分层规避单点瓶颈+自动故障转移

分层规避单点瓶颈+自动故障转移策略是高可用的核心要点。先用常用的缓存层Redis举例。

如何保证Redis缓存高可用呢？答案就是使用集群，避免单点故障。当我们使用一个Redis实例作为缓存的时候，这个Redis实例挂了，整个缓存服务可能就挂了。反过来，当我们使用集群后，一个Redis实例出现了故障，则会发生故障转移，另外一个Redis实例顶上。

再用接入层的Nginx举例。如果Nginx服务器出现了问题，则无法对外提供服务。如何实现Nginx高可用呢？我们可以采用主－备或主－主的形式安装部署Nginx服务，然后通过Keepalived组件实现，具体的架构如图1-40的右边部分所示。

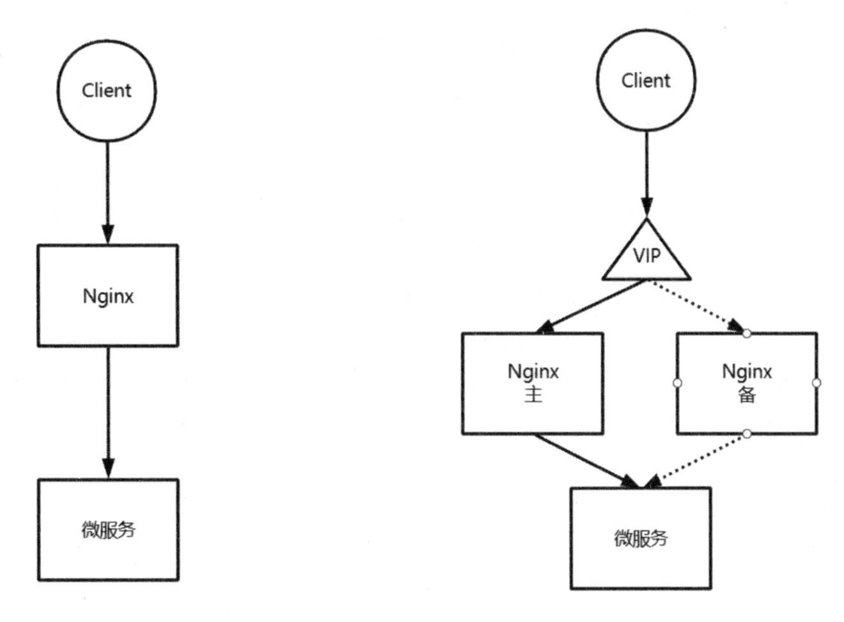

图 1-40　通过 Keepalived 组件实现高可用

1.10.5　其他的高可用策略

除了通过分层规避单点瓶颈+自动故障转移方案之外，还有哪些高可用策略呢？答案是有很多策略。下面列出一些主要的高可用策略：

- 注重代码质量，测试严格把关。
- 做好容错机制，对超时重试和错误重试进行优雅设置。
- 同步降级为异步调用。
- 限流。
- 熔断。
- 隔离。
- 360°无死角的监控与预警系统。
- 核心应用和服务优先使用更好的硬件。
- 注意备份，必要时回滚。
- 脚本的定期假死监测。

说明　以上高可用策略如果展开介绍，内容实在太多，限于篇幅，这里不做展开，笔者会在疯狂创客圈博客中专门介绍这些内容。当然，有兴趣的小伙伴也可以来社群交流。

1.11　高性能架构

高性能体现了系统的并行处理性价比，在有限的硬件投入下提高性能意味着节省成本。那么可以通过哪些方式来提高Java程序的性能呢？有如下方法：

- 多线程并发处理，通过多线程将串行逻辑并行化。
- 锁选择，读多写少的场景读写锁，以空间换时间。在争用激烈场景中，通过分段锁的方式减少争用。
- 尽量使用无锁编程，比如ThreadLocal、JUC并发包、Reactor模式都属于无锁编程方案。
- JVM优化，尽可能减少GC频率和耗时，这里涉及新生代和老年代的大小、GC算法的选择等。
- 减少IO次数，比如批量读写数据库、批量读写缓存、批量调用RPC的接口。
- 减少IO时的数据包大小，包括采用轻量级的通信协议、合适的数据结构、去掉接口中的多余字段、减少缓存key的大小、压缩缓存value等。
- 各种池化技术的使用和池大小的设置，包括数据库连接池、HTTP请求池、线程池（考虑CPU密集型还是IO密集型设置核心参数）、Redis连接池等。

说明 以上高性能架构策略如果展开介绍，内容实在太多，限于篇幅，这里不做展开，笔者会在疯狂创客圈博客中专门介绍这些内容。当然，有兴趣的小伙伴也可以来社群交流。

3高架构的接入层主要是Nginx技术，服务层主要是Spring Cloud技术，所以下一章开始介绍Spring Cloud+Nginx高并发核心编程的知识。

第 2 章 Spring Cloud+Nginx高并发核心编程的学习准备

Spring Cloud+Nginx相结合的分布式Web应用架构已经成为IT领域的事实架构标准。由于其高度的可伸缩、高可用、高并发能力，使之成为各新产品、新项目技术选型时的最佳架构之一，也成为老产品、老项目技术升级选型时的最佳架构之一。目前，无论是一线互联网公司（如阿里巴巴、百度、美团等大型互联网公司）还是中小型互联网企业，都广泛地使用Spring Cloud+Nginx架构。

尽管Spring Cloud+Nginx架构已经成为主流架构，但广大Java工程师对Spring Cloud微服务、Nginx反向代理核心知识的掌握还是不够，大多数人仅停留在配置、使用阶段。

本书的目标是帮助初、中、高级开发工程师补齐Spring Cloud微服务、Nginx反向代理核心知识的短板。本书从基础设计模式、基础原理出发，理论与实战相互结合，系统且详尽地介绍Spring Cloud + Nginx高并发核心编程。

本书的初衷是为大家掌握Spring Cloud和Nginx架构的核心知识，最终顺利成长为优秀的Java工程师甚至成为优秀的架构师尽一份绵薄之力。

2.1 Spring Cloud + Nginx 架构的主要组件

以crazy-Spring Cloud开发脚手架为例，一个基于Spring Cloud+Nginx的应用架构大致如图2-1所示。

Nginx作为反向代理服务器，代理内部Zuul网关服务，通过Nginx自带的负载均衡算法进行客户端请求的代理转发、负载均衡等功能。

Zuul网关主要实现了微服务集群内部的请求路由、负载均衡、统一校验等功能。虽然在服务路由和负载均衡方面，Zuul和Nginx的功能比较类似，但是Zuul通过自身注册到Eureka/Nacos，通过微服务的serviceID实现微服务提供者之间的路由和转发。

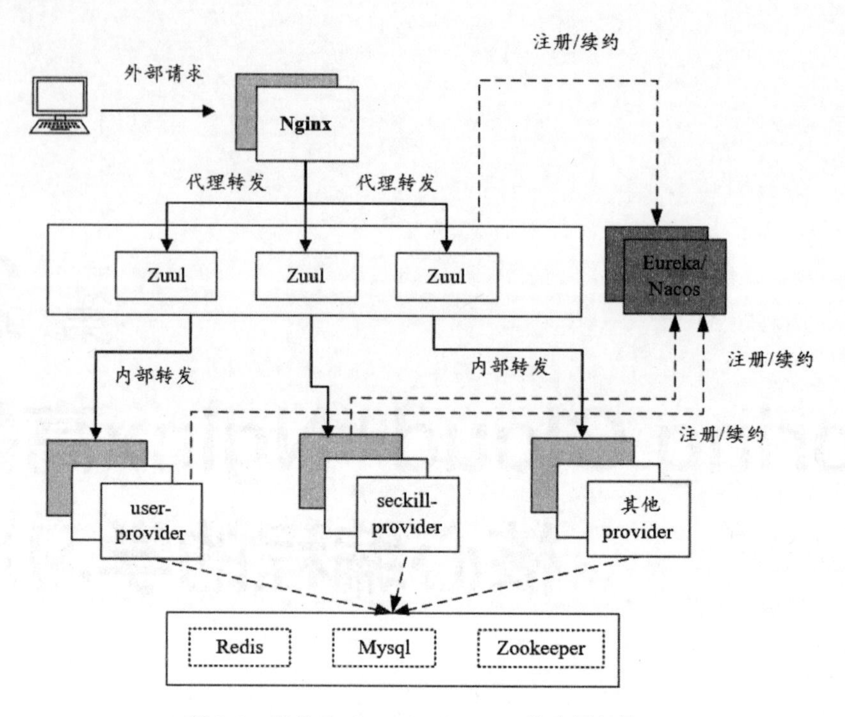

图 2-1 基于 Spring Cloud+Nginx 的应用架构

Eureka、Nacos都是Spring Cloud技术体系中的服务注册与发现中间件。Eureka是Netflix开源的一款产品，提供了完整的服务注册和发现，是Spring Cloud“全家桶”中核心的组件之一。

Nacos是阿里巴巴推出来的一个开源项目，也是一个服务注册与发现中间件，它用于完成服务动态注册、动态发现、服务管理，还兼备了配置管理的功能。Nacos提供了一组简单易用的特性集，用于实现动态服务发现、服务配置、服务元数据及流量管理。

新版本的Eureka已经闭源，而阿里巴巴的Nacos除了具备Eureka注册中心功能外，还具备Spring Cloud Config配置中心的功能，因此大大地降低了使用和维护的成本。另外，Nacos还具有分组隔离功能，一套Nacos集群可以支撑多项目、多环境。综合上述的多个原因，在实际的开发场景中，推荐大家使用Nacos。但是，本书出于学习目的，注册中心和配置中心的内容还是介绍Eureka+Config组合，其实在原理上，Nacos和Eureka+Config组合是差不多的。

除了一系列的基础设施中间件技术组件之外，微服务架构中大部分的独立业务模型都是以微服务提供者的角色出现的。一般来说，系统可以按照各类业务模块进行细粒度的微服务拆分，例如秒杀系统中的用户、商品等，每个业务模块拆分成一个微服务提供者Provider组件，作为独立应用程序进行启动执行。

在Spring Cloud生态中，微服务提供者Provider之间的远程调用是通过Feign+Ribbon+Hystrix组合完成的：Feign用于完成RPC远程调用的代理封装；Ribbon用于在客户端完成各远程目标服务实例之间的负载均衡；Hystrix用于完成自动熔断降级等多个维度的RPC保护。

在Nginx+ Spring Cloud架构中还存在一系列的日志记录、链路跟踪、应用监控、JVM性能指标、物理资源监控中间件等。本书没有对上述的辅助中间件做专门介绍，具体有多方面的原因：一是监控的软件太多，如果介绍太全，则篇幅不够，如果介绍太少，对读者不一定有帮助；二是有关监控软件的使用大多是一些软件的操作步骤和说明，其原理性的内容比较少，实操性内容比较多，因此使用视频的形式会比文字形式知识传递的效果会更好，疯狂创客圈后续可能（但不一定）会推出一些微服务监控方面的教学视频供大家参考，大家可关注社群博客。

2.2 Spring Cloud+Nginx 核心知识的广泛欠缺

尽管Spring Cloud+Nginx架构已经是目前的Java主流，但是无论对Spring Cloud微服务的核心原理，还是对Nginx的核心知识，大部分开发人员还是了解较少，更多的是处于怎么使用、配置的阶段。

前段时间，笔者在一场Java架构师的现场面试交流中，问了面试者几个稍微基础一点的问题，大致如下：

问题1：Spring Cloud的RPC调用流程是什么？

其答案仅仅涉及Eureka、Zuul、Hystrix熔断器等基本概念和浅层次的知识，对于Feign内部RPC调用流程以及Feign和Hystrix之间的关系根本不了解。

问题2：Spring Cloud的性能有哪些优化点？

其答案仅仅是简单粗暴地加缓冲、加节点，并肯定完全正确。其答案没有涉及Feign连接池、Hystrix线程池等组件的高性能配置，也没有涉及HTTP长连接等更加底层的配置。

问题3：请介绍一下Hystrix中的滑动窗口。

其答案竟然是完全不知道。

问题4：有没有用过Nginx，请说一说Nginx的HTTP请求处理流程分为哪些步骤。

其答案也仅仅是介绍了一下Nginx的简单配置，对于其基础结构和HTTP请求处理流程根本没有接触过，更加不知道如何进行高性能的应用开发。

问题5：有没有做过限流，请说一说令牌桶和漏桶的区别。

少部分的面试者，竟然没有听说过。大部分面试者，仅仅了解令牌桶和漏桶的基础概念，对令牌桶和漏桶的区别的回答都不太准确。说明大家没有真正地了解令牌桶和漏桶。

回答以上问题的面试者有10多年的开发经验。毫无疑问，通过上述问题的答案可以看出，这位有着10多年经验的资深Java工程师，对Spring Cloud和Nginx核心知识十分欠缺，显然不大可能架构出高性能的Java应用，当然也胜任不了Java架构师岗位。

而实际上，通过笔者的交流了解到，对于Spring Cloud和Nginx核心知识的缺乏不是以上面试者的个人问题，笔者周围很多工程师都存在这个问题。

总之，对Spring Cloud和Nginx架构的核心知识缺乏深入的了解和掌握，目前来说是一个涉及面较广的共性问题。本书的初衷就是为大家提供Spring Cloud和Nginx架构的核心知识，为大家顺利成长为优秀的Java工程师甚至架构师尽一份绵薄之力。

2.3 Spring Cloud 和 Spring Boot 的版本选择

Spring Cloud是基于Spring Boot构建的，它们之间的版本也有对应的配套关系。在构建项目时，注意版本之间的对应关系，版本若对不上则会出现问题。

Spring Cloud和Spring Boot的版本配套关系如表2-1所示。

表 2-1 Spring Cloud 与 Spring Boot 的版本配套关系

Spring Cloud	Spring Boot
Camden	1.4.x
Dalston	1.5.x
Edgware	1.5.x
Finchley	2.0.x
Greenwich	2.1.x
Hoxton	2.2.x

Spring Cloud包含了一系列的子组件，如Spring Cloud Config、Spring Cloud Netflix、Spring Cloud OpenFeign等，为了防止与这些子组件的版本号混淆，Spring Cloud的版本号全部使用英文单词形式命名。具体来说Spring Cloud的版本号使用了英国伦敦地铁站的名称来命名，并按字母A~Z次序发布版本，其第一个版本叫作Angel，第二个版本叫作Brixton，以此类推。另外，每个大版本在解决了一个严重的BUG后，Spring Cloud会发布一个Service Release版本（小版本），简称SRX版本，其中X是顺序的编号，比如Finchley.SR4是Finchley大版本的第4个小版本。

大家做技术选型时非常喜欢选用最高版本，但是对于Spring“全家桶”的选择来说，高版本不一定是最佳选择。比如，目前最高的Spring Cloud Hoxton版本基于Spring Boot 2.2构建，Spring Boot 2.2又基于Spring Framework 5.2构建，也就是说，这是一次整体的、全方位的大版本的升级。大家在项目上都会用到非常多的第三方组件，总会有一些组件没有来得及进行配套升级而不能兼容Spring Boot 2.2或Spring Framework 5.2，如果贸然地进行基础框架的整体升级，就会给项目开发带来各种各样的疑难杂症，甚至带来潜在的线上BUG。

除此之外，Spring Cloud高版本大量推荐了不少自家新组件，但是这些新组件没有经过大规模的使用，其功能尚待丰富和完善。以负载均衡组件为例，Spring Cloud Hoxton推荐的自家组件spring-cloud-loadbalancer在功能上与Ribbon的负载均衡功能相比就弱很多。

实际上，Spring Cloud Finchley到Greenwich版本的升级很小，可以说微乎其微，主要是提升了对Java 11的兼容性。然而，在当前的生产场景中Java 8才是各大项目的主流选择，另外Java 11（2019年4月之后的升级补丁）已经不完全免费了。当然，和Java 11一样，Java 8在2019年4月之后的补丁版本也面临收费的问题。使用Java 8的理由是，自2014年3月18发布起至今，Java 8已经被广泛使用且被维护了很多年，已经非常成熟和稳定了。

综上所述，本书选用了Spring Cloud Finchley作为学习、研究和使用的版本，并且推荐使用的子版本为Finchley.SR4。具体的Maven依赖坐标如下：

```
<dependencyManagement>
      <dependencies>
         <dependency>
            <groupId>org.springframework.cloud</groupId>
            <artifactId>spring-cloud-dependencies</artifactId>
            <version>Finchley.SR4</version>
            <type>pom</type>
            <scope>import</scope>
         </dependency>
         <dependency>
            <groupId>org.springframework.boot</groupId>
```

```
            <artifactId>spring-boot-dependencies</artifactId>
            <version>2.0.8.RELEASE</version>
            <scope>import</scope>
            <type>pom</type>
        </dependency>
    </dependencies>
</dependencyManagement>
```

2.4　Spring Cloud 微服务开发所涉及的中间件

基于crazy-Spring Cloud脚手架（其他的脚手架也类似）的微服务开发和自验证过程中，所涉及的基础中间件大致如下：

（1）ZooKeeper

ZooKeeper是一个分布式的、开放源码的分布式协调应用程序，是大数据框架Hadoop和HBase的重要组件。在分布式应用中，它能够高可用地提供很多保障数据一致性的基础能力：分布式锁、选主、分布式命名服务等。

在crazy-Spring Cloud脚手架中，高性能分布式ID生成器用到了ZooKeeper。有关其原理和使用可参见《Java高并发核心编程 卷1（加强版）：NIO、Netty、Redis、ZooKeeper》一书。

（2）Redis

Redis是一个高性能的缓存数据库。在高并发的场景下，Redis可以对关系数据库起到很好的缓冲作用；在提高系统的并发能力和响应速度方面，Redis至关重要。crazy-Spring Cloud脚手架的分布式Session用到了Redis。

（3）Eureka

Eureka是Netflix开发的服务注册和发现框架，它本身是一个REST微服务提供者，主要用于定位运行在AWS（Amazon云）的中间层服务，以达到负载均衡和中间层服务故障转移的目的。Spring Cloud将它集成在其子项目spring-cloud-netflix中，以实现Spring Cloud的服务注册和发现功能。

（4）Spring Cloud Config

Spring Cloud Config是Spring Cloud“全家桶”中最早的配置中心，虽然在生产场景中很多的企业已经使用Nacos或者Consul整合型的配置中心替代了独立的配置中心，但是Config依然适用于Spring Cloud项目，通过简单配置即可使用。

（5）Zuul

Zuul是Netflix开源网关，可以和Eureka、Ribbon、Hystrix等组件配合使用，Spring Cloud对Zuul进行了整合与增强，使用它作为微服务集群的内部网关，负责对集群内部各个Provider微服务提供者进行RPC路由和请求过滤。

（6）Nginx/OpenResty

Nginx是一个高性能HTTP和反向代理服务器，是由伊戈尔·赛索耶夫为俄罗斯访问量第二的Rambler.ru站点开发Web服务器。Nginx源代码以类BSD许可证的形式发布，其第一个公开版本0.1.0在2004年10月4日发布，其1.0.4版本在2011年6月1日发布。Nginx因高稳定性、丰富的功能集、内存消耗少、并发能力强的特点而闻名全球，并且得到非常广泛的使用，比如百度、京东、新浪、网易、腾讯、淘宝等都是它的用户。OpenResty是一个基于Nginx与Lua的高性能Web平台，其内部集成了大量精良的Lua库、第三方模块以及大多数的依赖项，用于快速搭建能够处理超高并发、扩展性极高的动态Web应用、Web服务和动态网关。

以上中间件的端口配置以及部分安装与使用的演示视频如表2-2所示。这些演示视频可在疯狂创客圈博客中观看。

表 2-2 中间件的端口配置以及部分安装与使用的演示视频

中 间 件	端 口	安装和使用的演示视频
Redis	6379	Linux Redis 安装视频
zookeeper	2181	Linux ZooKeeper 安装视频
RabbitMQ	3306	Linux ZooKeeper 安装视频
cloud-eureka	7777	Eureka 使用视频
Spring Cloud Config	7788	Spring Cloud Config 使用视频
Zuul	7799	
Nginx/OpenResty	80	

2.5 Spring Cloud 微服务开发和自验证环境

在开始进入Spring Cloud核心编程学习之前，先介绍一下开发和自验证的环境准备、中间件安装、抓包工具的准备。

2.5.1 开发和自验证环境的系统选项和环境变量配置

首先介绍开发和自验证的系统选型。大部分开发人员学习开发都使用过Windows环境，在这种情况下，强烈建议使用虚拟机装载CentOS作为自验证环境。为什么要推荐CentOS呢？

（1）提前暴露生产环境下的问题

在生产环境下，90%以上的Java应用基本上都是使用Linux环境（如CentOS）来部署的。因此，使用CentOS作为自验证环境可以提前暴露在生产环境下的潜在问题，避免在开发时没有发现问题的程序一旦部署到生产环境就出问题（笔者亲历）。

（2）学习Shell命令和脚本

在生产环境定位、分析、解决线上BUG时，需要用到基础的Shell命令和脚本，因此平时要多使用、多练习。另外，Shell命令和脚本也是Java程序员必知必会的面试题。使用CentOS作为自验证环境能方便大家学习Shell命令和脚本。

当然，可以借助一些文件同步或共享工具提高开发效率。比如，可以通过VMware Tools共享Windows和CentOS之间的文件夹，这样在后续的Lua脚本的开发和调试过程中能避免来回地复制文件。

这里给大家介绍一下crazy-Spring Cloud脚手架开发和自验证环境的准备，主要涉及两个方面：

1）中间件（含Eureka、Redis、MySQL等）相关信息的环境变量配置。

2）主机名称的配置。

对于中间件的相关信息（如IP地址、端口、用户账号等），很多项目都是直接以明文编码的方式放在配置文件中，这样存在安全隐患甚至会引发泄密的风险。对于这些信息，建议尽量通过操作系统环境变量进行配置，然后在配置文件中使用环境变量而不是明文编码。

例如，可以将Eureka的IP提前配置好环境变量EUREKA_ZONE_HOST，然后在配置文件bootstrap.yml中按照如下方式来使用：

```
eureka:
   client:
      serviceUrl:
        defaultZone: ${SCAFFOLD_EUREKA_ZONE_HOSTS:http://localhost:7777/eureka/}
```

在上面的配置中，通过${SCAFFOLD_EUREKA_ZONE_HOSTS}表达式从环境变量中获取Eureka的IP地址。环境变量SCAFFOLD_EUREKA_ZONE_HOSTS后面跟着一个冒号和一个默认值，表示如果环境变量值为空，就会使用默认值http://localhost:7777/eureka/作为配置项的值。

通过环境变量配置中间件的信息有什么好处呢？一是可以使得配置信息的切换多了一层灵活性，如果切换IP，那么只需修改环境变量即可；二是可以不用在配置文件中以明文编码方式存放密码之类的敏感信息，多了一层安全保障。

crazy-Spring Cloud微服务开发脚手架用到的环境变量较多，以自验证环境CentOS中的配置文件/etc/profile为例，部分内容大致如下：

```
export SCAFFOLD_DB_HOST=192.168.233.128
export SCAFFOLD_DB_USER=root
export SCAFFOLD_DB_PSW=root
export SCAFFOLD_REDIS_HOST=192.168.233.128
export SCAFFOLD_REDIS_PSW=123456
export SCAFFOLD_EUREKA_ZONE_HOSTS=http://192.168.233.128:7777/eureka/
export RABBITMQ_HOST=192.168.233.128
export SCAFFOLD_ZOOKEEPER_HOSTS=192.168.233.128:2181
```

以上环境变量中的192.168.233.128是笔者自验证环境CentOS虚拟机IP地址，Redis、ZooKeeper、Eureka、MySQL、Nginx等中间件都运行在这台虚拟机上，大家在运行crazy-Spring Cloud微服务开发脚手架之前需要进行相应的更改。

最后介绍一下有关主机名称的配置。如果在调试过程中直接通过IP访问REST接口，那么在Fiddler工具抓包中查看报文就不方便。为了方便抓包，将IP地址都映射成了主机名称。在笔者命名的Windows开发环境中，hosts文件内配置的主机名称如下：

```
127.0.0.1  crazydemo.com
127.0.0.1  file.crazydemo.com
127.0.0.1  admin.crazydemo.com
127.0.0.1  xxx.crazydemo.com

192.168.233.128  eureka.server
192.168.233.128  zuul.server
192.168.233.128  nginx.server
192.168.233.128  admin.nginx.server
```

注意，本书后文的演示用例用到的URL会使用以上主机名称取代IP地址。

2.5.2 使用 Fiddler 工具抓包和查看报文

在微服务程序开发和验证过程中，对HTTP接口发起请求有多种方式：

1）直接发起请求。

2）通过内部网关代理（如Zuul）发起请求。

3）通过外部网关反向代理（如Nginx）发起请求。

以crazy-Spring Cloud脚手架中的uaa-provider服务的HTTP接口/api/user/detail/v1为例，通过以上3种方式发起请求的HTTP链路示意图如图2-2所示。

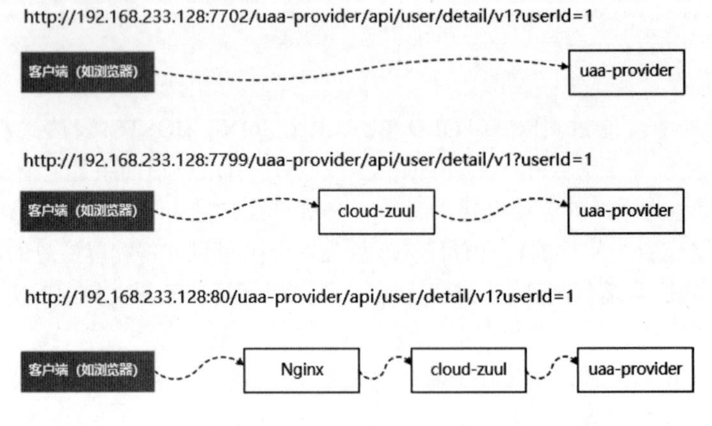

图 2-2　3 种方式请求 uaa-provider 的 HTTP 链路示意图

在生产环境下，为了满足内外网之间的转发、多服务器之间的负载均衡要求，生产环境中外部反向代理（Nginx）往往不止一层。因此，请求的HTTP链路往往更加复杂。

无论是在开发环境、自验证环境、测试环境还是生产环境中，查看HTTP接口的访问链路和报文内容对于定位、分析、解决问题来说都非常重要，这就需要抓包工具。抓包工具的类型比较多，笔者目前用得较多的为Fiddler。

比如，在调试本书crazy-Spring Cloud脚手架中uaa-provider功能时，使用Fiddler能全面地查看到发向服务端的HTTP报文的请求头和响应头，具体如图2-3所示。

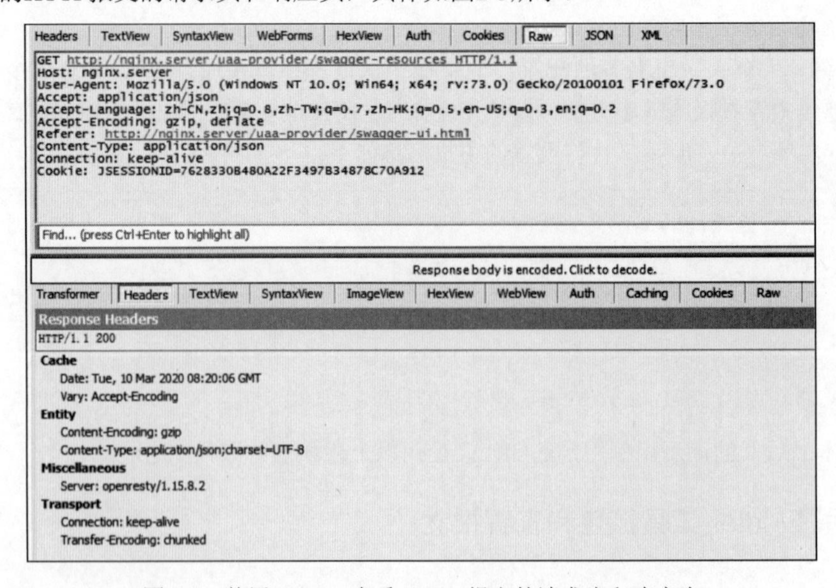

图 2-3　使用 Fiddler 查看 HTTP 报文的请求头和响应头

在开发过程中，Fiddler这类抓包工具的使用对于分析和定位问题非常有用。笔者经常使用Fiddler完成下面的工作：

1）查看REST接口的处理时间，在解决性能问题时帮助查看接口的整体时间。

2）查看REST接口请求头、响应头、响应内容，主要用于查看请求URL、请求头、响应头是否正确，并且在必要的时候可以将所有的请求头一次性地复制到Postman等请求发起工具，帮助新请求快速地构造同样的HTTP头部。

3）请求重发，除了可以使用独立的请求工具（如Swagger-UI/Postman等）重发请求之外，还可以在Fiddler上直接进行请求重发，重发的请求有相同的头部和参数，调试时非常方便。

2.6　crazy-Spring Cloud 微服务开发脚手架

无论是单体应用还是分布式应用，如果从零开始开发，那么都会涉及很多基础性的、重复性的工作，比如用户认证、session管理等。有了开发脚手架，这块基础工作就可以省去，直接利用脚手架提供的基础模块，然后按照脚手架的规范进行业务模块的开发即可。

笔者看了开源平台的不少开源的脚手架，发现这些脚手架很少可以直接拿来进行业务模块的开发，要么封装得过于重量级而不好解耦，要么业务模块分包不清晰而不方便开发，所以本着简洁和清晰的原则，笔者发起的疯狂创客圈社群推出了自己的微服务开发脚手架crazy-Spring Cloud，它的模块和功能如下：

```
crazymaker-server              --  根项目
│  ├─cloud-center              --  微服务的基础设施中心
│  │  ├─cloud-eureka           --  注册中心
│  │  ├─cloud-config           --  配置中心
│  │  ├─cloud-zuul             --  网关服务
│  │  ├─cloud-zipkin           --  监控中心
│  ├─crazymaker-base           --  公共基础依赖模块
│  │  ├─base-common            -- 普通的公共依赖，如utils类的公共方法
│  │  ├─base-redis             -- 公共的redis操作模块
│  │  ├─base-zookeeper         -- 公共的zookeeper操作模块
│  │  ├─base-session           -- 分布式session模块
│  │  ├─base-auth              -- 基于JWT + SpringSecurity的用户凭证与认证模块
│  │  ├─base-runtime           -- 各provider的运行时公共依赖，装配了一些通用Spring IOC Bean实例
│  ├─crazymaker-uaa            -- 业务模块：用户认证与授权
│  │  ├─uaa-api                -- 用户DTO、Constants等
│  │  ├─uaa-client             -- 用户服务的Feign远程客户端
│  │  ├─uaa-provider           -- 用户认证与权限的实现，包含controller层、service层、dao层的代码
                                  实现
│  ├─crazymaker-seckill        -- 业务模块：秒杀练习
│  │  ├─seckill-api            -- 秒杀DTO、Constants等
│  │  ├─seckill-client         -- 秒杀服务的Feign远程调用模块
│  │  ├─seckill-provider       -- 秒杀服务核心实现，包含controller层、service层、dao层的代码实现
│  ├─crazymaker-demo           -- 业务模块：练习演示
│  │  ├─demo-api               -- 演示模块的DTO、Constants等
│  │  ├─demo-client            -- 演示模块的Feign远程调用模块
│  │  ├─demo-provider          -- 演示模块的核心实现，包含controller层、service层、dao层的代码
                                  实现
```

在业务模块如何分包的问题上，大部分企业都有自己的统一规范。crazy-Spring Cloud脚手架从职责清晰、方便维护、能快速导航代码的角度出发，将每一个业务模块细分成以下3个子模块：

（1）{module}-api

该子模块定义了一些公共的Constants业务常量和DTO传输对象，该子模块既被业务模块内部依赖，也可能被依赖该业务模块的外部模块依赖。

（2）{module}-client

该子模块定义了一些被外部模块依赖的Feign远程调用客户类。该子模块是专供外部的模块，不能被内部的其他子模块依赖。

（3）{module}-provider

该子模块是整个业务模块的核心，也是一个能够独立启动、运行的微服务提供者（Application），该模块包含涉及业务逻辑的controller层、service层、dao层的完整代码实现。

crazy-Spring Cloud微服务开发脚手架在以下两方面进行了弱化：

1）在部署方面对容器的介绍进行了弱化，没有使用Docker容器而是使用Shell脚本，有多方面的原因：一是本脚手架初心是学习，使用Shell脚本而不是Docker去部署方便大家学习Shell命令和脚本；二是Java和Docker其实整合得很好，学习非常容易，稍加配置就能做到一键发布，找点资料就可以掌握；三是部署和运维是一个专门的工作，生产环境的部署甚至是整个自动化构建和部署的工作，实际上属于运维的专项工作，由专门的运维岗位人员去完成，而部署的核心仍然是Shell脚本，所以对于开发人员来说掌握Shell脚本才是重中之重。

2）对监控软件的介绍进行了弱化。本书没有对链路监控、JVM性能指标、熔断器监控软件的使用做专门介绍，有多方面的原因：一是监控的软件太多，如果介绍太全，篇幅又不够，介绍太少，大家又不一定用到；二是监控软件的使用大多是一些软件的操作步骤和说明，原理性的内容比较少，使用视频的形式会比文字形式知识传递的效果会更好。疯狂创客圈后续可能会推出一些微服务监控方面的教学视频供大家参考，请大家关注社群博客。不论如何，只要掌握了Spring Cloud核心原理，那么那些监控组件的使用对大家来说基本上都是一碟小菜。

2.7 以秒杀作为 Spring Cloud+Nginx 的实战案例

本书的综合性实战案例是一个高性能的秒杀练习案例。为何要以秒杀作为本书的综合性实战案例呢？先回顾一下在单体架构还是主流的年代，大家学习J2EE技术时的综合性实战案例一般来说都是从0开始编写代码，一行一行地写一个购物车应用。通过购物车应用能对J2EE有一个全方位的练习，包括前端的HTML网页、JavaScript脚本，后端的MVC框架、数据库、事务、多线程等各种技术。

时代在变，技术的复杂度在变，前端和后端的分工也变了。现在的J2EE开发已经进入分布式微服务架构的时代，前端和后端框架都变得非常复杂，前端和后端工程师已经有了比较明确的分工。后端程序员专门做Java开发，前端程序员专门做前台的开发。后端程序员可以不需要懂前台的技术如Vue、TypeScript等，当然，很多的前端程序员也不一定需要懂后台技术。

相比单体服务时代，现在的分布式开发时代学习Java后端技术的难度大多了。首先面临一大堆分布式、高性能中间件的学习，比如Netty、ZooKeeper、RabbitMQ、Spring Cloud、Redis等都是后端程序员必知必会的。然后像Jmeter这类压力测试工具和Fiddler这类的抓包工具，已经成为每个后端程序员必须掌握的内容。因为在分布式环境下需要定位、发现并解决数据一致性、高可靠性等问题，通过压力测试，本来很正常的代码也会在运行时出现很多性能相关的问题。

另外，随着移动互联网、物联网的发展，当前面临的高并发场景已经不只是局限于电商，在其他的应用中也越来越多。所以，现在高并发开发技术由少数工程师需要掌握的高精尖技术变成了大多数人都需掌握的基础技能。一般来说，高并发开发的三大利器为缓存、降级和限流。

缓存的目的是提升系统访问速度和增大系统能处理的容量，它是对抗高并发的银弹；降级是当服务出问题或者服务影响到核心流程时，可以将服务暂时屏蔽掉，待高峰或者问题解决后再打开；而有些场景并不能用缓存和降级来解决，比如稀缺资源（秒杀、抢购）、写数据（如评论、下单）等，可以使用限流措施来对接口进行保护。

有了缓存、降级和限流这三大利器，像京东618、阿里双11这样的高并发应用场景，才能不用担心瞬间流量导致系统雪崩，哪怕是最终只能做到有损的服务，也不会出现某些小电商平台在活动期间服务器宕机数小时的事故。

秒杀程序的业务足够简单，涉及的技术又足够全面，可以说是分布式应用场景非常好的实战案例。另外，现在IT行业人才流动性比较大，大家都会为面试做准备。在面试中，秒杀业务所覆盖的缓存、降级、高并发限流、分布式锁、分布式ID、数据一致性等问题都是面试的重点、热门问题。

第3章 Spring Cloud入门实战

Spring Cloud全家桶是Pivotal团队提供的一整套微服务开源解决方案，包括服务注册与发现、配置中心、全链路监控、服务网关、负载均衡、熔断器等组件。以上组件主要是通过对Netflix OSS套件中的组件进行整合完成的，该开源子项目叫作spring-cloud-netflix，其中比较重要的组件有：

1）spring-cloud-netflix-Eureka：注册中心。

2）spring-cloud-netflix-hystrix：RPC保护组件。

3）spring-cloud-netflix-ribbon：客户端负载均衡组件。

4）spring-cloud-netflix-zuul：内部网关组件。

Spring Cloud全家桶技术栈除了对Netflix OSS的开源组件做整合之外，还整合了一些选型中立的开源组件。比如，Spring Cloud ZooKeeper组件整合了ZooKeeper，提供了另一种方式的服务发现和配置管理。

Spring Cloud架构中的单体业务服务基于Spring Boot应用。Spring Boot是由Pivotal团队提供的全新框架，用来简化新Spring应用的初始搭建以及开发过程。Spring Cloud与Spring Boot是什么关系呢？

1）Spring Cloud利用Spring Boot的开发便利性巧妙地简化了分布式系统基础设施的开发。

2）Spring Boot专注于快速方便地开发单体微服务提供者，而Spring Cloud解决的是各微服务提供者之间的协调治理关系。

3）Spring Boot可以离开Spring Cloud独立使用开发项目，但是Spring Cloud离不开Spring Boot，它依赖Spring Boot而存在。

最终，Spring Cloud将Spring Boot开发的一个个单体微服务整合并管理起来，为各单体微服务提供配置管理、服务发现、熔断器、路由、微代理、事件总线、全局锁、决策竞选、分布式会话等基础的分布式协助能力。

3.1 Eureka 服务注册与发现

一套微服务架构的系统会由很多个单一职责的服务单元组成，而每个服务单元又有众多运行实例。例如，世界最大的收费视频网站Netflix的系统是由600多个服务单元构成的，运行实例的数量就更加庞大了。由于各服务单元颗粒度较小、数量众多，相互之间成网状依赖关系，因此需要服务注册中心来统一管理微服务实例，维护各服务实例的健康状态。

3.1.1 什么是服务注册与发现

从宏观角度，微服务架构下的系统角色可以简单分为服务注册中心（Registration Center）、微服务提供者（Service Provider）、远程客户端组件（Service Consumer）。

什么是服务注册呢？是指微服务提供者将自己的服务信息（如服务名、IP地址等）告知服务注册中心。

什么是服务发现呢？注册中心客户端组件从注册中心查询所有的微服务提供者信息，当其他的服务下线后，服务注册中心能够告知注册中心客户端组件。

远程客户端组件与微服务提供者之间一般使用某种RPC通信机制来进行服务消费，常见的RPC通信方式为REST API，底层为HTTP传输协议。微服务提供者通常以Web服务的方式提供REST API接口；远程客户端组件则通常以模块组件的方式完成REST API的远程调用。

注册中心、微服务提供者、远程客户端组件之间的关系大致如图3-1所示。

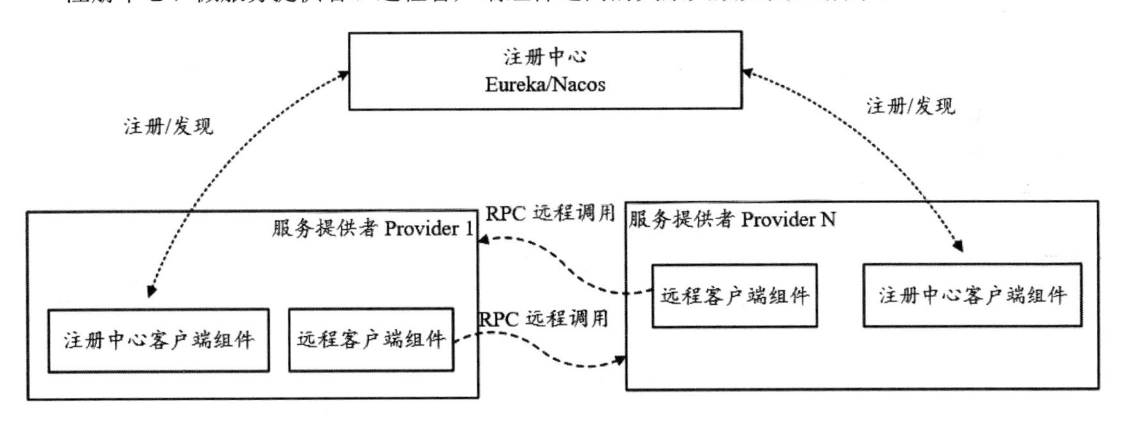

图 3-1　注册中心、微服务提供者、远程客户端组件三者之间的关系

注册中心的主要功能如下：

1）服务注册表维护：这是注册中心的核心，用来记录各个微服务提供者实例的状态信息。注册中心提供Provider实例清单的查询和管理API，用于查询可用的Provider实例列表，管理Provider实例的上线和下线。

2）服务健康检查：注册中心使用一定机制定时检测已注册的Provider实例，如发现某实例长时间无法访问，就会从服务注册表中移除该实例。

微服务提供者的主要功能如下：

1）服务注册：服务注册是指Provider微服务实例在启动时将自己的信息注册到注册中心上的过程。

2）心跳续约：Provider实例会定时向服务注册中心提供“心跳”，以表明自己还处于可用的状态。当一个Provider实例停止心跳一段时间后，注册中心会认为该服务实例不可用了，就会将该服务实例从服务注册列表中剔除。如果被剔除的Provider实例过一段时间后继续向注册中心提供心跳，那么服务注册中心会将该Provider实例重新加入服务注册表中。

3）健康状况查询：Provider实例能提供健康状况查看的API，注册中心或者其他的微服务Provider能够获取其健康状况。

微服务提供者的服务注册和心跳续约一般都会通过注册中心客户端组件来完成。注册中心客户端组件还有如下功能：

1）服务发现：从注册中心查询可用Provider实例清单。

2）实例缓存：将从注册中心查询到的Provider实例清单缓存到本地，不需要在每次使用时都去注册中心临时获取。

总体来说，注册中心、微服务提供者需要作为独立应用进行部署和运行，而注册中心客户端组件、远程调用客户端组件则不同，它们一般会作为一个模块组件被微服务提供者使用。

Spring Cloud生态体系中存在多种注册中心框架，例如Eureka、Nacos、Consul、ZooKeeper等。本书将以Eureka为例讲解注册中心的使用。

3.1.2 Eureka Server 注册中心

Eureka本身是Netflix开源的一款注册中心产品，并且Spring Cloud提供了相应的集成封装，选择它作为注册中心的讲解实例是出于以下原因：

1）Eureka在业界的应用十分广泛（尤其是国外），整个框架也经受住了Netflix严酷生产环境的考验。

2）除了Eureka注册中心，Netflix的其他服务治理功能也十分强大，包括Ribbon、Hystrix、Feign、Zuul等组件结合到一起组成了一套完整的服务治理框架，使得服务的调用、路由变得异常容易。

那么，Netflix和Spring Cloud是什么关系呢？

Netflix是一家互联网流媒体播放商，是美国视频巨头，访问量非常大。正因如此，Netflix把整体的系统迁移到了微服务架构上，并且Netflix把它的几乎整个微服务治理生态中的组件都开源贡献给了Java社区，叫作Netflix OSS。

Spring Cloud是Spring背后的Pivotal公司（由EMC和VMware联合成立的公司）在2015年推出的开源产品，主要对Netflix开源组件进一步封装，方便Spring开发人员构建微服务架构的应用。

Spring Cloud Eureka是Spring Cloud Netflix微服务套件的一部分，基于Netflix Eureka做了二次封装，主要负责完成微服务实例的自动注册与发现，这也是微服务架构中的核心和基础功能。

Eureka所治理的每个微服务实例被称为Provider Instance（提供者实例）。每个Provider Instance包含一个Eureka Client组件（相当于注册中心客户端组件），它主要的工作如下：

1）向Eureka Server完成Provider Instance的注册、续约和下线等操作，主要的注册信息包括服务名、机器IP、端口号、域名等。

2）向Eureka Server获取Provider Instance清单，并且缓存在本地。

一般来说，Eureka Server作为服务治理应用会独立地部署和运行。一个Eureka Server注册中心应用在新建时，首先需要在pom.xml文件中添加eureka-server依赖库。

```
<dependency>
   <groupId>org.springframework.cloud</groupId>
   <artifactId>spring-cloud-starter-netflix-eureka-server</artifactId>
</dependency>
```

然后需要在启动类中添加注解@EnableEurekaServer，声明这个应用是一个Eureka Server。启动类的代码如下：

```
package com.crazymaker.Spring Cloud.cloud.center.eureka;
import org.springframework.boot.SpringApplication;
import org.springframework.boot.autoconfigure.SpringBootApplication;
import org.springframework.cloud.netflix.eureka.server.EnableEurekaServer;
//在启动类中添加注解 @EnableEurekaServer
@EnableEurekaServer
@SpringBootApplication
public class EurekaServerApplication {
   public static void main(String[] args) {
      SpringApplication.run(EurekaServerApplication.class, args);
   }
}
```

接下来，在应用配置文件application.yml中对Eureka Server的一些参数进行配置。一份基础的配置文件大致如下：

```
server:
   port: 7777
spring:
   application:
      name: eureka-server
eureka:
   client:
      register-with-eureka: false
      fetch-registry: false
      service-url:
         #服务注册中心的配置内容，指定服务注册中心的位置
         defaultZone: ${SCAFFOLD_EUREKA_ZONE_HOSTS:http://localhost:7777/eureka/}
   instance:
   hostname: ${EUREKA_ZONE_HOST:localhost}
   server:
       enable-self-preservation: true # 开启自我保护
       eviction-interval-timer-in-ms: 60000 # 扫描失效服务的间隔时间（单位为毫秒，默认是60
×1000毫秒，即60秒）
```

以上的配置文件中包含3类配置项：作为服务注册中心的配置项（eureka.server.*）、作为Provider提供者的配置项（eureka.instance.*）、作为注册中心客户端组件的配置项（eureka.client.*），它们的具体含义稍后介绍。

配置完成后，通过运行启动类EurekaServerApplication就可以启动Eureka Server，然后通过浏览器访问Eureka Server的控制台界面（其端口为server.port配置项的值），大致如图3-2所示。

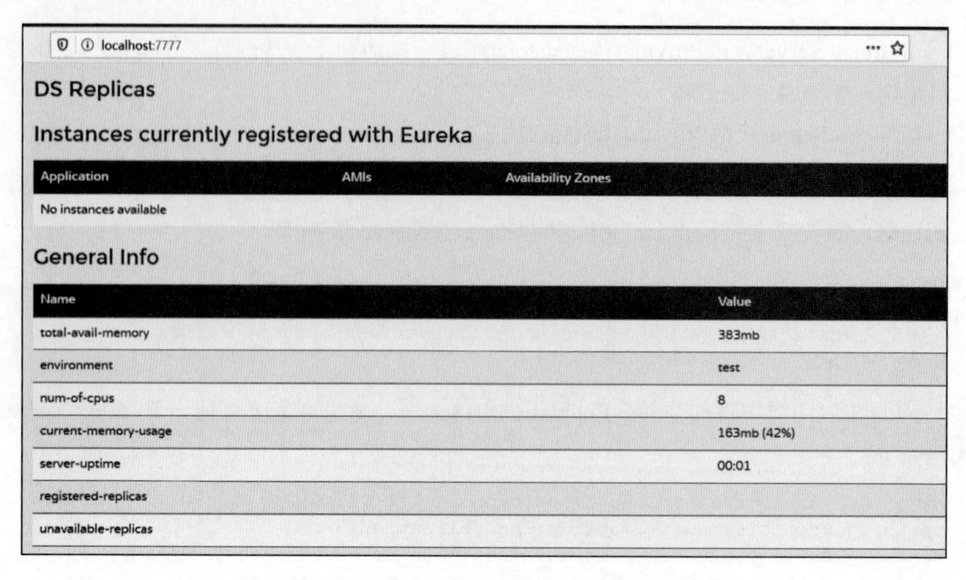

图 3-2 Eureka Server 的控制台界面

实际上一个Eureka Server实例身兼三个角色：注册中心、微服务提供者、注册中心客户端，主要原因如下：

1）对于所有Provider Instance而言，Eureka Server的角色是注册中心。

2）对于Eureka Server集群中其他的Eureka Server而言，Eureka Server的角色是注册中心客户端。

3）Eureka Server对外提供REST接口的服务，当然也是微服务提供者。

1. Eureka Server 作为服务注册中心角色的配置

（1）eureka.server.enable-self-preservation

此配置项用于设置是否关闭注册中心的保护机制。什么是保护机制呢？Eureka Server会定时统计15分钟之内心跳成功的Provider实例的比例，如果低于85%将会触发保护机制，处于保护状态的Eureka Server不剔除失效的微服务提供者。enable-self-preservation的默认值为true，表示开启自我保护机制。如果15分钟之内心跳成功的Provider实例的比例高于85%，那么Eureka Server仍然会处于正常状态。

（2）eureka.server.eviction-interval-timer-in-ms

配置Eureka Server清理无效节点的时间间隔，默认为60000毫秒（即60秒）。但是，如果Eureka Server处于保护状态，此配置就无效。

2. Eureka Server 作为微服务提供者的配置项

Eureka Server自身也是一种特殊的微服务提供者，对外提供REST服务，所以需要配置一些作为Provider实例专属的配置项，大致如下：

（1）eureka.instance.hostname

设置当前实例的主机名称。

（2）eureka.instance.appname

设置当前实例的服务名称。默认值取自spring.application.name配置项的值，如果该选项没有值，则eureka.instance.appname值为unknown。在Eureka服务器上，微服务提供者的名称不区分字母大小写。

（3）eureka.instance.ip-address

设置当前实例的IP地址。

（4）eureka.instance.prefer-ip-address

如果配置为true，就使用IP地址的形式来定义Provider实例的访问地址，而不使用主机名来定义Provider实例的地址。如果同时设置了eureka.instance.ip-address选项，就使用该选项所配置的IP，否则自动获取网卡的IP地址。默认情况下，此配置项的值为false，使用主机名来定义Provider实例的访问地址。

（5）eureka.instance.lease-renewal-interval-in-seconds

定义Provider实例到注册中心续约（心跳）的时间间隔，单位为秒，默认值为30秒。

（6）eureka.instance.lease-expiration-duration-in-seconds

定义Provider实例失效的时间，单位为秒，默认值为90秒。

（7）eureka.instance.status-page-url-path

定义Provider实例状态页面的URL，此选项所配置的是相对路径，默认使用HTTP访问，如果需要使用HTTPS则使用绝对路径配置。默认的相对路径为/info。

（8）eureka.instance.status-page-url

定义Provider实例状态页面的URL，此选项配置的是绝对路径。

（9）eureka.instance.health-check-url-path

定义Provider实例健康检查页面的URL，此选项所配置的是相对路径，默认使用HTTP访问，如果需要使用HTTPS则使用绝对路径配置。默认的相对路径为/health。

（10）eureka.instance.health-check-url

定义Provider实例健康检查页面的URL，此选项配置的是绝对路径。

3. Eureka Server 作为 Eureka Client 注册中心客户端角色的配置

如果集群中配置了多个Eureka Server，那么节点和节点之间是对等的，在角色上一个Eureka Server还是其他Eureka Server实例的客户端，其注册中心客户端角色的相关配置项大致如下：

（1）eureka.client.register-with-eureka

作为Eureka Client，eureka.client.register-with-eureka表示是否将自己注册到其他的Eureka Server，默认为true。因为当前集群只有一个Eureka Server，所以需要设置成false。

（2）eureka.client.fetch-registry

作为Eureka Client，是否从Eureka Server获取注册信息，默认为true。因为本例是一个单点的Eureka Server，不需要同步其他Eureka Server节点数据，所以设置为false。

（3）eureka.client.registery-fetch-interval-seconds

作为Eureka Client，从Eureka Server获取注册信息的间隔时间，单位为秒，默认值为30秒。

（4）eureka.client.eureka-server-connect-timeout-seconds

Eureka Client组件连接Eureka Server的超时时间，单位为秒，默认值为5秒。

（5）eureka.client.eureka-server-read-timeout-seconds

Eureka Client组件读取Eureka Server信息的超时时间，单位为秒，默认值为8秒。

（6）eureka.client.eureka-connection-idle-timeout-seconds

Eureka Client组件到Eureka Server连接空闲关闭的时间，单位为秒，默认值为30秒。

（7）eureka.client.filter-only-up-instances

从Eureka Server获取Provider实例清单时是否进行过滤，只保留UP状态的实例，默认值为true。

（8）eureka.client.service-url.defaultZone

作为Eureka Client，需要向远程的Eureka Server自我注册、发现其他的Provider实例。此配置项用于设置Eureka Server的交互地址，在注册中心集群的情况下，多个Eureka Server之间可以使用半角逗号分隔。

此配置项涉及Spring Cloud中Region（地域）与Zone（可用区）两个概念，两者都借鉴AWS（Amazon云）的概念。在非AWS环境下，Region和Zone（Availability Zone）可以理解为服务器的位置，即Region可以理解为服务器所在的地域，Zone可以理解成服务器所处的机房。一个Region地域可以包含多个Zone机房。不同的Region地域的距离很远，一个Region地域的不同Zone间的距离往往较近，也可能在同一个物理机房内。

在网络环境跨地域、跨机房的情况下，Region与Zone都可以在配置文件中进行配置。配置Region与Zone的主要目的是，在网络环境复杂的情况下帮助客户端就近访问需要的Provider实例。负载均衡组件Spring Cloud Ribbon的默认策略是优先访问同客户端处于同一个Zone中的服务端实例，只有当同一个Zone中没有可用服务端实例时，才会访问其他Zone中的实例。

如果网络环境不复杂，比如所有服务器都在于同一个地域同一个机房，就不需要配置Region与Zone。如果不配置Region地域选项值，那么其默认值为us-east-1；如果不配置Zone的Key值，那么其默认的Key值为defaultZone。可以通过eureka.client.serviceUrl.defaultZone选项设置默认Zone的注册中心Eureka Server的访问地址。

Spring Cloud的注册中心地址是以Zone为单位进行配置的，一个Zone如果有多个注册中心，就要使用逗号隔开。如果有多个机房，就配置多个eureka.client.serviceUrl.ZoneName配置项。举个例子，假设在北京区域有两个机房，每个机房有一个注册中心Eureka Server，那么Eureka Server配置文件中有关Zone和注册中心的配置大致如下：

```
eureka:
   client:
     region: 'Beijing                #指定Region区域为北京
     availabilityZones:
         Beijing: 'zone-2,zone-1  #指定北京的机房为zone-2,zone-1
     serviceUrl:
         zone-1: http://localhost:7777/eureka/       # zone-1机房的Eureka Server
         zone-2: http://localhost: 7778/eureka/      # zone-2机房的Eureka Server
```

在配置服务注册中心地址时，如果Eureka Server加入了安全验证，则注册中心的URL格式为：

```
http://<username>:<password>@localhost:8761/eureka
```

其中<username>为安全校验的用户名，<password>为该用户的密码。

（9）eureka.client.serviceUrl.*

此配置项是上面第（8）项的上一级配置项，用于在多个Zone的场景下配置服务注册中心，其类型为HashMap，key为Zone，Value为机房中的所有注册中心地址。如果没有多个Zone，那么此配置项有一个默认的可用区，Key为defaultZone。

3.1.3 微服务提供者 Provider 的创建和配置

注册中心Eureka Server创建并启动好之后，接下来介绍如何创建一个Provider微服务提供者并注册到Eureka Server中，并且提供一个REST接口给其他服务调用。

在本书的配套源码crazy-Spring Cloud脚手架中设计3个Provider：uaa-provider（用户账号与认证）、demo-provider（演示用途）、seckill-provider（秒杀服务），它们的关系如图3-3所示。

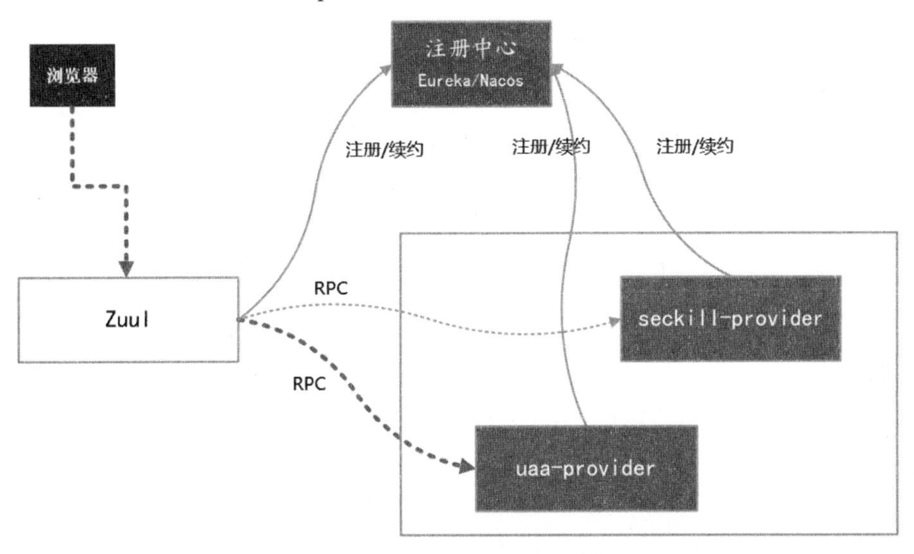

图 3-3　本书的配套源码中的微服务提供者

这里，以uaa-provider微服务提供者为例来介绍Provider的创建和配置。

首先一个Provider微服务提供者至少需要以下两个组件包依赖：Spring Boot Web服务组件、Eureka Client组件，如下所示：

```
<dependencies>
  <!--Spring Boot Web服务组件 -->
    <dependency>
        <groupId>org.springframework.boot</groupId>
        <artifactId>spring-boot-starter-web</artifactId>
</dependency>

    <!-- Eureka Client组件 -->
    <dependency>
        <groupId>org.springframework.cloud</groupId>
```

```
        <artifactId>spring-cloud-starter-netflix-eureka-client</artifactId>
    </dependency>
</dependencies>
```

Spring Boot Web服务组件用于提供REST接口服务，Eureka Client组件用于服务注册与发现。从以上的Maven依赖可以看出，在Spring Cloud技术体系中，一个Provider首先是一个Spring Boot应用，所以在学习Spring Cloud微服务技术之前必须具备一些基本的Spring Boot开发知识。

然后在Spring Boot应用的启动类上加上@EnableDiscoveryClient注解，用于启用Eureka Client客户端组件。启动类的代码如下：

```
package com.crazymaker.Spring Cloud.user.info.start;
//省略import
@SpringBootApplication
/*
 *  启用Eureka Client客户端组件
 */
@EnableEurekaClient
public class UAACloudApplication
{
    public static void main(String[] args)
    {
        SpringApplication.run(UAACloudApplication.class, args);
    }
}
```

接下来，在Provider模块（或者项目）的src/main/resources的bootstrap启动属性文件中（bootstrap.properties或bootstrap.yml）增加Provider实例相关的配置，具体如下：

```
spring:
  application:
    name: uaa-provider

server:
  port: 7702
  servlet:
      context-path: /uaa-provider
eureka:
  instance:
    instance-id: ${spring.cloud.client.ip-address}:${server.port}
    ip-address: ${spring.cloud.client.ip-address}
    prefer-ip-address: true  #访问路径优先使用IP地址
    status-page-url-path:
/${server.servlet.context-path}${management.endpoints.web.base-path}/info
    health-check-url-path:
/${server.servlet.context-path}${management.endpoints.web.base-path}/health
  client:
    egister-with-eureka: true    #注册到eureka服务器
    fetch-registry: true         #是否去注册中心获取其他服务
    serviceUrl:
      defaultZone: http://${EUREKA_ZONE_HOST:localhost}:7777/eureka/
```

在详细介绍上面的配置项之前，先启动一下Provider的启动类，控制台的日志大致如下：

```
...com.netflix.discovery.DiscoveryClient -
DiscoveryClient_UAA-PROVIDER/192.168.233.128:7702: registering service...
...
...com.netflix.discovery.DiscoveryClient - DiscoveryClient_UAA-PROVIDER/192.168.
233.128:7702 - registration status: 204
```

如果看到上面的日志，就表明Provider实例已经启动成功，可以进一步通过Eureka Server检查服务是否注册成功：打开Eureka Server的控制台界面，可以看到uua-provider的一个实例已经成功注册，具体如图3-4所示。

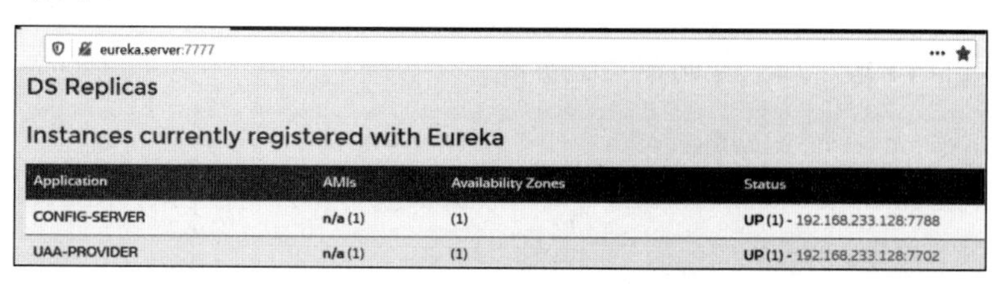

图 3-4 uua-provider 实例已经成功注册到 Eureka Server

前面讲到，Spring Cloud中一个Provider实例身兼两个角色：微服务提供者和注册中心客户端。所以，在Provider的配置文件中包含了两类配置：Provider实例角色的相关配置和Eureka Client角色的相关配置。

1. Provider 实例角色的相关配置

在微服务集群中，Eureka Server自身也是一种特殊的微服务提供者，对外提供REST服务，所以可以配置一些Provider实例专属的配置项。

（1）eureka.instance.instance-id

此项用于配置Provider实例ID，如果不进行ID配置，默认值的格式如下：

```
${spring.cloud.client.hostname}:${spring.application.name}:${server.port}}
```

翻译过来就是"主机名:服务名称:服务端口"。默认情况下，在Eureka Web控制台查看到的uua-provider实例的instance-id为localhost:demo-provider:7700。

大多数时候需要将IP显示在instance-id中，只要把主机名替换成IP即可，假设用"IP:端口"的格式来定义，可以使用下面的配置：

```
eureka.instance.instance-id= ${spring.cloud.client.ip-address}:${server.port}
```

从"IP:端口"的格式一看就知道uua-provider在哪台机器上，端口是多少。我们还可以单击Eureka Server控制台的服务instance-id进行跳转，去查看实例的详细信息。跳转链接的默认路径是主机名，如果链接路径需要使用IP，就要将配置项eureka.instance.preferIpAddress设置为true。

（2）eureka.instance.ip-address

设置当前实例的IP地址。${spring.cloud.client.ip-address}是从Spring Cloud依赖包中导入的配置项，存放了客户端的IP地址。

（3）eureka.instance.prefer-ip-address

如果配置为true，就使用IP地址的形式来定义Provider实例的地址，而不是使用主机名来定义Provider实例的地址。

（4）eureka.instance.status-page-url-path

定义Provider实例状态页面的URL，此选项配置的是相对路径，默认使用HTTP访问，如果需要使用HTTPS，就使用绝对路径配置。默认的相对路径为/info。

（5）eureka.instance.health-check-url-path

定义Provider实例健康检查页面的URL，此选项配置的是相对路径，默认使用HTTP访问，如果需要使用HTTPS，就使用绝对路径配置。默认的相对路径为/health。

2. Eureka Client 客户端组件的相关配置

（1）eureka.client.register-with-eureka

作为Eureka Client，eureka.client.register-with-eureka表示是否将自己注册Eureka Server，这里设置为true，表示需要将Provider实例注册到Eureka Server。

（2）eureka.client.fetch-registry

作为Eureka Client，是否从Eureka Server获取注册信息，这里设置为true，表示需要从Eureka Server定期获取注册了的Provider实例清单。

（3）eureka.client.service-url.defaultZone

作为Eureka Client，需要向远程的Eureka Server自我注册、查询其他的提供者。此配置项用于设置此客户端默认Zone（类似于默认机房）的Eureka Server的交互地址，这里配置的是3.1.2节启动的端口为7777的Eureka Server：

```
eureka.client.service-url.defaultZone=http://${EUREKA_ZONE_HOST:localhost}:
7777/eureka/
```

为了安全和方便，地址中并没有硬编码Eureka Server的IP地址，而是使用了提前在操作系统配置好的指向Eureka IP地址的环境变量EUREKA_ZONE_HOST，之所以这样配置，主要是为了后续Eureka Server的IP地址发生变化时只需要修改环境变量的值，而不需要修改配置文件。

3.1.4 微服务提供者的续约（心跳）

微服务提供者的续约（心跳）保活是由Provider Instance主动定期执行的，每隔一段时间调用Eureka Server提供的REST保活接口，发送Provider Instance的状态信息给注册中心，告诉注册中心注册者还在正常运行。

Provider Instance的续约默认是开启的，续约默认的间隔是30秒，也就是每30秒会向Eureka Server发起续约（Renew）操作。如果要修改Provider Instance的续约时间间隔，可以使用如下的配置选项：

```
eureka:
  instance:
    lease-renewal-interval-in-seconds: 5      # 心跳时间，即服务续约间隔时间（默认为30秒）
    lease-expiration-duration-in-seconds: 15  # 租约有效期，即服务续约到期时间（默认为90秒）
```

对其中的两个配置项介绍如下：

（1）eureka.instance.lease-renewal-interval-in-seconds

表示Provider Instance的Eureka Client组件发送续约（心跳）给Eureka Server的时间间隔，上面的配置表示每隔5秒发送一次续约心跳。

（2）eureka.instance.lease-expiration-duration-in-seconds

此配置项设置了租约有效期，在租约时间内如果Eureka Client未续约（心跳），则Eureka Server

将剔除该服务。上面配置的租约有效期为15秒，心跳为5秒，也就是说，Provider Instance实例有3次心跳重试机会。

租约有效期需要合理设置，如果有效期太大，很可能在服务消费客户端访问的时候，该Provider Instance已经宕机了。如果该值设置太小了，那么Provider Instance很可能因为临时的网络抖动而被Eureka Server剔除掉。

Eureka Server提供了多个和Provider Instance相关的Spring上下文应用事件（ApplicationEvent）。当Server启动、服务注册、服务下线、服务续约等事件发生时，Eureka Server会发布相对应的应用事件，以方便应用程序监听。

下面是几个常见的Eureka Server应用事件：

1）EurekaInstanceRenewedEvent：服务续约事件。

2）EurekaInstanceRegisteredEvent：服务注册事件。

3）EurekaInstanceCanceledEvent：服务下线事件。

4）EurekaRegistryAvailableEvent：Eureka注册中心启动事件。

5）EurekaServerStartedEvent：Eureka Server启动事件。

如果需要监听Provider Instance的服务注册、服务下线、服务续约等事件，那么可以在Eureka Server编写相应的事件监听程序，如下所示：

```
package com.crazymaker.Spring Cloud.cloud.center.eureka;
//省略import
@Component
@Slf4j
public class EurekaStateChangeListner {
    /**
     *  服务下线事件
     */
    @EventListener
    public void listen(EurekaInstanceCanceledEvent event){
        log.info("{} \t {} 服务下线", event.getServerId(),event.getAppName());
    }
    /**
     * 服务上线事件
     */
    @EventListener
    public void listen(EurekaInstanceRegisteredEvent event){
        InstanceInfo inst = event.getInstanceInfo();
        log.info("{}:{} \t {} 服务上线",
inst.getIPAddr(),inst.getPort(),inst.getAppName());
    }
    /**
     * 服务续约(服务心跳)事件
     */
    @EventListener
    public void listen(EurekaInstanceRenewedEvent event){
        log.info("{} \t {} 服务续约",event.getServerId(),event.getAppName());
    }

    @EventListener
    public void listen(EurekaServerStartedEvent event){
        log.info("Eureka Server启动");
    }
}
```

加上事件监听后，一旦Eureka Server收到续约（心跳）事件，就会在控制台有输出，下面是节选的部分日志：

```
...EurekaStateChangeListner : 192.168.142.1:7700        DEMO-PROVIDER服务续约
...EurekaStateChangeListner : 192.168.233.128:7702       UAA-PROVIDER服务续约
...EurekaStateChangeListner : 192.168.142.1:7700        DEMO-PROVIDER服务续约
...EurekaStateChangeListner : 192.168.233.128:7702       UAA-PROVIDER服务续约
...EurekaStateChangeListner : 192.168.142.1:7700        DEMO-PROVIDER服务续约
...EurekaStateChangeListner : 192.168.233.128:7702       UAA-PROVIDER服务续约
...EurekaStateChangeListner : 192.168.142.1:7700        DEMO-PROVIDER服务续约
...EurekaStateChangeListner : 192.168.233.128:7702       UAA-PROVIDER服务续约
```

3.1.5 微服务提供者的健康状态

Eureka Server并不记录Provider的所有健康状况信息，仅仅维护了一个Provider清单。Eureka Client组件查询的Provider提供者注册清单中，包含每个Provider的健康状况的检查地址。通过该健康状况的地址可以查询Provider提供者的健康状况。

为了方便演示，这里启动两个uaa-provider实例并注册到Eureka，具体如图3-5所示。

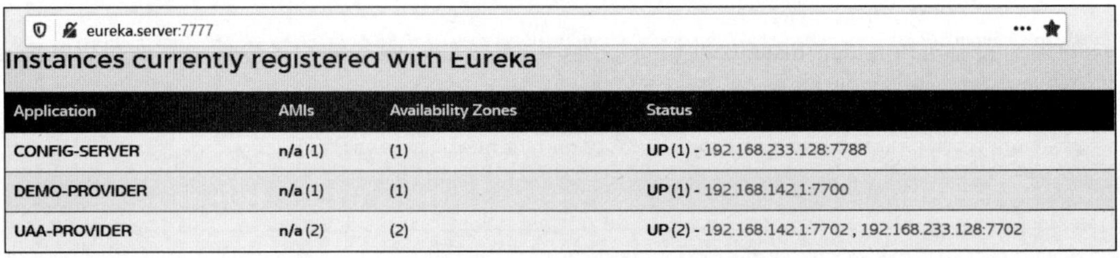

eureka.server:7777

Instances currently registered with Eureka

Application	AMIs	Availability Zones	Status
CONFIG-SERVER	n/a (1)	(1)	UP (1) - 192.168.233.128:7788
DEMO-PROVIDER	n/a (1)	(1)	UP (1) - 192.168.142.1:7700
UAA-PROVIDER	n/a (2)	(2)	UP (2) - 192.168.142.1:7702 , 192.168.233.128:7702

图 3-5　Eureka 控制台界面上的两个 uaa-provider 实例

通过Eureka Server的/apps/{provider-id}接口地址，可以获取某个Provider实例的详细信息。获取演示案例中的UAA-Provider详细信息的URL如下：

http://eureka.server:7777/eureka/apps/UAA-PROVIDER

在浏览器输入该地址，返回的响应大致如下：

```
<application>
    <name>UAA-PROVIDER</name>
    <instance>
        <instanceId>192.168.142.1:7702</instanceId>
        <hostName>192.168.142.1</hostName>
        <app>UAA-PROVIDER</app>
        <ipAddr>192.168.142.1</ipAddr>
        <status>UP</status>
        <port enabled="true">7702</port>
        <securePort enabled="false">443</securePort>
        <countryId>1</countryId>
        ...
        <homePageUrl>http://192.168.142.1:7702/</homePageUrl>
        <statusPageUrl>
            http://192.168.142.1:7702/uaa-provider/actuator/info
        </statusPageUrl>
        <healthCheckUrl>
            http://192.168.142.1:7702/uaa-provider/actuator/health
        </healthCheckUrl>
```

```
        ...
    </instance>
    <instance>
        <instanceId>192.168.233.128:7702</instanceId>
        <hostName>192.168.233.128</hostName>
        <app>UAA-PROVIDER</app>
        <ipAddr>192.168.233.128</ipAddr>
        <status>UP</status>
        <port enabled="true">7702</port>
          ...
        <homePageUrl>http://192.168.233.128:7702/</homePageUrl>
        <statusPageUrl>
           http://192.168.233.128:7702/uaa-provider/actuator/info
        </statusPageUrl>
        <healthCheckUrl>
        </healthCheckUrl>
          ...
    </instance>
</application>
```

注意 请求地址时，/apps/{provider-id}中的provider-id名称不区分字母大小写。

在Eureka Server响应的Provider的详细信息中，有3个与Provider实例的健康状态有关的信息：

（1）status

status是Provider实例本身发布的健康状态。status的值为UP表示应用程序状态正常。除了UP外，应用健康状态还有DOWN、OUT_OF_SERVICE、UNKONWN等其他取值，不过只有状态为“UP”的Provider实例会被Eureka Client组件请求。

（2）healthCheckUrl

healthCheckUrl是Provider实例的健康信息URL地址，默认为Spring Boot Actuator组件中ID为health的Endpoint（端点），其默认URL地址为/actuator/health。

（3）statusPageUrl

statusPageUrl是Provider实例的状态URL地址，默认为Spring Boot Actuator组件中ID为info的Endpoint（端点），其默认URL地址为/actuator/info。

在实际场景中，Provider的健康信息和状态URL地址可能都经过了定制，从Eureka Server查询的每个实例的healthCheckUrl和statusPageUrl值可能与Provider实例用到的实际值不同，可以通过Provider的配置文件进行修改，具体如下：

```
eureka:
  client:
    egister-with-eureka: true   #注册到eureka服务器
    fetch-registry: true    #要不要去注册中心获取其他服务
    serviceUrl:
      defaultZone: http://${EUREKA_ZONE_HOST:localhost}:7777/eureka/
  instance:
    instance-id: ${spring.cloud.client.ip-address}:${server.port}
    status-page-url-path: /${server.servlet.context-path}
${management.endpoints.web.base-path}/info
    health-check-url-path:
/${server.servlet.context-path}${management.endpoints.web.base-path}/health
```

以上eureka.instance配置项的两个重要的子配置项说明如下：

（1）health-check-url-path

定义Provider的健康检查URL，此配置项的值将修改Eureka Server中的本Provider实例的健康检查路径healthCheckUrl的值。建议配置为Provider实例的Spring BootActuator组件的health端点的实际URL的相对路径（如果是HTTPS协议，可以使用绝对路径），示例的配置路径为：

```
instance:
  health-check-url-path:
/${server.servlet.context-path}${management.endpoints.web.base-path}/health
```

server.servlet.context-path部分指的是Provider的上下文路径，如果没有Web服务的context上下文路径，就可以不配置；management.endpoints.web.base-path部分指的是Spring Boot Actuator组件的默认基础路径；health部分是Spring Boot Actuator的health端点的ID。Provider实例的健康检查路径访问结果如图3-6所示。

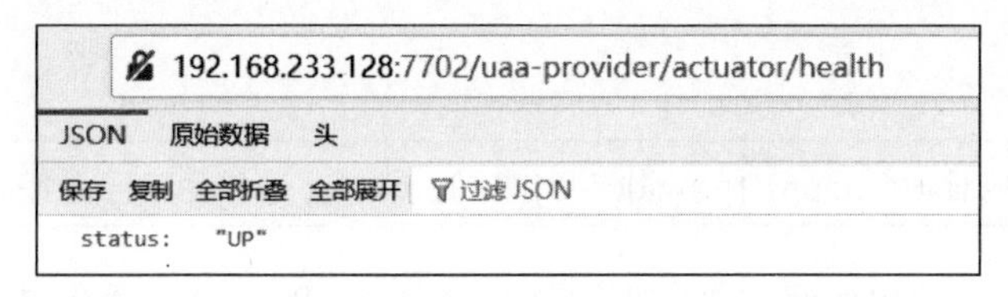

图 3-6 uua-provider 实例的健康信息

（2）status-page-url-path

定义Provider实例的状态信息URL，此配置项的值将修改Eureka Server中的本Provider实例的状态页面statusPageUrl的值。建议配置为Spring Boot Actuator组件的info端点的实际URL的相对路径（如果是HTTPS协议，可以使用绝对路径），示例的配置路径为：

```
instance:
  status-page-url-path:
/${server.servlet.context-path}${management.endpoints.web.base-path}/info
```

server.servlet.context-path部分为Provider上下文路径，management.endpoints.web.base-path部分为Spring Boot Actuator组件的基础路径，/info部分是Spring Boot Actuator的info端点的ID。Provider实例的状态页面访问结果如图3-7所示。

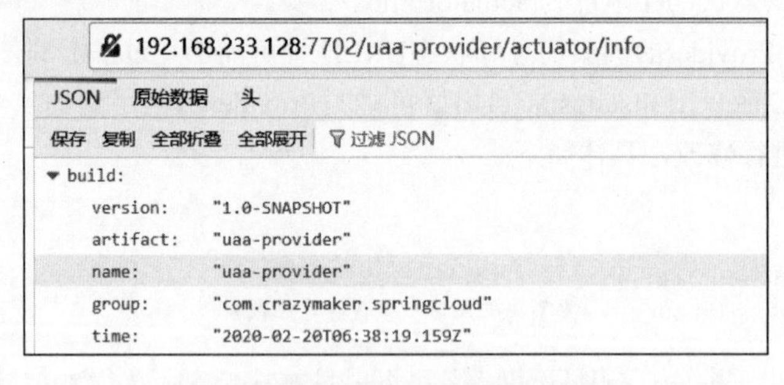

图 3-7 uua-provider 实例的状态信息

Provider定制的status-page-url-path和health-check-url-path地址值将会被Eureka Client组件发送到Eureka Server注册中心，其他节点从Eureka Server获取Provider信息时将获取到新的配置值。

Provider的健康信息和状态URL地址都是Spring Boot Actuator的端点路径，Actuator是Spring Boot技术生态中一个非常强大的组件，用于对应用程序进行监视和管理，通过REST API接口请求来监管、审计、收集应用的运行情况。使用之前需要在项目中引入Spring Boot Actuator的Maven依赖，配置代码如下：

```
<dependency>
   <groupId>org.springframework.boot</groupId>
   <artifactId>spring-boot-starter-actuator</artifactId>
</dependency>
```

Actuator提供的REST API被称为Endpoint（端点），Actuator内置了非常多的端点，如health、info、beans、metrics、httptrace、shutdown等。端点的名称可以称为端点ID，每个Endpoint都可以启用和禁用。默认情况下，Endpoint的URL带有/actuator基础路径，例如，health端点默认映射到/actuator/health，但是Endpoint的基础路径可以通过配置进行修改。除了内置的端点外，Actuator同时允许大家扩展自己的端点。

实际上，REST API仅仅是Actuator Endpoint提供对外访问的一种形式，端点还可以从JMX的形式对外暴露，只不过大部分应用选择HTTP REST API的暴露形式。

可以对Spring Boot Actuator的配置进行一些定制，下面是一个简单的定制实例：

```
management:
  endpoints:
    # 暴露EndPoint以供访问，有JMX和Web两种方式，exclude的优先级高于include
    jmx:
      exposure:
        # exclude: '*'
        include: '*'
    web:
      exposure:
      # exclude: '*'
        include:
["health","info","beans","mappings","logfile","metrics","shutdown","env"]
      base-path: /actuator      # 配置Endpoint的基础路径
      cors:                     # 配置跨域资源共享
        allowed-origins: http://crazydemo.com,http://zuul.server,http://nginx.server
        allowed-methods: GET,POST
    enabled-by-default: true    # 修改全局Endpoint默认设置
```

3.1.6 Eureka自我保护模式与失效Provider的快速剔除

Provider服务实例注册到Eureka Server后会维护一个心跳连接，告诉Eureka Server自己还活着。Eureka Server在运行期间会统计所有Provider实例的心跳，如果失败比例在一段时间间隔（如15分钟）之内低于阈值（如85%），Eureka Server就会将当前所有的Provider实例的注册信息保护起来，让这些实例不过期。当Eureka Server运行在保护模式时会有一个警告信息：“EMERGENCY! EUREKA MAY BE INCORRECTLY CLAIMING INSTANCES ARE UP WHEN THEY'RE NOT. RENEWALS ARE LESSER THAN THRESHOLD AND HENCE THE INSTANCES ARE NOT BEING EXPIRED JUST TO BE SAFE.”该警告信息的界面如图3-8所示。

保护模式可能会导致一些问题。有时Provider服务实例由于内存溢出、网络故障等原因不能正常运行，而处于保护模式的Eureka Server不一定会将其从服务列表中剔除出去，所以会导致客户端调用失败。为了使得失效的Provider能被快速剔除，可以停用Eureka Server的保护模式，然后启用客户端的健康状态检查。

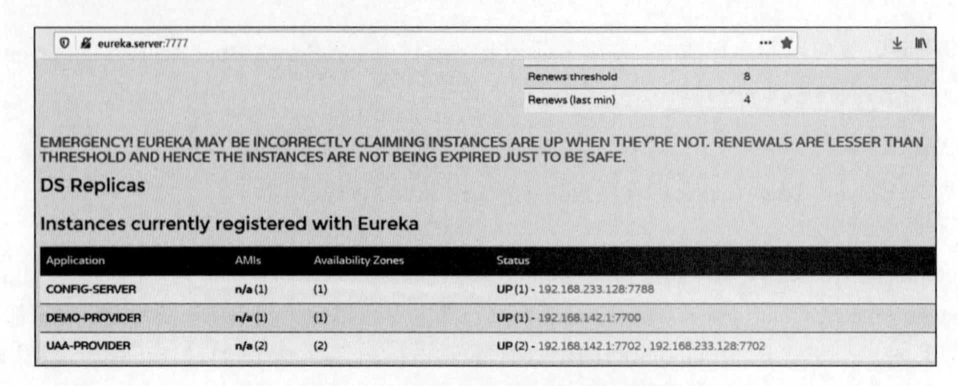

图 3-8 Eureka Server 运行在保护模式

首先，在Eureka Server注册中心增加两个配置项，分别是关闭自我保护和设置清理失效服务的时间间隔，具体如下：

```
server:
  port: 7777
spring:
  application:
    name: eureka-server
eureka:
  ...
  server:
    enable-self-preservation: false      # 关闭自我保护,防止失效的服务也被一直访问(默认为true)
    eviction-interval-timer-in-ms: 10000 # 清理失效服务的间隔时间（单位为毫秒，默认为60×1000
毫秒，即60秒）
```

其中的两个关键配置项的说明如下：

1）eureka.server.enable-self-preservation=false，将自我保护参数值设置为false，以确保注册中心Eureka停止自我保护，在心跳比例小于阈值（如85%）的情况下，也能将不可用的实例删除。

2）eureka.server.eviction-interval-timer-in-ms =10000，设置清理失效服务的间隔时间为10秒，如果Provider确实已经失效，则能确保被快速剔除；默认的清理失效服务的时间间隔为60秒，这个失效服务的剔除周期算是比较长的。

其次，在Provider（Eureka Client）微服务提供者开启健康状态检查，主要的配置如下：

```
eureka:
  client:
    healthcheck:
      enabled: true                                   #开启客户端健康检查
  instance:
    lease-renewal-interval-in-seconds: 5              #续约(心跳)频率
    lease-expiration-duration-in-seconds: 15          #租约有效期
```

以上5个关键的Provider（Eureka Client）端的配置项说明如下：

1）eureka.client.healthcheck.enabled=true，此项在Client注册一个EurekaHealthCheckHandler健康检查处理器实例，该处理器会将磁盘空间状态（DiskSpaceHealthIndicator）、Hystrix健康状态（HystrixHealthIndicator）等多个维度的健康指标通过心跳发送到Eureka Server。如果没有注册EurekaHealthCheckHandler，Provider实例的运行状况由默认的HealthCheckHandler实例确定，只要应用程序正在运行，默认的HealthCheckHandler始终发送UP状态到Eureka Server。

2）eureka.instance.lease-renewal-interval-in-seconds=5，此配置项设置Client续约（心跳）的时间间隔为5秒，默认为30秒。

3）eureka.instance.lease-expiration-duration-in-seconds=15，此配置项设置租约的有效期为15秒，默认为90秒。在租约时间内，如果Client未续约（心跳），那么Eureka服务器将剔除该服务。

默认的续约频率为30秒，默认的租约有效期为90秒，也就是说，在默认情况下，一个Provider实例有3次心跳重试机会。

注意　配置项eureka.client.healthcheck.enabled=true应该放在application.yml文件中，而不应该放在bootstrap.yml文件中。如果该选项配置在bootstrap.yml文件中，就可能导致Provider实例在Eureka上的状态为UNKNOWN，具体如图3-9所示。

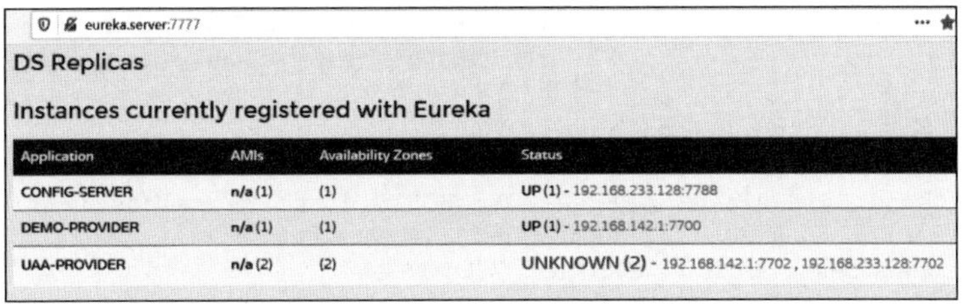

eureka.server:7777

DS Replicas

Instances currently registered with Eureka

Application	AMIs	Availability Zones	Status
CONFIG-SERVER	n/a (1)	(1)	UP (1) - 192.168.233.128:7788
DEMO-PROVIDER	n/a (1)	(1)	UP (1) - 192.168.142.1:7700
UAA-PROVIDER	n/a (2)	(2)	UNKNOWN (2) - 192.168.142.1:7702 , 192.168.233.128:7702

图3-9　Provider实例在Eureka的状态为UNKNOWN

将Provider（如UUA-PROVIDER）的配置项eureka.client.healthcheck.enabled=true从bootstrap.yml文件移动到application.yml文件，然后重启其实例。之后可以看到Provider的实例（如UUA-PROVIDER的两个实例）在Eureka上的状态从UNKNOWN变成了UP，具体如图3-10所示。

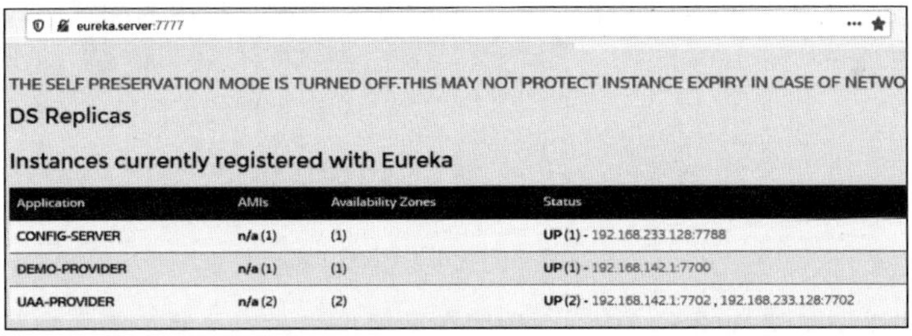

eureka.server:7777

THE SELF PRESERVATION MODE IS TURNED OFF.THIS MAY NOT PROTECT INSTANCE EXPIRY IN CASE OF NETWO

DS Replicas

Instances currently registered with Eureka

Application	AMIs	Availability Zones	Status
CONFIG-SERVER	n/a (1)	(1)	UP (1) - 192.168.233.128:7788
DEMO-PROVIDER	n/a (1)	(1)	UP (1) - 192.168.142.1:7700
UAA-PROVIDER	n/a (2)	(2)	UP (2) - 192.168.142.1:7702 , 192.168.233.128:7702

图 3-10　UUA-PROVIDER 的两个实例从 UNKNOWN 变成 UP

4）eureka.server.enable-self-preservation=true，此配置项设置Eureka Server是否开启自我保护模式，默认为true。

默认情况下，如果Eureka Server在一定时间内（默认为90秒）没有接收到某个微服务实例的心跳，Eureka Server将认为该实例已经故障，会注销该实例。当发生网络通信故障时，微服务与Eureka Server之间无法正常通信，以上行为可能变得非常危险了——因为微服务本身其实是健康的，此时本不应该注销这个微服务。Eureka通过“自我保护模式”来解决这个问题——当Eureka Server节点在短时间内丢失过多客户端（可能发生了网络故障）时，这个节点就会进入自我保护模式。一旦进入该模式，Eureka Server就会保护服务注册表中的信息，不再删除服务注册表中的数据（也就是不会注销任何微服务）。当网络故障恢复后，该Eureka Server节点会自动退出自我保护模式。

综上所述，自我保护模式是一种应对网络异常的安全保护措施。它的架构哲学是宁可同时保留所有微服务（健康的微服务和不健康的微服务都会保留），也不盲目注销任何健康的微服务。使用自我保护模式可以让Eureka集群更加健壮、稳定。

5）eureka.server.eviction-interval-timer-in-ms=60000，此配置项设置Eureka Server清理无效节点的时间间隔，默认为60000毫秒（即60秒）。

测试环境Eureka Server参考配置具体如下：

```
server:
  port: 7777
spring:
  application:
    name: eureka-server
eureka:
  client:
    register-with-eureka: false       #单机版部署，注册中心不向其他注册中心注册自己
    fetch-registry: false             #单机版部署，注册中心不做Provider实例清单检索
    service-url:
       # 浏览器打开：http://localhost:7777/
       # 服务注册中心的配置内容，指定服务注册中心的位置
      defaultZone: ${SCAFFOLD_EUREKA_ZONE_HOSTS:http://localhost:7777/eureka/}
  instance:
    prefer-ip-address: true  #访问路径可以显示IP地址
    instance-id: ${spring.cloud.client.ip-address}:${server.port}
    ip-address: ${spring.cloud.client.ip-address}
  server:
    enable-self-preservation: false # 关闭自我保护，防止失效的服务也被一直访问（默认是 true）
    eviction-interval-timer-in-ms: 10000 # 扫描失效服务的间隔时间（单位为毫秒，默认是60×1000
毫秒，即60秒）
```

本实例为单机版的Eureka Server参考配置，生产环境一般会使用集群模式，甚至使用Nacos集群替代Eureka Server。无论是Eureka Server集群还是Nacos集群，具体的配置原理都比较简单，这里不再赘述。

3.2 Config 配置中心

在采用分布式微服务架构的系统中，由于服务数量巨多，为了便于服务配置文件统一管理，需要分布式配置中心组件。如果各个服务的配置分散管理，那么上线之后配置的如何保持一致将会是一个很令人头疼的问题。因此，各个服务的配置定然需要集中管理。Spring Cloud Config配置中心是一个比较好的解决方案。使用Spring Cloud Config配置中心涉及两个部分：

1）config-server：服务端配置。

2）config-client：客户端配置。

3.2.1 config-server 服务端组件

通过Spring Cloud构建一个config-server服务大致需要3步。首先，在pom.xml中引入spring-cloud-config-server依赖，如下所示：

```
<dependency>
    <groupId>org.springframework.cloud</groupId>
```

```
        <artifactId>spring-cloud-config-server</artifactId>
    </dependency>
```

其次，在创建的SpringBoot程序的启动类上添加@EnableConfigServer注解，开启Config Server服务，代码如下：

```
@EnableConfigServer
@SpringBootApplication
public class Application {

    public static void main(String[] args) {
        new SpringApplicationBuilder(Application.class).web(true).run(args);
    }
}
```

最后，设置属性文件的位置。Spring Cloud Config提供本地存储配置的方式。在bootstrap启动属性文件中，设置属性spring.profiles.active=native，并且设置属性文件所在的位置，如下所示：

```
server:
  port: 7788                 #配置中心端口
spring:
  application:
    name: config-server      #服务名称
  profiles:
    active: native           #设置读取本地配置文件
  cloud:
    config:
      server:
        native:
          searchLocations: classpath:config/  #申明本地配置文件的存放位置
```

配置说明：

1）spring.profiles.active=native，表示从本地读取配置，而不是从Git读取配置。

2）search-locations=classpath:config/，表示查找文件的路径，在类路径的config下。

服务端的配置文件放置规则：在配置路径下，以{label}/{application}-{profile}.properties的命令规范放置对应的配置文件。上面实例放置了以下配置文件：

```
/dev/crazymaker-common.yml
/dev/crazymaker-db.yml
/dev/crazymaker-redis.yml
```

以上文件分别对通用（common）、数据库（db）、缓存（redis）的相关属性进行设置。作为示例，缓存（redis）的配置如下所示：

```
spring:
  redis:
    blockWhenExhausted: true    #连接耗尽时是否阻塞
    database: 0                 #指定redis数据库
    host: ${SCAFFOLD_REDIS_HOST:localhost} # redis主机IP
    maxIdle: 100                #最大空闲连接数
    maxTotal: 2000              #最大连接数
    maxWaitMillis: 60000        #获取连接最大等待毫秒
    minEvictableIdleTimeMillis: 1800000       #最小空闲时间
    numTestsPerEvictionRun: 1024              #每次释放连接的最大数目
    password: ${SCAFFOLD_REDIS_PSW:123456}    #密码，如果没有设置密码 这个配置可以不设置
    port: 6379          #redis端口
    softMinEvictableIdleTimeMillis: 10000     #连接空闲多久后释放
```

```
  testOnBorrow: false                       #在使用时监测有效性
  testWhileIdle: true                       #获取连接时检查有效性
  timeBetweenEvictionRunsMillis: 30000      #释放连接的扫描间隔（毫秒）
  connTimeout: 6000                         #连接超时毫秒数
  readTimeout: 6000                         #读取超时毫秒数
```

Config配置中心启动之后，可以使用以下的地址格式直接访问加载好的配置属性：

```
http://${CONFIG-HOST}: ${CONFIG-PORT}/{application}/{profile}[/{label}]
```

例如，通过地址http://192.168.233.128:7788/crazymaker/redis/dev访问示例中配置的缓存Redis的相关属性，具体如图3-11所示。

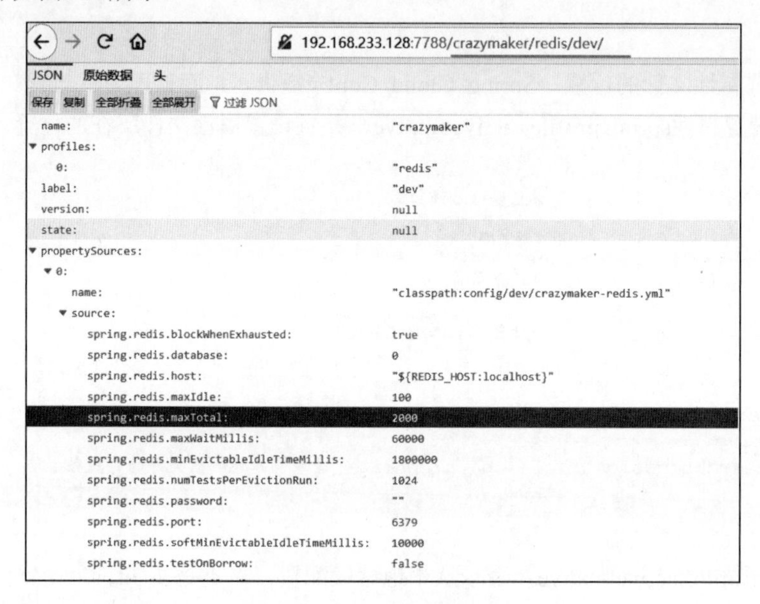

图 3-11　返回的配置信息

特别说明：Spring Cloud Config-server支持多种配置方式，比如Git、Native、SVN等。虽然官方建议使用Git方式进行配置，但是这里没有重点介绍Git方式，而是使用了本地文件的方式。有以下三个原因：

1）对于学习或者一般的开发来说，本地文件的配置方式更简化。

2）生产环境建议使用Nacos，它具备注册中心和配置中心相结合的功能，更加方便、简单。

3）掌握了Native的配置方式之后，对于Git的配置方法就能触类旁通。

3.2.2 config-client 客户端组件

客户端config-client同config-server一样，需要新增spring-cloud-starter-eureka的依赖用来注册服务，然后增加spring-cloud-starter-config依赖，引入配置相关的JAR包。

```
<dependencies>
  ...
  <dependency>
     <groupId>org.springframework.cloud</groupId>
     <artifactId>spring-cloud-starter-config</artifactId>
  </dependency>
```

```
    <dependency>
        <groupId>org.springframework.cloud</groupId>
        <artifactId>spring-cloud-starter-eureka</artifactId>
    </dependency>
</dependencies>
```

在bootstrap.properties中，按如下规则增加客户端配置的映射规则：

```
spring.cloud.config.label: dev              #对应服务器端规则中的{label}部分
spring.application.name: crazymaker         #对应服务器端规则中的{application}部分
spring.cloud.config.profile: redis          #对应服务器端规则中的{profile}部分
spring.cloud.config.uri:http://${CONFIG-HOST}:7788/     #配置中心config-server独立的uri
地址
```

其效果如图3-12所示。

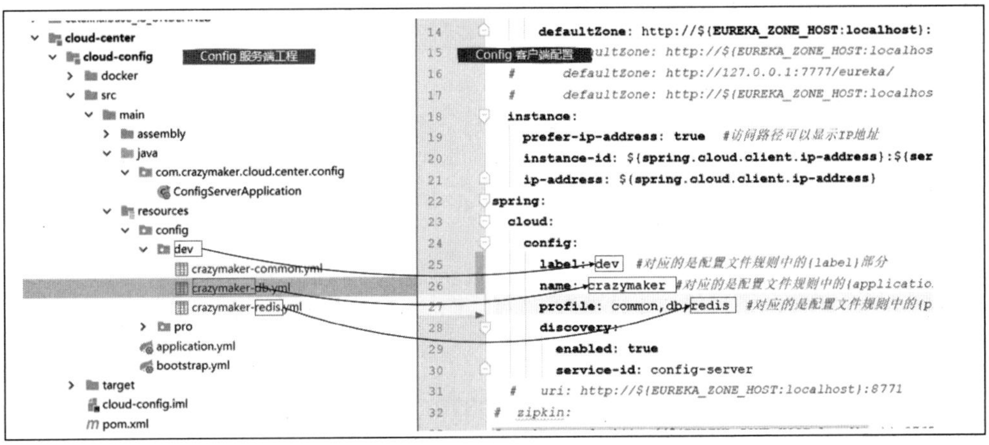

图 3-12　增加客户端配置的映射规则

如果是与Eureka的客户端配合使用，那么建议开启配置服务的自动发现机制，使用如下的配置：

```
spring.cloud.config.discovery.enabled: true
spring.cloud.config.discovery.service-id: config-server
```

配置中心的两种发现机制不能同时存在，二者选其一即可。

客户端config属性的相关配置，只有配置在bootstrap.properties（或bootstrap.yml）中，config部分内容才能被正确加载。原因是config的相关配置必须早于application.properties，而bootstrap.properties的加载也是早于application.properties的。

3.3 微服务的RPC远程调用

微服务的调用涉及远程接口访问的RPC框架，包括序列化、反序列化、网络框架、连接池、收发线程、超时处理、状态机等重要的基础技术。

通常情况下，Spring Cloud全家桶生态中的RPC框架是通过Feign+Hystrix+Ribbon组合完成的。具体来说，Feign负责基础的REST调用的序列化和反序列化，Hystrix负责熔断器、熔断和隔离，Ribbon负责客户端负载均衡。

本节先介绍基础的REST接口远程调用，后面再重点介绍Ribbon和Hystrix的使用和原理。

3.3.1 RESTfull 风格简介

REST（Representational State Transfer）是Roy Fielding提出的一个描述互联系统架构风格的名词。REST定义了一组体系架构原则，可以根据这些原则设计Web服务。

RESTfull风格使用不同的HTTP方法来进行不同的操作，并且使用HTTP状态码来表示不同的结果。如HTTP的GET方法用于获取资源，HTTP的DELETE方法用于删除资源。

HTTP协议中，大致的请求方法如下：

1）GET：通过请求URI得到资源。

2）POST：用于添加新的资源。

3）PUT：用于修改某个资源，若不存在则添加。

4）DELETE：删除某个资源。

5）OPTIONS：询问可以执行哪些方法。

6）HEAD：类似于GET，但是不返回body信息，用于检查资源是否存在，以及得到资源的元数据。

7）CONNECT：用于代理进行传输，如使用SSL。

8）TRACE：用于远程诊断服务器。

在RESTfull风格中，资源的CRUD操作包括创建、读取、更新和删除操作，与HTTP方法之间有一个简单的对应关系：

1）若要在服务器上创建资源，则应该使用POST方法。

2）若要在服务器上检索某个资源，则应该使用GET方法。

3）若要在服务器上更新某个资源，则应该使用PUT方法。

4）若要在服务器上删除某个资源，则应该使用DELETE方法。

3.3.2 RestTemplate 远程调用

Spring Boot提供了一个很好用的REST接口远程调用组件，叫作RestTemplate模板组件。该组件提供了多种便捷访问远程REST服务的方法，能够大大提高客户端的编写效率。比如，可以通过getForEntity()方法发送一个GET请求，该方法的返回值是一个ResponseEntity。ResponseEntity是Spring对HTTP响应的封装，包括了几个重要的元素，如响应码、contentType、contentLength、响应消息体等。

Spring Boot自动配置了一个RestTemplateBuilder建造者IOC容器实例来供应用程序自己去创建需要的RestTemplate实例。下面是一个小实例：

```
package com.crazymaker.Spring Cloud.demo.controller;
...
@RestController
@RequestMapping("/api/call/uaa/")
@Api(tags = "演示uaa-provider远程调用")
public class UaaCallController
{
    //注入Spring Boot自动配置RestTemplateBuilder建造者IOC容器实例
    @Resource
    private RestTemplateBuilder restTemplateBuilder;
```

```
    @GetMapping("/user/detail/v1")
    @ApiOperation(value = "RestTemplate远程调用")
    public RestOut<JSONObject> remoteCallV1()
    {
        /**
         * 根据实际的地址调整：UAA服务获取的用户信息地址
         */
        String url = "http://crazydemo.com:7702/uaa-provider/api/user/detail/
v1?userId=1";
        /**
         *  使用建造者的build()方法，建造restTemplate实例
         */
        RestTemplate restTemplate = restTemplateBuilder.build();

        ResponseEntity<String> responseEntity =
                restTemplate.getForEntity(url, String.class);

        TypeReference<RestOut<UserDTO>> pojoType =
                new TypeReference<RestOut<UserDTO>>(){};
        /**
         * 用到了阿里FastJson，将远程的响应体转成json对象
         */
        RestOut<UserDTO> result =
                JsonUtil.jsonToPojo(responseEntity.getBody(),pojoType);
        /**
         * 组装成最终的结果，然后返回到客户端
         */
        JSONObject data = new JSONObject();
        data.put("uaa-data", result);
        return RestOut.success(data).setRespMsg("操作成功");
    }

}
```

在代码中，getForEntity()的第一个参数为要调用的Rest服务地址，这里调用了UAA微服务提供者提供的用户详细信息接口；getForEntity()的第二个参数为响应体的封装类型，这里是String。

本质上，RestTemplate实现了对HTTP请求的封装处理，并且形成了一套模板化的调用方法。该组件通过这一套请求调用方法实现各种类型Rest资源的请求处理，比如通过getForEntity()实现GET类型的Rest资源请求处理。

```
{
  "respCode": 0,
  "respMsg": "操作成功",
  "datas": {
    "uaa-data": {
      "respCode": 0,
      "respMsg": "操作成功",
      "datas": {
        "id": null,
        "userId": 1,
        "username": "test",
        "password": "$2a$10$AsCxXPI8B/JDzKK56ZACjuH9Pi2TuT6LLC0Nwh8Qt3a2eFp04gziy",
        "nickname": "测试用户1",
        ...
      }
    }
  }
}
```

3.3.3 Feign 远程调用

Feign是什么？Feign是在RestTemplate基础上封装的，使用注解的方式来声明一组与微服务提供者Rest接口所对应的本地Java API接口方法。Feign将远程接口抽象成为一个声明式的Rest客户端，并且负责完成Rest接口和服务提供方的接口绑定。

Feign具备可插拔的注解支持，包括Feign注解和JAX-RS注解。同时，对于Feign自身的一些主要组件，比如编码器和解码器等，它也以可插拔的方式提供以便在有需求时扩张和替换它们。使用Feign的第1步，在项目的pom.xml文件中添加Feign依赖：

```
<!--添加Feign依赖-->
    <dependency>
        <groupId>org.springframework.cloud</groupId>
        <artifactId>spring-cloud-starter-openfeign</artifactId>
    </dependency>
```

使用Feign的第2步，在主函数的类上添加@EnableFeignClient，在客户端启动Feign：

```
package com.crazymaker.Spring Cloud.user.info.start;
...
//启动Feign
@EnableFeignClients(basePackages =
        { "com.crazymaker.Spring Cloud.seckill.remote.client"},
        defaultConfiguration = {TokenFeignConfiguration.class}
        )
public class UserCloudApplication {
    public static void main(String[] args) {
        SpringApplication.run(UserCloudApplication.class, args);
    }
}
```

使用Feign的第3步，编写声明式接口。这一步将远程服务抽象成为一个声明式的Rest客户端，示例如下：

```
package com.crazymaker.Spring Cloud.seckill.remote.client;
...
/**
 * @description: 远程服务的本地声明式接口
 */
@FeignClient(value = "seckill-provider", path = "/api/demo/")
public interface DemoClient {
    /**
     * 测试远程调用
     * @return hello
     */
    @GetMapping("/hello/v1")
    Result<JSONObject> hello();

    /**
     * 非常简单的一个回显接口，主要用于远程调用
     * @return echo回显消息
     */
    @RequestMapping(value = "/echo/{word}/v1",
            method = RequestMethod.GET)
    Result<JSONObject> echo(
            @PathVariable(value = "word") String word);
}
```

在上面接口的 @FeignClient注解配置中，使用value指定了需要绑定的服务，使用path指定接口的URL前缀。然后使用@GetMapping和@RequestMapping两个方法级别的注解分别声明了两个远程调用接口。

使用Feign的第4步，调用声明式接口。这一步非常简单，代码如下：

```
package com.crazymaker.Spring Cloud.user.info.controller;
...
@Api(value = "基础学习DEMO", tags = {"基础学习DEMO"})
@RestController
@RequestMapping("/api/demo")
public class DemoController {
    //注入 @FeignClient注解所配置的客户端实例
    @Resource
    DemoClient demoClient;

    @GetMapping("/say/hello/v1")
    @ApiOperation(value = "Feign远程调用")
    public Result<JSONObject> hello() {
        Result<JSONObject> result = demoClient.hello();
        JSONObject data = new JSONObject();
        data.put("remote", result);
        return Result.success(data).setMsg("操作成功");
    }
}
```

通过以上4步可以看出，通过Feign进行RPC调用比直接通过RestTemplate要简单得多。

3.4 Feign+Ribbon 实现客户端负载均衡

理论上，如果服务端同一个微服务提供者Provider存在多个运行实例，一般的负载均衡的方案分为以下两种：

（1）服务端负载均衡

在消费者和微服务提供者中间使用独立的反向代理服务进行负载均衡。可以通过硬件的方式提供反向代理服务，比如F5专业设备；也可以通过软件的方式提供反向代理服务，比如Nginx反向代理服务器；更多的情况是两种方式结合，并且有多个层级的反向代理。

（2）客户端负载均衡

客户端自己维护一份从注册中心获取的Provider列表清单，根据自己配置的Provider负载均衡选择算法在客户端进行请求的分发。Ribbon就是一个客户端的负载均衡开源组件，是Netflix发布的开源项目。

Feign组件自身不具备负载均衡能力，Spring Cloud Feign通过集成Ribbon组件实现了客户端的负载均衡。Ribbon在客户端以轮询、随机、权重等多种方式实现负载均衡。由于在微服务架构中同一个微服务Provider经常被部署多个运行实例，因此客户端的负载均衡可以说是基础能力。

3.4.1 Spring Cloud Ribbon 基础

Spring Cloud Ribbon是Spring Cloud集成Ribbon开源组件的一个模块，它不像服务注册中心

Eureka Server、配置中心Spring Cloud Config那样独立部署，而是作为基础设施模块，几乎存在于每一个Spring Cloud微服务提供者中。微服务间的RPC调用，以及API网关的代理请求的RPC转发调用，实际上都需要通过Ribbon来实现负载均衡。有关Ribbon的详细资料请参考其官网，本书只介绍基本的使用。

虽然Spring Cloud集成了Ribbon组件，但是要在Provider微服务中开启Ribbon负载均衡组件，还需要在Maven的pom文件中增加以下Spring Cloud Ribbon集成模块的依赖：

```
<!--导入Spring Cloud Ribbon -->
    <dependency>
       <groupId>org.springframework.cloud</groupId>
       <artifactId>spring-cloud-starter-netflix-ribbon</artifactId>
    </dependency>
```

打开该依赖模块的配置文件spring-cloud-starter-netflix-ribbon-{version}.pom（这里的version版本号为2.0.0.RELEASE），发现Spring Cloud Ribbon集成模块主要依赖如表3-1所示的Ribbon组件模块。

表 3-1 Ribbon 组件模块

组件模块名称	说 明
ribbon-loadbalancer	负载均衡模块，可独立使用，也可以和别的模块一起使用
ribbon	Ribbon 组件的主模块，内置的负载均衡算法都在其中实现
ribbon-httpclient	基于 Apache HttpClient 封装的 REST 客户端，该模块具备负载均衡能力，可以直接在需要进行 REST 调用的项目中使用，实现客户端负载均衡
ribbon-core	一些比较核心且具有通用性的代码，客户端 API 的一些配置和其他 API 的定义

在Spring Cloud的Provider中使用Ribbon，只需要导入Spring Cloud Ribbon依赖，Ribbon在RPC调用时就会生效。下面以Cray-Spring Cloud微服务脚手架为例演示Ribbon的执行过程。整体的演示需要启动3个Provider微服务提供者，具体如图3-13所示。

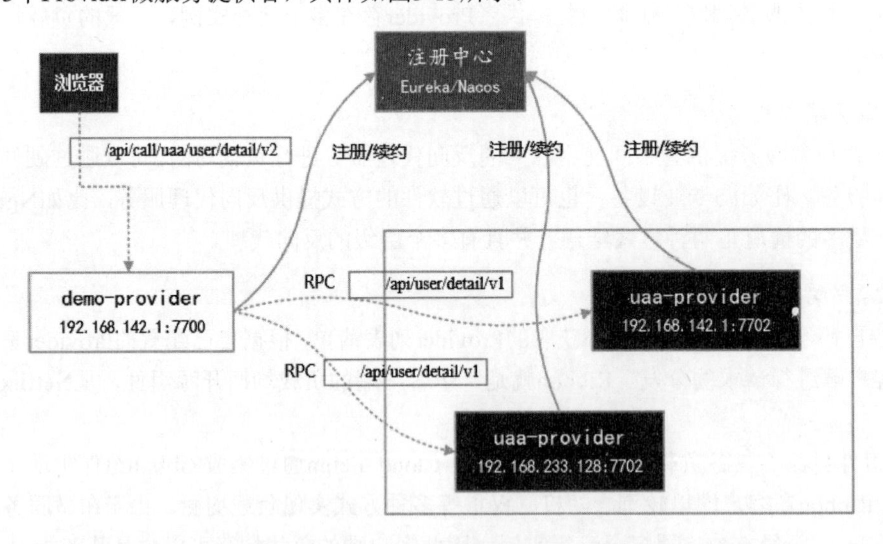

图 3-13 Feign+Ribbon 客户端负载均衡演示 Provider 实例示意图

演示过程大致如下：

1）demo-provider模块在增加Spring Cloud Ribbon依赖后，Feign+Ribbon的客户端负载均衡将自

动生效。演示还是使用"/api/call/uaa/user/detail/v2"REST接口，这一次它将以负载均衡的方式访问uaa-provider的"/api/user/detail/v1"REST接口。

2）启动两个uaa-provider微服务提供者：可以在IDEA调试环境（localhost）启动一个，在另一台主机（如虚拟机）启动一个。在Eureka上查看uaa-provider实例清单，确保两个uaa-provider提供者实例都成功启动。

3）在IDEA调试环境启动demo-provider实例，在demo-provider的swagger-ui界面上发起对uaa-provider微服务提供者的RPC调用。这里为了演示客户端的负载均衡，可以在提供者uaa-provider的swagger-ui界面上多次访问"/api/call/uaa/user/detail/v2"REST接口。

4）给demo-provider重要的源码打上断点，通过断点可以查看每次RPC实际访问的目标提供者uaa-provider的实例。断点之一设置在ribbon-loadbalancer组件LoadBalancerContext类的getServerFromLoadBalancer方法的某行代码上（见图3-14），该方法的功能为获取目标Provider实例。每次RPC请求调用过来时，可以查看Ribbon负载均衡计算出来的Provider，它放置在类型为Server的svc变量中。

```
LoadBalancerContext.class × | UAACloudApplication.java × | TraceLoadBalancerFeignClient.class ×
Decompiled .class file, bytecode version: 51.0 (Java 7)          Download Sources  Choose Sources...
370        if (host == null) {
371            if (lb != null) {
372                Server svc = lb.chooseServer(loadBalancerKey);  svc: "192.168.233.128:7
373                if (svc == null) {
374                    + {DomainExtractingServer@20076} "192.168.233.128:7702"  ion(ErrorType.GENERAL, "Load balancer does no
375
376
377                host = svc.getHost();
378                if (host == null) {  host: "192.168.233.128"
379                    throw new ClientException(ErrorType.GENERAL, "Invalid Server for :"
380                }
381
382                logger.debug("{} using LB returned Server: {} for request {}", new Obje
383                return svc;  svc:
384            }
```

图 3-14　Ribbon 计算出来的 Provider 值示意图

断点之二可以设置在ribbon-loadbalancer组件的AbstractLoadBalancerAwareClient类的方法executeWithLoadBalancer的某行代码上（见图3-15）中，可以看到每次RPC调用的最终URL地址保存在finalUri变量中。

多次执行并观察断点处的变量值可以发现uaa-provider的两个实例轮番被RPC访问到。

图 3-15　Ribbon 计算出来的最终 URL 地址值示意图

本小节的演示过程请参见疯狂创客圈社群网盘小视频：“Spring Cloud实战视频：Feign+Ribbon实现客户端负载均衡.mp4”。

3.4.2 Spring Cloud Ribbon 的负载均衡策略

Ribbon负载均衡的原理是：从EurekaClient类的Bean获取Provider提供者服务列表清单，并且定期通过IPing类的Bean去判断Provider的可用性。每次RPC到来时，在Provider服务列表中根据IRule策略类的Bean计算出每次RPC要访问的最终Provider。

Ribbon内部有一个负载均衡器接口ILoadBalance，定义了添加Provider、获取所有的Provider列表、获取可用的Provider列表等基础的操作。该接口的核心实现类DynamicServerListLoadBalancer会通过EurekaClient（实现类为DiscoveryClient）获取Provider清单，并且通过IPing实例定期（如每10秒）向每个Provider实例发送“ping”，根据Provider是否有响应来判断该Provider提供者实例是否可用。如果该Provider的可用性发生了改变，或者Provider清单中的数量和之前的不一致，就从注册中心更新或者重新拉取Provider服务实例清单。

每次RPC请求到来时，由Ribbon的IRule负载均衡策略接口的某个实现类就来进行负载均衡。主要的负载均衡的策略实现类如下：

（1）随机策略（RandomRule）

RandomRule实现类从Provider服务列表清单中随机选择一个Provider服务实例，作为RPC请求的目标Provider。

（2）线性轮询策略（RoundRobinRule）

RoundRobinRule和RandomRule相似，只是每次都取下一个Provider服务器。假设一共有5台Provider服务节点，使用线性轮询策略，第1次取第1台，第2次取第2台，第3次取第3台，以此类推。

（3）响应时间权重策略（WeightedResponseTimeRule）

WeightedResponseTimeRule为每一个Provider服务维护一个权重值，其规则简单概况为Provider服务响应时间越长，其权重就越小。在进行服务器选择时，权重值越小，被选择的机会越少。WeightedResponseTimeRule继承了RoundRobinRule，开始时每一个Provider都没有权重值，每当RPC请求过来时，由其父类的轮询算法完成负载均衡。该策略类有一个默认的每30秒执行一次的权重更新定时任务，该定时任务会根据Provider实例的响应时间更新Provider权重列表。后续有RPC过来时，将根据权重值进行负载均衡。

（4）最少连接策略（BestAvailableRule）

在进行服务器选择时，该策略类遍历Provider清单，选出可用的且连接数最少的一个Provider。该策略类里面有一个LoadBalancerStats类型的成员变量，会存储所有Provider的运行状况和连接数。在进行负载均衡计算时，如果选取的Provider为null，就会调用线性轮询策略重新选取。

如果第一次RPC请求时LoadBalacneStats成员为null，就会使用线性轮询策略来获取满足要求的实例，后续的RPC在选择的时候，才能选择连接数最少的服务。每次RPC请求时，BestAvailableRule都会统计LoadBalacneStats，作为后续请求负载均衡计算的输入。

（5）重试策略（RetryRule）

该类会在一定的时限内进行Provider循环重试。RetryRule会在每次选取之后对选举的Provider进行判断，如果为null或者not alive，就会在一定的时限（如500毫秒）内会不停地选取和判断。

（6）可用过滤策略（AvailabilityFilteringRule）

该类扩展了线性轮询策略，会先通过默认的线性轮询策略选取一个Provider，再去判断该Provider是否超时可用，当前连接数是否超过限制，如果都满足要求，就成功返回。

简单来说，AvailabilityFilteringRule将对候选的Provider进行可用性过滤，会先过滤掉多次访问故障而处于熔断器跳闸状态的Provider服务，还会过滤掉并发的连接数超过阈值的Provider服务，然后对剩余的服务列表进行线性轮询。

（7）区域过滤策略（ZoneAvoidanceRule）

该类扩展了线性轮询策略，除了过滤超时和连接数过多的Provider之外，还会过滤掉不符合要求的Zone区域中的所有节点。

Ribbon实现的负载均衡策略不止以上7种，还可以实现自定义的策略类。本书使用的Spring Cloud Ribbon版本中默认使用了ZoneAvoidanceRule负载均衡策略。可以通过Provider配置文件的ribbon.NFLoadBalancerRuleClassName配置项更改实际的负载均衡策略。3.4.1节的演示中，微服务demo-provider对uaa-provider的RPC调用使用RetryRule负载均衡策略，demo-provider的具体配置如下：

```
uaa-provider:
  ribbon:
     NFLoadBalancerRuleClassName: com.netflix.loadbalancer. RetryRule #重试+线性轮询
     NFLoadBalancerRuleClassName: com.netflix.loadbalancer.BestAvailableRule #最少连接
策略
    NFLoadBalancerRuleClassName: com.netflix.loadbalancer.RandomRule  #随机选择
```

如果要配置全局的、针对所有的Provider都使用的负载均衡策略，可以在配置文件中直接使用ribbon.NFLoadBalancerRuleClassName配置项进行配置，具体如下：

```
ribbon:
   NFLoadBalancerRuleClassName: com.netflix.loadbalancer.RetryRule  #重试+线性轮询
   NFLoadBalancerRuleClassName: com.netflix.loadbalancer.BestAvailableRule  # 最少连接
策略
   NFLoadBalancerRuleClassName: com.netflix.loadbalancer.RandomRule  #随机选择
```

3.4.3 Spring Cloud Ribbon 的常用配置

3.4.2节介绍了负载均衡的配置，本小节介绍Ribbon的一些常用配置以及配置Ribbon的两种方式：代码方式和配置文件方式。

1. 手工配置 Provider 实例清单

如果Ribbon没有和Eureka集成，Ribbon消费者客户端就不能从Eureka（或者其他的注册中心）拉取到Provider清单。如果不需要和Eureka集成，可以使用如下方式手工配置Provider清单：

```
ribbon:
   eureka:
      enabled: false  # 禁用Eureka
uaa-provider:
   ribbon:
      listOfServers: 192.168.142.1:7702,192.168.233.128:7702  #手动配置Provider清单
```

这个配置是针对uaa-provider这个具体服务的，配置项的前缀就是RPC目标服务名称。配置完之后，demo-provider服务就可以通过目标服务名称uaa-provider来调用其接口。

无论在开发环境还是在测试环境，手工配置Provider清单的方式都用得很少，之所以在此介绍该方式，仅仅是为了让大家更加明白Ribbon的工作方式。

2. RPC 请求超时配置

Ribbon中有两种和时间相关的设置，分别是请求连接的超时时间ConnectTimeout和请求处理的超时时间ReadTimeout。

大家都知道，HTTP请求有3个阶段：建立连接阶段、数据传送阶段、断开连接阶段。ConnectTimeout指的是第一个阶段建立连接所能用的最长时间。第一阶段需要进行三次握手，ConnectTimeout时长为三次握手完成的最长时间。如果在ConnectTimeout设置的时间内消费端连接不上目标Provider服务，连接就会超时。这个超时也许是目标Provider宕机所导致的，也许是网络的延迟所导致的。

ReadTimeout指的是连接成功之后，从服务器读取到可用数据所占用的最长时间。如果在ReadTimeout设置的时间内目标Provider没有及时返回数据，将会导致读超时，也常常被称之为请求处理超时。Ribbon设置RPC请求超时的规则如下：

```
ribbon:
  ConnectTimeout: 30000        #连接超时时间，单位为毫秒
  ReadTimeout: 30000           #读取超时时间，单位为毫秒
```

在实际场景中，每个目标Provider的性能要求也许是不一样的。可以单独为某些Provider目标服务设置特定的超时时间，只要通过服务名称进行指定即可：

```
uaa-provider:
    ribbon:
        ConnectTimeout: 30000       #连接超时时间，单位为毫秒
        ReadTimeout: 30000          #读取超时时间，单位为毫秒
```

3. 重试机制配置

在有很多Provider实例同时运行的集群环境中难免会有某个Provider节点出现故障。如果某个目标Provider节点已经挂掉，但其信息还是缓存在消费者的Ribbon实例清单中，就会导致RPC时请求失败。

要解决上述问题，简单的方法就是利用Ribbon自带的重试策略进行重试，此时只需要指定消费者的负载策略为重试策略并且配置适当的重试参数即可。

为进行具体的演示，demo-provider微服务的重试策略和参数配置如下：

```
ribbon:
  MaxAutoRetries: 1 # 同一台实例的最大重试次数，不包括首次调用，默认为1次
  MaxAutoRetriesNextServer: 1  #重试其他实例的最大重试次数，不包括首次调用，默认为0次
  OkToRetryOnAllOperations: true  #是否对所有操作都重试，默认为false
  ServerListRefreshInterval: 2000  #从注册中心刷新Provider的时间间隔，默认为2000毫秒，即2秒
  retryableStatusCodes: 400,401,403,404,500,502,504
  NFLoadBalancerRuleClassName:com.netflix.loadbalancer.RetryRule #负载均衡配置为重试策略
```

在上面的配置中，选项retryableStatusCodes用于配置对特定的HTTP响应码进行重试，常见的HTTP请求的状态码如下：

（1）2xx（成功）

这类状态码标识客户端的请求被成功接收、理解并接受。常见如200（OK）、204（NoContent）。

（2）3xx（重定向）

这类状态码标识请求发起端/请求代理要做出进一步的动作来完成请求，常见如301（MovedPermanently）、302（MovedTemprarily）。

（3）4xx（客户端错误）

这类状态码是在客户端出错时使用的，常见如400（BadRequest）、401（Unauthorized）、403（Forbidden）、404（NotFound)。

（4）5xx（服务器错误）

这类状态码表示服务器知道自己出错或者没有能力执行请求，常见如500(InternalServer Error)、502（BadGateway）、504（GatewayTimeout）。

如果一个消费者依赖很多的Provider，就可以使用上面的重试策略与参数，针对特定的目标Provider进行单独配置。只要在配置时通过微服务名称指定即可：

```
uaa-provider:
   ribbon:
     MaxAutoRetries: 1
     MaxAutoRetriesNextServer: 1
     OkToRetryOnAllOperations: true
     ServerListRefreshInterval: 2000
     retryableStatusCodes: 400,401,403,404,500,502,504
     NFLoadBalancerRuleClassName:com.netflix.loadbalancer.RetryRule
```

4. 代码配置 Ribbon

配置Ribbon最简单的方式是使用配置文件，除此之外，还可以通过代码的方式进行配置。

一个常见的场景：实际的RPC往往需要传递一些特定请求头，比如说认证令牌，这时可以通过代码配置的方式对Ribbon的请求模板template进行请求头设置，完成请求头的传递。参考代码如下：

```
package com.crazymaker.Spring Cloud.standard.config;
...
/**
 * 通过代码配置Ribbon
 */
@Configuration
public class FeignConfiguration implements RequestInterceptor
{
    /**
     * 配置RPC时的请求头部与参数，将来自用户的令牌传递给目标Provider
     * @param template请求模板
     */
    @Override
    public void apply(RequestTemplate template)
    {
        /**
         * 从用户请求的上下文属性获取用户令牌
         */
        ServletRequestAttributes attributes =
                (ServletRequestAttributes) RequestContextHolder.getRequestAttributes();
```

```
        if (null == attributes)
        {
            return;
        }
        HttpServletRequest request = attributes.getRequest();
        /**
         * 获取令牌
         */
        String token = request.getHeader(SessionConstants.AUTHORIZATION_HEAD);
        if (null != token)
        {
            token = StringUtils.removeStart(token, "Bearer ");
            /**
             * 设置令牌
             */
            template.header("token ", new String[]{token});
        }
        ...
    }
    /**
     * 配置负载均衡策略
     */
    @Bean
    public IRule ribbonRule()
    {
        /**
         * 配置为线性轮询策略
         */
        return new RoundRobinRule();
    }
    ...

}
```

在以上配置代码的apply()方法中，为Ribbon的RPC请求模板template增加了一个叫作token的请求头，用于在RPC调用时进行用户令牌的传递；另外，在以上代码的ribbonRule()方法中，通过程序的方式配置Ribbon的负载均衡策略为线性轮询。

如何使以上自定义的配置程序生效呢？如果需要对所有的Feign客户端生效，就可以在启动类上进行配置，将自定义的Ribbon配置类赋值给@EnableFeignClients注解的defaultConfiguration属性即可，示例如下：

```
...
@EnableFeignClients(
        basePackages = "com.crazymaker.Spring Cloud.user.info.remote.client",
        defaultConfiguration = FeignConfiguration.class)
public class DemoCloudApplication
{
    public static void main(String[] args)
    {
        SpringApplication.run(DemoCloudApplication.class, args);
        ...
    }

}
```

如果需要对某个特定的（部分的）Feign客户端生效，则可以在特定Feign客户端接口上进行配置，将自定义的Ribbon配置类赋值给@FeignClient注解的configuration属性即可，示例如下：

```
package com.crazymaker.Spring Cloud.user.info.remote.client;
...
/**
 * @description: 用户信息 远程调用接口
 * create by尼恩 @ 疯狂创客圈
 */
@FeignClient(value = "uaa-provider",
       configuration = FeignConfiguration.class,
       fallback = UserClientFailBack.class,
       path = "/uaa-provider/api/user")
public interface UserClient
{
     ...
}
```

3.5 Feign+Hystrix实现RPC调用保护

在Spring Cloud微服务架构下，RPC保护可以通过Hystrix开源组件实现，并且Spring Cloud对Hystrix组件进行了集成，使用起来非常方便。

Hystrix翻译过来是豪猪，豪猪身上长满了刺，能保护自己不受天敌的伤害，代表了一种防御机制。Hystrix开源框架是Netflix开源的一个延迟和容错的组件，主要用于在远程Provider服务异常时，对消费端的RPC进行保护。有关Hystrix的详细资料，请参考其官网，本书只对它的基本原理和使用进行介绍。

使用Hystrix之前，需要在Maven的pom文件中增加以下Spring Cloud Hystrix集成模块的依赖：

```
<!--引入Spring Cloud Hystrix依赖-->
<dependency>
   <groupId>org.springframework.cloud</groupId>
   <artifactId>spring-cloud-starter-netflix-hystrix</artifactId>
</dependency>
```

在Spring Cloud架构中，Hystrix是和Feign组合起来使用的，所以还需要在应用的属性配置文件中开启Feign对Hystrix的支持：

```
feign:
  hystrix:
    enabled: true   #开启Hystrix对Feign的支持
  ...
```

在启动类上添加@EnableHystrix或者@EnableCircuitBreaker。注意，@EnableHystrix中包含了@EnableCircuitBreaker。作为示例，下面是Demo-provider启动类的部分代码：

```
package com.crazymaker.Spring Cloud.demo.start;
...
/**
 * 在启动类上启用Hystrix
 */
@EnableHystrix
public class DemoCloudApplication
```

```
{
    public static void main(String[] args)
    {
        SpringApplication.run(DemoCloudApplication.class, args);
        ...
    }
}
```

Spring Cloud Hystrix的RPC保护功能包括失败回退、熔断、重试、舱壁隔离等。接下来介绍一下Hystrix的失败回退、熔断两大功能。

3.5.1 Spring Cloud Hystrix 失败回退

什么是失败回退呢？当目标Provider实例发生故障时，RPC的失败回退会产生作用，返回一个后备的结果。一个失败回退的演示如图3-16所示：有A、B、C、D四个Provider实例，A-Provider和B-Provider对D-Provider发起RPC远程调用，但是D-Provider发生了故障，在A、B受到失败回退保护的情况下，最终会拿到失败回退提供的后备结果（或者Fallback回退结果）。

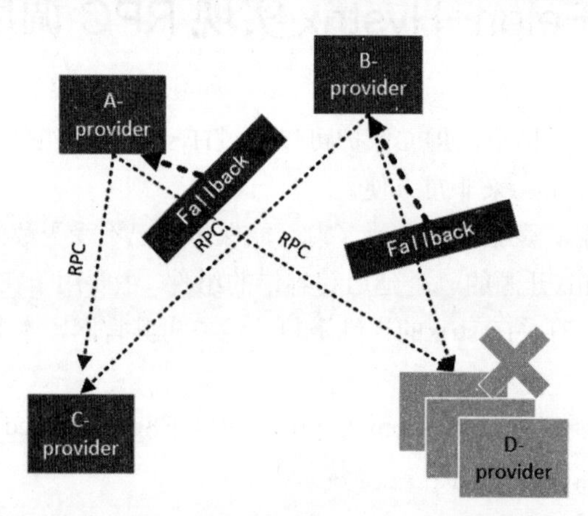

图3-16 RPC远程调用失败回退示意图

如何设置RPC调用的回退逻辑呢？有两种方式：

1）定义和使用一个Fallback回退处理类。

2）定义和使用一个FallbackFactory回退处理工厂类。

1. 定义和使用一个 Fallback 回退处理类

定义和使用一个Fallback回退处理类具体的实现可以分为两步：第一步是为需要拥有回退机制的Feign客户端远程调用接口编写一个Fallback回退处理类，并将RPC失败后的回退逻辑编写在回退处理类中对应的实现方法中；第二步在Feign客户端接口的关键性注解@FeignClient上配置失败处理类，将该注解的Fallback属性的值配置为上一步定义的Fallback回退处理类。

下面介绍一个具体实例，演示如何定义和使用一个Fallback回退处理类。在crazy-Spring Cloud脚手架的uua-client模块中，有一个用于对uaa-provider进行RPC的Feign客户端远程调用接口叫作UserClient，其目的是获取用户信息。第一步为UserClient接口定义一个简单的Fallback回退处理类，代码如下：

```
package com.crazymaker.Spring Cloud.user.info.remote.fallback;
//省略import

/**
 *  Feign客户端接口的Fallback回退处理类
 */
@Component
public class UserClientFallback implements UserClient
{
    /**
     *  获取用户信息RPC失败后的回退方法
     */
    @Override
    public RestOut<UserDTO> detail(Long id)
    {
        return RestOut.error("failBack: user detail rest服务调用失败" );
    }
}
```

第二步在UserClient客户端接口的@FeignClient注解中将fallback属性的值配置为上一步定义的Fallback回退处理类UserClientFallback类，代码如下：

```
package com.crazymaker.Spring Cloud.user.info.remote.client;
//省略import

/**
 * Feign客户端接口
 * @description: 获取用户信息的RPC接口类
 */

@FeignClient(value = "uaa-provider",
        configuration = FeignConfiguration.class,
        fallback = UserClientFallback.class,  #配置回退处理类
        path = "/uaa-provider/api/user")
public interface UserClient
{
    @RequestMapping(value = "/detail/v1", method = RequestMethod.GET)
    RestOut<UserDTO> detail(@RequestParam(value = "userId") Long userId);
}
```

回退处理类的实现已经完成，如何进行验证呢？仍然使用前面定义的demo-provider的REST接口/api/call/uaa/user/detail/v2，该接口通过UserClient对uaa-provider进行了远程调用。具体的演示方式为：停掉所有uaa-provider服务，然后在demo-provider的swagger-ui界面访问其REST接口/api/call/uaa/user/detail/v2，该接口的内部代码会通过UserClient远程调用Feign接口对目标uaa-provider的REST接口/api/user/detail/v1发起Feign RPC远程调用，而uaa-provider全部服务处于宕机状态，因此Feign将会触发Hystrix回退，执行Fallback回退处理类UserClientFallback的回退实现方法，返回Fallback回退处理的内容，输出的内容具体如图3-17所示。

2. 定义和使用一个 Fallback 回退处理工厂类

定义和使用一个Fallback回退处理工厂类具体的实现也可以分为两步：第一步创建一个Fallback回退处理工厂类，该工厂类需要实现Hystrix的FallbackFactory回退工厂接口，实现其抽象的create方法，在该方法的实现代码中返回一个Feign客户端接口的实现类，方法中的具体实现即为回退处理实例。可以通过匿名类的方式创建一个新的回退处理类，并在该匿名类的每个方法的实现代码中编

写好RPC回退逻辑。第二步在Feign客户端接口的关键性注解@FeignClient上配置失败处理工厂类，将fallbackFactory属性的值配置为上一步定义的FallbackFactory回退处理工厂类。

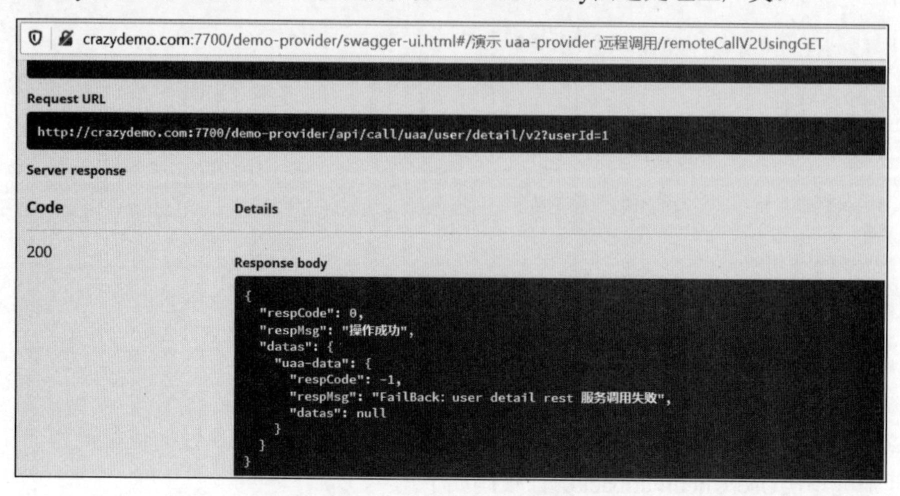

图 3-17　UserClientFallback 回退处理类生效后的示意图

下面介绍一个具体实例，演示如何定义和使用一个FallbackFactory回退处理工厂类。这里仍然以uua-client模块中的RPC调用接口UserClient为例来演示。第一步为UserClient接口定义一个简单的FallbackFactory回退处理工厂类，代码如下：

```
package com.crazymaker.Spring Cloud.user.info.remote.fallback;
//省略import
/**
 *  Feign客户端接口的回退处理工厂类
 */
@Slf4j
@Component
public class UserClientFallbackFactory implements FallbackFactory<UserClient>
{
    /**
    *创建UserClient客户端的回退处理实例
    */
    @Override
    public UserClient create(final Throwable cause) { log.error("RPC异常了, 回退!",cause);
        /**
         * 创建一个UserClient客户端接口的匿名回退实例
         */
        return new UserClient() {
            /**
             * 方法：获取用户信息RPC失败后的回退方法
             */
            @Override
            public RestOut<UserDTO> detail(Long userId)
            {
                return RestOut.error("FallbackFactory fallback: user detail rest服务调用
失败" );
            }
        };
    }
}
```

第二步，在Feign客户端接口UserClient的@FeignClient注解上，将fallbackFactory属性的值配置为上一步定义的UserClientFallbackFactory回退处理工厂类，代码如下：

```
package com.crazymaker.Spring Cloud.user.info.remote.client;
//省略import

/**
 * Feign客户端接口
 * @description: 获取用户信息的RPC接口类
*/
@FeignClient(value = "uaa-provider",
        configuration = FeignConfiguration.class,
        fallbackFactory = UserClientFallbackFactory.class,  #配置回退处理工厂类
        path = "/uaa-provider/api/user")
public interface UserClient
{
    @RequestMapping(value = "/detail/v1", method = RequestMethod.GET)
    RestOut<UserDTO> detail(@RequestParam(value = "userId") Long userId);
}
```

第二种方式回退工厂类的具体验证过程与第一种方式回退类的验证相同：停掉所有的uaa-provider服务，然后在demo-provider的swagger-ui界面访问其REST接口/api/call/uaa/user/detail/v2，此REST接口的内部代码会通过UserClient远程调用Feign接口对目标uaa-provider的REST接口/api/user/detail/v1发起Feign RPC远程调用，而uaa-provider全部服务是宕机的，Feign将会触发Hystrix回退，执行Fallback回退处理工厂类UserClientFallbackFactory的create方法创建一个回退处理类实例，并执行回退处理类实例中回退处理逻辑，返回回退处理的结果。

在进行失败回退时，使用第一种方式的回退类和使用第二种方式的回退工厂类有什么区别呢？

答案是在使用第一种方式的回退类时，远程调用RPC过程中所引发的异常已经被回退逻辑彻底屏蔽掉了，应用程序不太方便干预，也看不到RPC过程中的具体异常，尽管这些异常对于问题的排斥非常有帮助；在使用第二种方式的回退工厂类时，应用程序可以通过Java代码对RPC异常进行拦截和处理，包括进行日志输出。

3.5.2 分布式系统面临的雪崩难题

在分布式系统中，一个服务可能会依赖很多其他的服务，并且这些服务都不可避免地有失效的可能。假如一个应用运行30个Provider实例，每个实例99.99%的时间处于正常服务状态，即使只有0.01%的失败率，每个月仍然有几个小时不可用。另外，还有一个大的问题是：流量洪峰过来时，服务有可能被其他服务依赖，如果这个Provider实例出现延迟响应，就会导致其他Provider发生更多的级联故障，从而导致这个分布式系统都不可用。

举个简单的例子，在一个秒杀系统中，商品（good-provider）、订单（order-provider）、秒杀（seckill-provider）3个Provider都会通过RPC远程调用到用户账号与认证（uaa-provider）的相关接口，查询用户的相关信息，如图3-18所示。

如果在流量洪峰过来之时，假设uaa-provider出现响应迟钝（甚至宕机），则商品、订单、秒杀3个Provider都会出现等待超时而导致响应缓慢，由于排队的请求越来越多、单个请求时间都变得很长（因为内部都有超时等待），因此各服务节点的系统资源（CPU、内存等）很快会耗尽，最后进入系统性雪崩状态，具体如图3-19所示。

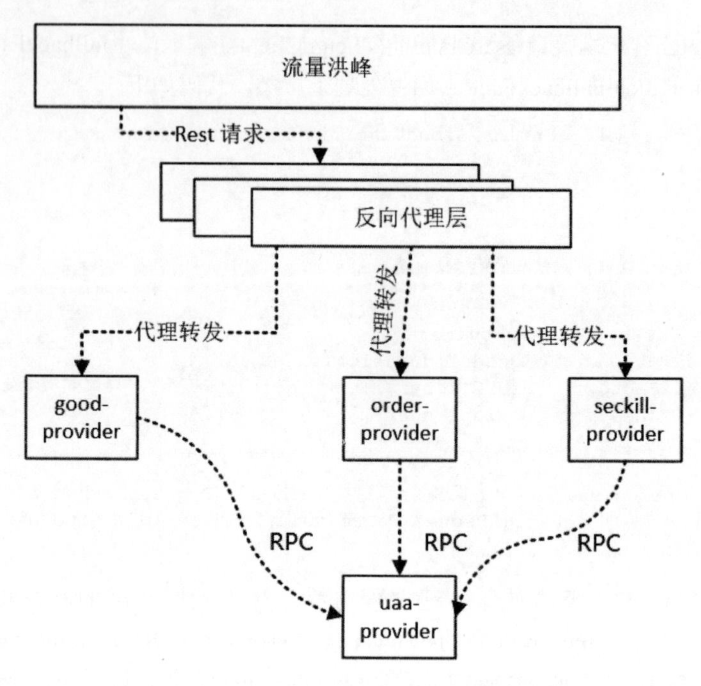

图 3-18　秒杀系统中商品、订单、秒杀、用户 4 个 Provider 之间的依赖示意图

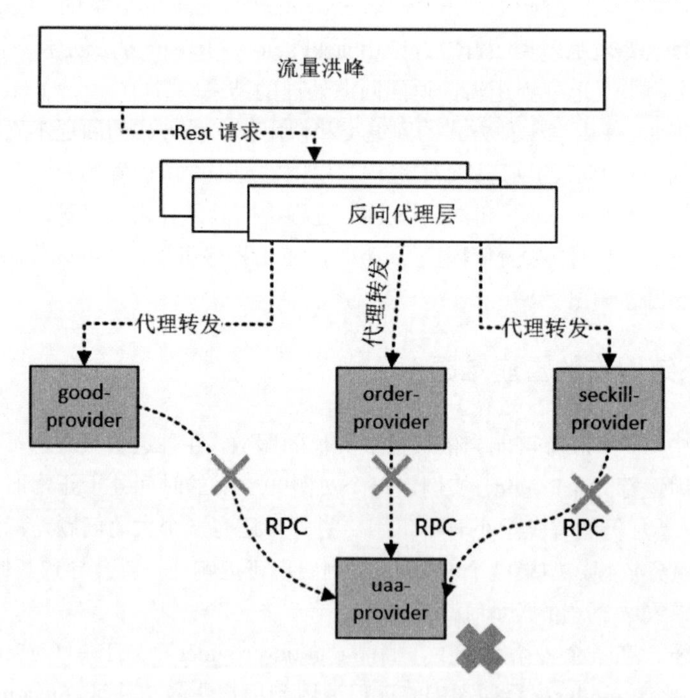

图 3-19　流量洪峰过来时因 uaa-provider 响应缓慢导致整体雪崩

总体来说，在微服务架构中根据业务拆分成的一个个的Provider微服务，由于网络原因或者自身的原因，服务并不能保证100%可用，为了保证微服务提供者高可用，单个Provider服务通常会多体部署。由于Provider与Provider之间的依赖性，故障或者不可用会沿请求调用链向上传递，会对整个系统造成瘫痪，这就是故障的“雪崩”效应。

引发雪崩效应的原因比较多，下面是常见的几种：

1）硬件故障：如服务器宕机、机房断电、光纤被挖断等。

2）流量激增：如异常流量、巨量请求瞬时涌入（如秒杀）等。

3）缓存穿透：一般发生在系统重启所有缓存失效时，或者发生在短时间内大量缓存失效时，前端过来的大量请求没有命中缓存，直击后端服务和数据库，造成微服务提供者和数据库超负荷运行，引起整体瘫痪。

4）程序BUG：如程序逻辑BUG导致内存泄漏等原因引发的整体瘫痪。

5）JVM卡顿：JVM的FullGC时间较长，极端的情况长达数十秒，这段时间内JVM不能提供任何服务。

为了解决雪崩效应，业界提出了熔断器模型。通过熔断器，当一些非核心服务出现响应迟缓或者宕机等异常时，对服务进行降级并提供有损服务，以保证服务的柔性可用，避免引起雪崩效应。

3.5.3　Spring Cloud Hystrix 熔断器

在物理学上，熔断器本身是一个开关装置，用在电路上保护线路过载，当线路中有电器发生短路时，熔断器能够及时切断故障，防止发生过载、发热甚至起火等严重后果。分布式架构中熔断器主要用于RPC接口上，为接口安装上“保险丝”，以防止RPC接口出现拥塞导致系统压力过大而引起系统瘫痪，当RPC接口流量过大或者目标Provider出现异常时，熔断器及时切断故障可以起到自我保护的作用。

为什么说熔断器非常重要呢？如果没有过载保护，在分布式系统中，当被调用的远程服务无法使用时，就会导致请求的资源阻塞在远程服务器上耗尽资源。很多时候刚开始可能只是出现了局部小规模的故障，然而由于种种原因，故障影响范围越来越大，最终导致全局性的后果。

熔断器通常也叫作断路器，其具体的工作机制：统计最近RPC调用发生错误的次数，然后根据统计值中的失败比例等信息决定是否允许后面的RPC调用继续或者快速地失败回退。

熔断器的3种状态如下：

1）关闭（closed）：熔断器关闭状态，这也是熔断器的初始状态，此状态下RPC调用正常放行。

2）开启（open）：失败比例到一定的阈值之后，熔断器进入开启状态。此状态下RPC将会快速失败，执行失败回退逻辑。

3）半开启（half-open）：在打开一定时间之后（睡眠窗口结束），熔断器进入半开启状态，小流量尝试进行RPC调用放行。如果尝试成功则熔断器变为关闭状态，RPC调用正常；如果尝试失败则熔断器变为开启状态，RPC调用快速失败。

熔断器状态之间相互转换的逻辑关系如图3-20所示。

下面重点介绍熔断器的半开启状态。在半开启状态下，允许进行一次RPC调用的尝试，如果实际调用成功，熔断器将复位到关闭状态，回归正常的模式；但是如果这次RPC调用的尝试失败，熔断器就会返回到开启状态，一直需要等待到下次半开启状态。

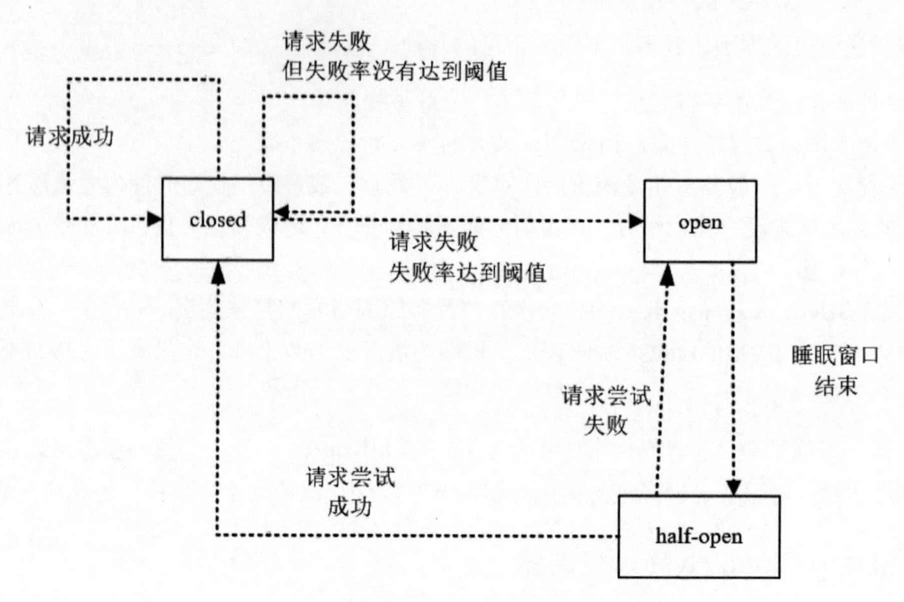

图 3-20 熔断器状态之间的相互转换关系

Spring Cloud Hystrix中的熔断器默认是开启的，但是可以通过配置熔断器的参数进行定制。下面是demo-provider微服务中熔断器示例的相关配置：

```
hystrix:
  ...
  command:
    default:
      ...
      circuitBreaker:       #熔断器相关配置
        enabled: true       #是否使用熔断器，默认为true
        requestVolumeThreshold: 20            #窗口时间内的最小请求数
        sleepWindowInMilliseconds: 5000       #打开后允许一次尝试的睡眠时间，默认配置为5秒
        errorThresholdPercentage: 50          #窗口时间内熔断器开启的错误比例,默认配置为50
      metrics:
        rollingStats:
          timeInMilliseconds: 10000           #滑动窗口时间
          numBuckets: 10                      #滑动窗口的时间桶数
```

以上用到的Hystrix熔断器相关参数分为两类：熔断器的相关参数和滑动窗口的相关参数。对示例中使用到的熔断器的相关参数大致介绍如下：

（1）hystrix.command.default.circuitBreaker.enabled

该配置用来确定熔断器是否用于跟踪RPC请求的运行状态，或者说用于配置是否启用熔断器，默认值为true。

（2）hystrix.command.default.circuitBreaker.requestVolumeThreshold

该配置用于设置熔断器触发熔断的最少请求次数。如果设置为20，那么当一个滑动窗口时间内（比如10秒）收到19个请求，即使19个请求都失败，熔断器也不会打开变成open状态。默认值为20。

（3）hystrix.command.default.circuitBreaker.errorThresholdPercentage

该配置用于设置错误率阈值，滑动窗口时间内当错误率超过此值时，熔断器进入open状态，所有请求都会触发失败回退，错误率阈值百分比的默认值为50。

（4）hystrix.command.default.circuitBreaker.sleepWindowInMilliseconds

该配置用于设置熔断器的睡眠窗口，具体指的是熔断器打开之后过多长时间才允许一次请求尝试执行，默认值为5000毫秒，表示当熔断器打开后，5000毫秒内会拒绝所有请求，5000毫秒后熔断器才会进行入half-open状态。

（5）hystrix.command.default.circuitBreaker.forceOpen

如果配置为true，熔断器将被强制打开，所有请求将触发失败回退。此配置的默认值为false。

熔断器的状态转换与Hystrix的滑动窗口的健康统计值（比如失败比例）相关，对示例中使用到的Hystrix的滑动窗口的健康统计相关配置大致介绍如下：

（1）hystrix.command.default.metrics.rollingStats.timeInMilliseconds

设置统计滑动窗口的持续时间（以毫秒为单位），默认值为10000毫秒。熔断器的打开会根据一个滑动窗口的统计值来计算，若滑动窗口时间内的错误率超过阈值，则熔断器进入开启状态。滑动窗口将被进一步细分为时间桶（bucket），滑动窗口的统计值等于窗口内所有时间桶的统计信息的累加，每个时间桶的统计信息包含请求的成功（success）、失败（failure）、超时（timeout）、被拒（rejection）的次数。

（2）hystrix.command.default.metrics.rollingStats.numBuckets

设置一个滑动窗口被划分的时间桶数量，默认值为10。若滑动窗口的持续时间为10000毫秒，并且一个滑动窗口被划为10个时间桶，那么一个时间桶的时间即1秒。所设置的numBuckets（时间桶数量）值和timeInMilliseconds（滑动窗口时长）值有一定关系，必须符合timeInMilliseconds % numberBuckets == 0 的规则，否则会抛出异常，例如70000（70秒）%700（桶数）==0是可以的，但是70000（滑动窗口70秒）%600（桶数）== 400将抛出异常。

以上有关Hystrix熔断器的配置选项使用的是hystrix.command.default前缀，这些默认配置项将对项目中所有Feign RPC接口生效，除非某个Feign RPC接口进行单独配置。如果需要对某个Feign RPC调用做特殊的配置，配置项前缀的格式如下：

hystrix.command.类名#方法名（参数类型列表）

来看一个对单个接口做特殊配置的例子。以对UserClient类中Feign RPC接口/detail/v1做特殊配置为例，该接口的功能是从user-provider服务获取用户信息。在配置之前，先看一下UserClient接口的代码，具体如下：

```
package com.crazymaker.Spring Cloud.user.info.remote.client;
...
@FeignClient(value = "uaa-provider",
       configuration = FeignConfiguration.class,
       fallback = UserClientFallback.class,
       path = "/uaa-provider/api/user")
public interface UserClient
{
    /**
     * 远程调用RPC方法：获取用户详细信息
     * @param userId用户id
     * @return用户详细信息
     */
    @RequestMapping(value = "/detail/v1", method = RequestMethod.GET)
```

```
    RestOut<UserDTO> detail(@RequestParam(value = "userId") Long userId);
}
```

在demo-provider中，如果要对UserClient.detail接口的RPC调用的熔断器参数做特殊的配置，则不使用hystrix.command.default默认前缀，而是使用hystrix.command.FeignClient#Method格式的前缀，具体的配置项为：

```
hystrix:
  ...
  command:
    UserClient#detail(Long):          #格式为：类名#方法名（参数类型列表）
      ...
      circuitBreaker:                 #熔断器相关配置
        enabled: true                 #是否使用熔断器，默认为true
        requestVolumeThreshold: 20      #至少有20个请求，熔断器才达到熔断触发的次数阈值
        sleepWindowInMilliseconds: 5000 #打开后允许一次尝试的睡眠时间，默认配置为5秒
        errorThresholdPercentage: 50    #窗口时间内熔断器开启的错误比例，默认配置为50
      metrics:
        rollingPercentile:
          timeInMilliseconds: 60000     #滑动窗口时间
          numBuckets: 600               #滑动窗口的时间桶数
          bucketSize: 200               #时间桶内的统计次数
```

除了熔断器circuitBreaker相关参数和metrics滑动窗口相关参数之外，其他的很多Hystrix command参数也可以对特定的Feign RPC接口做特殊配置，配置时仍然使用“类名#方法名（形参类型列表）”格式。

对于初学者来说，有关滑动窗口的概念和配置理解起来还是比较费劲的。对于Hystrix的基础原理（包含滑动窗口），本书将在第6章进行详细介绍。

第 4 章 Spring Cloud RPC远程调用核心原理

如果不了解Spring Cloud中的Feign核心原理，就不会真正地了解Spring Cloud的性能优化和配置优化，也就不可能做到真正掌握Spring Cloud。

本章从Feign远程调用的重要组件开始，图文并茂地介绍Feign本地JDK Proxy实例的创建流程以及Feign远程调用的执行流程，彻底地为大家解读Spring Cloud的核心知识，使得广大的工程师不光做到知其然，更能知其所以然。

4.1 代理模式与 RPC 客户端实现类

本节首先介绍一下客户端RPC远程调用实现类的职责，然后从基础原理讲起，依次介绍代理模式的原理、使用静态代理模式实现RPC客户端类、使用动态代理模式实现RPC客户端类，一步一步地不断接近Feign RPC的核心原理知识。

4.1.1 客户端 RPC 远程调用实现类的职责

客户端RPC实现类位于远程调用Java接口和微服务提供者Provider之间，承担了以下职责：

1）拼装REST请求：根据Java接口的参数拼装目标REST接口的URL。

2）发送请求和获取结果：通过Java HTTP组件（如HttpClient）调用微服务提供者Provider的REST接口，并且获取REST响应。

3）结果解码：解析REST接口的响应结果，封装成目标POJO对象（Java接口的返回类型），并且返回。

RPC远程调用客户端实现类的职责，具体如图4-1所示。

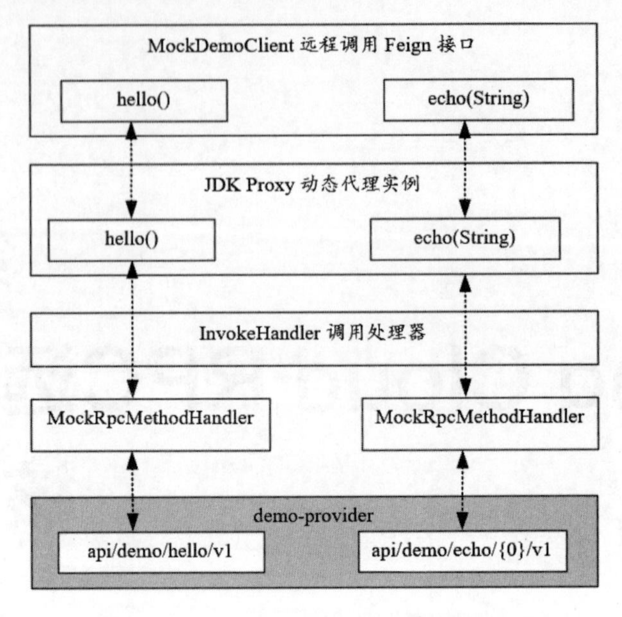

图 4-1 RPC 远程调用客户端实现类的职责

使用Feign进行RPC远程调用时，对每一个Java远程调用接口，Feign都会生成了一个RPC远程调用客户端实现类，只是对于开发者来说该实现类是透明的，开发者感觉不到这个类的存在。

Feign为DemoClient接口生成的RPC客户端实现类，大致如图4-2所示。

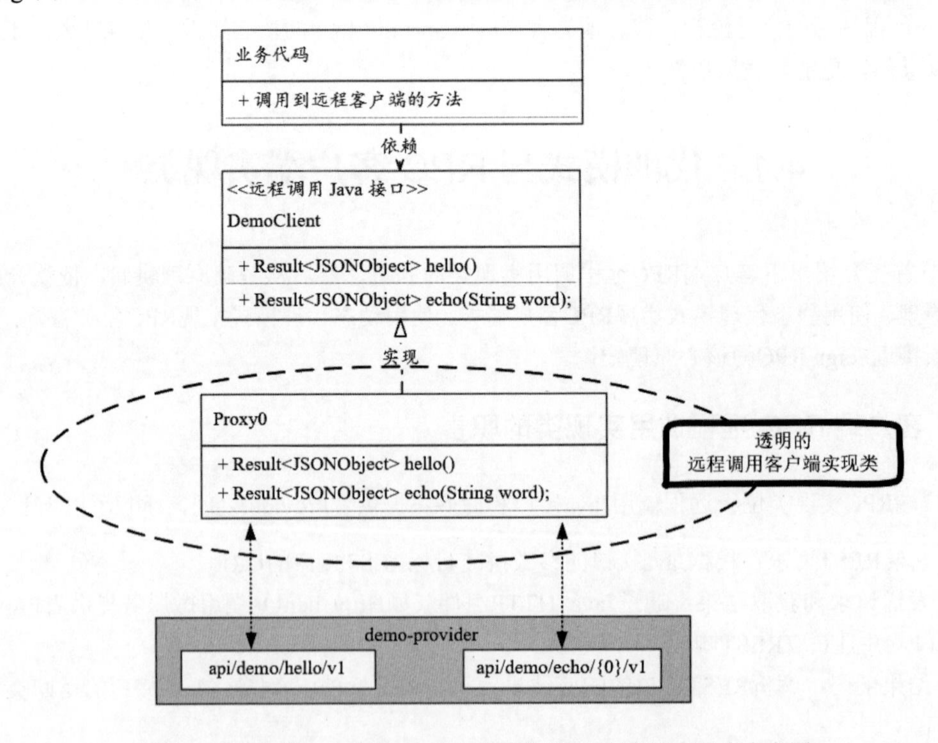

图 4-2 Feign 为 DemoClient 接口生成的 RPC 客户端实现类参考图

由于看不到Feign的RPC客户端实现类的任何源码，初学者会感觉到很神奇，感觉这就是一个黑盒子。这里，从最原始的、最简单的RPC远程调用客户端实现类开始，为大家逐步地揭开Feign的RPC客户端实现类的神秘面纱。

在一点点揭开RPC远程调用客户端实现类的面纱之前，先模拟一个Feign远程调用Java接口，对应于demo-provider服务的两个REST接口。

模拟的远程调用Java接口名字叫作MockDemoClient，其代码如下：

```
package com.crazymaker.demo.proxy.FeignMock;
...
@RestController(value = TestConstants.DEMO_CLIENT_PATH)
public interface MockDemoClient
{
    /**
     * 远程调用接口的方法，完成REST接口api/demo/hello/v1的远程调用
     * REST接口功能：返回hello world
     * @return JSON响应实例
     */
    @GetMapping(name = "api/demo/hello/v1")
    RestOut<JSONObject> hello();


    /**
     * 远程调用接口的方法，完成REST接口api/demo/echo/{0}/v1的远程调用
     * REST接口功能：回显输入的信息
     * @return echo回显消息JSON响应实例
     */
    @GetMapping(name = "api/demo/echo/{0}/v1")
    RestOut<JSONObject> echo(String word);
}
```

本书层层递减，为大家演示以下三种RPC远程调用客户端：

1）简单的RPC客户端实现类。

2）静态代理模式的RPC客户端实现类。

3）动态代理模式的RPC客户端实现类。

最后的动态代理模式的RPC客户端实现类在实现原理上已经非常接近于Feign的RPC客户端实现类了。

4.1.2 简单的 RPC 客户端实现类

最简单的RPC客户端实现类的主要工作如下：

1）组装REST接口URL。

2）通过HttpClient组件调用REST接口，并获得响应结果。

3）解析REST接口的响应结果，封装成JSON对象，并且返回给调用者。

最简单的RPC客户端实现类的参考代码大致如下：

```
package com.crazymaker.demo.proxy.basic;

//省略import
@AllArgsConstructor
```

```
@Slf4j
class RealRpcDemoClientImpl implements MockDemoClient
{
    final String contextPath = TestConstants.DEMO_CLIENT_PATH;

    //完成对REST接口api/demo/hello/v1的调用
    public RestOut<JSONObject> hello()
    {
        /**
         * 远程调用接口的方法，完成demo-provider的REST API远程调用
         * REST API功能：返回hello world
         */
        String uri = "api/demo/hello/v1";
        /**
         * 组装REST接口URL
         */
        String restUrl = contextPath + uri;
        log.info("restUrl={}", restUrl);

        /**
         * 通过HttpClient组件调用REST接口
         */
        String responseData = null;
        try
        {
            responseData = HttpRequestUtil.simpleGet(restUrl);
        } catch (IOException e)
        {
            e.printStackTrace();
        }

        /**
         * 解析REST接口的响应结果，解析成JSON对象，并且返回
         */
        RestOut<JSONObject> result = JsonUtil.jsonToPojo(responseData,
               new  TypeReference<RestOut<JSONObject>>() {});

        return result;
    }

    //完成对REST接口api/demo/echo/{0}/v1的调用
    public RestOut<JSONObject> echo(String word)
    {
        /**
         * 远程调用接口的方法，完成demo-provider的REST API远程调用
         * REST API功能：回显输入的信息
         */
        String uri = "api/demo/echo/{0}/v1";
        /**
         * 组装REST接口URL
         */
        String restUrl = contextPath + MessageFormat.format(uri, word);
        log.info("restUrl={}", restUrl);

        /**
         * 通过HttpClient组件调用REST接口
         */
        String responseData = null;
        try
        {
            responseData = HttpRequestUtil.simpleGet(restUrl);
```

```
        } catch (IOException e)
        {
            e.printStackTrace();
        }

        /**
         * 解析REST接口的响应结果，解析成JSON对象，并且返回给调用者
         */
        RestOut<JSONObject> result = JsonUtil.jsonToPojo(responseData,
                new TypeReference<RestOut<JSONObject>>()  { });
        return result;
    }

}
```

以上简单RPC实现类RealRpcDemoClientImpl的测试用例大致如下：

```
package com.crazymaker.demo.proxy.basic;
...
/**
 * 测试用例
 */
@Slf4j
public class ProxyTester
{

    /**
     * 不用代理，进行简单的远程调用
     */
    @Test
    public void simpleRPCTest()
    {
        /**
         * 简单的RPC调用类
         */
        MockDemoClient realObject = new RealRpcDemoClientImpl();

        /**
         * 调用demo-provider的REST接口api/demo/hello/v1
         */
        RestOut<JSONObject> result1 = realObject.hello();
        log.info("result1={}", result1.toString());


        /**
         * 调用demo-provider的REST接口api/demo/echo/{0}/v1
         */
        RestOut<JSONObject> result2 = realObject.echo("回显内容");
        log.info("result2={}", result2.toString());
    }

}
```

运行测试用例前，需要提前启动demo-provider微服务实例，然后将主机名称crazydemo.com通过hosts文件绑定到demo-provider实例所在机器的IP（这里为127.0.0.1），并且需要确保两个REST接口/api/demo/hello/v1和/api/demo/echo/{word}/v1可以正常访问。

运行测试用例，部分输出结果如下：

```
    [main] INFO  c.c.d.p.b.RealRpcDemoClientImpl -
restUrl=http://crazydemo.com:7700/demo-provider/ api/demo/hello/v1
```

```
    [main] INFO  c.c.d.proxy.basic.ProxyTester - result1=RestOut{datas={"hello":"world"},
respCode=0, respMsg='操作成功'}
    [main] INFO  c.c.d.p.b.RealRpcDemoClientImpl -
restUrl=http://crazydemo.com:7700/demo-provider/ api/demo/echo/回显内容/v1
    [main] INFO  c.c.d.proxy.basic.ProxyTester - result2=RestOut{datas={"echo":"回显内容"},
respCode=0, respMsg='操作成功'}
```

以上的RPC客户端实现类很简单，但是实际开发中不可能这样为每一个远程调用Java接口都编写一个RPC客户端实现类。如何自动生成RPC客户端实现类呢？这就需要用到代理模式，接下来首先为大家介绍简单一点的代理模式实现类——静态代理模式的RPC客户端实现类。

4.1.3 从基础原理讲起：代理模式与 RPC 客户端实现类

首先来看一下代理模式的基本概念。代理模式的定义：为委托对象提供一种代理，以控制对委托对象的访问。在某些情况下，一个对象不适合或者不能直接引用另一个目标对象，而代理对象可以作为目标对象的委托，在客户端和目标对象之间起到中介的作用。

代理模式包含了三个角色：抽象角色、委托角色、代理角色，如图4-3所示。

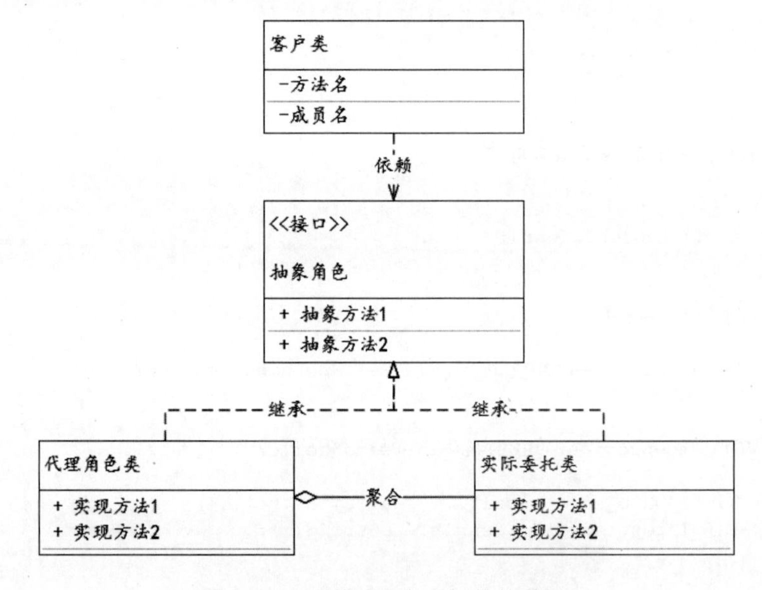

图 4-3 代理模式角色之间的关系图

1）抽象角色：通过接口或抽象类的方式，声明委托角色所提供的业务方法。

2）代理角色：实现抽象角色的接口，通过调用委托角色的业务逻辑方法来实现抽象方法，并可以附加自己的操作。

3）委托角色：实现抽象角色，定义真实角色所要实现的业务逻辑，供代理角色调用。

代理模式分为静态代理、动态代理。

1）静态代理是在代码编写阶段由工程师提供代理类的源码，再编译成代理类。所谓静态也就是在程序运行前就已经存在代理类的字节码文件，代理类和委托类的关系在运行前就确定了。

2）动态代理是在代码编写阶段不用关心具体的代理实现类，而是在运行阶段直接获取具体的代理对象，代理实现类由JDK负责生成。

静态代理模式的实现，主要涉及3个组件：

（1）抽象接口类（abstract subject）

该类的主要职责是声明目标类与代理类的共同接口方法，该类既可以是一个抽象类也可以是一个接口。

（2）真实目标类（real subject）

该类也称为被委托类或被代理类，该类定义了代理所表示的真实对象，执行具体业务逻辑方法，而客户端通过代理类间接地调用真实目标类中定义的方法。

（3）代理类（proxy subject）

该类也称为委托类或代理类，该类持有一个对真实目标类的引用，在其抽象接口方法的实现中，需要调用真实目标类中相应的接口实现方法，以此起到代理的作用。

使用静态代理模式实现RPC远程接口调用，大致涉及以下3个类：

1）一个远程接口，比如前面介绍的模拟的远程调用Java接口MockDemoClient。

2）一个真实委托类，比如前面介绍的RealRpcDemoClientImpl，负责完成真正的RPC调用。

3）一个代理类，比如本节的DemoClientStaticProxy，通过调用真实目标类（委托类）负责完成RPC调用。

通过静态代理模式，实现MockDemoClient接口的RPC调用实现类，类之间的关系如图4-4所示。

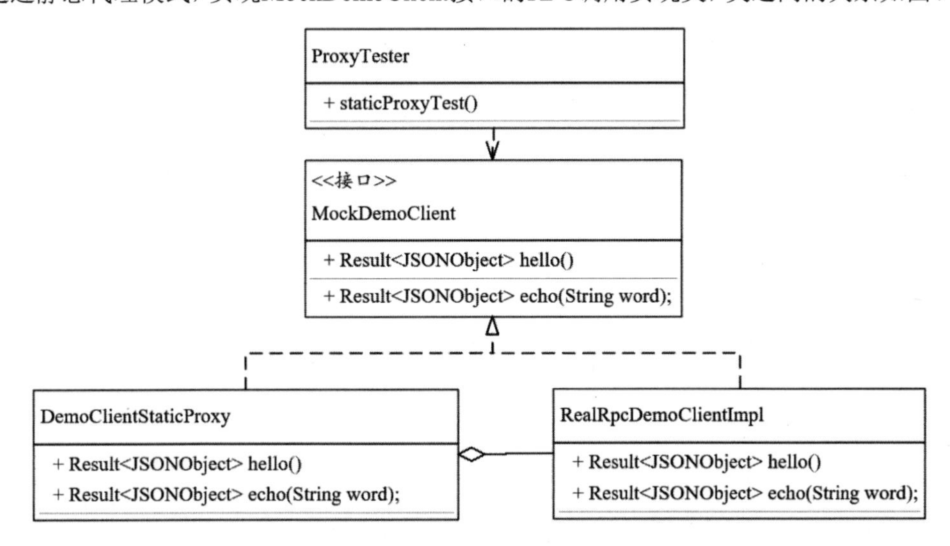

图 4-4　静态代理模式的 RPC 调用 UML 类图

静态代理模式的RPC实现类DemoClientStaticProxy的代码如下：

```
package com.crazymaker.demo.proxy.basic;
//省略import
@AllArgsConstructor
@Slf4j
class DemoClientStaticProxy implements DemoClient
{
    /**
```

```
     * 被代理的真正实例
     */
    private MockDemoClient realClient;

    @Override
    public RestOut<JSONObject> hello()
    {
        log.info("hello方法被调用" );
        return realClient.hello();
    }

    @Override
    public RestOut<JSONObject> echo(String word)
    {
        log.info("echo方法被调用" );
        return realClient.echo(word);
    }
}
```

在静态代理类DemoClientStaticProxy的hello()和echo()两个方法中，调用真实委托类实例realClient的两个对应的委托方法，完成对远程REST接口的请求。

以上静态代理类DemoClientStaticProxy的使用代码（测试用例）大致如下：

```
package com.crazymaker.demo.proxy.basic;

//省略import
/**
 * 静态代理和动态代理，测试用例
 */
@Slf4j
public class ProxyTester
{
    /**
     * 静态代理测试
     */
    @Test
    public void staticProxyTest()
    {
        /**
         * 被代理的真实RPC调用类
         */
        MockDemoClient realObject = new RealRpcDemoClientImpl();

        /**
         *  静态的代理类
         */
        DemoClient proxy = new DemoClientStaticProxy(realObject);

        RestOut<JSONObject> result1 = proxy.hello();
        log.info("result1={}", result1.toString());

        RestOut<JSONObject> result2 = proxy.echo("回显内容");
        log.info("result2={}", result2.toString());
    }

}
```

在运行测试用例前，需要提前启动demo-provider微服务实例，并且需要将主机名称crazydemo.com通过hosts文件绑定到demo-provider实例所在机器的IP（这里为127.0.0.1），并且需要确保两个REST接口/api/demo/hello/v1、/api/demo/echo/{word}/v1可以正常访问。

一切准备妥当，运行测试用例，大致的结果输出如下：

```
    [main] INFO  c.c.d.p.b.DemoClientStaticProxy - hello方法被调用
    [main] INFO  c.c.d.p.b.RealRpcDemoClientImpl - restUrl=
http://crazydemo.com:7700/demo-provider/ api/demo/hello/v1
    [main] INFO  c.c.d.proxy.basic.ProxyTester - result1=RestOut{datas={"hello":"world"},
respCode=0, respMsg='操作成功}

    [main] INFO  c.c.d.p.b.DemoClientStaticProxy - echo方法被调用
    [main] INFO  c.c.d.p.b.RealRpcDemoClientImpl -
restUrl=http://crazydemo.com:7700/demo-provider/ api/demo/echo/回显内容/v1

    [main] INFO  c.c.d.proxy.basic.ProxyTester - result2=RestOut{datas={"echo":"回显内容"},
respCode=0, respMsg='操作成功}
```

静态代理的RPC实现类，看上去是一堆冗余代码，发挥不了什么价值。那么，为什么在这里一定要先介绍静态代理模式的RPC实现类呢？原因有以下两点：

1）上面的RPC实现类出于演示目的做了简化，对委托类并没有做任何的扩展。而实际的远程调用代理类会对委托类进行很多扩展，比如远程调用时的负载均衡、熔断、重试等。

2）上面的RPC实现类是动态代理实现类的学习铺垫，因为Feign的RPC客户端实现类是一个JDK动态代理类，是在运行过程中动态生成的。动态代理的知识对于很多的读者来说不是太好理解，所以先介绍一下代理模式和静态代理的基础知识，作为下一步的学习铺垫。

4.1.4 使用动态代理模式实现 RPC 客户端类

为什么需要动态代理呢？这需要从静态代理的缺陷说起。静态代理实现类在编译期就已经写好，代码清晰可读，缺点也很明显：

1）手工编写代理实现类会占用时间，如果需要实现代理的类很多，一个一个地手工编码代理类根本写不过来。

2）如果更改了抽象接口，还得去维护这些代理类，维护上容易出纰漏。

动态代理与静态代理相反，不需要手工实现代理类，而是由JDK通过反射技术在执行阶段动态生成动态代理类，所以也叫动态代理。使用的时候，可以直接获取动态代理的实例。获取动态代理实例大致需要如下3步：

1）需要明确代理类和委托类共同的抽象接口，由JDK生成的动态代理类会实现该接口。

2）构造一个调用处理器对象，该调用处理器要实现InvocationHandler接口，实现其唯一的抽象方法invoke（...）。而InvocationHandler接口由JDK定义，位于java.lang.reflect包中。

3）通过java.lang.reflect.Proxy类的newProxyInstance(...)方法在运行阶段获取JDK生成的动态代理类的实例。注意，这一步获取的是对象而不是类。该方法需要3个参数，其中的第二个参数为抽象接口的class对象，第三个参数为调用处理器对象。

举一个例子，创建抽象接口MockDemoClient的一个动态代理实例，大致的代码如下：

```
//参数1：类装载器
ClassLoader classLoader = ProxyTester.class.getClassLoader();
//参数2：代理类和委托类共同的抽象接口
Class[] clazz = new Class[]{MockDemoClient.class};
//参数3：动态代理的调用处理器
InvocationHandler invocationHandler = new DemoClientInocationHandler(realObject);
/**
```

```
 * 使用以上3个参数，创建JDK动态代理类
 */
MockDemoClient proxy = (MockDemoClient)
    Proxy.newProxyInstance(classLoader, clazz, invocationHandler);
```

创建动态代理实例的核心是创建一个JDK调用处理器InvocationHandler的实现类。该实现类需要实现其唯一的抽象方法invoke（...），并且在该方法中调用真实委托类的方法。一般情况下，调用处理器需要能够访问到真实委托类，一般的做法是将真实委托类实例作为其内部的成员。

例子中获取的动态代理实例所涉及的3个类具体如下：

1）一个远程接口，使用前面介绍的模拟的远程调用Java接口MockDemoClient。

2）一个真实目标类，使用前面介绍的RealRpcDemoClientImpl类，该类负责完成真正的RPC调用，作为动态代理的委托类。

3）一个InvocationHandler的实现类，本小节将实现DemoClientInocationHandler调用处理器类，该类通过调用内部成员委托类的对应方法完成RPC调用。

模拟远程接口MockDemoClient的RPC动态代理模式实现，类之间的关系如图4-5所示。

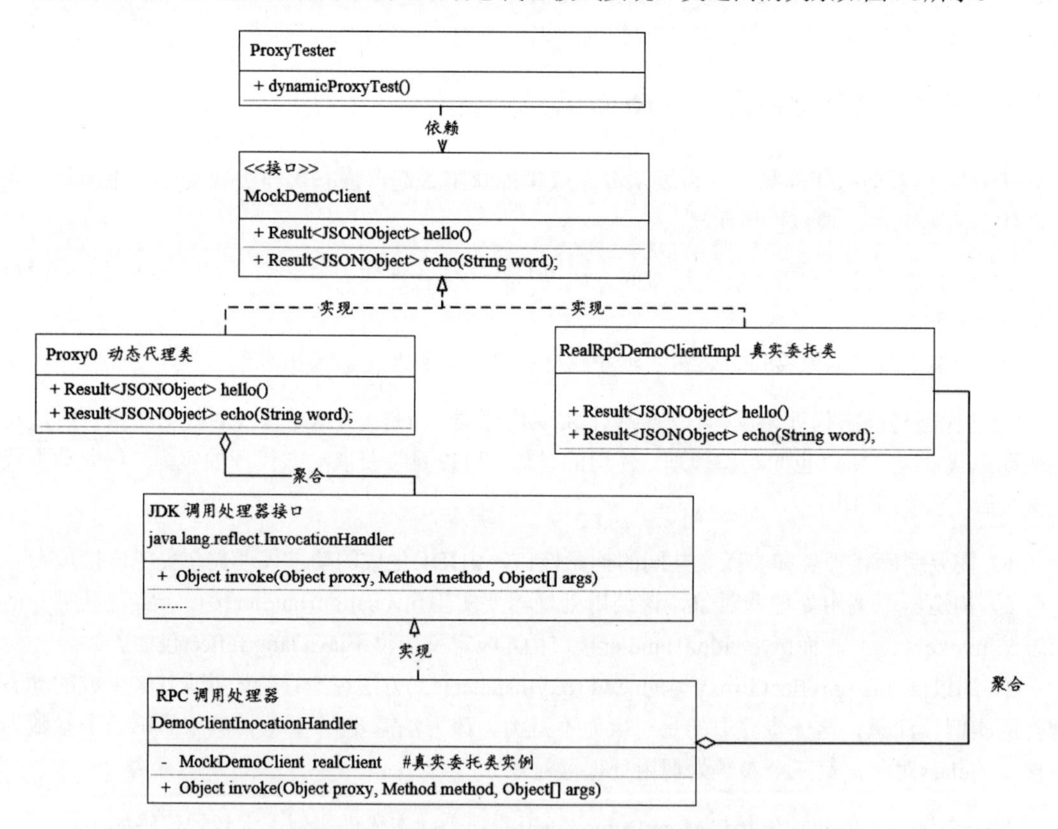

图 4-5 动态代理模式实现 RPC 远程调用 UML 类图

通过动态代理模式实现模拟远程接口MockDemoClient的RPC调用，关键的类为调用处理器，调用处理器DemoClientInocationHandler的代码如下：

```
package com.crazymaker.demo.proxy.basic;
//省略import
```

```
/**
 * 动态代理的调用处理器
 */
@Slf4j
public class DemoClientInocationHandler implements InvocationHandler
{
    /**
     * 被代理的委托类实例
     */
    private MockDemoClient realClient;

    public DemoClientInocationHandler(MockDemoClient realClient)
    {
        this.realClient = realClient;
    }

    public Object invoke(Object proxy, Method method, Object[] args) throws Throwable
    {

        String name = method.getName();
        log.info("{} 方法被调用", method.getName());

        /**
         * 直接调用委托类的方法：调用其hello方法
         */
        if (name.equals("hello"))
        {
            return realClient.hello();
        }

        /**
         * 通过Java反射调用委托类的方法：调用其echo方法
         */
        if (name.equals("echo"))
        {
            return method.invoke(realClient, args);
        }

        /**
         * 通过Java反射调用委托类的方法
         */
        Object result = method.invoke(realClient, args);
        return result;
    }

}
```

调用处理器DemoClientInocationHandler既实现了InvocationHandler接口，又拥有一个内部委托类成员，负责完成实际的RPC请求。调用处理器有点儿像静态代理模式中的代理角色，但是在这里却不是，它仅仅是JDK所生成的代理类的内部成员。

以上调用处理器DemoClientInocationHandler的使用代码（测试用例）大致如下：

```
package com.crazymaker.demo.proxy.basic;

//省略import

@Slf4j
public class StaticProxyTester {

    /**
     * 动态代理测试
     */
    @Test
    public void dynamicProxyTest() {
```

```
        DemoClient client = new DemoClientImpl();
        //参数1: 类装载器
        ClassLoader classLoader = StaticProxyTester.class.getClassLoader();
        //参数2: 被代理的实例类型
        Class[] clazz = new Class[]{DemoClient.class};
        //参数3: 调用处理器
        InvocationHandler invocationHandler = new DemoClientInocationHandler(client);
        //获取动态代理实例
        DemoClient proxy = (DemoClient)
              Proxy.newProxyInstance(classLoader, clazz, invocationHandler);
        //执行RPC远程调用方法
        Result<JSONObject> result1 = proxy.hello();
        log.info("result1={}", result1.toString());
        Result<JSONObject> result2 = proxy.echo("回显内容");
        log.info("result2={}", result2.toString());
    }
}
```

在运行测试用例前，需要提前启动demo-provider微服务实例，并且要确保两个REST接口/api/demo/hello/v1和/api/demo/echo/{word}/v1可以正常访问。

一切准备妥当，运行测试用例，大致的结果输出如下：

```
    18:36:32.499 [main] INFO  c.c.d.p.b.DemoClientInocationHandler - hello方法被调用
    18:36:32.621 [main] INFO  c.c.d.p.b.StaticProxyTester -
result1=Result{data={"hello":"world"}, status=200, msg='操作成功, requesttime='null'}
    18:36:32.622 [main] INFO  c.c.d.p.b.DemoClientInocationHandler - echo方法被调用
    18:36:32.622 [main] INFO  c.c.d.p.b.StaticProxyTester - result2=Result{data={"echo":"
回显内容"}, status=200, msg='操作成功, requesttime='null'}
```

4.1.5 JDK 动态代理机制的原理

动态代理实质是通过java.lang.reflect.Proxy的newProxyInstance（...）方法生成一个动态代理类的实例。该方法比较重要，这里对其做一个详细的介绍，其定义如下：

```
public static Object newProxyInstance(ClassLoader loader, //类加载器
                                      Class<?>[] interfaces, //动态代理类需要实现的接口
                                      InvocationHandler h)//调用处理器

    throws IllegalArgumentException
{
...
}
```

此方法的三个参数介绍如下：

- 第一个参数为ClassLoader类加载器类型，此处的类加载器和委托类的类加载器相同即可。
- 第二个参数为Class[]类型，代表动态代理类将会实现的抽象接口，此接口也是委托类所实现的接口。
- 第三个参数为InvocationHandler类型，其调用处理器实例将作为JDK生成的动态代理对象的内部成员，在对动态代理对象进行方法调用时，该处理器的invoke（...）方法都会被执行。

InvocationHandler处理器的invoke（...）方法如何实现由大家自己决定。委托类（真实目标类）的扩展或者定制逻辑，一般都会定义在此InvocationHandler处理器的invoke（...）方法中。

JVM在调用Proxy.newProxyInstance（...）方法时，会自动为动态代理对象生成一个内部的代

理类，那么是否能看到该动态代理类的class字节码呢？答案是肯定的，可以通过如下的方式获取其字节码，并且保存到文件中：

```
/**
 * 获取动态代理类的class字节码
 */
byte[] classFile = ProxyGenerator.generateProxyClass("Proxy0",
                   RealRpcDemoClientImpl.class.getInterfaces());
/**
 *在当前的工程目录下保存文件
 */
FileOutputStream fos =new FileOutputStream(new File("Proxy0.class"));
fos.write(classFile);
fos.flush();
fos.close();
```

运行上一个小节的dynamicProxyTest()测试用例，在demo-provider模块的根路径可以发现那个被新创建的Proxy0.class字节码文件。如果IDE有反编译的能力，可以在IDE中将该文件打开，然后可以看到其反编译的源码，大致如下：

```
import com.crazymaker.demo.proxy.MockDemoClient;
import com.crazymaker.Spring Cloud.common.result.RestOut;
import java.lang.reflect.InvocationHandler;
import java.lang.reflect.Method;
import java.lang.reflect.Proxy;
import java.lang.reflect.UndeclaredThrowableException;
public final class Proxy0 extends Proxy implements MockDemoClient {
   private static Method m1;
   private static Method m4;
   private static Method m3;
   private static Method m2;
   private static Method m0;

   public Proxy0(InvocationHandler var1) throws  {
      super(var1);
   }

   ...
   public final RestOut echo(String var1) throws  {
      try {
         return (RestOut)super.h.invoke(this, m4, new Object[]{var1});
      } catch (RuntimeException | Error var3) {
         throw var3;
      } catch (Throwable var4) {
         throw new UndeclaredThrowableException(var4);
      }
   }

   public final RestOut hello() throws  {
      try {
         return (RestOut)super.h.invoke(this, m3, (Object[])null);
      } catch (RuntimeException | Error var2) {
         throw var2;
      } catch (Throwable var3) {
         throw new UndeclaredThrowableException(var3);
      }
   }

   public final String toString() throws  {
      try {
         return (String)super.h.invoke(this, m2, (Object[])null);
```

```
        } catch (RuntimeException | Error var2) {
            throw var2;
        } catch (Throwable var3) {
            throw new UndeclaredThrowableException(var3);
        }
    }
    ...
    static {
        try {
            m1 = Class.forName("java.lang.Object").getMethod("equals", Class.forName
("java.lang.Object"));
            m4 = Class.forName("com.crazymaker.demo.proxy.MockDemoClient").
getMethod("echo", Class.forName("java.lang.String"));
            m3 = Class.forName("com.crazymaker.demo.proxy.MockDemoClient").
getMethod("hello");
            m2 = Class.forName("java.lang.Object").getMethod("toString");
            m0 = Class.forName("java.lang.Object").getMethod("hashCode");
        } catch (NoSuchMethodException var2) {
            throw new NoSuchMethodError(var2.getMessage());
        } catch (ClassNotFoundException var3) {
            throw new NoClassDefFoundError(var3.getMessage());
        }
    }
}
```

通过代码可以看出，这个动态代理类其实只做了两件简单的事情：

（1）该动态代理类实现了接口类的抽象方法

以上动态代理类Proxy0实现了MockDemoClient接口的echo(String)、hello()两个方法。此外，Proxy0还继承了java.lang.Object的equals()、hashCode()、toString()方法。

（2）该动态代理类将对自己的方法调用委托给了InvocationHandler调用处理器内部成员

以上动态代理类Proxy0的每一个方法实现，其代码其实非常简单，并且逻辑都大致一样：将方法自己的Method反射对象和调用参数进行了二次委托，委托给内部成员InvocationHandler调用处理器的invoke(...)方法。至于该内部InvocationHandler调用处理器实例则由读者自己编写，在调用java.lang.reflect.Proxy的newProxyInstance(...)创建动态代理对象时作为第三个参数传入。

至此，JDK动态代理机制的核心原理和动态代理类的神秘面纱已经彻底揭开了。Feign的RPC客户端正是通过JDK的动态代理机制实现的，Feign对RPC调用的各种增强处理主要通过调用处理器InvocationHandler实现。

4.2 模拟的 Feign RPC 动态代理实现

由于Feign的组件依赖多，其InvocationHandler调用处理器的内部实现比较复杂，为了便于大家理解，这里模拟Feign远程调用的动态代理模式设计了一个参考实例，作为正式学习的铺垫。

模拟的Feign RPC代理模式所涉及的类具体如图4-6所示。

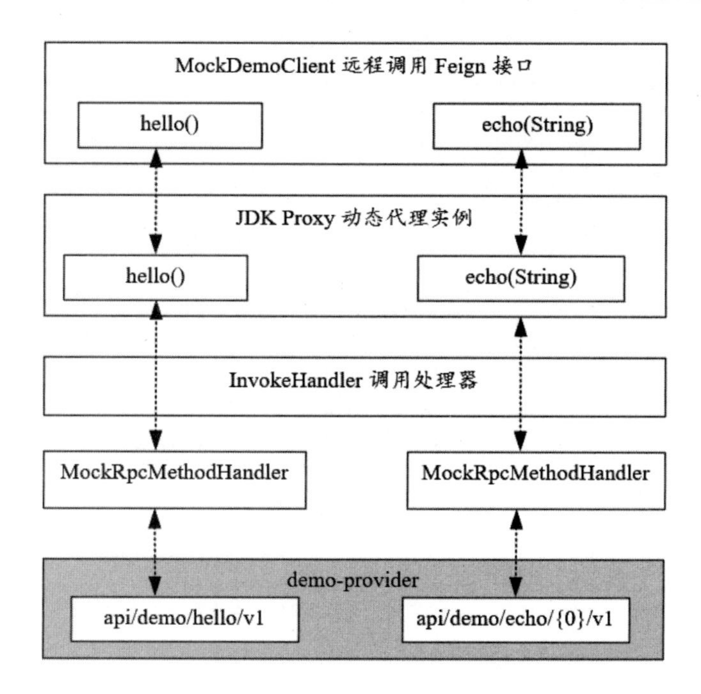

图 4-6　模拟的 Feign RPC 代理模式的 UML 类图

4.2.1　模拟 Feign 的 MethodHandler 方法处理器

由于每个RPC客户端类一般会包含多个远程调用方法，所以Feign为远程调用方法封装了一个专门的接口——MethodHandler，此接口很简单，仅仅包含了一个invoke(...)抽象方法。

这里，首先对Feign的方法处理器MethodHandler进行模拟，模拟的RPC方法处理器接口如下：

```
package com.crazymaker.demo.proxy.FeignMock;

/**
 * RPC方法处理器
 */
interface RpcMethodHandler
{

    /**
     * 功能：组装URL，完成REST RPC远程调用，并且返回JSON结果
     *
     * @param argv RPC方法的参数
     * @return REST接口的响应结果
     * @throws Throwable异常
     */
    Object invoke(Object[] argv) throws Throwable;
}
```

模拟的RPC方法处理器只有一个抽象方法invoke(Object[])，该方法在进行RPC调用时需要完成URL的组装、执行RPC请求并且将响应封装成Java POJO实例然后返回。

模拟方法处理器RpcMethodHandler接口的实现类大致如下：

```
package com.crazymaker.demo.proxy.FeignMock;
//省略import
```

```
@Slf4j
public class MockRpcMethodHandler implements RpcMethodHandler
{

    /**
     *  REST URL的前面部分，一般来自于Feign远程调用接口的类级别注解
     *  如 "http://crazydemo.com:7700/demo-provider/";
     */
    final String contextPath;

  /**
     *   REST URL的前面部分，来自于远程调用Feign接口的方法级别的注解
     *   如 "api/demo/hello/v1";
     */
    final String url;

    public MockRpcMethodHandler(String contextPath, String url)
    {
        this.contextPath = contextPath;
        this.url = url;
    }

    /**
     * 功能：组装URL，完成REST RPC远程调用，并且返回JSON结果
     *
     * @param argv RPC方法的参数
     * @return REST接口的响应结果
     * @throws Throwable异常
     */
    @Override
    public Object invoke(Object[] argv) throws Throwable
    {
        /**
         * 组装REST接口URL
         */
        String restUrl = contextPath + MessageFormat.format(url, argv);
        log.info("restUrl={}", restUrl);

        /**
         * 通过HttpClient组件调用REST接口
         */
        String responseData = HttpRequestUtil.simpleGet(restUrl);

        /**
         * 解析REST接口的响应结果，解析成JSON对象并且返回
         */
        RestOut<JSONObject> result = JsonUtil.jsonToPojo(responseData,
                new TypeReference<RestOut<JSONObject>>() {});

        return result;

    }

}
```

模拟方法处理器实现类MockRpcMethodHandler的invoke(Object[])大致完成了以下三个工作：

1）组装URL，将来自于RPC的请求上下文路径（一般来自于RPC客户端类级别注解）和远程调用的方法级别的URI路径拼接在一起，组成完整的URL路径。

2）通过HttpClient组件（也可以是其他组件）发起HTTP请求，调用服务端的REST接口。

3）解析REST接口的响应结果，解析成POJO对象（这里是JSON对象）并且返回。

4.2.2　模拟 Feign 的 InvokeHandler 调用处理器

调用处理器FeignInvocationHandler是一个相对简单的类，拥有一个非常重要的Map类型的成员dispatch，用于保存RPC方法反射实例到其MethodHandler方法处理器的映射。

这里设计了一个模拟调用处理器MockInvocationHandler，用于模拟FeignInvocationHandler调用处理器，模拟调用处理器同样拥有一个Map类型的成员dispatch，负责保存RPC方法反射实例到模拟方法处理器MockRpcMethodHandler的映射。一个运行时MockInvocationHandler模拟调用处理器实例的dispatch成员的内存结构图大致如图4-7所示。

一个 MockInvocationHandler 模拟调用处理器实例
的 dispatch 成员

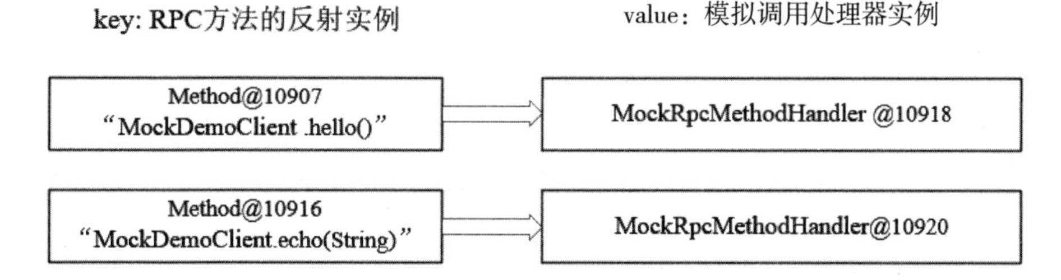

以上 MockInvocationHandler 实例与 RPC 接口 MockDemoClient 相对应

图 4-7　一个运行时 MockInvocationHandler 的 dispatch 成员的内存结构

MockInvocationHandler通过Java反射，扫描模拟RPC远程调用接口MockDemoClient中的每一个方法的反射注解，组装出一个对应的Map映射实例，它的键（Key）为RPC方法的反射实例，它的值（Value）为MockRpcMethodHandler方法处理器实例。

MockInvocationHandler的源码如下：

```
package com.crazymaker.demo.proxy.FeignMock;
//省略import
class MockInvocationHandler  implements  InvocationHandler
{
    /**
     * 远程调用的分发映射：根据方法名称分发方法处理器
     * key：远程调用接口的方法反射实例
     * value：模拟的方法处理器实例
     */
    private Map<Method, RpcMethodHandler> dispatch;
    /**
     * 功能：代理对象的创建
     * @param clazz  被代理的接口类型
     * @return代理对象
     */
    public static <T> T newInstance(Class<T> clazz)
    {
```

```
    /**
     * 从远程调用接口的类级别注解中获取REST地址的contextPath部分
     */
    Annotation controllerAnno = clazz.getAnnotation(RestController.class);
    if (controllerAnno == null)
    {
        return null;
    }
    String contextPath = ((RestController) controllerAnno).value();
    //创建一个调用处理器实例
    MockInvocationHandler invokeHandler = new MockInvocationHandler();
    invokeHandler.dispatch = new LinkedHashMap<>();
    /**
     *  通过反射迭代远程调用接口的每一个方法，组装MockRpcMethodHandler处理器
     */
    for (Method method : clazz.getMethods())
    {
        Annotation methodAnnotation =method.getAnnotation(GetMapping.class);
        if (methodAnnotation == null)
        {
            continue;
        }

        /**
         * 从远程调用接口的方法级别注解中获取REST地址的uri部分地址
         */
        String uri = ((GetMapping) methodAnnotation).name();
        /**
         * 组装MockRpcMethodHandler  模拟方法处理器
         * 注入REST地址的contextPath部分和uri部分
         */
         MockRpcMethodHandler handler = new MockRpcMethodHandler(contextPath, uri);
        /**
         * 将模拟方法处理器handler实例缓存到dispatch映射中
         * key为方法反射实例， value为方法处理器
         */
        invokeHandler.dispatch.put(method, handler);
    }
    //创建代理对象
    T proxy = (T) Proxy.newProxyInstance(clazz.getClassLoader(),
                        new Class<?>[]{clazz}, invokeHandler);
    return proxy;
}
/**
 * 功能：动态代理实例的方法调用
 * @param proxy  动态代理实例
 * @param method  待调用的方法
 * @param args  方法实参
 * @return   返回值
 * @throws Throwable  抛出的异常
 */
@Override
public Object invoke(Object proxy,
        Method method, Object[] args) throws Throwable
{

    if ("equals".equals(method.getName()))
    {
        Object other = args.length > 0 && args[0] != null ? args[0] : null;
```

```
                return equals(other);
            } else if ("hashCode".equals(method.getName()))
            {
                return hashCode();
            } else if ("toString".equals(method.getName()))
            {
                return toString();
            }

            /**
             *  从dispatch映射中根据方法反射实例获取方法处理器
             */
            RpcMethodHandler rpcMethodHandler = dispatch.get(method);

            /**
             * 方法处理器组装URL，完成REST RPC远程调用，并且返回JSON结果
             */
            return rpcMethodHandler.invoke(args);
        }
    }
```

4.2.3 模拟 Feign 动态代理 RPC 的执行流程

模拟调用处理器MockInvocationHandler的newInstance(...)方法创建一个调用处理器实例，该方法与JDK的动态代理机制没有任何关系，是一个自定义的业务方法。该方法的逻辑如下：

1）从RPC远程调用接口的类级别注解中获取请求URL地址的contextPath上下文根路径部分，如实例中的http://crazydemo.com:7700/demo-provider/ 。

2）通过迭代扫描RPC接口的每一个方法，组装出对应的MockRpcMethodHandler模拟方法处理器，并且缓存到dispatch映射中。

模拟方法处理器MockRpcMethodHandler实例的创建过程，大致如下：

1）从对应的RPC远程调用方法的注解中取得URL地址的URI部分，如hello()方法的注解中的URI地址为api/demo/hello/v1。

2）新建MockRpcMethodHandler模拟方法处理器，注入URL地址的contextPath上下文根路径部分和URI部分。

3)将新建的方法处理器实例作为value缓存到调用处理器MockInvocationHandler的dispatch映射中，其键为对应的RPC远程调用方法的Method反射实例。

模拟Feign的调用处理器MockInvocationHandler的invoke(...)方法用于完成方法处理器实例的调用，该invoke(...)方法是JDK的InvocationHandler的invoke(...)抽象方法的具体实现。

当动态代理实例的RPC方法（如hello方法）被调用时，MockInvocationHandler的invoke(...)方法会根据RPC方法的反射实例，从dispatch映射中取出对应的MockRpcMethodHandler方法处理器实例，由该方法处理器完成对远程服务的RPC调用。

模拟Feign动态代理RPC调用（以hello方法为例）的执行流程如图4-8所示。

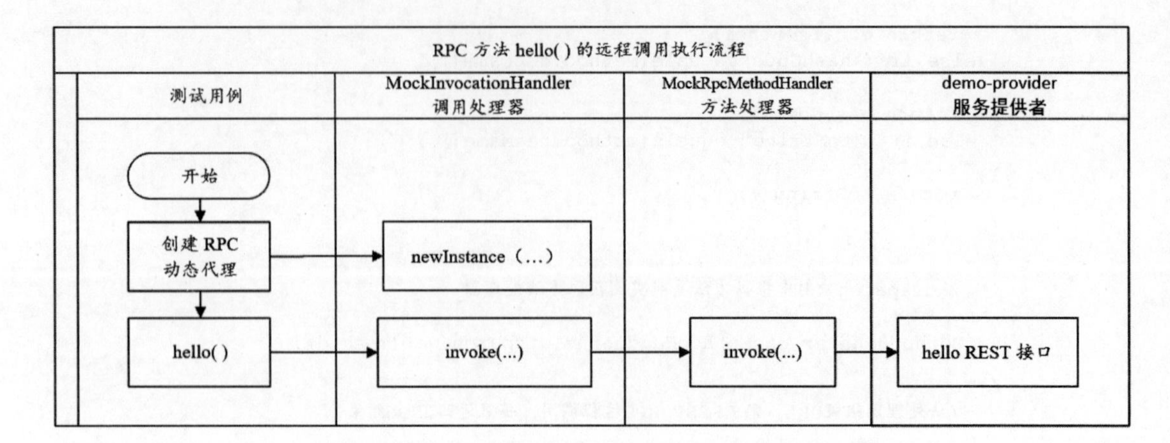

图 4-8 模拟 Feign 动态代理的 RPC 执行流程（以 hello 方法为例）

4.2.4 模拟动态代理 RPC 远程调用的测试

以下为模拟Feign动态代理RPC的调用处理器、方法处理器的测试用例，代码如下：

```
package com.crazymaker.demo.proxy.FeignMock;
//省略import
@Slf4j
public class FeignProxyMockTester
{
    /*** 测试用例*/
    @Test
    public void test()
    {

        /**
         * 创建远程调用接口的本地JDK Proxy代理实例
         */
        MockDemoClient proxy =
                MockInvocationHandler.newInstance(MockDemoClient.class);

        /**
         * 通过模拟接口完成远程调用
         */
        RestOut<JSONObject> responseData = proxy.hello();
        log.info(responseData.toString());

        /**
         * 通过模拟接口完成远程调用
         */
        RestOut<JSONObject> echo = proxy.echo("proxyTest" );
        log.info(echo.toString());

    }
}
```

在运行测试用例前，需要提前启动demo-provider微服务实例，并且确保两个REST接口/api/demo/hello/v1和/api/demo/echo/{word}/v1可以正常访问。一切准备妥当，运行测试用例，大致的结果输出如下：

```
    [main] INFO  c.c.d.p.F.MockInvocationHandler - 远程方法hello被调用
    [main] INFO  c.c.d.p.F.MockRpcMethodHandler -
restUrl=http://crazydemo.com:7700/demo-provider/api/demo/hello/v1
```

```
    [main] INFO  c.c.d.p.F.FeignProxyMockTester - RestOut{datas={"hello":"world"},
respCode=0, respMsg='操作成功}
    [main] INFO  c.c.d.p.F.MockInvocationHandler - 远程方法echo被调用
    [main] INFO  c.c.d.p.F.MockRpcMethodHandler -
restUrl=http://crazydemo.com:7700/demo-provider/api/demo/echo/proxyTest/v1
    [main] INFO  c.c.d.p.F.FeignProxyMockTester - RestOut{datas={"echo":"proxyTest"},
respCode=0, respMsg='操作成功}
```

本小节模拟的调用处理器、方法处理器在大致架构设计、执行流程上，与实际的Feign已经非常类似了。但是实际的Feign的调用处理器、方法处理器在RPC远程调用的保护机制、编码解码流程等方面，比模拟的组件要复杂太多。

4.2.5 Feign弹性RPC客户端实现类

在本章的开头笔者演示了简单的RPC客户端实现类RealRpcDemoClientImpl，直接通过HttpClient组件完成了对demo-provider服务的远程调用。

首先，Feign的RPC客户端实现类是一种JDK动态代理类，能完成对简单RPC类（类似本章前面的RealRpcDemoClientImpl）的动态代理；其次，Feign通过调用处理器、方法处理器对RPC委托类进行了增强，其调用处理器InvokeHandler通过对第三方组件如Ribbon、Hystrix的使用，使得Feign动态代理RPC客户端类具备了客户端负载均衡、失败回退、熔断器、舱壁隔离等一系列的RPC保护能力。

总体来说，Feign通过调用处理器InvokeHandler增强了其动态代理类，使之变成了一个弹性RPC客户端实现类。Feign弹性RPC客户端实现类大致的功能如图4-9所示。

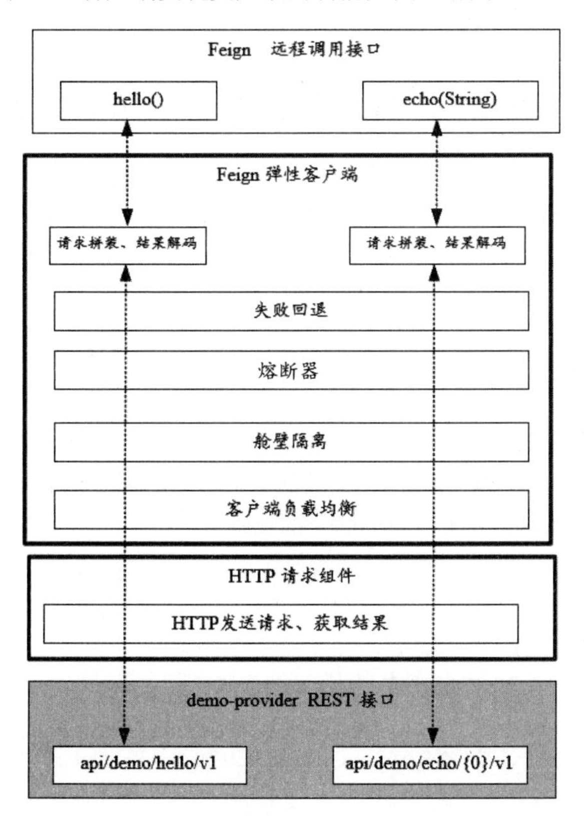

图4-9　Feign弹性RPC客户端实现类

Feign弹性RPC客户端实现类的大致功能介绍如下：

（1）失败回退

当RPC远程调用失败时将执行回退代码，尝试通过其他方式来规避处理而不是产生一个异常。

（2）熔断器熔断

当RPC远程服务被调用时，熔断器将监视这个调用。如果调用时间太长，熔断器将介入并中断调用。如果RPC调用失败次数达到某个阈值，将会采取快速失败策略，终止持续的调用失败。

（3）舱壁隔离

如果所有RPC调用都使用的是同一个线程池，那么很有可能一个缓慢的远程服务将拖垮整个应用程序。弹性客户端应该能够隔离每个远程资源，并分配各自的舱壁线程池，使之相互隔离互不影响。

（4）客户端负载均衡

RPC客户端可以在微服务提供者的多个实例之间实现多种方式的负载均衡，比如轮询、随机、权重等。

弹性RPC客户端的作用除了是对RPC调用的本地保护之外，也是对远程服务的一种保护。当远程服务发生错误或者表现不佳时，弹性RPC客户端能“快速失败”，不消耗诸如数据库连接、线程池之类的资源，能保护远程服务（微服务Provider实例或者数据库服务等）免于崩溃。

总之，弹性RPC客户端可以避免某个Provider实例的单点问题或者故障，在整个微服务节点之间传播，从而避免雪崩效应的发生。

4.3 Feign 弹性 RPC 客户端的重要组件

在微服务启动时，Feign会进行包扫描，对添加@FeignClient注解的RPC接口创建远程接口的本地Proxy动态代理实例。之后这些本地Proxy动态代理实例会注入Spring IOC容器中。当远程接口的方法被调用时，由Proxy动态代理实例负责完成真正的远程访问并且返回结果。

4.3.1 演示用例说明

为了演示Feign的远程调用动态代理类，本章接下来的演示用例是从uaa-provider服务实例向demo-provider服务实例发起RPC远程调用，大致的调用流程如图4-10所示。

uaa-provider服务中的DemoRPCController类的代码如下：

```
package com.crazymaker.Spring Cloud.user.info.controller;
//省略import
@RestController
@RequestMapping("/api/call/demo/")
@Api(tags = "演示demo-provider远程调用")
public class DemoRPCController
{
    //注入 @FeignClient注解所配置的demo-provider远程客户端动态代理实例
    @Resource
    DemoClient demoClient;
```

```
    @GetMapping("/hello/v1")
    @ApiOperation(value = "hello远程调用")
    public RestOut<JSONObject> remoteHello()
    {
        /**
         * 调用demo-provider的REST接口api/demo/hello/v1
         */
        RestOut<JSONObject> result = demoClient.hello();
        JSONObject data = new JSONObject();
        data.put("demo-data", result);
        return RestOut.success(data).setRespMsg("操作成功");
    }

    @GetMapping("/echo/{word}/v1")
    @ApiOperation(value = "echo远程调用")
    public RestOut<JSONObject> remoteEcho(
            @PathVariable(value = "word") String word)
    {
        /**
         * 调用demo-provider的REST接口api/demo/echo/{0}/v1
         */
        RestOut<JSONObject> result = demoClient.echo(word);
        JSONObject data = new JSONObject();
        data.put("demo-data", result);
        return RestOut.success(data).setRespMsg("操作成功");
    }
}
```

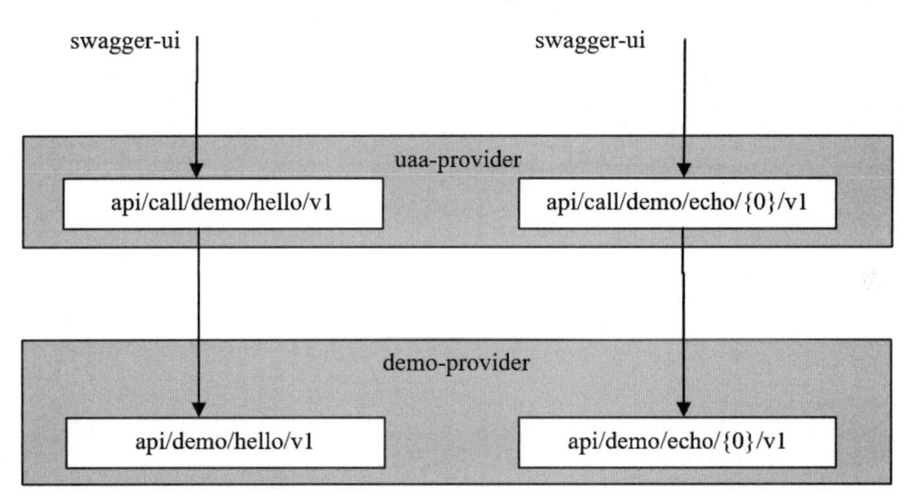

图4-10 从uaa-provider实例向demo-provider实例发起远程调用

启动uaa-provider服务后，访问其swagger-ui接口，可以看到新增了两个对demo-provider实例进行RPC调用的REST接口，具体如图4-11所示。

本章后面的Feign动态代理RPC客户端类的知识，都是基于此演示用例进行介绍，特殊情况下，还需要在uua-provider的方法执行时进行单步调试，以查看Feign在执行过程中的相关变量和属性的值。当然，在演示uaa-provider之前，需要启动好demo-provider服务。

基于以上演示用例，下面开始梳理Feign中涉及RPC远程调用的几个重要组件。

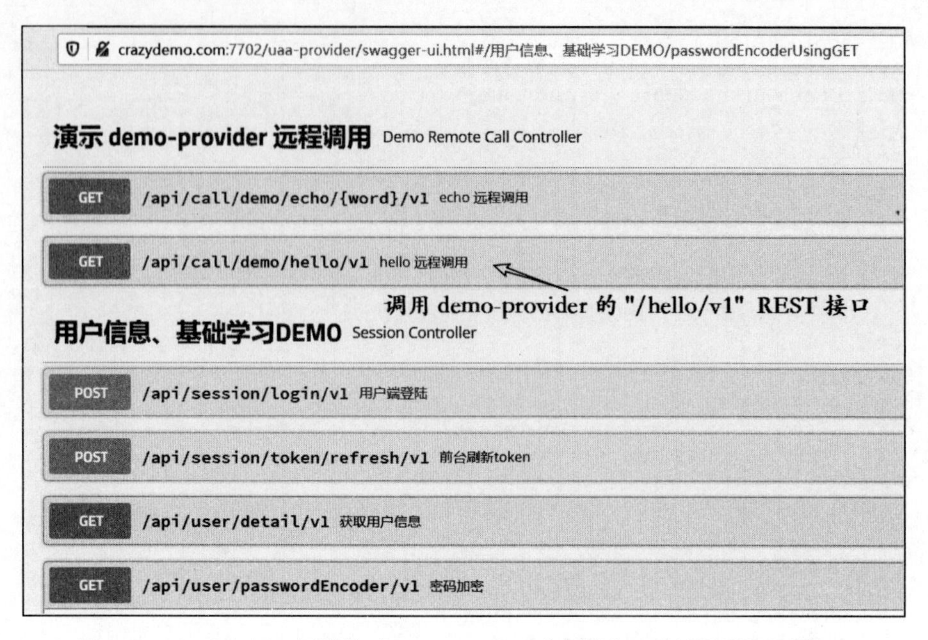

图 4-11 uaa-provider 新增的对 demo-provider 实例进行 RPC 调用的两个接口

4.3.2 Feign 的动态代理 RPC 客户端实例

由于uua-provider服务需要对demo-provider服务进行Feign RPC调用，因此uua-provider需要依赖DemoClient远程调用接口，该接口的代码大家都非常熟悉了，如下所示：

```
package com.crazymaker.Spring Cloud.demo.contract.client;
//省略import

@FeignClient(
       value = "seckill-provider", path = "/api/demo/",
       fallback = DemoDefaultFallback.class)
public interface DemoClient
{
    /**
     * 远程调用接口的方法:
     * 调用demo-provider的REST接口api/demo/hello/v1
     * REST接口功能: 返回hello world
     * @return JSON响应实例
     */
    @GetMapping("/hello/v1")
    RestOut<JSONObject> hello();

    /**
     * 远程调用接口的方法:
     * 调用demo-provider的REST接口api/demo/echo/{0}/v1
     * REST接口功能: 回显输入的信息
     * @return echo回显消息JSON响应实例
     */
    @RequestMapping(value = "/echo/{word}/v1",
           method = RequestMethod.GET)
    RestOut<JSONObject> echo(
           @PathVariable(value = "word") String word);

}
```

注意，DemoClient远程调用接口加有 @FeignClient注解，Feign在启动时会为带有@FeignClient注解的接口创建一个动态代理RPC客户端实例，并注册到Spring IOC容器，如图4-12所示。

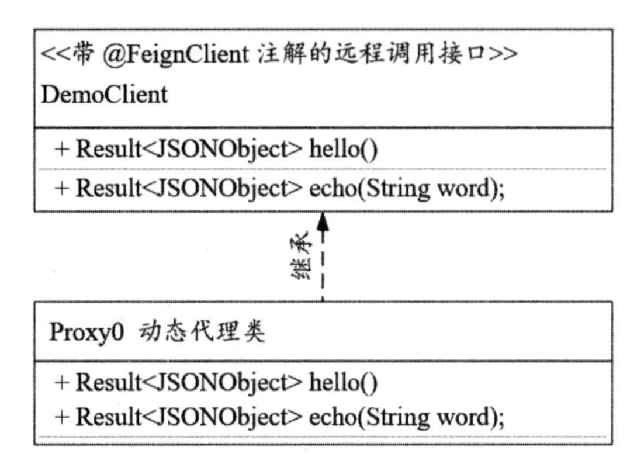

图 4-12 远程调用接口 DemoClient 的动态代理 RPC 客户端实例

DemoClient的本地JDK动态代理实例的创建过程比较复杂，稍后将重点介绍。先来看另外两个重要的Feign逻辑组件——调用处理器和方法处理器。

4.3.3 Feign 的调用处理器 InvocationHandler

大家知道，通过JDK Proxy生成动态代理类，核心步骤就是定制一个调用处理器。调用处理器实现类需要实现JDK中位于java.lang.reflect包中的InvocationHandler调用处理器接口，并且实现该接口的invoke(...)抽象方法。

Feign提供了一个默认的调用处理器，叫作FeignInvocationHandler类，该类完成基本的调用处理逻辑，处于feign-core核心JAR包中。当然，Feign的调用处理器可以进行替换，如果Feign是与Hystrix结合使用，则会被替换成HystrixInvocationHandler调用处理器类，而该类处于feign-hystrix的JAR包中。

以上两个Feign调用处理器都实现了JDK的InvocationHandler接口，具体如图4-13所示。

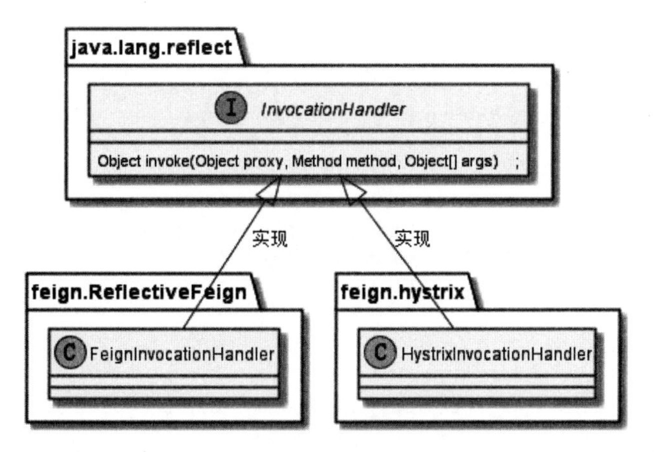

图 4-13 两个 Feign 的 InvocationHandler 调用处理器示意图

默认的调用处理器FeignInvocationHandler是一个相对简单的类，有一个非常重要的Map类型的成员dispatch映射，用于保存RPC方法反射实例到Feign的方法处理器MethodHandler实例的映射。

演示示例中，DemoClient接口的JDK动态代理实现类的调用处理器FeignInvocationHandler实例的dispatch成员的内存结构图，大致如图4-14所示。

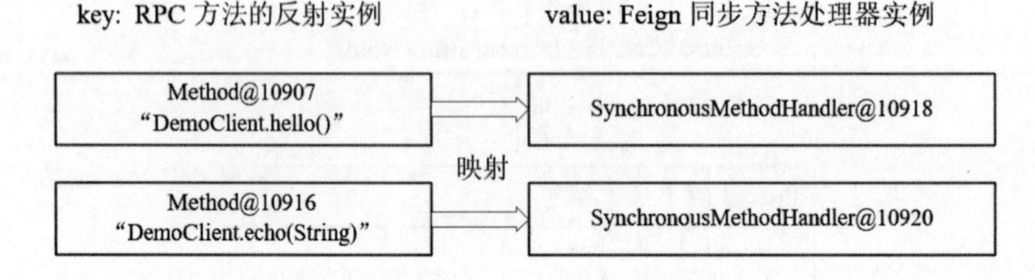

图 4-14　内存结构图

DemoClient的动态代理实例的调用处理器FeignInvocationHandler的dispatch成员中，有两个键—值对（Key-Value Pair），一个键—值对缓存的是hello方法的方法处理器实例，一个键—值对缓存的是echo方法的方法处理器实例。

在处理远程方法调用的时候，调用处理器FeignInvocationHandle会根据被调远程方法的Java反射实例，在dispatch映射中找到对应的MethodHandler方法处理器，然后交给MethodHandler去完成实际的HTTP请求和结果的处理。

Feign的调用处理器FeignInvocationHandler的关键源码，节选如下：

```
package feign;
//省略import

public class ReflectiveFeign extends Feign {

  ...

  //内部类：默认的Feign调用处理器FeignInvocationHandler
  static class FeignInvocationHandler implements InvocationHandler {

    private final Target target;
  //RPC方法反射实例和方法处理器的映射
    private final Map<Method, MethodHandler> dispatch;
    //构造函数
    FeignInvocationHandler(Target target, Map<Method, MethodHandler> dispatch) {
      this.target = checkNotNull(target, "target");
      this.dispatch = checkNotNull(dispatch, "dispatch for %s", target);
    }
    //默认Feign调用的处理
    @Override
    public Object invoke(Object proxy, Method method, Object[] args) throws Throwable {
      ...
     //首先，根据方法反射实例从dispatch中取得MethodHandler方法处理器实例
     //然后，调用方法处理器的invoke(...)方法
        return dispatch.get(method).invoke(args);
    }
    ...
  }
```

以上源码很简单，重点在于invoke(...)方法，虽然核心代码只有一行，但有两个功能：

1）根据被调RPC方法的Java反射实例，在dispatch中找到对应的MethodHandler方法处理器。

2）调用MethodHandler方法处理器的invoke(…)方法完成实际的RPC远程调用，包括HTTP请求的发送和响应的解码。

4.3.4　Feign 的方法处理器 MethodHandler

Feign的方法处理器MethodHandler接口和JDK动态代理机制中的InvocationHandler调用处理器接口没有任何的继承和实现关系。

Feign的MethodHandler接口是Feign自定义接口，是一个非常简单的接口，只有一个invoke(...)方法，并且定义在InvocationHandlerFactory工厂接口的内部，MethodHandler接口源码如下：

```
//定义在InvocationHandlerFactory接口中
public interface InvocationHandlerFactory {
  ...
 //方法处理器接口，仅拥有一个invoke(...)方法
  interface MethodHandler {
    //完成远程URL请求
    Object invoke(Object[] argv) throws Throwable;
  }
...
}
```

MethodHandler的invoke(...)方法的主要职责为完成实际远程URL请求，然后返回解码后的远程URL的响应结果。Feign内置了SynchronousMethodHandler、DefaultMethodHandler两种方法处理器的实现类，具体如图4-15所示。

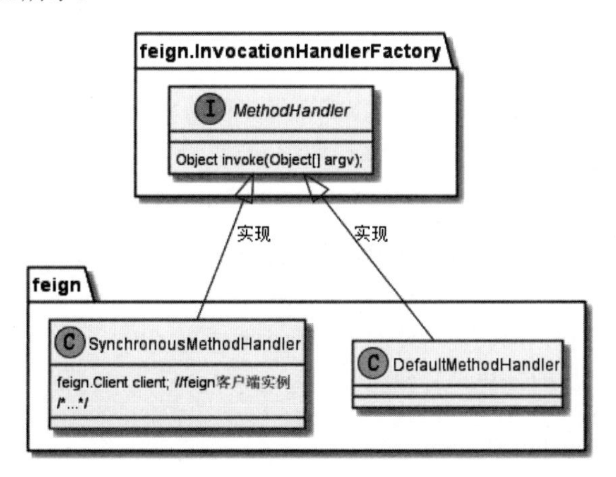

图 4-15　Feign 的 MethodHandler 方法处理器及其实现类

内置的SynchronousMethodHandler同步方法处理实现类是Feign的一个重要类，提供了基本的远程URL的同步请求响应处理。SynchronousMethodHandler方法处理器的源码大致如下：

```
package feign;
//省略import
final class SynchronousMethodHandler implements MethodHandler {
...
private static final long MAX_RESPONSE_BUFFER_SIZE = 8192L;
```

```
    private final MethodMetadata metadata;  //RPC远程调用方法的元数据
    private final Target<?> target;  //RPC远程调用Java接口的元数据
    private final Client client;  // Feign客户端实例：执行REST请求和处理响应
    private final Retryer retryer;
    private final List<RequestInterceptor> requestInterceptors;   //请求拦截器
    ...
    private final Decoder decoder;  //结果解码器
    private final ErrorDecoder errorDecoder;
    private final boolean decode404;  //是否反编码404
    private final boolean closeAfterDecode;

    //执行Handler的处理
    public Object invoke(Object[] argv) throws Throwable {
           RequestTemplate requestTemplate = this.buildTemplateFromArgs.create(argv);
           ...
           while(true) {
               try {
                   return this.executeAndDecode(requestTemplate);  //执行REST请求和处理响应
               } catch (RetryableException var5) {
                 //省略不相干代码
               }
           }
    }

    //执行RPC远程调用，然后解码结果
    Object executeAndDecode(RequestTemplate template) throws Throwable {
           Request request = this.targetRequest(template);
           long start = System.nanoTime();
           Response response;
           try {
               response = this.client.execute(request, this.options);
               response.toBuilder().request(request).build();
           }
    }
    }
```

SynchronousMethodHandler的invoke(...)方法首先生成请求模板requestTemplate实例，然后调用内部成员方法executeAndDecode()执行RPC远程调用。

SynchronousMethodHandler的成员方法executeAndDecode()执行流程如下：

1）通过请求模板requestTemplate实例生成目标request请求实例，主要完成请求的URL、请求参数、请求头等内容的封装。

2）通过client（Feign客户端）成员发起真正的RPC远程调用。

3）获取response响应，对结果进行解码。

SynchronousMethodHandler的主要成员如下：

（1）Target<?> target

RPC远程调用Java接口的元数据。保存了RPC接口的类名称、服务名称等信息，换句话说，远程调用Java接口的@FeignClient注解中配置的主要属性值都保存在target实例中。

（2）MethodMetadata metadata

RPC方法的元数据，该元数据首先保存了RPC方法的配置键，格式为“接口名#方法名（形参表）”；其次保存了RPC方法的请求模板（包括URL、请求方法等）；再次保存了RPC方法的returnType返回类型；另外还保存了RPC方法的一些其他的属性。

（3）Client client

Feign客户端实例是真正执行RPC请求和处理响应的组件。默认实现类为Client.Default，通过JDK的基础连接类HttpURLConnection发起HTTP请求。Feign客户端有多种实现类，比如封装了Apache HttpClient组件的feign.httpclient.HttpClient客户端实现类，稍后详细介绍。

（4）List<RequestInterceptor> requestInterceptors

为每个请求在执行前加入拦截器的逻辑。

（5）Decoder decoder

HTTP响应的解码器。

同步方法处理器SynchronousMethodHandler的属性较多，这里就不一一介绍了。其内部有一个Factory工厂类，负责实例的创建。创建一个SynchronousMethodHandler实例的源码如下：

```
package feign;
...
//同步方法调用器
final class SynchronousMethodHandler implements MethodHandler {
   ...
   //方法调用器创建工厂
    static class Factory {
        private final Client client;  //Feign客户端：负责RPC请求和处理响应
        private final Retryer retryer;
        private final List<RequestInterceptor> requestInterceptors;  //请求拦截器
        private final Logger logger;
        private final Level logLevel;
        private final boolean decode404;  //是否解码404错误响应
        private final boolean closeAfterDecode;

        //省略Factory创建工厂的全参构造器

         //工厂的默认创建方法：创建一个方法调用器
        public MethodHandler create(Target<?> target, MethodMetadata md,
                feign.RequestTemplate.Factory buildTemplateFromArgs,
                Options options, Decoder decoder, ErrorDecoder errorDecoder) {
            //返回一个新的同步方法调用器
            return new SynchronousMethodHandler(target, this.client, this.retryer,
                        this.requestInterceptors, this.logger, this.logLevel, md,
                    buildTemplateFromArgs, options, decoder,
                    errorDecoder, this.decode404, this.closeAfterDecode);
        }
    }
}
```

4.3.5 Feign的客户端组件

客户端组件是Feign中一个非常重要的组件，负责最终的HTTP（包括REST）请求的执行。其核心逻辑：发送Request请求到服务器，在接收到Response响应后进行解码，并返回结果。

feign.Client接口是客户端的顶层接口，只有一个抽象方法，源码如下：

```
package feign;

/**客户端接口
 *  Submits HTTP {@link Request requests}.
 * Implementations are expected to be thread-safe.
 */
```

```
public interface Client {
  //提交HTTP请求，并且接收response响应后进行解码
  Response execute(Request request, Options options) throws IOException;

}
```

对于不同的feign.Client客户端实现类，它们内部提交HTTP请求的技术是不同的。常用的Feign客户端实现类如下：

1）Client.Default实现类：默认的实现类，使用JDK的HttpURLConnnection类提交HTTP请求。

2）ApacheHttpClient实现类：该客户端实现类在内部使用Apache HttpClient开源组件提交HTTP请求。

3）OkHttpClient实现类：该客户端实现类在内部使用OkHttp3开源组件提交HTTP请求。

4）LoadBalancerFeignClient实现类：内部使用Ribbon负载均衡技术完成HTTP请求处理。

Feign客户端组件的UML类图大致如图4-16所示。

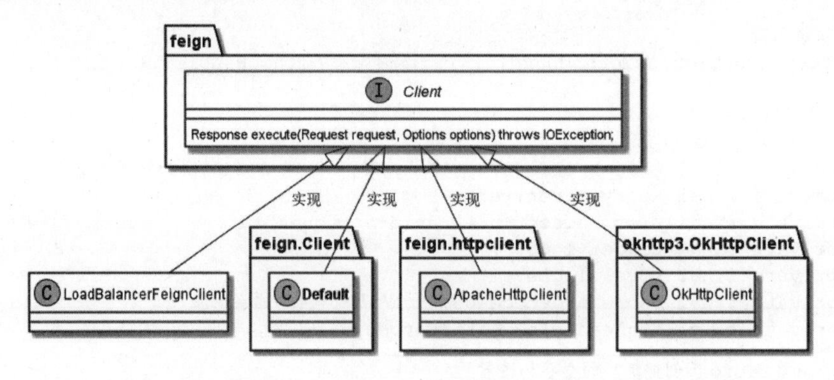

图 4-16 Feign 客户端组件的 UML 类图

下面对上面4个常见的客户端实现类进行简要介绍。

（1）Client.Default实现类

作为默认的Client接口的实现类，Client.Default内部使用JDK自带的HttpURLConnnection类去提交HTTP请求。

Client.Default实现类的方法大致如图4-17所示。

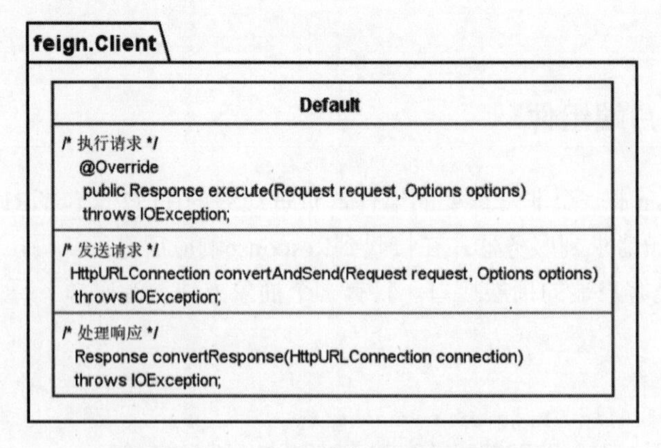

图 4-17 Client.Default 实现类的方法

在JKD 1.8中，虽然HttpURLConnnection底层使用了非常简单的HTTP连接池技术，但是其HTTP连接的复用能力实际是非常弱的，所以其性能也比较低，生产环境下不建议使用。

（2）ApacheHttpClient实现类

ApacheHttpClient客户端实现类的内部使用Apache HttpClient开源组件提交HTTP请求。和JDK自带的HttpURLConnnection连接类比，Apache HttpClient更加易用和灵活，它不仅使客户端发送HTTP请求变得容易，而且也方便开发人员测试接口。既提高了开发的效率，也提高了代码的健壮性。从性能的角度而言，Apache HttpClient带有连接池的功能，具备了优秀的HTTP连接的复用能力。

客户端实现类ApacheHttpClient处于feign-httpclient独立JAR包中，如果使用，还需引入配套版本的JAR包依赖。疯狂创客圈的脚手架crazy-Spring Cloud使用了ApacheHttpClient客户端，在各Provider微服务提供者模块中加入了feign-httpclient和httpclient两个组件的依赖坐标，具体如下：

```
<dependency>
    <groupId>io.github.openfeign</groupId>
    <artifactId>feign-httpclient</artifactId>
    <version>${feign-httpclient.version}</version>
</dependency>
<!-- https://mvnrepository.com/artifact/org.apache.httpcomponents/httpclient -->
<dependency>
    <groupId>org.apache.httpcomponents</groupId>
    <artifactId>httpclient</artifactId>
    <version>${httpclient.version}</version>
</dependency>
```

另外，在配置文件中将配置项feign.httpclient.enabled的值设置为true，表示需要启动ApacheHttpClient。

（3）OkHttpClient实现类

OkHttpClient客户端内部使用了开源组件OkHttp3提交HTTP请求。OkHttp3组件是Square公司开发的，用于替代HttpUrlConnection和Apache HttpClient的高性能HTTP组件。由于OkHttp3较好地支持SPDY协议（SPDY是Google开发的基于TCP的传输层协议，用以最小化网络延迟，提升网络速度，优化用户的网络使用体验），并且从Android 4.4开始，Google将Android源码中的JDK连接类HttpURLConnection使用OkHttp进行了替换。

（4）LoadBalancerFeignClient负载均衡客户端实现类

该客户端实现类处于Feign核心JAR包中，在内部使用Ribbon开源组件实现多个Provider实例之间的负载均衡。其内部有一个封装的delegate委托客户端成员，该成员才是最终的HTTP请求提交者。Ribbon负载均衡组件计算出合适的服务端Provider实例之后，由delegate委托客户端完成到Provider服务端的HTTP请求。

LoadBalancerFeignClient封装的delegate委托客户端的类型可以是Client.Default默认客户端，也可以是ApacheHttpClient客户端类或OkHttpClient客户端类，或者其他的定制类。

LoadBalancerFeignClient负载均衡客户端实现类的UML类图如图4-18所示。

此外，除了以上4个feign.Client客户端实现类，还可以定制自己的feign.Client实现类。

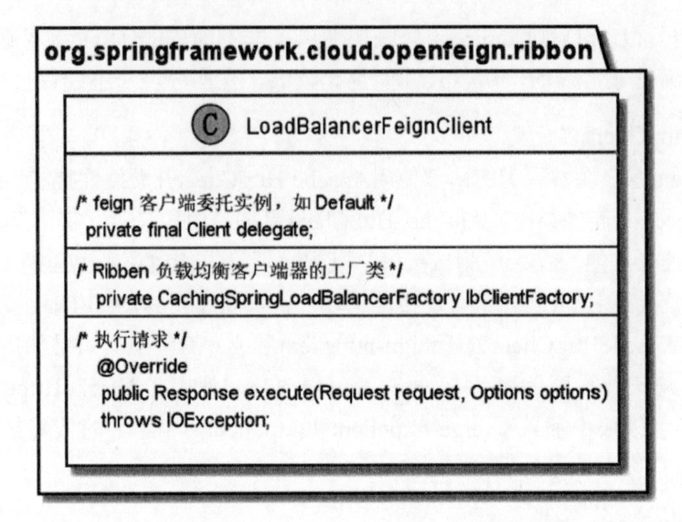

图 4-18　LoadBalancerFeignClient 负载均衡客户端实现类的 UML 类图

4.4　Feign 的 RPC 动态代理实例的创建流程

在介绍Feign远程代理实例的创建流程之前，本节先总结一下Feign的整体执行流程。

4.4.1　Feign 的整体运作流程

首先回顾一下Feign的整体运作流程。Feign英文直译为“假装”或“装作”，也就是说Feign是一个伪客户端，即它不做任何的HTTP请求处理。在应用启动的初始化过程中，Feign完成了以下两项工作：

1）对于每一个RPC远程调用Java接口，Feign根据@FeignClient注解生成本地JDK动态代理实例。

2）对于Java接口中的每一个RPC远程调用方法，Feign首先根据SpringMVC（如@GetMapping）类型注解生成方法处理器实例，该实例内部包含了一个请求模板RequestTemplate实例。

在远程调用REST请求执行过程中，Feign完成了以下两项工作：

1）Feign使用远程方法调用中的实际参数替换掉RequestTemplate模板实例中的参数，生成最终的HTTP请求。

2）将HTTP请求通过feign.Client客户端发送到Provider服务端。

总之，Feign根据注解生成动态代理RPC客户端实例和HTTP Request请求，大大简化了HTTP远程API的调用。

使用Feign进行开发，开发人员既可以使用注解的方式定制本地JDK动态代理实例，也可以通过注解的方式调整Request请求模板，结合起来，使得整个远程RPC调用的工作变得非常轻松和容易。

总结来说，Feign的整体运作流程大致如下：

（1）通过应用启动类上的@EnableFeignClients注解，开启Feign的装配和远程代理实例创建

在@EnableFeignClients注解源码中，可以看到导入了FeignClientsRegistrar类，该类用于扫描@FeignClient注解过的RPC接口。

（2）通过对@FeignClient注解RPC接口扫描，创建远程调用的动态代理实例

FeignClientsRegistrar类会进行包扫描，扫描所有包下所有@FeignClient注解过的接口，并创建RPC接口的FactoryBean工厂类实例，并将这些FactoryBean注入Spring IOC容器中。

如果应用某些地方需要注入RPC接口的实例（比如被@Resource引用），则Spring会通过注册的FactoryBean工厂类实例的getObject()方法获取RPC接口的动态代理实例。

在创建RPC接口的动态代理实例时，Feign会为每一个RPC接口创建一个调用处理器，也会为接口的每一个RPC方法创建一个方法处理器，并且将方法处理器缓存在调用处理器的dispatch成员中。

在创建动态代理实例时，Feign也会通过RPC方法的注解为每一个RPC方法生成一个RequesTemplate请求模板实例，RequestTemplate中包含请求的所有信息，如请求URL、请求类型（如GET）、请求参数等。

（3）发生RPC调用时，通过动态代理实例类完成远程Provider的HTTP调用

当动态代理实例类的方法被调用时，Feign会根据RPC方法的反射实例，从调用处理器的dispatch成员中取得方法处理器，然后由MethodHandler方法处理器开始HTTP请求处理。

MethodHandler会结合实际的调用参数，通过RequesTemplate模板实例去生成Request请求实例。最后，将Request请求实例交给feign.Client客户端实例去进一步完成HTTP请求处理。

（4）在完成远程HTTP调用前，需要进行客户端负载均衡的处理环节

在Spring Cloud微服务架构中，同一个Provider微服务一般都会运行多个实例，所以说客户端的负载均衡能力其实是必选项，而不是可选项。

生产环境下Feign必须和Ribbon结合在一起使用，所以方法处理器MethodHandler的客户端client成员，必须是具备负载均衡能力的LoadBalancerFeignClient类型，而不会是完成HTTP请求提交的ApacheHttpClient等类型。只有在负载均衡计算出最佳的Provider实例之后，才能开始HTTP请求的提交。

在LoadBalancerFeignClient内部，有一个delegate委托成员，其类型可能为feign.client.Default、ApacheHttpClient、OkHttpClient等，最终由该delegate客户端委托成员完成HTTP请求的提交。

至此，整体的Feign运作流程大家应该都比较熟悉了。其实，上面介绍的大致逻辑和前面介绍的模拟的Feign RPC执行流程是类似的，只是Feign实际的工作流程的每一个环节更加的细致和复杂。

4.4.2 RPC动态代理容器实例的FactoryBean工厂类

为了方便Feign的PRC客户端动态代理实例的使用，还需要将其注册到Spring IOC容器，以方便使用者通过@Resource或@Autoware注解将其注入其他的依赖属性。

一般情况下，Spring通过@Service等注解进行Bean实例化的配置，但是在某些情况下（比如在Bean实例化时）需要大量的配置信息，默认的Bean实例化机制是无能为力的。为此Spring提供了一个org.springframework.bean.factory.FactoryBean工厂接口，用户可以通过实现该接口在Java代码中定制Bean实例化的逻辑。

FactoryBean在Spring框架中占用重要的地位，Spring自身就提供了70多个FactoryBean的实现。

它们隐藏了一些复杂的Bean实例化的细节，给上层应用带来了便利。FactoryBean注册到容器之后，从Spring上下文通过ID或者类型获取IOC容器Bean时，获取的实际上是FactoryBean的getObject()返回的对象，而不是FactoryBean本身。

Feign的RPC客户端动态代理IOC容器实例，只能通过FactoryBean方式创建，原因有两点：

1）代理对象为通过JDK反射机制动态创建Bean，不是直接定义的普通实现类。

2）其配置的属性比较多，而且是通过 @FeignClient注解配置完成的。

所以，Feign提供了一个用于获取RPC容器实例的工厂类，叫作FeignClientFactoryBean类。FeignClientFactoryBean类的部分源码如下：

```
package org.springframework.cloud.openfeign;
...
class FeignClientFactoryBean implements FactoryBean<Object>, InitializingBean,
ApplicationContextAware {
    private Class<?> type; //RPC接口的class对象
    private String name;   //RPC接口配置的远程Provider微服务名称，如demo-provider
    private String url;  //RPC接口配置的url值，由 @FeignClient注解负责配置
    private String path;  //RPC接口配置的path值，由 @FeignClient注解负责配置
    private boolean decode404;
    private ApplicationContext applicationContext;
    private Class<?> fallback;
    private Class<?> fallbackFactory;
    ...
    //获取IOC容器的Feign.Builder建造者Bean
    protected Builder feign(FeignContext context) {
        FeignLoggerFactory loggerFactory = this.get(context, FeignLoggerFactory.class);
        Logger logger = loggerFactory.create(this.type);

      //从IOC容器获取Feign.Builder实例
      //并且设置编码器、解码器、日志器、方法解析器
        Builder builder = ((Builder)this.get(context, Builder.class))
                      .logger(logger)
                   .encoder((Encoder)this.get(context, Encoder.class))
              .decoder((Decoder)this.get(context, Decoder.class))
              .contract((Contract)this.get(context, Contract.class));
        this.configureFeign(context, builder);
        return builder;
    }
    //通过ID或者类型获取IOC容器Bean时调用
    public Object getObject() throws Exception {
        return this.getTarget();
    }
    //委托方法：获取RPC动态代理  Bean
    <T> T getTarget() {
        FeignContext context = (FeignContext)this.applicationContext.getBean
(FeignContext.class);
        //获取Feign.Builder建造者实例
        Builder builder = this.feign(context);
        String url;
            ...
    }
    ...
}
```

前面讲到，FeignClientsRegistrar类会进行包扫描，扫描所有包下所有@FeignClient注解过的接口，创建RPC接口的FactoryBean工厂类实例，并将这些FactoryBean注入Spring IOC容器中。

FeignClientsRegistrar类的RPC接口的FactoryBean工厂类实例的注册源码节选如下：

```
class FeignClientsRegistrar implements ImportBeanDefinitionRegistrar, ... {
  ...
  //为每一个RPC客户端接口注册一个beanDefinition，其beanClass为FeignClientFactoryBean
  private void registerFeignClient(BeanDefinitionRegistry registry,
                              AnnotationMetadata  annotationMetadata,
                  Map<String, Object> attributes) {
        String className = annotationMetadata.getClassName();
        BeanDefinitionBuilder definition =
        BeanDefinitionBuilder.genericBeanDefinition (FeignClientFactoryBean.class);
        this.validate(attributes);
        definition.addPropertyValue("url", this.getUrl(attributes));  //RPC接口配置的
url值
        definition.addPropertyValue("path", this.getPath(attributes)); //RPC接口配置的
path值
        String name = this.getName(attributes);
        definition.addPropertyValue("name", name);  //RPC接口配置的远程provider名称
        definition.addPropertyValue("type", className);  //RPC接口的全路径类名
        definition.addPropertyValue("decode404", attributes.get("decode404"));
        definition.addPropertyValue("fallback", attributes.get("fallback"));
        definition.addPropertyValue("fallbackFactory",
attributes.get("fallbackFactory"));
        definition.setAutowireMode(2);
        String alias = name + "FeignClient";
        AbstractBeanDefinition beanDefinition = definition.getBeanDefinition();
        boolean primary = (Boolean)attributes.get("primary"); //RPC接口配置的primary值
        beanDefinition.setPrimary(primary);
        String qualifier = this.getQualifier(attributes);
        if (StringUtils.hasText(qualifier)) {
           alias = qualifier;
        }

    BeanDefinitionHolder holder = new BeanDefinitionHolder(beanDefinition, className, new
String[]{alias});
        BeanDefinitionReaderUtils.registerBeanDefinition(holder, registry);
    }
}
```

FeignClientsRegistrar类的registerFeignClient()方法为扫描到的每一个RPC客户端接口注册一个beanDefinition实例（Bean的），其中的beanClass为FeignClientFactoryBean。

registerFeignClient()方法的attributes参数值来自于RPC客户端接口@FeignClient注解所配置的值，将该方法打上断点，在uaa-provider启动时可以看到attributes参数的具体信息，如图4-19所示。

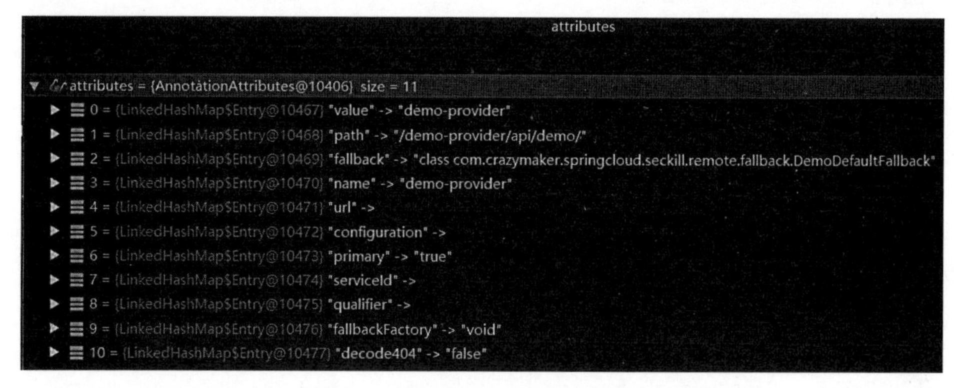

图4-19　registerFeignClient()方法的 attributes 参数值()

4.4.3 Feign.Builder 建造者容器实例

当从Spring IOC容器获取RPC接口的动态代理实例，也就是当FeignClientFactoryBean的getObject()方法被调用时，其调用的getTarget()方法首先从IOC容器获取配置好的Feign.Builder建造者容器实例，然后通过Feign.Builder建造者容器实例的target()方法完成RPC动态代理实例的创建。

> 说明 这里将Builder翻译为建造者，以便同构造器进行区分。

Feign.Builder建造者容器实例在自动配置类FeignClientsConfiguration中完成配置，通过其源码可以看到，配置类的feignBuilder(...)方法通过调用Feign.builder()静态方法创建了一个建造者容器实例。

自动配置类FeignClientsConfiguration的部分源码如下：

```
package org.springframework.cloud.openfeign;
//省略import
//Feign客户端的配置类
@Configuration
public class FeignClientsConfiguration {
    //容器实例：请求结果解码器
    @Bean
    @ConditionalOnMissingBean
    public Decoder feignDecoder() {
        return new OptionalDecoder(new ResponseEntityDecoder(
                                       new SpringDecoder(this.messageConverters)));
}

    //容器实例：请求编码器
    @Bean
    @ConditionalOnMissingBean
    public Encoder feignEncoder() {
        return new SpringEncoder(this.messageConverters);
    }

    //容器实例：请求重试实例，如果没有定制，默认返回NEVER_RETRY (不重试)实例
    @Bean
    @ConditionalOnMissingBean
    public Retryer feignRetryer() {
        return Retryer.NEVER_RETRY;
}
    //容器实例：Feign.Builder客户端建造者实例，以“请求重试实例”作为参数进行初始化
    @Bean
    @Scope("prototype")
    @ConditionalOnMissingBean
    public Builder feignBuilder(Retryer retryer) {
        return Feign.builder().retryer(retryer);
    }
  ...
}
```

Feign.Builder类是feign.Feign抽象类的一个内部类，作为Feign默认的建造者。Feign.Builder类的部分源码节选如下：

```
package feign;
...
public abstract class Feign {
  ...
```

```
    //建造者方法
    public static Builder builder() {
      return new Builder();
    }

    //内部类：建造者类
    public static class Builder {
    ...
    //创建RPC客户端的动态代理实例
      public <T> T target(Target<T> target) {
          return build().newInstance(target);
  }

  //建造方法
  public  Feign  build()  {
          //方法处理器工厂的实例
          SynchronousMethodHandler.Factory  synchronousMethodHandlerFactory =
              new SynchronousMethodHandler.Factory(client,
                     retryer,
                     requestInterceptors,
                     logger,
                     logLevel, decode404);

      //RPC方法解析器
       ParseHandlersByName  handlersByName =
             new ParseHandlersByName(contract, options, encoder, decoder,
                                   errorDecoder, synchronousMethodHandlerFactory);
      //反射式Feign实例
      return new ReflectiveFeign(handlersByName, invocationHandlerFactory);
      }
    }
```

当FeignClientFactoryBean工厂类的getObject()方法被调用后，通过Feign.Builder容器实例的target()方法完成RPC动态代理实例的创建。

Feign.Builder的target()实例方法首先调用内部build()方法创建一个Feign实例，然后通过该实例的newInstance(...)方法创建最终的RPC动态代理实例。默认情况下，所创建的Feign实例为ReflectiveFeign类型，二者的关系如图4-20所示。

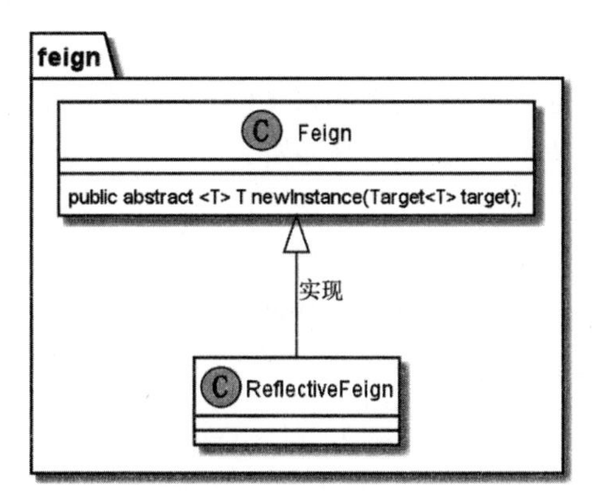

图4-20 Feign 和 ReflectiveFeign 二者之间的关系

这里通过单步断点演示一下。首先，通过开发调试工具（如IDEA）在Feign.Builder的target(...)方法唯一的一行代码上打上一个断点。然后，以调试模式启动uaa-provider服务，在工程启动的过程中可以看到断点所在的语句会被执行到。

断点被执行到之后，通过IDEA的Evaluate工具计算target()方法运行时的target实参值，可以看到，它的实参值就是对DemoClient远程接口信息的一种二次封装，具体如图4-21所示。

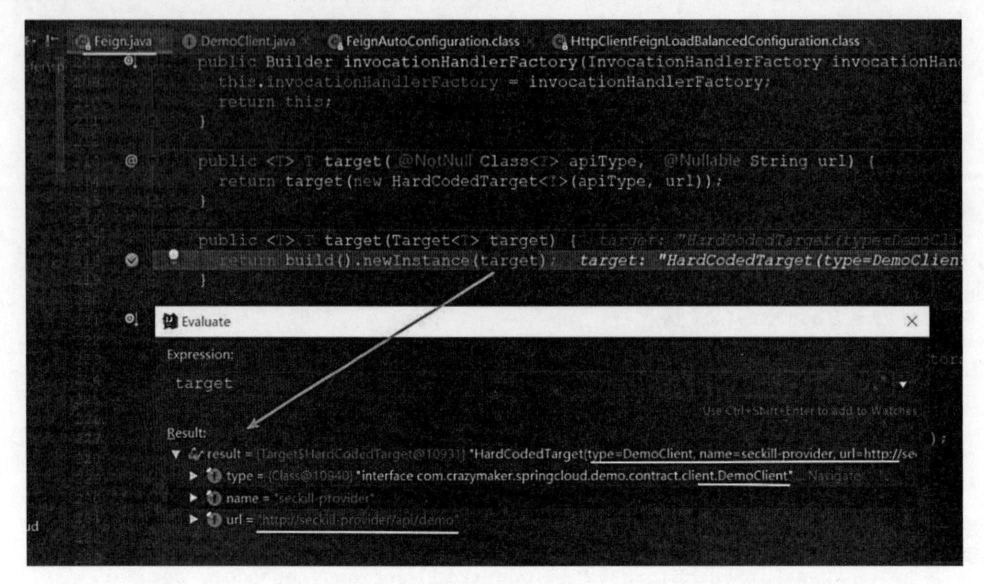

图 4-21 DemoClient 动态代理实例创建时的 target()方法处的断点信息

总结一下，当从Spring容器获取RPC接口的动态代理实例时，对应的FeignClientFactoryBean的getObject()方法会被调用到，然后通过Feign.Builder建造者容器实例的target()方法创建RPC接口的动态代理实例，并缓存到Spring IOC容器中。

4.4.4 默认的 RPC 动态代理实例创建流程

默认情况下，Feign.Builder建造者实例的target()方法会调用自身的build()方法创建一个ReflectiveFeign（反射式Feign）实例，然后调用该实例的newInstance()方法创建远程接口的最终的JDK动态代理实例。

通过ReflectiveFeign（反射式Feign）实例的newInstance()方法创建RPC动态代理实例的具体步骤是什么呢？先看看ReflectiveFeign的源码，具体如下：

```
package feign;
//省略import

public class ReflectiveFeign extends Feign {
   //方法解析器
private final ParseHandlersByName targetToHandlersByName;
   //调用处理器工厂
private final InvocationHandlerFactory factory;
   ...

   //创建RPC客户端动态代理实例
   public <T> T newInstance(Target<T> target) {
    //方法解析：方法名和方法处理器的映射
    Map<String, MethodHandler> nameToHandler = targetToHandlersByName.apply(target);
    //方法反射对象和方法处理器的映射
    Map<Method, MethodHandler> methodToHandler = new LinkedHashMap<Method,
MethodHandler>();
```

```
    ...
    //创建一个InvocationHandler调用处理器
    InvocationHandler handler = factory.create(target, methodToHandler);

  //最后调用JDK的Proxy.newProxyInstance创建代理对象
  T proxy = (T) Proxy.newProxyInstance(
            target.type().getClassLoader(), new Class<?>[]{target.type()}, handler);
     ...
    //返回代理对象
    return proxy;
  }
```

终于看到Feign动态代理类实例的创建逻辑了，以上默认的Feign RPC动态代理客户端实例的创建流程和前面介绍的模拟动态代理RPC客户端实例的创建流程，大致是相同的。

简单来说，默认的Feign RPC动态代理客户端实例的创建流程大致为以下4步：

（1）方法解析

解析远程接口中的所有方法，为每一个方法创建一个MethodHandler方法处理器，然后进行方法名称和方法处理器的键－值（Key-Value）映射nameToHandler。

（2）创建方法反射实例和方法处理器的映射

通过方法名称和方法处理器的映射nameToHandler，创建一个方法反射实例到方法处理器的Key-Value映射，叫作methodToHandler，作为远程方法调用时的分发处理器。

（3）创建一个JDK调用处理器

主要以methodToHandler为参数创建一个InvocationHandler调用处理器实例。

（4）最后创建一个动态代理对象

调用JDK的Proxy.newProxyInstance()方法创建一个动态代理实例，其参数有三个：RPC远程接口的类装载器、RPC远程接口的Class实例以及上一步创建的InvocationHandler调用处理器实例。

远程接口的RPC动态代理实例的创建流程大致如图4-22所示。

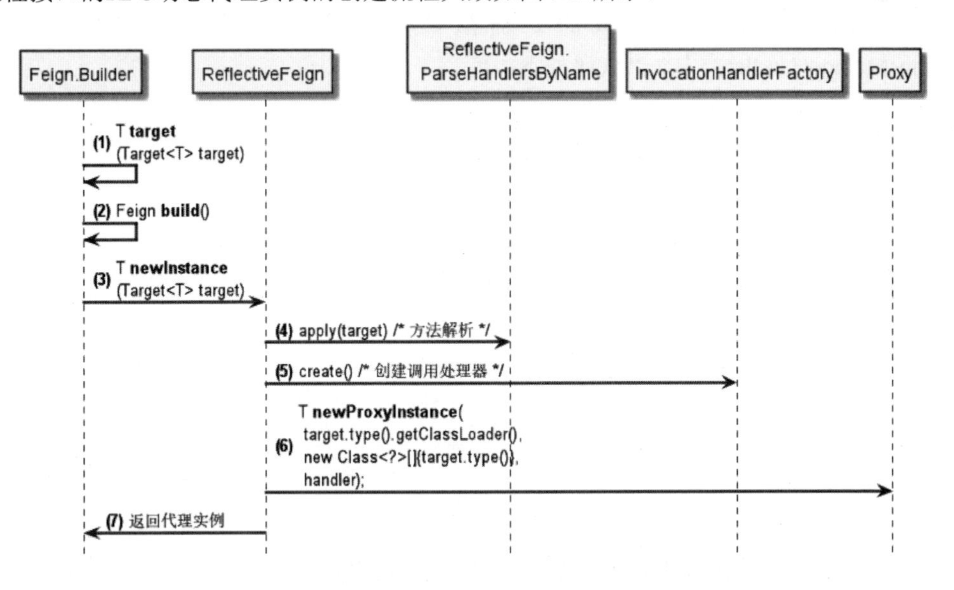

图 4-22 远程接口的 RPC 动态代理实例的创建流程

以上RPC动态代理客户端实例的创建流程的4个步骤是需要理解和掌握的重点内容，后面的介绍还会反复围绕这4个步骤展开。

在ReflectiveFeign.newInstance()方法中，首先调用了ParseHandlersByName.apply()方法，解析RPC接口中的所有RPC方法配置（通过Contract解析），然后为每个RPC方法创建一个对应的MethodHandler方法处理器。

默认的ParseHandlersByName方法解析器是ReflectiveFeign（反射式Feign）类的一个内部类，大致的源码如下：

```
package feign;
//省略import
public class ReflectiveFeign extends Feign {
  ...
  //内部类：方法解析器
  static final class ParseHandlersByName {
    //同步方法处理器工厂
    private final SynchronousMethodHandler.Factory factory;
  ...
    //RPC接口元数据解析
public Map<String, MethodHandler> apply(Target  key) {
  //解析RPC方法元数据，返回一个方法元数据列表
      List<MethodMetadata> metadata = contract.parseAndValidatateMetadata(key.type());
      Map<String, MethodHandler> result = new LinkedHashMap<String, MethodHandler>();
      //迭代RPC方法元数据列表
      for (MethodMetadata md : metadata) {
        ...
      //通过方法处理器工厂factory创建SynchronousMethodHandler同步方法处理实例
         result.put(md.configKey(),
                 factory.create(key, md, buildTemplate, options, decoder, errorDecoder));
      }
      return result;
    }
  }
```

通过以上源码可知，方法解析器ParseHandlersByName创建方法处理器是通过方法处理器工厂类实例factory的create()方法完成的。而默认的方法处理器工厂类Factory定义在SynchronousMethodHandler类中，其代码如下：

```
package feign;
//省略import
final class SynchronousMethodHandler implements MethodHandler {
 //省略不相干的代码
 static class Factory {
     public MethodHandler create(
              Target<?> target, MethodMetadata md,
              feign.RequestTemplate.Factory buildTemplateFromArgs,
              Options options, Decoder decoder, ErrorDecoder errorDecoder)
{
           return new SynchronousMethodHandler(
              target, this.client, this.retryer, this.requestInterceptors,
              this.logger, this.logLevel, md,
              buildTemplateFromArgs, options, decoder, errorDecoder, this.decode404);
     }
   ...
}
```

通过以上源码可知，在默认方法处理器工厂类Factory的create()方法中创建的正是同步方法处理器SynchronousMethodHandler的实例。

接下来，简单介绍一下FeignInvocationHandler调用处理器的创建。和方法处理器类似，它的创建也是通过工厂模式完成的。默认的InvocationHandler实例是通过InvocationHandlerFactory工厂类完成的。该工厂类的源码大致如下：

```
package feign;
//调用处理器工厂接口
public interface InvocationHandlerFactory {
  InvocationHandler create(Target target, Map<Method, MethodHandler> dispatch);
...
  //默认实现类
  static final class Default implements InvocationHandlerFactory {
    //通过内部类FeignInvocationHandler构造一个默认的调用处理器
    @Override
    public InvocationHandler create(Target target, Map<Method, MethodHandler> dispatch) {
       return new ReflectiveFeign.FeignInvocationHandler(target, dispatch);
    }
  }
}
```

上面的源码中调用处理器工厂InvocationHandlerFactory仅是一个接口，只定义了一个唯一的create()方法，用于创建InvocationHandler调用处理器实例。

InvocationHandlerFactory工厂类提供了一个默认的实现类—— Default内部类，其create()方法所创建的调用处理器实例就是前文反复提及的，也做过重点介绍的Feign的默认调用处理器类FeignInvocationHandler类的实例。

4.4.5　Contract 远程调用协议规则类

在通过ReflectiveFeign.newInstance()方法创建本地JDK Proxy实例时，首先需要调用方法解析器ParseHandlersByName的apply()方法，获取方法名和方法处理器的映射。

而在ParseHandlersByName.apply()方法中，需要通过Contract协议规则类将远程调用Feign接口中的所有方法配置和注解，解析成一个List <MethodMetadata>方法元数据列表。

Contract协议规则类与方法解析器、调用处理器的关系如图4-23所示。

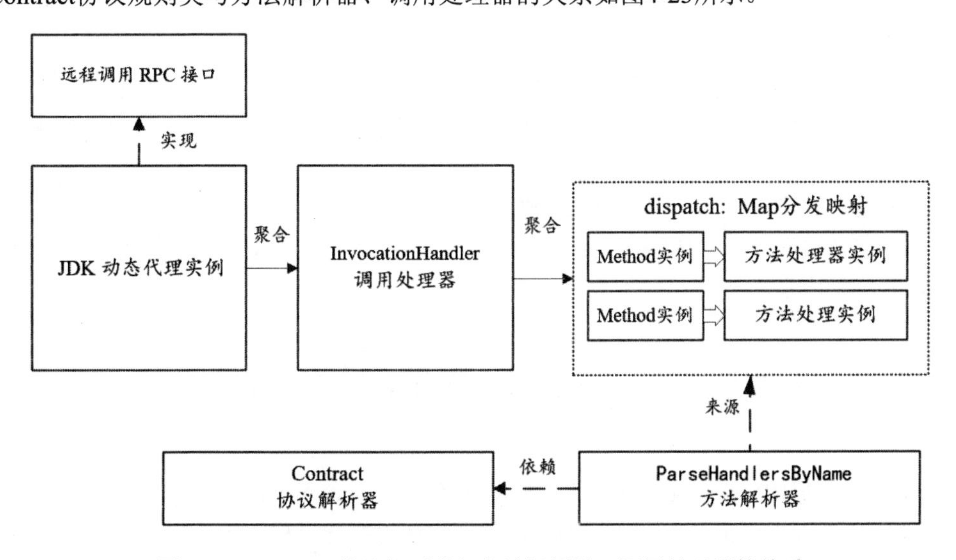

图 4-23　Contract 协议规则类与方法解析器、调用处理器的关系

关于RPC接口的配置解析类，Spring Cloud Feign中有两个协议规则解析类，一个为Feign默认的协议规则解析类（DefaultContact），一个为SpringMvcContact协议规则解析类，后者用于解析使用了SpringMVC规则配置的RPC方法。

Spring Cloud Feign的协议规则解析大致如图4-24所示。

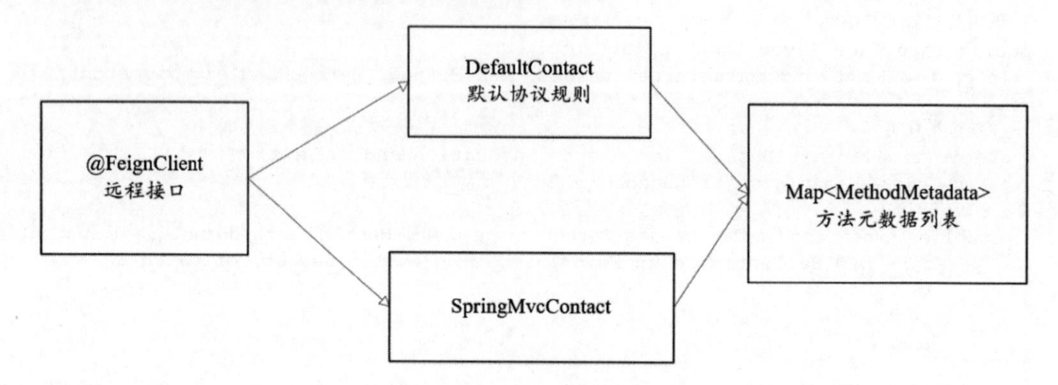

图 4-24　Feign 的 Contact 的协议规则解析示意图

Feign有一套自己的默认协议规则，定义了一系列的RPC方法的配置注解，用于RPC方法所对应的HTTP请求相关的参数，下面是一个官方的简单实例：

```
public interface GitHub {

  @RequestLine("GET /repos/{owner}/{repo}/contributors")
  List<Contributor> getContributors(@Param("owner") String owner, @Param("repo")
String repository);

  class Contributor {
    String login;
    int contributions;
  }
}
```

实例中的@RequestLine注解是一个Feign默认的配置注解，用于配置HTTP的Method请求类型和URI请求路径。

为了降低学习成本，Spring Cloud并没有推荐采用Feign自己的协议规则注解来进行RPC接口配置，而是推荐部分的Spring MVC协议规则注解来进行RPC接口的配置，并且通过SpringMvcContact协议规则解析类进行解析。

采用Spring MVC协议规则注解来进行RPC接口的配置的好处：对开发人员来说，远程调用RPC方法的注解配置和对应的服务端REST接口的注解配置可以保持基本一致，这样就降低了开发人员的学习成本和维护成本。

4.5　Feigh 远程调用的执行流程

由于Feign中生成RPC接口JDK动态代理实例涉及的InvocationHandler调用处理器有多种，导致Feign远程调用的执行流程也稍微有所区别，但是远程调用执行流程的主要步骤是一致的。这里主要介绍与两类InvocationHandler调用处理器相关的RPC执行流程：

1）与默认的调用处理器FeignInvocationHandler相关的RPC执行流程。

2）与Hystrix调用处理器HystrixInvocationHandler相关的RPC执行流程。

还是以uaa-provider启动过程中的DemoClient接口的动态代理实例的执行过程为例，演示和分析远程调用的执行流程。

4.5.1　与 FeignInvocationHandler 相关的远程调用执行流程

FeignInvocationHandler是默认的调用处理器，如果不进行特殊的配置，那么Feign将默认使用此调用处理器。

这里结合uaa-provider服务中DemoClient的动态代理实例的hello()方法远程调用执行过程，详细介绍一下与FeignInvocationHandler相关的远程调用执行流程，大致如图4-25所示。

整体的远程调用执行流程大致分为4步，具体如下：

（1）通过Spring IOC容器实例完成动态代理实例的装配

前文讲到，Feign在启动时会为加上了@FeignClient注解的所有远程接口（包括DemoClient接口）创建一个FactoryBean工厂实例，并注册到Spring IOC容器。

然后在uaa-provider的DemoRPCController控制层类中，通过@Resource注解从Spring IOC容器找到FactoryBean工厂实例，通过其getObject()方法获取动态代理实例并装配给DemoRPCController实例的成员变量demoClient。

在需要进行hello()远程调用时，直接通过demoClient成员变量调用JDK动态代理实例的hello()方法。

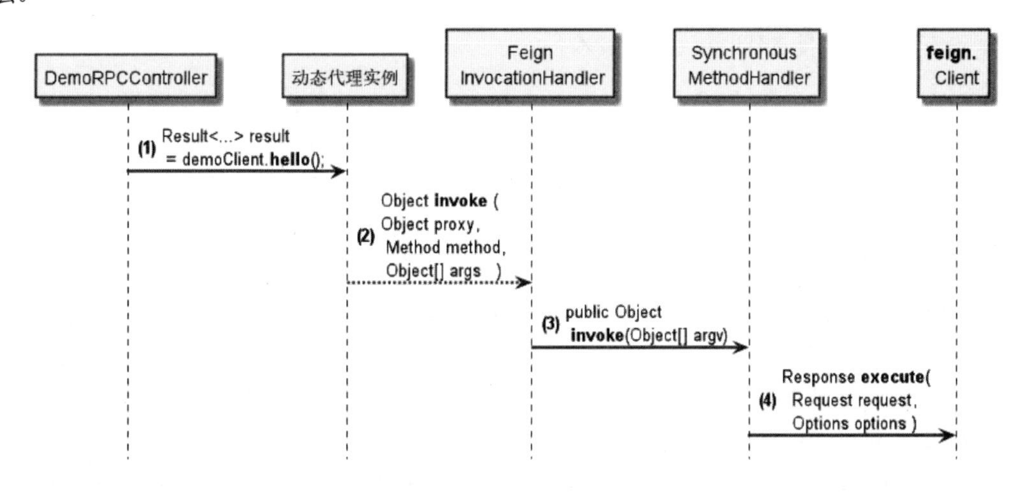

图 4-25　与 FeignInvocationHandler 相关的远程调用执行流程

（2）执行InvocationHandler调用处理器的invoke(...)方法

前面讲到，JDK动态代理实例的方法调用过程是通过委托给InvocationHandler调用处理器完成的，故在调用demoClient的hello()方法时，会调用其调用处理器FeignInvocationHandler实例的invoke(...)方法。

大家知道，FeignInvocationHandler实例内部保持了一个远程调用方法反射实例和方法处理器的一个dispatch映射。FeignInvocationHandle在其invoke(...)方法中会根据hello()方法的Java反射实例，在dispatch映射对象中找到对应的MethodHandler方法处理器，然后由后者完成实际的HTTP请求和结果的处理。

（3）执行MethodHandler方法处理器的invoke(...)方法

通过前面关于MethodHandler方法处理器的组件介绍可知，Feign默认的方法处理器为SynchronousMethodHandler同步调用处理器，其invoke(...)方法主要是通过内部feign.client类型的client成员实例完成远程URL请求执行和获取远程结果。

feign.Client客户端成员有多种类型，不同的类型完成URL请求处理的具体方式不同。

（4）通过feign.Client客户端成员完成远程URL请求执行和获取远程结果

如果MethodHandler方法处理器实例的client成员实例是默认的feign.Client.Default实现类，就通过JDK自带的HttpURLConnnection类完成远程URL请求执行和获取远程结果。

如果MethodHandler方法处理器实例的client客户端是ApacheHttpClient客户端实现类，就使用Apache httpclient开源组件完成远程URL请求执行和获取远程结果。

如果MethodHandler方法处理器实例的client客户端是LoadBalancerFeignClient负载均衡客户端实现类，就使用Ribbon结算出最佳的provider节点，然后由内部的delegate委托客户端成员去请求provider服务，完成URL请求处理。

以上4步基本上就是Spring Cloud中的Feign远程调用的执行流程。

然而，默认的基于FeignInvocationHandler调用处理器的执行流程在运行机制以及调用性能上都满足不了生产环境的要求，大致原因有以下两点：

1）远程调用过程中没有异常的熔断监测和恢复机制。

2）没有用到高性能的HTTP连接池技术。

接下来的内容将为大家介绍一种结合Hystrix进行RPC保护的远程调用处理流程。该流程所使用的InvocationHandler调用处理器叫作HystrixInvocationHandler调用处理器。

这里作为铺垫，首先为大家介绍一下HystrixInvocationHandler调用处理器本身的具体实现。

4.5.2 与 HystrixInvocationHandler 相关的远程调用执行流程

HystrixInvocationHandler调用处理器类位于feign.hystrix包中，其字节码文件不在Feign核心包“feign-core-*.jar”中，而是在扩展包“feign-hystrix-*.jar”中。这里的*号表示的是与Spring Cloud版本配套的版本号，当Spring Cloud的版本为Finchley.RELEASE时，feign-core和feign-hystrix两个JAR包的版本号都为“9.5.1”。

HystrixInvocationHandler是具备RPC保护能力的调用处理器，实现了InvocationHandler接口，对接口的invoke(...)抽象方法的实现如下：

```
package feign.hystrix;
//省略import
final class HystrixInvocationHandler implements InvocationHandler {
...
//Map映射：key为RPC方法的反射实例，value为方法处理器
private final Map<Method, MethodHandler> dispatch;
//...
```

```
    public Object invoke(Object proxy, final Method method, final Object[] args) throws
 Throwable {
          //创建一个HystrixCommand命令，对同步方法调用器进行封装
          HystrixCommand<Object> hystrixCommand =
              new HystrixCommand<Object>( (Setter)this.setterMethodMap.get(method) )
                  {
                    protected Object run() throws Exception {
                        try {
                            SynchronousMethodHandler handler=
                                    HystrixInvocationHandler.this.dispatch.get(method);
                            return handler.invoke(args);
                        } catch (Exception var2) {
                            throw var2;
                        } catch (Throwable var3) {
                            throw (Error)var3;
                        }
                    }
                    protected Object getFallback() {
                        //省略HystrixCommand的异常回调
                    }
                };
          //根据method的返回值的类型，或返回hystrixCommand，或则直接执行
          if (this.isReturnsHystrixCommand(method)) {
               return hystrixCommand;
          } else if (this.isReturnsObservable(method)) {
               return hystrixCommand.toObservable();
          } else if (this.isReturnsSingle(method)) {
                return hystrixCommand.toObservable().toSingle();
          } else {
              //直接执行
              return this.isReturnsCompletable(method) ?
              hystrixCommand.toObservable().toCompletable() : hystrixCommand.execute();
          }
          ...
    }
```

HystrixInvocationHandler调用处理器与默认调用处理器FeignInvocationHandler有一个共同点：都有一个非常重要的Map类型的成员dispatch映射，用于保存RPC方法反射实例到MethodHandler方法处理器的映射。

在源码中，HystrixInvocationHandler的invoke(...)方法会创建hystrixCommand命令实例，对从dispatch获取的SynchronousMethodHandler实例进行封装，然后对RPC方法实例method进行判断，判断是直接返回hystrixCommand命令实例还是立即执行其execute()方法。默认情况下，都是立即执行其execute()方法。

HystrixCommand具备熔断、隔离、回退等能力，如果其run()方法执行时发生异常，会执行getFallback()失败回调方法，这一点后面会详细介绍。

回到uaa-provider服务中DemoClient的动态代理实例的hello()方法具体执行过程，在执行命令处理器hystrixCommand实例的run()方法时，步骤如下：

1）根据RPC方法DemoClient.hello()的反射实例，在dispatch映射对象中找到对应的方法处理器MethodHandler实例。

2）调用MethodHandler方法处理器的invoke(...)方法完成实际的hello()方法所配置的远程URL的HTTP请求和结果的处理。

如果MethodHandler内的RPC调用出现异常了，比如远程服务器宕机、网络延迟太大而导致请求超时、远程服务器来不及响应等，hystrixCommand命令器将调用失败回调方法getFallback()返回回退结果。而hystrixCommand的getFallback()方法最终会调用配置在RPC接口@FeignClient注解的fallback属性上的失败回退类中的对应的回退方法，执行业务级别的失败回退处理。

使用HystrixInvocationHandler方法处理器进行远程调用，总体流程上与使用默认的方法处理器FeignInvocationHandler进行远程调用是大致相同的。

还是以uaa-provider模块中的DemoClient中hello()方法的远程调用执行过程为例，进行整体流程的展示，具体的时序图如图4-26所示。

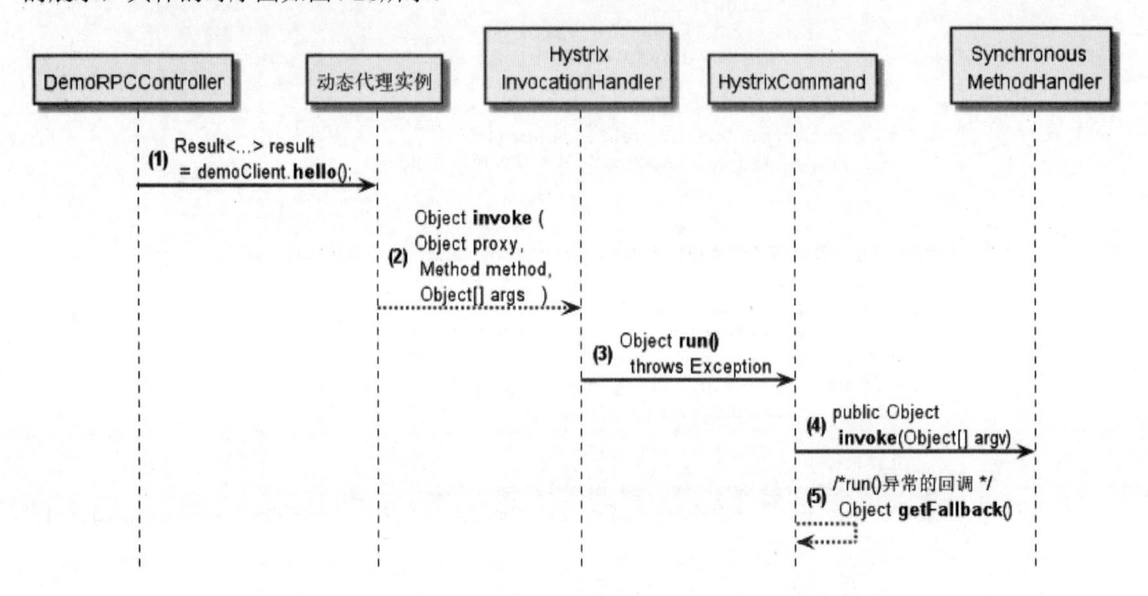

图 4-26 与 HystrixInvocationHandler 相关的远程调用执行流程

总体来说，使用HystrixInvocationHandler处理器的执行流程与使用FeignInvocationHandler默认的调用处理器大致是相同的，不同的是，HystrixInvocationHandler增加了RPC的保护机制。

4.5.3 Feign 远程调用的完整流程及其特性

Feign是一个声明式的RPC调用组件，它整合了Ribbon和Hystrix，使得服务调用更加简单。Feign提供了HTTP请求的模板，通过编写简单的接口和方法注解就可以定义HTTP请求的参数、格式、地址等信息。Feign极大地简化了RPC远程调用，可以像调用普通方法那样完成RPC远程调用。

Feign远程调用的核心就是通过一系列的封装和处理，将以Java注解方式定义的RPC方法最终转换成HTTP请求，然后将HTTP请求的响应结果解码成POJO对象，返回给调用者。

Feign远程调用的完整流程大致如图4-27所示。

从图4-27可以看到，Feign通过对RPC注解的解析将请求模板化。在实际调用时传入参数，根据参数再应用到请求模板上，进而转化成真正的Request请求。

有了Feign以及动态代理机制，Java开发人员不用再通过使用HTTP框架封装HTTP请求报文的方式完成远程服务的HTTP调用。

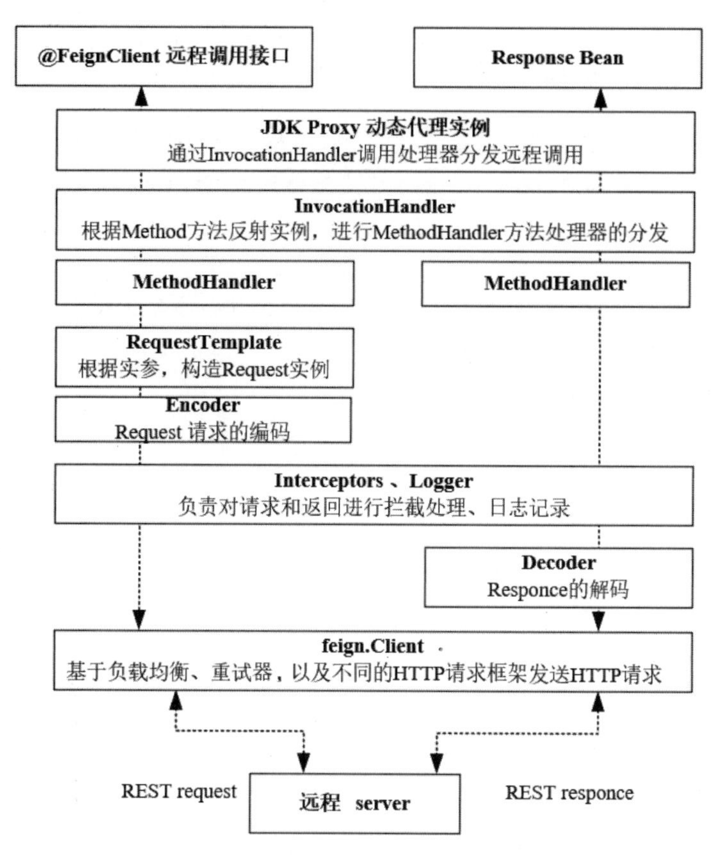

图 4-27 Feign 远程调用的完整流程

Spring Cloud Feign具有如下特性：

1）可插拔的注解支持，包括Feign注解和SpringMvc注解。

2）支持可插拔的HTTP编码器和解码器。

3）支持Hystrix和它的RPC保护机制。

4）支持Ribbon的负载均衡。

5）支持HTTP请求和响应的压缩。

总体来说，Spring Cloud Feign组件本身整合了Ribbon和Hystrix，使用它可以设计一套稳定可靠的弹性客户端调用方案，避免整个系统出现雪崩效应。

4.6 HystrixFeign 动态代理实例的创建流程

Spring Cloud中使用Hystrix进行RPC保护基本是必选项，所以这里专门用一个小节重点介绍一下HystrixFeign相关的动态代理实例的创建流程。

HystrixInvocationHandler具体的替换过程是通过HystrixFeign.Builder建造者容器实例的build()方法完成的。

4.6.1 HystrixFeign.Builder 建造者容器实例

首先，复习一下Feign中JDK代理实例创建的整体流程。前面讲到，Feign中默认的远程接口的JDK动态代理实例的创建是通过Feign.Builder建造者容器实例的target(...)方法完成的。而target(...)方法的第一步是通过自身的build()方法来构造一个ReflectiveFeign（反射式Feign）实例；第二步是通过反射式Feign实例的newInstance()方法创建真正的JDK Proxy代理实例。

HystrixFeign有自己的建造者类，即HystrixFeign.Builder类，该类继承了feign.Feign.Builder默认建造者，重写了其获得Feign实例的build()方法。

HystrixFeign的关键源码如下：

```
package feign.hystrix;
//省略import
public final class HystrixFeign {
    public HystrixFeign() {
    }
    //创建一个新的HystrixFeign.Builder实例
    public static HystrixFeign.Builder builder() {
        return new HystrixFeign.Builder();
    }
    //HystrixFeign的建造者类
    //继承了Feign默认的建造者，重写了build()方法
    public static final class Builder extends feign.Feign.Builder {
        public Feign build() {
            return this.build((FallbackFactory)null);
        }

        //重载的build方法替换了基类的invocationHandlerFactory
        //然后调用基类的build()方法，建造一个ReflectiveFeign（反射式Feign）实例
        Feign build(final FallbackFactory<?> nullableFallbackFactory) {
            super.invocationHandlerFactory(new InvocationHandlerFactory() {
            //实现InvocationHandlerFactory的create方法
            public InvocationHandler create(Target target, Map<Method, MethodHandler>
dispatch)
            {
                //返回的是HystrixInvocationHandler
                return new HystrixInvocationHandler(
                                target, dispatch, Builder.this.setterFactory,
nullableFallbackFactory);
                }
            });
            super.contract(new HystrixDelegatingContract(this.contract));
            return super.build();
        }
    }
}
```

HystrixFeign.Builder类继承了默认的feign.Feign.Builder建造者类，创建一个匿名的调用处理器工厂实例，该工厂在创建调用处理器时，使用HystrixInvocationHandler替换基类中用到的默认调用处理器FeignInvocationHandler。

另外，在HystrixFeign.Builder重载的build()方法中最终返回的仍然是基类的build()方法，当然返回的还是一个ReflectiveFeign（反射式Feign）实例。

注意，HystrixFeign并不是Feign的子类，这一点不像Feign的子类ReflectiveFeign，所以在创建RPC动态代理实例时，仍然会用到ReflectiveFeign. newInstance()方法。

在ReflectiveFeign.newInstance()方法创建RPC动态代理实例时，会通过调用处理器工厂的create()方法创建InvocationHandler调用处理器实例。而此时，被替换过的处理器工厂将创建带RPC保护功能的HystrixInvocationHandler类型的调用处理器。

4.6.2 配置HystrixFeign.Builder建造者容器实例

HystrixFeign.Builder实例替换feign.Feign.Builder实例，编写完成FeignClientsConfiguration自动配置类的源码。相关的自动配置类FeignClientsConfiguration的部分源码如下：

```
package org.springframework.cloud.openfeign;
//省略import
@Configuration
public class FeignClientsConfiguration {
 //省略其他代码

    @Configuration
    @ConditionalOnClass({HystrixCommand.class, HystrixFeign.class})
    protected static class HystrixFeignConfiguration {
        protected HystrixFeignConfiguration() {
        }
        //创建了一个HystrixFeign.Builder类型的Spring IOC实例
        @Bean
        @Scope("prototype")
        @ConditionalOnMissingBean
        @ConditionalOnProperty(
            name = {"feign.hystrix.enabled"}
        )
        public Builder feignHystrixBuilder() {
            return HystrixFeign.builder();
        }
    }
}
```

通过上面的源码可以看出，创建一个HystrixFeign.Builder类型的Spring IOC实例，实质上必须同时满足以下两个条件：

1）在类路径中同时存在HystrixCommand.class、HystrixFeign.class两个类。

2）应用配置文件中存在着feign.hystrix.enabled的配置项。

满足以上条件，feignHystrixBuilder()会调用HystrixFeign.builder()静态方法创建一个新的HystrixFeign.Builder类型的Spring IOC实例。

HystrixFeign.Builder容器实例注册之后，在创建JDK动态代理实例时，基类Feign.Builder建造者的target()方法会调用子类HystrixFeign.Builder实例的build()方法，完成调用处理器工厂InvocationHandlerFactory实例的替换。

4.7 feign.Client客户端容器实例

前面介绍到了常用的Feign客户端实现类，大致如下：

1）Client.Default实现类：默认的实现类，使用JDK的HttpURLConnnection类提交HTTP请求。

2）ApacheHttpClient实现类：该客户端实现类在内部使用Apache HttpClient开源组件提交HTTP请求。

3）OkHttpClient实现类：该客户端实现类在内部使用OkHttp3 开源组件提交HTTP请求。

4）LoadBalancerFeignClient实现类：内部使用Ribbon负载均衡技术完成HTTP请求处理。

Feign在启动时，有两个与feign.Client客户端实例相关的自动配置类，根据多种条件组合去装配不同类型的feign.Client客户端实例到Spring IOC容器，这两个自动配置类为：

1）FeignRibbonClientAutoConfiguration。

2）FeignAutoConfiguration。

4.7.1 装配 LoadBalancerFeignClient 负载均衡容器实例

详细来看，Feign涉及的与Client相关的两个自动配置类具体如下：

（1）org.springframework.cloud.openfeign.ribbon.FeignRibbonClientAutoConfiguration

此自动配置类能够配置具有负载均衡能力的FeignClient容器实例。

（2）org.springframework.cloud.openfeign.FeignAutoConfiguration

此自动配置类只能配置最原始的FeignClient客户端容器实例。

事实上，第一个自动配置类FeignRibbonClientAutoConfiguration，在容器的装配次序上是优先于第二个自动配置类FeignAutoConfiguration的。

为了达到高可用，Spring Cloud中一个微服务提供者至少应该部署两个以上节点，从这个角度来说，LoadBalancerFeignClient容器实例已经成为事实上的标配。

具体可以参见FeignRibbonClientAutoConfiguration源码，节选如下：

```
import com.netflix.loadbalancer.ILoadBalancer;
...
@ConditionalOnClass({ILoadBalancer.class, Feign.class})
@Configuration
@AutoConfigureBefore({FeignAutoConfiguration.class})  //本配置类具备优先权
@EnableConfigurationProperties({FeignHttpClientProperties.class})
@Import({
HttpClientFeignLoadBalancedConfiguration.class,  //配置：包装ApacheHttpClient实例的负载
均衡客户端
OkHttpFeignLoadBalancedConfiguration.class, //配置：包装OkHttpClient实例的负载均衡客户端
DefaultFeignLoadBalancedConfiguration.class //配置：包装Client.Default实例的负载均衡客户端
})
public class FeignRibbonClientAutoConfiguration {
    //空的构造器
    public FeignRibbonClientAutoConfiguration() {
    }
...
}
```

从源码中可以看到，FeignRibbonClientAutoConfiguration的自动配置有两个前提条件：

1）当前的类路径中存在ILoadBalancer.class接口。

2）当前的类路径中存在Feign.class接口。

在这里，重点说一下ILoadBalancer.class接口，它处于Ribbon的JAR包中。如果需要在类路径中导入该JAR包，则需要在Maven的pom.xml文件中增加Ribbon的相关依赖，具体如下：

```
<!-- ribbon-->
<dependency>
   <groupId>org.springframework.cloud</groupId>
   <artifactId>spring-cloud-starter-netflix-ribbon</artifactId>
</dependency>
```

为了加深大家对客户端负载均衡的理解，这里将ILoadBalancer.class接口的两个重要的抽象方法列出来，具体如下：

```
package com.netflix.loadbalancer;
import java.util.List;
public interface ILoadBalancer {
      //通过负载均衡算法计算服务器
      Server chooseServer(Object var1);
      //取得全部的服务器
      List<Server> getAllServers();
      ...
}
```

FeignRibbonClientAutoConfiguration自动配置类并没有直接配置LoadBalancerFeignClient容器实例，而是使用@Import注解。通过导入其他配置类的方式完成LoadBalancerFeignClient客户端容器实例的配置。

分别导入了以下三个自动配置类：

（1）HttpClientFeignLoadBalancedConfiguration.class

该配置类负责配置一个包装ApacheHttpClient实例的LoadBalancerFeignClient负载均衡客户端容器实例。

（2）OkHttpFeignLoadBalancedConfiguration.class

该配置类负责配置一个包装OkHttpClient实例的LoadBalancerFeignClient负载均衡客户端容器实例。

（3）DefaultFeignLoadBalancedConfiguration.class

该配置类负责配置一个包装Client.Default实例的LoadBalancerFeignClient负载均衡客户端容器实例。

4.7.2　包装ApacheHttpClient实例的负载均衡客户端装配

首先来看如何配置一个包装ApacheHttpClient实例的负载均衡客户端容器实例。这个IOC实例的配置由HttpClientFeignLoadBalancedConfiguration自动配置类完成，其源码节选如下：

```
@Configuration
@ConditionalOnClass({ApacheHttpClient.class})
@ConditionalOnProperty(
   value = {"feign.httpclient.enabled"},
   matchIfMissing = true
)
class HttpClientFeignLoadBalancedConfiguration {
   //空的构造器
   HttpClientFeignLoadBalancedConfiguration() {
   }

   @Bean
   @ConditionalOnMissingBean({Client.class})
```

```
public Client feignClient(
    CachingSpringLoadBalancerFactory cachingFactory,
    SpringClientFactory clientFactory, HttpClient httpClient)
{
      ApacheHttpClient delegate = new ApacheHttpClient(httpClient);
      return new LoadBalancerFeignClient(delegate, cachingFactory, clientFactory); //
进行包装
    }
    //省略不相干的代码
}
```

首先来看源码中的feignClient()方法，分为两步：

1）创建一个ApacheHttpClient类型的feign.Client客户端实例，该实例的内部使用ApacheHttpclient开源组件完成HTTP请求处理。

2）创建一个LoadBalancerFeignClient负载均衡客户端实例，将ApacheHttpClient实例包装起来，然后返回该包装实例，作为feign.Client类型的Spring IOC容器实例。

接下来，介绍一下HttpClientFeignLoadBalancedConfiguration类上的两个重要的注解：

1）@ConditionalOnClass(ApacheHttpClient.class)。

2）@ConditionalOnProperty(value = "feign.httpclient.enabled", matchIfMissing = true)。

这两个注解包含以下两个条件：

1）必须满足ApacheHttpClient.class在当前的类路径中存在。

2）必须满足工程配置文件中feign.httpclient.enabled配置项的值为true。

如果以上两个条件同时满足，HttpClientFeignLoadBalancedConfiguration自动配置工作就会启动。

具体如何验证呢？首先在应用配置文件中将配置项feign.httpclient.enabled的值设置为false，然后在HttpClientFeignLoadBalancedConfiguration的feignClient()方法内的某行上打上断点，重新启动项目，注意观察，会发现整个启动过程中断点没有被命中。

接下来，将配置项feign.httpclient.enabled的值设置为true，再一次启动项目，发现断点被命中。由此可见，验证HttpClientFeignLoadBalancedConfiguration自动配置类被启动。

为了满足@ConditionalOnClass(ApacheHttpClient.class)的条件要求，需要在pom文件加上feign-httpclient以及httpclient组件相关的Maven依赖，具体如下：

```
<dependency>
     <groupId>io.github.openfeign</groupId>
     <artifactId>feign-httpclient</artifactId>
     <version>9.5.1</version>
     <!--<version>${feign-httpclient.version}</version>-->
</dependency>
<dependency>
   <groupId>org.apache.httpcomponents</groupId>
   <artifactId>httpclient</artifactId>
   <version>${httpclient.version}</version>
</dependency>
```

对于feign.httpclient.enabled配置项来说，@ConditionalOnProperty的matchIfMissing属性值默认为true，也就是说，这个属性在默认的情况下就为true。

4.7.3 包装OkHttpClient实例的负载均衡客户端实例

接下来看如何配置一个包装OkHttpClient实例的负载均衡客户端容器实例。这个IOC实例的配置由OkHttpFeignLoadBalancedConfiguration自动配置类负责完成，其源码节选如下：

```
@Configuration
@ConditionalOnClass({OkHttpClient.class})
@ConditionalOnProperty("feign.okhttp.enabled")
class OkHttpFeignLoadBalancedConfiguration {
    //空的构造器
    OkHttpFeignLoadBalancedConfiguration () {
    }

    @Bean
    @ConditionalOnMissingBean({Client.class})
    public Client feignClient(
    CachingSpringLoadBalancerFactory cachingFactory,
    SpringClientFactory clientFactory, HttpClient httpClient)
    {
        OkHttpClient delegate = new OkHttpClient (httpClient);
        return new LoadBalancerFeignClient(delegate, cachingFactory, clientFactory); //
进行包装
    }
    //省略不相干的代码
}
```

首先来看源码中的feignClient()方法，分为两步：

1）创建一个OkHttpClient类型的客户端实例，该实例的内部使用OkHttp3开源组件完成HTTP请求处理。

2）创建一个LoadBalancerFeignClient负载均衡客户端实例，将OkHttpClient实例包装起来，然后返回LoadBalancerFeignClient客户端实例、feign.Client客户端IOC容器实例。

接下来，介绍一下OkHttpFeignLoadBalancedConfiguration类上的两个重要的注解：

1）@ConditionalOnClass(OkHttpClient.class)。

2）@ConditionalOnProperty("feign.okhttp.enabled")。

这两个注解包含以下两个条件：

1）必须满足OkHttpClient.class在当前类路径中存在。

2）必须满足工程配置文件中feign.okhttp.enabled配置项的值为true。

如果以上两个条件同时满足，则OkHttpFeignLoadBalancedConfiguration自动配置工作就会启动。

为了满足@ConditionalOnClass(OkHttpClient.class)的条件要求，并且由于OkHttpClient.class类的位置处于feign-okhttp相关的JAR包中，因此需要在pom文件加上feign-okhttp以及OkHttp3相关的Maven依赖，具体如下：

```
<!-- OkHttp -->
<dependency>
    <groupId>com.squareup.okhttp3</groupId>
    <artifactId>okhttp</artifactId>
</dependency>
```

```
<!-- feign-okhttp -->
<dependency>
    <groupId>io.github.openfeign</groupId>
    <artifactId>feign-okhttp</artifactId>
</dependency>
```

对于feign.okhttp.enabled配置项设置，在默认的情况下就为false。也就是说，如果需要使用feign-okhttp，则一定需要做特别的配置，工程配置文件的配置项大致如下：

```
feign.httpclient.enabled=false
feign.okhttp.enabled=true
```

4.7.4 包装 Client.Default 实例的负载均衡客户端实例

最后来看如何配置一个包装Client.Default客户端实例的负载均衡客户端容器实例。这个IOC实例的配置由DefaultFeignLoadBalancedConfiguration自动配置类负责完成。该配置类其实就是FeignRibbonClientAutoConfiguration配置类通过@import注解导入的第3个配置类。

DefaultFeignLoadBalancedConfiguration的源码节选如下：

```
package org.springframework.cloud.openfeign.ribbon;
//省略import

@Configuration
class DefaultFeignLoadBalancedConfiguration {
    DefaultFeignLoadBalancedConfiguration() {
    }

    @Bean
    @ConditionalOnMissingBean
    public Client feignClient(CachingSpringLoadBalancerFactory cachingFactory,
                              SpringClientFactory clientFactory)
    {
        return new LoadBalancerFeignClient( new Default((SSLSocketFactory)null,
                                    (HostnameVerifier)null), cachingFactory,
clientFactory);
    }
}
```

通过源码可以看出，如果前面的两个客户端自动配置类的条件没有满足，IOC容器中没有feign.Client客户端容器实例，则创建一个默认的客户端实例：

1）创建一个Client.Default默认客户端实例，该实例将使用HttpURLConnnection完成请求处理。

2）创建一个LoadBalancerFeignClient负载均衡客户端实例，将Client.Default实例包装起来，然后返回LoadBalancerFeignClient客户端实例，作为feign.Client类型的Spring IOC容器实例。

最后小结一下本章的内容。本章通过对Spring Cloud中Feign核心原理和实现机制的解读，帮助读者深入彻底地了解Spring Cloud底层原理。

本章层层递进，抽丝剥茧，着重介绍了远程接口的JDK Proxy代理实例的创建、Feign远程接口调用的两大执行流程。

本章虽然借助了Spring Cloud的源码，但并没有迷失在源码中，更加注重的还是原理的分析和阐述。最终的结果是让大家既学习了Spring Cloud的原理，也阅读了Spring Cloud的源码，并且通过源码的学习，领悟一些Java高手编程时所用到的设计模式和代码组织方式。

第 5 章 RxJava响应式编程框架

在Spring Cloud框架中涉及的Ribbon和Hystrix这两个重要的组件都用到了RxJava，RxJava是响应式编程框架，作为重要的编程基础知识特开辟一章对RxJava的使用做详细的介绍。

Hystrix和Ribbon的代码中大量运用了RxJava的API，对于有RxJava基础的同学，学习Hystrix和Ribbon并不是一件难事。如果不懂RxJava，对于Hystrix和Ribbon的学习会令人头疼不已。

5.1 从基础原理讲起：观察者模式

本书的重要特色是从基础原理讲起。只有了解基础原理之后，大家对新的知识特别是复杂的知识才能做到更加容易地理解和掌握。

RxJava是基于观察者模式实现的，这里先带领大家复习一下观察者模式的基础原理和经典实现。当然，这也是Java工程师面试必备的一个重要知识点。

5.1.1 观察者模式的基础原理

观察者模式是常用的设计模式之一，是所有Java工程师必须掌握的设计模式。观察者模式也叫发布订阅模式。

此模式的角色中，首先有一个可观察的主题对象Subject，然后有多个观察者Observer去关注它。当Subject的状态发生变化时，它会自动通知这些Observer订阅者，令Observer做出响应。

在整个观察者模式中，一共有四个角色：Subject（抽象主题、抽象被观察者）、Concrete Subject（具体主题、具体被观察者）、Observer（抽象观察者）以及ConcreteObserver（具体观察者）。

观察者模式的四个角色以及它们之间的关系具体如图5-1所示。

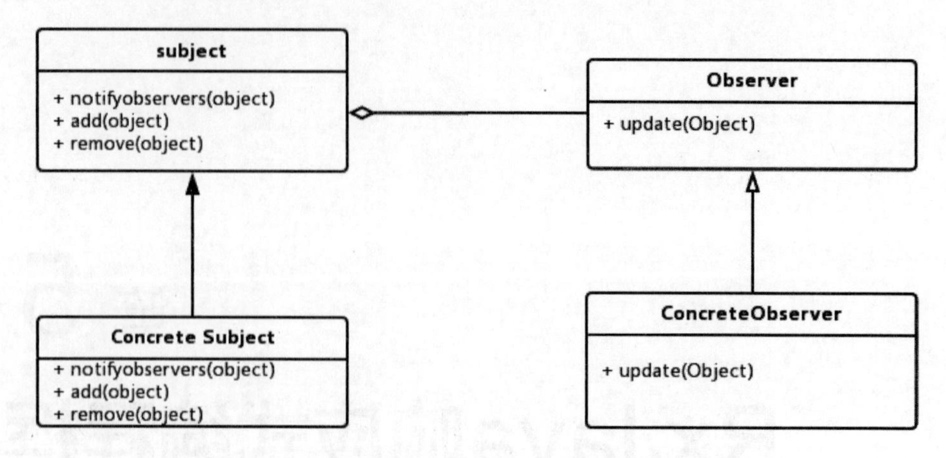

图 5-1　观察者模式的四个角色以及它们之间的关系

观察者模式中4个角色的介绍如下：

（1）Subject（抽象主题）

Subject抽象主题的主要职责之一是维护Observer观察者对象的集合，集合里的所有观察者都订阅了该主题。Subject抽象主题负责提供一些接口，可以增加、删除和更新观察者对象。

（2）ConcreteSubject（具体主题）

ConcreteSubject用于保持主题的状态，并且在主题的状态发生变化时，给所有注册过的观察者发出通知。具体来说，ConcreteSubject需要调用Subject（抽象主题）基类的通知方法，给所有注册过的观察者发出通知。

（3）Observer（抽象观察者）

观察者的抽象类定义更新接口，使得被观察者可以在收到主题通知的时候，更新自己的状态。

（4）ConcreteObserver（具体观察者）

实现抽象观察者Observer所定义的更新接口，以便在收到主题通知时完成自己的状态的真正更新。

5.1.2 观察者模式的经典实现

首先来看Subject主题类的代码实现：它将所有订阅过自己的Observer观察者对象保存在一个集合中，然后提供一组方法完成Observer观察者的新增、删除和通知。

Subject主题类的参考实现代码大致如下：

```
package com.crazymaker.demo.observerPattern;
import lombok.extern.slf4j.Slf4j;
import java.util.ArrayList;
import java.util.List;
@Slf4j
public class Subject {
    //保存订阅过自己的观察者对象
    private List<Observer> observers = new ArrayList<>();
    //观察者对象订阅
    public void add(Observer observer) {
```

```
        observers.add(observer);
       log.info( "add an observer");
    }
    //观察者对象注销
    public void remove(Observer observer) {
        observers.remove(observer);
        log.info( "remove an observer");
    }
    //通知所有注册的观察者对象
    public void notifyObservers(String newState) {
        for (Observer : observers) {
            observer.update(newState);
        }
    }
}
```

接着来看看ConcreteSubject具体主题类：它首先拥有一个成员用于保持主题的状态，并且在主题的状态发生变化时去调用基类Subject（抽象主题）的通知方法，给所有注册过的观察者发出通知。

```
package com.crazymaker.demo.observerPattern;

import lombok.extern.slf4j.Slf4j;
@Data
@Slf4j
public class ConcreteSubject extends Subject {

    private String state; //保持主题的状态

    public void change(String newState) {
       state = newState;
       log.info( "change state :" + newState);
        //状态发生改变，通知观察者
        notifyObservers(newState);
    }
}
```

然后来看一下观察者Observer接口，它抽象出了一个观察者自身的状态更新方法。

```
package com.crazymaker.demo.observerPattern;
public interface Observer {
    void update(String newState);  //状态更新的方法
}
```

最后来看看ConcreteObserver具体观察者类：它首先接收主题的通知，实现抽象观察者Observer所定义的update更新接口，以便在接收到主题的状态变化时完成自己的状态更新。

```
package com.crazymaker.demo.observerPattern;

import lombok.extern.slf4j.Slf4j;

@Slf4j
public class ObserverA implements Observer {

    //观察者状态
    private String observerState;

    @Override
    public void update(String newState) {
        //更新观察者状态，让它与主题的状态一致
        observerState = newState;
        log.info( "目前的观察者的状态为："+observerState);
}
}
```

4个角色的实现代码已经介绍完了。如何使用观察者模式呢？步骤如下：

```
package com.crazymaker.demo.observerPattern;

public class ObserverPatternDemo {
    public static void main(String[] args) {
        //第一步：创建主题
        ConcreteSubject mConcreteSubject = new ConcreteSubject();
        //第二步：创建观察者
        Observer observerA = new ObserverA();
        Observer ObserverB = new ObserverA();
        //第三步：主题订阅
        mConcreteSubject.add(observerA);
        mConcreteSubject.add(ObserverB);
        //第四步：主题状态变更
        mConcreteSubject.change("倒计时结束，开始秒杀");
    }
}
```

运行示例程序，结果如下：

```
22:46:03.548 [main] INFO  c.c.d.o.ConcreteSubject - change state:倒计时结束，开始秒杀
22:46:03.548 [main] INFO  c.c.d.o.ObserverA - 目前的观察者的状态为：倒计时结束，开始秒杀！
22:46:03.548 [main] INFO  c.c.d.o.ObserverA - 目前的观察者的状态为：倒计时结束，开始秒杀！
```

5.1.3 Rxjava 中的观察者模式

RxJava是基于观察者模式设计的。RxJava中的Observable类、Subscriber类分别对应于观察者模式中的Subject（抽象主题）和Observer（抽象观察者）两个角色。

RxJava中，Observable和Subscriber通过subscribe()方法实现订阅关系，具体如图5-2所示。

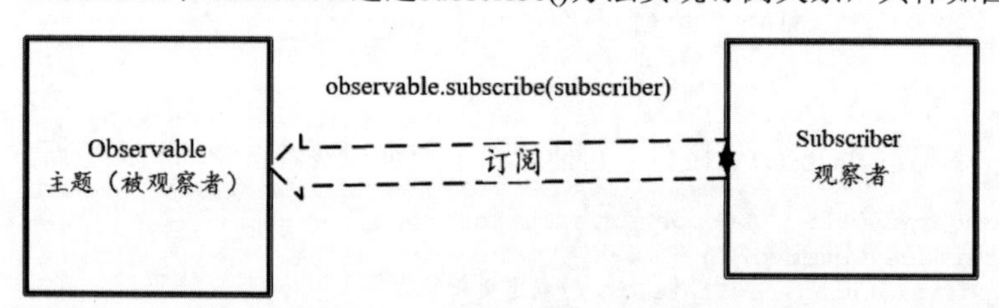

图 5-2 RxJava 通过 subscribe()方法实现订阅关系

RxJava中，Observable和Subscriber之间通过emitter.onNext(…)弹射的方式实现主题的消息发布，具体如图5-3所示。

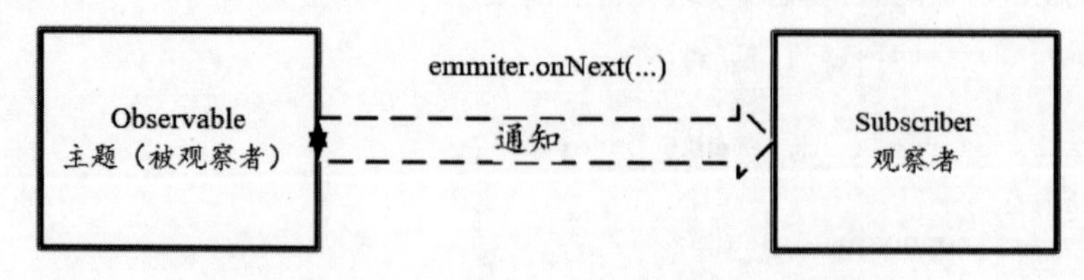

图 5-3 RxJava 通过 emitter.onNext()弹射主题消息

RxJava中主题的消息发布方式之一是通过内部的弹射器（Emitter）完成。弹射器除了调用onNext()方法弹射消息之外，还定义了两个特殊的通知方法：onCompleted()和onError()。具体介绍如下：

（1）onCompleted(): 表示消息序列弹射完结

RxJava中主题（可观察者）中的弹射器可以不止发布（弹射）一个消息，可以重复调用它的onNext()方法弹射一系列的消息（或事件），这一系列的消息组成一个序列；在绝大部分场景下，Observable内部有一个专门的队列来负责缓存消息序列。当弹射器明确不会再有新的消息弹射出来时，需要触发onCompleted()方法，作为消息序列的结束标志。

主题（可观察者）的弹射器所弹出的消息序列，也可以称之为消息流。

（2）onError(): 表示主题的消息序列异常终止

如果Observable在事件处理过程中出异常时，弹射器的onError()方法会被触发，同时消息序列自动终止，不允许再有消息弹射出来。

RxJava的一个简单的示例代码如下：

```
package com.crazymaker.demo.observerPattern;
//省略import
@Slf4j
public class RxJavaObserverDemo {

    /**
     * 演示RxJava中的Observer模式
     */
    @Test
    public void rxJavaBaseUse() {
        //被观察者（主题）
        Observable observable = Observable.create(
                new Action1<Emitter<String>>() {
                    @Override
                    public void call(Emitter<String> emitter) {
                        emitter.onNext("apple");
                        emitter.onNext("banana");
                        emitter.onNext("pear");
                        emitter.onCompleted();
                    }
                },Emitter.BackpressureMode.NONE);
        //订阅者（观察者）
        Subscriber<String> subscriber = new Subscriber<String>() {
            @Override
            public void onNext(String s) {
                log.info("onNext: {}", s);
            }

            @Override
            public void onCompleted() {
                log.info("onCompleted");
            }

            @Override
            public void onError(Throwable e) {
                log.info("onError");
            }
        };
        //订阅：Observable与Subscriber之间依然通过subscribe()进行关联
        observable.subscribe(subscriber);
    }

}
```

运行程序，结果如下：

```
11:29:07.555 [main] INFO  c.c.d.o.RxJavaObserverDemo - onNext: apple
11:29:07.564 [main] INFO  c.c.d.o.RxJavaObserverDemo - onNext: banana
11:29:07.564 [main] INFO  c.c.d.o.RxJavaObserverDemo - onNext: pear
11:29:07.564 [main] INFO  c.c.d.o.RxJavaObserverDemo - onCompleted
```

通过代码和运行接口可以看出：被观察者Observable与观察者Subscriber通过subscribe()方法产生关联。当订阅开始时，Observable主题便开始发送事件。

通过代码还可以看出：Subscriber有3个回调方法。其中，onNext(String s)回调方法用于响应Observable主题的正常的弹射消息；onCompleted()回调方法用于响应Observable主题的结束消息；onError(Throwable e)回调方法用于响应Observable主题的异常消息。

在一个消息序列中，弹射器的onCompleted()正常结束和onError()异常终止只能调用一个，并且必须是消息序列中的最后一个被发送的消息。换句话说，弹射器的onCompleted()和onError()两个方法是互斥的，在消息序列中调用了其中一个，就不可以再调用另一个。

通过示例可以看出RxJava与经典的观察者模式的不同。RxJava中，在主题内部有一个弹射器的角色；而经典的观察者模式，主题所发送的是单个的消息，并不是一个消息序列。

在RxJava中，Observable主题还会负责消息序列缓存，这一点像经典的生产者消费者模式。在经典的生产者消费者模式中，生产者生产数据后放入缓存队列，自己不去做处理，而消费者从缓存队列里拿到所要处理的数据，完成逻辑处理。从这一点来说，RxJava同时也借鉴了生产者消费者模式的思想。

5.1.4 RxJava 的不完整回调

Java 8引入函数式编程方式大大地提高了编码效率。但是，Java 8的函数式编程有一个非常重要的要求：需要函数式接口作为支撑。什么是函数式接口呢？它指的是有且只有一个抽象方法的接口，比如Java中内置的Runnable接口。

RxJava的一大特色就是支持函数式的编程。由于标准的Subscriber观察者接口有3个抽象方法，当然就不是一个函数式接口，因此直接使用Subscriber观察者接口是不支持函数式编程的。

RxJava为了支持函数式编程，另外定义几个函数式接口。比较重要的有Action0、Action1。

（1）Action0回调接口

这是一个无参数的、无返回值的函数式接口。源码如下：

```
package rx.functions;

/**
 * A zero-argument action.
 */
public interface Action0 extends Action {
    void call();
}
```

Action0接口的call()方法无参数、无返回值。其具体的使用场景可以对应于Subscriber观察者中的onCompleted()回调方法的使用场景，因为Subscriber的onCompleted()回调方法也是无参数、无返回值的。

（2）Action1回调接口

这是一个有1个参数、泛型、无返回值的函数式接口。源码如下：

```
package rx.functions;

/**
 * A one-argument action.
 * @param <T> the first argument type
 */
public interface Action1<T> extends Action {
    void call(T t);
}
```

Action1回调接口的具体实现主要有以下两种用途：

1）作为函数式编程去替代使用Subscriber的onNext()方法的传统编程，前提是Action1回调接口的泛型类型与Subscriber的onNext()回调方法的参数类型一致。

2）作为函数式编程去替代使用Subscriber的onErrorAction（Throwable e）方法的传统编程，前提是Action1回调接口的泛型类型与Subscriber的onErrorAction()回调方法的参数类型一致。

Action1接口所承担的主要是观察者（订阅者）角色，所以RxJava也为主题类提供了重载的subscribe(Action1 action)订阅方法，可以接收一个Action1回调接口的实现对象作为弹射消息序列的订阅者。

下面使用不完整回调实现前一个小节的例子，大家可以对比一下。具体的源码如下：

```
package com.crazymaker.demo.observerPattern;
//省略import
@Slf4j
public class RxJavaObserverDemo {

    /**
     * 演示RxJava中的不完整观察者
     */
    @Test
    public void rxJavaActionDemo() {
     //被观察者（主题）
      Observable observable = Observable.create(
              new Action1<Emitter<String>>() {
                  @Override
                  public void call(Emitter<String> emitter) {
                      emitter.onNext("apple");
                      emitter.onNext("banana");
                      emitter.onNext("pear");
                      emitter.onCompleted();
                  }
              },Emitter.BackpressureMode.NONE);

       Action1<String> onNextAction = new Action1<String>() {
           @Override
           public void call(String s) {
               log.info(s);
           }
       };
       Action1<Throwable> onErrorAction = new Action1<Throwable>() {
           @Override
           public void call(Throwable throwable) {
               log.info("onError,Error Info is:" + throwable.getMessage());
           }
       };
       Action0 onCompletedAction = new Action0() {
           @Override
```

```
            public void call() {
                log.info("onCompleted");
            }
        };
        log.info("第1次订阅: ");
        //根据onNextAction来定义onNext()
        observable.subscribe(onNextAction);

        log.info("第2次订阅: ");
        //根据onNextAction来定义onNext()、根据onErrorAction来定义onError()
        observable.subscribe(onNextAction, onErrorAction);

        log.info("第3次订阅: ");
        //根据onNextAction来定义onNext()、根据onErrorAction来定义onError()
        //根据onCompletedAction来定义onCompleted()
        observable.subscribe(onNextAction, onErrorAction, onCompletedAction);
    }
}
```

运行程序，结果如下：

```
11:06:22.015 [main] INFO  c.c.d.o.RxJavaObserverDemo - 第1次订阅:
11:06:22.015 [main] INFO  c.c.d.o.RxJavaObserverDemo - apple
11:06:22.015 [main] INFO  c.c.d.o.RxJavaObserverDemo - banana
11:06:22.015 [main] INFO  c.c.d.o.RxJavaObserverDemo - pear
11:06:22.015 [main] INFO  c.c.d.o.RxJavaObserverDemo - 第2次订阅:
11:06:22.015 [main] INFO  c.c.d.o.RxJavaObserverDemo - apple
11:06:22.016 [main] INFO  c.c.d.o.RxJavaObserverDemo - banana
11:06:22.016 [main] INFO  c.c.d.o.RxJavaObserverDemo - pear
11:06:22.016 [main] INFO  c.c.d.o.RxJavaObserverDemo - 第3次订阅:
11:06:22.016 [main] INFO  c.c.d.o.RxJavaObserverDemo - apple
11:06:22.016 [main] INFO  c.c.d.o.RxJavaObserverDemo - banana
11:06:22.016 [main] INFO  c.c.d.o.RxJavaObserverDemo - pear
11:06:22.016 [main] INFO  c.c.d.o.RxJavaObserverDemo - onCompleted
```

在上面的代码中，Observable observable被订阅了3次，由于没有异常消息，因此从输出中只能看到正常消息和结束消息。

总之，RxJava提供的Action0 回调接口、Action1回调接口可以看作是Subscriber观察者接口的阉割版和函数式编程版本。使用RxJava的不完整回调观察者接口，结合Java 8的函数式编程能够编写出更为简洁和灵动的代码。

5.1.5 RxJava 函数式编程

有了Action0和Action1这两个函数式接口，就可以使用RxJava进行函数式编程了。下面使用函数式编程的风格实现前一个小节的例子，大家对比一下。

```
public class RxJavaObserverDemo {
    ...
    /**
     * 演示RxJava中的Lambda表达式实现
     */
    @Test
    public void rxJavaActionLambda() {
        Observable<String> observable = Observable.just("apple", "banana", "pear");
        log.info("第1次订阅: ");
        //使用Action1 函数式实现来定义onNext回调
        observable.subscribe(s -> log.info(s));
```

```
        log.info("第2次订阅: ");
        //使用Action1 函数式实现来定义onNext回调
        //使用Action1 函数式实现来定义onError回调
        observable.subscribe(
                s -> log.info(s),
                e -> log.info("Error Info is:" + e.getMessage()));
        log.info("第3次订阅: ");

        //使用Action1 函数式实现来定义onNext回调
        //使用Action1 函数式实现来定义onError回调
        //使用Action0 函数式实现来定义onCompleted回调
        observable.subscribe(
                s -> log.info(s),
                e -> log.info("Error Info is:" + e.getMessage()),
                () -> log.info("onCompleted弹射结束"));
    }
}
```

运行这个示例程序，输出的结果和5.1.4节的用例程序的输出结果是一致的，所以这里不再赘述。对比5.1.4节的程序可以看出，RxJava的函数式编程比起普通的Java编程，会简洁很多。

实际上，RxJava源码中，在Observable类的subscribe()订阅方法的重载版本中使用的是一个ActionSubscriber包装类实例，对3个函数式接口实例进行包装，所以最终的消息订阅者还是一个Subscriber类型的实例。

下面是Observable类的一个重载的subscribe(...)订阅方法的源码，具体如下：

```
public final Subscription subscribe(final Action1<? super T> onNext,
                final Action1<Throwable> onError, final Action0 onCompleted)
{
        if (onNext == null) {
            throw new IllegalArgumentException("onNext can not be null");
        }
        if (onError == null) {
            throw new IllegalArgumentException("onError can not be null");
        }
        if (onCompleted == null) {
            throw new IllegalArgumentException("onComplete can not be null");
        }
        //通过包装类进行包装
        return subscribe(new ActionSubscriber<T>(onNext, onError, onCompleted));
}
```

上面源码中用到的ActionSubscriber类是Subscriber接口的一个实现类，主要用于包装三个函数式接口的实现。

5.1.6 RxJava 的 Operators 操作符

RxJava的Operators操作符实质是为了方便数据流的操作，是RxJava为Observable主题所定义的一系列函数。

RxJava的操作符按照其作用具体可分为以下5类：

（1）创建型操作符

创建一个可观察对象Observable主题对象，并根据输入参数弹射数据。

（2）过滤型操作符

从Observable弹射的消息流中过滤出满足条件的消息。

（3）转换型操作符

对Observable弹射的消息执行转换操作。

（4）聚合型操作符

对Observable弹射的消息流进行聚合操作，比如统计数量等。

5.2 创建型操作符

创建型操作符用于创建一个可观察对象Observable主题对象并弹出数据。RxJava的创建型操作符比较多，大致如下：

（1）create()

使用一个函数从头创建一个Observable主题对象。

（2）defer()

只有当订阅者订阅时才创建Observable，为每个订阅创建一个新的Observable主题对象。

（3）range()

创建一个弹射指定范围的整数序列的Observable主题对象。

（4）interval()

创建一个按照给定的时间间隔弹射整数序列的Observable主题对象。

（5）timer()

创建一个在给定的延时之后弹射单个数据的Observable主题对象。

（6）empty()

创建一个什么都不做直接通知完成的Observable主题对象。

（7）error()

创建一个什么都不做直接通知错误的Observable主题对象。

（8）never()

创建一个不弹射任何数据的Observable主题对象。

接下来以just、from、range、interval、defer五个操作符为例进行介绍。

5.2.1 just 操作符

Observable的just操作符用于创建一个Observable主题，并且会将实参数据弹射出来。just操作符可接收多个实参，所有实参都将被逐一弹射。

just操作符的演示代码如下：

```
package com.crazymaker.demo.rxJava.basic;
import lombok.extern.slf4j.Slf4j;
```

```
import org.junit.Test;
import rx.Observable;
@Slf4j
public class CreaterOperatorDemo {
    /**
     * 演示just的基本使用
     */
    @Test
    public void justDemo() {
        //发送一个字符串"hello world"
        Observable.just("hello world")
                .subscribe(s -> log.info("just string->" + s));
        //逐一发送1, 2, 3, 4这四个整数
        Observable.just(1, 2, 3, 4)
                .subscribe(i -> log.info("just int->" + i));
    }
}
```

运行之后的结果大致如下：

```
20:53:17.653 [main] INFO  c.c.d.r.b.CreaterOperatorDemo - just string->hello world
20:53:17.658 [main] INFO  c.c.d.r.b.CreaterOperatorDemo - just int->1
20:53:17.659 [main] INFO  c.c.d.r.b.CreaterOperatorDemo - just int->2
20:53:17.659 [main] INFO  c.c.d.r.b.CreaterOperatorDemo - just int->3
20:53:17.659 [main] INFO  c.c.d.r.b.CreaterOperatorDemo - just int->4
```

说明 just操作符只是简单的原样弹射，如果实参是数组或者Iterable迭代器对象，则数组或Iterable会被当作单个数据弹射。

虽然just操作符可以弹射多个数据，但是最多为9个。

5.2.2 from 操作符

from操作符以数组、Iterable迭代器等对象作为输入，创建一个Observable主题对象，然后将实参（如数组、Iterable迭代器等）中的数据元素逐一弹射出去。

from操作符的演示代码如下：

```
...
@Slf4j
public class CreaterOperatorDemo {
    /*** 演示from的基本使用  */
    @Test
    public void fromDemo() {
        //逐一发送一个数组中的每一个元素
        String[] items = {"a", "b", "c", "d", "e", "f"};
        Observable.from(items)
                .subscribe(s -> log.info("just string->" + s));

        //逐一发送迭代器中的每一个元素
        Integer[] array = {1, 2, 3, 4};
        List<Integer> list = Arrays.asList(array);
        Observable.from(list)
                .subscribe(i -> log.info("just int->" + i));
    }
    ...
}
```

运行测试代码，结果如下：

```
21:10:18.537 [main] INFO  c.c.d.r.b.CreaterOperatorDemo - just string->a
21:10:18.540 [main] INFO  c.c.d.r.b.CreaterOperatorDemo - just string->b
21:10:18.540 [main] INFO  c.c.d.r.b.CreaterOperatorDemo - just string->c
21:10:18.540 [main] INFO  c.c.d.r.b.CreaterOperatorDemo - just string->d
21:10:18.540 [main] INFO  c.c.d.r.b.CreaterOperatorDemo - just string->e
21:10:18.541 [main] INFO  c.c.d.r.b.CreaterOperatorDemo - just string->f
21:10:18.543 [main] INFO  c.c.d.r.b.CreaterOperatorDemo - just int->1
21:10:18.544 [main] INFO  c.c.d.r.b.CreaterOperatorDemo - just int->2
21:10:18.544 [main] INFO  c.c.d.r.b.CreaterOperatorDemo - just int->3
21:10:18.545 [main] INFO  c.c.d.r.b.CreaterOperatorDemo - just int->4
```

从以上的输出可以看出，from()操作将传入的数组或Iterable拆分成单个元素依次弹射出去。

5.2.3 range 操作符

range操作符以一组整数范围作为输入，创建一个Observable主题对象并弹射该整数范围内所包含的所有整数。

range操作符的演示代码如下：

```
package com.crazymaker.demo.rxJava.basic;
...
@Slf4j
public class CreaterOperatorDemo {
    /**演示range的基本使用 */
    @Test
    public void rangeDemo() {
        //逐一发送一组范围内的整数序列
        Observable.range(1, 10)
                .subscribe(i -> log.info("just int->" + i));
    }
}
```

输出的结果如下：

```
21:24:50.507 [main] INFO  c.c.d.r.b.CreaterOperatorDemo - just int->1
21:24:50.513 [main] INFO  c.c.d.r.b.CreaterOperatorDemo - just int->2
21:24:50.513 [main] INFO  c.c.d.r.b.CreaterOperatorDemo - just int->3
21:24:50.513 [main] INFO  c.c.d.r.b.CreaterOperatorDemo - just int->4
21:24:50.513 [main] INFO  c.c.d.r.b.CreaterOperatorDemo - just int->5
21:24:50.513 [main] INFO  c.c.d.r.b.CreaterOperatorDemo - just int->6
21:24:50.513 [main] INFO  c.c.d.r.b.CreaterOperatorDemo - just int->7
21:24:50.513 [main] INFO  c.c.d.r.b.CreaterOperatorDemo - just int->8
21:24:50.514 [main] INFO  c.c.d.r.b.CreaterOperatorDemo - just int->9
21:24:50.514 [main] INFO  c.c.d.r.b.CreaterOperatorDemo - just int->10
```

Observable.range(1,10)表示弹射在区间[1,10]范围内的数据，其范围包含区间的上限和下限。

5.2.4 interval 操作符

interval操作符创建一个Observable主题对象（消息流），该流会按照固定时间间隔发射整数序列。interval操作符的演示代码如下：

```
package com.crazymaker.demo.rxJava.basic;
...
```

```
@Slf4j
public class OtherOperatorDemo
{
    /**
     * 演示interval 转换
     */
    @Test
    public void intervalDemo() throws InterruptedException
    {
        Observable
                .interval(100, TimeUnit.MILLISECONDS)
                .subscribe(aLong -> log.info(aLong.toString()));

        Thread.sleep(Integer.MAX_VALUE);
    }
//...
}
```

演示代码中的interval操作符的弹射间隔时间为100毫秒。运行程序，输出的结果如下：

```
[RxComputationScheduler-1] INFO  c.c.d.r.b.OtherOperatorDemo - 0
[RxComputationScheduler-1] INFO  c.c.d.r.b.OtherOperatorDemo - 1
[RxComputationScheduler-1] INFO  c.c.d.r.b.OtherOperatorDemo - 2
[RxComputationScheduler-1] INFO  c.c.d.r.b.OtherOperatorDemo - 3
[RxComputationScheduler-1] INFO  c.c.d.r.b.OtherOperatorDemo - 4
...
```

5.2.5　defer 延迟创建操作符

just、from、range以及其他创建操作符都是在创建主题时弹射数据，而不是在被订阅的时候。而defer创建操作符所创建的主题，在创建主题时并不弹射数据，它会一直等待直到有观察者订阅它才弹射数据。

defer操作符的演示代码如下：

```
package com.crazymaker.demo.rxJava.defer;
...
@Slf4j
public class SimpleDeferDemo
{
    /**
     * 演示defer延迟创建操作符
     */
    @Test
    public void deferDemo()
    {
        AtomicInteger foo = new AtomicInteger(100);
        Observable observable = Observable.just(foo.get());
        /**
         * 延迟创建
         */
        Observable dObservable = Observable.defer(() -> Observable.just(foo.get()));

        /**
         * 修改对象的值
         */
        foo.set(200);
        /**
         * 有观察者订阅
```

```
        */
        observable.subscribe(integer -> log.info("just emit {}",
String.valueOf(integer)));
        /**
         * 有观察者订阅
         */
        dObservable.subscribe(integer -> log.info("defer just emit {}",
String.valueOf(integer)));

    }
}
```

```
[main] INFO  c.c.d.r.defer.SimpleDeferDemo - just emit 100
[main] INFO  c.c.d.r.defer.SimpleDeferDemo - defer just emit 200
```

实质上通过defer创建的主题在观察者订阅时会创建一个新的Observable主题，因此，尽管每个订阅者都以为自己订阅的是同一个Observable，事实上每个订阅者获取的是独立的消息序列。

5.3 过滤型操作符

本节介绍一下RxJava的两个过滤型操作符：filter操作符和distinct操作符。

5.3.1 filter 操作符

filter操作符用于判断Observable弹射的每一个消息是否满足条件。如果满足条件，则继续向下游的观察者传递；如果不满足条件则过滤掉。filter操作符的处理流程大致如图5-4所示。

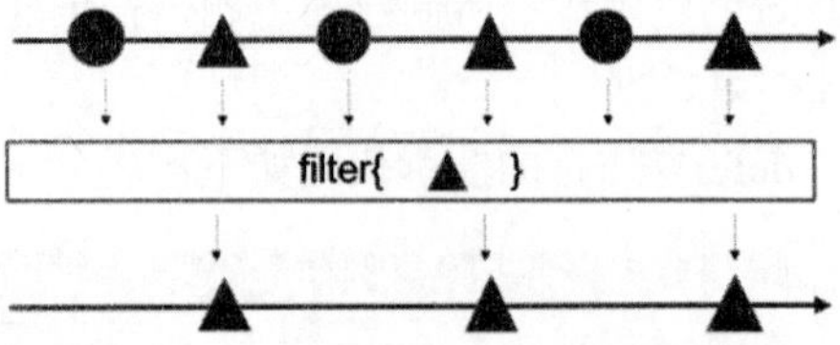

filter操作符使用Func1函数式接口传入判断条件，其演示代码如下：

filter{ ▲ }

图 5-4 filter 操作符的处理流程

```
package com.crazymaker.demo.rxJava.basic;
...
@Slf4j
public class FilterOperatorDemo {

    /**
     * 演示filter的基本使用
     */
    @Test
    public void filterDemo() {
        //通过filter过滤能被5整除的数
        Observable.range(1, 20)
                .filter(new Func1<Integer, Boolean>() {
                    @Override
                    public Boolean call(Integer integer) {
                        return integer % 5 == 0;
                    }
                })
                .subscribe(i -> log.info("filter int->" + i));
    }
}
```

演示代码首先通过rang操作符弹射一个范围为[1,20]的整数序列；然后，通过filter操作符对弹射的数据进行过滤，过滤能被5整除的数。

运行程序，控制台打印如下：

```
21:45:40.579 [main] INFO  c.c.d.r.b.FilterOperatorDemo - filter int->5
21:45:40.584 [main] INFO  c.c.d.r.b.FilterOperatorDemo - filter int->10
21:45:40.584 [main] INFO  c.c.d.r.b.FilterOperatorDemo - filter int->15
21:45:40.585 [main] INFO  c.c.d.r.b.FilterOperatorDemo - filter int->20
```

如果使用Lambda表达式对上面代码进行改写，则代码如下：

```
//演示filter的基本使用，使用Lambda形式
@Test
public void filterDemoLambda() {
    //通过filter过滤能被5整除的数
    Observable.range(1, 20)
            .filter(integer -> integer%5==0)
            .subscribe(i -> log.info("filter int->" + i));
}
```

5.3.2　distinct 操作符

distinct操作符用于在消息流中过滤掉重复的元素。过滤规则为：只允许还没有被弹射过的元素弹射出去。distinct操作符大致的处理流程如图5-5所示。

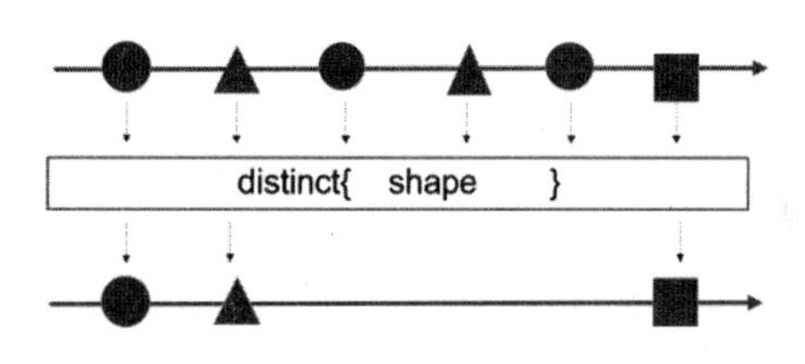

图 5-5　distinct 操作符的处理流程

下面是一个简单的distinct操作符的使用实例：

```
package com.crazymaker.demo.rxJava.basic;
...
@Slf4j
public class FilterOperatorDemo {

    /**
     * 演示distinct的基本使用
     */
    @Test
    public void distinctDemo() {

        Observable.just("apple", "pair", "banana", "apple", "pair")
                .distinct()  //使用disctinct过滤重复元素
                .subscribe(s -> log.info("distinct s->" + s));
    }
}
```

运行程序，结果大致如下：

```
15:05:32.229 [main] INFO  c.c.d.r.b.FilterOperatorDemo - distinct s->apple
15:05:32.234 [main] INFO  c.c.d.r.b.FilterOperatorDemo - distinct s->pair
15:05:32.234 [main] INFO  c.c.d.r.b.FilterOperatorDemo - distinct s->banana
```

从输出结果可以看出，消息流中后面的 "apple"、"pair" 两个元素由于前面已经被弹射过，所以被过滤了。

5.4　转换型操作符

本节介绍RxJava的3个转换型操作符：map操作符、flatMap操作符和scan操作符。

5.4.1　map 操作符

map操作符接收一个转换函数，对Observable弹射的消息流的每一个元素都应用该转换函数，

转换之后的结果从消息流弹出。map操作符返回的消息流由转换函数执行转换之后的结果组成。

map操作符大致的处理流程如图5-6所示。

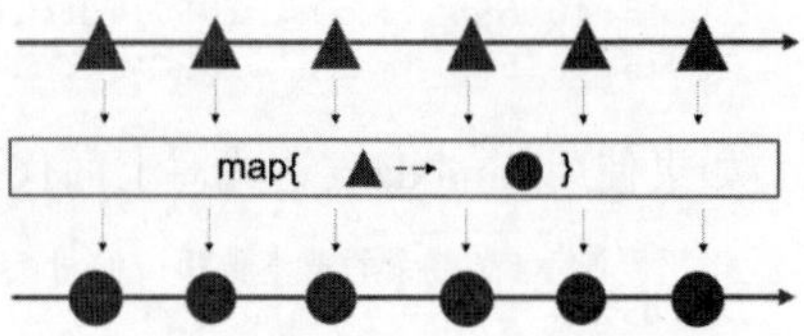

map操作符需要接收一个函数式接口Function<T,R>的对象，该对象实现了接口的apply(T)方法，此方法负责对接收到的实参进行转换，返回转换之后的新值。

图 5-6 map 操作符大致的处理流程

map操作符的使用实例如下：

```
package com.crazymaker.demo.rxJava.basic;
//省略import
@Slf4j
public class TransformationDemo
{
    /*** 演示map转换 */
    @Test
    public void mapDemo()
    {
        Observable.range(1, 4)
                .map(i -> i * i)
                .subscribe(i -> log.info(i.toString()));
    }
    ...
}
```

运行程序，结果大致如下：

```
[main] INFO  c.c.d.r.b.TransformationDemo - 1
[main] INFO  c.c.d.r.b.TransformationDemo - 4
[main] INFO  c.c.d.r.b.TransformationDemo - 9
[main] INFO  c.c.d.r.b.TransformationDemo - 16
```

map操作符从消息流中取一个值，然后返回另一个值，转换的逻辑是一对一的，而flatMap的逻辑并不是如此。

5.4.2 flatMap 操作符

flatMap操作符将输入消息流的任意数量的元素（零项或无穷项）打包成一个新的Observable主题然后弹出。

flatMap操作符的处理流程如图5-7所示。

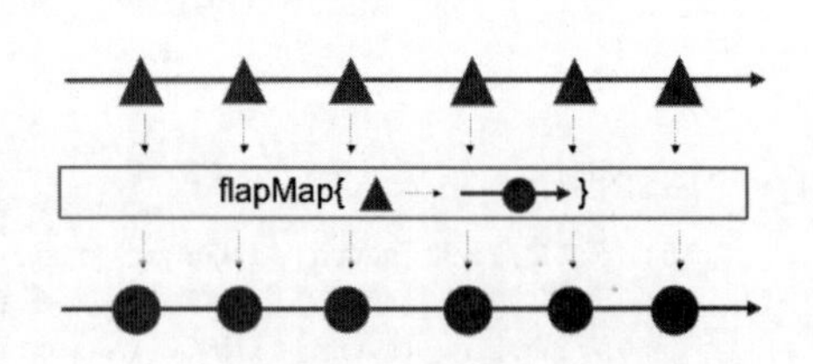

图 5-7 flatMap 操作符的处理流程

flatMap操作符将一个弹射数据的Obscrvablc流，变换成弹射Observable主题对象的新流，新流所弹出的主题对象（元素）会包含原流中的一个或者多个数据元素，其特点如下：

1）flatmap 转换是一对一或者一对多类型的，原来弹射了几个数据，转换之后可以是更多个。

2）flatMap转换同样可以改变弹射的数据类型。

3）flatMap转换后的数据，还是会逐个发射给下游的Subscriber来接收，表面上这些数据是由一个Observable发射的，其实是多个Observable发射然后合并的。

一个简单的flatMap操作符使用实例的代码如下：

```
package com.crazymaker.demo.rxJava.basic;
//省略import
@Slf4j
```

```
public class TransformationDemo
{
    ...
    /**
     * 演示flapMap转换
     */
    @Test
    public void flapMapDemo()
    {
        /**
         * 注意，flatMap中的just所创建的是一个新的流
         */
        Observable.range(1, 4)
                .flatMap(i -> Observable.just(i * i, i * i + 1))
                .subscribe(i -> log.info(i.toString()));
    }
}
```

运行程序，结果大致如下：

```
[main] INFO  c.c.d.r.b.TransformationDemo - 1
[main] INFO  c.c.d.r.b.TransformationDemo - 2
[main] INFO  c.c.d.r.b.TransformationDemo - 4
[main] INFO  c.c.d.r.b.TransformationDemo - 5
[main] INFO  c.c.d.r.b.TransformationDemo - 9
[main] INFO  c.c.d.r.b.TransformationDemo - 10
[main] INFO  c.c.d.r.b.TransformationDemo - 16
[main] INFO  c.c.d.r.b.TransformationDemo - 17
```

由于在转换的过程中flatMap操作符创建了新的Observable主题对象，因此它也可以被归类为创建型操作符。一个更加复杂一点的flatMap操作符的使用实例代码如下：

```
package com.crazymaker.demo.rxJava.basic;
//省略import
@Slf4j
public class TransformationDemo
{
    ...
    /**
     * 演示一个稍微复杂的flapMap转换
     */
    @Test
    public void flapMapDemo2()
    {
        Observable.range(1, 4)
                .flatMap(i -> Observable.range(1, i).toList())
                .subscribe(list -> log.info(list.toString()));
    }

}
```

实例中flatMap把输入流的元素通过range创建型操作符转换成一个Observable对象，然后再调用它的toList()方法转换成包装单个List元素的新Observable主题对象弹出。运行这个演示程序，输出的结果如下：

```
[main] INFO  c.c.d.r.b.TransformationDemo - [1]
[main] INFO  c.c.d.r.b.TransformationDemo - [1, 2]
[main] INFO  c.c.d.r.b.TransformationDemo - [1, 2, 3]
[main] INFO  c.c.d.r.b.TransformationDemo - [1, 2, 3, 4]
```

5.4.3 scan 操作符

scan操作符对一个Observable流序列的每一项数据应用一个累积函数，然后将这个函数的累积结果弹射出去。除了第一项之外，scan操作符会将上一个数据项的累积结果作为下一个数据项在应用累积函数时的输入，所以scan操作符有点类似于递归操作。

现假定累积函数为一个简单的累加函数，使用scan操作符对1到5的数据序列进行扫描，具体的执行流程如图5-8所示。

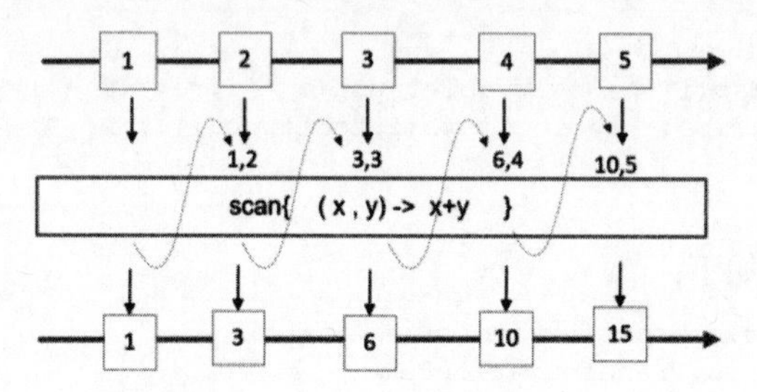

图 5-8 使用 scan 操作符对 1 到 5 的数据流序列进行累加扫描

参考的实现代码如下：

```
package com.crazymaker.demo.rxJava.basic;
//省略import
@Slf4j
public class TransformationDemo
{
    /** 演示scan扫描操作符 */
    @Test
    public void scanDemo()
    {
        /** 定义一个accumulator累积函数 */
        Func2<Integer, Integer, Integer> accumulator = new Func2<Integer, Integer,
Integer>()
        {
            @Override
            public Integer call(Integer input1, Integer input2)
            {
                log.info(" {} + {} = {} ", input1, input2, input1 + input2);
                return input1 + input2;
            }
        };
        /**
         * 使用scan进行流扫描
         */
        Observable.range(1, 5)
                .scan(accumulator)
                .subscribe(new Action1<Integer>()
                {
                    @Override
                    public void call(Integer sum)
                    {
                        log.info(" 累加的结果：{} ", sum);
                    }
                });
    }

}
```

运行以上参考代码，结果部分节选如下：

```
[main] INFO  c.c.d.r.b.TransformationDemo - 累加的结果: 1
[main] INFO  c.c.d.r.b.TransformationDemo - 1 + 2 = 3
[main] INFO  c.c.d.r.b.TransformationDemo - 累加的结果: 3
[main] INFO  c.c.d.r.b.TransformationDemo - 3 + 3 = 6
[main] INFO  c.c.d.r.b.TransformationDemo - 累加的结果: 6
[main] INFO  c.c.d.r.b.TransformationDemo - 6 + 4 = 10
[main] INFO  c.c.d.r.b.TransformationDemo - 累加的结果: 10
[main] INFO  c.c.d.r.b.TransformationDemo - 10 + 5 = 15
[main] INFO  c.c.d.r.b.TransformationDemo - 累加的结果: 15
```

在以上实例中，scan操作符对原Observable流所弹射的第一项数据1应用了accumulator累积函数，然后将累积函数的结果1作为输出流的第一项数据弹射出去；接下来，它将第一个结果连同原Observable流的第二项数据2一起，再填充给accumulator累积函数，之后将累积结果3作为输出流的第二项数据弹射出去。scan操作符持续重复这个过程，不断对原流进行累积，直到最后一个数据项的累积结果从输出流弹射出去为止。

5.5 聚合操作符

本节介绍RxJava的两个聚合型操作符：count操作符和reduce操作符。

5.5.1 count 操作符

count操作符用来对原Observable流的数据项进行计数，最后将总数给弹射出去。如果原流弹射错误，则会将错误直接报出来。在原Observable流没有终止前，count操作符是不会弹射统计数据的。

使用scan操作符对数据流序列进行计数，具体的执行流程如图5-9所示。

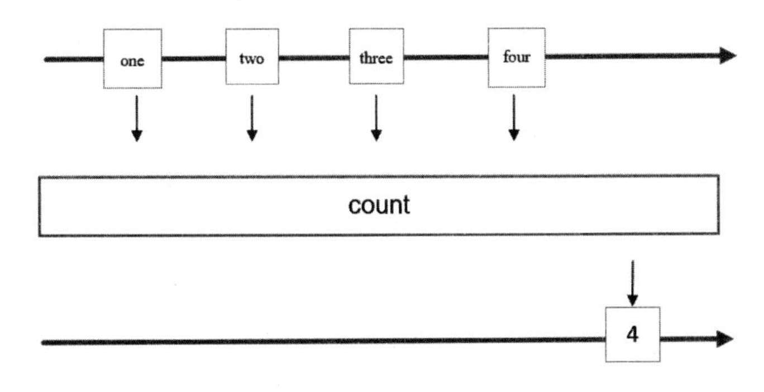

图 5-9　使用 count 操作符对数据流序列进行计数

下面是一个使用count操作符的简单例子，代码如下：

```
package com.crazymaker.demo.rxJava.basic;
//省略import
@Slf4j
public class AggregateDemo
{
    /**
     * 演示count计数操作符
     */
```

```
    @Test
    public void countDemo()
    {
        String[] items = {"one", "two", "three","four"};
        Integer count = Observable
                .from(items)
                .count()
                .toBlocking().single();
        log.info("计数的结果为 {}",count);
    }

}
```

运行以上代码，输出的结果部分节选如下：

```
[main] INFO  c.c.d.r.basic.AggregateDemo - 计数的结果为 4
```

可以看出，count操作符将一个原Observable流转换成一个弹射单个值的Observable输出流，输出流的唯一数据项的值为原Observable流所弹射的数据项数量。

在上面的代码中，为了获取count输出流中的数据项，使用了Observable.toBlocking().single()两个操作符。其中，Observable.toBlocking()操作返回了一个BlockingObservable阻塞型实例，该类型不是一种新的数据流，仅仅是对原Observable流的包装，只是该类型会阻塞当前线程，等待直到内部的原Observable流弹射了自己想要的数据；BlockingObservable.single() 方法，表示阻塞当前线程，直到从封装的原Observable流获取到唯一的弹射数据元素项，如果原Observable流弹射出的数据元素不止一个，single()方法会抛出异常。

5.5.2 reduce 操作符

reduce操作符对一个Observable流序列的每一项应用一个规约函数，最后将流的最终规约计算结果弹射出去。除了第一项之外，reduce操作符会将上一个数据项的应用规约函数的结果作为下一个数据项在应用规约函数时的输入，所以，和scan操作符一样，reduce操作符也有点类似于递归操作。

现假定规约函数为一个简单的累加函数，使用reduce操作符对1到5的数据序列流进行规约，其具体的规约流程如图5-10所示。

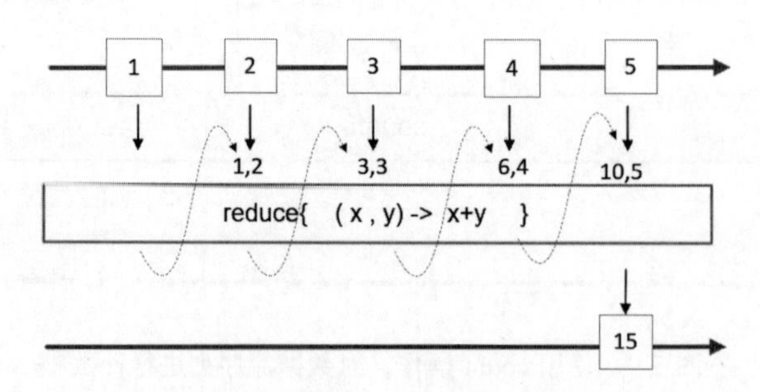

图 5-10 reduce 操作符对 1 到 5 的数据序列流的规约流程

参考的实现代码如下：

```
package com.crazymaker.demo.rxJava.basic;
//省略import
@Slf4j
public class AggregateDemo
{
    /**
```

```
     * 演示reduce规约操作符
     */
    @Test
    public void reduceDemo()
    {
        /**
         * 定义一个accumulator规约函数
         */
        Func2<Integer, Integer, Integer> accumulator = new Func2<Integer, Integer,
Integer>()
        {
            @Override
            public Integer call(Integer input1, Integer input2)
            {
                log.info(" {} + {} = {}  ", input1, input2, input1 + input2);
                return input1 + input2;
            }
        };

        /**
         * 使用reduce进行流规约
         */
        Observable.range(1, 5)
                .reduce(accumulator)
                .subscribe(new Action1<Integer>()
                {
                    @Override
                    public void call(Integer sum)
                    {
                        log.info(" 规约的结果: {} ", sum);
                    }
                });
    }
}
```

运行以上参考代码，输出的结果节选如下：

```
[main] INFO  c.c.d.r.basic.AggregateDemo -  1 + 2 = 3
[main] INFO  c.c.d.r.basic.AggregateDemo -  3 + 3 = 6
[main] INFO  c.c.d.r.basic.AggregateDemo -  6 + 4 = 10
[main] INFO  c.c.d.r.basic.AggregateDemo -  10 + 5 = 15
[main] INFO  c.c.d.r.basic.AggregateDemo -  规约的结果: 15
```

以上实例代码中，reduce操作符对原Observable流所弹射的第一项数据1应用规约函数，得到中间结果1；然后它将第一个中间结果1连同原流的第二项数据2一起，再填充给accumulator规约函数，得到中间结果3。reduce持续对原流进行迭代，一直到原流的最后一个数据项5，reduce将5连同中间结果10一起填充给accumulator规约函数，得到最终结果15。最后，reduce会将最终结果15作为输出流的数据项弹射出去。

reduce操作符与前面介绍的scan扫描操作符很类似，只是scan会弹出每次计算的中间结果，而reduce只会弹出最后的结果。

5.6　其他操作符

本节介绍RxJava的其他比较常用的操作符：take操作符和window操作符。

5.6.1 take 操作符

take操作符用于根据索引在原流上进行元素的挑选操作，挑选原流上的n个元素。如果原流序列中的项少于指定索引，则抛出错误。

take操作符大致的处理流程如图5-11所示。

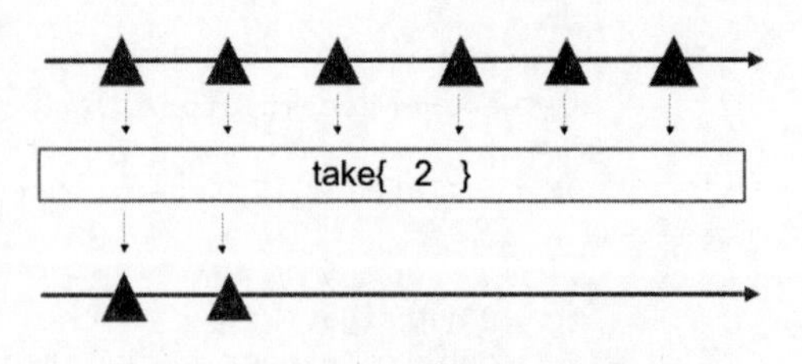

图 5-11 take 操作符大致的处理流程

下面是一个使用take操作符完成10秒倒计时的演示实例，代码如下：

```
package com.crazymaker.demo.rxJava.basic;
...
@Slf4j
public class OtherOperatorDemo
{
    ...
    /**
     * 演示take操作符
     * 这是一个10秒倒计时实例
     */
    @Test
    public void takeDemo() throws InterruptedException
    {
        Observable.interval(1, TimeUnit.SECONDS)  //设置执行间隔
                .take(10) //10秒倒计时
                .map(aLong -> 10 - aLong)
                .subscribe(aLong -> log.info(aLong.toString()));
        Thread.sleep(Integer.MAX_VALUE);
    }

}
```

运行这个演示程序，输出的结果大致如下：

```
[RxComputationScheduler-1] INFO  c.c.d.r.b.OtherOperatorDemo - 10
[RxComputationScheduler-1] INFO  c.c.d.r.b.OtherOperatorDemo - 9
[RxComputationScheduler-1] INFO  c.c.d.r.b.OtherOperatorDemo - 8
[RxComputationScheduler-1] INFO  c.c.d.r.b.OtherOperatorDemo - 7
[RxComputationScheduler-1] INFO  c.c.d.r.b.OtherOperatorDemo - 6
[RxComputationScheduler-1] INFO  c.c.d.r.b.OtherOperatorDemo - 5
[RxComputationScheduler-1] INFO  c.c.d.r.b.OtherOperatorDemo - 4
[RxComputationScheduler-1] INFO  c.c.d.r.b.OtherOperatorDemo - 3
[RxComputationScheduler-1] INFO  c.c.d.r.b.OtherOperatorDemo - 2
[RxComputationScheduler-1] INFO  c.c.d.r.b.OtherOperatorDemo - 1
```

skip操作符与take操作符类似，也是用于根据索引在原流上进行元素的挑选操作，只是take是取前n个元素，而skip是跳过前n个元素。注意，如果序列中的项少于指定索引，则两个函数都将抛出错误。

5.6.2 window 操作符

RxJava的窗口可以理解为固定数量（或者固定时间间隔）的元素分组。假定通过window操作符以固定数量n进行窗口划分，一旦流上弹射的元素的数量大于一个窗口的数量n，则输出流上将弹出一个新的元素，输出元素是一个Observable主题对象，该主题包含了原流的窗口之内的n个元素。

使用window操作符创建固定数量窗口（滚动窗口）的大致处理流程如图5-12所示。

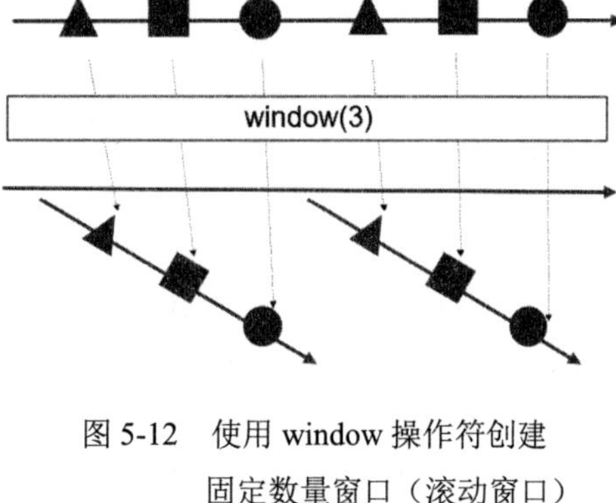

图 5-12　使用 window 操作符创建固定数量窗口（滚动窗口）

一个使用window操作符以固定数量进行元素分组的示例如下：

```
package com.crazymaker.demo.rxJava.basic;
//省略import
@Slf4j

public class WindowDemo
{

    /**
     * 演示window创建操作符创建滑动窗口
     */
    @Test
    public void simpleWindowObserverDemo()
    {
        List<Integer> srcList = Arrays.asList(10, 11, 20, 21, 30, 31);
        Observable.from(srcList)
                .window(3) //以固定数量分组
                .flatMap(o -> o.toList())
                .subscribe(list -> log.info(list.toString()));
    }
    ...
}
```

运行这个演示程序，输出的结果如下：

```
[main] INFO  c.c.d.rxJava.basic.WindowDemo - [10, 11, 20]
[main] INFO  c.c.d.rxJava.basic.WindowDemo - [21, 30, 31]
```

在使用window进行分组时，不同窗口的元素还可以重叠，可以理解成滑动窗口。

创建重叠窗口使用函数window（int count，int skip），其中第一个参数为窗口的元素个数，第二个参数为下一个窗口跳过的元素个数。使用window操作符创建重叠窗口的处理流程如图5-13所示。

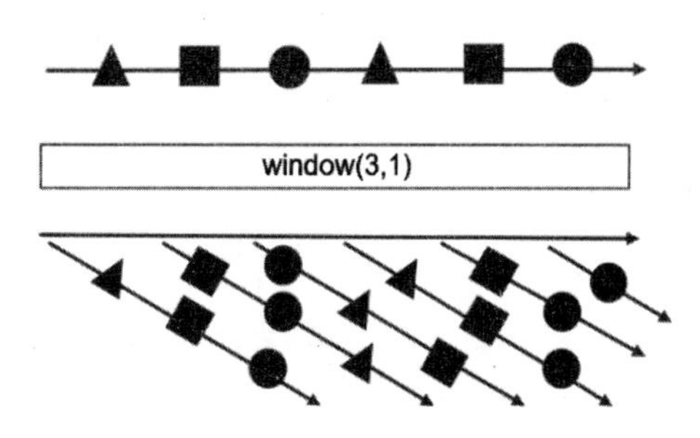

图 5-13　使用 window 操作符创建重叠窗口（滑动窗口）

使用window操作符以固定数量创建重叠窗口的示例如下：

```
package com.crazymaker.demo.rxJava.basic;
//省略import
@Slf4j

public class WindowDemo
{
   ...
   /**
    * window创建操作符 创建滑动窗口
    * 演示window创建操作符   创建滑动窗口
    */
   @Test
   public void windowObserverDemo()
   {
```

```
        List<Integer> srcList = Arrays.asList(10, 11, 20, 21, 30, 31);
        Observable.from(srcList)
                .window(3, 1)
                .flatMap(o -> o.toList())
                .subscribe(list -> log.info(list.toString()));
    }
  ...
  }
```

运行这个演示程序，输出的结果如下：

```
[main] INFO  c.c.d.rxJava.basic.WindowDemo - [10, 11, 20]
[main] INFO  c.c.d.rxJava.basic.WindowDemo - [11, 20, 21]
[main] INFO  c.c.d.rxJava.basic.WindowDemo - [20, 21, 30]
[main] INFO  c.c.d.rxJava.basic.WindowDemo - [21, 30, 31]
[main] INFO  c.c.d.rxJava.basic.WindowDemo - [30, 31]
[main] INFO  c.c.d.rxJava.basic.WindowDemo - [31]
```

RxJava的窗口还可以按照固定时间间隔进行分组。一个使用window操作符以固定时间间隔创建不重叠窗口的示例如下：

```
package com.crazymaker.demo.rxJava.basic;
//省略import

@Slf4j

public class WindowDemo
{
    ...
    /**
     * window创建操作符 创建时间窗口
     * 演示  window创建操作符   创建时间窗口
     */
    @Test
    public void timeWindowObserverDemo() throws InterruptedException
    {

        Observable eventStream = Observable
                .interval(100, TimeUnit.MILLISECONDS);
        eventStream.window(300, TimeUnit.MILLISECONDS)
                .flatMap(o -> ((Observable<Integer>) o).toList())
                .subscribe(list -> log.info(list.toString()));

        Thread.sleep(Integer.MAX_VALUE);
    }
    ...
}
```

在此示例中，window操作符以 300毫秒的固定间隔划分出非重叠窗口，每个窗口保持300毫秒的时间，从而确保输入流eventStream接收到3个值，直到停止。

运行这个演示程序，输出的结果如下：

```
[RxComputationScheduler-1] INFO  c.c.d.rxJava.basic.WindowDemo - [0, 1]
[RxComputationScheduler-1] INFO  c.c.d.rxJava.basic.WindowDemo - [2, 3, 4]
[RxComputationScheduler-1] INFO  c.c.d.rxJava.basic.WindowDemo - [5, 6, 7]
[RxComputationScheduler-1] INFO  c.c.d.rxJava.basic.WindowDemo - [8, 9, 10]
...
```

5.7　RxJava 的 Scheduler 调度器

顾名思义，Scheduler是一种用来对RxJava流操作进行调度的类，从Scheduler的工厂方法可以获取现有调度器实现，获取方法如下：

1）Schedulers.io()：用于获取内部的ioScheduler调度器实例。

2）Schedulers.newThread()：用于获取内部的newThreadScheduler调度器实现，该调度器为RxJava流操作创建一个新线程。

3）Schedulers.computation()：用于获取内部的computationScheduler调度器实例。

4）Schedulers.trampoline()：使用当前线程立即执行RxJava流操作。

5）Schedulers.single ()：使用RxJava内置的单例线程执行RxJava流操作。

以上5个获取调度器的方法具体介绍如下：

（1）Schedulers.io()

获取内部的ioScheduler调度器实例，主要用于IO密集型的流操作，例如读写SD卡文件、查询数据库、访问网络等。此调度器具有线程缓存机制，在接收到任务后，先检查线程缓存池中是否有空闲的线程，如果有则复用，如果没有则创建新的线程并加入IO专用线程池中，如果专用线程池每次都没有空闲线程使用则可以无上限地创建新线程。

（2）Schedulers.newThread()

每执行一个RxJava流操作就创建一个新的线程，不具有线程缓存机制，因为创建一个新的线程比复用一个线程更耗时耗力，Schedulers.newThread()的效率没有Schedulers.io()高。

（3）Schedulers.computation()

返回具有固定线程池的内部computationScheduler调度器实例，用于执行CPU密集型的流操作，线程数大小为CPU的核数。不可以用于I/O操作，例如不能用于XML/JSON文件的解析、Bitmap图片的压缩取样等，因为I/O操作会浪费CPU时间。

（4）Schedulers.trampoline()

在当前线程立即执行流操作，如果当前线程有流操作在执行，则立即暂停，等插入进来的任务执行完之后，再将未完成的任务接着执行。

（5）Schedulers.single()

RxJava拥有一个专用的线程单例，此调度器负责的所有的流操作都在这一个线程中执行，当此线程中有任务执行时，其他任务将会按照先进先出的顺序依次排队。

一个简单的调度器使用实例的代码如下：

```
package com.crazymaker.demo.rxJava.basic;
import lombok.extern.slf4j.Slf4j;
import org.junit.Test;
import rx.Observable;
import rx.Subscriber;
import rx.schedulers.Schedulers;
```

```
@Slf4j
public class SchedulerDemo {
    /**
     * 演示Schedulers的基本使用
     */
    @Test
    public void testScheduler() throws InterruptedException {
        //被观察者
        Observable observable = Observable.create(
                new Observable.OnSubscribe<String>() {
                    @Override
                    public void call(Subscriber<? super String> subscriber) {
                        for (int i = 0; i < 5; i++) {
                            log.info("produce ->" + i);
                            subscriber.onNext(String.valueOf(i));
                        }
                        subscriber.onCompleted();
                    }
                });

        //订阅Observable与Subscriber之间依然通过subscribe()进行关联。
        observable
                //使用具有线程缓存机制的可复用线程
                .subscribeOn(Schedulers.io())
                //每执行一个任务就创建一个新的线程
                .observeOn(Schedulers.newThread())
                .subscribe(s -> {
                    log.info("consumer ->" + s);
                });

        Thread.sleep(Integer.MAX_VALUE);
    }
}
```

运行这个演示程序，输出的部分结果如下：

```
17:04:17.922 [RxIoScheduler-2] INFO  c.c.d.r.b.SchedulerDemo - produce ->0
17:04:17.932 [RxIoScheduler-2] INFO  c.c.d.r.b.SchedulerDemo - produce ->1
17:04:17.932 [RxNewThreadScheduler-1] INFO  c.c.d.r.b.SchedulerDemo - consumer ->0
17:04:17.933 [RxIoScheduler-2] INFO  c.c.d.r.b.SchedulerDemo - produce ->2
17:04:17.933 [RxNewThreadScheduler-1] INFO  c.c.d.r.b.SchedulerDemo - consumer ->1
17:04:17.933 [RxIoScheduler-2] INFO  c.c.d.r.b.SchedulerDemo - produce ->3
17:04:17.933 [RxNewThreadScheduler-1] INFO  c.c.d.r.b.SchedulerDemo - consumer ->2
17:04:17.933 [RxIoScheduler-2] INFO  c.c.d.r.b.SchedulerDemo - produce ->4
17:04:17.933 [RxNewThreadScheduler-1] INFO  c.c.d.r.b.SchedulerDemo - consumer ->3
17:04:17.933 [RxNewThreadScheduler-1] INFO  c.c.d.r.b.SchedulerDemo - consumer ->4
```

通过上面的代码可以看出，RxJava提供了两个方法来改变流操作的调度器：

1）subscribeOn()：主要改变的是弹射的线程。

2）observeOn()：主要改变的是订阅的线程。

在RxJava中，创建操作符创建的Observable主题的弹射任务将由其后最近的subscribeOn()设置的调度器负责。

在RxJava中，Observable主题的下游消费型操作（如流转换等）的线程调度将由其前面的最近的observeOn()设置的调度器负责。observeOn()可以多次设定，每一次设定都对处于下一次observeOn()设定之前的流操作产生作用。

5.8 背　　压

本节首先介绍什么是背压（backpressure）问题，然后介绍一下背压问题的几种应对模式。

5.8.1 什么是背压问题

当上下游的流操作处于不同的线程时，如果上游弹射数据的速度快于下游接收处理数据的速度，这样对于那些没来得及处理的数据就会造成积压，这些数据既不会丢失，也不会被垃圾回收机制回收，而是存放在一个异步缓存池中，如果缓存池中的数据一直得不到处理，越积越多，最后就会造成内存溢出，这便是响应式编程中的背压问题。

一个存在背压问题的演示实例代码如下：

```
package com.crazymaker.demo.rxJava.basic;
//省略import
@Slf4j
public class BackpressureDemo {
    /**
     * 演示不使用背压
     */
    @Test
    public void testNoBackpressure() throws InterruptedException {
        //被观察者（主题）
        Observable observable = Observable.create(
                new Observable.OnSubscribe<String>() {
                    @Override
                    public void call(Subscriber<? super String> subscriber) {
                        //循环10次
                        for (int i = 0;i<10 ; i++) {
                             log.info("produce ->" + i);
                            subscriber.onNext(String.valueOf(i));
                        }
                    }
                });
        //观察者
        Action1<String> subscriber = new Action1<String>() {
          public  void call(String s){
                try {
                    //每消费一次，间隔50毫秒
                    Thread.sleep(50);
                } catch (InterruptedException e) {
                    e.printStackTrace();
                }
                log.info("consumer ->" + s);
            }

        };
  //订阅：observable与subscriber之间依然通过subscribe()进行关联。
        observable
                .subscribeOn(Schedulers.io())
                .observeOn(Schedulers.newThread())
                .subscribe(subscriber);
```

```
        Thread.sleep(Integer.MAX_VALUE);
    }
}
```

在实例代码中，observable发射操作执行在一条通过Schedulers.io()调度器获取的io线程上，而观察者Subscriber的消费操作执行在另一条通过Schedulers.newThread()调度器获取的新线程上。Observable流不断发送数据，累积发送10次；观察者Subscriber每隔50毫秒接收一条数据。

运行上面的演示程序，输出的结果如下：

```
17:56:17.719 [RxIoScheduler-2] INFO  c.c.d.r.b.BackpressureDemo - produce ->0
17:56:17.723 [RxIoScheduler-2] INFO  c.c.d.r.b.BackpressureDemo - produce ->1
17:56:17.723 [RxIoScheduler-2] INFO  c.c.d.r.b.BackpressureDemo - produce ->2
17:56:17.723 [RxIoScheduler-2] INFO  c.c.d.r.b.BackpressureDemo - produce ->3
17:56:17.723 [RxIoScheduler-2] INFO  c.c.d.r.b.BackpressureDemo - produce ->4
17:56:17.723 [RxIoScheduler-2] INFO  c.c.d.r.b.BackpressureDemo - produce ->5
17:56:17.723 [RxIoScheduler-2] INFO  c.c.d.r.b.BackpressureDemo - produce ->6
17:56:17.723 [RxIoScheduler-2] INFO  c.c.d.r.b.BackpressureDemo - produce ->7
17:56:17.723 [RxIoScheduler-2] INFO  c.c.d.r.b.BackpressureDemo - produce ->8
17:56:17.723 [RxIoScheduler-2] INFO  c.c.d.r.b.BackpressureDemo - produce ->9
17:56:17.774 [RxNewThreadScheduler-1] INFO  c.c.d.r.b.BackpressureDemo - consumer ->0
17:56:17.824 [RxNewThreadScheduler-1] INFO  c.c.d.r.b.BackpressureDemo - consumer ->1
17:56:17.875 [RxNewThreadScheduler-1] INFO  c.c.d.r.b.BackpressureDemo - consumer ->2
17:56:17.925 [RxNewThreadScheduler-1] INFO  c.c.d.r.b.BackpressureDemo - consumer ->3
17:56:17.976 [RxNewThreadScheduler-1] INFO  c.c.d.r.b.BackpressureDemo - consumer ->4
17:56:18.027 [RxNewThreadScheduler-1] INFO  c.c.d.r.b.BackpressureDemo - consumer ->5
17:56:18.078 [RxNewThreadScheduler-1] INFO  c.c.d.r.b.BackpressureDemo - consumer ->6
17:56:18.129 [RxNewThreadScheduler-1] INFO  c.c.d.r.b.BackpressureDemo - consumer ->7
17:56:18.179 [RxNewThreadScheduler-1] INFO  c.c.d.r.b.BackpressureDemo - consumer ->8
17:56:18.230 [RxNewThreadScheduler-1] INFO  c.c.d.r.b.BackpressureDemo - consumer ->9
```

上面的程序有一个特点：生产者Observable弹射数据的速度大于下游消费者Subscriber接收处理数据的速度，但是由于数据量小，上面的程序运行起来也没有出现问题。

简单修改一下生产者，将原来的弹射10条改成无限制地弹射，代码如下：

```
//被观察者（主题）
        Observable observable = Observable.create(
                new Observable.OnSubscribe<String>() {
                    @Override
                    public void call(Subscriber<? super String> subscriber) {
                        //无限制地循环
                        for (int i = 0;  ; i++) {
                            //log.info("produce ->" + i);
                            subscriber.onNext(String.valueOf(i));

                        }
                    }
                });
```

再次运行演示程序，抛出的异常如下：

```
    Caused by: rx.exceptions.MissingBackpressureException
    at rx.internal.operators.OperatorObserveOn$ObserveOnSubscriber.onNext
(OperatorObserveOn.java:160)
    at rx.internal.operators.OperatorSubscribeOn$SubscribeOnSubscriber.onNext
(OperatorSubscribeOn.java:74)
    at com.crazymaker.demo.rxJava.basic.BackpressureDemo$1.call
(BackpressureDemo.java:24)
    at com.crazymaker.demo.rxJava.basic.BackpressureDemo$1.call
(BackpressureDemo.java:19)
```

```
    at rx.Observable.unsafeSubscribe(Observable.java:10327)
    at rx.internal.operators.OperatorSubscribeOn$SubscribeOnSubscriber.call
(OperatorSubscribeOn.java:100)
    at rx.internal.schedulers.CachedThreadScheduler$EventLoopWorker$1.call
(CachedThreadScheduler.java:230)
        ... 9 more
```

异常原因：由于上游Observable弹射数据的速度远远大于下游通过Subscriber接收的速度，导致observable用于暂存弹射数据的队列空间耗尽，造成上游数据积压。

5.8.2　背压问题的几种应对模式

如何应对背压问题呢？在创建主题时，可以使用Observable类的一个重载的create方法设置具体的背压模式，具体如下：

```
    public static <T> Observable<T> create(Action1<Emitter<T>> emitter,
Emitter.BackpressureMode backpressure) {
        return unsafeCreate(new OnSubscribeCreate<T>(emitter, backpressure));
    }
```

此方法的第二个参数用于指定一种背压模式。背压的模式有多种，比较常用的有“最近模式”Emitter.BackpressureMode.LATEST。这种模式的含义为：如果消费跟不上，则仅缓存最近弹射出来的数据，将老旧一点的数据直接丢弃。

使用“最近模式”背压，改写上一小节的测试用例，具体如下：

```
    /**
     * 演示使用“最近模式”背压
     */
    @Test
    public void testBackpressure() throws InterruptedException {
        //主题实例，使用背压
        Observable observable = Observable.create(
                new Action1<Emitter<String>> () {
                    @Override
                    public void call(Emitter<String> emitter) {
                        ////无限循环
                        for (int i = 0; ; i++) {
                            //log.info("produce ->" + i);
                            emitter.onNext(String.valueOf(i));
                        }
                    }
                }, Emitter.BackpressureMode.LATEST);

        //订阅者（观察者）
        Action1<String> subscriber = new Action1<String>() {
            public void call(String s) {
                try {
                    //每消费一次，间隔50毫秒
                    Thread.sleep(3);
                } catch (InterruptedException e) {
                    e.printStackTrace();
                }
                log.info("consumer ->" + s);
            }
        };
        //订阅 : observable与subscriber之间依然通过subscribe()进行关联
```

```
        observable
                .subscribeOn(Schedulers.io())
                .observeOn(Schedulers.newThread())
                .subscribe(subscriber);
        Thread.sleep(Integer.MAX_VALUE);
    }
```

运行这个演示程序，输出的结果节选如下：

```
    18:51:54.736 [RxNewThreadScheduler-1] INFO  c.c.d.r.b.BackpressureDemo - consumer ->0
    18:51:54.745 [RxNewThreadScheduler-1] INFO  c.c.d.r.b.BackpressureDemo - consumer ->1
    //省略部分输出
    18:51:55.217 [RxNewThreadScheduler-1] INFO  c.c.d.r.b.BackpressureDemo - consumer
->123
    18:51:55.220 [RxNewThreadScheduler-1] INFO  c.c.d.r.b.BackpressureDemo - consumer
->124
    18:51:55.224 [RxNewThreadScheduler-1] INFO  c.c.d.r.b.BackpressureDemo - consumer
->125
    18:51:55.228 [RxNewThreadScheduler-1] INFO  c.c.d.r.b.BackpressureDemo - consumer
->126
    18:51:55.232 [RxNewThreadScheduler-1] INFO  c.c.d.r.b.BackpressureDemo - consumer
->127
    18:51:55.236 [RxNewThreadScheduler-1] INFO  c.c.d.r.b.BackpressureDemo - consumer
->7337652
    18:51:55.240 [RxNewThreadScheduler-1] INFO  c.c.d.r.b.BackpressureDemo - consumer
->7337653
    18:51:55.244 [RxNewThreadScheduler-1] INFO  c.c.d.r.b.BackpressureDemo - consumer
->7337654
    //省略部分输出
    18:51:55.595 [RxNewThreadScheduler-1] INFO  c.c.d.r.b.BackpressureDemo - consumer
->7337747
    18:51:55.598 [RxNewThreadScheduler-1] INFO  c.c.d.r.b.BackpressureDemo - consumer
->14161628
```

从输出可以看到，上游主题连续不断地弹射，下游订阅者在接收完127后，直接跳到了7337652中间弹射出来的几百万条旧一点的数据直接被丢弃了。

除了“最近模式”Emitter.BackpressureMode.LATEST，RxJava在Emitter<T>接口中通过一个枚举常量定义了以下几种背压模式：

```
    enum BackpressureMode {
        /**
         * No backpressure is applied。无背压模式
         *可能导致rx.exceptions.MissingBackpressureException异常
         *或者IllegalStateException异常
         */
        NONE,
        /**
         * 抛出rx.exceptions.MissingBackpressureException异常，如果消费者跟不上时
         */
        ERROR,
        /**
         *缓存所有的onNext方法弹射出来的消息，等待消费者慢慢地消费
         */
        BUFFER,
        /**
         *如果下游消费跟不上，丢弃onNext方法弹射出来的新消息
         */
        DROP,
        /**
         *如果消费者跟不上，丢掉旧的消息，缓存onNext方法弹射出来的新消息
```

```
        */
        LATEST
    }
```

对于以上的RxJava背压模式，具体的介绍如下：

（1）BackpressureMode.NONE和BackpressureMode.ERROR

在这两种模式中发送的数据，不使用背压。当上游Observable主题弹射数据的速度大于下游通过Subscriber接收的速度，造成上游数据积压时，会抛出MissingBackpressureException异常。

（2）BackpressureMode.BUFFER

在这种模式下，有一个无限的缓冲区（初始化时是128）。下游消费不了的元素，统统都会放到缓冲区中。如果缓冲区中持续地积累，会导致内存耗尽，最终抛出OutOfMemoryException异常。

（3）BackpressureMode.DROP

这种模式下Observable主题使用固定大小为1的缓冲区。如果下游订阅者无法处理，则流的第一个元素会缓存下来，后续的会被丢弃。

（4）BackpressureMode.LATEST

这种模式与BackpressureMode.DROP类似，并且Observable主题也使用固定大小为1的缓冲区。BackpressureMode.LATEST的缓存策略是使用最新的弹出元素替换缓冲区缓存的元素。当消费者可以处理下一个元素时，它收到的是Observable最近一次弹出的元素。

第 6 章 Hystrix RPC保护的原理

本章从Spring Cloud架构中RPC保护的目标开始介绍，为大家揭开Hystrix RPC的核心原理的神秘面纱，让大家在使用Hystrix和对它进行配置时，做到知其然也能知其所以然。

6.1 RPC 保护的目标

在分布式多节点集群架构系统内部的节点之间进行RPC保护的目标大致如下：

（1）最为重要的目标，避免整个系统出现级联失败而雪崩

在RPC调用过程中，需要防止由于单个服务的故障而耗尽整个服务集群的线程资源，避免分布式环境里大量级联失败。

（2）RPC调用能够相互隔离

为每一个目标服务维护一个线程池（或信号量），即使其中某个目标服务的调用资源被耗尽，也不会影响到对其他服务的RPC调用。当目标服务的线程池（或信号量）被耗尽时，则拒绝RPC调用。

（3）能够快速的降级和恢复

当RPC目标服务故障时，能够快速和优雅地降级；当RPC目标服务失效后又恢复正常时，能快速恢复。

（4）能够对RPC调用提供接近实时的监控和警报

监控信息包括请求成功、请求失败、请求超时和线程拒绝。如果对特定服务RPC调用的错误百分比超过阈值，则后续的RPC调用自动失败，一段时间内停止对该服务的所有请求。

前面第3章内容介绍过Spring Cloud在调用处理器中使用了HystrixCommand命令封装RPC调用，从而实现RPC保护。

6.2 HystrixCommand 简介

Hystrix使用命令模式，并结合RxJava的响应式编程和滑动窗口技术，实现了对外部服务RPC调用的保护。

Hystrix实现了HystrixCommand或HystrixObservableCommand两个命令类，用于封装需要保护的RPC调用。由于其中的HystrixObservableCommand命令不具备同步执行的能力、只具备异步执行能力，而HystrixCommand命令却都具备，并且Spring Cloud中重点使用了HystrixCommand，因此本章将以HystrixCommand命令为着重点介绍Hystrix的原理和使用。

6.2.1 HystrixCommand 的使用

如果不是在Spring Cloud的开发环境中使用HystrixCommand命令，则需要增加其Maven的依赖坐标，大致如下：

```
<dependency>
  <groupId>com.netflix.hystrix</groupId>
  <artifactId>hystrix-core</artifactId>
  </dependency>
```

独立使用HystrixCommand命令，主要涉及以下两个步骤：

步骤01 继承 HystrixCommand 类，将正常的业务逻辑实现在继承的 run 方法中，将回退的业务逻辑实现在继承的 getFallback 方法中。

步骤02 使用 HystrixCommand 类提供的启动方法，执行启动命令。

HystrixCommand命令的run方法是异步调用（或者同步调用）时被调度执行的方法，getFallback方法是当run执行异常（或超时等）时的失败回退方法。

使用HystrixCommand命令时，需要通过它的启动方法（如execute）去启动HystrixCommand执行。这个过程有点像使用Thread时通过start去启动run的执行。

HystrixCommand命令的完整执行过程比较复杂，简化版本的HystrixCommand命令的执行过程大致如图6-1所示。

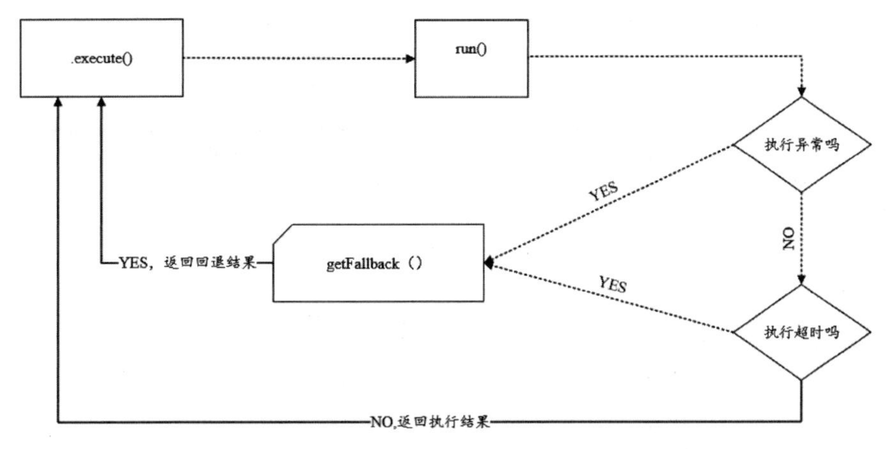

图 6-1 简化版本的 HystrixCommand 命令的执行过程

下面通过继承HystrixCommand创建一个简单的HTTP请求命令，并且对HTTP请求过程中执行的总次数、失败的总次数进行了统计，具体的代码如下：

```java
package com.crazymaker.demo.hystrix;
//省略import
@Slf4j
public class HttpGetterCommand extends HystrixCommand<String>
{
    private String url;
    //run方法是否执行
    private boolean hasRun = false;
    //执行的次序
    private int index;
    //执行的总次数，线程安全
    private static AtomicInteger total = new AtomicInteger(0);
    //失败的总次数，线程安全
    private static AtomicInteger failed = new AtomicInteger(0);

    public HttpGetterCommand(String url, Setter setter)
    {
        super(setter);
        this.url = url;
    }

    @Override
    protected String run() throws Exception
    {
        hasRun = true;
        index = total.incrementAndGet();
        log.info("req{} begin...", index);
        String responseData = HttpRequestUtil.simpleGet(url);
        log.info(" req{} end: {}", index, responseData);
        return "req" + index + ":" + responseData;
    }

    @Override
    protected String getFallback()
    {
        //是否直接失败
        boolean isFastFall = !hasRun;
        if (isFastFall)
        {
            index = total.incrementAndGet();
        }
        if (super.isCircuitBreakerOpen())
        {
            HystrixCommandMetrics.HealthCounts hc = super.getMetrics().getHealthCounts();
            log.info("window totalRequests: {},errorPercentage:{}",
                    hc.getTotalRequests(),//滑动窗口总的请求数
                    hc.getErrorPercentage());//滑动窗口出错比例
        }

        //熔断器是否打开
        boolean isCircuitBreakerOpen = isCircuitBreakerOpen();
        log.info("req{} fallback: 熔断{},直接失败 {}, 失败次数{}",
                index,
                isCircuitBreakerOpen,
                isFastFall,
                failed.incrementAndGet());
```

```
        return "req" + index + ":调用失败";
    }
}
```

以上自定义的HTTP请求命令HttpGetterCommand继承了HystrixCommand，并且实现了该基类的run和getFallback两个方法。在构造函数中，使用HystrixCommand.Setter配置实例对该基类的实例进行了初始化。

HttpGetterCommand的测试用例代码大致如下：

```
package com.crazymaker.demo.hystrix;
...
@Slf4j
public class HystryxCommandExcecuteDemo
{

  /*** 测试HttpGetterCommand  */
    @Test
    public void testHttpGetterCommand() throws Exception
    {
        /**
         *  构造配置实例
         */
        HystrixCommand.Setter setter = HystrixCommand.Setter
                .withGroupKey(HystrixCommandGroupKey.Factory.asKey("group-1"))
                .andCommandKey(HystrixCommandKey.Factory.asKey("command-1"))
                .andThreadPoolKey(HystrixThreadPoolKey.Factory.asKey("threadPool-1"));
      /**测试HttpGetterCommand */
        String result =new HttpGetterCommand(HELLO_TEST_URL, setter).execute();
        log.info("result={}", result);

    }
}
```

用例中首先构造一个配置实例setter，配置了非常基础的命令组Key（GroupKey）、命令Key（CommandKey）、线程池Key（ThreadPoolKey）三个配置项，然后创建HttpGetterCommand实例并使用execute()执行该命令，执行的结果大致如下：

```
[hystrix-testThreadPool-1] INFO  c.c.d.h.HttpGetterCommand - req1 begin...
[hystrix-testThreadPool-1] INFO  c.c.d.h.HttpGetterCommand - req1 fallback: 熔断false,
直接失败false, 失败次数 1
[main] INFO  c.c.d.h.HystryxCommandExcecuteDemo  - result=req1:调用失败
```

这里的HttpGetterCommand实例所请求的地址是一个常量，其值如下：

```
    /**
     * 演示用地址: demo-provider的REST接口  /api/demo/hello/v1
     * 根据实际的地址调整
     */
    public static final String HELLO_TEST_URL =
            "http://crazydemo.com:7700/demo-provider/api/demo/hello/v1";
```

为了演示启动请求失败的过程，这里特意没有启动demo-provider服务，所以从上面的执行结果中可以看到由于HTTP请求失败所以回退方法被成功地执行到了。

6.2.2　HystrixCommand 的配置内容和方式

HystrixCommand命令的配置方式之一是使用HystrixCommand.Setter配置实例进行配置，最简单的配置实例如下：

```
HystrixCommand.Setter setter = HystrixCommand.Setter
        .withGroupKey(HystrixCommandGroupKey.Factory.asKey("group-1"))
        .andCommandKey(HystrixCommandKey.Factory.asKey("command-1"))
        .andThreadPoolKey(HystrixThreadPoolKey.Factory.asKey("threadPool-1"));
```

其中涉及以下3个配置项：

1）CommandKey：该命令的名称。

2）GroupKey：该命令属于哪一个组，以帮助我们更好地组织命令。

3）ThreadPoolKey：该命令所属线程池的名称，相同的线程池名称会共享同一线程池，若不做配置，会默认使用GroupKey作为线程池名称。

除此之外，还可以通过HystrixCommand.Setter配置实例整体设置一些其他的属性集合，大致有：

1）CommandProperties：与命令执行相关的一些属性集，包括降级设置、熔断器的配置、隔离策略以及一些监控指标配置项等。

2）ThreadPoolProerties：与线程池相关的一些属性集，包括线程池大小、排队队列的大小等。

由于本书的很多的用例要用到HystrixCommand.Setter配置实例，因此专门写了一个方法获取配置实例，其源码如下：

```
package com.crazymaker.demo.hystrix;
...
@Slf4j
public class SetterDemo
{

    public static HystrixCommand.Setter buildSetter(
            String groupKey,
            String commandKey,
            String threadPoolKey)
    {
        /**
         * 与命令执行相关的一些属性集
         */
        HystrixCommandProperties.Setter commandSetter =
                HystrixCommandProperties.Setter()
                        //至少有3个请求，熔断器才达到熔断触发的次数阈值
                        .withCircuitBreakerRequestVolumeThreshold(3)
                        //熔断器中断请求5秒后会进入half-open状态，尝试放行
                        .withCircuitBreakerSleepWindowInMilliseconds(5000)
                        //错误率超过60%，快速失败
                        .withCircuitBreakerErrorThresholdPercentage(60)
                        //启用超时
                        .withExecutionTimeoutEnabled(true)
                        //执行的超时时间，默认为1000毫秒
                        .withExecutionTimeoutInMilliseconds(5000)
                        //可统计的滑动窗口内的buckets数量，用于熔断器和指标发布
                        .withMetricsRollingStatisticalWindowBuckets(10)
                        //可统计的滑动窗口的时间长度
                        //这段时间内的执行数据用于熔断器和指标发布
                        .withMetricsRollingStatisticalWindowInMilliseconds(10000);

       /**
         * 线程池配置
         */
        HystrixThreadPoolProperties.Setter poolSetter =
```

```
                HystrixThreadPoolProperties.Setter()
                        //这里设置线程池大小为5
                        .withCoreSize(5)
                        .withMaximumSize(5);

        /**
         * 与线程池相关的一些属性集
         */
        HystrixCommandGroupKey hGroupKey =
HystrixCommandGroupKey.Factory.asKey(groupKey);
        HystrixCommandKey hCommondKey = HystrixCommandKey.Factory.asKey(commandKey);
        HystrixThreadPoolKey hThreadPoolKey =
HystrixThreadPoolKey.Factory.asKey(threadPoolKey);
        HystrixCommand.Setter outerSetter = HystrixCommand.Setter
                .withGroupKey(hGroupKey)
                .andCommandKey(hCommondKey)
                .andThreadPoolKey(hThreadPoolKey)
                .andCommandPropertiesDefaults(commandSetter)
                .andThreadPoolPropertiesDefaults(poolSetter);
        return outerSetter;
    }

}
```

以上代码中涉及的配置项比较多，后文都会一一介绍。

命令的配置方式之二是使用Hystrix提供的ConfigurationManager配置管理类的工厂实例对HystrixCommand命令的执行参数进行配置。下面是一个简单的实例：

```
//熔断器的请求次数阈值：大于3次请求
        ConfigurationManager
                .getConfigInstance()
                .setProperty(
                   "hystrix.command.default.circuitBreaker.requestVolumeThreshold", 3);
```

Spring Cloud Hystrix所使用的就是这种配置方法。

6.3 HystrixCommand 命令执行的方法

前面讲到，独立使用HystrixCommand命令主要涉及以下两个步骤：

步骤01 继承 HystrixCommand 类，将正常的业务逻辑实现在继承的 run 方法中，将回退的业务逻辑实现在继承的 getFallback 方法中。

步骤02 调用 HystrixCommand 类提供的启动方法，执行启动命令。

HystrixCommand提供了4个启动方法：execute()、queue()、observe()、toObservable()。

6.3.1 execute()方法

HystrixCommand的execute()方法以同步堵塞方式执行run()。一旦开始执行该命令，当前线程会阻塞，直到该命令返回结果，然后才能继续执行下面的逻辑。

HystrixCommand的execute()方法的使用示例具体如下：

```
package com.crazymaker.demo.hystrix;
...
```

```
@Slf4j
public class HystryxCommandExcecuteDemo
{
    public static final int COUNT = 5;
    /**
     * 测试同步执行
     */
    @Test
    public void testExecute() throws Exception
    {
        /**
         * 使用统一配置类
         */
        HystrixCommand.Setter setter = SetterDemo.buildSetter(
                "group-1",
                "testCommand",
                "testThreadPool");
        /**
         * 循环 5 次
         */
        for (int i = 0; i < COUNT; i++)
        {
            String result =
                    new HttpGetterCommand(HELLO_TEST_URL, setter).execute();
            log.info("result={}", result);
        }
        Thread.sleep(Integer.MAX_VALUE);
    }
}
```

运行测试示例前需要启动demo-provider实例，确保其REST接口 /api/demo/hello/v1 可以正常访问。执行上面的程序，输出的主要结果如下：

```
    08:20:05.488 [hystrix-testThreadPool-1] INFO  c.c.d.h.HttpGetterCommand -  第1次请求->
begin...
    08:20:08.698 [hystrix-testThreadPool-1] INFO  c.c.d.h.HttpGetterCommand -  第1次请求->
end!
    08:20:08.708 [main] INFO  c.c.d.h.CommandTester - 第1次请求的结果：{"status":200,"msg":"
操作成功","data":{"hello":"world"}}
    08:20:08.710 [hystrix-testThreadPool-2] INFO  c.c.d.h.HttpGetterCommand -  第2次请求->
begin...
    08:20:10.741 [hystrix-testThreadPool-2] INFO  c.c.d.h.HttpGetterCommand -  第2次请求->
end!
    08:20:10.744 [main] INFO  c.c.d.h.CommandTester - 第2次请求的结果：{"status":200,"msg":"
操作成功","data":{"hello":"world"}}
    08:20:10.751 [hystrix-testThreadPool-3] INFO  c.c.d.h.HttpGetterCommand -  第3次请求->
begin...
    08:20:12.766 [hystrix-testThreadPool-3] INFO  c.c.d.h.HttpGetterCommand -  第3次请求->
end!
    08:20:12.767 [main] INFO  c.c.d.h.CommandTester - 第3次请求的结果：{"status":200,"msg":"
操作成功","data":{"hello":"world"}}
    //省略后面的重复请求的输出
```

从结果中可以看出，Hystrix会从线程池中取一个线程来执行HttpGetterCommand命令的run()方法，命令执行过程中，main线程一直在等待run()的返回值。

6.3.2 queue()方法

HystrixCommand的queue()方法以异步非阻塞方式执行run()方法，该方法直接返回一个Future

对象。可通过Future.get()拿到run()的返回结果，但Future.get()是阻塞执行的。

HystrixCommand的queue()方法的使用示例代码如下：

```
package com.crazymaker.demo.hystrix;
...
@Slf4j
public class HystryxCommandExcecuteDemo
{

    @Test
    public void testQueue() throws Exception {
        /**
         * 使用统一配置
         */
        HystrixCommand.Setter setter = getSetter(
                "group-1",
                "testCommand",
                "testThreadPool");
        List<Future<String>> flist = new LinkedList<>();

        /**
         * 同时发起5个异步请求
         */
        for (int i = 0; i < COUNT; i++) {
            Future<String> future = new HttpGetterCommand(TEST_URL, setter).queue();
            flist.add(future);
        }
        /**
         * 统一获取异步请求的结果
         */
        Iterator<Future<String>> it = flist.iterator();
        int count = 1;
        while (it.hasNext()) {
            Future<String> future = it.next();
            String result = future.get(10, TimeUnit.SECONDS);
            log.info("第{}次请求的结果：{}", count++, result);
        }
        Thread.sleep(Integer.MAX_VALUE);
    }
}
```

运行测试这个示例程序前需要启动demo-provider实例，确保其REST接口/api/demo/hello/v1可以正常访问。执行上面的程序，主要的输出结果如下：

```
    08:30:54.618 [hystrix-testThreadPool-2] INFO  c.c.d.h.HttpGetterCommand -  第3次请求->
begin...
    08:30:54.618 [hystrix-testThreadPool-1] INFO  c.c.d.h.HttpGetterCommand -  第4次请求->
begin...
    08:30:54.618 [hystrix-testThreadPool-4] INFO  c.c.d.h.HttpGetterCommand -  第5次请求->
begin...
    08:30:54.618 [hystrix-testThreadPool-3] INFO  c.c.d.h.HttpGetterCommand -  第2次请求->
begin...
    08:30:54.618 [hystrix-testThreadPool-5] INFO  c.c.d.h.HttpGetterCommand -  第1次请求->
begin...
    08:30:58.358 [hystrix-testThreadPool-2] INFO  c.c.d.h.HttpGetterCommand - 第3次请求-> end!
    08:30:58.358 [hystrix-testThreadPool-3] INFO  c.c.d.h.HttpGetterCommand - 第2次请求-> end!
    08:30:58.358 [hystrix-testThreadPool-1] INFO  c.c.d.h.HttpGetterCommand - 第4次请求-> end!
    08:30:58.358 [hystrix-testThreadPool-4] INFO  c.c.d.h.HttpGetterCommand - 第5次请求-> end!
    08:30:58.358 [hystrix-testThreadPool-5] INFO  c.c.d.h.HttpGetterCommand - 第1次请求-> end!
    08:30:58.364 [main] INFO  c.c.d.h.CommandTester - 第1次请求的结果：{"status":200,"msg":"
操作成功","data":{"hello":"world"}}
```

```
    08:30:58.365 [main] INFO  c.c.d.h.CommandTester - 第2次请求的结果：{"status":200,"msg":"
操作成功","data":{"hello":"world"}}
    08:30:58.365 [main] INFO  c.c.d.h.CommandTester - 第3次请求的结果：{"status":200,"msg":"
操作成功","data":{"hello":"world"}}
    08:30:58.365 [main] INFO  c.c.d.h.CommandTester - 第4次请求的结果：{"status":200,"msg":"
操作成功","data":{"hello":"world"}}
    08:30:58.365 [main] INFO  c.c.d.h.CommandTester - 第5次请求的结果：{"status":200,"msg":"
操作成功","data":{"hello":"world"}}
```

实际上，前面介绍的HystrixCommand的execute()方法是在内部使用queue().get()的方式完成同步调用的。

6.3.3 observe()方法

HystrixCommand的observe()方法会返回一个响应式编程Observable主题。可以为该主题对象注册Subscriber观察者回调实例，或者注册Action1不完全回调实例来响应式处理命令的执行结果。

HystrixCommand的observe()方法的使用示例代码如下：

```
package com.crazymaker.demo.hystrix;
...
@Slf4j
public class HystryxCommandExcecuteDemo
{
    @Test
    public void testObserve() throws Exception
    {
        /**
         * 使用统一配置类
         */
        HystrixCommand.Setter setter = SetterDemo.buildSetter(
                "group-1",
                "testCommand",
                "testThreadPool");

        Observable<String> observe = new HttpGetterCommand(HELLO_TEST_URL, setter)
                .observe();
        Thread.sleep(1000);
        log.info("订阅尚未开始！");
        //订阅3次
        observe.subscribe(result -> log.info("onNext result={}", result),
                 error -> log.error("onError error={}", error));

        observe.subscribe(result -> log.info("onNext result ={}", result),
                error -> log.error("onError error={}", error));
        observe.subscribe(
                result -> log.info("onNext result={}", result),
                error -> log.error("onError error ={}", error),
                () -> log.info("onCompleted called") );
        Thread.sleep(Integer.MAX_VALUE);
    }

}
```

运行测试示例前，需要启动demo-provider实例，确保其REST接口/api/demo/hello/v1可以正常访问。执行上面的程序，主要的结果如下：

```
[hystrix-testThreadPool-1] INFO  c.c.d.h.HttpGetterCommand - req1 begin...
[main] INFO  c.c.d.h.HystryxCommandExcecuteDemo - 订阅尚未开始！
[hystrix-testThreadPool-1] INFO  c.c.d.h.HttpGetterCommand -  req1 end:
```

```
{"respCode":0,"respMsg":"操作成功","datas":{"hello":"world"}}
    [hystrix-testThreadPool-1] INFO  c.c.d.h.HystryxCommandExcecuteDemo - onNext
result=req1:{"respCode":0,"respMsg":"操作成功","datas":{"hello":"world"}}
    [hystrix-testThreadPool-1] INFO  c.c.d.h.HystryxCommandExcecuteDemo - onNext result
=req1:{"respCode":0,"respMsg":"操作成功","datas":{"hello":"world"}}
    [hystrix-testThreadPool-1] INFO  c.c.d.h.HystryxCommandExcecuteDemo - onNext
result=req1:{"respCode":0,"respMsg":"操作成功","datas":{"hello":"world"}}
    [hystrix-testThreadPool-1] INFO  c.c.d.h.HystryxCommandExcecuteDemo - onCompleted
called
```

从执行结果可知，如果HystrixCommand的run()执行成功则触发订阅者的onNext()和onCompleted()回调方法，如果执行异常则触发订阅者的onError()回调方法。

调用HystrixCommand的observe()方法会返回一个hot Observable（热主题）。什么叫作热主题呢？就是无论主题是否存在观察者订阅，都会自动触发执行其run()方法。另外还有一点，observe()方法所返回的主题可以重复订阅。

6.3.4 toObservable()方法

HystrixCommand的toObservable()方法也会返回一个响应式编程Observable主题。同样可以为该主题对象注册Subscriber观察者回调实例，或者注册Action1不完全回调实例来响应式处理命令的执行结果。不过，和observe()返回的主题不同，Observable主题返回的是cold Observable（冷主题），并且只能被订阅一次。

HystrixCommand的toObservable()方法的使用示例代码如下：

```
package com.crazymaker.demo.hystrix;
...
@Slf4j
public class HystryxCommandExcecuteDemo
{

    @Test
    public void testToObservable() throws Exception
    {
        /**
         * 使用统一配置类
         */
        HystrixCommand.Setter setter = SetterDemo.buildSetter(
                "group-1",
                "testCommand",
                "testThreadPool");

        for (int i = 0; i < COUNT; i++)
        {
            Thread.sleep(2);

            new HttpGetterCommand(HELLO_TEST_URL, setter)
                    .toObservable()
                    .subscribe(result -> log.info("result={}", result),
                            error -> log.error("error={}", error)
                    );
        }
        Thread.sleep(Integer.MAX_VALUE);
    }

}
```

在运行测试示例前，需要启动demo-provider实例，确保其REST接口/api/demo/hello/v1可以正常访问。执行上面的程序，主要的输出结果如下：

```
    [hystrix-testThreadPool-5] INFO  c.c.d.h.HttpGetterCommand - req3 begin...
    [hystrix-testThreadPool-1] INFO  c.c.d.h.HttpGetterCommand - req2 begin...
    [hystrix-testThreadPool-3] INFO  c.c.d.h.HttpGetterCommand - req4 begin...
    [hystrix-testThreadPool-2] INFO  c.c.d.h.HttpGetterCommand - req1 begin...
    [hystrix-testThreadPool-4] INFO  c.c.d.h.HttpGetterCommand - req5 begin...
    [hystrix-testThreadPool-4] INFO  c.c.d.h.HttpGetterCommand -  req5 end:
{"respCode":0,...}
    [hystrix-testThreadPool-1] INFO  c.c.d.h.HttpGetterCommand -  req2 end:
{"respCode":0, ...}
    [hystrix-testThreadPool-3] INFO  c.c.d.h.HttpGetterCommand -  req4 end:
{"respCode":0, ...}
    [hystrix-testThreadPool-2] INFO  c.c.d.h.HttpGetterCommand -  req1 end:
{"respCode":0, ...}
    [hystrix-testThreadPool-5] INFO  c.c.d.h.HttpGetterCommand -  req3 end:
{"respCode":0, ...}
    [hystrix-testThreadPool-1] INFO  c.c.d.h.HystryxCommandExcecuteDemo -
result=req2:{ ...}
    [hystrix-testThreadPool-3] INFO  c.c.d.h.HystryxCommandExcecuteDemo -
result=req4:{ ...}
    [hystrix-testThreadPool-5] INFO  c.c.d.h.HystryxCommandExcecuteDemo -
result=req3:{ ...}
    [hystrix-testThreadPool-4] INFO  c.c.d.h.HystryxCommandExcecuteDemo -
result=req5:{ ...}
    [hystrix-testThreadPool-2] INFO  c.c.d.h.HystryxCommandExcecuteDemo -
result=req1:{ ...}
```

什么是cold Observable（冷主题）？就是在进行主题获取的时候，不会立即触发执行，只有在观察者订阅时才会执行内部的HystrixCommand命令的run()方法。

对比起来，toObservable()方法和observe()方法之间的区别如下：

1）observe()和toObservable()虽然都返回了Observable主题，但是observe()返回的是热主题，toObservable()返回的是冷主题。

2）observe()返回的主题可以被多次订阅，而toObservable()返回的主题只能被单次订阅。

在使用@HystrixCommand注解时，observe()方法对应的执行模式为EAGER，toObservable()方法对应的执行模式为LAZY，具体如下：

```
//此注解使用observe()方法来获取主题
@HystrixCommand(observableExecutionMode = ObservableExecutionMode.EAGER)
//此注解使用toObservable()方法来获取冷主题
@HystrixCommand(observableExecutionMode = ObservableExecutionMode.LAZY)
```

由于本书仅结合Spring Cloud介绍Hystrix核心原理，并没有涉及@HystrixCommand注解的单独使用，因此也不对@HystrixCommand注解进行详细介绍。

6.3.5 HystrixCommand 的执行方法之间的关系

实际上，Hystrix内部总是以Observable的形式作为响应式的调用，不同执行命令方法只是进行了相应Observable转换。Hystrix的核心类HystrixCommand尽管只返回单个结果，但也确实是基于RxJava的Observable主题类实现的。

前面介绍到，需获取HystrixCommand命令的结果，可以调用execute()、queue()、observe()和toObservable()这4种方法，它们之间的关系如图6-2所示。

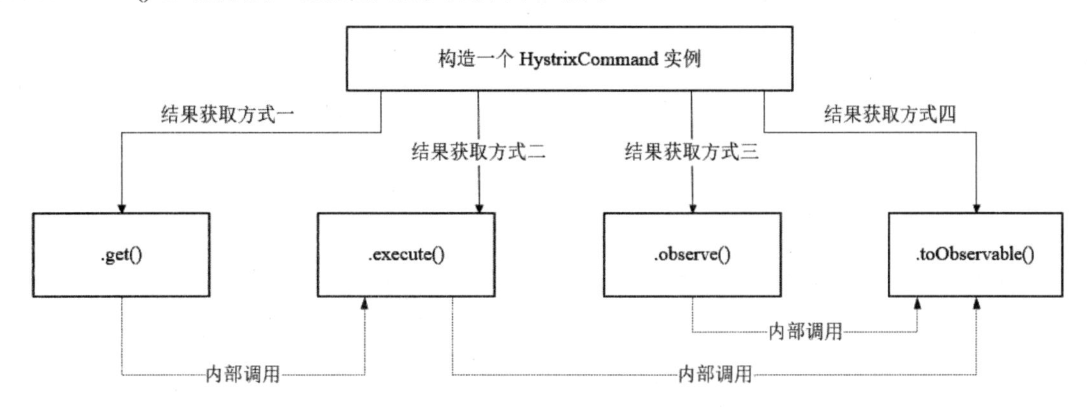

图 6-2　4 种方法之间的关系

execute()、queue()、observe()和toObservable()这4种方法之间的调用关系如下：

1）toObservable()返回一个冷主题，订阅者可以进行结果订阅。

2）observe()首先调用toObservable()获得一个冷主题，再创建一个ReplaySubject重复主题去订阅该冷主题，然后将重复主题转化为热主题。因此调用observe()会自动触发执行run()/construct()方法。

3）queue()调用了toObservable().toBlocking().toFuture()。详细来说，queue()首先通过toObservable()来获得一个冷主题，然后通过toBlocking()将该冷主题转换成BlockingObservable阻塞主题，该主题可以把数据以阻塞的方式发送出来，最后通过toFuture方法是把BlockingObservable阻塞主题转换成一个Future异步回调实例，并且返回该Future实例。但是，queue()自身并不会阻塞，消费者可以自己决定如何处理Future的异步回调操作。

4）execute()调用了queue().get()，阻塞消费者的线程，同步获取Future异步回调实例的结果。

除了定义了HystrixCommand这个具备同步获取结果的命令处理器之外，Hystrix还定义了另一个只具备响应式编程能力的命令处理器 HystrixObservableCommand，该命令没有实现execute()和queue()两种方法，仅实现了observe()和toObservable()两种方法，如图6-3所示。

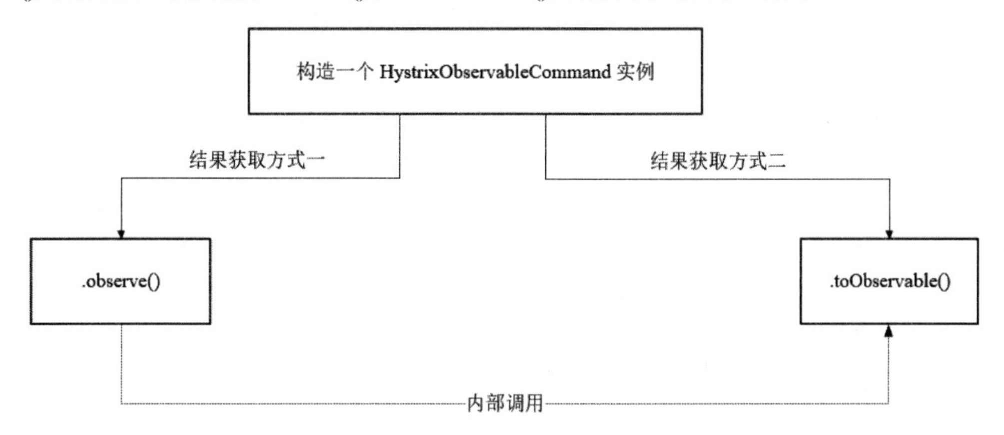

图 6-3　HystrixObservableCommand 纯响应式命令处理器的执行方法

6.4 RPC 保护之舱壁模式

本节为大家介绍RPC保护的重要方法——舱壁模式，并且重点介绍Hystrix线程池隔离、信号量隔离的具体配置方式。

6.4.1 什么是舱壁模式

船舶工业上为了使船不容易沉没，使用舱壁将船舶划分为几个部分，以便在船体遭到破坏的情况下可以将船舶各个部件密封起来。泰坦尼克号沉没的主要原因之一就是其舱壁设计不合理，水可以通过上面的甲板进入舱壁的顶部，导致整个船体淹没。

在RPC调用过程中，使用舱壁模式可以保护有限的系统资源不被耗尽。在一个基于微服务的应用程序中，通常需要调用多个微服务提供者的接口才能完成一个特定任务。不使用舱壁模式，所有的RPC调用都从同一个线程池中获取线程，一个具体的实例如图6-4所示。在该实例中，微服务提供者Provider A对依赖Provider B、Provider C、Provider D的所有RPC调用都从公共的线程池中获取线程。

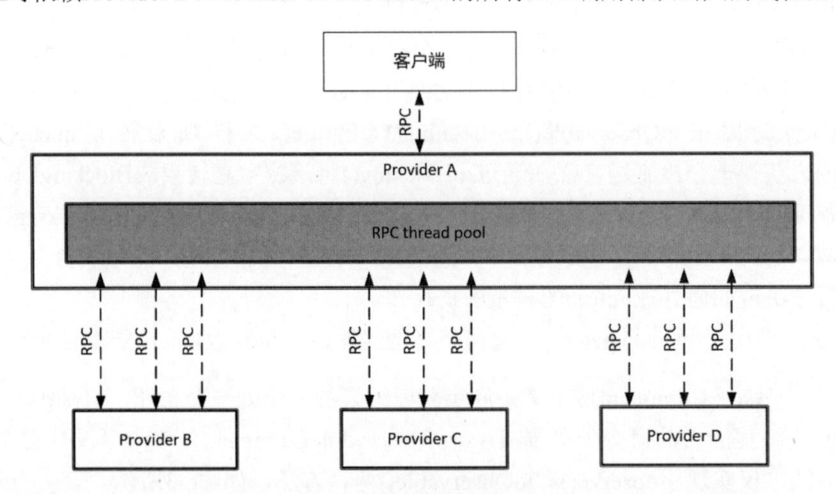

图 6-4　公共的 RPC 线程池

在高服务器请求的情况下，对某个性能较低的微服务提供者的RPC调用很容易“霸占”整个公共的RPC线程池，对其他性能正常的微服务提供者的RPC调用往往需要等待线程资源的释放。最后，整个Web容器（Tomcat）会崩溃。现在假定Provider A的RPC线程个数为1000，而并发量非常大，其中有500个线程来执行Provider B的RPC调用，如果Provider B不小心宕机了，那么这500个线程都会超时，此时剩下的服务Provider C、Provider D的总共可用的线程为500个，随着并发量的增大，剩余的500个线程估计也会被Provider B的RPC耗尽，然后Provider A进入瘫痪，最后导致整个系统的所有服务都不可用，这就是服务的雪崩效应。

为了最大限度地减少Provider之间的相互影响，一个很好的做法是对于不同的微服务提供者设置不同的RPC调用线程池，让不同RPC通过专门的线程池请求到各自的Provider微服务提供者，像舱壁一样对Provider进行隔离。对于不同的微服务提供者设置不同的RPC调用线程池，这种模式就叫作舱壁模式，如图6-5所示。

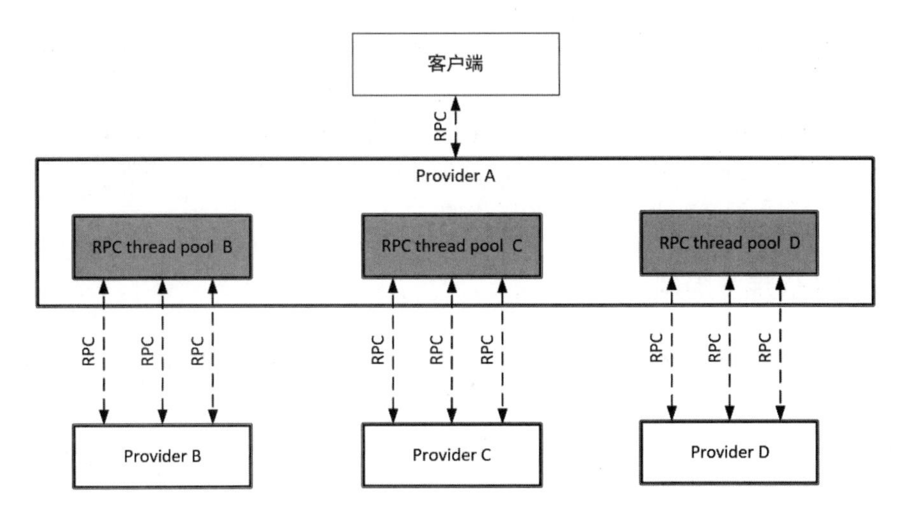

图 6-5 舱壁模式的 RPC 线程池

使用舱壁模式可以避免对单个Provider的RPC消耗掉所有资源，从而防止由于某一个服务性能底而引起的级联故障和雪崩效应。在Provider A中，假定对服务Provider B的RPC调用分配专门的线程池，该线程池叫作Thread Pool B，其中有10个线程，只要对Provider B的RPC并发量超过了10，后续的RPC就走降级服务，就算服务的Provider B挂了，最多也就导致Thread Pool B不可用，而不会影响系统中的其他服务的RPC。

一般来说，RPC线程与Web容器的IO线程也是需要隔离的。如图6-6所示，当Provider A的用户请求涉及Provider B和Provider C的RPC的时候，Provider A的IO线程会将任务交给对应的RPC线程池里面的RPC线程来执行，Provider A的IO线程就可以去干别的事情去了，当RPC线程执行完远程调用的任务之后，就会将调用的结果返回给IO线程。如果RPC线程池耗尽了，IO线程池也不会受到影响，从而实现RPC线程与Web容器的IO线程的相互隔离。

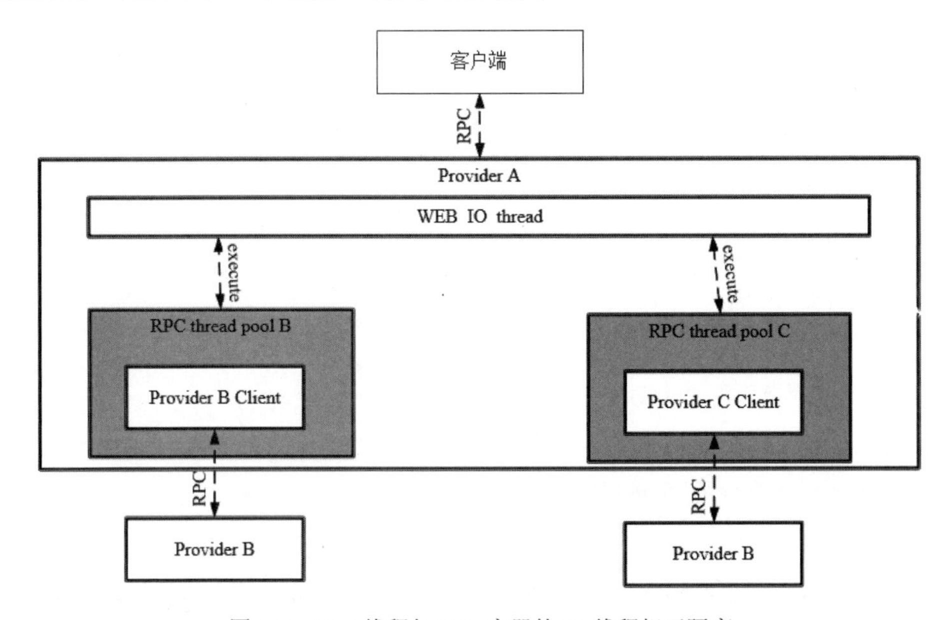

图 6-6 RPC 线程与 Web 容器的 IO 线程相互隔离

Hystrix提供了两种RPC隔离方式：线程池隔离和信号量隔离。由于信号量隔离不太适合使用在RPC调用的场景，所以这里重点介绍线程池隔离。虽然线程在就绪状态、运行状态、阻塞状态、终止状态间转变时需要由操作系统调度，这会带来一定的性能消耗，但是Netflix详细评估了使用异步线程和同步线程带来的性能差异，结果表明在99%的情况下异步线程带来的延迟仅为几毫秒，这种性能的损耗对于用户程序来说是完全可以接受的。

6.4.2 Hystrix 线程池隔离

Hystrix既可以为HystrixCommand命令默认创建一个线程池，也可以关联上一个指定的线程池。每一个线程池都有一个Key，叫作Thread Pool Key（线程池名）。如果没有为HystrixCommand指定线程池，Hystrix会为HystrixCommand创建一个与Group Key（命令组Key）同名的线程池，当然，如果与Group Key同名的线程池已经存在，则直接进行关联。也就是说，默认情况下，HystrixCommand命令的Thread Pool Key与Group Key是相同的。总体来说，线程池就是隔离的关键，所有的监控、调用、缓存等都围绕线程池展开。

如果要指定线程池，可以通过如下代码在Setter中定制线程池的Key和属性：

```
/**
*在Setter实例中指定线程池的Key和属性
*/
HystrixCommand.Setter rpcPool1_setter = HystrixCommand.Setter
        .withGroupKey(HystrixCommandGroupKey.Factory.asKey("group1"))
        .andCommandKey(HystrixCommandKey.Factory.asKey("command1"))
        .andThreadPoolKey(HystrixThreadPoolKey.Factory.asKey("threadPool1"))
.andThreadPoolPropertiesDefaults(
                HystrixThreadPoolProperties.Setter()
                        .withCoreSize(10)    //配置线程池里的线程数
                        .withMaximumSize(10)
        );
```

然后，可以通过HystrixCommand或者HystrixObservableCommand的构造函数传入Setter配置实例：

```
@Slf4j
public class HttpGetterCommand extends HystrixCommand<String>
{
    private String url;
    ...
    public HttpGetterCommand(String url, Setter setter)
    {
        super(setter);
        this.url = url;
}
...
}
```

HystrixThreadPoolKey是一个接口，它有一个辅助工厂类Factory，它的asKey（String）方法专门用于创建一个线程池的Key，示例代码如下：

```
HystrixThreadPoolKey.Factory.asKey("threadPoolN")
```

下面是一个完整的线程池隔离演示例子：创建了两个线程池threadPool1和threadPool2，然后通过这两个线程池发起简单的RPC远程调用，其中，通过threadPool1 线程池访问一个错误连接

ERROR_URL，通过threadPool2访问一个正常连接HELLO_TEST_URL。在实验过程中，可以通过调整RPC的次数多次运行程序，然后通过结果查看线程池的具体隔离效果。

线程池隔离实例的代码如下：

```
package com.crazymaker.demo.hystrix;
//省略import

@Slf4j
public class IsolationStrategyDemo
{
    /**
     * 测试：线程池隔离
     */
    @Test
    public void testThreadPoolIsolationStrategy() throws Exception
    {

        /**
         * RPC线程池1
         */
        HystrixCommand.Setter rpcPool1_Setter = HystrixCommand.Setter
                .withGroupKey(HystrixCommandGroupKey.Factory.asKey("group1"))
                .andCommandKey(HystrixCommandKey.Factory.asKey("command1"))
                .andThreadPoolKey(HystrixThreadPoolKey.Factory.asKey("threadPool1"))
                .andCommandPropertiesDefaults(HystrixCommandProperties.Setter()
                        .withExecutionTimeoutInMilliseconds(5000)  //配置执行时间上限
                ).andThreadPoolPropertiesDefaults(
                        HystrixThreadPoolProperties.Setter()
                                .withCoreSize(10)    //配置线程池里的线程数
                                .withMaximumSize(10)
                );

        /**
         * RPC线程池2
         */
        HystrixCommand.Setter rpcPool2_Setter = HystrixCommand.Setter
                .withGroupKey(HystrixCommandGroupKey.Factory.asKey("group2"))
                .andCommandKey(HystrixCommandKey.Factory.asKey("command2"))
                .andThreadPoolKey(HystrixThreadPoolKey.Factory.asKey("threadPool2"))
                .andCommandPropertiesDefaults(HystrixCommandProperties.Setter()
                        .withExecutionTimeoutInMilliseconds(5000)  //配置执行时间上限
                ).andThreadPoolPropertiesDefaults(
                        HystrixThreadPoolProperties.Setter()
                                .withCoreSize(10)    //配置线程池里的线程数
                                .withMaximumSize(10)
                );
        /**
         * 访问一个错误连接，让threadpool1 耗尽
         */
        for (int j = 1; j <= 5; j++)
        {

            new HttpGetterCommand(ERROR_URL, rpcPool1_Setter)
                    .toObservable()
                    .subscribe(s -> log.info(" result:{}", s));
        }
        /**
         * 访问一个正确连接，观察threadpool2是否正常
         */
```

```
        for (int j = 1; j <= 5; j++)
        {

            new HttpGetterCommand(HELLO_TEST_URL, rpcPool2_Setter)
                    .toObservable()
                    .subscribe(s -> log.info(" result:{}", s));
        }
        Thread.sleep(Integer.MAX_VALUE);

    }
}
```

运行这个演示程序，输出的结果节选如下：

```
[hystrix-threadPool1-4] INFO  c.c.d.h.HttpGetterCommand - req1 begin...
[hystrix-threadPool1-3] INFO  c.c.d.h.HttpGetterCommand - req4 begin...
[hystrix-threadPool2-3] INFO  c.c.d.h.HttpGetterCommand - req10 begin...
[hystrix-threadPool2-5] INFO  c.c.d.h.HttpGetterCommand - req7 begin...
[hystrix-threadPool1-5] INFO  c.c.d.h.HttpGetterCommand - req9 begin...
[hystrix-threadPool2-1] INFO  c.c.d.h.HttpGetterCommand - req6 begin...
[hystrix-threadPool1-1] INFO  c.c.d.h.HttpGetterCommand - req8 begin...
[hystrix-threadPool1-2] INFO  c.c.d.h.HttpGetterCommand - req2 begin...
[hystrix-threadPool2-4] INFO  c.c.d.h.HttpGetterCommand - req5 begin...
[hystrix-threadPool2-2] INFO  c.c.d.h.HttpGetterCommand - req3 begin...
[hystrix-threadPool1-1] INFO  c.c.d.h.HttpGetterCommand - req8 fallback: 熔断false,直接失败false
[hystrix-threadPool1-4] INFO  c.c.d.h.HttpGetterCommand - req1 fallback: 熔断false,直接失败false
[hystrix-threadPool1-2] INFO  c.c.d.h.HttpGetterCommand - req2 fallback: 熔断false,直接失败false
[hystrix-threadPool1-3] INFO  c.c.d.h.HttpGetterCommand - req4 fallback: 熔断false,直接失败false
[hystrix-threadPool1-5] INFO  c.c.d.h.HttpGetterCommand - req9 fallback: 熔断false,直接失败false
...
[hystrix-threadPool2-4] INFO  c.c.d.h.HttpGetterCommand -  req5 end: {"respCode":0,"respMsg":"操作成功...}
[hystrix-threadPool2-2] INFO  c.c.d.h.HttpGetterCommand -  req3 end: {"respCode":0,"respMsg":"操作成功...}
[hystrix-threadPool2-3] INFO  c.c.d.h.HttpGetterCommand -  req10 end: {"respCode":0,"respMsg":"操作成功...}
[hystrix-threadPool2-1] INFO  c.c.d.h.HttpGetterCommand -  req6 end: {"respCode":0,"respMsg":"操作成功...}
[hystrix-threadPool2-5] INFO  c.c.d.h.HttpGetterCommand -  req7 end: {"respCode":0,"respMsg":"操作成功...}
...
```

从上面的结果可知：threadPool1的线程使用和threadPool2的线程使用是完全地相互独立和相互隔离的，无论threadPool1是否耗尽，threadPool2的线程都可以正常发起RPC请求。

默认情况下，在Spring Cloud中，Hystrix会为每一个Command Group Key（命令组Key）自动创建一个同名的线程池。而在Hystrix客户端，每一个RPC目标Provider的Command Group Key（命令组Key）的默认值为它的应用名称（application name）。比如，demo-provider服务的Command Group Key默认值为其名称“demo-provider”。所以，如果某个Provider（如uaa-provider）需发起对demo-Provider的远程调用，则Hystrix为该Provider创建的RPC线程池的名称默认为“demo-provider”，专用于对demo-provider的REST服务进行RPC调用和隔离，如图6-7所示。

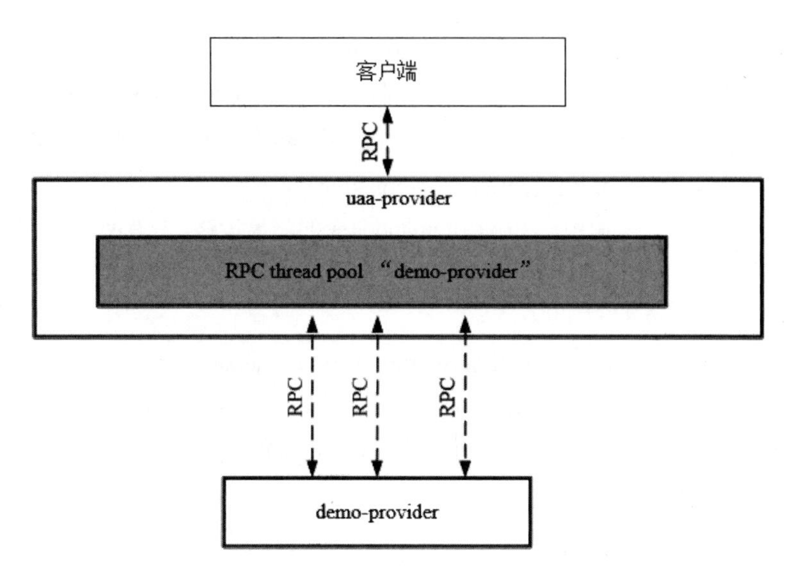

图 6-7 对 demo-provider 服务进行 RPC 调用的专用线程池

6.4.3 Hystrix 线程池隔离配置

在Spring Cloud微服务提供者中，如果需使用Hystrix线程池进行RPC隔离，可以在应用配置文件中进行相应配置。下面是demo-provider的RPC线程池配置的实例：

```
hystrix:
  threadpool:
    default:
      coreSize: 10      # 线程池核心线程数
      maximumSize: 20   # 线程池最大线程数
      allowMaximumSizeToDivergeFromCoreSize: true    # 线程池maximumSize最大线程数是否生效
      keepAliveTimeMinutes: 10                      # 设置可空闲时间，单位为分钟
  command:
    default:                                  #全局默认配置
      execution:                              #RPC隔离的相关配置
        isolation:
           strategy: THREAD                   #配置请求隔离的方式，这里采用线程池方式
           thread:
          timeoutInMilliseconds: 100000       #RPC执行的超时时间，默认为1000毫秒
          interruptOnTimeout: true            #发生超时后是否中断方法的执行，默认值为true
```

对上面实例中用到的与Hystrix线程池有关的配置项介绍如下：

（1）hystrix.threadpool.default.coreSize

设值线程池的核心线程数。

（2）hystrix.threadpool.default.maximumSize

设值线程池的最大线程数，起作用的前提是allowMaximumSizeToDrivergeFromCoreSize的属性值为true。maximumSize属性值可以等于或者大于coreSize值，当线程池的线程不够用时，Hystrix会创建新的线程，直到线程数达到maximumSize的值，创建的线程为非核心线程。

（3）hystrix.threadpool.default.allowMaximumSizeToDivergeFromCoreSize

该属性允许maximumSize起作用。

（4）hystrix.threadpool.default.keepAliveTimeMinutes

该属性设置非核心线程的存活时间，如果某个非核心线程的空闲时间超过keepAliveTimeMinutes设置的时间，非核心线程将被释放。其单位为分钟，默认值为1，默认情况下非核心线程空闲1分钟后释放。

（5）hystrix.command.default.execution.isolation.strategy

该属性设置完成RPC远程调用HystrixCommand命令的隔离策略。它有两个可选值：THREAD、SEMAPHORE，默认值为THREAD。THREAD表示使用线程池进行RPC隔离，SEMAPHORE表示通过信号量来进行RPC隔离和限制并发量。

（6）hystrix.command.default.execution.isolation.thread.timeoutInMilliseconds

设置调用者等待HystrixCommand命令执行的超时限制，超过此时间，HystrixCommand被标记为TIMEOUT，并执行回退逻辑。超时会作用在HystrixCommand.queue()，即使调用者没有调用get()去获得Future对象。

以上的配置是application应用级别的默认线程池配置，覆盖的范围为系统中的所有RPC线程池。有时，需要为特定的Provider微服务提供者做特殊的配置，比如当某一个Provider的接口访问的并发量非常大，是其他Provider的几十倍时，则其远程调用需要更多的RPC线程，这时候，可以单独为它进行专门的RPC线程池配置。作为示例，在demo-Provider中对uaa-provider的RPC线程池配置如下：

```
hystrix:
  threadpool:
    default:
      coreSize: 10          # 线程池核心线程数
      maximumSize: 20       # 线程池最大线程数
      allowMaximumSizeToDivergeFromCoreSize: true   # 线程池最大线程数是否有效
    uaa-provider:
      coreSize: 20          # 线程池核心线程数
      maximumSize: 100      # 线程池最大线程数
      allowMaximumSizeToDivergeFromCoreSize: true   # 线程池最大线程数是否有效
```

上面的配置中使用了hystrix.threadpool.uaa-provider配置项前缀，其中uaa-provider部分为RPC线程池的Thread Pool Key（线程池名称），也就是默认的Command Group Key（命令组名）。

在调用处理器HystrixInvocationHandler的invoke(...)方法内打上断点，在调试时，通过查看hystrixCommand对象的值可以看出，demo-provider中针对微服务提供者uaa-provider的RPC线程池配置已经生效，如图6-8所示。

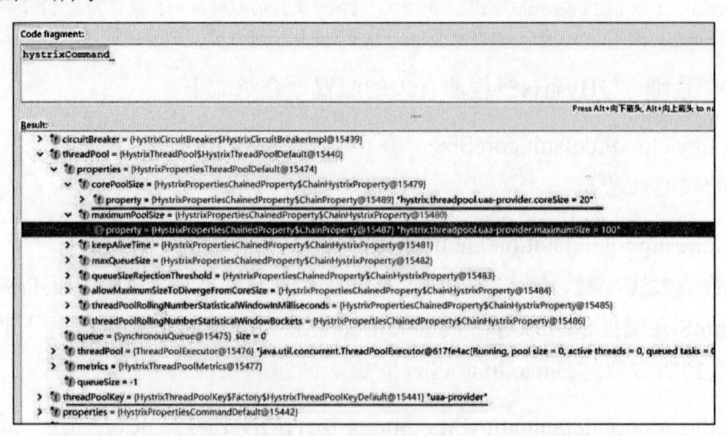

图 6-8　针对 uaa-provider 的 RPC 线程池配置已经生效

6.4.4 Hystrix信号量隔离

除了使用线程池进行资源隔离之外，Hystrix还可以使用信号量机制完成资源隔离。信号量所起到的作用就像一个开关，而信号量的值就是每个命令的并发执行数量，当并发数高于信号量的值时，就不再执行命令。比如，如果Provider A的RPC信号量大小为10，那么它同时只允许有10个RPC线程来访问Provider A，其他的请求都会被拒绝，从而达到资源隔离和限流保护的作用。

Hystrix信号量机制不提供专用的线程池，也不提供额外的线程，在获取信号量之后，执行HystrixCommand命令逻辑的线程还是之前Web容器的IO线程。

信号量可以细分为run执行信号量和fallback回退信号量。

IO线程在执行HystrixCommand命令之前，需要抢到run执行信号量，成功之后才允许执行HystrixCommand.run()方法。如果争抢失败，就准备回退，但是在执行HystrixCommand.getFallback()回退方法之前，还需要争抢fallback回退信号量，成功之后才允许执行HystrixCommand.getFallback()回退方法。如果都获取失败，则操作直接终止。

在如图6-9所示的例子中，假设有5个Web容器的IO线程并发进行RPC远程调用，但是执行信号量的大小为3，也就是只有3个IO线程能够真正地抢到run执行信号量，争抢成功后这些线程才能发起RPC调用。剩下的2个IO线程准备回退，去抢fallback回退信号量，争抢成功后执行HystrixCommand.getFallback()回退方法。

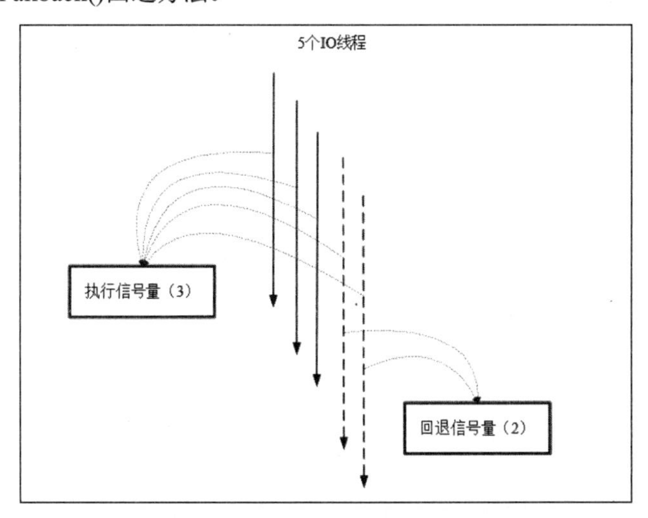

图6-9　5个Web容器的IO线程争抢信号量

下面是一个模拟Web容器进行RPC调用的演示程序，使用一个拥有50个线程的线程池模拟Web容器的IO线程池，并使用随书编写的HttpGetterCommand命令模拟RPC调用。实验之前，需要提前启动的demo-provider服务的REST接口/api/demo/hello/v1。

为了演示信号量隔离，演示程序所设置的run执行信号量和fallback回退信号量都为4，并且通过IO线程池同时提交了50个模拟的RPC调用去争抢这些信号量，具体的演示程序如下：

```
package com.crazymaker.demo.hystrix;
//省略import
@Slf4j
```

```
public class IsolationStrategyDemo
{

    /**
     * 测试：信号量隔离
     */
    @Test
    public void testSemaphoreIsolationStrategy() throws Exception
    {
        /**
         *命令属性实例
         */
        HystrixCommandProperties.Setter commandProperties =
HystrixCommandProperties.Setter()
                .withExecutionTimeoutInMilliseconds(5000)  //配置时间上限
                .withExecutionIsolationStrategy(
                        //隔离策略为信号量隔离
                        HystrixCommandProperties.ExecutionIsolationStrategy.SEMAPHORE
                )
                //HystrixCommand.run()方法允许的最大请求数
                .withExecutionIsolationSemaphoreMaxConcurrentRequests(4)
                //HystrixCommand.getFallback()方法允许的最大请求数
                .withFallbackIsolationSemaphoreMaxConcurrentRequests(4);

        /**
         * 命令的配置实例
         */
        HystrixCommand.Setter setter = HystrixCommand.Setter
                .withGroupKey(HystrixCommandGroupKey.Factory.asKey("group1"))
                .andCommandKey(HystrixCommandKey.Factory.asKey("command1"))
                .andCommandPropertiesDefaults(commandProperties);

        /**
         * 模拟Web容器的IO线程池
         */
        ExecutorService mock_IO_threadPool = Executors.newFixedThreadPool(50);

        /**
         *  模拟Web容器的并发50
         */
        for (int j = 1; j <= 50; j++)
        {
            mock_IO_threadPool.submit(() ->
            {
                /**
                 * RPC调用
                 */
                new HttpGetterCommand(HELLO_TEST_URL, setter)
                        .toObservable()
                        .subscribe(s -> log.info(" result:{}", s));
            });
        }
        Thread.sleep(Integer.MAX_VALUE);
    }
}
```

在执行此演示程序之前，需要启动crazydemo.com（指向127.0.0.1）主机上的demo-provider微服务提供者。demo-provider启动之后，再执行上面的演示程序，运行的结果节选如下：

```
    [pool-2-thread-35] INFO  c.c.d.h.HttpGetterCommand - req3 fallback: 熔断false,直接失败
true，失败次数3
    [pool-2-thread-45] INFO  c.c.d.h.HttpGetterCommand - req4 fallback: 熔断false,直接失败
true，失败次数4
```

```
    [pool-2-thread-7] INFO  c.c.d.h.HttpGetterCommand - req2 fallback: 熔断false,直接失败
true, 失败次数2
    [pool-2-thread-15] INFO  c.c.d.h.HttpGetterCommand - req1 fallback: 熔断false,直接失败
true, 失败次数1
    [pool-2-thread-35] INFO  c.c.d.h.IsolationStrategyDemo -  result:req3:调用失败
    ...
    [pool-2-thread-27] INFO  c.c.d.h.HttpGetterCommand - req7 begin...
    [pool-2-thread-18] INFO  c.c.d.h.HttpGetterCommand - req6 begin...
    [pool-2-thread-13] INFO  c.c.d.h.HttpGetterCommand - req5 begin...
    [pool-2-thread-48] INFO  c.c.d.h.HttpGetterCommand - req8 begin...
    [pool-2-thread-18] INFO  c.c.d.h.HttpGetterCommand -  req6 end:
{"respCode":0,"respMsg":"操作成功..."}
    [pool-2-thread-48] INFO  c.c.d.h.HttpGetterCommand -  req8 end:
{"respCode":0,"respMsg":"操作成功..."}
    [pool-2-thread-27] INFO  c.c.d.h.HttpGetterCommand -  req7 end:
{"respCode":0,"respMsg":"操作成功..."}
    [pool-2-thread-13] INFO  c.c.d.h.HttpGetterCommand -  req5 end:
{"respCode":0,"respMsg":"操作成功..."}
    [pool-2-thread-13] INFO  c.c.d.h.IsolationStrategyDemo -
result:req5:{"respCode":0,"respMsg":"操作成..."}
    ...
```

通过结果可以看出：

1）执行RPC远程调用的线程就是模拟IO线程池中的线程。

2）虽然提交了50个RPC调用，但是只有4个RPC调用抢到了执行信号量，分别为req5、req6、req7、req8。

3）虽然失败了46个RPC调用，但是只有4个RPC调用抢到了回退信号量，分别为req1、req2、req3、req4。

使用信号量进行RPC隔离时，是有自身弱点的。由于最终Web容器的IO线程完成实际RPC远程调用，这样就带来了一个问题：由于RPC远程调用是一种耗时的操作，如果IO线程被长时间占用，将导致Web容器请求处理能力下降，甚至可能会在一段时间内由于IO线程被占满而造成Web容器无法对新的用户请求及时响应，最终导致Web容器崩溃。因此，信号量隔离机制不适用于RPC隔离。但是，对于一些非网络的API调用或者耗时很小的API调用，信号量隔离机制比线程池隔离机制的效率更高。

再来看信号量的配置，这一次使用代码的方式进行命令属性配置，涉及Hystrix命令属性配置器HystrixCommandProperties.Setter()的以下实例方法：

（1）withExecutionIsolationSemaphoreMaxConcurrentRequests(int)

此方法设置使用执行信号量的大小，也就是HystrixCommand.run()方法允许的最大请求数。如果达到最大请求数，则后续的请求会被拒绝。

在Web容器中，抢占信号量的线程应该是容器（比如Tomcat）IO线程池的一小部分，所以信号量的数量不能大于容器线程池大小，否则起不到保护作用。执行信号量大小的默认值为10。

如果使用属性配置而不是代码方式进行配置，则以上代码配置所对应的配置项为：

```
hystrix.command.default.execution.isolation.semaphore.maxConcurrentRequests
```

（2）withFallbackIsolationSemaphoreMaxConcurrentRequests (int)

此方法设置使用回退信号量的大小，也就是HystrixCommand.getFallback()方法允许的最大请求数。如果达到最大请求数，则后续的回退请求会被拒绝。

如果使用属性配置而不是代码方式进行配置，则以上代码配置所对应的配置项为：

```
hystrix.command.default.fallback.isolation.semaphore.maxConcurrentRequests
```

最后，介绍一下信号量隔离与线程池隔离的区别，分别从调用线程、开销、异步、并发量4个维度进行对比，具体如表6-1所示。

表 6-1 调用线程、开销、异步、并发量 4 个维度的对比

	线程池隔离	信号量隔离
调用线程	RPC 线程与 Web 容器 IO 线程相互隔离	RPC 线程与 Web 容器 IO 线程相同
开销	存在请求排队、线程调度、线程上下文切换等开销	无线程切换，开销低
异步	支持	不支持
并发量	最大线程池大小	最大信号量上限，且最大信号量需要小于 IO 线程数

6.5 RPC 保护之熔断器模式

熔断器的工作机制为：统计最近RPC调用发生错误的次数，然后根据统计值中的失败比例等信息，决定是否允许后面的RPC调用继续，或者快速地失败回退。熔断器的3种状态如下：

1）closed：熔断器关闭状态，这也是熔断器的初始状态，此状态下RPC调用正常放行。

2）open：失败比例到一定的阈值之后，熔断器进入开启状态，此状态下RPC将会快速失败，执行失败回退逻辑。

3）half-open：在打开一定时间之后（睡眠窗口结束），熔断器进入半开启状态，小流量尝试进行RPC调用放行。如果尝试成功则熔断器变为closed状态，RPC调用正常；如果尝试失败则熔断器变为open状态，RPC调用快速失败。

熔断器状态之间相互转换的逻辑关系如图6-10所示。

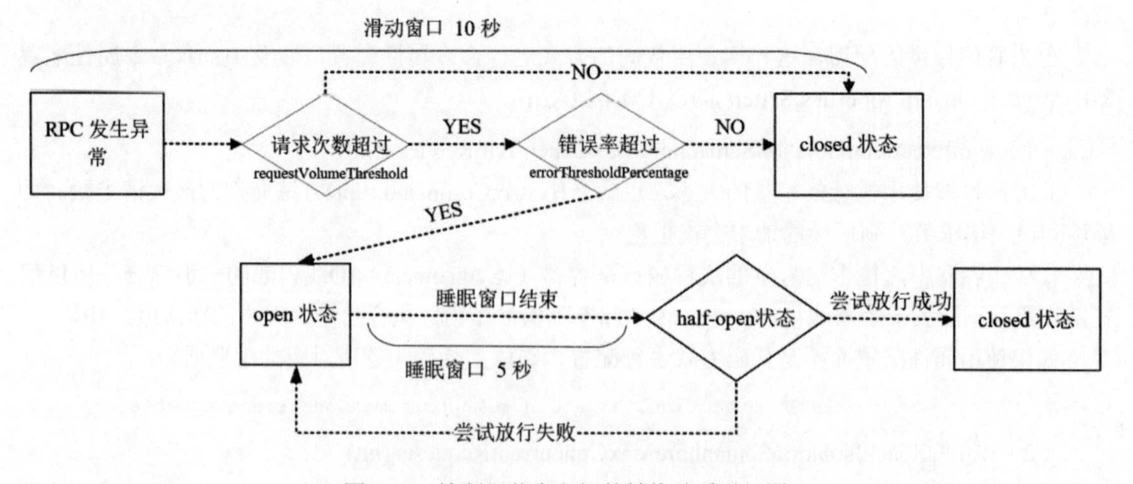

图 6-10 熔断器状态之间的转换关系详细图

6.5.1 熔断器状态变化的演示实例

为了观察熔断器的状态变化，通过继承HystrixCommand类，这里特别设计了一个能够设置运行时长的自定义命令类TakeTimeDemoCommand，通过设置其运行占用时间takeTime成员的值，可以控制其运行过程中是否超时。演示实例的代码如下：

```
package com.crazymaker.demo.hystrix;
//省略import
@Slf4j
public class CircuitBreakerDemo
{
    //执行的总次数，线程安全
    private static AtomicInteger total = new AtomicInteger(0);
    /**
     * 内部类：一个能够设置运行时长的自定义命令类
     */
    static class TakeTimeDemoCommand extends HystrixCommand<String>
    {
        //run方法是否执行
        private boolean hasRun = false;
        //执行的次序
        private int index;
        //运行的占用时间
        long takeTime;
        public TakeTimeDemoCommand(long takeTime, Setter setter)
        {
            super(setter);
            this.takeTime = takeTime;
        }
        @Override
        protected String run() throws Exception
        {
            hasRun = true;
            index = total.incrementAndGet();
            Thread.sleep(takeTime);
            HystrixCommandMetrics.HealthCounts hc = super.getMetrics().getHealthCounts();
            log.info("succeed- req{}:熔断器状态：{}, 失败率：{}%",
                      index, super.isCircuitBreakerOpen(), hc.getErrorPercentage());
            return "req" + index + ":succeed";
        }
        @Override
        protected String getFallback()
        {
            //是否直接失败
            boolean isFastFall = !hasRun;
            if (isFastFall)
            {
                index = total.incrementAndGet();
            }
            HystrixCommandMetrics.HealthCounts hc = super.getMetrics().getHealthCounts();
            log.info("fallback- req{}:熔断器状态：{}, 失败率：{}%",
                      index, super.isCircuitBreakerOpen(), hc.getErrorPercentage());
            return "req" + index + ":failed";
        }
```

```
    }
    /**
     * 测试用例：熔断器熔断
     */
    @Test
    public void testCircuitBreaker() throws Exception
    {
        /**
         * 命令参数配置
         */
        HystrixCommandProperties.Setter propertiesSetter =
                HystrixCommandProperties.Setter()
                        //至少有3个请求， 熔断器才达到熔断触发的次数阈值
                        .withCircuitBreakerRequestVolumeThreshold(3)
                        //熔断器中断请求5秒后会进入half-open状态，尝试放行
                        .withCircuitBreakerSleepWindowInMilliseconds(5000)
                        //错误率超过60%，快速失败
                        .withCircuitBreakerErrorThresholdPercentage(60)
                        //启用超时
                        .withExecutionTimeoutEnabled(true)
                        //执行的超时时间，默认为 1000毫秒，这里设置为500毫秒
                        .withExecutionTimeoutInMilliseconds(500)
                        //可统计的滑动窗口内的buckets数量，用于熔断器和指标发布
                        .withMetricsRollingStatisticalWindowBuckets(10)
                        //可统计的滑动窗口的时间长度
                        //这段时间内的执行数据用于熔断器和指标发布
                        .withMetricsRollingStatisticalWindowInMilliseconds(10000);

        HystrixCommand.Setter rpcPool = HystrixCommand.Setter
                .withGroupKey(HystrixCommandGroupKey.Factory.asKey("group-1"))
                .andCommandKey(HystrixCommandKey.Factory.asKey("command-1"))
                .andThreadPoolKey(HystrixThreadPoolKey.Factory.asKey("threadPool-1"))
                .andCommandPropertiesDefaults(propertiesSetter);

      /**
        * 首先设置运行时间为800毫秒，大于命令的超时限制500毫秒
        */
        long takeTime = 800;
        for (int i = 1; i <= 10; i++)
        {

            TakeTimeDemoCommand command = new TakeTimeDemoCommand(takeTime, rpcPool);
            command.execute();

            //健康信息
            HystrixCommandMetrics.HealthCounts hc =
command.getMetrics().getHealthCounts();
            if (command.isCircuitBreakerOpen())
            {
                /**
                 * 熔断之后，设置运行时间为300毫秒，小于命令的超时限制 500毫秒
                 */
                takeTime = 300;
                log.info("============ 熔断器打开了，等待休眠期（默认5秒）结束");

                /**
                 * 等待7秒之后，再一次发起请求
                 */
                Thread.sleep(7000);
            }

        }
```

```
        Thread.sleep(Integer.MAX_VALUE);
    }
}
```

在上面的演示中，有以下配置器的配置命令需要重点说明：

1）通过withExecutionTimeoutInMilliseconds（int）方法将默认为1000毫秒的执行超时上限设置为 500毫秒，也就是说，只要TakeTimeDemoCommand.run()的执行超过500毫秒就会触发Hystrix超时回退。

2）通过withCircuitBreakerRequestVolumeThreshold（int）方法将熔断器触发熔断的最少请求次数的默认值20次改为了3次，这样更容易测试。

3）通过withCircuitBreakerErrorThresholdPercentage(int)方法设置错误率阈值百分比的值为 60，滑动窗口时间内当错误率超过此值时，熔断器进入open开启状态，所有请求都会触发失败回退（fallback），错误率阈值百分比的默认值为50。

执行上面的演示实例，运行的结果节选如下：

```
    [HystrixTimer-1] INFO  c.c.d.h.CircuitBreakerDemo - fallback- req1:熔断器状态: false, 失败率: 0%
    [HystrixTimer-1] INFO  c.c.d.h.CircuitBreakerDemo - fallback- req2:熔断器状态: false, 失败率: 100%
    [HystrixTimer-2] INFO  c.c.d.h.CircuitBreakerDemo - fallback- req3:熔断器状态: false, 失败率: 100%
    [HystrixTimer-1] INFO  c.c.d.h.CircuitBreakerDemo - fallback- req4:熔断器状态: true, 失败率: 100%
    [main] INFO  c.c.d.h.CircuitBreakerDemo - ============ 熔断器打开了，等待休眠期（默认5秒）结束
    [hystrix-threadPool-1-5] INFO  c.c.d.h.CircuitBreakerDemo - succeed- req5:熔断器状态: true, 失败率: 100%
    [hystrix-threadPool-1-6] INFO  c.c.d.h.CircuitBreakerDemo - succeed- req6:熔断器状态: false, 失败率: 0%
    [hystrix-threadPool-1-7] INFO  c.c.d.h.CircuitBreakerDemo - succeed- req7:熔断器状态: false, 失败率: 0%
    [hystrix-threadPool-1-8] INFO  c.c.d.h.CircuitBreakerDemo - succeed- req8:熔断器状态: false, 失败率: 0%
    [hystrix-threadPool-1-9] INFO  c.c.d.h.CircuitBreakerDemo - succeed- req9:熔断器状态: false, 失败率: 0%
    [hystrix-threadPool-1-10] INFO  c.c.d.h.CircuitBreakerDemo - succeed- req10:熔断器状态: false, 失败率: 0%
```

从上面的执行结果可知，在第四次请求req4 时，熔断器才达到熔断触发的次数阈值3，由于前3次皆为超时失败，失败率大于阈值60%，因此第四次请求执行之后，熔断器状态为open熔断状态。

在命令的熔断器打开后，熔断器默认会有5秒的睡眠等待时间，在这段时间内的所有请求直接执行回退方法；5秒之后，熔断器会进入half-open状态，尝试放行一次命令执行，如果成功则关闭熔断器，状态转成closed，否则，熔断器回到open状态。

在上面的程序中，在熔断器熔断之后，演示程序将命令的运行时间takeTime改成了300毫秒，小于命令的超时限制500毫秒。在等待7秒之后，演示程序再一次发起请求，从运行结果可以看到，第5次请求req5 执行成功了，这是一次half-open状态的尝试放行，请求成功之后，熔断器的状态转成了open，后续请求将继续放行。注意，演示程序第5次请求req5后的熔断器状态值反映在第6次请求req6的执行输出中。

6.5.2 熔断器和滑动窗口的配置属性

熔断器的配置包含了滑动窗口的配置和熔断器自身的配置。Hystrix的健康统计是通过滑动窗口来完成的，其熔断器的状态也是依据滑动窗口的统计数据来变化的，所以这里先介绍滑动窗口的配置。先看看两个概念：滑动窗口和时间桶。

1. 滑动窗口

可以这么来理解滑动窗口：一位乘客坐在正在行驶的列车的靠窗座位上，列车行驶的公路两侧种着一排挺拔的白杨树，随着列车的前进，路边的白杨树迅速从窗口滑过，我们用每棵树来代表一个请求，用列车的行驶代表时间的流逝，那么，列车上的这个窗口就是一个典型的滑动窗口，这个乘客能通过窗口看到的白杨树的数量，就是滑动窗口要统计的数据。

2. 时间桶

时间桶是统计滑动窗口数据时的最小单位。同样类比列车窗口，在列车速度非常快时，如果每掠过一棵树就统计一次窗口内树的数据，显然开销非常大，如果乘客将窗口分成N份，前进行时列车每掠过窗口的N分之一就统计一次数据，开销就大大地减小了。简单来说，时间桶也就是滑动窗口的N分之一。

代码方式下熔断器的设置可以使用HystrixCommandProperties.Setter()配置器来完成，参考6.5.1节的实例，把自定义的TakeTimeDemoCommand中Setter()配置器的相关参数配置如下：

```
/**
 * 命令参数配置
 */
HystrixCommandProperties.Setter propertiesSetter =
        HystrixCommandProperties.Setter()
                //至少有3个请求， 熔断器才达到熔断触发的次数阈值
                .withCircuitBreakerRequestVolumeThreshold(3)
                //熔断器中断请求5秒后会进入half-open状态，进行尝试放行
                .withCircuitBreakerSleepWindowInMilliseconds(5000)
                //错误率超过60%，快速失败
                .withCircuitBreakerErrorThresholdPercentage(60)
                //启用超时
                .withExecutionTimeoutEnabled(true)
                //执行的超时时间，默认为 1000毫秒，这里设置为500毫秒
                .withExecutionTimeoutInMilliseconds(500)
                //可统计的滑动窗口内的buckets数量，用于熔断器和指标发布
                .withMetricsRollingStatisticalWindowBuckets(10)
                //可统计的滑动窗口的时间长度
                //这段时间内的执行数据用于熔断器和指标发布
                .withMetricsRollingStatisticalWindowInMilliseconds(10000);
```

在以上配置中，与熔断器的滑动窗口相关的配置的具体含义为：

1）滑动窗口中，最少3个请求才会触发断路，默认值为20个。

2）错误率达到60%时才可能触发断路，默认值为50%。

3）断路之后的5000毫秒内，所有请求都直接调用getFallback()进行回退降级，不会调用run()方法；5000毫秒过后，熔断器变为half-open状态。

以上TakeTimeDemoCommand的熔断器滑动窗口的状态转换关系如图6-11所示。

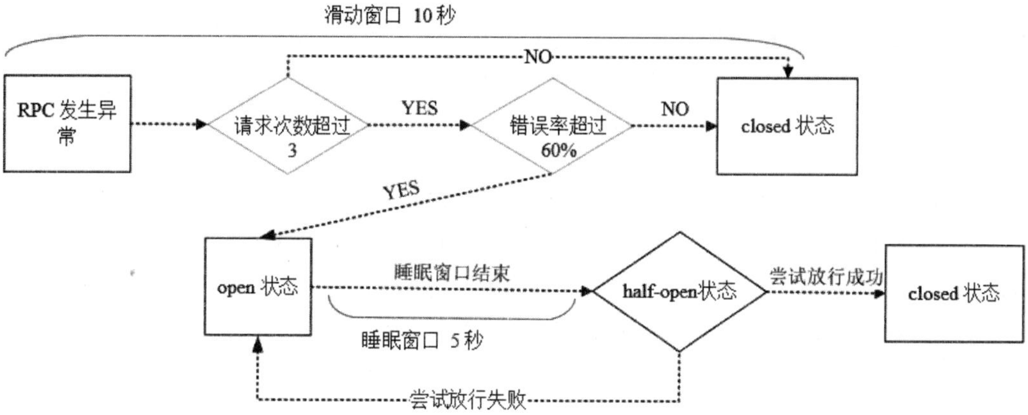

图 6-11 TakeTimeDemoCommand 的熔断器健康统计滑动窗口的状态转换关系图

大家已经知道，Hystrix熔断器的配置除了代码方式，还有properties文本属性配置的方式；另外Hystrix熔断器相关的滑动窗口不止一个基础的健康统计滑动窗口，还包含一个百分比命令执行时间统计滑动窗口，两个窗口都可以进行配置。

下面以文本属性配置方式为主，详细介绍Hystrix基础健康统计滑动窗口的配置：

（1）hystrix.command.default.metrics.rollingStats.timeInMilliseconds

设置健康统计滑动窗口的持续时间（以毫秒为单位），默认值为 10000 毫秒。熔断器的状态会根据滑动窗口的统计值来计算，若滑动窗口时间内的错误率超过阈值，熔断器将进入open开启状态，滑动窗口将被进一步细分为时间桶，滑动窗口的统计值等于窗口内所有时间桶的统计信息的累加，每个时间桶的统计信息包含请求的成功（success）、失败（failure）、超时（timeout）、被拒（rejection）的次数。

此选项通过代码方式配置时所对应的函数如下：

```
HystrixCommandProperties.Setter().withMetricsRollingStatisticalWindowInMilliseconds
(int)
```

（2）hystrix.command.default.metrics.rollingStats.numBuckets

设置健康统计滑动窗口被划分为时间桶的数量，默认值为10。若滑动窗口的持续时间为默认的10000毫秒，则一个时间桶（bucket）的时间即1秒。如果要做定制化的配置，则所设置的numBuckets（时间桶数量）值和timeInMilliseconds（滑动窗口时长）值有关联关系，必须符合timeInMilliseconds % numberBuckets == 0的规则，否则会抛出异常。例如二者的关联关系为70000（滑动窗口70秒）% 700（桶数）==0是可以的，但是70000（70秒）% 600（桶数）== 400将抛出异常。

此选项通过代码方式配置时所对应的函数如下：

```
HystrixCommandProperties.Setter().withMetricsRollingStatisticalWindowBuckets (int)
```

（3）hystrix.command.default.metrics.healthSnapshot.intervalInMilliseconds

设置健康统计滑动窗口拍摄运行状况统计指标的快照的时间间隔。什么是拍摄运行状况统计指标的快照呢？就是计算成功和错误百分比这些影响熔断器状态的统计数据。

拍摄快照的时间间隔的单位为毫秒，默认值为 500 毫秒。由于统计指标的计算是一个耗CPU的操作（CPU密集型操作），也就是说，高频率地计算错误百分比等健康统计数据会占用很多CPU资源，所以，在高并发RPC流量大的场景下，可以适当调大拍摄快照的时间间隔。

此选项通过代码方式配置时所对应的函数如下：

```
HystrixCommandProperties.Setter().withMetricsHealthSnapshotIntervalInMilliseconds
(int)
```

Hystrix熔断器相关的滑动窗口不止一个基础的健康统计滑动窗口，还包含一个“百分比命令执行时间”统计滑动窗口。什么是“百分比命令执行时间”统计滑动窗口呢？该滑动窗口主要用于统计1%、10%、50%、90%、99%等一系列比例的命令执行平均耗时，主要用以生成统计图表。

带hystrix.command.default.metrics.rollingPercentile前缀的配置项，专门用于配置百分比命令执行时间统计窗口。下面以文本属性配置方式为主，详细介绍Hystrix执行时间百分比统计滑动窗口的配置：

（1）hystrix.command.default.metrics.rollingPercentile.enabled:

该配置项用于设置百分比命令执行时间统计窗口是否生效，命令的执行时间是否被跟踪，并且计算各个百分比如1%、10%、50%、90%、99.5% 等的平均时间。该配置项默认为true。

（2）hystrix.command.default.metrics.rollingPercentile.timeInMilliseconds

设置百分比命令执行时间统计窗口的持续时间（以毫秒为单位），默认值为 60000 毫秒，当然，此滑动窗口也会被进一步细分为时间桶，以便提高统计的效率。

本选项通过代码方式配置时所对应的函数如下：

```
HystrixCommandProperties.Setter().withMetricsRollingPercentileWindowInMilliseconds(
int)
```

（3）hystrix.command.default.metrics.rollingPercentile.numBuckets

设置百分比命令执行时间统计窗口被划分为时间桶的数量，默认值为 6。此滑动窗口的默认持续时间为默认的60000毫秒，即默认情况下，一个时间桶的时间为10秒。如果要做定制化的配置，此窗口所设置的numBuckets（时间桶数量）值和timeInMilliseconds（滑动窗口时长）值有关联关系，必须符合timeInMilliseconds（滑动窗口时长）% numberBuckets == 0 的规则，否则将抛出异常。

此选项通过代码方式配置时所对应的函数如下：

```
HystrixCommandProperties.Setter().withMetricsRollingPercentileWindowBuckets (int)
```

（4）hystrix.command.default.metrics.rollingPercentile.bucketSize

设置百分比命令执行时间统计窗口的时间桶内最大的统计次数，如果bucketSize为 100，而桶的时长为1秒，若这1秒里有500次执行，则只有最后100次执行的信息会被统计到桶里去。增加此配置项的值会导致内存开销及其他计算开销的上升，该配置项的默认值为100。

此选项通过代码方式配置时所对应的函数如下：

```
HystrixCommandProperties.Setter().withMetricsRollingPercentileBucketSize (int)
```

以上是Hystrix熔断器相关的滑动窗口的配置，接下来是熔断器本身的配置。

带hystrix.command.default.circuitBreaker前缀的配置项专门用于对熔断器本身进行配置。下面以文本属性配置方式为主，对Hystrix熔断器的配置进行一下详细介绍：

（1）hystrix.command.default.circuitBreaker.enabled

该配置用来确定是否启用熔断器，默认值为true。

此选项通过代码方式配置时所对应的函数如下：

```
HystrixCommandProperties.Setter().withCircuitBreakerEnabled (boolean)
```

（2）hystrix.command.default.circuitBreaker.requestVolumeThreshold

该配置用于设置熔断器触发熔断的最少请求次数。如果设为20，那么当一个滑动窗口时间内（比如10秒）收到19个请求，即使19个请求都失败，熔断器也不会打开变成open状态。默认值为20。

此选项通过代码方式配置时所对应的函数如下：

```
HystrixCommandProperties.Setter().withCircuitBreakerRequestVolumeThreshold (int)
```

（3）hystrix.command.default.circuitBreaker.errorThresholdPercentage

该配置用于设置错误率阈值，当健康统计滑动窗口的错误率超过此值时，熔断器进入open开启状态，所有请求都会触发失败回退（fallback）。错误率阈值百分比的默认值为50。

此选项通过代码方式配置时所对应的函数如下：

```
HystrixCommandProperties.Setter().withCircuitBreakerErrorThresholdPercentage (int)
```

（4）hystrix.command.default.circuitBreaker.sleepWindowInMilliseconds

此配置项指定了熔断器打开后经过多长时间允许一次请求尝试执行。熔断器打开时，Hystrix会在经过一段时间后就放行一条请求，如果这条请求执行成功了，说明此时服务很可能已经恢复了正常，那么就会关闭熔断器；如果此请求执行失败，则认为目标服务依然不可用，熔断器继续保持打开状态。

该配置用于配置熔断器的睡眠窗口，具体指的是熔断器打开之后过多长时间才允许一次请求尝试执行，默认值为5000毫秒，表示当熔断器开启（open）后，5000毫秒内会拒绝所有的请求，5000毫秒之后，熔断器才会进行入half-open状态。

此选项通过代码方式配置时所对应的函数如下：

```
HystrixCommandProperties.Setter().withCircuitBreakerSleepWindowInMilliseconds (int)
```

（5）hystrix.command.default.circuitBreaker.forceOpen

如果配置为true，则熔断器将被强制打开，所有请求将被触发失败回退（fallback）。此配置的默认值为false。

此选项通过代码方式配置时所对应的函数如下：

```
HystrixCommandProperties.Setter().withCircuitBreakerForceOpen (boolean)
```

下面是本书随书实例中demo-provider中的有关熔断器的配置，节选如下：

```
hystrix:
  ...
  command:
    ...
    default:                                  #全局默认配置
      circuitBreaker:                         #熔断器相关配置
          enabled: true                       #是否启动熔断器，默认为true
          requestVolumeThreshold: 20          #启用熔断器功能窗口时间内的最小请求数
          sleepWindowInMilliseconds: 5000 #指定熔断器打开后多长时间内允许一次请求尝试执行
          errorThresholdPercentage: 50        #窗口时间内超过50%的请求失败后就会打开熔断器
```

```
      metrics:
         rollingStats:
            timeInMilliseconds: 6000
            numBuckets: 10
    UserClient#detail(Long):                    #独立接口配置，格式为： 类名#方法名（参数类型列表）
      circuitBreaker:                           #熔断器相关配置
         enabled: true                          #是否使用熔断器，默认为true
         requestVolumeThreshold: 20             #窗口时间内的最小请求数
         sleepWindowInMilliseconds: 5000        #打开后允许一次尝试的睡眠时间，默认配置为5秒
         errorThresholdPercentage: 50           #窗口时间内熔断器开启的错误比例，默认配置为50
      metrics:
         rollingStats:
            timeInMilliseconds: 10000           #滑动窗口时间
            numBuckets: 10                      #滑动窗口的时间桶数
```

使用文本格式配置时，可以对熔断器的参数值做默认配置，也可以对特定的RPC接口做个性化配置。对熔断器的参数值做默认配置时，使用hystrix.command.default默认前缀；对特定的RPC接口做个性化配置时，使用hystrix.command.FeignClient#Method格式的前缀。上面的演示例子中，对远程客户端Feign接口UserClient中的detail(Long)方法做了个性化的熔断器配置，其配置项的前缀为：

```
hystrix.command. UserClient#detail(Long)
```

6.5.3 Hystrix 命令的执行流程

在获取HystrixCommand命令的执行结果时，无论是调用execute()和toObservable()方法，还是调用observe()方法，最终都会通过HystrixCommand.toObservable()订阅执行结果和返回。在Hystrix内部，调用toObservable()方法返回一个观察的主题，当Subscriber订阅者订阅主题后，HystrixCommand会弹射一个事件，然后通过一系列的判断（顺序依次是缓存是否命中、熔断器是否打开、线程池是否占满），开始执行实际的HystrixCommand.run() 方法，该方法的实现主要为异步处理的业务逻辑，如果这其中任何一个环节出现错误或者抛出异常，它都会回退到getFallback()方法进行服务降级处理，当降级处理完成之后，它会将结果返回给实际的调用者。

HystrixCommand的工作流程，总结起来大致如下：

1）判断是否使用缓存响应请求，若启用了缓存，且缓存可用，则直接使用缓存响应请求。Hystrix支持请求缓存，但需要用户自定义启动。

2）判断熔断器是否开启，如果熔断器处于open状态，则跳到第5步。

3）如果使用线程池进行请求隔离，则判断线程池是否已满，已满则跳到第5步；如果使用信号量进行请求隔离，则判断信号量是否耗尽，耗尽则跳到第5步。

4）执行HystrixCommand.run()方法执行具体业务逻辑，如果执行失败或者超时，则跳到第5步，否则跳到第6步。

5）执行HystrixCommand.getFallback()服务降级处理逻辑。

6）返回请求响应。

以上流程如图6-12所示。

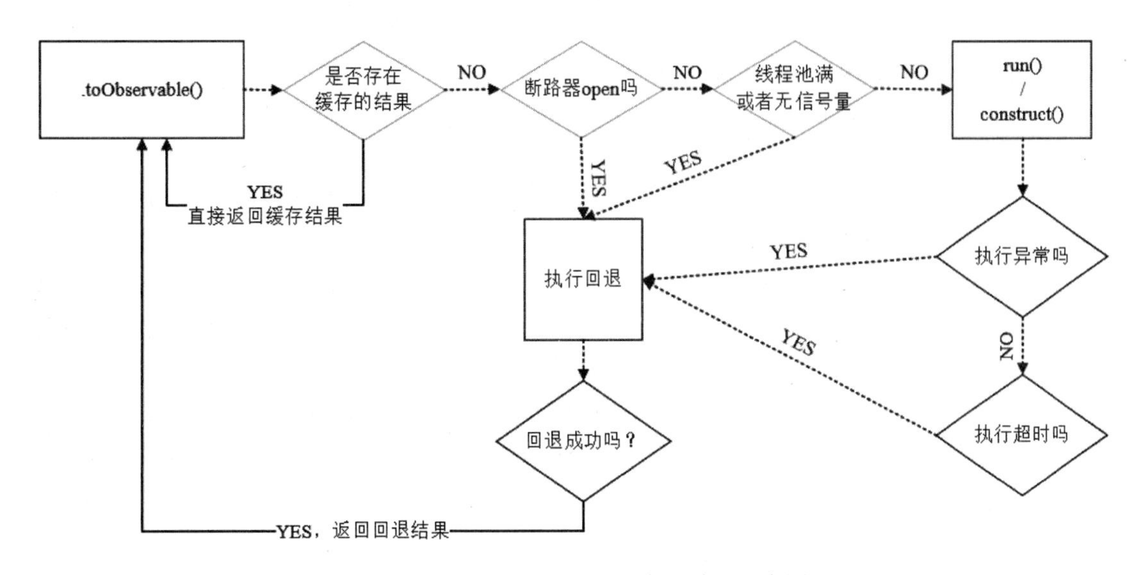

图 6-12 HystrixCommand 的执行流程示意图

什么场景下会触发fallback方法呢？请见表6-2。

表 6-2 触发 fallback 方法的场景

名 字	说 明	触发 fallback
EMIT	值传递	NO
SUCCESS	执行完成，没有错误	NO
FAILURE	执行抛出异常	YES
TIMEOUT	执行开始，但没有在允许的时间内完成	YES
BAD_REQUEST	执行抛出 HystrixBadRequestException	NO
SHORT_CIRCUITED	熔断器打开，不尝试执行	YES
THREAD_POOL_REJECTED	线程池拒绝，不尝试执行	YES
SEMAPHORE_REJECTED	信号量拒绝，不尝试执行	YES

6.6 RPC 监控之滑动窗口实现原理

Hystrix通过滑动窗口的数据结构来统计调用的指标数据，并且大量使用了RxJava响应式编程操作符。滑动窗口本质就是不断变换的数据流，因此滑动窗口的实现非常适合使用观察者模式以及响应式编程模式去完成。最终，RxJava便成了Hystrix滑动窗口实现的最佳的框架选择。Hystrix滑动窗口的核心实现是使用RxJava的window操作符（算子）完成的。使用RxJava实现滑动窗口还有一大好处就是可以依赖RxJava的线程模型来保证数据写入和聚合的线程安全。

Hystrix滑动窗口的原理和实现逻辑非常复杂，所以在深入学习之前先看一个Hystrix滑动窗口模拟实现示例。

6.6.1 Hystrix 健康统计滑动窗口模拟实现

先总体介绍一下Hystrix健康统计滑动窗口的执行流程：

1）HystrixCommand命令器的执行结果（失败、成功）会以事件的形式通过RxJava事件流弹射出去，形成执行完成事件流。

2）桶计数流以事件流作为来源，将事件流中的事件按照固定时间长度（桶时间间隔）划分成滚动窗口，并对时间桶滚动窗口内的事件按照类型进行累积，完成之后将桶数据弹射出去，形成桶计数流。

3）桶滑动统计流以桶计数流作为来源，按照步长为1、长度为设定的桶数（配置的滑动窗口桶数）的规则划分滑动窗口，并对滑动窗口内的所有的桶数据按照各事件类型进行汇总，汇总成最终的窗口健康数据并弹射出去，形成最终的桶滑动统计流，作为Hystrix熔断器进行状态转换的数据支撑。

以上介绍的Hystrix健康统计滑动窗口的执行流程具体如图6-13所示。

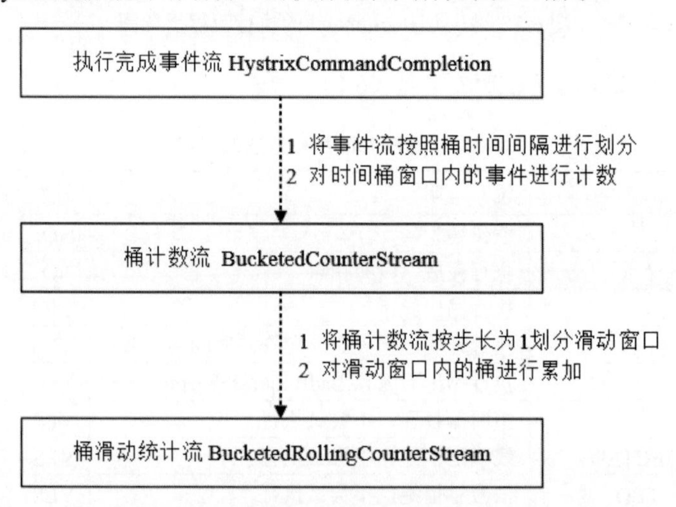

图 6-13 Hystrix 健康统计滑动窗口的执行流程

为了帮助大家学习Hystrix滑动窗口的执行流程，这里设计一个简单的Hystrix滑动窗口模拟实现用例，对Hystrix滑动窗口数据流处理过程进行简化，只留下核心部分，简化的模拟执行流程如下：

1）模拟HystrixCommand的事件发送机制，每100ms发送一个随机值（0或1），随机值为0代表失败、1代表成功，模拟执行完成事件流。

2）模拟HystrixCommand的桶计数流，以事件流作为来源，将事件流中的事件按照固定时间长度（300ms）划分成时间桶滚动窗口，并对时间桶滚动窗口内值为0的事件进行累积，完成之后将累积数据弹射出去，形成桶计数流。

3）模拟桶计数流作为来源，按照步长为1、长度为设定的桶数（3）的规则划分滑动窗口，并对滑动窗口内的所有的桶数据进行汇总，汇总成最终的失败汇总数据并弹射出去，形成最终的桶滑动统计流。

以上的模拟Hystrix健康统计滑动窗口的执行流程具体如图6-14所示。

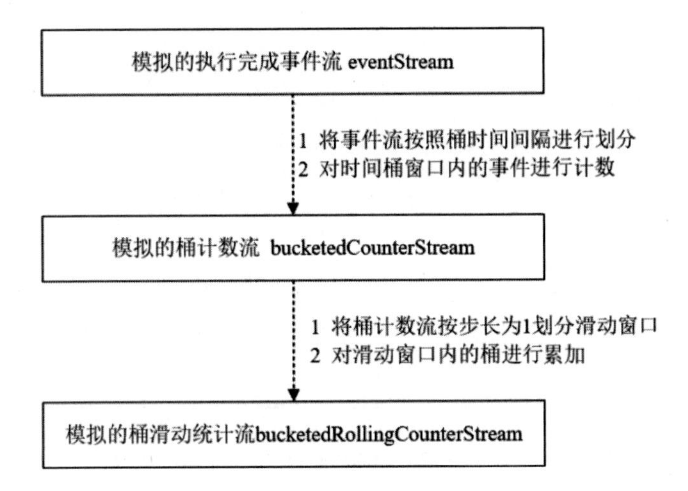

图 6-14　模拟的 Hystrix 健康统计滑动窗口简化版执行流程

简化的模拟Hystrix健康统计滑动窗口执行流程的参考实现代码如下：

```
package com.crazymaker.demo.rxJava.basic;
//省略import
@Slf4j
public class WindowDemo
{
    /**
     * 演示模拟hystrix的健康统计metric
     */
    @Test
    public void hystrixTimewindowDemo() throws InterruptedException
    {
        //创建Random类对象
        Random random = new Random();
        //模拟Hystrix event事件流，每100毫秒发送一个0或1的随机值
        //随机值为0代表失败，随机值为1代表成功
        Observable eventStream = Observable
              .interval(100, TimeUnit.MILLISECONDS)
              .map(i -> random.nextInt(2));
        /**
         *完成桶内0值计数的聚合函数
         */
        Func1 reduceBucketToSummary = new Func1<Observable<Integer>,
Observable<Long>>()
        {
            @Override
            public Observable<Long> call(Observable<Integer> eventBucket)
            {
                Observable<List<Integer>> olist = eventBucket.toList();
                Observable<Long> countValue = olist.map(list ->
                {
                    long count = list.stream().filter(i -> i == 0).count();
                    log.info("{} '0 count:{}", list.toString(), count);
                    return count;
                });
                return countValue;
            }
```

```
        };
        /**
         *桶计数流
         */
        Observable<Long> bucketedCounterStream = eventStream
              .window(300, TimeUnit.MILLISECONDS)
              .flatMap(reduceBucketToSummary);  //将时间桶进行聚合，统计事件值为0的个数

        /**
         * 滑动窗口聚合函数
         */
        Func1 reduceWindowToSummary = new Func1<Observable<Long>, Observable<Long>>()
        {
            @Override
            public Observable<Long> call(Observable<Long> eventBucket)
            {
                return eventBucket.reduce(new Func2<Long, Long, Long>()
                {
                    @Override
                    public Long call(Long bucket1, Long bucket2)
                    {
                        /**
                         * 对窗口内的桶进行累加
                         */
                        return bucket1 + bucket2;
                    }
                });

            }
        };

        /**
         * 桶滑动统计流
         */
        Observable bucketedRollingCounterStream = bucketedCounterStream
              .window(3, 1)
              .flatMap(reduceWindowToSummary);//将滑动窗口进行聚合
        bucketedRollingCounterStream.subscribe(sum -> log.info("滑动窗口的和：{}", sum));
        Thread.sleep(Integer.MAX_VALUE);
    }
}
```

运行程序，输出的结果节选如下：

```
[RxComputationScheduler-1] INFO  c.c.d.rxJava.basic.WindowDemo - [0, 0, 0] '0 count:3
[RxComputationScheduler-1] INFO  c.c.d.rxJava.basic.WindowDemo - [0, 1, 1] '0 count:1
[RxComputationScheduler-1] INFO  c.c.d.rxJava.basic.WindowDemo - [1, 0, 1] '0 count:1
[RxComputationScheduler-1] INFO  c.c.d.rxJava.basic.WindowDemo - 滑动窗口的和：5
[RxComputationScheduler-1] INFO  c.c.d.rxJava.basic.WindowDemo - [0, 1, 0] '0 count:2
[RxComputationScheduler-1] INFO  c.c.d.rxJava.basic.WindowDemo - 滑动窗口的和：4
[RxComputationScheduler-1] INFO  c.c.d.rxJava.basic.WindowDemo - [0, 1, 0] '0 count:2
[RxComputationScheduler-1] INFO  c.c.d.rxJava.basic.WindowDemo - 滑动窗口的和：5
[RxComputationScheduler-1] INFO  c.c.d.rxJava.basic.WindowDemo - [1, 1, 1] '0 count:0
[RxComputationScheduler-1] INFO  c.c.d.rxJava.basic.WindowDemo - 滑动窗口的和：4
[RxComputationScheduler-1] INFO  c.c.d.rxJava.basic.WindowDemo - [0, 1, 1] '0 count:1
[RxComputationScheduler-1] INFO  c.c.d.rxJava.basic.WindowDemo - 滑动窗口的和：3
[RxComputationScheduler-1] INFO  c.c.d.rxJava.basic.WindowDemo - [1, 0, 0] '0 count:2
[RxComputationScheduler-1] INFO  c.c.d.rxJava.basic.WindowDemo - 滑动窗口的和：3
[RxComputationScheduler-1] INFO  c.c.d.rxJava.basic.WindowDemo - [1, 1, 1] '0 count:0
[RxComputationScheduler-1] INFO  c.c.d.rxJava.basic.WindowDemo - 滑动窗口的和：3
[RxComputationScheduler-1] INFO  c.c.d.rxJava.basic.WindowDemo - [1, 1, 0] '0 count:1
[RxComputationScheduler-1] INFO  c.c.d.rxJava.basic.WindowDemo - 滑动窗口的和：3
```

```
[RxComputationScheduler-1] INFO  c.c.d.rxJava.basic.WindowDemo - [1, 1, 1] '0 count:0
[RxComputationScheduler-1] INFO  c.c.d.rxJava.basic.WindowDemo - 滑动窗口的和: 1
```

在上面的代码中，eventStream流通过interval操作符每100毫秒（ms）发送一个随机值（0或1），随机值为0代表失败、1代表成功，模拟HystrixCommand的事件发送机制。

桶计数流bucketedCounterStream使用window操作符以300毫秒为一个时间桶窗口，将原始的事件流进行拆分，每个时间桶窗口的3事件聚集起来，输出一个新的Observable（子流）。然后，bucketedCounterStream通过flapMap操作将每一个Observable（子流）进行扁平化。

桶计数流bucketedCounterStream的处理过程大致如图6-15所示。

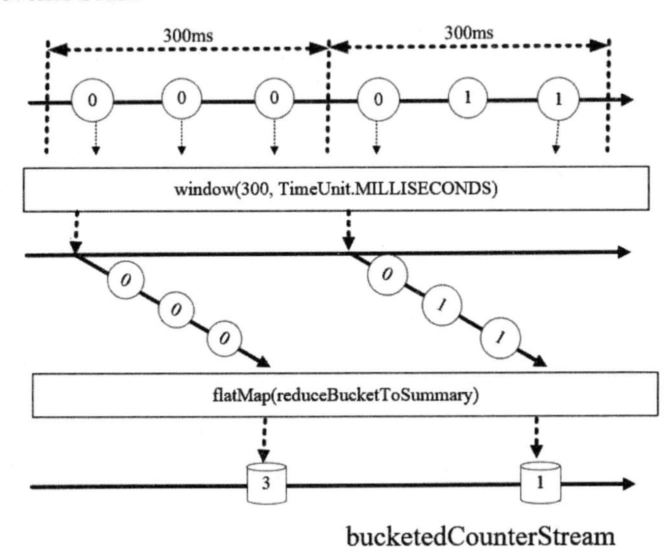

图 6-15　模拟的桶计数流 bucketedCounterStream 的处理过程

bucketedCounterStream 的flapMap扁平化操作是通过调用reduceBucketToSummary方法完成的，该方法首先将每一个时间桶窗口内的Observable子流内的元素序列转成一个列表，然后进行过滤（留下值为0事件）和统计，返回值为0的元素统计数量（失败数）。

接下来，需要对bucketedCounterStream桶计数进行汇总统计，形成滑动窗口的统计数据，这个工作由bucketedRollingCounterStream桶滑动统计流完成。

桶滑动统计流仍然使用window和flatMap两个操作符，先将输入流中通过window操作符按照步长为1、长度为3的规则划分滑动窗口，每个滑动窗口的3统计数据被聚集起来，输出一个新的Observable（子流）。然后通过flatMap扁平化操作符对每一个Observable（子流）进行聚合，计算出各元素的累加值。

模拟的桶滑动统计流bucketedRollingCounterStream的处理过程具体如图6-16所示。

bucketedRollingCounterStream的flapMap扁平化操作是通过调用reduceWindowToSummary方法完成的，该方法通过RxJava的reduce操作符进行“聚合”操作，将Observable子流中的3事件的累加结果计算出来。

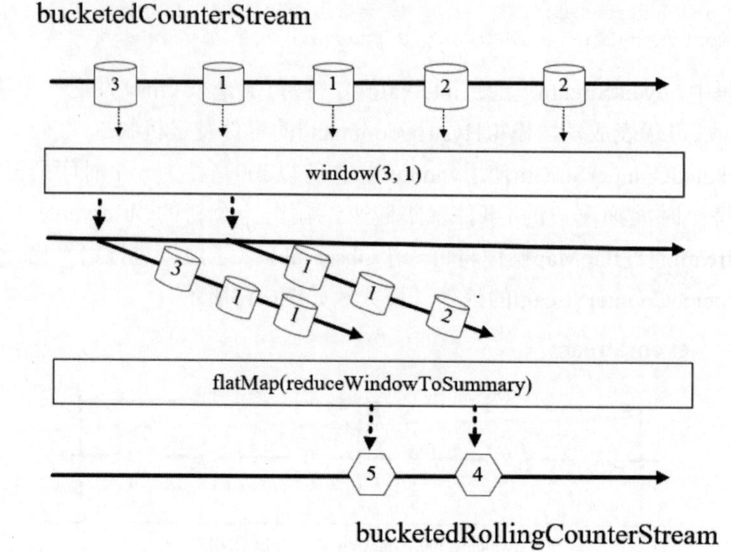

图 6-16　桶滑动统计流 bucketedRollingCounterStream 的处理过程

6.6.2　Hystrix 滑动窗口核心实现原理

在Hystrix中，业务逻辑以命令模式封装成了一个一个命令（HystrixCommand），每个命令执行完成后，都会发送完成事件（HystrixCommandCompletion）到HystrixCommandCompletionStream命令完成事件流。HystrixCommandCompletion是Hystrix中的核心事件，它可以代表某个命令执行成功、超时、异常等的各种状态，与Hystrix熔断器的状态转换息息相关。

桶计数流BucketedCounterStream是一个抽象类，提供了基本的桶计数器实现。用户在使用Hystrix的时候一般都要配两个值：timeInMilliseconds滑动窗口的长度（时间间隔）和numBuckets滑动窗口中桶数。每个桶对应的时间长度就是bucketSizeInMs = timeInMilliseconds / numBuckets，该时间长度可以记为一个时间桶窗口。BucketedCounterStream每隔一个时间桶窗口就把这段时间内的所有调用事件聚合到一个累积桶内。下面来看一下它的实现：

```
    protected BucketedCounterStream(final HystrixEventStream<Event> inputEventStream,
                final int numBuckets, final int bucketSizeInMs,
                final Func2<Bucket, Event, Bucket> appendRawEventToBucket) {
        this.numBuckets = numBuckets;
        this.reduceBucketToSummary = new Func1<Observable<Event>, Observable<Bucket>>() {
            @Override
            public Observable<Bucket> call(Observable<Event> eventBucket) {
                return eventBucket.reduce(getEmptyBucketSummary(),
appendRawEventToBucket);
            }
        };
        ...
        this.bucketedStream = Observable.defer(new Func0<Observable<Bucket>>() {
            @Override
            public Observable<Bucket> call() {
                return inputEventStream
                    .observe()
                                .window(bucketSizeInMs, TimeUnit.MILLISECONDS)
                    .flatMap(reduceBucketToSummary)
```

```
                .startWith(emptyEventCountsToStart);
        }
    });
}
```

BucketedCounterStream的构造函数里接收四个参数，其中第一个参数inputEventStream是一个HystrixCommandCompletionStream命令完成事件流。每个HystrixCommand命令执行完成后，执行完成事件都通过inputEventStream弹射出来。第二个参数numBuckets为滑动窗口中的桶数量，第三个参数bucketSizeInMs为每个桶对应的时间长度，第四个参数为将原始事件统计到累积桶（Bucket）的回调函数。

BucketedCounterStream的核心是window操作符，它可以将原始的完成事件流按照时间桶的长度bucketSizeInMs进行拆分，并将这个时间段内的事件聚集起来，输出一个Observable子流，然后通过flapMap操作将每一个Observable子流进行扁平化。

具体的flapMap扁平化操作是通过调用reduceBucketToSummary方法完成的，该方法通过RxJava的reduce操作符进行“聚合”操作，将Observable子流中的一串事件归纳成一个累积桶Bucket。

桶计数流BucketedCounterStream的处理过程大致如图6-17所示。

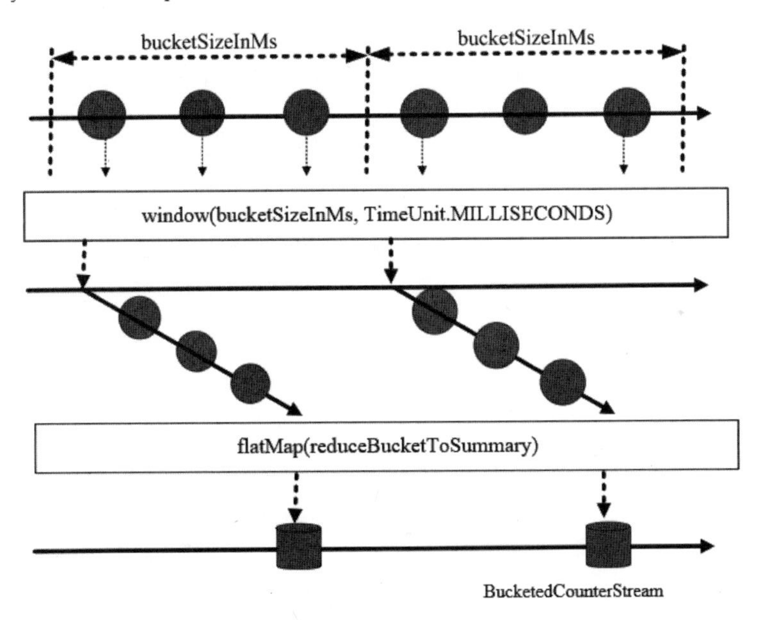

图 6-17　桶计数流 BucketedCounterStream 的处理过程

什么是累积桶Bucket呢？它是一个整型数组，数组中的每一个元素用于存放对应类型的事件的总数，具体如图6-18所示。

累积桶Bucket的数组元素所保存的各类事件总数，是通过聚合函数appendRawEventToBucket进行累加得到的。累加的方式是：将数组元素的位置与事件类型对应，将相同类型的事件总数累加到对应的数组位置上，从而统计出一个Bucket桶内的SUCCESS总数、FAILURE总数等。

最原始的累积桶Bucket是一个空桶，每一个元素的值为0。获取原始桶的方法与具体的统计流子类相关，子类HealthCountsStream健康统计流获取原始空桶的函数如下：

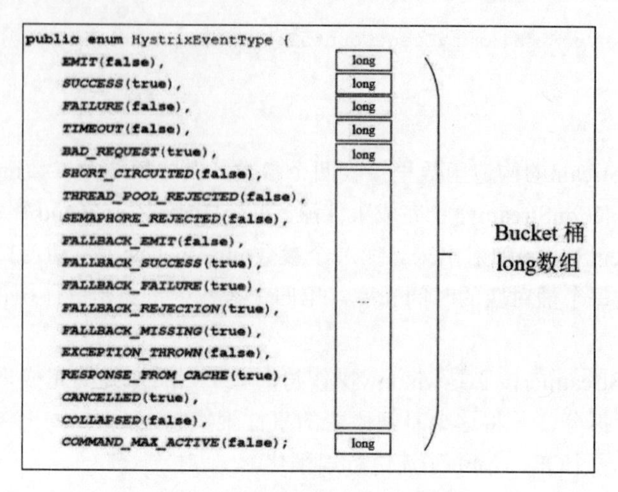

图 6-18　累积桶 Bucket 示意图

```
public class HealthCountsStream ...{

//获取初始桶，返回一个全零数组，长度为事件类型总数。
//数组中的每一个元素用于存放对应类型的事件数量
    @Override
    long[] getEmptyBucketSummary() {
        return new long[HystrixEventType.values().length];
    }

}
```

桶计数流BucketedCounterStream将时间桶类的同类型的事件总数（如FAILURE、SUCCESS总数）聚合到累积桶Bucket中，处理的最终的结果是源源不断的汇总数据组成了最终的桶计数流。

接下来，需要对熔断器的滑动窗口内的所有的累积桶Bucket进行汇总统计，形成滑动窗口的统计数据，作为熔断器状态转换的依据，这个工作由BucketedRollingCounterStream桶滑动统计流完成。

BucketedRollingCounterStream桶滑动统计流的数据来源正好是BucketedCounterStream桶计数流。桶滑动统计流仍然使用window和flatMap两个操作符，先通过滑动窗口将一定数量的数据聚集成一个集合流，然后对每一个集合流进行聚合，如图6-19所示。

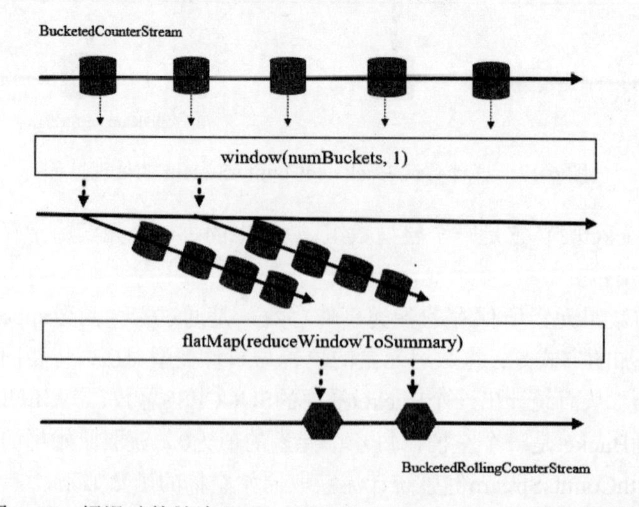

图 6-19　桶滑动统计流 BucketedRollingCounterStream 的处理过程

桶滑动统计流BucketedRollingCounterStream的核心源码大致如下：

```
public abstract class BucketedRollingCounterStream ... {
private Observable<Output> sourceStream;
private final AtomicBoolean isSourceCurrentlySubscribed = new AtomicBoolean(false);

protected BucketedRollingCounterStream(
       HystrixEventStream<Event> stream, final int numBuckets, int bucketSizeInMs,
       final Func2<Bucket, Event, Bucket> appendRawEventToBucket,
       final Func2<Output, Bucket, Output> reduceBucket)
 {
    super(stream, numBuckets, bucketSizeInMs, appendRawEventToBucket);
    Func1<Observable<Bucket>, Observable<Output>>  reduceWindowToSummary =
      new Func1<Observable<Bucket>, Observable<Output>>() {
       @Override
       public Observable<Output> call(Observable<Bucket> window) {
          return window.scan(getEmptyOutputValue(), reduceBucket).skip(numBuckets);
       }
     };
    this.sourceStream = bucketedStream.window(numBuckets, 1)
          .flatMap(reduceWindowToSummary)
          .doOnSubscribe(new Action0() {...})
          .share()
          .onBackpressureDrop();
    }
    ...
}
```

桶滑动统计流BucketedRollingCounterStream中的window操作符与BucketedCounterStream中的window操作符相比，在版本上有所不同，它的第二个参数 skip=1 的意思就是按照步长为 1 的间隔在输入数据流中持续滑动，不断聚集出numBuckets数量的输入对象，输出一个个Observable子流，这才是滑动窗口的真正含义。而BucketedCounterStream中所用的window操作符，窗口与窗口之间没有重叠，严格来说，这才叫作滑动窗口算子。

BucketedRollingCounterStream流通过window操作符滑动生成一个个Observable子流后，再通过flapMap操作将每一个Observable子流进行扁平化，具体的flapMap扁平化操作通过调用自定义的窗口规约方法reduceWindowToSummary完成。注意，该窗口规约方法没有用reduce操作符，而是用了scan + skip(numBuckets)的组合。scan和reduce一样都是聚合操作符，但是scan会将所有的中间结果弹出，而reduce仅弹出最终结果。在scan弹出所有的中间结果和最终统计结果之后，后面的skip(numBuckets)操作将跳过所有的中间结果，剩下最终结果。这样做的好处是，如果桶子里的元素个数不满足numBuckets，就把这个不完整的窗口给过滤掉。

最后，总结一下Hystrix各大流之间存在的继承关系，具体如下：

1）最顶层的BucketedCounterStream桶计数流是一个抽象类，提供了基本的桶计数器实现，按计算出来的bucketSizeInMs时间间隔将各种类型的事件数量聚合成桶。

2）BucketedRollingCounterStream抽象类在桶计数流的基础上，实现滑动窗口内numBuckets个Bucket（累积桶）的相同类型事件数的汇总，并聚合成指标数据。

3）最底下一层的类则是各种具体的实现，比如HealthCountsStream最终会聚合成健康检查数据（HystrixCommandMetrics.HealthCounts），比如统计命令执行成功和失败的次数供熔断器HystrixCircuitBreaker使用。

第 7 章 微服务网关与用户身份识别

在微服务分布式架构下，客户端（如浏览器）直接访问Provider微服务提供者，会存在以下问题：

1）客户端需要进行负载均衡，从多个Provider之间挑选出最合适的微服务提供者。

2）存在跨域请求时，服务端需要进行额外处理。

3）每个服务需要进行独立的用户认证。

解决以上问题的手段就是使用微服务网关。微服务网关是微服务架构中不可或缺的部分，统一提供Provider路由、均衡负载、权限控制等功能。微服务网关的功能大致如图7-1所示。

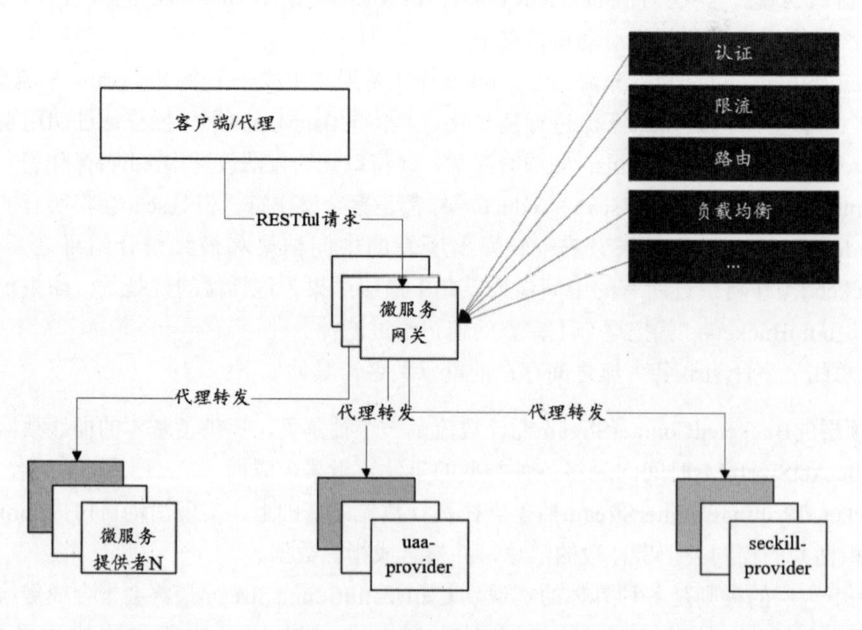

图 7-1　微服务网关的功能

微服务网关的实现框架有多种，Spring Cloud全家桶中比较常用的有Zuul和Spring Cloud

Gateway两大框架。虽然Spring Cloud官方推荐自家的Spring Cloud Gateway框架，但是，由于Zuul使用非常广泛而且文档更加丰富，所以，本书优先推荐使用Zuul作为生产场景的微服务网关。

在高并发的使用场景下，则推荐使用Spring Cloud Gateway框架作为网关。疯狂创客圈社群将以图文博客的方式对Spring Cloud Gateway网关进行详细介绍。

7.1 Zuul 的基础使用

Zuul是Netflix公司的开源网关产品，可以和Eureka、Ribbon、Hystrix等组件配合使用。Zuul的规则引擎允许规则和过滤器以任何JVM语言来编写，内置支持Java和Groovy。

在Spring Cloud框架中，Zuul的角色是网关，负责接收所有的REST请求（如网页端、APP端等），然后进行内部转发，是微服务提供者集群的流量入口。本书将Zuul称为内部网关，以便和Nginx外部网关作区分。

Zuul的功能大致有：

1）路由：将不同REST请求转发至不同的微服务提供者，其作用类似于Nginx的反向代理。同时，也起到了统一端口的作用，将很多的微服务提供者（Provider）的不同端口统一到了Zuul的服务端口。

2）认证：网关直接暴露在公网上时，终端要调用某个服务通常会把登录后的令牌（token）传过来，网关层对令牌进行有效性验证。如果令牌无效（或没令牌），则不允许访问REST服务。可以结合Spring Security中的认证机制完成Zuul网关的安全认证。。

3）限流：高并发场景下瞬时流量不可预估，为了保证服务对外的稳定性，限流成为每个应用必备的一道安全防火墙。如果没有这道安全防火墙，当请求的流量超过服务的负载能力时，很容易造成整个服务的瘫痪。

4）负载均衡：在多个微服务提供者（Provider）之间按照多种策略实现负载均衡。

7.2 创建 Zuul 网关服务

Spring Cloud对Zuul进行了整合与增强。Zuul作为网关层，自身也是一个微服务，与其他微服务提供者一样都注册在Eureka服务器上，可以相互发现，Zuul能感知到哪些服务提供在线，同时通过配置路由规则可以将REST请求自动转发到指定的后端微服务提供者（Provider）。

新建Zuul网关服务项目时，需要在启动类中添加注解@EnableZuulProxy，声明这是一个网关微服务提供者。当然，也需要在pom.xml文件中手动添加如下依赖：

```
<dependency>
   <groupId>org.springframework.cloud</groupId>
   <artifactId>spring-cloud-starter-netflix-zuul</artifactId>
</dependency>
```

启动类的代码如下：

```
package com.crazymaker.Spring Cloud.cloud.center.zuul;
...
```

```
@EnableAutoConfiguration(exclude = {SecurityAutoConfiguration.class})
@SpringBootApplication(scanBasePackages =
      {"com.crazymaker.Spring Cloud.cloud.center.zuul",
            "com.crazymaker.Spring Cloud.standard",
            "com.crazymaker.Spring Cloud.user.info.contract"
      })
@EnableScheduling
@EnableHystrix
@EnableDiscoveryClient
//开启网关服务
@EnableZuulProxy
@EnableCircuitBreaker
public class ZuulServerApplication {
   public static void main(String[] args) {
      SpringApplication.run(ZuulServerApplication.class, args);
   }
}
```

7.2.1 Zuul 路由规则配置

作为反向代理，Zuul需要通过路由规则将REST请求转发到上游的微服务提供者。作为示例，以下列出的是crazy-Spring Cloud脚手架中的Zuul网关的路由规则配置：

```
#服务网关配置
zuul:
  ribbonIsolationStrategy: THREAD
  host:
    connect-timeout-millis: 600000
    socket-timeout-millis: 600000
  #路由规则
  routes:
     seckill-provider:
        path: /seckill-provider/**
        serviceId: seckill-provider
        strip-prefix: false
     message-provider:
        path: /message-provider/**
        serviceId: message-provider
        strip-prefix: false
     user-provider:
        path: /user-provider/**
        serviceId: user-provider
        strip-prefix: false
     backend-provider:
        path: /backend-provider/**
        serviceId: backend-provider
        strip-prefix: false
     generate-provider:
        path: /generate-provider/**
        serviceId: generate-provider
        strip-prefix: false
        sensitiveHeaders: Cookie,Set-Cookie,token,backend,Authorization
     demo-provider:
        path: /demo-provider/**
        serviceId: demo-provider
        strip-prefix: false
     urlDemo:
        path: /blog/**
```

```
        url: https://www.cnblogs.com
        sensitiveHeaders: Cookie,Set-Cookie,token,backend,Authorization
```

以上示例中，有两种方式的路由规则的配置：

1）路由到直接URL。

2）路由到微服务提供者。

先看第一种方式的路由规则的配置：路由到直接URL。在上述示例中，有一条叫作urlDemo的路由规则，该规则匹配到格式为“/blog/**”的所有URL请求，并直接转发到https://www.cnblogs.com的地址上。

比如，通过网关访问如下URL：

http://127.0.0.1:7799/blog/crazymakercircle/p/9904544.html

此URL满足/blog/**的匹配规则，将被Zuul直接转发到上游的URL地址：

https://www.cnblogs.com/crazymakercircle/p/9904544.html

将上游地址改为疯狂创客圈的社群博客的实际地址，在浏览器看到的Zuul转发结果如图7-2所示。

图 7-2　Zuul 直接转发到上游的 URL 地址

再看第二种方式的路由规则的配置：路由到微服务提供者。在上述代码中，有一条叫作user-provider的路由规则，该规则将匹配到的“/user-provider /**”格式的所有URL请求直接路由到名字叫作user-provider的某个微服务提供者。

两种方式的区别：

1）第一种方式使用url属性来指定直接的上游URL的前缀，第二种方式使用serviceId属性来指定上游微服务提供者的名称。

2）第二种方式需要结合Eureka客户端来实现动态的路由转发功能，启动类需要加上注解@EnableDiscoveryClient，只能用于Spring Cloud架构中。其实该注解也可以不加，因为网关注解@EnableZuulProxy已经默认导入了。

使用第二种方式时，在配置文件中增加Eureka客户端的相关配置，大致如下：

```
eureka:
  client:
    serviceUrl:
```

```
    defaultZone: http://${EUREKA_ZONE_HOST:localhost}:7777/eureka/
  instance:
    prefer-ip-address: true  #访问路径可以显示IP地址
    instance-id: ${spring.cloud.client.ip-address}:${server.port}
    ip-address: ${spring.cloud.client.ip-address}
```

7.2.2 过滤敏感请求头部

在同一个系统中的不同微服务提供者之间共享请求头是可行的，但是，如果Zuul需要将请求转发到外部，可能不希望敏感的请求头泄露给外部的其他服务器。

防止请求头泄露的方式之一是在Zuul的路由配置中指定要忽略的请求头列表，并且多个敏感头部之间可以用逗号分隔开。下面是一个简单的实例：

```
spring:
  application:
    name: cloud-zuul
zuul:
  sensitiveHeaders: Cookie,Set-Cookie,token,backend,Authorization
```

大家知道，Cookies经常用于在流量中缓存用户的会话、用户凭证等信息，对于外部系统而言是需要保密的，所以应该设置为敏感标题，不应该带往系统外部。

默认情况下，Zuul转发请求时会把header清空，如果在微服务集群内部转发请求，上游的提供者会接收不到任何的头部。如果需要传递原始的header信息到最终的上游，则需要加上如下所示的敏感头部设置：

```
zuul.sensitive-headers=
```

上面配置敏感头部为空，YML格式的配置也需要进行空配置，表示没有需要屏蔽的头部。上面的配置是全局的，也可用单个的路由规则进行局部配置，大致的格式如下：

```
zuul.routes.xxxapi-xxx.sensitiveHeaders=
```

比如crazy-Spring Cloud脚手架中专门对外部的转发规则urlDemo进行了请求头的屏蔽，其配置如下：

```
#服务网关路由规则
zuul:
  routes:
    urlDemo:
      path: /blog/**
      url: https://www.cnblogs.com
      sensitiveHeaders: Cookie,Set-Cookie,token,backend,Authorization
```

单个路由规则的局部配置对于该规则自身而言，会覆盖全局的设置。

7.2.3 路径前缀的处理

如果不做任何配置，默认情况下Zuul会去掉路由的路径前缀。例如，从客户端发起一个下面的请求：

http://crazydemo.com:7799/demo-provider/api/demo/hello/v1

在Zuul进行路由处理时，会去掉在路由规则清单中配置的路径前缀demo-provider。处理之后，转发到上游的微服务提供者的URL将变成下面的样子：

http://{provider-ip}:{provider-port}/api/demo/hello/v1

如果上游的微服务提供者也没有配置路径前缀，Zuul的这种默认处理和转发是不会有问题的。但是，如果上游微服务提供者配置了统一的路径前缀，如果前缀被去掉，则上游微服务提供者就会报出404的错误，也就是找不到URL对应的资源。

比如，在crazy-Spring Cloud脚手架中的所有微服务提供者都是配有context-path路径前缀的，如此配置的优势之一是会使下游的Nginx外部网关做代理转发时更加灵活。

从微服务demo-provider的配置文件src/main/resources/bootstrap.yml可以看出，context-path路径前缀为/demo-provider，它的配置具体如下：

```
server:
  port: 7700
  servlet:
      context-path: /demo-provider
```

在Zuul进行路由处理时，如何保留请求URL中的路径前缀呢？具体来说，可以把配置项stripPrefix的值设置为false，确保路径前缀不会被截取掉。stripPrefix的值默认为true。

demo-provider的路由规则具体如下：

```
#服务网关路由规则
zuul:
  routes:
     demo-provider:
          path: /demo-provider/**
          serviceId: demo-provider
          strip-prefix: false
```

7.3　Zuul 过滤器

Spring Cloud Zuul除了实现请求的路由功能外，还有一个重要的功能就是过滤器。Zuul可以通过定义过滤器来实现请求的拦截和过滤，而它本身的大部分功能也是通过过滤器实现的。

7.3.1　Zuul 网关的过滤器类型

Zuul中定义了4种标准过滤器类型，它们分别是：

（1）pre类型过滤器

此类型为请求路由之前调用的过滤器，可利用此类过滤器实现身份验证、记录调试信息等。

（2）route类型过滤器

此类型为发送请求到上游服务的过滤器，比如使用Apache HttpClient或Netflix Ribbon请求上游服务。

（3）post类型过滤器

此类型为上游服务返回之后调用的过滤器，可用来为响应添加HTTP响应头、收集统计信息和指标、将响应回复给客户端。

（4）error类型过滤器

此类型为在其他阶段发生错误时执行的过滤器。

除了默认的过滤器类型，Zuul还允许我们创建自定义的过滤器类型，例如，我们可以定制一种echo类型的过滤器，直接在Zuul中生成响应，而不将请求转发给上游的服务。

Zuul的请求处理流程为：

1）当外部请求到达Zuul网关时，首先会进入pre处理阶段，这个阶段请求将被pre类型的过滤器处理，以完成再请求路由的前置过滤处理，比如请求的校验等。在完成了pre类型的过滤器处理之后，请求进入第二个阶段——route路由请求转发阶段。

2）route路由请求转发阶段，请求将被route类型的过滤器处理，route类型的过滤器将外部请求转发给上游的服务。当服务实例的结果返回之后，route阶段完成，请求进入第三个阶段——post处理阶段。

3）post处理阶段，请求将被post类型的过滤器处理，这些过滤器在处理的时候不仅可以获取请求信息，还能获取服务实例的返回信息，所以post阶段可以对处理结果进行一些加工或转换等。

4）还有一个特殊的阶段——error，该阶段请求将被error类型的过滤器处理，该阶段在上述三个阶段中发生异常时才会触发，但是error过滤器也能将最终结果返回给请求客户端。

Zuul的请求处理流程具体如图7-3所示。

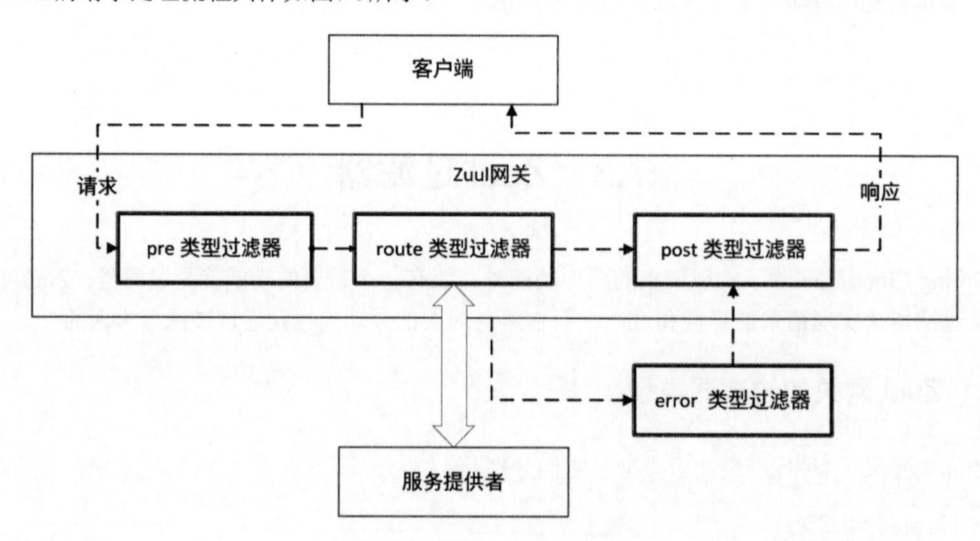

图 7-3　Zuul 的请求处理流程

Zuul提供了一个动态读取、编译和运行这些过滤器的框架。过滤器不直接相互通信，而是通过RequestContext共享状态，RequestContext请求上下文实例对每个请求都是唯一的。

7.3.2　实战：用户的黑名单过滤

Zuul提供了一个过滤器ZuulFilter抽象基类，可以作为自定义过滤器的父类。定制一个过滤器需要实现的父类方法有4个，具体如下：

1. filterType 方法

该方法返回自定义过滤器的类型，以常量的形式定义在FilterConstants类中，具体如下：

```
package org.springframework.cloud.netflix.zuul.filters.support;
...
/**
 * @author Spencer Gibb
 */
public class FilterConstants {
    ...
    /**
     * 异常过滤
     */
    public static final String ERROR_TYPE = "error";
    /**
     *后置过滤
     */
    public static final String POST_TYPE = "post";
    /**
     *前置过滤
     */
    public static final String PRE_TYPE = "pre";
    /**
     * 路由过滤
     */
    public static final String ROUTE_TYPE = "route";
    ...
}
```

2. filterOrder 方法

该方法返回过滤器顺序，值越小优先级越高。

3. shouldFilter 方法

该方法返回过滤器是否生效的布尔值，返回true代表生效，返回false代表失效。比如，当请求处理过程中需要根据请求中是否携带某个参数来判断是否需要过滤时，可以用shouldFilter方法对请求进行参数判断，并返回一个相应的布尔值。

如果直接返回true，则该过滤器总是生效。

4. run 方法

过滤器的处理逻辑。在该方法中，或者进行当前的请求拦截和参数定制，或者进行后续的路由定制，或者进行返回结果的定制等。

下面是根据请求参数username进行用户黑名单过滤的例子，如果username的参数值在黑名单中，则对请求进行拦截。具体的代码如下：

```
package com.crazymaker.Spring Cloud.cloud.center.zuul.filter;
//省略import
/**
 * 演示过滤器: 黑名单过滤
 */
@Slf4j
@Component
public class DemoFilter extends ZuulFilter
{

    /**
     * 示例所使用的黑名单: 实际使用场景, 需要从数据库或者其他来源获取
     */
    static List<String> blackList = Arrays.asList("foo", "bar", "test");
    /** 过滤的执行类型*/
    @Override
    public String filterType()
    {
//pre: 路由之前
//routing: 路由之时
//post: 路由之后
//error: 发送错误调用
        return "pre";
    }

    /**
     * 过滤的执行次序
     */
    @Override
    public int filterOrder()
    {
        return 0;
    }

    /**
     * 这里是判断逻辑, 是否要执行过滤, true为跳过
     */
    @Override
    public boolean shouldFilter()
    {
        /***获取上下文*/
        RequestContext ctx = RequestContext.getCurrentContext();
        /***如果请求已经被其他的过滤器终止, 则本过滤器也不做处理*/
        if (!ctx.sendZuulResponse())
        {
            return false;
        }
        /**
         *获取请求
         */
        HttpServletRequest request = ctx.getRequest();

        /**
         *返回true表示需要执行过滤器的run方法
         */
        if (request.getRequestURI().startsWith("/ZuulFilter/demo"))
        {
            return true;
        }
```

```
        /**
         *返回false表示跳过此过滤器，不执行run方法
         */
        return false;
    }

    /**
     * 过滤器的具体逻辑
     * 通过请求中的用户名称参数，判断是否在黑名单中
     */
    @Override
    public Object run()
    {
        RequestContext ctx = RequestContext.getCurrentContext();
        HttpServletRequest request = ctx.getRequest();

        /**
         * 对用户名称进行判断：
         * 如果用户名称在黑名单中，则不再转发给后端的微服务提供者
         */

        String username = request.getParameter("username");
        if (username != null && blackList.contains(username))
        {
            log.info(username + " is forbidden:" + request.getRequestURL().toString());

            /**
             * 终止后续的访问流程
             */
            ctx.setSendZuulResponse(false);
            try
            {
                ctx.getResponse().setContentType("text/html;charset=utf-8");
                ctx.getResponse().getWriter().write("对不起，您已经进入黑名单");
            } catch (Exception e)
            {
                e.printStackTrace();
            }
            return null;
        }
        return null;
    }
}
```

在上面的代码中，RequestContext.setSendZuulResponse（boolean）方法在请求上下文中设置标志位sendZuulResponse的值为false，表示不需要后续处理。上下文setSendZuulResponse标志位的值通过RequestContext.sendZuulResponse()方法获取。

Zuul内置的几乎所有的过滤器都会对该标志位进行判断，如果其值为false，则将不用对请求进行过滤处理。以非常重要的route类型RibbonRoutingFilter为例来看一下其shouldFilter方法的源码，具体如下：

```
package org.springframework.cloud.netflix.zuul.filters.route;
...
public class RibbonRoutingFilter extends ZuulFilter {
    ...
    @Override
    public boolean shouldFilter() {
        RequestContext ctx = RequestContext.getCurrentContext();
        return (ctx.getRouteHost() == null && ctx.get(SERVICE_ID_KEY) != null
```

```
                && ctx.sendZuulResponse());
    }
    ...
}
```

过滤器RibbonRoutingFilter的作用是通过结合Ribbon和Hystrix来向微服务提供者实例发起请求，并返回请求结果。其判断条件中就有sendZuulResponse的标志位判断部分，如果该值为false，则不再发起请求。

7.4 Spring Security 原理和实战

Web微服务提供者的安全访问无疑是十分重要的，而Spring Security安全模块是保护Web应用的一个非常好的选择。

Spring Security是Spring应用项目中的一个安全模块，特别是在Spring Boot项目中，Spring Security默认为自动开启，可见其重要性。

在微服务架构下，建议仅将Spring Security组件应用于网关（例如Zuul）上，对于集群内部的微服务提供者，不建议启用Spring Security组件，因为重复的验证会降低请求处理的性能。本书配套的crazy-Spring Cloud微服务脚手架就是这样架构的。

如果需要为微服务提供者关闭Spring Security组件的自动启动，可以在启动类上添加以下注解：

```
@EnableEurekaClient
@SpringBootApplication(scanBasePackages = {
    ...
}, exclude = {SecurityAutoConfiguration.class})
```

或者可以在应用配置文件中将它的自动配置类排除，具体如下：

```
spring:
  autoconfigure:
    exclude: org.springframework.boot.autoconfigure.security.servlet.
SecurityAutoConfiguration
```

7.4.1 Spring Security 核心组件

Spring Security核心组件有：Authentication、AuthenticationProvider、AuthenticationManager等，下面分别介绍。

1. Spring Security 核心组件之 Authentication

Authentication直译是“凭证”的意思，在Spring Security中，Authentication接口用来表示凭证或者令牌，可以理解为用户的用户名、密码、权限等信息。Authentication的代码如下：

```
public interface Authentication extends Principal, Serializable {
    //权限集合
    //可使用AuthorityUtils.commaSeparatedStringToAuthorityList("admin, ROLE_ADMIN")
    Collection<? extends GrantedAuthority> getAuthorities();

    //用户名密码认证时，可以理解为密码
    Object getCredentials();
```

```
    //认证时包含的一些详细信息，可以是一个包含用户信息的POJO实例
    Object getDetails();
    //用户名和密码认证时，可理解为用户名
    Object getPrincipal();
    //是否通过认证，通过为true
    boolean isAuthenticated();
    //设置是否通过认证
    void setAuthenticated(boolean isAuthenticated) throws IllegalArgumentException;
}
```

下面对Authentication凭证/令牌接口的方法进行说明，具体如下：

（1）getPrincipal方法

Principal直译为“主要演员、主角”，用于获取用户身份信息，可以是用户名，也可以是用户的ID等，其具体的值需要依据具体的认证令牌实现类确定。

（2）getAuthorities方法

用于获取用户权限集合，一般情况下获取的是用户的权限信息。

（3）getCredentials方法

直译为“获取资格证书”。用户名+密码认证时，通常情况下获取的是密码信息。

（4）getDetails方法

用于获取用户的详细信息。用户名+密码认证时，这部分信息可以是用户的POJO实例。

（5）isAuthenticated方法

判断当前Authentication凭证是否已验证通过。

（6）setAuthenticated方法

设置当前Authentication凭证是否已验证通过（true或false）。

在Spring Security中，Authentication凭证接口有很多内置的实现类，比如：

（1）UsernamePasswordAuthenticationToken凭证

用于在用户名+密码认证的场景作为验证的凭证，该凭证（令牌）包含了用户名+密码信息。

（2）RememberMeAuthenticationToken凭证

用于“记住我”的认证场景。如果在用户名+密码认证成功认证之后，在一定的时间内不需要再输入用户名和密码进行认证，就可以使用RememberMeAuthenticationToken（“记住我”）凭证。这通常是通过服务端发送一个Cookie给客户端浏览器，下次浏览器再访问该服务端时，服务端能够自动检测客户端的Cookie，根据Cookie值自动触发RememberMeAuthenticationToken凭证/令牌的验证操作。

（3）AnonymousAuthenticationToken匿名凭证

对于匿名访问的用户，Spring Security支持为该用户建立一个AnonymousAuthenticationToken匿名凭证实例存放在SecurityContextHolder中。

除了以上内置凭证类，还可以通过实现Authentication凭证/令牌接口定制自己的凭证/令牌实现类。

2. Spring Security 核心组件之 AuthenticationProvider

AuthenticationProvider也是一个接口，包含两个函数，authenticate和supports，完成对凭证进行验证的操作。

```
public interface AuthenticationProvider {
    //对实参authentication凭证/令牌对象进行验证操作
    Authentication authenticate(Authentication authentication)
            throws AuthenticationException;
    //判断：是否支持该authentication凭证/令牌
    boolean supports(Class<?> authentication);
}
```

AuthenticationProvider接口有两个方法，具体如下：

（1）authenticate方法

表示认证的动作，对authentication参数对象进行验证操作。如果验证通过，返回一个验证通过的凭证/令牌。通过源码中的注释可以知道，如果认证失败，则抛出异常。

（2）supports方法

判断实参authentication是否为当前认证提供者所能验证的令牌。

在Spring Security中，AuthenticationProvider认证提供者接口有很多内置的实现类，比如：

（1）AbstractUserDetailsAuthenticationProvider认证提供者实现类

这是一个对UsernamePasswordAuthenticationToken类型的凭证/令牌进行验证的认证提供者类，用于用户名+密码验证的场景。

（2）RememberMeAuthenticationProvider认证提供者实现类

这是一个对RememberMeAuthenticationToken类型的凭证/令牌进行验证的认证提供者类，用于“记住我”的认证场景。

（3）AnonymousAuthenticationProvider

这是一个对AnonymousAuthenticationToken类型的凭证/令牌进行验证的认证提供者类，用于匿名认证场景。

此外，如果自定义了凭证/令牌，并且Spring Security的默认认证提供者类不能支持该凭证/令牌，则可以通过实现AuthenticationProvider接口来扩展自定义的认证提供者。

3. Spring Security 核心组件之 AuthenticationManager

AuthenticationManager还是一个接口，其唯一的authenticate验证方法是认证流程的入口，接收一个Authentication令牌对象作为参数。

```
public interface AuthenticationManager {
    //认证流程的入口
    Authentication authenticate(Authentication authentication)
            throws AuthenticationException;
}
```

AuthenticationManager的一个实现类叫作ProviderManager，该类有一个providers成员变量，负责管理一个提供者清单列表，其源码如下：

```
public class ProviderManager implements AuthenticationManager, MessageSourceAware,
InitializingBean {
...
//提供者清单
    private List<AuthenticationProvider> providers = Collections.emptyList();
    //迭代提供者清单，找出支持令牌的提供者，交给提供者去执行令牌验证
    public Authentication authenticate(Authentication authentication)
            throws AuthenticationException {

        ...

    }

}
```

认证管理者ProviderManager在进行令牌验证时，会对提供者列表清单进行迭代，找出支持令牌的认证提供者，并交给认证提供者去执行令牌验证。如果该认证提供者的supports方法返回true，那么就会调用该提供者的authenticate方法，如果验证成功，则整个认证过程结束；如果不成功，则继续处理列表清单中的下一个提供者。只要有一个验证成功，则为认证成功。

7.4.2 Spring Security 的请求认证处理流程

一个基础、简单的Spring Security请求认证的处理流程，大致包括以下步骤：

步骤01 定制一个凭证/令牌类。

步骤02 定制一个认证提供者类，该认证提供者类需要和凭证/令牌类进行配套。

步骤03 定制一个过滤器类，从请求中获取用户信息组装成定制凭证/令牌，交给认证管理者。

步骤04 定制一个 HTTP 的安全认证配置类（AbstractHttpConfigurer 子类），将上一步定制的过滤器加入请求的过滤处理责任链。

步骤05 定义一个 Spring Security 安全配置类（WebSecurityConfigurerAdapter 子类），对 Web 容器的 HTTP 安全认证机制进行配置。

作为演示，这里实现一个非常简单的认证处理流程，具体的功能：当系统资源被访问时，过滤器从HTTP的token请求头获取用户名和密码，然后与系统中的用户信息进行匹配，如果匹配成功，则可以访问系统资源，否则返回403——未授权的响应码。演示程序的代码位于本书配套源码的demo-provider模块中。

演示程序的第一步：定制一个凭证/令牌类，封装用户的用户名称和密码。所定制的DemoToken令牌的代码如下：

```
package com.crazymaker.Spring Cloud.demo.security;
//省略import
public class DemoToken extends AbstractAuthenticationToken
{
    //用户名称
    private String userName;
    //密码
    private String password;

    //...
}
```

演示程序的第二步：定制一个认证提供者类和凭证/令牌类进行配套，并完成对自制凭证/令牌实例的验证。所定制的DemoAuthProvider认证提供者类的代码如下：

```
public class DemoAuthProvider implements AuthenticationProvider
{
    public DemoAuthProvider()
    {
    }
    //模拟的数据源，实际场景从DB中获取
    private Map<String, String> map = new LinkedHashMap<>();
    //初始化模拟的数据源，放入两个用户
    {
        map.put("zhangsan", "123456" );
        map.put("lisi", "123456" );
    }
    //具体的验证令牌方法
    @Override
    public Authentication authenticate(Authentication authentication) throws
AuthenticationException
    {
        DemoToken token = (DemoToken) authentication;
        //从数据源map中获取用户密码
        String rawPass = map.get(token.getUserName());
        //验证密码，如果不相等，就抛出异常
        if (!token.getPassword().equals(rawPass))
        {
            token.setAuthenticated(false);
            throw new BadCredentialsException("认证有误：令牌校验失败" );
        }
        //验证成功
        token.setAuthenticated(true);
        return token;

    }

    /**
     * 判断令牌是否被支持
     * @param authentication  这里仅DemoToken令牌被支持
     * @return
     */
    @Override
    public boolean supports(Class<?> authentication)
    {
        return authentication.isAssignableFrom(DemoToken.class);
    }

}
```

DemoAuthProvider模拟了一个简单的数据源并且加载了两个用户。在其authenticate验证方法中，将入参DemoToken令牌中的用户名称和密码与模拟数据源中的用户信息进行匹配，匹配成功则验证成功。

演示程序的第三步：定制一个过滤器类，从请求中获取用户信息并组装成定制凭证/令牌，提交给认证管理者。在生产场景中，认证信息一般为某个HTTP头部信息（如Cookie信息、令牌信息等）。本演示过滤器类为DemoAuthFilter，从请求头部中获取token字段，解析之后组装成DemoToken令牌实例，提交给AuthenticationManager认证管理者进行验证。DemoAuthFilter的代码如下：

```
public class DemoAuthFilter extends OncePerRequestFilter
{
```

```
        //认证失败的处理器
        private AuthenticationFailureHandler failureHandler = new AuthFailureHandler();
        ...
        //authenticationManager是认证流程的入口，接收一个Authentication令牌对象作为参数
        private AuthenticationManager authenticationManager;

        @Override
    protected void doFilterInternal(HttpServletRequest request,
            HttpServletResponse response, FilterChain filterChain) throws ServletException,
IOException
        {
            ...
            AuthenticationException failed = null;

            try
            {
                Authentication returnToken=null;
                boolean succeed=false;
            //从请求头中获取认证信息
                String token = request.getHeader(SessionConstants.AUTHORIZATION_HEAD);
                String[] parts = token.split("," );

                //组装令牌
                DemoToken demoToken = new DemoToken(parts[0],parts[1]);
            //提交给AuthenticationManager认证管理者进行令牌验证
                returnToken = (DemoToken)
this.getAuthenticationManager().authenticate(demoToken);
            //获取认证成功标志
                succeed=demoToken.isAuthenticated();

                if (succeed)
                {
                    //认证成功，设置上下文令牌
                    SecurityContextHolder.getContext().setAuthentication(returnToken);
                    //执行后续的操作
                    filterChain.doFilter(request, response);
                    return;
                }
            } catch (Exception e)
            {
                logger.error("认证有误", e);
                failed = new AuthenticationServiceException("请求头认证消息格式错误",e );
            }
            if(failed == null)
            {
                failed = new AuthenticationServiceException("认证失败");
            }
            //认证失败了
            SecurityContextHolder.clearContext();
            failureHandler.onAuthenticationFailure(request, response, failed);
        }
        ...
    }
```

为了使得过滤器能够生效，必须将过滤器加入Web容器的HTTP过滤处理责任链，此项工作可以通过实现一个AbstractHttpConfigurer配置类来完成。

演示程序的第四步：定制一个HTTP的安全认证配置类（AbstractHttpConfigurer子类），将上一步定制的过滤器加入请求的过滤处理责任链。定制的DemoAuthConfigurer代码如下：

```
public class DemoAuthConfigurer<T extends DemoAuthConfigurer<T, B>, B
          extends HttpSecurityBuilder<B>> extends AbstractHttpConfigurer<T, B>
{
    //创建认证过滤器
    private DemoAuthFilter authFilter = new DemoAuthFilter();
    //将过滤器加入HTTP过滤处理责任链
    @Override
    public void configure(B http) throws Exception
    {
        //获取Spring Security共享的AuthenticationManager认证提供者实例
        //设置认证过滤器
        authFilter.setAuthenticationManager(http.getSharedObject
(AuthenticationManager.class));
        DemoAuthFilter filter = postProcess(authFilter);
       //将过滤器加入HTTP过滤处理责任链
        http.addFilterBefore(filter, LogoutFilter.class);
    }

}
```

演示程序的第五步：定义一个Spring Security安全配置类（WebSecurityConfigurerAdapter子类），对Web容器的HTTP安全认证机制进行配置。这一步有两个工作：一是应用DemoAuthConfigurer配置类，二是构造AuthenticationManagerBuilder认证管理者实例。定制类DemoWebSecurityConfig的代码如下：

```
@EnableWebSecurity
public class DemoWebSecurityConfig extends WebSecurityConfigurerAdapter
{
    //配置HTTP请求的安全策略，应用DemoAuthConfigurer配置类实例
    protected void configure(HttpSecurity http) throws Exception
    {
        http.csrf().disable()
                ...
                .and()
            //应用DemoAuthConfigurer配置类
                .apply(new DemoAuthConfigurer<>())
                .and()
                .sessionManagement().disable();
    }
    //配置认证Builder建造者，由它负责建造AuthenticationManager认证管理者实例
    //Builder将建造AuthenticationManager管理者实例，并且将作为HTTP请求的共享对象存储在
    //代码中，可以通过http.getSharedObject(AuthenticationManager.class) 来获取管理者实例
    @Override
    protected void configure(AuthenticationManagerBuilder auth) throws Exception
    {
       //加入自定义的Provider认证提供者实例
        auth.authenticationProvider(demoAuthProvider());

    }
    //自定义的认证提供者实例
    @Bean("demoAuthProvider" )
    protected DemoAuthProvider demoAuthProvider()
    {
        return new DemoAuthProvider();
    }

}
```

如何对以上自定义的安全认证机制进行验证呢？首先启动demo-provider服务，然后在浏览器中访问swagger-ui界面，如图7-4所示。

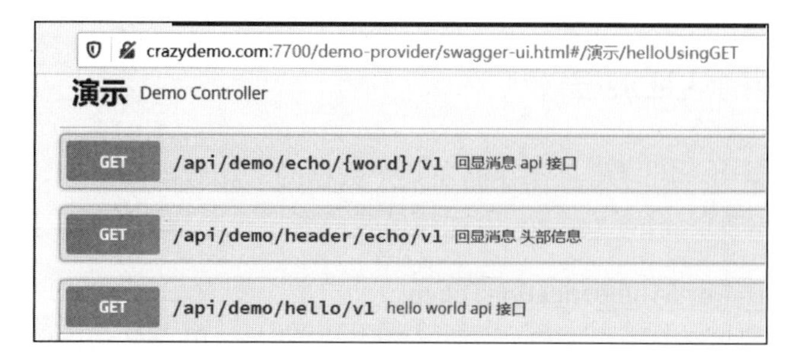

图 7-4　demo-provider 服务的 swagger-ui 界面

接着在swagger-ui界面上访问 /api/demo/hello/v1，发现认证失败，如图7-5所示。

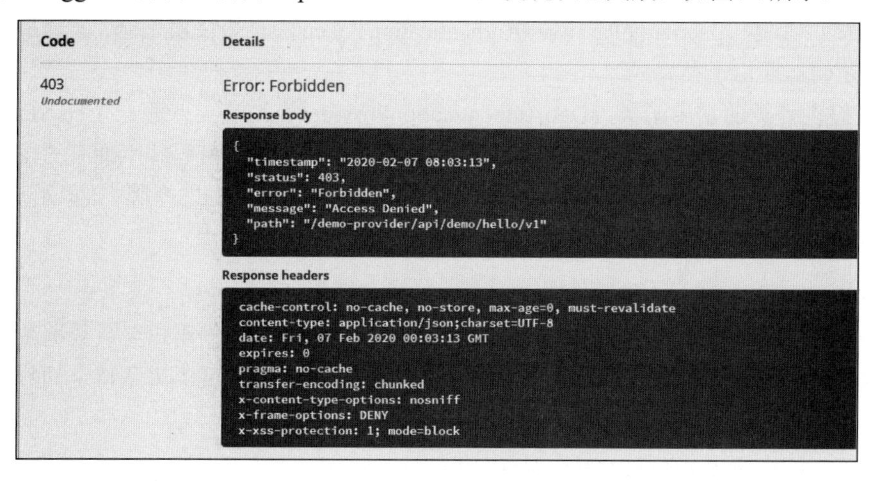

图 7-5　直接访问/api/demo/hello/v1 返回认证失败

这是由于上面定义的Spring Security的请求认证处理流程已经生效，接下来在swagger-ui界面上再一次访问/api/demo/hello/v1，不过这一次给令牌请求头输入了正确的用户名和密码，如图7-6所示。

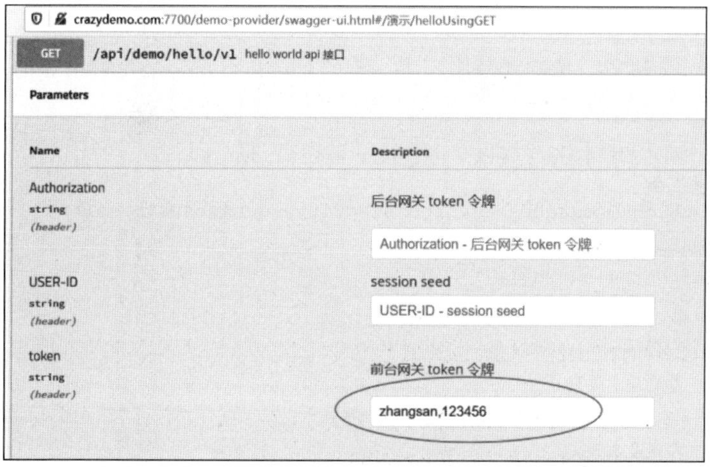

crazydemo.com:7700/demo-provider/swagger-ui.html#/演示/helloUsingGET

GET /api/demo/hello/v1 hello world api 接口

Parameters

Name	Description
Authorization string (header)	后台网关 token 令牌 Authorization - 后台网关 token 令牌
USER-ID string (header)	session seed USER-ID - session seed
token string (header)	前台网关 token 令牌 zhangsan,123456

图 7-6　给令牌请求头输入了正确的用户名和密码

最后，再一次访问/api/demo/hello/v1，发现请求的返回值已经正常，表明上面定义的Spring Security的请求认证处理流程起到了对请求进行用户名和密码验证的作用。

7.4.3 基于数据源的认证流程

大多数的生产场景中，用户信息都存储在某个数据源（如数据库）中，认证过程都涉及从数据源加载用户信息的环节。Spring Security为这种场景内置了一套解决方案，主要包含几个内置类。

（1）UsernamePasswordAuthenticationToken

此凭证类实现了Authentication接口，主要封装用户输入的用户名和密码信息，并提供给支持的认证提供者进行认证。

（2）AbstractUserDetailsAuthenticationProvider

此认证提供者类与UsernamePasswordAuthenticationToken凭证/令牌类配套，但这是一个抽象类，具体的验证逻辑需要由子类完成。

此认证提供者类的常用子类为DaoAuthenticationProvider类，该类依赖一个UserDetailsService用户服务数据源，用于获取UserDetails用户信息，其中包括用户名、密码和所拥有的权限等。此认证提供者子类从数据源UserDetailsService中加载用户信息后，将待认证的令牌中的“用户名+密码”信息和所加载的数据源用户信息进行匹配和验证。

（3）UserDetailsService

UserDetailsService有一个loadUserByUsername方法，其作用是根据用户名从数据源中查询用户实体。一般情况下，可以实现一个定制的UserDetailsService接口的实现类来从特定的数据源获取用户信息。用户信息服务接口的源码如下：

```
public interface UserDetailsService {

    //通过用户名从数据源加载用户信息
    UserDetails loadUserByUsername(String username) throws UsernameNotFoundException;

}
```

（4）UserDetails

UserDetails是一个接口，主要封装用户名、密码、是否过期、是否可用等信息。此接口的源码如下：

```
public interface UserDetails extends Serializable {
    //权限集合
    Collection<? extends GrantedAuthority> getAuthorities();
    //密码，一般为密文
    String getPassword();
    //用户名
    String getUsername();
    //用户名是否未过期
    boolean isAccountNonExpired();
    //用户名是否未锁定
    boolean isAccountNonLocked();
    //用户密码是否未过期
    boolean isCredentialsNonExpired();
    //账号是否可用(可理解为是否删除)
    boolean isEnabled();
```

```
    }
```

UserDetails接口的密码属性和UsernamePasswordAuthenticationToken的密码属性的区别在于：前者的密码来自数据源，是密文；后者的密码来自用户请求，是明文。明文和密文的匹配工作由PasswordEncoder加密器完成。

（5）PasswordEncoder

PasswordEncoder是一个负责明文加密、明文和密文匹配的接口，源码如下：

```
public interface PasswordEncoder {
    //对明文rawPassword加密
    String encode(CharSequence rawPassword);
    //判断rawPassword与encodedPassword是否匹配
    boolean matches(CharSequence rawPassword, String encodedPassword);
}
```

DaoAuthenticationProvider提供者在验证之前，会通过内部的PasswordEncoder加密器实例对令牌中的密码明文和UserDetails中的密码密文进行匹配。如果匹配不成功，则令牌验证不通过。

PasswordEncoder的内置实现类有多个，如BCryptPasswordEncoder、Pbkdf2PasswordEncoder等。其中BCryptPasswordEncoder比较常用，其采用SHA-256 +密钥+盐的组合方式对密码明文进行Hash编码处理。注意，SHA-256是Hash（哈希）编码算法，不是加密算法。这里是对明文编码而不是加密，这是因为加密算法往往可以解密，只是解密的复杂度不同而已；而编码算法则不一样，其过程是不可逆的。密码明文编码之后，只有用户知道密码，甚至后台管理员都无法直接看到用户的密码明文。当用户忘记密码后，只能重置密码（通过手机验证码或者邮箱的形式）。所以，即使数据库泄漏，黑客也很难破解密码。

推荐使用BCryptPasswordEncoder来进行密码明文的编码，本书配套的微服务脚手架中通过配置类配置了一个全局的加密器IOC容器实例，参考代码如下：

```
package com.crazymaker.Spring Cloud.standard.config;
//省略import
/**
 * 密码加密器配置类
 */
@Configuration
public class DefaultPasswordConfig
{
    /**
     * 装配一个全局的Bean，用于密码加密和匹配
     *
     * @return  BCryptPasswordEncoder加密器实例
     */
    @Bean
    public PasswordEncoder passwordEncoder()
    {
        return new BCryptPasswordEncoder();
    }
}
```

此类处于脚手架的base-runtime模块中，默认已经完成了Bean的装配，其他的模块直接通过@Resource注解装配即可。

作为基于数据源的认证流程演示，这里简单改造7.4.2节的实例，使用基于数据源的请求认证方式完成认证处理，并且依据7.4.2节中验证流程的5个步骤进行说明。

演示程序的第一步：定制一个凭证/令牌类。

本演示程序直接使用Spring Security提供的UsernamePasswordAuthenticationToken凭证类存放用户名+密码信息。故这里不再定制自己的凭证/令牌类。

演示程序的第二步：定制一个认证提供者类与凭证/令牌类进行配套。

本演示程序直接使用Spring Security提供的提供者实现类DaoAuthenticationProvider，并在项目的Spring Security的启动配置类（本演示程序中为DemoWebSecurityConfig类）中创建该提供者的Bean实例。需要注意的是，该提供者有两个依赖：一个UserDetailsService类型的用户信息服务实例，一个PasswordEncoder类型的加密器实例。

在项目的启动配置类中装配DaoAuthenticationProvider提供者容器实例的参考代码如下：

```
package com.crazymaker.Spring Cloud.demo.config;
...
@EnableWebSecurity
public class DemoWebSecurityConfig extends WebSecurityConfigurerAdapter
{
    ...
    //注入全局BCryptPasswordEncoder加密器容器实例
    @Resource
    private PasswordEncoder  passwordEncoder;
    //注入数据源服务容器实例
    @Resource
    private DemoAuthUserService  demoUserAuthService;

    @Bean("daoAuthenticationProvider")
    protected AuthenticationProvider daoAuthenticationProvider() throws Exception
    {
        //创建一个数据源提供者
        DaoAuthenticationProvider daoProvider = new DaoAuthenticationProvider();

        //设置加密器
        daoProvider.setPasswordEncoder(passwordEncoder);

        //设置用户数据源服务
        daoProvider.setUserDetailsService(demoUserAuthService);
        return daoProvider;
    }
}
```

代码中所依赖的PasswordEncoder类的加密器IOC实例会注入base-runtime模块所装配的全局的BCryptPasswordEncoder类的passwordEncoder Bean。代码中所依赖的数据源服务IOC实例的类是一个自定义的数据源服务类，名为DemoAuthUserService，核心代码如下：

```
package com.crazymaker.Spring Cloud.demo.security;
//省略import

@Slf4j
@Service
public class DemoAuthUserService implements UserDetailsService
{
    //模拟的数据源，实际从数据库中获取
    private Map<String, String> map = new LinkedHashMap<>();

    //初始化模拟的数据源，放入两个用户
```

```
    {
        map.put("zhangsan", "123456");
        map.put("lisi", "123456");
    }

    /**
     * 装载系统配置的加密器
     */
    @Resource
    private PasswordEncoder passwordEncoder;

    public UserDetails loadUserByUsername(String username)
            throws UsernameNotFoundException
    {
        //实际场景中需要从数据库加载用户
        //这里出于演示目的，用map模拟真实的数据源
        String password = map.get(username);
        if (password == null)
        {
            return null;
        }
        if (null == passwordEncoder)
        {
            passwordEncoder = CustomAppContext.getBean(PasswordEncoder.class);
        }
        /**
         * 返回一个用户详细实例，包含用户名、加密后的密码、用户权限清单、用户角色
         */
        UserDetails userDetails = User.builder()
                .username(username)
                .password(passwordEncoder.encode(password))
                .authorities(SessionConstants.USER_INFO)
                .roles("USER")
                .build();
        return userDetails;

    }
}
```

Spring Security的DaoAuthenticationProvider在验证令牌时，会将令牌中的密码明文和用户详细实例UserDetails中的密码密文通过其内部的PasswordEncoder加密器实例进行匹配。所以，UserDetails中密文在加密时用的加密器和DaoAuthenticationProvider中的认证加密器是同一种类型，需要使用同样的编码/加密算法，以保证能匹配成功。本演示程序中，由于二者使用的都是全局加密器IOC容器实例，因此加密器的类型和算法自然是一致的。

演示程序的第三步：定制一个过滤器类，从请求中获取用户信息组装成定制凭证/令牌，交给认证管理者。

这一步使用7.4.2节的DemoAuthFilter过滤器，仅进行简单的修改：从请求中获取令牌头部字段，解析之后组装成UserDetails用户详情，然后构造一个“用户名+密码”类型的UsernamePasswordAuthenticationToken令牌实例，提交给AuthenticationManager认证管理者进行验证。

```
package com.crazymaker.Spring Cloud.demo.security;
//省略import

public class DemoAuthFilter extends OncePerRequestFilter
{
```

```
    ...
    @Override
    protected void doFilterInternal(HttpServletRequest request,
    HttpServletResponse response, FilterChain filterChain)throws ServletException,
IOException
    {
        ...
        try
        {
            Authentication returnToken=null;
            boolean succeed=false;
            String token = request.getHeader(SessionConstants.AUTHORIZATION_HEAD);
            String[] parts = token.split("," );
            //方式二:数据源认证演示
            UserDetails userDetails = User.builder()
                    .username(parts[0])
                    .password(parts[1])
                    .authorities(SessionConstants.USER_INFO)
                    .build();
            //创建一个用户名+密码的凭证，一般情况下，令牌中的密码需要明文
            Authentication userPassToken = new
UsernamePasswordAuthenticationToken(userDetails,
                    userDetails.getPassword(),
                    userDetails.getAuthorities());
            //进入认证流程
            returnToken =this.getAuthenticationManager().authenticate(userPassToken);
            succeed=userPassToken.isAuthenticated();
            if (succeed)
            {
                //认证成功,设置上下文令牌
                SecurityContextHolder.getContext().setAuthentication(returnToken);
                //执行后续的操作
                filterChain.doFilter(request, response);
                return;
            }
        } catch (Exception e)
        {
            logger.error("认证有误", e);
            failed = new AuthenticationServiceException("请求头认证消息格式错误",e );
        }
        ...
    }
    ...
}
```

以上的过滤器实现代码除了认证的令牌不同之外，其他的代码和7.4.2节中的代码基本一致。

演示程序的第四步：定制一个HTTP的安全认证配置类（AbstractHttpConfigurer子类），将上一步的定制的过滤器加入请求的过滤处理责任链。

演示程序的第五步：定义一个Spring Security安全启动配置类（WebSecurityConfigurerAdapter子类），对HTTP的安全认证机制进行配置。

第四步、第五步的实现代码和7.4.2节中的第四步、第五步实现代码是完全一致的，这里不再赘述。

完成以上五步后，一个基于数据源的认证流程也就实现了。重启项目后，可以参考7.4.2节的自验证方法进行Spring Security的认证拦截验证。

7.5 JWT+Spring Security 进行网关安全认证

JWT和Spring Security相结合进行系统安全认证是目前用得最多的一种安全认证组合。疯狂创客圈crazy-Spring Cloud微服务开发脚手架也使用了JWT身份令牌结合Spring Security的安全认证机制，完成用户请求的安全权限认证。整个用户认证的过程大致如下：

1）前台（如网页富客户端）通过REST接口将用户名和密码发送给UAA用户账号与认证微服务进行登录。

2）UAA服务在完成登录流程后，将session id作为JWT的payload负载，生成JWT身份令牌后发送给前台。

3）前台可以将JWT令牌存到localStorage或者sessionStorage中，当然，退出登录时，前端必须删除保存的JWT令牌。

4）前台每次在请求微服务提供者的REST资源时，将JWT令牌放到请求头中。crazy-Spring Cloud脚手架做了管理端和用户端的前台区分，管理端前台的令牌头为Authorization，用户端前台的令牌头为token。

5）在请求到达Zuul网关时，Zuul会结合Spring Security进行拦截，从而验证JWT的有效性。

6）Zuul验证通过后，才可以访问微服务所提供的REST资源。

需要说明的是，在crazy-Spring Cloud微服务开发脚手架中，微服务提供者自身不需要进行单独的安全认证，微服务提供者之间的内部远程调用也是不需要安全认证的，安全认证全部由网关负责。严格来说，这套安全机制是能够满足一般的生产场景安全认证要求的。如果觉得这个安全级别不是太高，单个的微服务提供者也需要进行独立的安全认证，实现起来也很容易，只需要导入公共的安全认证模块base-auth即可。实际上早期的crazy-Spring Cloud脚手架也是这样架构的，后期发现这样做纯属多虑，而且大大降低了微服务提供者模块的可复用性和可移植性（这是微服务架构的巨大优势之一）。所以，crazy-Spring Cloud后来将整体架构调整为由网关（如Zuul或者Nginx）负责安全认证，去掉了微服务提供者的安全认证能力。

7.5.1 JWT 安全令牌规范详解

JWT是一种用户凭证的编码规范，是一种网络环境下编码用户凭证的JSON格式的开放标准（RFC 7519）。JWT令牌的格式被设计为紧凑且安全的，特别适用于分布式站点的单点登录（SSO）、用户身份认证等场景。

一个编码之后的JWT令牌字符串为三个部分：header+payload+signature，这三部分通过“.”连接。第一部分常被称为头部（header），第二部分常被称为负载（payload），第三部分常被称为签名（signature）。

1. JWT 的头部

编码之前的JWT的头部（header部分）是JSON格式，一个完整的头部如下：

```
{
   "typ":"JWT",
```

```
    "alg":"HS256"
}
```

其中，"typ"是type类型的简写，值为"JWT"代表是JWT类型；"alg"是加密算法的简写，值为"HS256" 代表加密方式是HS256。

采用JWT令牌编码时，头部的JSON字符串将进行Base64编码，编码之后的字符串构成JWT令牌的第一部分。

2. JWT 的负载

编码之前的JWT的负载（playload）部分也是JSON格式，负载部分是存放有效信息的部分，一个简单的负载如下：

```
{
    "sub":"session id",
    "exp":1579315717,
    "iat":1578451717
}
```

采用JWT令牌编码时，负载部分的JSON字符串将进行Base64编码，编码之后的字符串构成JWT令牌第二部分。

3. JWT 的 signature

JWT的第三部分是一个签名字符串，这一部分是将头部的Base64编码和负载的Base64编码使用点号“.”连接起来，然后通过头部声明的加密算法进行加密所得到的密文。为了保证安全，加密时需要加入盐（salt）。

下面是一个演示用例：用Java代码生成JWT令牌，然后对令牌头部的字符串和负载部分的字符串进行Base64解码，并输出解码后的JSON。

```
package com.crazymaker.demo.auth;
//省略import
@Slf4j
public class JwtDemo
{
    @Test
    public void testBaseJWT()
    {
        try
        {
            /**
             * JWT的演示内容
             */
            String subject = "session id";
            /**
             * 签名的加密盐
             */
            String salt = "user password";

            /**
             * 签名的加密算法
             */
            Algorithm algorithm = Algorithm.HMAC256(salt);
            //签发时间
```

```
            long start = System.currentTimeMillis() - 60000;
            //过期时间，在签发时间的基础上加上一个有效时长
            Date end = new Date(start + SessionConstants.SESSION_TIME_OUT * 1000);

           /**
            * 获取编码后的JWT令牌
            */
            String token = JWT.create()
                    .withSubject(subject)
                    .withIssuedAt(new Date(start))
                    .withExpiresAt(end)
                    .sign(algorithm);

            log.info("token=" + token);
            //编码后输出demo为：
            //token=eyJ0eXAiOiJKV1QiLCJhbGciOiJIUzI1NiJ9.eyJzdWIiOiJzZXNzaW9uIGlkIiwi
ZXhwIjoxNTc5MzE1NzE3LCJpYXQiOjE1Nzg0NTE3MTd9.iANh9Fa0B_6H5TQ11bLCWcEpmWxuCwa2Rt6rnzBWteI

            //以“.”分割令牌
            String[] parts = token.split("\\." );

            /**
             * 然后对第一部分和第二部分进行解码
             * 解码后的第一部分：头部（header）
             */
            String headerJson;
            headerJson = StringUtils.newStringUtf8(Base64.decodeBase64(parts[0]));
            log.info("parts[0]=" + headerJson);
            //解码后的第一部分输出的示例为：
            //parts[0]={"typ":"JWT","alg":"HS256"}

            /**
             * 解码后的第二部分：负载（payload）
             */
            String payloadJson;
            payloadJson = StringUtils.newStringUtf8(Base64.decodeBase64(parts[1]));
            log.info("parts[1]=" + payloadJson);
            //输出的示例为：
            //解码后第二部分parts[1]={"sub":"session id","exp":1579315535,
"iat":1578451535}

        } catch (Exception e)
        {
            e.printStackTrace();
        }
    }
    ...
}
```

在编码前的JWT中，负载部分的JSON中的属性叫作JWT的声明（claim）。JWT的声明被分为两类：

1）公有的声明（如iat签发时间）。

2）私有的声明（自定义的JSON属性）。

公有的声明也就是JWT标准中注册的声明，主要为以下JSON属性：

1）iss：签发人。

2）sub：主题。

3）aud：用户。

4）iat：JWT的签发时间。

5）exp：JWT的过期时间，这个过期时间必须大于签发时间。

6）nbf：定义在什么时间之前，该JWT是不可用的。

私有的声明是除了公共声明之外的自定义JSON字段，私有的声明可以添加任何信息，一般添加用户的相关信息或其他业务需要的必要信息。下面的JSON例子中的uid、user_name、nick_name等都是私有声明。

```
{
  "uid": "123...",
  "sub": "session id",
  "user_name": "admin",
  "nick_name": "管理员",
  "exp": 1579317358,
  "iat": 1578453358
}
```

下面是一个向JWT令牌添加私有声明的实例，代码如下：

```java
package com.crazymaker.demo.auth;
//省略import
@Slf4j
public class JwtDemo
{

    /**
     * 测试私有声明
     */
    @Test
    public void testJWTWithClaim()
    {
        try
        {
            String subject = "session id";
            String salt = "user password";
            /**
             * 签名的加密算法
             */
            Algorithm algorithm = Algorithm.HMAC256(salt);
            //签发时间
            long start = System.currentTimeMillis() - 60000;
            //过期时间，在签发时间的基础上加上一个有效时长
            Date end = new Date(start + SessionConstants.SESSION_TIME_OUT * 1000);
            /**
             * JWT建造者
             */
            JWTCreator.Builder builder = JWT.create();
            /**
             * 增加私有声明
             */
            builder.withClaim("uid", "123...");
            builder.withClaim("user_name", "admin");
            builder.withClaim("nick_name","管理员");
            /**
             * 获取编码后的JWT令牌
             */
            String token =builder
```

```
                .withSubject(subject)
                .withIssuedAt(new Date(start))
                .withExpiresAt(end)
                .sign(algorithm);
        log.info("token=" + token);
        //以“.”分割，这里需要进行转义
        String[] parts = token.split("\\." );
        String payloadJson;
        /**
         * 解码payload
         */
        payloadJson = StringUtils.newStringUtf8(Base64.decodeBase64(parts[1]));
        log.info("parts[1]=" + payloadJson);
        //输出demo为: parts[1]=
        //{"uid":"123...","sub":"session id","user_name":"admin","nick_name":"管理
员","exp":1579317358,"iat":1578453358}
      } catch (Exception e)
      {
        e.printStackTrace();
      }
    }
  }
```

由于JWT的负载声明（JSON属性）是可以解码的，属于明文信息，因此不建议添加敏感信息。

7.5.2　JWT+Spring Security 认证处理流程

在实际开发中如何使用JWT进行用户认证呢？疯狂创客圈的crazy-Spring Cloud开发脚手架将JWT令牌和Spring Security进行结合，设计了一个公有的、便于复用的用户认证模块base-auth。一般来说，在Zuul网关或者微服务提供者进行用户认证时导入这个公有的base-auth模块即可。

这里还是按照请求认证的处理流程的5个步骤介绍一下base-auth模块中JWT令牌的认证处理流程。

第一步：定制一个凭证/令牌类，封装用户的用户信息和JWT认证信息。

```
package com.crazymaker.Spring Cloud.base.security.token;
//省略import
public class JwtAuthenticationToken extends AbstractAuthenticationToken
{
   private static final long serialVersionUID = 3981518947978158945L;
   //封装用户信息：用户id、密码
   private UserDetails userDetails;
   //封装的JWT认证信息
   private DecodedJWT decodedJWT;

   ...
}
```

第二步：定制一个认证提供者类，和凭证/令牌类进行配套并完成对自制凭证/令牌实例的验证。

```
package com.crazymaker.Spring Cloud.base.security.provider;
//省略import
public class JwtAuthenticationProvider implements AuthenticationProvider
```

```
    {
        //用于通过session id查找用户信息
        private RedisOperationsSessionRepository sessionRepository;
        public JwtAuthenticationProvider(RedisOperationsSessionRepository
sessionRepository)
        {
            this.sessionRepository = sessionRepository;
        }
        @Override
        public Authentication authenticate(Authentication authentication) throws
AuthenticationException
        {
            //判断JWT令牌是否过期
           JwtAuthenticationToken jwtToken = (JwtAuthenticationToken) authentication;
            DecodedJWT jwt =jwtToken.getDecodedJWT();
            if (jwt.getExpiresAt().before(Calendar.getInstance().getTime()))
            {
                throw new NonceExpiredException("认证过期");
            }
            //获取session id
            String sid = jwt.getSubject();
            //获取令牌字符串，此变量将用于验证是否重复登录
            String newToken = jwt.getToken();
            //获取会话
            Session session = null;
            try
            {
                session = sessionRepository.findById(sid);
            } catch (Exception e)
            {
                e.printStackTrace();
            }
            if (null == session)
            {
                throw new NonceExpiredException("还没有登录,请登录系统! ");
            }
            String json = session.getAttribute(G_USER);
            if (StringUtils.isBlank(json))
            {
                throw new NonceExpiredException("认证有误,请重新登录");
            }
            //获取会话中的用户信息
            UserDTO userDTO = JsonUtil.jsonToPojo(json, UserDTO.class);
            if (null == userDTO)
            {
                throw new NonceExpiredException("认证有误,请重新登录");
            }
            //判断是否在其他地方已经登录
            if (null == newToken || !newToken.equals(userDTO.getToken()))
            {
                throw new NonceExpiredException("您已经在其他的地方登录!");
            }
            String userID = null;
            if (null == userDTO.getUserId())
            {
                userID = String.valueOf(userDTO.getId());
            } else
```

```
        {
            userID = String.valueOf(userDTO.getUserId());
        }

        UserDetails userDetails = User.builder()
                .username(userID)
                .password(userDTO.getPassword())
                .authorities(SessionConstants.USER_INFO)
                .build();

        try
        {
            //用户密码的密文作为JWT的加密盐
            String encryptSalt = userDTO.getPassword();
            Algorithm algorithm = Algorithm.HMAC256(encryptSalt);
            //创建验证器
            JWTVerifier verifier = JWT.require(algorithm)
                    .withSubject(sid)
                    .build();
            //进行JWT token进行验证
            verifier.verify(newToken);
        } catch (Exception e)
        {
            throw new BadCredentialsException("认证有误：令牌校验失败，请重新登录", e);
        }
        //返回认证通过的令牌，包含用户信息，如user id等
        JwtAuthenticationToken passedToken =
                new JwtAuthenticationToken(userDetails, jwt,
userDetails.getAuthorities());
        passedToken.setAuthenticated(true);
        return passedToken;
    }
    //支持自定义的令牌JwtAuthenticationToken
    @Override
    public boolean supports(Class<?> authentication)
    {
        return authentication.isAssignableFrom(JwtAuthenticationToken.class);
    }

}
```

JwtAuthenticationProvider负责对传入的JwtAuthenticationToken凭证/令牌实例进行多方面的验证：

1）验证解码后的DecodedJWT实例是否过期。

2）由于本演示中JWT的subject主题信息存放的是用户的session id，因此还要判断会话（session）是否存在。

3）使用会话中的用户密码作为盐，对JWT令牌进行安全性校验。

如果以上验证都顺利通过，则构建一个新的JwtAuthenticationToken令牌，将重要的用户信息（用户id）放入令牌并予以返回，供后续操作使用。

第三步： 定制一个过滤器类，从请求中获取信息组装成JwtAuthenticationToken凭证/令牌并交给认证管理者。在crazy-Spring Cloud脚手架中，前台有用户端和管理端的两套界面，所以将认证头部信息区分成管理端和用户端两类：管理端的头部字段为Authorization，用户端的认证信息头部字段为token。

过滤器从请求中获取认证的头部字段，解析之后组装成JwtAuthenticationToken令牌实例，提交给AuthenticationManager认证管理者进行验证。

```
    package com.crazymaker.Spring Cloud.base.security.filter;
    //省略import
    public class JwtAuthenticationFilter extends OncePerRequestFilter
    {
        ...
        @Override
        protected void doFilterInternal(HttpServletRequest request, HttpServletResponse
response, FilterChain filterChain)  throws ServletException, IOException
        {
            ...
            Authentication passedToken = null;
            AuthenticationException failed = null;
            //从HTTP请求获取JWT令牌的头部字段
            String token = null;
            //用户端存放的JWT的HTTP头部字段为token
            String sessionIDStore = SessionHolder.getSessionIDStore();
            if (sessionIDStore.equals(SessionConstants.SESSION_STORE))
            {
                token = request.getHeader(SessionConstants.AUTHORIZATION_HEAD);
            }
            //管理端存放的JWT的HTTP头部字段为Authorization
            else if (sessionIDStore.equals(SessionConstants.ADMIN_SESSION_STORE))
            {
                token = request.getHeader(SessionConstants.ADMIN_AUTHORIZATION_HEAD);
            }
            //没有拿到头部，抛出异常
            else
            {
                failed = new InsufficientAuthenticationException("请求头认证消息为空" );
                unsuccessfulAuthentication(request, response, failed);
                return;
            }
            token = StringUtils.removeStart(token, "Bearer " );
            try
            {
                if (StringUtils.isNotBlank(token))
                {
            //组装令牌
                JwtAuthenticationToken authToken = new JwtAuthenticationToken
(JWT.decode(token));
            //提交给AuthenticationManager认证管理者进行令牌验证，获取认证后的令牌
                passedToken = this.getAuthenticationManager().authenticate(authToken);
             //获取认证后的用户信息，主要是用户id
                 UserDetails details = (UserDetails) passedToken.getDetails();
              //通过details.getUsername()获取用户id，并作为请求属性进行缓存
                 request.setAttribute(SessionConstants.USER_IDENTIFIER,
details.getUsername());
                } else
                {
                    failed = new InsufficientAuthenticationException("请求头认证消息为空" );
                }
            } catch (JWTDecodeException e)
            {
```

```
            ...
        }
        ...
        filterChain.doFilter(request, response);
    }
    ...
}
```

AuthenticationManager认证管理者将调用注册在内部的JwtAuthenticationProvider认证提供者，对JwtAuthenticationToken进行验证。

为了使得过滤器能够生效，必须将过滤器加入HTTP请求的过滤处理责任链，这一步可以通过实现一个AbstractHttpConfigurer配置类来完成。

第四步：定制一个HTTP的安全认证配置类（AbstractHttpConfigurer子类），将上一步的定制的过滤器加入请求的过滤处理责任链。

```
package com.crazymaker.Spring Cloud.base.security.configurer;
...
public class JwtAuthConfigurer<T extends JwtAuthConfigurer<T, B>, B extends
HttpSecurityBuilder<B>> extends AbstractHttpConfigurer<T, B>
{
    private JwtAuthenticationFilter jwtAuthenticationFilter;

    public JwtAuthConfigurer()
    {
        //创建认证过滤器
        this.jwtAuthenticationFilter = new JwtAuthenticationFilter();
    }
    //将过滤器加入http过滤处理责任链
    @Override
    public void configure(B http) throws Exception
    {
        //获取Spring Security共享的AuthenticationManager认证提供者实例
        //将其设置到jwtAuthenticationFilter认证过滤器
        jwtAuthenticationFilter.setAuthenticationManager(http.getSharedObject
(AuthenticationManager.class));
        jwtAuthenticationFilter.setAuthenticationFailureHandler(new
AuthFailureHandler());

        JwtAuthenticationFilter filter = postProcess(jwtAuthenticationFilter);
        //将过滤器加入http过滤处理责任链
        http.addFilterBefore(filter, LogoutFilter.class);
    }
    ...
}
```

第五步：定义一个Spring Security安全配置类（WebSecurityConfigurerAdapter子类），对HTTP的安全认证机制进行配置。这是最后一步，有两项工作：一是在HTTP安全策略上应用JwtAuthConfigurer配置实例，二是构造AuthenticationManagerBuilder认证管理者实例。这一步可以通过继承WebSecurityConfigurerAdapter适配器来完成。

```
package com.crazymaker.Spring Cloud.cloud.center.zuul.config;
...
@ConditionalOnWebApplication
@EnableWebSecurity()
public class ZuulWebSecurityConfig extends WebSecurityConfigurerAdapter
{
```

```
        //注入会话存储实例，用于查找会话（根据session id）
        @Resource
        RedisOperationsSessionRepository sessionRepository;
        //配置HTTP请求的安全策略，应用上DemoAuthConfigurer配置类实例
        @Override
        protected void configure(HttpSecurity http) throws Exception
        {
            http.csrf().disable()
                    ...
                    .authorizeRequests()
                    .and()
                    .authorizeRequests().anyRequest().authenticated()
                    .and()
                    .formLogin().disable()
                    .sessionManagement().disable()
                    .cors()
                    .and()
                //在HTTP安全策略上应用JwtAuthConfigurer配置类实例
                    .apply(new JwtAuthConfigurer<>())
                    .tokenValidSuccessHandler(jwtRefreshSuccessHandler()).permissiveReques
tUrls("/logout")
                    .and()
                    .logout().disable()
                    .sessionManagement().disable();
        }
        //配置认证Builder，由其负责建造AuthenticationManager实例
        //Builder所建造的AuthenticationManager实例将作为HTTP请求的共享对象
        //可以通过http.getSharedObject(AuthenticationManager.class)来获取
        @Override
        protected void configure(AuthenticationManagerBuilder auth) throws Exception
        {
           //在Builder实例中加入自定义的认证提供者实例
            auth.authenticationProvider(jwtAuthenticationProvider());
        }
        //创建一个JwtAuthenticationProvider提供者实例
        @DependsOn({"sessionRepository"})
        @Bean("jwtAuthenticationProvider")
        protected AuthenticationProvider jwtAuthenticationProvider()
        {
            return new JwtAuthenticationProvider(sessionRepository);
        }
        ...
    }
```

至此，一个基于JWT+Spring Security的用户认证处理流程就已经定义完了。但是，此流程仅仅涉及JWT令牌的认证，没有涉及JWT令牌的生成。一般来说，JWT令牌的生成需要由系统的UAA（用户账号与认证）服务（或者模块）负责完成。

7.5.3 Zuul 网关与 UAA 微服务的配合

crazy-Spring Cloud脚手架是通过Zuul网关和UAA（用户账号与认证）微服务相互结合来完成整个用户的登录与认证闭环流程的。二者的关系大致为：

1）登录时，UAA微服务负责用户名称和密码的验证，并且将用户信息（包括令牌加密盐）放在分布式会话中，然后返回JWT令牌（含session id）给前台。

2）认证时，前台请求带上JWT令牌，Zuul网关能根据令牌中的session id取出分布式会话中的加密盐，对JWT令牌进行验证。在crazy-Spring Cloud脚手架的会话架构中，Zuul网关必须能和UAA微服务进行会话的共享，如图7-7所示。

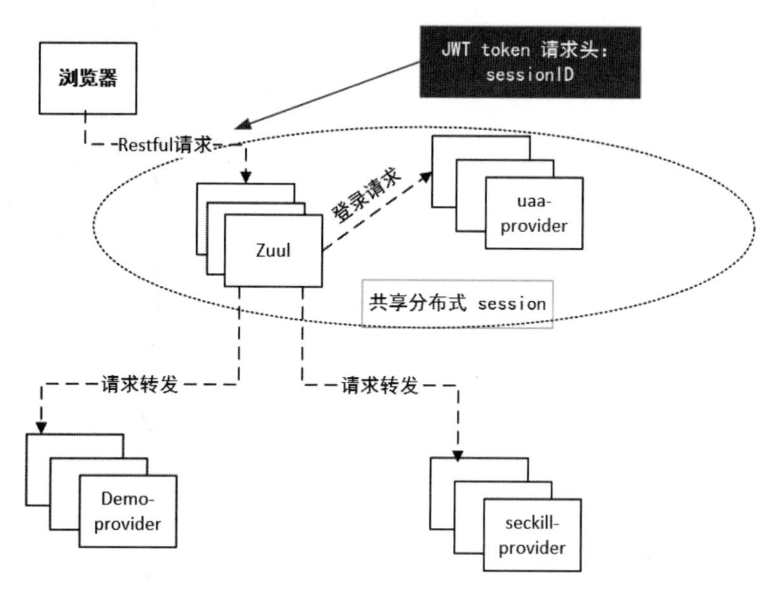

图 7-7　Zuul 网关和 UAA 微服务进行会话的共享

在crazy-Spring Cloud的UAA微服务提供者crazymaker-uaa实现模块中，controller（控制层）的REST登录接口的定义如下：

```
@Api(value = "用户端登录与退出", tags = {"用户信息、基础学习DEMO"})
@RestController
@RequestMapping("/api/session" )
public class SessionController
{
    //用户端会话服务
    @Resource
    private FrontUserEndSessionServiceImpl userService;
    //用户端的登录REST接口
    @PostMapping("/login/v1" )
    @ApiOperation(value = "用户端登录" )
    public RestOut<LoginOutDTO> login(@RequestBody LoginInfoDTO loginInfoDTO,
                                      HttpServletRequest request,
                                      HttpServletResponse response)
    {
        //调用服务层登录方法获取令牌
        LoginOutDTO dto = userService.login(loginInfoDTO);
        response.setHeader("Content-Type", "text/html;charset=utf-8" );
        response.setHeader(SessionConstants.AUTHORIZATION_HEAD, dto.getToken());
        return RestOut.success(dto);
    }
    //...

}
```

用户登录时，在服务层，客户端会话服务FrontUserEndSessionServiceImpl负责从用户数据库中获取用户，然后进行密码验证。

```java
package com.crazymaker.Spring Cloud.user.info.service.impl;
//省略import

@Slf4j
@Service
public class FrontUserEndSessionServiceImpl
{
    //Dao Bean，用于查询数据库用户
    @Resource
    UserDao userDao;
    //加密器
    @Resource
    private PasswordEncoder passwordEncoder;
    //缓存操作服务
    @Resource
    RedisRepository redisRepository;
    //Redis会话存储服务
    @Resource
    private RedisOperationsSessionRepository sessionRepository;
    /**
     * 登录处理
     * @param dto用户名、密码
     * @return登录成功的dto
     */
    public LoginOutDTO login(LoginInfoDTO dto)
    {
        String username = dto.getUsername();
        //从数据库获取用户
        List<UserPO> list = userDao.findAllByUsername(username);
        if (null == list || list.size() <= 0)
        {
            throw BusinessException.builder().errMsg("用户名或者密码错误" );
        }
        UserPO userPO = list.get(0);
        //进行密码的验证
        //String encode = passwordEncoder.encode(dto.getPassword());
        String encoded = userPO.getPassword();
        String raw = dto.getPassword();
        boolean matched = passwordEncoder.matches(raw, encoded);
        if (!matched)
        {
            throw BusinessException.builder().errMsg("用户名或者密码错误" );
        }
        //设置会话，方便Spring Security进行权限验证
        return setSession(userPO);
    }
    /**
     * 1: 将userid -> session id作为“键一值对”缓存起来，防止频繁创建会话
     * 2: 将用户信息保存到分布式会话
     * 3: 创建JWT令牌，提供给Spring Security进行权限验证
     * @param userPO用户信息
     * @return登录的输出信息
     */
    private LoginOutDTO setSession(UserPO userPO)
    {
        if (null == userPO)
```

```
        {
            throw BusinessException.builder().errMsg("用户不存在或者密码错误" ).build();
        }

        /**
         *  根据用户id查询之前保持的session id
         *  防止频繁登录的时候会话被大量创建
         */
        String uid = String.valueOf(userPO.getUserId());
        String sid = redisRepository.getSessionId(uid);

        Session session = null;
        try
        {
            /**
             * 查找现有的会话
             */
            session = sessionRepository.findById(sid);
        } catch (Exception e)
        {
            //e.printStackTrace();
            log.info("查找现有的会话失败，将创建一个新的会话" );
        }

        if (null == session)
        {
            session = sessionRepository.createSession();
            //新的session id和用户ID一起作为“键-值对”进行保存
            //用户访问的时候可以根据用户ID查找session id
            sid = session.getId();
            redisRepository.setSessionId(uid, sid);
        }

        String salt = userPO.getPassword();
        //构建JWT令牌
        String token = AuthUtils.buildToken(sid, salt);

        /**
         * 将用户信息缓存到分布式会话
         */
        UserDTO cacheDto = new UserDTO();
        BeanUtils.copyProperties(userPO, cacheDto);
        cacheDto.setToken(token);
        session.setAttribute(G_USER, JsonUtil.pojoToJson(cacheDto));

        LoginOutDTO outDTO = new LoginOutDTO();
        BeanUtils.copyProperties(cacheDto, outDTO);

        return outDTO;
    }
}
```

如果用户验证通过，前端会话服务FrontUserEndSessionServiceImpl在setSession方法中创建Redis分布式会话（如果不存在旧会话），然后将用户信息（密码为令牌的salt）缓存起来。如果用户存在旧的会话，旧的会话的id将通过用户的uid查找到，然后通过sessionRepository找到旧的会话，做到在频繁登录的场景下不会导致会话被大量创建。

最终，uaa-provider微服务将返回JWT令牌（subject设置为session id）给前台。由于Zuul网关和uaa-provider微服务共享分布式会话，在进行请求认证时，Zuul网关能通过JWT令牌中的session id取出分布式会话中的用户信息和加密盐，对JWT令牌进行验证。

7.5.4 使用 Zuul 过滤器添加代理请求的用户标识

完成用户认证后，Zuul网关的代理请求将转发给上游的微服务提供者实例。此时，代理请求仍然需要带上用户的身份标识，而此时身份标识不一定是session id，而是和上游的微服务提供者强相关：

1）如果微服务提供者是将JWT令牌作为用户身份标识（和Zuul一样），则Zuul网关将JWT令牌传给微服务提供者即可。

2）如果微服务提供者是将session id作为用户身份标识，则Zuul需要将JWT令牌的subject中的session id解析出来，然后传给r微服务提供者。

3）如果微服务提供者是将user id作为用户身份标识，则Zuul既不能将JWT令牌传给微服务提供者，也不能将session id传给微服务提供者，而是要将会话中缓存的user id传递给微服务提供者。

前两种用户身份标识的传递方案，都要求Provider微服务和网关共享会话，而实际场景中，这种可能性不是100%的。另外，负责安全认证的网关可能不是Zuul，而是性能更高的OpenResty（甚至是Kong），如果这样，共享会话技术难度就会更大。总之，为了使程序的可扩展性和可移植性更好，建议使用第三种用户身份标识的代理传递方案。

crazy-Spring Cloud脚手架采用的是第三种用户标识传递方案。JWT令牌被验证成功后，网关的代理请求被加上"USER-ID"头，将用户id作为用户身份标识添加到请求头部，传递给上游微服务提供者。这个功能使用一个Zuul过滤器实现，代码如下：

```
package com.crazymaker.Spring Cloud.cloud.center.zuul.filter;

//省略import
@Component
@Slf4j
public class ModifyRequestHeaderFilter extends ZuulFilter
{

    /**
     * 根据条件去判断是否需要路由，是否需要执行该过滤器
     */
    @Override
    public boolean shouldFilter()
    {
        RequestContext ctx = RequestContext.getCurrentContext();
        HttpServletRequest request = ctx.getRequest();

        /**
         * 存在用户端认证令牌
         */
        String token = request.getHeader(SessionConstants.AUTHORIZATION_HEAD);
        if (!StringUtils.isEmpty(token))
        {
            return true;
        }
        /**
         * 存在管理端认证令牌
         */
        token = request.getHeader(SessionConstants.ADMIN_AUTHORIZATION_HEAD);
        if (!StringUtils.isEmpty(token))
        {
            return true;
```

```
        }
        return false;
    }

    /**
     * 调用上游微服务之前，修改请求头，加上“USER-ID”头
     *
     * @return
     * @throws ZuulException
     */
    @Override
    public Object run() throws ZuulException
    {
        RequestContext ctx = RequestContext.getCurrentContext();
        HttpServletRequest request = ctx.getRequest();
        //认证成功，请求的 "USER-ID" (USER_IDENTIFIER) 属性被设置
        String identifier = (String)
request.getAttribute(SessionConstants.USER_IDENTIFIER);
        //代理请求加上 "USER-ID" 头
        if (StringUtils.isNotBlank(identifier))
        {
            ctx.addZuulRequestHeader(SessionConstants.USER_IDENTIFIER, identifier);
        }
        return null;
    }

    @Override
    public String filterType()
    {
        return FilterConstants.PRE_TYPE;
    }

    @Override
    public int filterOrder()
    {
        return 1;
    }

}
```

7.6　微服务提供者之间的会话共享关系

一套分布式微服务集群可能会运行几个或者几十个网关（Gateway），以及几十个甚至几百个微服务提供者（Provider）。如果集群的节点规模较小，会话共享关系上，同一个用户在所有的网关和微服务提供者之间共享同一个分布式会话是可行的，如图7-8所示。

如果集群的节点规模较大，分布式会话在IO上会存在性能瓶颈。除此之外，还存在一个架构设计上的问题：在网关（如Zuul）和微服务提供者之间传递session id，并且双方都依赖了相同的会话信息（如用户详细信息），将导致网关和微服务提供者、微服务提供者之间的耦合度很高，一定程度上降低了微服务提供者的移植性和复用性，导致违背了系统架构的高内聚和低耦合原则。

架构的调整方案：缩小分布式会话的共享规模，网关（如Zuul）和微服务提供者之间按需共享分布式会话。在网关和微服务提供者之间不再直接传递session id作为用户身份标识，而是改成为传递用户id，如图7-9所示。

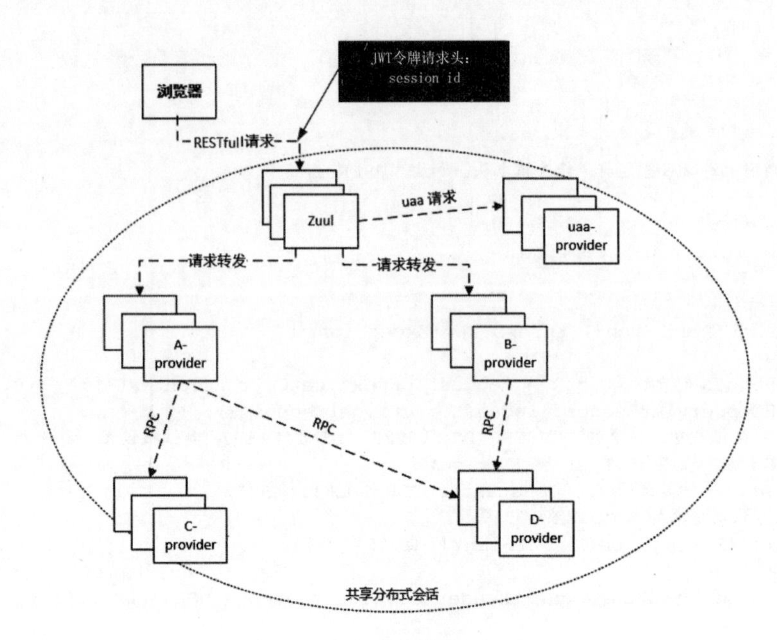

图 7-8　共享分布式会话

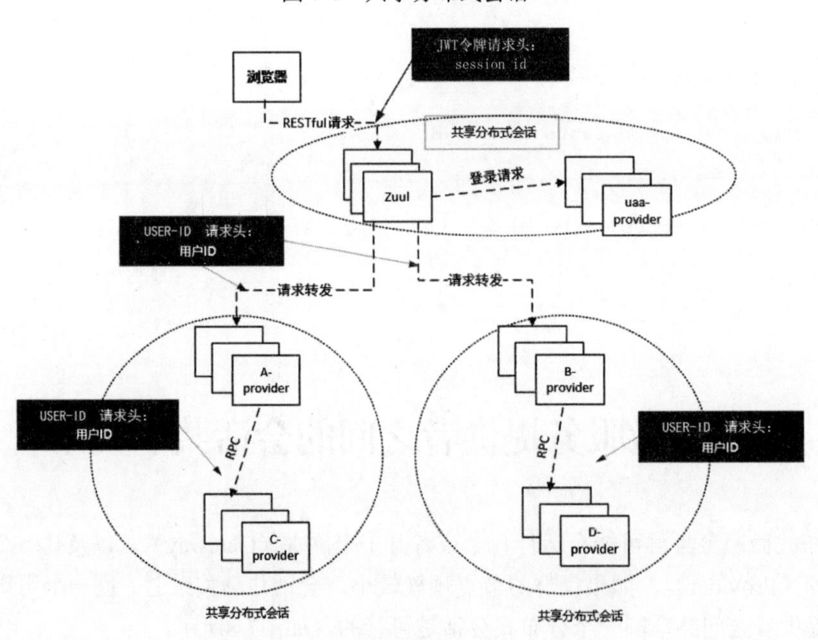

图 7-9　会话共享的架构与实现方案

会话共享的架构与实现方案肯定不止以上两种，而且以上第二种方案也不一定是最优的。疯狂创客圈的Crazy-Cloud脚手架对上面的第二种分布式会话架构方案提供了实现代码，供大家参考和学习。

7.6.1　分布式会话的起源和实现方案

HTTP协议本身是一种无状态的协议，这就意味着每一次请求都需要进行用户的身份信息查询，并且需要用户提供用户名和密码来进行用户认证。为什么呢？因为服务端并不知道是哪个用户发出的请求。所以，为了能识别出是哪个用户发出的请求，需要在服务端存储一份用户的身份信息，并且在登录成功后将用户身份信息的标识传递给客户端，告诉客户端保存好用户身份标识，在下次请求时带上该身份标识。然后，在服务端维护一个用户的会话，用户的身份信息保存在会话中。通常，对于传统的单体架构服务器，会话都是保存在内存中，而随着认证用户的增多，服务端的开销会明显增大。

大家都知道，单体架构模式最大的问题是没有分布式架构，无法支持横向扩展。在分布式微服务架构下，需要在服务节点之间进行会话的共享。解决方案是使用一个统一的会话数据库来保存会话数据并实现共享。当然，这种会话数据库的选型一定不能是重量级的关系数据库，而应该是轻量级的基于内存的高速数据库（如Redis）。

在生产场景中，可以使用成熟稳定的Spring Session开源组件作为分布式会话的解决方案，不过Spring Session开源组件比较重，在简单的会话共享场景中可以自己实现一套相对简单的Redis Session组件。具体的实现方案可以参考疯狂创客圈的社群博客“RedisSession自定义”一文。从学习角度来说，自制一套Redis Session方案可以帮助大家深入了解Web请求的处理流程，使得大家更容易学习Spring Session的核心原理。

Spring Session作为独立的组件将会话从Web容器中剥离，存储在独立的数据库中，目前支持多种形式的数据库：内存数据库（如Redis）、关系数据库（如MQSQL）、文档型数据库（如MogonDB）等。通过合理的配置，当请求进入Web容器时，Web容器将会话的管理责任委托给Spring Session承担，由Spring Session负责从数据库中存取会话，如果存在则返回，如果不存在则创建持久化至数据库中。

7.6.2 Spring Session 的核心组件和存储细节

这里先介绍Spring Session中的三个核心组件：Session接口、RedisSession会话类、SessionRepository存储接口。

1. Session 接口

Spring Session单独抽象出Session接口，该接口是Spring Session对会话的抽象，主要是为了鉴定用户，为HTTP请求和响应提供上下文容器。Session接口的主要方法如下：

1）getId：获取session id。
2）setAttribute：设置会话属性。
3）getAttribte：获取会话属性。
4）setLastAccessedTime：设置最近会话过程中最近的访问时间。
5）getLastAccessedTime：获取最近的访问时间。
6）setMaxInactiveIntervalInSeconds：设置会话的最大闲置时间。
7）getMaxInactiveIntervalInSeconds：获取最大闲置时间。
8）isExpired：判断会话是否过期。

Spring Session和Tomcat的会话在实现模式上有很大不同，Tomcat中直接对Servlet规范的HttpSession接口进行实现，而Spring Session中则抽象出单独的Session接口。问题是Spring Session如何处理自定义的Session接口与Servlet规范的HttpSession接口的关系呢？答案是Spring Session定义了一个适配器类，可以将Session实例适配成Servlet规范中的HttpSession实例。

之所以Spring Session要单独抽象出Session接口，主要是为了应对多种传输与存储场景下的会话管理，比如HTTP会话场景（HttpSession）、WebSocket会话场景（WebSocket Session）、非Web会话场景（如Netty传输会话）、Redis存储场景（RedisSession）等。

2. RedisSession 会话类

RedisSession用于使用Redis进行会话属性存储的场景。在RedisSession中有两个非常重要的成员属性：

1）cached：实际上是一个MapSession实例用于本地缓存，每次进行getAttribute操作时优先从cached中获取，没有取到就再从Redis中获取，以提升性能。而MapSession是由Spring Security Core定义的一个通过内部的HashMap缓存“键－值对”（Key-Value Pair）的本地缓存类。

2）delta：用于跟踪变化数据，目的是保持变化的Session的属性。

RedisSession提供了一个非常重要的saveDelta方法，用于持久化Session至Redis中：当调用RedisSession中的saveDelta方法后，变化的属性将被持久化到Redis中。

3. SessionRepository 存储接口

SessionRepository为管理Spring Session的存储接口，它的主要方法如下：

1）createSession：创建Session实例。

2）findById（String id）：根据id查找Session实例。

3）void delete（String id）：根据id删除Session实例。

4）save（S session）：存储Session实例。

根据Session的实现类不同，Session存储实现类分为很多种。RedisSession会话的存储类为RedisOperationsSessionRepository，负责Session会话数据到Redis数据库的读写。

接下来，简单看一下Redis中的Session数据存储细节。RedisSession在Redis缓存中的存储细节大致有三种Key（根据版本不同可能不完全一致），分别如下：

```
spring:session:SESSION_KEY:sessions:0cefe354-3c24-40d8-a859-fe7d9d3c0dba
spring:session:SESSION_KEY:expires:33fdd1b6-b496-4b33-9f7d-df96679d32fe
spring:session:SESSION_KEY:expirations:1581695640000
```

- 第一种键（Key）用来存储会话的详细信息，键的最后部分为session id，这是一个UUID。这个键在Redis中是一个哈希类型，包括会话的过期时间间隔、最近的访问时间、attributes等。键的过期时间为会话的最大过期时间+5分钟，如果设置的会话过期时间为30分钟，则这个键的过期时间为35分钟。
- 第二种键用来表示会话在Redis中已经过期，这个“键－值对”不存储任何有用数据，只是为了表示会话过期而设置。
- 第三种键存储过去的一段时间内过期的session id集合。这个键的最后部分是一个时间戳（timestamp），代表一个计时的起始时间。键对应的值（Value）所使用的Redis数据结构是集合（set），集合中的元素是时间戳滚动至下一分钟计算得出的过期Session Key（第二种键）。

7.6.3 Spring Session 的使用和定制

结合Redis使用Spring Session需要导入以下两个Maven依赖包：

```
<dependency>
   <groupId>org.springframework.session</groupId>
   <artifactId>spring-session-data-redis</artifactId>
</dependency>
<dependency>
   <groupId>org.springframework.session</groupId>
   <artifactId>spring-session-core</artifactId>
</dependency>
```

按照Spring Session官方文档的说明，在添加所需的依赖项后，可以通过以下配置启用基于Redis的分布式会话：

```
@EnableRedisHttpSession
public class Config {
    //创建一个连接到默认Redis （localhost: 6379）的RedisConnectionFactory
   @Bean
   public LettuceConnectionFactory connectionFactory() {
      return new LettuceConnectionFactory();
   }
}
```

@EnableRedisHttpSession注解创建一个名为springSessionRepositoryFilter的过滤器，负责将原始的HttpSession替换为RedisSession。为了使用Redis数据库，这里还创建一个连接Spring Session到Redis服务器的RedisConnectionFactory实例，该连接工厂实例所连接的为默认Redis数据库，主机和端口分别为localhost和6379。有关Spring Session的具体配置可参阅官方文档。

在crazy-Spring Cloud脚手架的共享会话架构中，网关（Gateway）和微服务提供者（Provider）、微服务提供者之间所传递的不是session id而是用户id，所以目标微服务提供者收到请求之后，需要通过用户id找到session id，然后找到RedisSession，最后从Session中加载缓存数据。整个流程需要定制三个过滤器，如图7-10所示。

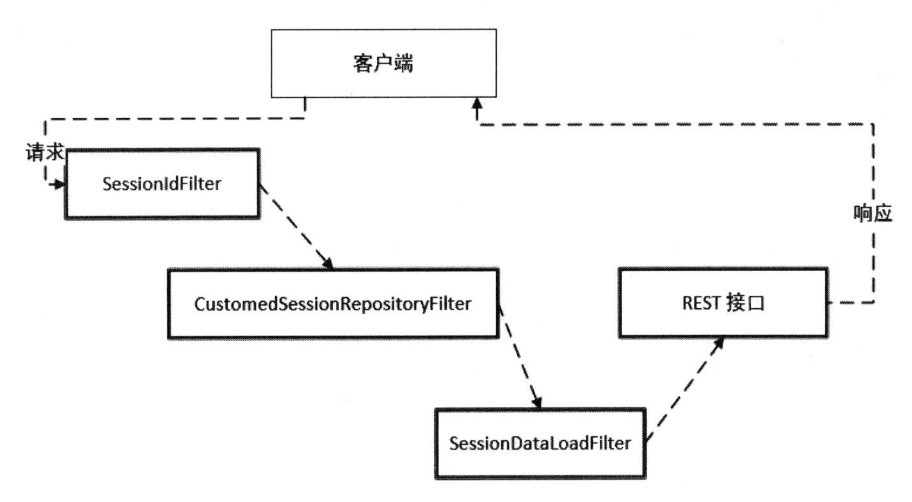

图 7-10　crazy-Spring Cloud 脚手架共享会话架构中的过滤器

- 第一个过滤器叫作SessionIdFilter，其作用是根据请求头中的用户身份标识（User ID）定位到分布式会话的session id。
- 第二个过滤器叫作CustomedSessionRepositoryFilter，这个类的源码来自Spring Session，其主要的逻辑是将请求和响应进行包装，将HttpSession替换成RedisSession。

- 第三个过滤器叫作SessionDataLoadFilter，判断RedisSession中的用户数据是否存在，如果是首先次创建的会话，则从数据库中将常用的用户数据加载到会话，以便控制层的业务逻辑代码能够高速访问。

在crazy-Spring Cloud脚手架中，按照高度复用的原则，所有的和会话有关的代码都封装在base-session基础模块中。如果某个微服务提供者模块需要使用分布式会话，只需要在Maven中引入base-session模块依赖即可。

7.6.4 通过用户身份标识查找 session id

通过用户身份标识（User ID）查找session id的工作是由SessionIdFilter过滤器完成的。在前面介绍的UAA提供者服务（crazymaker-uaa）中，用户的ID和session id之间的绑定关系位于缓存Redis中。base-session也借鉴了同样的思路。当带着用户id的请求进来时，SessionIdFilter会根据用户id去Redis查找绑定的session id，如果查找成功，则过滤器的任务完成；如果查找不成功，则后面的两个过滤器会创建新的RedisSession，并在Redis中缓存用户id和session id之间的绑定关系。

SessionIdFilter的代码如下：

```
package com.crazymaker.Spring Cloud.base.filter;
//省略import
@Slf4j
public class SessionIdFilter extends OncePerRequestFilter
{
    public SessionIdFilter(RedisRepository redisRepository,
                           RedisOperationsSessionRepository sessionRepository)
    {
        this.redisRepository = redisRepository;
        this.sessionRepository = sessionRepository;
    }
    /**
     *  RedisSession DAO
     */
    private RedisOperationsSessionRepository sessionRepository;
    /**
     * Redis DAO
     */
    RedisRepository redisRepository;
    /**
     * 返回true代表不执行过滤器，false代表执行
     */
    @Override
    protected boolean shouldNotFilter(HttpServletRequest request)
    {
        String userIdentifier = request.getHeader(SessionConstants.USER_IDENTIFIER);
        if (StringUtils.isNotEmpty(userIdentifier))
        {
            return false;
        }
        return true;
    }
```

```
        /**
         * 将session userIdentifier（用户ID）转成session id
         *
         * @param request请求
         * @param response响应
         * @param chain过滤器链
         */
        @Override
        protected void doFilterInternal(HttpServletRequest request,
            HttpServletResponse response, FilterChain chain) throws IOException,
ServletException
        {
            /**
             * 从请求头中获取session userIdentifier（用户ID）
             */
            String userIdentifier = request.getHeader(SessionConstants.USER_IDENTIFIER);
            SessionHolder.setUserIdentifer(userIdentifier);
            /**
             * 在Redis中根据用户ID获取缓存的session id
             */
            String sid = redisRepository.getSessionId(userIdentifier);
            if (StringUtils.isNotEmpty(sid))
            {
                /**
                 * 判断分布式会话是否存在
                 */
                Session session = sessionRepository.findById(sid);
                if (null != session)
                {
                    //保存session id在线程中的局部变量，供后面的过滤器使用
                    SessionHolder.setSid(sid);
                }
            }
            chain.doFilter(request, response);
        }
    }
```

SessionIdFilter过滤器中含有两个DAO层的成员：一个RedisRepository类型的DAO成员负责根据用户id去Redis查找绑定的session id；而另一个DAO成员的类型为Spring Session专用的RedisOperationsSessionRepository，负责根据session id去查找RedisSession实例，用于验证会话是否真正存在。

7.6.5 查找或创建分布式会话

SessionIdFilter过滤处理完成后，请求将进入下一个过滤器CustomedSessionRepositoryFilter。这个类的源码来自Spring Session，其主要的逻辑是将请求和响应进行包装，并将原始请求的HttpSession替换成RedisSession。定制之后的过滤器稍微做了一点过滤条件的修改：如果请求头中携带了用户身份标识，则开启分布式会话，否则不会进入分布式会话的处理流程。

CustomedSessionRepositoryFilter的部分代码如下：

```
    package com.crazymaker.Spring Cloud.base.filter;
    //省略import
    public class CustomedSessionRepositoryFilter<S extends Session> extends
OncePerRequestFilter
    {
```

```
    //执行过滤
    @Override
    protected void doFilterInternal(HttpServletRequest request,
                                    HttpServletResponse response, FilterChain filterChain)
        throws ServletException, IOException
    {
        ...
        //包装上一个过滤器的HttpServletRequest请求至SessionRepositoryRequestWrapper
        SessionRepositoryRequestWrapper wrappedRequest =
              new SessionRepositoryRequestWrapper(request, response,
this.servletContext);
        //包装上一个过滤器的HttpServletResponse响应至SessionRepositoryResponseWrapper
        SessionRepositoryResponseWrapper wrappedResponse =
              new SessionRepositoryResponseWrapper(wrappedRequest, response);
        try
        {
            filterChain.doFilter(wrappedRequest, wrappedResponse);
        } finally
        {
        //会话持久化到数据库
            wrappedRequest.commitSession();
        }
    }

    /**
     * 返回true代表不执行过滤器，false代表执行
     */
    @Override
    protected boolean shouldNotFilter(HttpServletRequest request)
    {
        //如果请求中携带了用户身份标识
        if (null == SessionHolder.getUserIdentifer())
        {
            return true;
        }

        return false;
    }
    ...
}
```

SessionRepositoryFilter首先会根据一个sessionIds清单查找会话，查找失败才创建新的RedisSession。它会调用CustomedSessionIdResolver实例的resolveSessionIds方法去获取sessionIds清单。

作为session id的解析器，CustomedSessionIdResolver的部分代码如下：

```
package com.crazymaker.Spring Cloud.base.core;
...
@Data
public class CustomedSessionIdResolver implements HttpSessionIdResolver
{
    ...
    /**
     * 解析session id，用于在Redis中查找会话
     * @param request请求
     * @return session id列表
     */
    @Override
    public List<String> resolveSessionIds(HttpServletRequest request)
    {
        //获取第一个过滤器保存的session id
```

```
        String sid = SessionHolder.getSid();
        return (sid != null) ? Collections.singletonList(sid) : Collections.emptyList();
    }

    ...
}
```

CustomedSessionRepositoryFilter会对sessionIds清单进行判断，然后根据结果进行分布式会话的查找或创建：

1）如果清单中的某个session id对应的会话存在于Redis，则过滤器会将分布式RedisSession查找出来，作为当前会话。

2）如果清单为空，或者所有session id对应的RedisSession都不存在于Redis，则过滤器会创建一个新的RedisSession。

7.6.6　加载高速访问数据到分布式会话

CustomedSessionRepositoryFilter处理完成后，请求将进入下一个过滤器SessionDataLoadFilter。这个类的主要逻辑是加载高速访问数据到分布式会话，具体如下：

1）获取前面的SessionIdFilter过滤器加载的session id，用于判断session id是否变化。如果变化了，则表明旧的会话不存在或者旧的session id已经过期，需要更新session id，并且在Redis中进行缓存。

2）获取前面的CustomedSessionRepositoryFilter创建的会话，如果是新创建的会话，则加载必要的需要高速访问的数据，以提高后续操作的性能。需要高速访问的数据比较常见的有用户的基础信息、角色、权限等，还有可能是一些基础的业务信息。

CustomedSessionRepositoryFilter的部分代码如下：

```
package com.crazymaker.Spring Cloud.base.filter;
...
@Slf4j
public class SessionDataLoadFilter extends OncePerRequestFilter
{
    UserLoadService userLoadService;
    RedisRepository redisRepository;
    public SessionDataLoadFilter(UserLoadService userLoadService, RedisRepository 
redisRepository)
    {
        this.userLoadService = userLoadService;
        this.redisRepository = redisRepository;
    }
...

    @Override
    protected void doFilterInternal(HttpServletRequest request,
                                HttpServletResponse response,
                                FilterChain filterChain)
            throws ServletException, IOException
    {
        //获取前面的SessionIdFilter过滤器加载的session id
        String sid = SessionHolder.getSid();
        //获取前面的CustomedSessionRepositoryFilter创建的会话，加载必要的数据到会话
```

```
        HttpSession session = request.getSession();
        /**
         * 之前的会话不存在
         */
        if (StringUtils.isEmpty(sid) || !sid.equals(request.getSession().getId()))
        {
            //获取得当前的session id
            sid = session.getId();
            //user ID和session id作为“键—值对”保存到Redis
            redisRepository.setSessionId(SessionHolder.getUserIdentifier(), sid);
            SessionHolder.setSid(sid);
        }
        /**
         *获取会话中的用户信息
         *为空表示用户第一次发起请求，加载用户信息到会话中
         */
        if (null == session.getAttribute(G_USER))
        {
            String uid = SessionHolder.getUserIdentifier();
            UserDTO userDTO = null;
            if (SessionHolder.getSessionIDStore().equals(SessionConstants.SESSION_STORE))
            {
                //用户端：装载用户端的用户信息
                userDTO = userLoadService.loadFrontEndUser(Long.valueOf(uid));
            } else
            {
                //管理控制台：装载管理控制台的用户信息
                userDTO = userLoadService.loadBackEndUser(Long.valueOf(uid));
            }
            /**
             * 将用户信息缓存起来
             */
            session.setAttribute(G_USER, JsonUtil.pojoToJson(userDTO));
        }
        /**
         * 将会话请求保存到SessionHolder的ThreadLocal本地变量中，方便统一存取
         */
        SessionHolder.setSession(session);
        SessionHolder.setRequest(request);
        filterChain.doFilter(request, response);
    }
    /**
     * 返回true代表不执行过滤器，false代表执行
     */
    @Override
    protected boolean shouldNotFilter(HttpServletRequest request)
    {
        if (null == SessionHolder.getUserIdentifier())
        {
            return true;
        }
        return false;
    }
}
```

第 8 章 Nginx/OpenResty详解

Nginx（或OpenResty）在生产场景中使用的广泛程度已经到了令人咂舌的地步。不管其实际的市场占用率如何，以笔者这些年所经历的项目来看，其使用率在100%。

然而，笔者周围的大量的开发人员对Nginx（或OpenResty）的了解程度都停留在基本配置的程度，对其核心原理和高性能配置了解不多。

本书不仅为大家解读Nginx的核心原理和高性能配置，还将介绍Nginx+Lua实战编程，帮助大家掌握一个解决高并发问题的新利器。

8.1 Nginx 简介

Nginx是一个高性能的HTTP和反向代理Web服务器，是由伊戈尔·赛索耶夫为俄罗斯访问量第二的Rambler.ru站点开发的Web服务器。Nginx源码以类BSD许可证的形式发布，它的第一个公开版本0.1.0发布于2004年10月4日，2011年6月1日发布了1.0.4版本。Nginx因高稳定性、丰富的功能集、内存消耗少、并发能力强而闻名全球，目前得到非常广泛的使用，比如百度、京东、新浪、网易、腾讯、淘宝等都是它的用户。

Nginx有以下3个主要社区分支：

（1）Nginx官方版本

更新迭代比较快，并且提供免费版本和商业版本。

（2）Tengine

Tengine是由淘宝网发起的Web服务器项目。它在Nginx的基础上针对大访问量网站的需求添加了很多高级功能和特性。Tengine的性能和稳定性已经在大型的网站如淘宝网、天猫商城等得到了很好的检验。它的最终目标是打造一个高效、稳定、安全和易用的Web平台。

（3）OpenResty

2011年，中国人章亦春老师把LuaJIT VM嵌入Nginx中，实现了OpenResty这个高性能服务端的解决方案。OpenResty是一个基于Nginx与Lua的高性能Web平台，其内部集成了大量精良的Lua库、第三方模块以及大多数的依赖项。用于方便地搭建能够处理超高并发、扩展性极高的动态Web应用、Web服务和动态网关。

OpenResty的目标是让Web服务直接运行在Nginx服务内部，充分利用Nginx的非阻塞I/O模型，不仅对HTTP客户端请求，甚至于对远程后端（诸如MySQL、PostgreSQL、Memcached以及Redis等）都进行一致的高性能响应。

OpenResty通过汇聚各种设计精良的Nginx模块（主要由OpenResty团队自主开发）将Nginx有效地变成一个强大的通用Web应用平台，使得Web开发人员和系统工程师可以使用Lua脚本语言调动Nginx支持的各种C以及Lua模块，快速构造出足以胜任10KB乃至1000KB以上单机并发连接的高性能Web应用系统。

通过OpenResty官网的链接地址可以查看OpenResty支持的组件。

8.1.1 正向代理与反向代理

这里先简明扼要地介绍什么是正向代理和反向代理。正向代理和反向代理的用途都是代理服务进行客户端请求的转发，但是区别还是很大的。

正向代理最大的特点是客户端非常明确要访问的服务器地址，如图8-1所示。

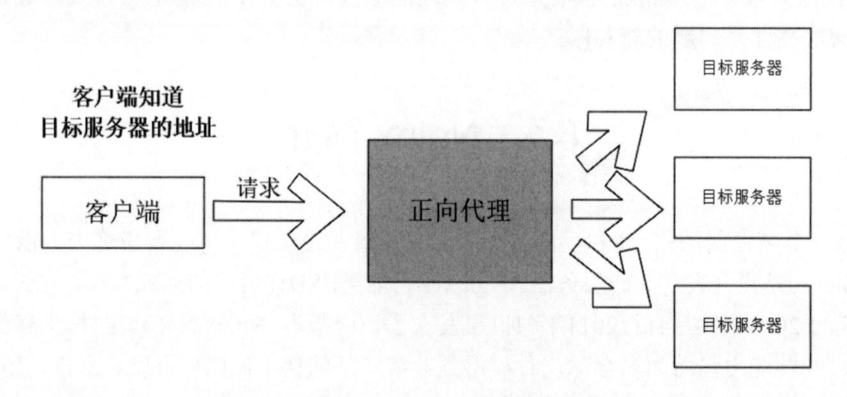

图 8-1 正向代理的特点

在正向代理服务器中，客户端需要配置目标服务器信息，比如IP和端口。一般来说，正向代理服务器是一台和客户端网络连通的局域网内部的机器或者是可以打通两个隔离网络的双网卡机器。通过正向代理的方式，客户端的HTTP请求可以转发到之前与客户端网络不通的其他不同的目标服务器。

反向代理与正向代理相反，客户端不知道目标服务器的信息，代理服务器就像是原始的目标服务器，客户端不需要进行任何特别的设置。反向代理最大的特点是客户端不知道目标服务器地址，如图8-2所示。

客户端向反向代理服务器直接发送请求，接着反向代理服务器将请求转发给目标服务器，并将目标服务器的响应结果按原路返回给客户端。

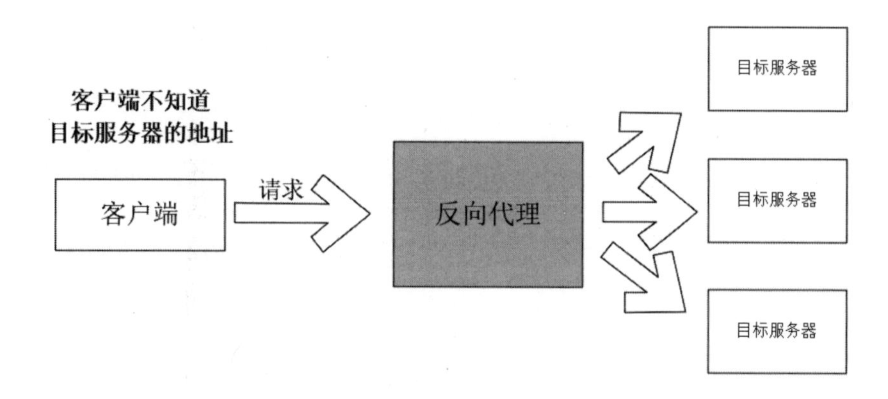

图 8-2 反向代理的特点

正向代理和反向代理的使用场景说明如下：

1）正向代理的主要场景是客户端。由于网络不通等物理原因，需要通过正向代理服务器这种中间转发环节顺利访问目标服务器。当然，也可以通过正向代理服务器对客户端的某些详细信息进行一些伪装和改变。

2）反向代理的主要场景服务端。服务提供方可以通过反向代理服务器轻松实现目标服务器的动态切换，实现多目标服务器的负载均衡等。

通俗来说，正向代理（如squid、proxy）是对客户端的伪装，隐藏了客户端的IP、头部或者其他信息，服务器得到的是伪装过的客户端信息；反向代理（如Nginx）是对目标服务器的伪装，隐藏了目标服务器的IP、头部或者其他信息，客户端得到的是伪装过的目标服务器信息。

8.1.2 Nginx 的启动与停止

Nginx及其扩展（如Openresty）是目前主流的反向代理服务器。本书使用Openresty作为演示服务器，它的下载、安装和使用的教程可以参考疯狂创客圈社群的博客文章。

1）文章一：Windows平台Openresty安装和启动（图文死磕）。

2）文章二：Linux平台Openresty安装（图文死磕）。

3）文章三：Openresty服务器下的Lua开发调试（图文死磕）。

本书的案例主要在Windows系统上演示，所使用的是32位的Openresty 1.13.6.2版本（用64位的版本进行Lua调试时会发生断点不能命中的情况）。

8.1.3 Nginx 的启动命令和参数详解

在Windows平台安装好Openresty并且设置好path环境变量之后，就可以启动Openresty了。Openresty的原始启动命令为Nginx，其参数大致有-v、-t、-p、-c、-s等，大致的使用说明如下：

1）-v：表示查看Nginx的版本。

```
C:\dev\refer\LuaDemoProject\src> nginx -v
nginx version: openresty/1.13.6.2
```

2）-c：指定一个新的Nginx配置文件来替换默认的Nginx配置文件。

```
//启动时，在cmd窗口切换到src目录，然后执行以下命令：
C:\dev\refer\LuaDemoProject\src> nginx -p  ./  -c  nginx-debug.conf
```

3）-t：表示测试Nginx的配置文件。如果不能确定Nginx配置文件的语法是否正确，就可以通过Nginx命令的-t参数来测试。此参数代表不运行配置文件，而仅测试配置文件。

```
C:\dev\refer\LuaDemoProject\src> nginx -t  -c nginx-debug.conf
nginx: the configuration file ./nginx-debug.conf syntax is ok
nginx: configuration file ./nginx-debug.conf test is successful
```

4）-p：表示设置前缀路径。

```
C:\dev\refer\LuaDemoProject\src> nginx -p ./ -c nginx-debug.conf
```

上面的命令中，“-p ./”表示将当前目录“C:\dev\refer\LuaDemoProject\src”作为前缀路径，也就是说，nginx-debug.conf配置文件中所用到的相对路径都要加上这个前缀。

5）-s：表示给Nginx进程发送信号，包含stop（停止）和reload（重写加载）。

```
//重启Nginx进程，发送reload信号
C:\dev\refer\LuaDemoProject\src>  nginx -p ./ -c nginx-debug.conf -s reload
//停止nginx进程，发送stop信号
C:\dev\refer\LuaDemoProject\src>  nginx -p ./ -c nginx-debug.conf -s stop
```

8.1.4 Linux 下 Openresty 的启动、停止脚本

为什么要专门介绍Linux系统下Openresty的启动和停止脚本呢？

1）Nginx/Openresty发布包中，并没有提供好用的启动、停止脚本。

2）掌握一些基础的脚本指令并能编写基础的运行脚本是Java工程师的必备基础能力。很多的面试场景都会出现“你使用过哪些Linux操作指令”的面试题。

作为参考，这里提供一份笔者常用的Linux下的Openresty/Nginx启动脚本，它公布在疯狂创客圈的网盘上，具体如下：

```
#!/bin/bash

# 设置Openresty的安装目录
OPENRESTRY_PATH="/usr/local/openresty"

# 设置Nginx项目的工作目录
PROJECT_PATH="/work/develop/LuaDemoProject/src/"

# 设置项目的配置文件
# PROJECT_CONF="nginx-location-demo.conf"
PROJECT_CONF="nginx.conf"

echo "OPENRESTRY_PATH:$OPENRESTRY_PATH"
echo "PROJECT_PATH:$PROJECT_PATH"

# 查找Nginx所有的进程id
pid=$(ps -ef | grep -v 'grep' | egrep nginx| awk '{printf $2 " "}')
#echo "$pid"

if [ "$pid" != "" ]; then
```

```
    # 如果已经在执行，则提示
    echo "openrestry/nginx is started already, and pid is $pid, operating failed!"
else
    # 如果没有执行，则启动
    $OPENRESTRY_PATH/nginx/sbin/nginx  -p ${PROJECT_PATH}  \
                                -c ${PROJECT_PATH}/conf/${PROJECT_CONF}
    pid=$(ps -ef | grep -v 'grep' | egrep nginx| awk '{printf $2 " "}')
    echo "openrestry/nginx starting succeeded!"
    echo "pid is $pid "
fi
```

使用以上脚本之前，需要在脚本中配置好Openresty/Nginx的安装目录、项目的工作目录、项目的配置文件3个选项。配置完成后，在Linux的命令窗口执行openresty-start.sh启动脚本，可以启动Openresty。

```
[root@localhost linux]# /work/develop/LuaDemoProject/sh/linux/openresty-start.sh
OPENRESTRY_PATH:/usr/local/openresty
PROJECT_PATH:/work/develop/LuaDemoProject/src/
openrestry/nginx starting succeeded!
pid is 31403 31409
```

下面简单介绍上面的openresty-start.sh脚本中主要用到的指令：

1）echo显示命令：用于显示信息到终端屏幕。

2）ps进程列表：用于显示本地机器上当前运行的进程列表。

3）grep 查找命令：用于查找文件里符合条件的字符串。

以上3个命令是经常用到的、非常基础的Linux命令。在疯狂创客圈社群网盘中除了提供上面的openresty-start.sh脚本之外，还提供了另外3个有用的Openresty操作脚本，具体如下：

1）openresty-stop.sh，用于停止Openresty/Nginx。

2）openresty-status.sh，用于输出Openresty/Nginx的运行状态和进程信息。

3）openresty-restart.sh，用于重启Openresty/Nginx。

8.1.5 Windows 下 Openresty 的启动、停止脚本

除了提供Linux下的Shell脚本外，这里还为大家提供了Windows脚本文件。Windows下的脚本通常叫作批处理脚本（batch file），批处理脚本扩展名为“.bat”，包含一系列DOS命令。

作为参考，这里提供一份Windows下的Openresty/Nginx的启动、停止、重启、查看状态的脚本，大家可以在疯狂创客圈社群网盘下载，其中启动脚本openresty-start.bat的具体内容如下：

```
@echo off
rem启动标志，flag=0表示之前已经启动，flag=1表示现在立即启动
set flag=0

rem设置Openresty/Nginx的安装目录
set installPath=E:/tool/openresty-1.13.6.2-win32

rem设置Nginx项目的工作目录
set projectPath=C:/dev/refer/LuaDemoProject/src

rem设置项目的配置文件
set PROJECT_CONF=nginx-location-demo.conf
rem set PROJECT_CONF=nginx.conf
```

```
echo installPath: %installPath%
echo project prefix path: %projectPath%
echo config file: %projectPath%/conf/%PROJECT_CONF%
echo openresty starting...

rem查找Openresty/Nginx进程信息，然后设置flag标志位
tasklist|find /i "nginx.exe" > nul
if %errorlevel%==0 (
echo "Openresty/Nginx already running ! "
rem exit /b
) else set flag=1

rem如果需要，则启动Openresty/Nginx
cd /d %installPath%
if %flag%==1 (
start nginx.exe -p "%projectPath%" -c "%projectPath%/conf/%PROJECT_CONF%"
ping localhost -n 2 > nul
)

rem输出Openresty/Nginx的进程信息
tasklist /fi "imagename eq nginx.exe"
tasklist|find /i "nginx.exe" > nul
if %errorlevel%==0 (
echo "Openresty/Nginx  starting  succeeded!"
)
```

使用之前，需要在启动脚本openresty-start.bat中配置好Openresty/Nginx的安装目录、项目的工作目录、项目的配置文件，然后在Windows CMD命令窗口中执行openresty-start.bat启动脚本，即可启动Openresty。

```
PS C:\dev\refer\LuaDemoProject\sh\windows> .\openresty-start.bat
installPath: E:/tool/openresty-1.13.6.2-win32
project prefix path: C:/dev/refer/LuaDemoProject/src
config file: C:/dev/refer/LuaDemoProject/src/conf/nginx-location-demo.conf
openresty starting...
"Openresty/Nginx already running ! "

映像名称                   PID会话名            会话#      内存使用
========================= ======== ================ =========== ============
nginx.exe                  34264 Console              2      9,084 K
nginx.exe                  25912 Console              2      8,992 K
"Openresty/Nginx  starting  succeeded!"
```

上面的.bat批处理文件主要用到的指令如下：

1）rem注释命令：一般用来给程序加上注释，该命令后的内容不被执行。

2）echo显示命令：用于显示信息到终端屏幕。

3）cd目录切换：用于切换当前的目录。

4）tasklist进程列表：用于显示在本地或远程机器上当前运行的进程列表。

除了上面的openresty-start.sh脚本外，本书的配套源码中还提供了3个有用的Openresty操作批处理脚本，具体如下：

1）openresty-stop.bat：用于停止Openresty/Nginx。

2）openresty-status.bat：用于输出Openresty/Nginx的运行状态和进程信息。

3）openresty-restart.bat：用于重启Openresty/Nginx。

从提高效率的维度来说，这些脚本还是非常有用的。大家可从疯狂创客圈社群网盘自行下载、研究学习和定制使用。

8.2 Nginx 的核心原理

本节为大家介绍Nginx的核心原理，包含Reactor反应器模型、Nginx的模块化设计、Nginx的请求处理阶段。

虽然本节的知识有一定的理论深度，但是与另一个著名的Java底层通信框架Netty在原理上有很多相似的地方。如果大家了解Netty原理和Reactor模式，阅读本节将会更加轻松和愉快。

8.2.1 Reactor 反应器模型

Nginx对高并发IO的处理使用了Reactor事件驱动模型。Reactor反应器模型的基本组件包含了事件收集器、事件发送器和事件处理器3个基本单元，其核心思想是将所有要处理的I/O事件注册到一个中心的I/O多路复用器上，同时主线程/进程阻塞在多路复用器上；一旦有I/O事件到来或是准备就绪（文件描述符或socket可读、写），多路复用器返回并将事先注册的相应I/O事件分发到对应的处理器中。

Reactor模式中，事件收集器、事件发送器、事件处理器这3个基本单元的职责分别如下：

1）事件收集器：负责收集Worker进程的各种I/O请求。
2）事件发送器：负责将I/O事件发送到事件处理器。
3）事件处理器：负责各种事件的响应工作。

Nginx的Reactor反应器模型的设计大致如图8-3所示。

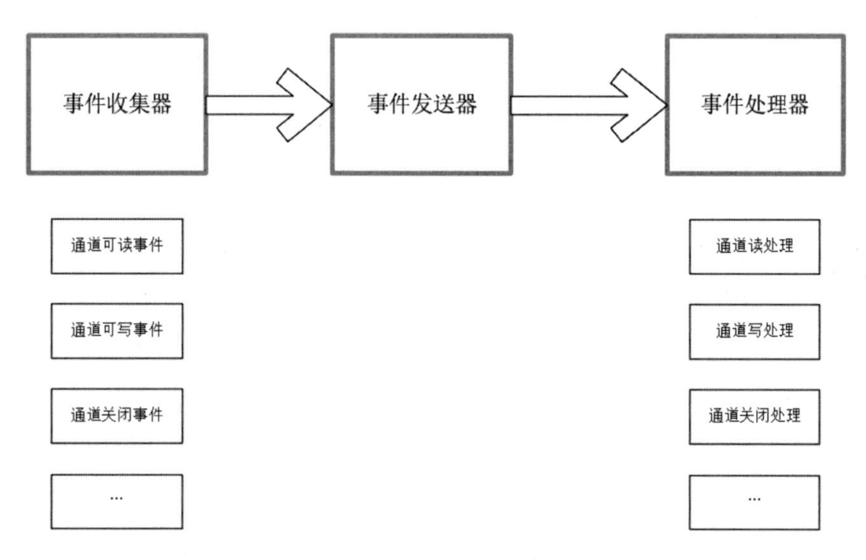

图 8-3 Nginx 的 Reactor 反应器模型的设计

事件收集器将各个连接通道的IO事件放入一个待处理事件列，通过事件发送器发送给对应的事件处理器来处理。而事件收集器之所以能够同时管理上百万连接通道事件，是基于操作系统提供的“多路IO复用”技术，常见的包括select和epoll两种模型。

正是由于Nginx使用了高性能的Reactor模式，因此它是目前并发能力最高的Web服务器之一，成为迄今为止使用最为广泛的工业级Web服务器。当然，Nginx也解决了著名的网络读写的C10K问题。什么是C10K问题呢？网络服务在处理数以万计的客户端连接时，往往效率低下甚至完全瘫痪，这被称为C10K问题。

Reactor模式的知识对于Java工程师来说非常重要，如果对Reactor模式或者其实现了解不够，请参阅本书的姊妹篇《Java高并发核心编程 卷1（加强版）：NIO、Netty、Redis、ZooKeeper》一书。

8.2.2 Nginx 的两类进程

一般来说，Nginx在启动后会以daemon方式在后台运行，其后台进程有两类：一类称为Master进程（相当于管理进程），另一类称为Worker进程（工作进程）。Nginx的进程结构图大致如图8-4所示。

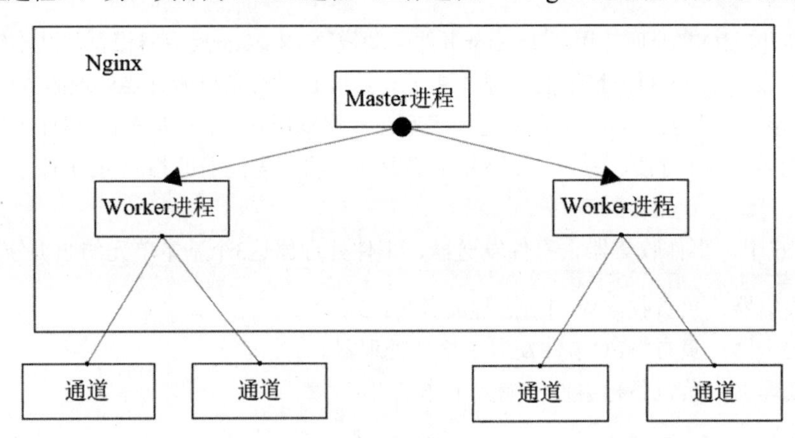

图 8-4 Nginx 的进程结构图

Nginx启动方式有两种：

1）单进程启动：此时系统中仅有一个进程，该进程既充当Master（管理）进程的角色，也充当Worker（工作）进程的角色。

2）多进程启动：此时系统有且仅有一个Master进程，至少有一个Worker进程。

一般来说，单进程模式是用来调试的。在生产环境下一般会配置成多进程模式，并且Worker进程的数量和机器CPU核数配置不是一样多的。

了解Worker进程之前，首先了解一下Master进程的主要工作，主要有以下两点：

1）Master进程主要负责调度Worker进程，比如加载配置、启动工作进程、接收来自外界的信号、向各Worker进程发送信号、监控Worker进程的运行状态等。所以Nginx启动后，我们就能看到至少有两个Nginx进程。

2）Master负责创建监听套接字（Socket），交给Worker进程进行连接监听。

接下来介绍Nginx的Worker进程。

Worker进程主要用来处理网络事件，当一个Worker进程在接收一条连接通道之后，就开始读取请求、解析请求、处理请求，处理完成产生数据后，再返回给客户端，最后才断开连接通道。

各个Worker进程之间是对等且相互独立的，它们同等竞争来自客户端的请求，一个请求只可能在一个Worker进程中处理。这都是典型的Reactor模型中Worker进程（或者线程）的职能。

如果启动了多个Worker进程，则每个Worker子进程独自尝试accept（接受）已连接的套接字监听通道，accept操作默认会上锁，优先使用操作系统的共享内存原子锁，如果操作系统不支持则使用文件上锁。

经过配置，Worker进程的accept操作也可以不使用锁，在多个进程同时accept时，当一个连接进来的时候多个工作进程同时被唤起，会导致惊群问题。而在上锁的场景下，只会有一个Worker阻塞在accept上，其他的进程则因不能获取锁而阻塞，所以上锁的场景不存在惊群问题。

8.2.3 Nginx 的模块化设计

Nginx服务器被分解为多个模块，模块之间严格遵循“高内聚，低耦合”的原则，每个模块都聚焦于一个功能。高度模块化的设计是Nginx的架构基础。

什么是Nginx模块呢？在Nginx的实现中，一个模块包含一系列的命令（cmd）和与这些命令相对应的处理函数（cmd→handler）。Nginx的Worker进程在执行过程中会通过配置文件的配置指令定位到对应的功能模块的某个命令（cmd），然后调用命令对应的处理函数来完成相应的处理。

Nginx的Worker进程首先会调用Nginx的Core核心模块。让我们所知，在Reactor模型中会维护一个运行循环（run-loop），主要包括事件收集、事件分发、事件处理，这个工作在Nginx中由Core核心模块负责。Core模块负责执行网络请求处理的基础操作，比如网络读写、存储读写、内容传输、外出过滤以及将请求发往上游服务器等。

Nginx的Core模块是启动时一定会加载的，其他的模块只有在解析配置时遇到了这个模块的命令才会加载对应的模块。Core模块为其他模块构建了基本的运行时环境，并成为其他模块的协作基础。

除了Core模块外，Nginx还有Event、Conf、Http、Mail等一系列的模块，并且还可以在编译时加入第三方模块。

Nginx的模块结构具体如图8-5所示。

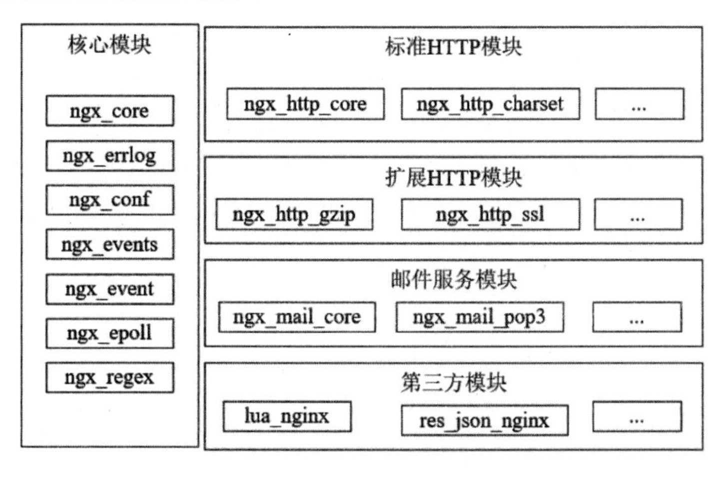

图 8-5 Nginx 的模块结构图

Nginx的主要模块的说明如下：

（1）Core核心模块

Core核心模块是Nginx服务器正常运行必不可少的模块，它提供错误日志记录、配置文件解析、Reactor事件驱动机制、进程管理等核心功能。

（2）标准HTTP模块

标准HTTP模块提供HTTP协议解析相关的功能，比如端口配置、网页编码设置、HTTP响应头设置等。

（3）可选HTTP模块

可选HTTP模块主要用于扩展标准的HTTP功能，让Nginx能处理一些特殊的服务，比如Flash多媒体传输、网络传输压缩、安全协议SSL支持等。

（4）邮件服务模块

邮件服务模块主要用于支持Nginx的邮件服务，包括对POP3协议、IMAP协议和SMTP协议的支持。

（5）第三方模块

第三方模块是为了扩展Nginx服务器的功能而定制的开发者自定义功能，比如JSON支持、Lua支持等。

Nginx的非核心模块可以在编译时按需加入，Nginx的安装编译过程可以参考疯狂创客圈社群博文“Linux平台Openresty安装（图文死磕）”，这里不再赘述。

总之，Nginx通过模块化设计使得大家可以根据需要对功能模块进行适当的选择和修改，编译成具有特定功能的服务器。

8.2.4 Nginx 配置文件上下文结构

前面介绍到，Nginx的功能模块包含一系列的命令（cmd），以及与命令对应的处理函数（cmd→handler）。而Nginx根据配置文件中的配置指令就知道对应到哪个模块的哪个命令，然后调用命令对应的处理函数来处理。

一个Nginx配置文件包含若干配置项，每个配置项由配置指令和指令参数两部分组成，可以简单认为配置项是一个键—值对（Key-Value Pair）。图8-6中有三个简单的Nginx配置项。

Nginx配置文件中的配置指令如果包含空格，则需要用单引号或双引号引起来。指令参数如果是由简单字符串构成，则简单配置项需要以分号结束；指令参数如果是复杂的多行字符串，则配置项需要用花括号（{}）括起来。

Nginx配置项的具体功能与其所处的作用域(上下文、配置块) 是强相关的。Nginx指令的作用域配置块大致有5种，它们之间的层次关系如图8-7所示。

```
25 ....
26   server {
27     listen          80;
28     配置指令        指令参数
29
30
31     server_name  localhost;
32     配置指令        指令参数
33
34
35     access_log  logs/access.log  main;
36     配置指令        指令参数
37
38     location / {
39       root    html;
40       index   index.html index.htm;
41     }
42     ....
43 }
```

图 8-6　三个简单的 Nginx 配置项

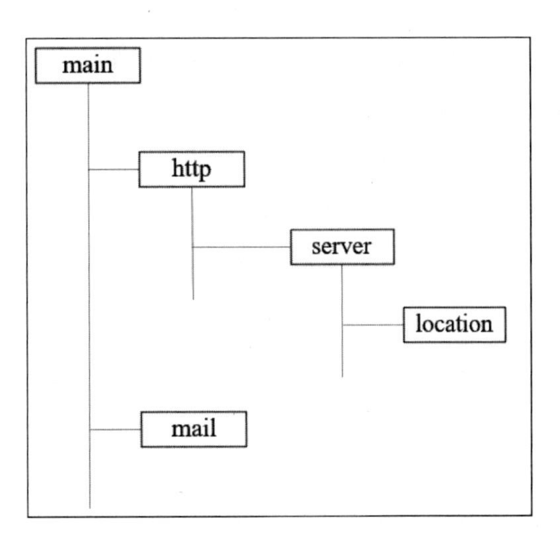

图 8-7　5 种 Nginx 指令的作用和它们之间的层次关系

一个标准的Nginx配置文件大致的上下文结构如下：

```
...  # main全局配置块，例如工作进程数
events {       #events事件处理模式配置块，例如IO读写模式、连接数等
    ...
}
http    # HTTP协议配置块
{
    ...   # HTTP协议的全局配置块
    server  # server虚拟服务器配置块一
    {
      ...   # server全局块
      location [PATTERN]   # location路由规则配置块一
      {
          ...
      }
      location [PATTERN]   # location路由规则配置块二
      {
          ...
      }
    }
   server   # server虚拟服务器配置块二
   {
     ...
   }
   ...      # 其他HTTP协议的全局配置块
}
mail   # mail服务配置块
{
     ... # email相关协议如SMTP/IMAP/POP3的处理配置
}
```

对以上6种作用域（上下文、配置块），大致介绍如下。

1. main 全局配置块

配置影响Nginx全局的指令。一般有运行Nginx服务器的用户组、Nginx进程pid存放路径、日志存放路径、配置文件引入、允许生成的Worker进程数等。

2. events 事件处理模式参数配置块

配置Nginx服务器的IO多路复用模型、客户端的最大连接数限制等。Nginx支持多种IO多路复用模型，可以使用use指令在配置文件中设置IO读写模型。

3. HTTP 协议配置块

可以配置与HTTP协议处理相关的参数，比如keepalive长连接参数、gzip压缩参数、日志输出参数、mime-type参数、连接超时参数等。

4. server 虚拟服务器配置块

配置虚拟主机的相关参数，如主机名称、端口等。一个HTTP协议配置块中可以有多个server虚拟服务器配置块。

5. location 路由规则块

配置客户端请求的路由匹配规则，以及请求过程中的处理流程。一个server虚拟服务器配置块中一般都会有多个location路由规则块。

6. mail 服务配置块

Nginx为email相关协议（如SMTP/IMAP/POP3）提供反向代理时，mail服务配置块负责配置一些相关的配置项。

提示 以上所介绍的Nginx的配置块主要针对的是Nginx基本应用程序配置文件。包括基本配置文件在内，Nginx的常用配置文件大致有下面这些：

1）nginx.conf：应用程序基本配置文件。

2）mime.types：与MIME类型关联的扩展配置文件。

3）fastcgi.conf：与fastcgi相关的配置文件。

4）proxy.conf：与proxy相关的配置文件。

5）sites.conf：单独配置Nginx提供的虚拟主机。

8.2.5 Nginx 的请求处理流程

Nginx中HTTP请求的处理流程可以分为4步：

步骤01 读取解析请求行。

步骤02 读取解析请求头。

步骤03 多阶段处理，也就是执行 handler 处理器列表。

步骤04 将结果返回给客户端。

Nginx中HTTP请求的处理流程具体如图8-8所示。

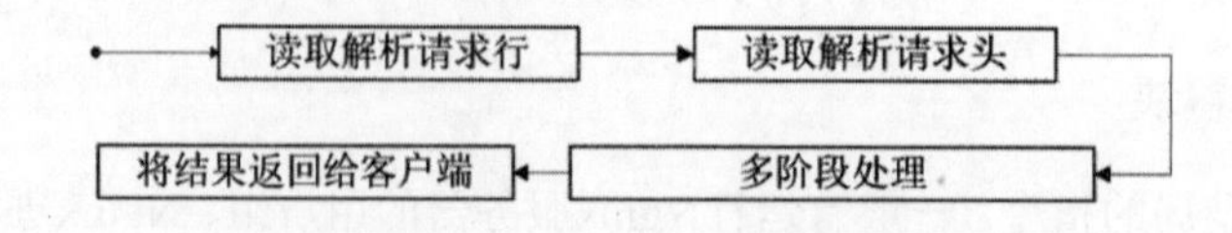

图 8-8 Nginx 中 HTTP 请求的处理流程

多阶段处理是Nginx的HTTP处理流程中最为重要的一步。Nginx把请求处理划分成了11个阶段，在完成了第一步读取请求行和第二步读取请求头之后，Nginx将整个请求封装到了一个请求结构体ngx_http_request_t实例中（相当于Java中的一个请求对象），然后进入第三步多阶段处理，也就是执行handler处理器列表。列表中的每个handler处理器都会对请求对象进行处理，例如重写URI、权限控制、路径查找、生成内容以及记录日志等。

在《Java高并发核心编程 卷1（加强版）：NIO、Netty、Redis、ZooKeeper》一书中，笔者深入剖析了Netty的业务处理器流水线。Netty将所有的业务处理器装配成一条处理器的流水线（pipeline）。Nginx也将HTTP请求处理流程分成了11个阶段，每个阶段都涉及一些handler处理器。HTTP请求到来时，这些组装在一个列表的handler处理器会按组装的先后次序执行。这一点和Netty的流水线在原理上是类同的。

在Nginx进行多阶段处理时，11个阶段中所涉及的handler处理器的执行次序除了和配置文件中的对应指令的配置顺序次序有关外，还和指令所处的阶段的先后次序相关。

Nginx请求处理的11个阶段以及阶段与阶段之间的执行次序如图8-9所示。

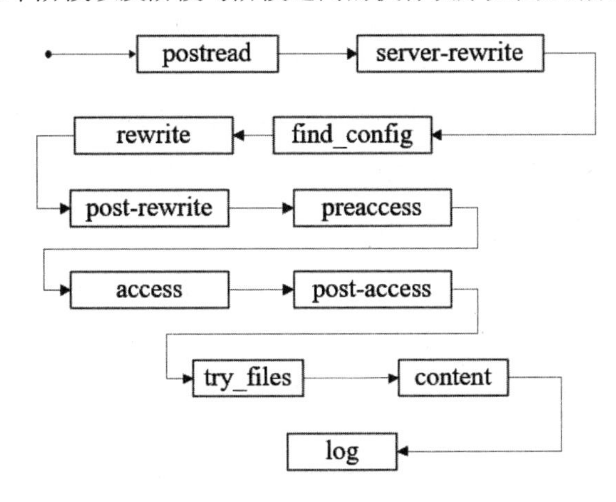

图 8-9 Nginx 请求处理的 11 个阶段

对HTTP请求进行多阶段处理是Nginx模块化非常关键和非常重要的功能，第三方模块的处理器都在多阶段处理注册，例如：

1）用MemCache进行页面缓存的第三方模块。

2）用Redis集群进行页面缓存的第三方模块。

3）执行Lua脚本的第三方模块。

8.2.6 HTTP 请求处理的 11 个阶段

Nginx请求处理的11个阶段的具体介绍如下：

1. post-read 阶段

在完成了第一步读取请求行和第二步读取请求头之后就进入多处理阶段，首当其冲的就是post-read阶段。注册在post-read阶段的处理器不多，标准模块的ngx_realip处理器就注册在这个阶段。ngx_realip处理器模块的用途是改写请求的来源地址。

为何要改写请求的来源地址呢？

当Nginx处理的请求经过了某个正向代理服务器（Nginx、CDN）的转发后，请求中的IP地址（$remote_addr）可能就不是客户端的真实IP了，变成了下游代理服务器的IP。如何获取用户请求的真实IP地址呢？解决办法之一：在下游的正向代理服务器中把请求的原始来源地址编码成某个特殊的HTTP请求头，在Nginx中把这个请求头中编码的地址恢复出来，然后传给Nginx自己后头的上游服务器。ngx_realip模块正是用来处理这个需求的。

下面有一个简单的例子，假定前头的正向代理服务器能将客户端IP编码成某个特殊的HTTP请求头（如X-My-IP），Nginx就可以通过ngx_realip模块的real_ip_header指令取出X-My-IP请求头的IP，作为请求中的IP地址（$remote_addr）。

```
server {
        listen 8080;
        set_real_ip_from 192.168.0.100;
        real_ip_header  X-My-IP;
        location /test {
            echo "from: $remote_addr ";
        }
    }
```

这里的配置是让Nginx把来自正向代理服务器192.168.0.100的所有请求的IP来源地址都改写为请求头X-My-IP所指定的值，放在$remote_addr内置标准变量中。

2. server-rewrite 阶段

server-rewrite阶段，简单的翻译就是server块中的请求地址重写阶段。在进行请求URI与location路由规则匹配之前，可以修改请求的URI地址。

大部分直接配置在server配置块中的配置项都运行在server-rewrite阶段。

```
server {
        listen 8080;
        set $a hello;  # server-rewrite阶段运行
        location /test {
            set $b "$a, world";
            echo $b;
        }
        set $b hello;  # server-rewrite阶段运行
    }
```

其中，两个变量赋值的配置项set $a hello和set $a hello直接写在server配置块中，因此它们就运行在server-rewrite阶段。

3. find-config

紧接在server-rewrite阶段后面的是find-config阶段，也叫配置查找阶段，主要功能是根据请求URL地址去匹配location路由表达式。

find-config阶段由Nginx HTTP Core（ngx_http_core_module）模块全部负责，完成当前请求URL与location配置块之间的配对工作。这个阶段不支持Nginx模块注册处理程序。

在find-config阶段之前，客户端请求并没有与任何location配置块相关联。因此，对于运行在此之前的post-read和server-rewrite阶段来说，只有server配置块以及更外层作用域中的配置项才会起作用，location配置块中的配置项不起作用。

4. rewrite

由于Nginx已经在find-config阶段完成了当前请求与location的匹配，所以从rewrite阶段开始，location配置块中的指令就起作用了。

rewrite阶段也叫请求地址重写阶段，可以注册在rewrite阶段的指令首先是ngx_rewrite模块的指令，比如break、if、return、rewrite、set等。其次，第三方ngx_lua模块中的set_by_lua指令和rewrite_by_lua指令也可以在此阶段注册。

5. post-rewrite

请求地址URI重写提交（post）阶段，防止递归修改URI造成死循环（一个请求执行10次就会被Nginx认定为死循环），该阶段只能由Nginx HTTP Core（ngx_http_core_module）模块实现。

6. preaccess

访问权限检查准备阶段，控制访问频率的ngx_limit_req模块和限制并发度的ngx_limit_zone模块的相关指令就注册在此阶段。

7. access

访问权限检查阶段，配置指令多用于执行访问控制类型的任务，比如检查用户的访问权限、检查用户的来源IP地址是否合法等。在此阶段能注册的指令有：HTTP标准模块ngx_http_access_module的指令、第三方ngx_auth_request模块的指令、第三方ngx_lua模块的access_by_lua指令等。

比如，deny和allow指令属于ngx_http_access_module模块，它的使用示例如下：

```
server {
    #...
    #拒绝全部
    location = /denyall {
      deny all;
    }

    # 允许来源IP属于192.168.0.0/24网段或127.0.0.1的请求
    # 其他来源IP全部拒绝
    location = /allowsome {
      allow 192.168.0.0/24;
      allow 127.0.0.1;
      deny  all;
      echo "you are ok";
    }
#...
  }
```

如果同一个location块配置了多个allow/deny配置项，由于access阶段的配置项之间是按顺序匹配的，则匹配成功一个便跳出。上面的例子中，如果客户端源IP是127.0.0.1，则能匹配到“allow 127.0.0.1;”配置项后便跳出不再继续匹配后面的，也就是说该请求不会被拒绝。

特别提醒：echo指令用于返回内容，在location上下文中该指令注册在content生产阶段。由于echo指令不是注册在access阶段，因此在access阶段该指令的配置项不执行。

8. post-access

访问权限检查提交阶段。如果请求不被允许访问Nginx服务器，该阶段负责向用户返回错误响应。在access阶段可能存在多个访问控制模块的指令注册，post-access阶段的satisfy配置指令可以用于控制它们彼此之间的协作方式。下面是一个简单的实例：

```
#satisfy指令进行协调
location = /satisfy-demo {
  satisfy any;
  access_by_lua "ngx.exit(ngx.OK)";
  deny  all;
  echo "you are ok";
}
```

在上面的例子中，deny指令属于HTTP标准模块ngx_http_access_module访问控制模块，而access_by_lua指令属于第三方ngx_lua模块，两个模块都有自己的计算结果，需要经过最终的结果统一。

不同的访问控制模块的计算结果的统一工作，这里由satisfy指令负责，有两种统一的方式：

1）“逻辑或”操作：具体的配置项为“satisfy any;”，表示访问控制模块A、B、C或更多，只要其中任意一个通过验证就算通过。

2）“逻辑与”操作：具体的配置项为“satisfy all;”，表示访问控制模块A、B、C或更多，全部模块都通过验证才能最终通过。

9. try-files

如果HTTP请求访问静态文件资源，try_files配置项可以使这个请求顺序地访问多个静态文件资源，直到某个静态文件资源符合选取条件。这个阶段只有一个标准配置指令try_files，并不支持Nginx模块注册处理程序。

try_files指令接收两个以上任意数量的参数，每个参数都指定了一个URI，则Nginx会在try-files阶段依次把前N－1个参数映射为文件系统上的对象（文件或者目录），然后检查这些对象是否存在。一旦Nginx发现某个文件系统对象存在，则查找成功，就会在try-files阶段把当前请求的URI改写为该对象所对应的参数URI（但不会包含末尾的斜杠字符，也不会发生 “内部跳转”）。如果前N－1个参数所对应的文件系统对象都不存在，则try-files阶段就会立即发起“内部跳转”，跳转到最后一个参数（第N个参数）所指定的URI。

下面是一个简单的实例：

```
root /var/www/;  # root指令把“查找文件的根目录”配置为 /var/www/
location = /try_files-demo {
  try_files  /foo  /bar  /last;
}

#对应到前面try_files的最后一个URI
location /last {
  echo "uri: $uri ";
}
}
```

这里try_files会在文件系统中查找前两个参数对应的文件/var/www/foo和/var/www/bar所对应的文件是否存在。如果不存在，则Nginx会在try-files阶段发起到最后一个参数所指定的URI（即/last）的“内部跳转”，如图8-10所示。

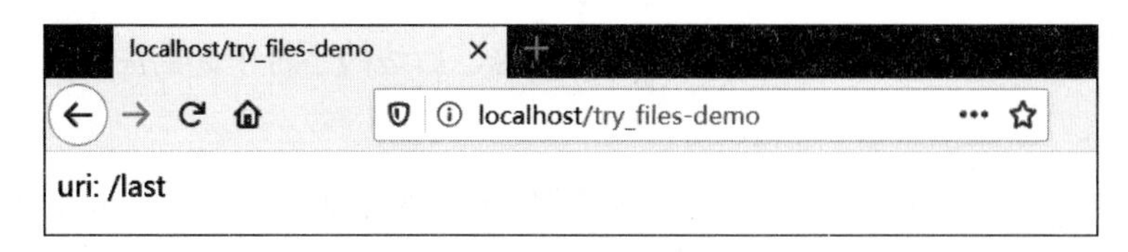

图 8-10 内部跳转

10. content

大部分HTTP模块会介入content（内容产生）阶段，该阶段是所有请求处理阶段中的重要阶段。Nginx的echo指令、第三方ngx_lua模块的content_by_lua指令都注册在此阶段。

这里要注意的是，每一个location只能有一个“内容处理程序”，因此，当在location中同时使用多个模块的content阶段指令时，只有其中一个模块能成功注册成为“内容处理器”。例如echo和content_by_lua同时注册，最终只会有一个生效，但具体哪一个生效，结果是不稳定的。

11. log

日志模块处理阶段记录日志。

最后，总结如下：

1）Nginx将一个HTTP请求分为11个处理阶段，这样做让每个HTTP模块可以只专注于完成一个独立、简单的功能。而一个请求的完整处理过程由多个HTTP模块共同合作完成，可以极大地提高多个模块合作的协同性、可测试性和可扩展性。

2）Nginx请求处理的11个阶段中，有些阶段是必备的，有些阶段是可选的，各个阶段可以允许多个模块的指令同时注册。但是，find-config、post_rewrite、post_access、try_files这四个阶段是不允许其他模块的处理指令注册的，它们仅注册了HTTP框架自身实现的那几个固定的方法。

3）同一个阶段内的指令，Nginx会按照各个指令的上下文顺序执行对应的handler处理器方法。

8.3 Nginx的基础配置

本节介绍一下Nginx的基础配置，包括事件模型配置、虚拟主机配置、错误页面配置、长连接配置、访问日志配置等。然后，本节还会介绍在配置过程中可能会用到的Nginx内置变量。

8.3.1 events事件驱动配置

一个典型的events事件模型配置块的示例如下：

```
events {
  use epoll;                    #使用epoll类型IO多路复用模型
  worker_connections 204800;    # 最大连接数限制为20万
accept_mutex on;                # 各个Worker通过锁来获取新连接
}
```

（1）worker_connections指令

worker_connections指令用于配置每个Worker进程能够打开的最大并发连接数量。指令参数为连接数的上限。

顺便说一下，配置文件中的符号“#”是注释符号，后边的字符串起到注释说明的作用。

（2）use指令

use指令用于配置IO多路复用模型，有多种模型可配，常用的有select和epoll两种。

Linux系统下select类型IO多路复用模型有两个较大的缺陷。缺陷之一：单服务进程并发数不够，默认最大的客户端连接数为1024/2048。因为Linux系统一个进程所打开的FD文件描述符是有限制的，由FD_SETSIZE设置，默认值是1024/2048，因此select模型的最大并发数就被相应限制了。缺陷之二：性能问题，每次IO事件查询都会线性扫描全部的FD集合，连接数越大，性能就会线性下降。总之，select类型IO多路复用模型，性能是不高的。

使用Nginx的目标之一是为了高性能和高并发。所以，在Linux系统下建议使用epoll类型的IO多路复用模型。epoll模型在Linux 2.6内核中实现，是select系统调用的增强版本。epoll模型中有专门的IO就绪队列，不再像select模型一样进行全体连接扫描，时间复杂度从select模型的O(n)下降到了O(1)。在IO事件的查询效率上，无论上百万连接还是数十个连接，对于epoll模型而言差距是不大的；而对select模型而言，效率的差距就非常巨大了。

select、epoll都是常见的IO多路复用模型。本质上都是查询多个FD描述符，一旦某个描述符的IO事件就绪（一般是读就绪或者写就绪），就进行相应的读写操作，而且都是在读写事件就绪后应用程序自己负责进行读写。所以，select、epoll本质上都是同步I/O，因为它们的读写过程是阻塞的。虽然不是异步I/O，但是通过合理的设计，epoll类型的IO多路复用模型的性能还是非常高，足以应对目前的高并发处理要求。

关于IO多路复用模型以及高性能IO处理的原理的深入介绍、详细的使用分析，可参见本书姊妹篇《Java高并发核心编程 卷1（加强版）：NIO、Netty、Redis、ZooKeeper》一书。

如果没有配置IO多路复用模型，在Windows平台下，Nginx默认的IO多路复用模型为select。这一点可以通过设置errors_log的日志级别为debug，打开日志文件可以看出来，具体如下：

```
... [notice] 3928#18648:  using the "select" event method
... [notice] 3928#18648:  openresty/1.13.6.2
```

至于Nginx在Linux平台上的默认事件驱动模型，大家可按照统一的方法自行实验。

（3）accept_mutex指令

accept_mutex指令用于配置各个Worker进程是否通过互斥锁有序接收新的连接请求。on参数表示各个Worker通过互斥锁有序接收新请求；off参数表示每个新请求到达时通知（唤醒）所有的Worker进程参与争抢，但只有一个进程可获得连接。

配置off参数会造成“惊群”问题影响性能。accept_mutex指令的参数默认为on。

8.3.2 虚拟主机配置

配置虚拟主机可使用server指令。虚拟主机的基础配置包含套接字配置、虚拟主机名称配置等。

1. 虚拟主机的监听套接字配置

虚拟主机的监听套接字配置使用listen指令，具体的配置有多种形式，分别说明如下：

（1）使用listen指令，直接配置监听端口

```
server {
listen 80;
...
}
```

（2）使用listen指令，配置监听的IP和端口

```
server {
listen 127.0.0.1:80;
...
}
```

2. 虚拟主机名称配置

虚拟主机的名称配置可使用server_name指令。基于微服务架构的分布式平台会有很多类型的服务，比如文件服务、后台服务、基础服务等。很多情况下，可以通过域名前缀的方式进行URL路径区分，演示实例如下：

```
#后台管理服务虚拟主机demo
 server {
   listen      80;
   server_name  admin.crazydemo.com;  #后台管理服务的域名前缀为admin
   location / {
     default_type 'text/html';
     charset utf-8;
     echo "this is admin server";
   }
  }
 #文件服务虚拟主机demo
  server {
   listen  80;
   server_name  file.crazydemo.com;  #文件服务的域名前缀为admin
   location / {
     default_type 'text/html';
     charset utf-8;
     echo "this is file server";
   }
  }
 #默认服务虚拟主机demo
  server {
   listen  80  default;
   server_name  crazydemo.com  *.crazydemo.com;  #如果没有前缀，则是默认访问的虚拟主机
   location / {
     default_type 'text/html';
     charset utf-8;
     echo "this is defalut server";
   }
   ...
  }
```

当然，客户端需要通过域名服务器或者本地的hosts文件解析出域名所对应的服务器IP，HTTP请求才能最终到达Nginx服务器。故为了访问上面配置的三个虚拟主机，修改一下Windows系统本地的hosts文件，加上以下几条映射规则：

```
127.0.0.1  crazydemo.com           #基础服务域名
127.0.0.1  file.crazydemo.com      #文件服务域名
```

```
127.0.0.1  admin.crazydemo.com        #后台管理服务域名
127.0.0.1  xxx.crazydemo.com          #...
```

重启Nginx，在浏览器中访问http://admin.crazydemo.com/，返回的内容如图8-11所示。

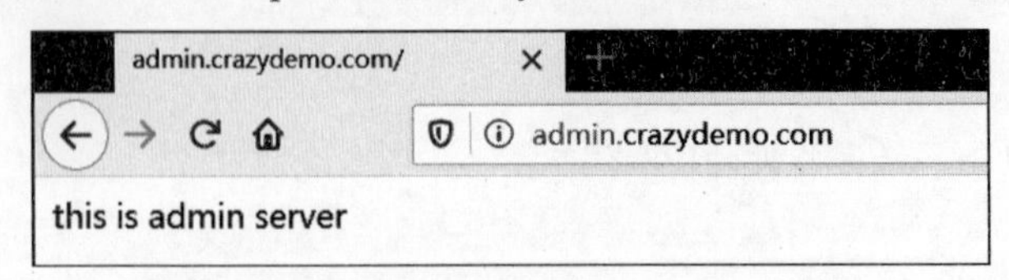

图 8-11　多个虚拟主机配置之后的访问结果

多个虚拟主机之间，匹配优先级从高到低大致如下：

（1）字符串精确匹配

如果请求的域名为admin.crazydemo.com，那么首先会匹配到名称为admin.crazydemo.com的虚拟管理主机。

（2）左侧*通配符匹配

如果浏览器请求的域名为xxx.crazydemo.com，则会匹配到*.crazydemo.com虚拟主机。为啥呢？因为配置文件中并没有server_name为xxx.crazydemo.com的主机，所以名称为 *.crazydemo.com的虚拟主机按照通配符规则匹配成功。

（3）右侧*通配符匹配

右侧*通配符和左侧*通配符匹配类似，只不过其优先级低于左侧*通配符匹配。

（4）正则表达式匹配

和通配符匹配类似，不过优先级更低。

（5）default_server

在listen指令后面如果带有default的指令参数，则代表这是默认的、最后兜底的虚拟主机，如果前面的匹配规则都没有命中，则只能命中default_server默认主机。

8.3.3　错误页面配置

错误页面的配置指令为error_page，格式如下：

```
error_page code ... [=[response]] uri;
```

例如，下面例子分别为404、500等错误码——设置错误页面，具体如下：

```
#后台管理服务器demo
server {
  listen      80;
  server_name  admin.crazydemo.com;
  root /var/www/;

  location / {
    default_type 'text/html';
    charset utf-8;
    echo "this is admin server";
  }
```

```
    # 设置错误页面
    error_page  404  /404.html;
    # 设置错误页面
    error_page  500 502 503 504  /50x.html;
  }
```

为了防止404页面被劫持，也就是被前面的代理服务器换掉，可以修改一下响应状态码，参考如下：

```
error_page  404  =200  /404.html    #防止404页面被劫持
```

error_page指令除了可用于server上下文外，还可用于http、server、location、if in location等上下文。

8.3.4 长连接相关配置

配置长连接的有效时长可使用keepalive_timeout指令，格式为：

```
keepalive_timeout timeout [header_timeout];
```

配置项中的timeout参数用于设置保持连接超时时长，0表示禁止长连接，默认为75秒。

如果要配置长连接的一条连接允许的最大请求数，那么可以使用keepalive_requests指令，格式为：

```
keepalive_requests  number;
```

配置项中的number参数用于设置在一条长连接上允许被请求的资源的最大数量，默认为100。

如果要配置向客户端发送响应报文的超时限制，那么可以使用下面的指令：

```
send_timeout time;
```

配置项中的time参数用于设置向客户端发送响应报文的超时限制，此处时长是指两次向客户端写操作之间的间隔时长，并非整个响应过程的传输时长。

8.3.5 访问日志配置

Nginx将客户端的访问日志信息记录到指定的日志文件中，供后期进行用户的浏览行为分析等，此功能由ngx_http_log_module模块负责，其指令在HTTP处理流程的log阶段执行。

访问记录配置指令的完整格式为：

```
access_log  path  [format  [buffer=size]  [gzip[=level]]  [flush=time]  [if=conditio
n]];
```

其中，path表示日志文件的本地路径，format表示日志输出的格式名称。定义日志输出格式的配置指令为log_format，其完整格式为：

```
log_format  name  string  ...;
```

其中，name参数用于指定格式名称，string参数用于设置格式字符串，可以有多个，字符串中可以使用Nginx核心模块及其他模块的内置变量。

下面是一个比较完整的例子：

```
http {
  # 先定义日志格式，format_main是日志格式的名字
  log_format  format_main  '$remote_addr - $remote_user [$time_local] $request - '
            ' $status - $body_bytes_sent [$http_referer] '
            '[$http_user_agent] [$http_x_forwarded_for]';

  # 配置日志文件、访问日志格式
  access_log  logs/access_main.log  format_main;
    ...
}
```

修改配置后，需要重启Nginx。然后在浏览器中访问http://crazydemo.com/demo/hello，在access_main.log文件中可以看到一条新增的日志记录：

```
127.0.0.1 - - [12/Jan/2020:18:32:28 +0800] GET /demo/hello HTTP/1.1 - 200 - 32 [-]
[Mozilla/5.0 (Windows NT 10.0; Win64; x64; rv:72.0) Gecko/20100101 Firefox/72.0] [-]
```

接下来，对以上实例中所有用到的Nginx的内置变量进行简单说明，具体如下：

1）$request：记录用户的HTTP请求的起始行信息。

2）$status：记录HTTP状态码，即请求返回的状态，例如200、404、502等。

3）$remote_addr：记录访问网站的客户端地址。

4）$remote_user：记录远程客户端用户名称。

5）$time_local：记录访问时间与时区。

6）$body_bytes_sent：记录服务器发送给客户端的响应体的字节数。

7）$http_referer：记录此次请求是从哪个链接访问过来的，可以据此进行盗链的监测。

8）$http_user_agent：记录客户端访问信息，如浏览器、手机客户端等。

9）$http_x_forwarded_for：当前端有正向代理服务器时，此参数保持了客户端的真实IP地址。该参数生效的前提是前端的代理服务器也进行了相关的x_forwarded_for设置。

8.3.6 Nginx 核心模块内置变量

Nginx核心模块ngx_http_core_module中定义了一系列存储HTTP请求信息的变量，例如$http_user_agent, $http_cookie等。这些内置变量在Nginx配置过程中使用较多，故对它们做一些介绍，具体如下：

1）$arg_PARAMETER：请求URL中以PARAMETER为名称的参数值。请求参数即URL的“?”后面的name=value形式的参数对，$arg_name得到的值为value。

另外，$arg_PARAMETER中的参数名称不区分字母大小写，$arg_name不仅可以匹配name参数，也可以匹配NAME、Name请求参数，Nginx会在匹配参数名之前自动把原始请求中的参数名调整为全部小写的形式。

2）$args：请求URL中的整个参数串，其作用与$query_string相同。

3）$binary_remote_addr：二进制形式的客户端地址。

4）$body_bytes_sent：传输给客户端的字节数，响应头不计算在内。

5）$bytes_sent：传输给客户端的字节数，包括响应头和响应体。

6）$content_length：等同于$http_content_length，用于获取请求体的大小。指的是Nginx从客户端收到的请求头中Content-Length字段的值，不是发送给客户端响应中的Content-Length字段的值，

如果需要获取响应中的Content-Length字段的值，可使用$sent_http_content_length变量。

7）$request_length：请求的字节数（包括请求行、请求头和请求体）。注意，由于$request_length是在请求解析过程中不断累加的，如果解析请求时出现异常，则$request_length只是已经累加部分的长度，并不是Nginx从客户端收到的完整请求的总字节数（包括请求行、请求头、请求体）。

8）$connection：TCP连接的序列号。

9）$connection_requests：TCP连接当前的请求数量。

10）$content_type：请求中的Content-Type请求头的字段值。

11）$cookie_name：请求中名称name的Cookie值。

12）$document_root：当前请求的文档根目录或别名。

13）$uri：当前请求中的URI（不带请求参数，参数位于$args变量）。$uri变量值不包含主机名，例如“/foo/bar.html”。此参数可以修改，也可以通过内部重定向。

14）$request_uri：包含客户端请求参数的原始URI，不包含主机名，此参数不可以修改，例如“/foo/bar.html? name=value”。

15）$host：请求的主机名。优先级为HTTP请求行的主机名 >HOST请求头字段> 符合请求的服务器名。

16）$http_name：名称为name的请求头的值。如果实际请求头name中包含中画线（-），那么需要将中画线（-）替换为下画线（_）；如果实际请求头name中包含大写字母，则可以替换为小写字母。如获取Accept-Language请求头的值，变量名称为$http_accept_language。

17）$msec：当前的Unix时间戳。Unix时间戳是从1970年1月1日（UTC/GMT的午夜）开始所经过的秒数，不考虑闰秒。

18）$nginx_version：获取Nginx版本。

19）$pid：获取Worker进程的PID。

20）$proxy_protocol_addr：代理访问服务器的客户端地址，如果是直接访问，则该值为空字符串。

21）$realpath_root：当前请求的文档根目录或别名的真实路径，会将所有符号连接转换为真实路径。

22）$remote_addr：客户端请求地址。

23）$remote_port：客户端请求端口。

24）$request_body：客户端的请求主体。此变量可在location中使用，将请求主体通过proxy_pass、fastcgi_pass、uwsgi_pass和scgi_pass传递给下一级的代理服务器。

25）$request_completion：如果请求成功，则值为“OK”；如果请求未完成或者请求不是一个范围请求的最后一部分，则为空。

26）$request_filename：当前请求的文件路径，由root或alias指令与URI请求结合生成。

27）$request_length：请求的长度，包括请求的地址、HTTP请求头和请求主体。

28）$request_method：HTTP请求方法，比如GET或POST等。

29）$request_time：处理客户端请求使用的时间，从读取客户端的第一个字节开始计时。

30）$scheme：请求使用的Web协议，如http或https。

31）$sent_http_name：设置任意名称为name的HTTP响应头字段。如需要设置响应头Content-length，那么将“-”替换为下画线，大写字母替换为小写，变量为$sent_http_content_length。

32）$server_addr：服务器端地址为了避免访问操作系统内核，应将IP地址提前设置在配置文件中。

33）$server_name：虚拟主机的服务器名，如crazydemo.com。

34）$server_port：虚拟主机的服务器端口。

35）$server_protocol：服务器的HTTP版本，通常为“HTTP/1.0”或“HTTP/1.1”。

36）$status：HTTP响应代码。

8.4 location 路由规则配置详解

location路由匹配发生在HTTP请求处理的find-config配置查找阶段，主要功能是根据请求的URI地址去匹配location路由表达式，如果匹配成功，则执行location后面的上下文配置块。

本节实战案例说明：本节的配置实例处于源码工程的nginx-location-demo.conf配置文件中。运行本节实例前，需要修改openresty-start.bat（或openresty-start.sh）脚本中的PROJECT_CONF配置文件变量的值，将其改为nginx-location-demo.conf，然后重启OpenRestry/Nginx。

8.4.1 location 语法详解

Nginx配置文件中，location配置项的语法格式为：

```
location  [=|~|~*|^~]  模式字符串  {
 ...
}
```

按照匹配的符号的不同，主要分成精准匹配、普通匹配、正则匹配、默认根路径匹配。下面逐一进行介绍。

1. 精准匹配

精准匹配的符号标记为“=”，下面是一个简单的精准匹配location的例子。

```
    #精准匹配
    location = /lua {
     echo  "hit location: =/Lua";
}
```

如果请求URI和精准匹配的模式字符串/lua完全相同，则精准匹配通过。在所有的匹配类型中，精准匹配的优先级最高。

运行本书的配套案例，在同时存在多个/lua匹配模式的location的情况下，在浏览器中给Nginx发送http://localhost/lua的请求地址，输出的是精准匹配的结果，如图8-12所示。

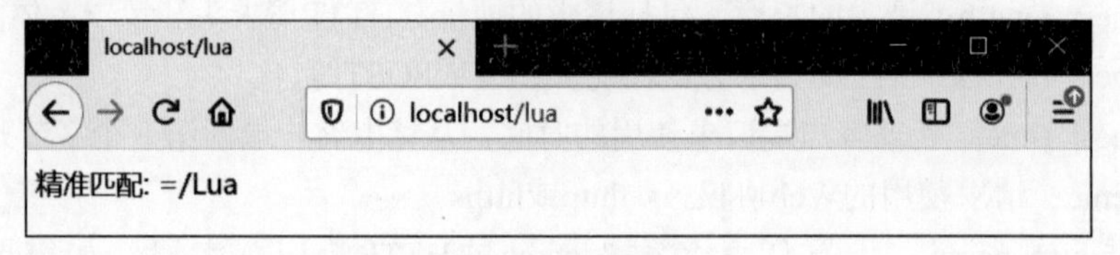

图 8-12　输出精准匹配

2. 普通匹配

普通匹配的类型标记为“^~”，下面是一个简单的普通匹配location的例子。

```
location ^~ /lua {
  echo "hit location: ^~ /lua";
}
```

普通匹配属于字符串前缀匹配，详细来说，如果请求路径URI头部匹配到location的模式字符串，即为匹配成功。如果匹配到多个的前缀，则最长前缀模式匹配优先。

在本书配套实例中配置了以下两个普通匹配类型的location，具体如下：

```
#普通匹配一
location ^~ /lua {
      echo "普通匹配： ^~ /lua";
}
#普通匹配二，长一点
 location ^~ /lua/long {
  echo "普通匹配： ^~ /lua/long";
}
```

在浏览器中给Nginx发送http://localhost/lua/long/path的请求地址，输出了普通匹配location的结果，如图8-13所示。

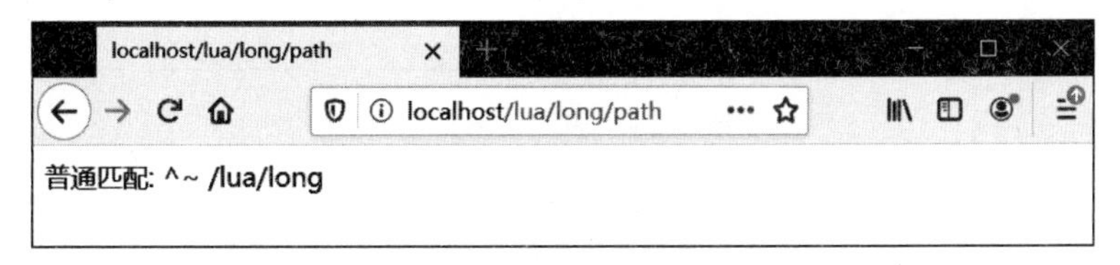

图 8-13　输出普通匹配

注意　普通匹配是前缀匹配，也是Nginx默认的匹配类型。也就是说，类型符号^~可以省略，如果location没有任何的匹配类型，则为普通的前缀匹配。

为了对以上结论进行论证，在这里举个例子，在配置文件中配置两个同样字符串模式的location，一个不带类型符号，一个带“^~”符号，具体如下：

```
#不带类型符号，默认为普通匹配
location  /demo {
      echo "hit location: /demo ";
}
#带^~符号，普通匹配
location ^~ /demo {
      echo "hit location: ^~ /demo";
}
```

重启Nginx的脚本openresty-restart.bat，发现Nginx不能启动，查看error.log错误日志，报错信息如下：

```
    ... 17:33:39 [emerg] 18760#25944: duplicate location "/demo"
in .../nginx-location-demo.conf:115
```

从错误信息可以看出，配置文件中有两个重复的location配置。

3. 正则匹配

正则匹配的类型按照类型符号的不同可以细分为以下四种：

1）~：标准正则匹配，区分字母大小写进行正则表达式测试，如果测试成功，则匹配成功。
2）~*：不区分字母大小写，进行正则表达式匹配，测试成功，则匹配成功。
3）!~ ：区分字母大小写，进行正则表达式测试，如果测试不成功，则匹配成功。
4）!~* ：不区分字母大小写，进行正则表达式测试，如果测试不成功，则匹配成功。

下面是一个正则匹配的例子，可以匹配以hello.php或hello.asp结尾的URL请求。

```
#正则匹配
location  ~*  hello\.(asp|php)$  {
  echo   "正则匹配: hello.(asp|php)$ ";
}
```

在浏览器中给Nginx发送http：//localhost/1/2/hellp.php的请求地址，输出的请求结果如图8-14所示。

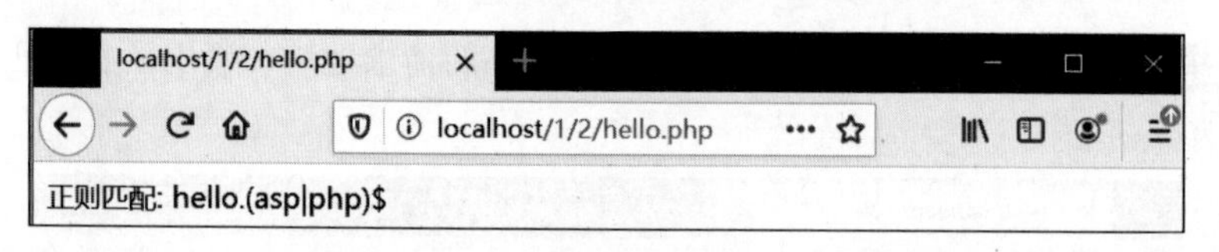

图 8-14　输出请求结果

如果配置文件中存在多个正则匹配location，则它们之间的规则是顺序优先，只要匹配到第一个正则类型的location，就停止后面的正则类型的location测试。

例如，这里有两个正则匹配的location规则：\.(do|jsp)$和hello\.(do|jsp)$，具体如下：

```
#正则匹配类型
location  ~*  \.(do|jsp)$ {
     echo  "正则匹配: .(do|jsp)$ ";
   }
   #正则匹配类型
   location  ~*  hello\.(do|jsp)$ {
     echo  "正则匹配: hello.(do|jsp)$ ";
}
```

在浏览器中给Nginx发送 http://localhost/1/2/hellp.do 的请求地址，输出的结果是由配置在前面的location输出的，如图8-15所示。

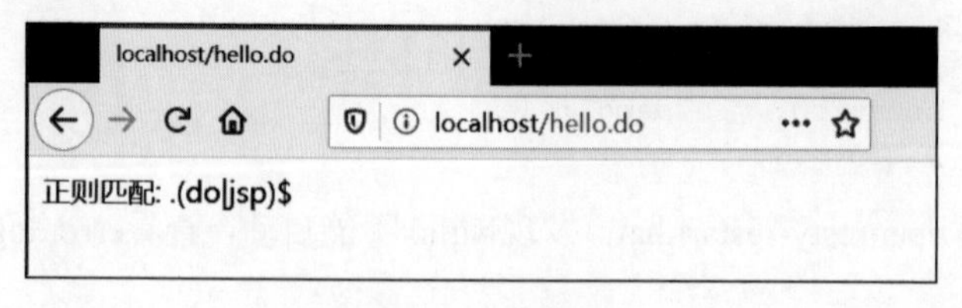

图 8-15　输出结果

4. 默认根路径匹配

根路径的路径规则就是单个“/”符号，示例如下：

```
location / {
  echo "默认根路径匹配: /";
}
```

通过浏览器随便访问一个地址，如http://localhost/foo，使之不能匹配到其他的location，只能匹配到"/"根路径，返回的结果如图8-16所示。

图 8-16　返回的结果

表面看上去，location / {…}根路径匹配非常类似普通匹配，但实际上该规则确实是自成一类，虽然只有唯一的一个路径，此类规则优先级也是最低的。

最后总结一下4种location之间的匹配次序，大致如下：

1）类型之间的优先级：精准匹配>普通匹配>正则匹配>"/"默认根路径匹配。

2）普通匹配同类型location之间的优先级：最长前缀优先。普通匹配的优先级与location在配置文件中所处的先后顺序无关，而与匹配到的前缀长度有关。

3）正则匹配同类型location之间的优先级为顺序优先。只要匹配到第一个正则规则的location，就停止后面的正则规则的测试。正则匹配与location规则定义在配置文件中的先后顺序强相关。

8.4.2　常用的 location 路由配置

第一个应该配置的是"/"根路由规则。"/"根路由规则可以路由到一个静态首页：

```
location / {
     root   html;
     index  index.html index.htm;
}
```

表示在请求URI匹配到"/"根规则时，首先Nginx会在html目录下查找index.html文件，如果没有找到，就查找index.htm文件，将找到的文件内容返回给客户端。

"/"根路由规则也可以路由到一个访问很频繁的上游服务器，比方说Spring Cloud微服务架构中的服务网关：

```
 location / {
     proxy_pass http://127.0.0.1:7799/ ;
}
```

这里的127.0.0.1:7799假定为Zuul网关的IP和端口，当请求匹配到"/"根路由规则时，将直接转发给上游Zuul应用网关服务器。

第二个应该配置的是静态文件路由规则。对静态文件请求进行响应，这是Nginx作为HTTP服务器的强项。静态文件匹配规则有两种配置方式：目录匹配（前缀匹配）或后缀匹配（正则匹配），可以任选其一，也可以搭配使用。

目录匹配（前缀匹配）配置实例如下：

```
root  /www/resources/static/;
 #前缀匹配
```

```
location ^~  /static/ {
   root  /www/resources/;
}
```

所有的匹配/static/...规则的静态资源请求（如/static/img/1.png）都将路由到root指令所配置的文件目录/www/resources/static/下对应的某个文件（如/www/resources/static/img/1.png）。

后缀匹配（正则匹配）配置实例如下：

```
location ~* \.(gif|jpg|jpeg|png|css|js|ico)${
   root /www/resources/;
}
```

所有的匹配以上正则规则的静态资源请求（如/static/img/2.png）都将路由到root指令所配置的文件目录/www/resources/static/下对应的某个文件（如 /www/resources/static/img/2.png）。

8.5 Nginx 的 rewrite 模块指令

Nginx的rewrite模块即ngx_http_rewrite_module标准模块，主要功能是重写请求URI，也是Nginx默认安装的模块。rewrite模块会根据PCRE正则匹配重写URI，然后根据指令参数或者发起内部跳转再一次进行location匹配，或者直接做30x重定向返回客户端。

rewrite模块的指令就是一门微型的编程语言，包含set、rewrite、break、if、return等一系列指令。

8.5.1 set 指令

set指令由ngx_http_rewrite_module标准模块提供，用于向变量存放值。在Nginx配置文件中，变量只能存放一种类型的值，因此也只存在一种类型的值，那就是字符串。

set指令的配置项格式如下：

```
set  $variable  value;
```

注意 Nginx配置文件中，变量的定义和使用都要以$开头。Nginx变量名前面有一个$符号，这是记法上的要求。所有的Nginx变量在引用时也必须带上$前缀。另外，Nginx变量不能与Nginx服务器预设的全局变量同名。

比如，我们的nginx.conf文件中有下面这一行配置：

```
set  $a  "hello world";
```

在上面的语句中，set配置指令对变量$a进行了赋值操作，把字符串"hello world"赋给了它。也可以直接把变量嵌入字符串常量中以构造出新的字符串：

```
set  $a  "foo";
set  $b  "$a, $a";
```

这个例子通过前面定义的变量$a的值来构造变量$b的值，于是这两条指令顺序执行完之后，$a的值是"foo"，而$b的值则是"foo, foo"。把变量嵌入字符串常量中以构造出新的字符串，这种技术在Linux Shell脚本中也常被用到，并且被称为“变量插值”（variable interpolation）。

set指令不仅有赋值的功能，还有创建Nginx变量的功能，即当作为赋值对象的变量尚不存在时，它会自动创建该变量。比如在上面例子中，如果$a变量尚未创建，则set指令会自动创建$a这个用户变量。

Nginx变量一旦创建，其变量名的可见范围就是整个Nginx配置，甚至可以跨越不同虚拟主机的server配置块。但是，对于每个请求，所有变量都有一份独立的副本，或者说都有各变量用来存放值的容器的独立副本，彼此互不干扰。Nginx变量的生命期是不可能跨越请求边界的。

8.5.2 rewrite 指令

rewrite指令也由ngx_http_rewrite_module标准模块提供，主要功能是改写请求URI。rewrite指令的格式如下：

```
rewrite  regrex  replacement  [flag];
```

如果regrex匹配URI，那么URI就会被替换成replacement的计算结果，replacement一般是一个"变量插值"表达式，其计算之后的字符串就是新的URI。

下面的例子有两个重新配置项，具体如下：

```
location  /download/  {
  rewrite  ^/download/(.*)/video/(.*)$   /view/$1/mp3/$2.mp3  last;
  rewrite  ^/download/(.*)/audio/(.*)*$  /view/$1/mp3/$2.rmvb  last;
  return  404;
}

location /view {
  echo "uri: $uri ";
}
```

在浏览器中请求http://crazydemo.com/download/1/video/10，地址发生了重写，并且发生了location的跳转，结果如图8-17所示。

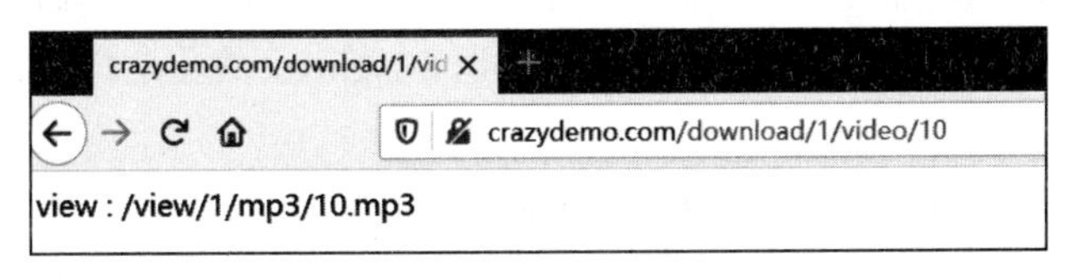

图 8-17　输出的结果

在演示例子中，replacement中的占位变量$1、$2的值是指令参数regrex正则表达式从原始URI中匹配出来的子字符串，也叫正则捕获组，编号从1开始。

rewrite指令可以使用的上下文为server、location、if in location。

如果rewrite的同一个上下文中有多个这样的rewrite重新指令，则匹配会依照rewrite指令出现的先后顺序依次进行下去，匹配成功之后并不会终止，而是继续往下匹配，直到返回最后一个匹配成功为止。如果想要中途中止，不再继续往下匹配，可以使用第三个指令参数flag。flag参数的值有：last、break、redirect、permanent。

如果flag参数使用last值并且匹配成功，那将停止处理任何与rewrite相关的指令，立即用计算后的新URI开始下一轮的location匹配和跳转。前面的例子使用的就是last参数值。

如果flag参数使用break值，就如同break指令本身的字面意思一样，也停止处理任何与rewrite的相关指令，但是不进行location跳转。

将上面的rewrite例子中的last参数值改成break值，代码如下：

```
location /view {
       echo " view : $uri ";
    }

    location /download_break/ {
      rewrite  ^/download_break/(.*)/video/(.*)$   /view/$1/mp3/$2.mp3   break;
      rewrite  ^/download_break/(.*)/audio/(.*)*$   /view/$1/mp3/$2.rmvb  break;
      echo  " download_break new uri : $uri ";
}
```

在浏览器中请求http://crazydemo.com/download_break/1/video/10，地址发生了重写，但是location并没有跳转，而是直接结束了，结果如图8-18所示。

图 8-18 显示的结果

在location上下文中last和break是有区别的：last其实就相当于一个新的URL，Nginx进行了一次新的location匹配，通过last获得一个可以跳转到其他location的配置中进行处理的机会（内部的重定向）；而break在一个location中将原来的URL（包括URI和args）改写之后，再继续进行后面的处理，这个重写之后的请求始终都是在同一个location上下文中并没有发生内部跳转。

这里要注意last和break的区别仅发生在location上下文；如果是在server上下文，那么last和break的作用是一样的。

还要注意的是：在location上下文的rewrite指令使用last指令参数，会再次以新的URI重新发起内部重定向，再一次进行location匹配，而新的URI极有可能和旧的URI一样再次匹配到相同的目标location中，这样就发生了死循环。当循环到第10次时，Nginx会终止这样无意义的循环并返回500错误响应码。

如果rewrite指令使用的flag参数的值是permanent，则表示进行永久外部重定向，也就是在客户端进行重定向。此时，服务器将新URI地址返回给客户端浏览器，并且返回301（永久重定向的响应码）给客户端。客户端使用新的重定向地址，再发起一次远程请求。

永久重定向permanent的使用示例如下：

```
    #rewrite指令permanent参数演示
    location /download_permanent/ {
      rewrite  ^/download_permanent/(.*)/video/(.*)$  /view/$1/mp3/$2.mp3  permanent;
      rewrite  ^/download_permanent/(.*)/audio/(.*)*$  /view/$1/mp3/$2.rmvb
permanent;
      return  404;
}
```

在浏览器中请求http://crazydemo.com/download_permanent/1/video/10，输出的结果如图8-19所示。

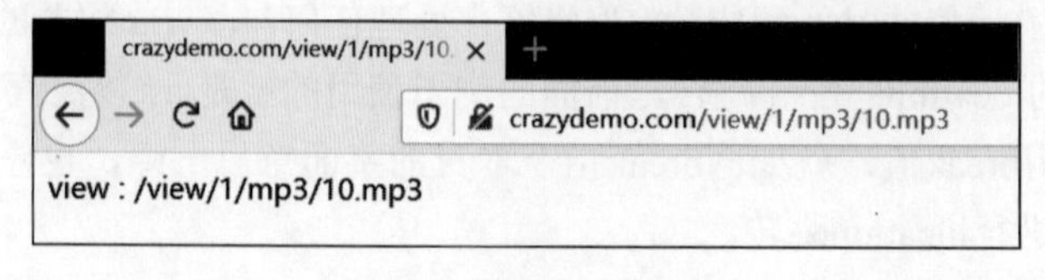

图 8-19 输出的结果

从以上结果可以看出，永久重定向有两个比较大的特点：

1）浏览器的地址栏中的地址变成了重定向地址，为http://crazydemo.com/view/1/mp3/10.mp3。

2）从Fiddler抓包工具可以看到，第一个请求地址的响应状态码为301，如图8-20所示。

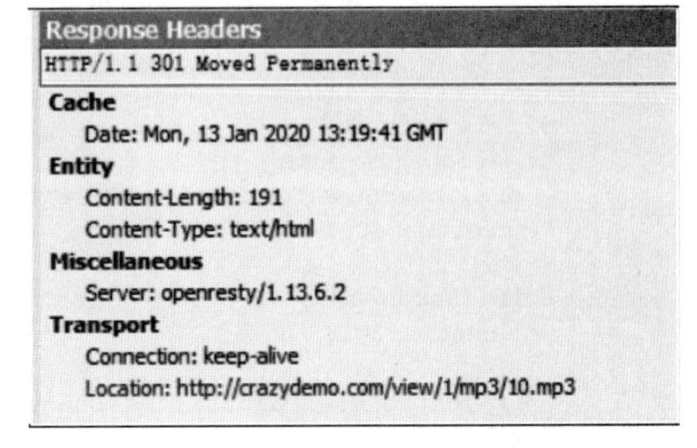

图 8-20　永久重定向的响应码示意图

外部重定向与内部重定向是有本质区别的。从数量上说，外部重定向有两次请求，内部重定向则只有一次请求。通过上面的几个示例，大家应该体会得相当深刻了。

如果rewrite指令使用的flag参数的值是redirect，也表示进行外部重定向，表现的行为与permanent参数值完全一样，不同的是返回302（临时重定向的响应码）给客户端。

有关redirect参数值的实例这里不做演示，大家可自行下载和运行本书源码并细细体会。

rewrite能够利用正则捕获组设置变量，所以我们可以在Nginx的配置文件中加入这么一条location规则：

```
location /capture_demo {
  rewrite ^/capture_demo/(.*)/video/(.*)$  /view/$1/mp3/$2.mp3  break;
  rewrite ^/capture_demo/(.*)/audio/(.*)*$  /view/$1/mp3/$2.rmvb  break;
  echo " 捕获组1 : $1  ; 捕获组2 : $2 ";
}
```

在浏览器中请求http://crazydemo.com/capture_demo/group1/video/group2，输出的结果如图8-21所示。

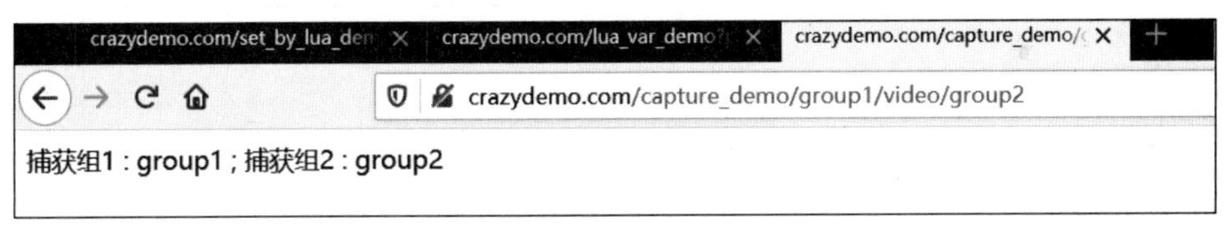

图 8-21　输出的结果

8.5.3　if 条件指令

if条件指令配置项的格式如下：

```
if (condition) { ... }
```

当满足if条件时，执行配置块中的配置指令；if的配置块相当于引入了一个新的上下文作用域。if条件指令适用于server和location这两个上下文。

condition条件表达式用到的一系列的比较操作符大致如下：

1）==：相等。

2）!=：不相等。

3）~：区分字母大小写模式匹配。

4）~*：不区分字母大小写模式匹配。

5）还有几个其他的专用比较符号，比如判断文件及目录是否存在的符号，这里可以省略。

下面是一个简单的演示程序，根据内置变量$http_user_agent的值判断客户端的类型，代码如下：

```
#if指令的演示程序
location /if_demo {
  if ($http_user_agent ~* "Firefox") {              #$匹配firefox火狐浏览器
    return 403;
  }
  if ($http_user_agent ~* "Chrome") {               #匹配chrome谷歌浏览器
    return 301;
  }
  if ($http_user_agent ~* "iphone") {               #匹配iphone手机
    return 302;
  }
  if ($http_user_agent ~* "android") {              #匹配安卓手机
    return 404;
  }
    return 405;                  #其他浏览器默认访问规则
}
```

在火狐浏览器中访问http://crazydemo.com/if_demo，结果如图8-22所示。

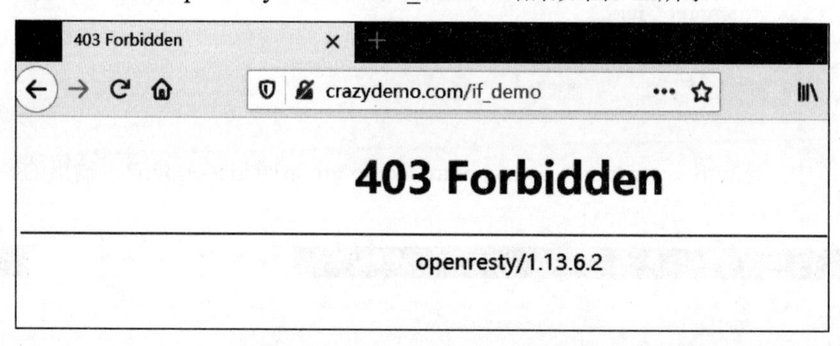

图 8-22　火狐浏览器的访问结果

在谷歌浏览器中访问http://crazydemo.com/if_demo ，结果如图8-23所示。

在演示代码中用到了return指令，该指令用于返回HTTP的状态码。return指令会停止同一个作用域的剩余指令处理，并返回给客户端指定的响应码。

图 8-23　谷歌浏览器的访问结果

return指令可用于server、location、if上下文中，执行阶段是rewrite阶段。其指令的格式如下：

```
# 格式一：返回响应的状态码和提示文字，提示文字可选
return  code  [text];
# 格式二：返回响应的重定向状态码(如301)和重定向URL
return  code  URL;
# 格式三：返回响应的重定向URL，默认的返回状态码是临时重定向302
return  URL;
```

8.5.4 add_header 指令

response header一般都是key：value的形式，例如Content-Encoding:gzip、Cache-Control:no-store，设置的命令如下：

```
add_header Cache-Control no-store
add_header Content-Encoding gzip
```

但是有一个十分常用的response header比较特性就是Content-Type，它在设置类型的同时还会指定charset，例如“text/html; charset=utf-8”，由于存在分号，而分号在配置文件中作为结束符，所以在配置时需要用引号引起来，配置如下：

```
add_header  Content-Type 'text/html; charset=utf-8';
```

另外，由于没有单独设置charset的键（Key），因此要设置响应的charset就需要使用Content-Type来指定charset。

使用AJAX进行跨域请求时，浏览器会向跨域资源的服务端发送一个OPTIONS请求，用于判断实际请求是否安全或者用于判断服务端是否允许跨域访问，这种请求也叫作预检请求。跨域访问的预检请求是浏览器自动发出的，用户程序往往不知情，如果不进行特别的配置，那么客户端发出一次请求在服务端往往会收到两个请求：一个是预检请求，另一个是正式的请求。后端的服务器（PHP或者Tomcat）如果不经过特殊过滤，很容易将OPTIONS预检请求当成正式的数据请求。

对于客户端而言，只有预检请求返回成功客户端才开始正式请求。在实际的使用场景中，预检请求比较影响性能，用户往往会有两倍请求的感觉，所以一般会在Nginx代理服务端对预检请求进行提前拦截，同时对预检请求设置比较长时间的有效期。

```
upstream zuul {
  #server 192.168.233.1:7799;
  server "192.168.233.128:7799";
  keepalive 1000;
}

server {
  listen 80;
  server_name nginx.server  *.nginx.server;
  default_type 'text/html';
  charset utf-8;

  #转发到上游服务器，但是 'OPTIONS' 请求直接返回空
  location  / {
    if ($request_method = 'OPTIONS') {
      add_header  Access-Control-Max-Age  1728000;
      add_header  Access-Control-Allow-Origin  *;
      add_header  Access-Control-Allow-Credentials  true;
      add_header  Access-Control-Allow-Methods  'GET, POST, OPTIONS';
      add_header  Access-Control-Allow-Headers  'Keep-Alive,User-Agent,
X-Requested-With,\If-Modified-Since,Cache-Control,Content-Type,token';
```

```
        return 204;
      }
      proxy_pass http://zuul/ ;
    }
  }
```

配置Nginx，加入“Access-Control-Max-Age”请求头，用来指定本次预检请求的有效期，单位为秒。上面结果中有效期是1728000秒（20天），即允许缓存该条回应1728000秒，在此期间不用发出另一条预检请求。

8.5.5 指令的执行顺序

大多数Nginx新手都会有这样一个困惑，那就是当同一个location配置块使用了多个Nginx模块的配置指令时，这些指令的执行顺序很可能会跟它们的书写顺序大相径庭。现在就来看这样一个令人困惑的例子：

```
location  /sequence_demo_1  {
  set    $a  foo;
  echo  $a;

  set    $a  bar;
  echo   $a;
}
```

上面的代码先给变量 $a赋值foo，然后输出，随后给变量$a赋值bar，随后输出。如果这里是一段Java代码，毫无疑问，最终的输出结果一定为“foo bar”。然而事实并非如此，在浏览器中访问http://crazydemo.com/sequence_demo_1，结果如图8-24所示。

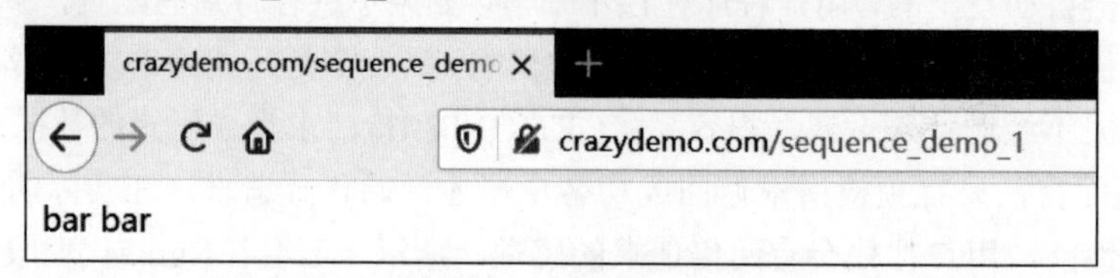

图 8-24　输出的结果

为什么出现了这种不合常理的现象呢？

前面讲到，Nginx的请求处理阶段共有11个之多，分别是post-read、server-rewrite、find-config、rewrite、post-rewrite、preaccess、access、post-access、try-files、content以及log。其中有3个阶段按照执行时的先后顺序依次是rewrite阶段、access阶段以及content阶段。

Nginx的配置指令一般只会注册并运行在其中的某一个处理阶段。比如set指令就是在rewrite阶段运行的，而echo指令就只会在content阶段运行。在一次请求处理流程中，rewrite阶段总是在content阶段之前执行。因此属于rewrite阶段的配置指令（示例中的set）也总是会无条件地在content阶段的配置指令（示例中的echo）之前执行，即便是echo配置项出现在set配置项的前面。

上面例子中的指令按照请求处理阶段的先后次序排序，实际的执行次序为：

```
location  /sequence_demo_1  {
  # rewrite阶段的配置指令，执行在前面
    set    $a  foo;
    set    $a  bar;

# content阶段的配置指令，执行在后面
```

```
    echo  $a;
    echo   $a;
  }
```

所以，输出的结果就是bar bar了。

8.6 反向代理与负载均衡配置

接下来介绍Nginx的重要功能：反向代理+负载均衡。单体Nginx的性能虽然不错，但也是有瓶颈的。打个比方：用户发起一个请求，网站显示的图片量又比较大，如果说这个时候有大量用户同时访问，那么全部的工作量都放在了一台服务器上，服务器不负重压，可能就崩溃了。高并发场景下，自然需要多台服务器做集群，这样既能够防止单个节点崩溃导致平台不能使用，也能提高效率。一般来说，Nginx完成10万以上的用户同时访问，程序就容易崩溃。

要做到高并发和高可用，肯定需要做Nginx集群的负载均衡，而Nginx负载均衡的基础之一就是反向代理。

8.6.1 演示环境说明

为了较好地演示反向代理的效果，本小节调整一下演示的环境：不再通过浏览器发出HTTP请求，而是使用curl指令从笔者的Centos虚拟机192.168.233.128向Windows宿主机器192.168.233.1上的Nginx发起请求。

为了完成演示，在宿主机Nginx的配置文件nginx-proxy-demo.conf中配置两个server虚拟主机，一个端口为80，另一个端口为8080。具体如下：

```
#模拟目标主机
server {
   listen      8080 ;
   server_name  localhost;
   default_type 'text/html';
   charset utf-8;

   location / {
     echo  "-uri= $uri"
          "-host= $host"
          "-remote_addr= $remote_addr"
          "-proxy_add_x_forwarded_for= $proxy_add_x_forwarded_for"
          "-http_x_forwarded_for=  $http_x_forwarded_for" ;
     }
}
#模拟代理主机
server {
  listen      80 default;
  server_name  localhost;
  default_type 'text/html';
  charset utf-8;

  location / {
    echo "默认根路径匹配: /";
  }
 ...
}
```

本节要用到的配置文件为源码工程nginx-proxy-demo.conf文件。运行本小节实例前，需要修改openresty-start.bat （ 或 openresty-start.sh ） 脚 本 中 的 PROJECT_CONF 变 量 的 值 ， 改 为 nginx-proxy-demo.conf，然后重启OpenRestry/Nginx。

8.6.2 proxy_pass 反向代理指令

这里介绍的proxy_pass反向代理指令处于ngx_http_proxy_module模块，并且注册在HTTP请求11个阶段中的content阶段。

proxy_pass反向代理指令的格式如下：

```
proxy_pass 目标URL前缀;
```

如果proxy_pass后面的目标URL格式为"协议"+" IP[:port]" + "/" 根路径的格式，末尾有“/根路径”，则Nginx不会把location的URI前缀加到结果路径中，这里称之为不带前缀代理。如果目标URL格式为"协议"+" IP[:port]"，末尾没有“/根路径”，则Nginx会把location指令的URI前缀加到结果路径中，这里称之为带前缀代理。

1. 不带 location 前缀代理

配置的时候，在目标URL后加“/ 根路径”，转发时会去掉location块的部分路径，实例如下：

```
#不带location前缀的代理类型
location /foo_no_prefix {
  proxy_pass http://127.0.0.1:8080/;
}
```

通过CentOS的curl指令发出请求http://192.168.233.1/foo_no_prefix//bar.html，结果如下：

```
[root@localhost ~]# curl  http://192.168.233.1/foo_no_prefix/.html
-uri= /bar.html  -host= 127.0.0.1  -remote_addr= 127 bar.0.0.1
-proxy_add_x_forwarded_for= 127.0.0.1 -http_x_forwarded_for=
```

可以看到，$uri变量所输出的代理URI为/bar.html，并没有在结果URL中看到location配置指令的前缀/foo_no_prefix。

2. 带 location 前缀代理

配置的时候，在目标URL后不加“/ 根路径” ，转发时会留着location块的部分路径，实例如下：

```
#带location前缀代理
location /foo_prefix {
  proxy_pass http://127.0.0.1:8080;
}
```

通过CentOS的curl指令发出请求http://192.168.233.1/foo_prefix/bar.html，结果如下：

```
[root@localhost ~]# curl http://192.168.233.1/foo_prefix/bar.html
-uri= /foo_prefix/bar.html  -host= 127.0.0.1  -remote_addr= 127.0.0.1
-proxy_add_x_forwarded_for= 127.0.0.1  -http_x_forwarded_for=
```

可以看到，$uri变量所输出的代理URI为/foo_prefix/bar.html，也就是说，在结果URL中看到了location配置指令的前缀/foo_prefix。

除了以上两种代理（带location前缀代理和不带location前缀代理），之外，还有一种带目标URL前缀的代理。

3. 带部分 URI 路径代理

如果proxy_pass的路径参数中不止有IP和端口，还有部分目标URI的路径，则最终的代理URL由两部分组成：第一部分为配置项中的目标URI前缀，第二部分为将请求URI去掉location中的前缀的剩余部分。

下面是两个实例：

```
#带部分URI路径代理，实例1
location /foo_uri_1 {
  proxy_pass http://127.0.0.1:8080/contextA/;
}
#带部分URI路径代理，实例2
location /foo_uri_2 {
  proxy_pass http://127.0.0.1:8080/contextA-;
}
```

通过CentOS的curl指令发出两个请求分别匹配到这两个location配置，结果如下：

```
    [root@localhost ~]# curl  http://192.168.233.1/foo_uri_1/bar.html
    -uri= /contextA/bar.html  -host= 127.0.0.1  -remote_addr= 127.0.0.1
-proxy_add_x_forwarded_for= 127.0.0.1 -http_x_forwarded_for=
    [root@localhost ~]# curl  http://192.168.233.1/foo_uri_2/bar.html
    -uri= /contextA-bar.html  -host= 127.0.0.1  -remote_addr= 127.0.0.1
-proxy_add_x_forwarded_for= 127.0.0.1 -http_x_forwarded_for=
```

从输出结果可以看出，无论是例子中的目标URI前缀/contextA/，还是例子中的目标URI前缀/contextA-都加在了最终的代理路径上。只是在代理路径中去掉了location指令的匹配前缀。

新的问题来了：仅使用proxy_pass指令进行请求转发，发现很多原始请求信息都丢了。明显的是客户端IP地址，前面的例子中请求都是从192.168.233.128 CentOS机器发出去的，经过代理服务器之后，服务端返回的remote_addr客户端IP地址并不是192.168.233.128，而是变成了代理服务器的IP 127.0.0.1。

如何解决原始信息的丢失问题呢？答案是使用proxy_set_header（请求头设置）指令。

8.6.3 proxy_set_header 指令

在反向代理之前，proxy_set_header指令能重新定义/添加字段传递给代理服务器的请求头。请求头的值可以包含文本、变量和它们的组合。其格式如下：

```
#head_field表示请求头，field_value表示值
proxy_pass_header  head_field  field_value;
```

前面说到，经过反向代理后，对于目标服务器来说，客户端在本质上已经发生了变化，因此，后端的目标Web服务器无法直接拿到客户端的IP，假设后端的服务器是Tomcat，则在Java中request.getRemoteAddr()取得的是Nginx的地址，而不是客户端的真实IP。

如果需要取得真实IP，可以通过proxy_set_header指令在发生反向代理调用之前，将保持在内置变量$remote_addr中的真实的客户端地址保存到请求头中（一般为X-real-ip），如下所示：

```
#不带location前缀代理
location /foo_no_prefix/ {
  proxy_pass  http://127.0.0.1:8080/;
  proxy_set_header    X-real-ip  $remote_addr;
}
```

在Java端使用request.getHeader("X-real-ip")获取X-real-ip请求头的值，就可以获得真正的客户端IP了。

在整个请求处理的链条上可能不止一个反向代理，可能会经过多次反向代理。为了获取整个的代理转发记录，也可以使用proxy_set_header指令在配置文件中进行如下配置：

```
#带location前缀代理
location /foo_prefix {
  proxy_set_header    X-Forwarded-For  $proxy_add_x_forwarded_for;
  proxy_pass   http://127.0.0.1:8080;
}
```

这里使用了$proxy_add_x_forwarded_for内置变量，它的作用就是记录转发历史，其值的第一个地址就是真实地址$remote_addr，然后每经过一个代理服务器就在后面累加一次代理服务器地址。

上面的演示程序中，如果在Java服务器程序中通过如下的代码获取代理转发记录：

```
request.getHeader("X-Forwarded-For")
```

则Java程序获得的返回值为“192.168.233.128, 127.0.0.1”，表示最初的请求客户端的IP为192.168.233.128，经过了127.0.0.1代理服务器。每经过一次代理服务器，都会在后面追加上它的IP，并且使用逗号分隔开。

为了不丢失信息，反向代理的设置如下：

```
location /hello {
     proxy_pass   http://127.0.0.1:8080;
     proxy_set_header          Host  $host;
     proxy_set_header          X-real-ip  $remote_addr;
     proxy_set_header          X-Forwarded-For  $proxy_add_x_forwarded_for;
     proxy_redirect           off;
 }
```

设置了请求头Host、X-real-ip、X-Forwarded-For，分别将当前的目标主机、客户端IP、转发记录保存在请求头中。

proxy_redirect指令的作用是修改从上游被代理服务器传来的应答头中的Location和Refresh字段，尤其是当上游服务器返回的响应码是重定向或刷新请求（如HTTP响应码是301或者302）时，proxy_redirect可以重设HTTP头部的location或refresh字段值。off参数表示禁止所有的proxy_redirect指令。

8.6.4 upstream 上游服务器组

假设Nginx仅有反向代理没有负载均衡的话，其价值会大打折扣。Nginx在配置反向代理时，可以通过负载均衡机制配置一个上游服务器组（多台上游服务器）。当组内的某台服务器宕机时仍能保持系统可用，从而实现高可用。

Nginx的负载均衡配置主要用到upstream（上游服务器组）指令，其格式如下：

语法：upstream name { ... }
上下文：http配置块

其中，upstream指令后面的name参数是上游服务器组的名称；在upstream块中将使用server指令定义组内的上游候选服务器。

upstream指令的作用与server有点类似，其功能是加入一个特殊的虚拟主机节点。特殊之处在于这是上游服务器的服务组，可以包含一个或者多个上游服务器。

一个upstream负载均衡主机节点的配置实例大致如下：

```
#upstream负载均衡虚拟节点
upstream balanceNode {
    server "192.168.1.2:8080";  #上游候选服务1
    server "192.168.1.3:8080";  #上游候选服务2
    server "192.168.1.4:8080";  #上游候选服务3
    server "192.168.1.5:8080";  #上游候选服务4
}
```

实例中配置的balanceNode相当于一个主机节点，不过，这是一负载均衡类型的特定功能虚拟主机。当请求过来时，balanceNode主机节点的作用是按照默认负载均衡算法（带权重的轮询算法），在4个上游候选服务中选取一个进行请求转发。

实战案例：在随书源码的nginx-proxy-demo.conf配置文件中配置了三个server主机和一个upstream负载均衡主机组。此处配置了一个location块，将目标端口为80的请求反向代理到upstream主机组，以便于负载均衡主机的操作。

实战案例的配置代码节选如下：

```
#负载均衡主机组，给虚拟主机1与虚拟主机2做负载均衡
upstream balance {
   server  "127.0.0.1:8080";  #虚拟主机1
   server  "127.0.0.1:8081";  #虚拟主机2
}

#虚拟主机1
server {
  listen      8080 ;
  server_name  localhost;
  location / {
    echo    "server port:8080" ;
  }
}

#虚拟主机2
server {
  listen      8081 ;
  server_name  localhost;
  location / {
    echo   "server port:8081" ;
  }
}

#虚拟主机3：默认虚拟主机
server {
  listen      80 default;
  #...
  #负载均衡测试连接
  location /balance {
    proxy_pass http://balance;   #反向代理到负载均衡节点
  }
}
```

在运行本小节实例前，需要修改启动脚本openresty-start.bat（或openresty-start.sh）中的PROJECT_CONF变量的值，将其改为nginx-proxy-demo.conf，然后重启OpenRestry/Nginx。

在CentOS服务器中使用curl命令请求http://192.168.233.1/balance链接地址（IP根据Nginx情况而定），并且多次发起请求，就会发现虚拟主机1和虚拟主机2被轮流访问到，具体的输出如下：

```
[root@localhost ~]# curl http://192.168.233.1/balance
server port:8080
[root@localhost ~]# curl http://192.168.233.1/balance
server port:8081
[root@localhost ~]# curl http://192.168.233.1/balance
server port:8080
[root@localhost ~]# curl http://192.168.233.1/balance
server port:8081
[root@localhost ~]# curl http://192.168.233.1/balance
server port:8080
```

从运行结果可以看到，upstream负载均衡指令起到了负载均衡的效果。默认情况下，upstream会依照轮询方式进行负载分配，每个请求按请求顺序逐一分配给不同的上游候选服务器。

8.6.5 upstream 的上游服务器配置

在upstream块中将使用server指令定义组内的上游候选服务器。内部server指令的语法如下：

语法：server address [parameters];
上下文：upstream配置块

此内嵌的server指令用于定义上游服务器的地址和其他可选参数。其地址可以指定为域名或IP地址带有可选端口，如果未指定端口，则使用端口80。

内嵌的server指令的可选参数大致如下：

（1）weight=number：设置上游服务器的权重

默认情况下，upstream使用加权轮询（Weighted Round Robin）负载均衡方法在上游服务器之间分发请求。weight值默认为1，并且各上游服务器的weight值相同，表示每个请求按先后顺序逐一分配给不同的上游服务器，如果某个上游服务器宕机，则自动剔除。

如果希望改变某个上游节点的权重，则可以使用weight显式进行配置，参考实例如下：

```
#负载均衡主机组
upstream balance {
   server  "127.0.0.1:8080"  weight=2;  #上游虚拟主机1，权重为2
   server  "127.0.0.1:8081"  weight=1;  #上游虚拟主机2，权重为1
}
```

权重越大的节点将被分发到更多的请求。

（2）max_conns=number：设置上游服务器的最大连接数

max_conns参数限制到上游节点的最大同时活动连接数。默认值为0，表示没有限制。如果upstream服务器组没有通过zone指令设置共享内存，则在单个Worker进程范围内对上游服务的最大连接数进行限制；如果upstream服务器组通过zone指令设置了共享内存，则在全体的Worker进程范围内对上游服务进行统一的最大连接数限制。

（3）backup（可选参数）

backup参数标识该server是备份的上游节点，当普通的上游服务（非backup）不可用时，请求将被转发到备份的上游节点；当普通的上游服务（非backup）可用时，备份的上游节点不接收处理请求。

（4）down（可选参数）

backup参数标识上游server节点是不可用或者为永久下线的状态。

（5）max_fails=number：最大错误次数

如果上游服务不可访问了，如何判断呢？使用max_fails参数，该参数表示请求转发最多失败number次就判定该server为不可用。max_fails参数的默认次数为1，表示转发失败1次该server即为不可用。如果此参数设置为0，则会禁用不可用的判断，会一直不断地尝试连接后端server。

（6）fail_timeout=time：失败测试的时间长度

这是一个失效监测参数，一般与上面的参数max_fails协同使用。fail_timeout意思是失败测试的时间长度，指的是在fail_timeout时间范围内最多尝试max_fails次，就判定该server为不可用了。fail_timeout参数的默认值为10秒。

server指令在进行max_conns连接数配置时，Nginx内部会涉及共享内存区域的使用，配置共享内存区域的指令如下：

语法：zone　name　[size];
上下文：upstream配置块

其中，zone的name参数设置共享内存区的名称，size可选参数设置共享内存区域的大小。如果配置了upstream的共享内存区域，则其运行时状态（包括最大连接数）在所有的Worker进程之间是共享的。在name相同的情况下，不同的upstream组将共享同一个区，这种情况下，size参数的大小值只需设置一次。

下面是一个server指令和zone指令的综合使用实例：

```
upstream zuul {
   zone  upstream_zuul  64k;     //名称为upstream_zuul，大小为64K的共享内存区域
   server "192.168.233.128:7799"    weight=5  max_conns=500;
   server "192.168.233.129:7799"   fail_timeout=20s  max_fails=2; //默认权重为1
   server "192.168.233.130:7799"    backup;  //后备服务
}
```

8.6.6　upstream 的负载分配方式

upstream负载分配方式大致有以下3种：

1. 加权轮询

默认情况下，upstream使用加权轮询负载均衡方法在上游服务器之间分发请求。默认的weight值为1，并且各上游服务器的weight值相同，表示每个请求按到达的先后顺序逐一分配给不同的上游服务器，如果某个上游服务器宕机，则自动剔除。

指定weight值，weight和分配比率成正比，用于后端服务器性能不均的情况。下面是一个简单的例子：

```
upstream backend {
      server 192.168.1.101 weight=1;
      server 192.168.1.102 weight=2;
      server 192.168.1.103 weight=3;
   }
```

2. hash 指令

基于hash函数值进行负载平衡，hash函数的key可以包含文本、变量或二者的组合。hash函数负载均衡是一个独立的指令，指令的格式如下：

语法：hash　key　[consistent];

上下文：upstream配置块

注意，如果upstream组中去除掉一个server，会导致hash值重新计算，也即原来的大多数的key可能会寻址到不同的server上。若配置有consistent参数，则hash一致性将选择Ketama算法。这个算法的优势是，如果有server从upstream组里去除掉之后，只有少数的key会重新映射到其他的server上去，即大多数的key不受server去除的影响，还映射原来的server。这对提高缓存server命中率有很大帮助。下面是一个简单的通过请求的 $request_uri的hash值进行负载均衡的例子：

```
upstream backend {
    hash  $request_uri  consistent;
    server 192.168.1.101 ;
    server 192.168.1.102 ;
    server 192.168.1.103 ;
}
```

3. ip_hash 指令

基于客户端IP的hash值进行负载平衡，这样每个客户端固定访问同一个后端服务器，可以解决类似session不能跨服务器的问题。如果上游server不可用，需要手工去除或者配置down参数。ip_hash是一条独立的指令，使用示例如下：

```
upstream backend {
    ip_hash;
    server 192.168.1.101:7777;
    server 192.168.1.102:8888;
    server 192.168.1.103:9999;
}
```

第 9 章 Nginx Lua编程

经过合理配置，Nginx毫无疑问是高性能Web服务器的最佳选择。除此之外，Nginx还具备可编程能力，理论上可以使用Nginx的扩展组件ngx_lua开发各种复杂的动态应用。不过，由于Lua是一种脚本/动态语言，不太适合进行复杂业务逻辑的程序开发。但是，在高并发场景下，Nginx Lua编程是解决性能问题的利器。

9.1　Nginx Lua 编程主要的应用场景

Nginx Lua编程主要的应用场景如下：

1）API网关：实现如数据校验前置、请求过滤、API请求聚合、AB测试、灰度发布、降级、监控等功能。著名的开源网关Kong就是基于Nginx Lua开发的。

2）高速缓存：可以对响应内容进行缓存，减少到后端的请求，从而提升性能。比如，Nginx Lua可以和Java容器（如Tomcat、Redis）整合，由Java容器进行业务处理和数据缓存，而Nginx负责读缓存并进行响应，从而解决Java容器的性能瓶颈。

3）简单的动态Web应用：可以完成一些业务逻辑处理较少但是耗费CPU的简单应用，比如模板页面的渲染。一般的Nginx Lua页面渲染处理流程为：从Redis获取业务处理结果数据，从本地加载XML/HTML页面模板，然后进行页面渲染。

4）网关限流：缓存、降级、限流是解决高并发的三大利器，Nginx内置了令牌限流的算法，但是对于分布式的限流场景，可以通过Nginx Lua编程定制自己的限流机制。

9.2　Nginx Lua 编程简介

本节对Nginx Lua编程的基础知识、Nginx Lua项目结构和启动做一个简单的介绍。

9.2.1 ngx_lua 简介

Lua是一种轻量级、可嵌入式的脚本语言，可以非常容易地嵌入其他语言中使用。因为Lua的小巧轻量级，可以在Nginx中嵌入Lua VM（Lua虚拟机），请求时创建一个VM，请求结束时回收VM。

ngx_lua是Nginx的一个扩展模块，将Lua VM嵌入Nginx中，从而可以在Nginx内部运行Lua脚本，使得Nginx变成了一个Web容器，这样开发人员就可以使用Lua语言开发高性能Web应用了。ngx_lua提供了很多与Nginx交互的API，对于开发人员来说只需要掌握这些API就可以进行功能开发；而对于开发Web应用来说，如果接触过Servlet的话就可以知道，ngx_lua的开发和Servlet类似，无外乎就是接收请求、参数解析、功能处理、返回响应这些内容。

使用ngx_lua开发Web应用时，有很多源码的Lua基础性模块可供使用，比如OpenResty就提供了一些常用的ngx_lua开发模块：

1）lua-resty-memcached：通过Lua操作Memcached缓存。

2）lua-resty-mysql：通过Lua操作MySQL数据库。

3）lua-resty-redis：通过Lua操作Redis缓存。

4）lua-resty-dns：通过Lua操作DNS域名服务器。

5）lua-resty-limit-traffic：通过Lua进行限流。

6）lua-resty-template：通过Lua进行模板的渲染。

除了上述的MySQL数据库操作、Redis操作、限流、模板渲染等常用功能组件外，还有很多第三方的ngx_lua组件，如lua-resty-jwt、lua-resty-kafka等。对于大部分应用场景来说，现在ngx_lua生态环境中的组件已经足够多了。如果仍然不能满足自己的需求，也可以开发自己的Lua模块。

9.2.2 Nginx Lua 项目的创建

在开始Nginx Lua项目开发之前，首先需要搭建Lua的开发环境，具体的开发工具选择和环境搭建的教程可参考疯狂创客圈社群的视频“Nginx Lua开发环境搭建，带视频”。

在IDEA创建Lua脚本的工程。在选择工程类型时选择Lua项目类型，如图9-1所示。剩余的操作只要选择默认值，直到创建完成即可。

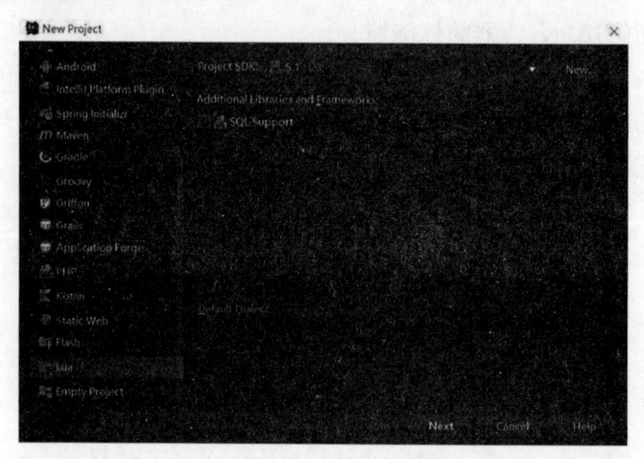

图 9-1　在 IDEA 创建 Lua 脚本的工程

9.2.3　Lua 项目的工程结构

创建完成Lua工程之后，这里规划一下工程目录，Lua项目的工程结构如图9-2所示。

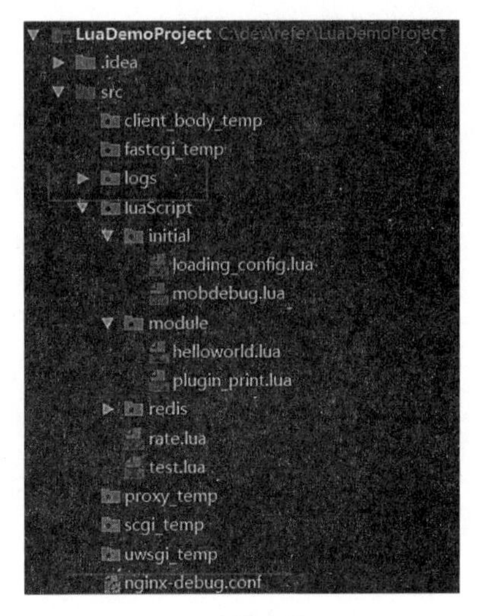

图 9-2　Lua 项目的工程结构

图9-2所示的工程结构都处于工程的src目录下，包含了两大部分的内容：第一部分为Nginx的配置，第二部分为Lua脚本的目录结构。

第一部分Nginx的配置可以进一步细分，包含了两块内容：

1）Nginx的调试配置文件nginx-debug.conf。

2）Nginx的调试日志目录。

第二部分Lua脚本统一放在了src/luaScript（名称自己定）目录下，luaScript的目录结构可以进一步细分，包含了3块内容：

1）src/luaScript/initial目录，用于存放Lua程序初始化时需要加载的其他Lua脚本，比如mobdebug.lua调试脚本。

2）src/luaScript/module目录，用于存放业务模块的Lua脚本，比如helloworld.lua。

3）src/luaScript/redis用于存放操作Redis的一些公有方法的代码，比如分布式锁Lock.lua。这里仅以Redis为例说明：如果是一些耦合度较高的Lua模块，可以在src/luaScript目录下单独建一个子目录。

> 提示　Nginx调试时的配置文件nginx-debug.conf需要在src目录下，与Lua脚本的目录平级。为什么呢？因为在nginx-debug.conf会应用到Lua脚本，使用的是相对路径，如果目录的相对位置不对，就会找不到Lua脚本。

nginx-debug.conf的部分配置如下：

```
    location /test {
      default_type 'text/html';
      charset utf-8;
      content_by_lua_file luaScript/test.lua;
    }

    location /helloworld {
      default_type 'text/html';
      charset utf-8;
      content_by_lua_file luaScript/module/demo/helloworld.lua;
}
```

在启动Nginx开始调试时，会将src目录作为启动的根目录。在这种场景下，如果nginx-debug.conf配置文件和luaScript不在同一个目录下的话，上面所配置的luaScript/test.lua和luaScript/module/demo/helloworld.lua这两个脚本都会找不到。

9.2.4　Lua 项目的启动

开始调试Lua项目的脚本之前，需要通过启动Nginx来执行Lua项目。但是，这里不使用默认的Nginx参数启动，而使用-p参数和-c参数。启动和重启Lua项目的Nginx命令如下：

```
//启动Lua项目的命令
C:\dev\refer\LuaDemoProject\src> nginx -p ./ -c nginx-debug.conf
//开发过程中，可能还会用到重启Lua项目的命令
C:\dev\refer\LuaDemoProject\src> nginx -p ./ -c nginx-debug.conf -s reload
//停止Lua项目的命令
C:\dev\refer\LuaDemoProject\src> nginx -p ./ -c nginx-debug.conf  -s stop
```

可以通过第8章介绍的openresty-start.bat（在Linux下使用openresty-start.sh）脚本来启动Nginx，不过在启动之前需要调整其中的变量，具体如下：

```
@echo off
rem启动标志，flag=0，表示之前已经启动，flag=1，表示现在立即启动
set flag=0

rem设置openresty/Nginx的安装目录
set installPath=E:/tool/openresty-1.13.6.2-win32

rem设置Nginx项目的工作目录
set projectPath=C:/dev/refer/LuaDemoProject/src

rem设置项目的配置文件
set PROJECT_CONF=nginx-debug-demo.conf
echo installPath: %installPath%
echo project prefix path: %projectPath%
echo config file: %projectPath%/conf/%PROJECT_CONF%
echo openresty starting...

rem查找openresty/Nginx进程信息，然后设置flag标志位
tasklist|find /i "nginx.exe" > nul
if %errorlevel%==0 (
echo "Openresty/Nginx already running ! "
rem exit /b
) else set flag=1

rem如果需要，就启动openresty/Nginx
cd /d %installPath%
if %flag%==1 (
start nginx.exe -p "%projectPath%" -c "%projectPath%/conf/%PROJECT_CONF%"
ping localhost -n 2 > nul
)

rem输出openresty/Nginx的进程信息
tasklist /fi "imagename eq nginx.exe"
tasklist|find /i "nginx.exe" > nul
if %errorlevel%==0 (
echo "openresty/Nginx  starting  succeeded!"
)
```

需要修改的变量为projectPath和PROJECT_CONF，分别为项目的根目录和配置文件的名称。

在Nginx Lua项目开发过程中会涉及Lua脚本的调试，具体的调试工具和调试方法可参考疯狂创客圈社群的博文“Nginx Lua开发的调试工具和调试方法”。

9.3 Lua 开发基础

Lua是一个可扩展的轻量级脚本语言，Lua的设计目的是为了嵌入应用程序中，从而为应用程序提供灵活的扩展和定制功能。Lua代码简洁优美，几乎在所有操作系统和平台上都可以编译、运行。

Lua脚本需要通过Lua解释器来解释执行，除了Lua官方的默认解释器外，目前使用广泛的Lua解释器叫作LuaJIT。

LuaJIT是采用C语言编写的Lua脚本解释器。LuaJIT被设计成全兼容标准Lua 5.1，因此LuaJIT代码的语法和标准Lua的语法没多大区别。LuaJIT和Lua的一个区别是，LuaJIT的运行速度比标准Lua快数十倍，可以说是Lua的高效率版本。

9.3.1 Lua 模块的定义和使用

与Java类似，实际开发时Lua代码需要进行分模块开发。Lua中的一个模块对应于一个Lua脚本文件。使用require指令导入Lua模块，第一次导入模块后，所有Nginx进程全局共享模块的数据和代码，当Worker进程需要时会得到此模块的一个副本，不需要重复导入，从而提高了Lua应用的性能。接下来，演示开发一个简单的Lua模块，用来存放公共的基础对象和基础函数。

```
//代码清单：src/luaScript/module/common/basic.lua
--定义一个应用程序公有的Lua对象app_info
local app_info = { version = "0.10" }
--增加一个path属性，保存Nginx进程所保存的Lua模块路径，包括conf文件配置的部分路径
app_info.path = package.path;

--局部函数,取得最大值
local function max(num1, num2)
    if (num1 > num2) then
        result = num1;
    else
        result = num2;
    end
    return result;
end
--统一的模块对象
local _Module = {
    app_info = app_info;
    max = max;
}
return _Module
```

模块内的所有对象、数据、函数都定义成局部变量或者局部函数。对于需要暴露给外部的对象或者函数，作为成员属性保存到一个统一的Lua局部对象（_Module）中，通过返回这个统一的局部对象将内部的成员对象或者方法暴露出去，从而实现Lua的模块化封装。

9.3.2 Lua 模块的使用

接下来，创建一个Lua脚本src/luaScript/module/demo/helloworld.lua来调用刚才定义的这个基础模块src/luaScript/module/common/basic.lua文件。

helloworld.lua的代码如下：

```
//代码清单：src/luaScript/module/demo/helloworld.lua
--- 启动调试
local mobdebug = require("luaScript.initial.mobdebug");
mobdebug.start();
--导入自定义的模块
local basic = require("luaScript.module.common.basic ");
```

```
--使用模块的成员属性
ngx.say("Lua path is: " .. basic.app_info.path);
ngx.say("<br>" );
--使用模块的成员方法
ngx.say("max 1 and 11 is: ".. basic.max(1,11) );
```

在使用require内置函数导入Lua模块时，对于多级目录下的模块，使用require("目录1.目录2.模块名")的形式进行加载，源目录之间的斜杠分割符号（/）改成点号分隔符（.）。这一点和Java的包名分隔符很类似。

```
--导入自定义的模块
local basic = require("luaScript.module.common.basic");
```

查找Lua文件时，首先会在Nginx的当前工作目录下查找，如果没有找到，则会在Nginx的Lua包路径lua_package_path和lua_package_cpath声明的位置查找。整个Lua文件的查找过程和Java的.class文件的查找过程也很类似。需要注意的是，Lua包路径需要在nginx.conf配置文件中进行配置：

```
lua_package_path " E:/tool/ZeroBraneStudio-1.80/lualibs/?/?.lua;;";
lua_package_cpath " E:/tool/ZeroBraneStudio-1.80/bin/clibs/?.dll;;";
```

这里有两个包路径配置项：lua_package_path用于配置Lua文件的包路径，lua_package_cpath用于配置C语言模块文件的包路径。在Linux系统上，C语言模块文件的类型是“.so”类型；在Windows平台上，C语言模块文件的类型是“.dll”类型。

如果Lua包路径需要配置多个路径，则路径之间使用分号（;）分隔。末尾的两个双分号（;;）表示加上Nginx默认的Lua包搜索路径，其中包含了Nginx的安装目录下的lua目录。

```
//路径清单：一个默认的Lua文件搜索路径输出案例

./site/lualib/?.ljbc;
./site/lualib/?/init.ljbc;
./lualib/?.ljbc;
./lualib/?/init.ljbc;
./site/lualib/?.lua;
./site/lualib/?/init.lua;
./lualib/?.lua;
./lualib/?/init.lua;
.\?.lua;
E:\tool\openresty-1.13.6.2-win32\lualib\?.lua;
E:\tool\openresty-1.13.6.2-win32\lua\?.lua;
E:\tool\openresty-1.13.6.2-win32\lua\?\init.lua;;
```

在openResty的lualib下已经提供了大量第三方开发库，如CJSON、Redis客户端、MySQL客户端等，并且这些Lua模块已经包含到默认的搜索路径中。openResty的lualib下的模块可以直接在Lua文件中通过require方式进行导入：

```
-- 导入Redis操作模块
local redis  =  require("resty.redis")
-- 导入CJSON操作模块
local cjson  =  require("cjson")
```

9.3.3 Lua的数据类型

Lua中大致有以下8种数据类型，具体如表9-1所示。

表 9-1　8 种数据类型

类　型	名　称	说　明
number	实数	可以是整数、浮点数
string	字符串	字符串类型，值是不可改变的
boolean	布尔类型	false 和 nil 为假，其他都为真
table	数组、容器	table 类型实现了一种抽象的“关联数组”，相当于 Java 中的 Map
userdata	类	其他语言中的对象类型，转换过来就变成 userdata 类型。比如说 Redis 返回的空值有可能就是 userdata 类型，判断空值的时候要小心
thread	线程	和 Java 中的线程差不多，代表一条执行序列，拥有自己的独立的栈、局部变量和命令指针
nil	空类型	变量没被赋值，类型默认为 nil。nil 类型就 nil 一个值，表示变量是否被赋值，变量赋值成 nil 也表示删除变量
function	函数	由 C 和 Lua 编写的函数，属于一种数据类型

Lua是弱类型语言，和JavaScript等脚本语言类似，变量没有固定的数据类型，每个变量可以包含任意类型的值。使用内置的type（变量名称）方法可以获取该变量的数据类型。下面是一段简单的类型输出演示程序。

```
--输出数据类型
local function showDataType()
    local i;
    basic.log("字符串的类型", type("hello world"))
    basic.log("方法的类型", type(showDataType))
    basic.log("true的类型", type(true))
    basic.log("整数数字的类型", type(360))
    basic.log("浮点数字的类型", type(360.0))
    basic.log("nil值的类型", type(nil))
    basic.log("未赋值变量i的类型", type(i))
end
```

上面的方法定义在luaScript.module.demo.dataType模块中。然后定义一个专门的调试模块runDemo，调用上面定义的showDataType方法。runDemo.lua的代码清单如下：

```
--- 启动调试
local mobdebug = require("luaScript.initial.mobdebug");
mobdebug.start();
--导入自定义的基础模块
local basic = require("luaScript.module.common.basic");
--导入自定义的dataType模块
local dataType =
require("luaScript.module.demo.dataType");
ngx.say("下面是数据类型演示的结果输出：<br>" );
dataType.showDataType();
```

在nginx-debug.conf配置好runDemo.lua之后就可以通过浏览器执行了，浏览器输出的结果如图9-3所示。

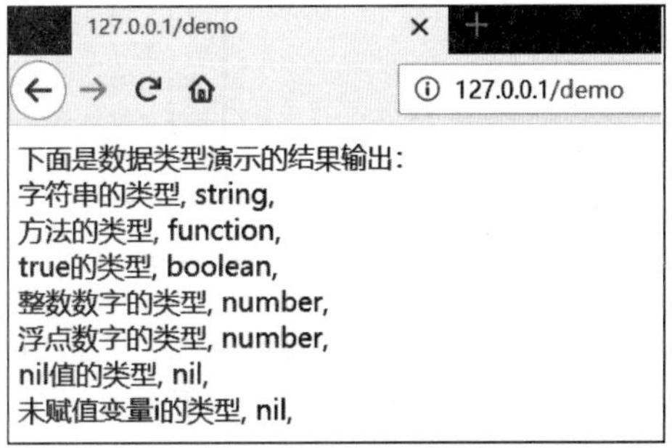

图 9-3　Lua 数据类型输出

关于Lua的数据类型有以下几点需要注意：

1）nil是一种类型，Lua中nil表示“无效值”。nil也是一个值，表示变量是否被赋值，如果变量没有被赋值，则值为nil，类型也为nil。

与Nginx略微有一点不同，OpenResty还提供了一种特殊的空值，即ngx.null，用来表示空值，但是不同于nil。

2）boolean（布尔类型）的可选值为true和false。Lua中，仅nil与false为“假”，其他所有值均为“真”，比如数字0和空字符串都是“真”。这一点和Java语言的boolean类型还是有一点区别的。

3）number类型用于表示实数，与Java中的double类型很类似，但是又有区别：Lua的整数类型也是number。一般来说，Lua中number类型就用双精度浮点数来实现，可以使用数学函数math.lua来操作number类型的变量。在math.lua模块中定义了大量的数字操作方法，比如定义了floor（向下取整）和ceil（向上取整）等操作。下面是一个演示方法。

```
--演示取整操作
local function intPart(number)
    basic.log("演示的整数",number)
    basic.log("向下取整是", math.floor(number));
    basic.log("向上取整是", math.ceil(number))
end
```

上面的方法定义在luaScript.module.demo.dataType模块中，然后在runDemo.lua模块中调用上面定义的intPart方法。调用的代码清单如下：

```
--- 启动调试
local mobdebug = require("luaScript.initial.mobdebug");
mobdebug.start();
--导入自定义的dataType模块
local dataType = require("luaScript.module.demo.dataType");
ngx.say("<hr>下面是数字取整的输出：<br>" );
dataType.intPart(0.01);
dataType.intPart(3.14);
```

运行之后，输出的结果如图9-4所示。

4）table类型实现了一种抽象的“关联数组”，相当于Java中的Map。“关联数组”是一种具有特殊索引方式的数组，索引（也就是Map中的key）通常是number类型或者字符串（string），但也可以是除nil以外的任意类型的值。默认情况下，table中的key是number类型，并且key的值为递增的数字。

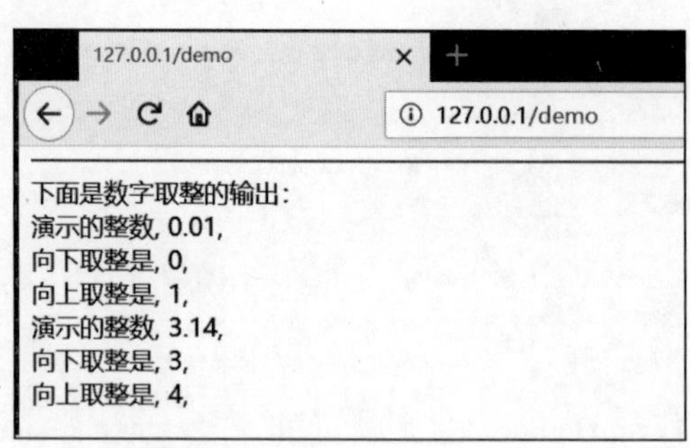

图 9-4 floor（向下取整）和 ceil（向上取整）操作的结果

5）和JavaScript脚本语言类型，在Lua中的函数也是一种数据类型，类型为function。函数可以存储在变量中，也可以作为参数传递给其他函数，还可以作为其他函数的返回值。定义一个有名字的函数本质上是定义一个函数对象，然后赋值给变量名称（函数名）。

例如，前面定义在basic.lua中的max函数，可以变成如下的形式：

```
--局部函数,取得最大值
local max= function (num1, num2)
   local result = nil;
   if (num1 > num2) then
      result = num1;
   else
      result = num2;
   end
   return result;
end
```

在上面的代码中，首先定义一个变量max，然后使用function定义一个匿名函数，并且将函数赋给max变量。这种定义方法等价于直接定义一个带名字的函数的方式：

```
--局部函数,取得最大值
local max= function (num1, num2)
  //...省略函数体
end
```

9.3.4　Lua 的字符串

Lua中有三种方式表示字符串：

1）使用一对匹配的半角英文单引号，例如'hello'。

2）使用一对匹配的半角英文双引号，例如"hello"。

3）还可以用一种长括号（即[[ ]]）括起来的方式定义，例如[["add\name",'hello']]。

需要说明的是，长括号内的任何转义符不被处理，比如长括号内的"\n"就不会被转义。

Lua的字符串的值是不可改变的，和Java一样，string类型是不可变类型。如果需要改变，则需要根据修改要求来创建一个新的字符串并且返回。另外，Lua也不支持通过下标来访问字符串中的某个字符。

Lua定义了一个负责字符串操作的string模块，包含很多强大的字符操作函数。主要的字符串操作介绍如下：

（1）两点符号(..)：字符串拼接符号

Lua中，如果需要进行字符串的连接，可使用两点符号（..）。例如：

```
--演示字符串操作
local function stringOperator(s)
   local here="这里是：" .. "高性能研习社群" .. "疯狂创客圈";
   print(here);
   basic.log("字符串拼接演示",here);
  end
```

（2）string.len(s)：获取字符串的长度

此函数接收一个字符串作为参数，返回它的长度。此函数的功能和“#”运算符类似，后者也是取字符串的长度。实际开发过程中，建议尽量使用“#”运算符来获取Lua字符串的长度。

```
--演示字符串长度的获取
local function stringOperator(s)
   local here = "这里是：" .. "高性能研习社群" .. "疯狂创客圈";
   basic.log("获取字符串的长度", string.len(here));
   basic.log("获取字符串的长度方式二", #here);end
```

（3）string.format(formatString, ...)：格式化字符串

第一个参数formatString表示进行格式化字符串的规则，通常由常规文本和格式指令组成，比如：

```
--简单的圆周率格式化规则
string.format(" 保留两位小数的圆周率 %.4f", 3.1415926);
--格式化日期
string.format("%s %02d-%02d-%02d", "今天is:", 2020, 1, 1));
```

formatString参数中，除了常规文本之外还有格式指令。格式指令由%符号加上一个类型字母组成，比如%s（字符串格式化）、%d（整数格式化）、%f（浮点数格式化）等，在%符号和类型符号的中间，可以选择性地加上一些格式控制数据，比如%02d表示进行两位的整数格式输出。总体来说，formatString参数中的格式化指令的规则与标准C语言中printf函数的格式化规则基本相同。

format函数后面的参数是一个可变长参数，表示一系列的需要进行格式化的值。一般来说，前面的formatString参数中有多少格式化指令，后面就可以放置对应数量的参数值，并且后面的参数类型需要与formatString参数中对应位置的格式化指令中的类型符号相匹配。

（4）string.find(s, pattern [, init [, plain]])：字符串匹配

在s字符串中查找第一个匹配正则表达式pattern的子字符串，返回第一次在s中出现的满足条件的子串的开始位置和结束位置；若匹配失败，则返回nil。第三个参数init默认为1，表示从起始位置1开始找起。第四个参数的值默认为false，表示第二个参数pattern为正则表达式，默认进行表达式匹配，当第四个参数为true时，只会把pattern看成一个普通字符串。

```
--演示字符串查找操作
local function stringOperator(s)
   local here="这里是：" .. "高性能研习社群" .. "疯狂创客圈";
   local find = string.find;
   basic.log("字符串查找",find(here,"疯狂创客圈"));
end
```

（5）string.upper(s)：字符串转成大写

接收一个字符串s，返回一个把所有小写字母变成大写字母的字符串。

```
--演示字符串操作
local function stringOperator(s)
   local src = "Hello world!";
   basic.log("字符串转成大写",string.upper(src));
   basic.log("字符串转成小写",string.lower(src));
end
```

与string.upper(s)方法类似，string.lower (s)方法的作用是接收一个字符串s，返回一个全部字母变成小写的字符串。

9.3.5 Lua 中的数组容器

Lua数组的类型定义的关键词为table，通过名字进行翻译的话可以直接翻译为二维表。和Java数组对比起来，Lua数组有以下几个要点：

要点一：Lua数组内部实际采用哈希表保存"键－值对"，这一点和Java的容器HashMap类似。不同的是，Lua在初始化一个普通数组时，如果不显式地指定元素的键，则默认用数字索引作为键。

要点二：使用花括号定义一个数组，中间加上初始化的元素序列，元素之间以逗号隔开即可。

```
--定义一个数组
 local array1 = { "这里是：" , "高性能研习社群" ,"疯狂创客圈" }
--定义一个元素类型为“键一值对”的数组，相当于Java的HashMap
 local array2 = { k1="这里是：" , k2= "高性能研习社群" , k3="疯狂创客圈" }
```

要点三：普通Lua数组的数字索引对应Java的元素下标，是从1开始计数的。

要点四：普通Lua数组的长度的计算方式和C语言有点儿类似。从第一个元素开始，计算到最后一个非nil的元素为止，中间的元素数量即是长度。

要点五：使用[]符号取得数组元素值，形式为array[key]，其中，array代表数组变量名称，key代表元素的索引，这一点和Java语言是类似的。对于普通的数组，key为元素的索引值；对于“键一值对”类型的数组容器，key就是“键一值对”中的键。

```
--迭代上面定义的普通数组
for i = 1, 3 do
   ngx.say(i .. "=" .. array1[i] .. ",");
end
ngx.say("<br>");
--迭代上面定义“键一值对”的数组容器
for k, v in pairs(array2) do
   ngx.say(k .. "=" .. array2[k] .. ",");
end
ngx.say("<br><br>");
```

Lua定义了一个负责数组和容器操作的table模块，主要的字符串操作大致如下：

（1）table.getn (t)：获取长度

对于普通的数组，键从1到n放着一些非空值时，它的长度就精确为n。如果数组有一个元素为“空值”（nil值被夹在中间，相当于有一个空洞），那么数组的长度为“空值”前面部分的数组长度，“空值”后面的数组元素不会计算在内。

要获取数组长度，Lua中还有一个更为简单的操作符，即一元操作符#。并且，在Lua5.1之后的版本去掉了table.getn (t)方法，直接使用#获取长度。

```
--定义一个数组
local array1 = { "这里是：", "高性能研习社群", "疯狂创客圈" }
--定义一个K-V元素类型的数组
local array2 = { k1 = "这里是：", k2 = "高性能研习社群", k3 = "疯狂创客圈" }
--取得数组长度
basic.log("使用table.getn (t)获取长度", table.getn (array1));
basic.log("使用 一元操作符# 获取长度", #array1 );
```

（2）table.concat(array, [, sep, [, i , [, j]]])：连接数组元素

按照array[i]..sep.. array[i+1] ..sep.. array[j]的方式，将普通数组中所有的元素连接成一个字符串并返回。分隔字符串sep默认为空白字符串。起始位置i默认为1，结束位置j默认是array的长度。如果i大于j，则返回一个空字符串。

```
local testTab = { 1, 2, 3, 4, 5, 6, 7 }
basic.log("连接元素",table.concat(testTab))   --输出：1234567
basic.log("带分隔符连接元素",table.concat(testTab, "*", 1, 3))   --输出：1*2*3
```

（3）table.insert(array, [pos,] , value)：插入元素

在array的位置pos处插入元素value，后边的元素向后面顺移。pos的默认值为 #list+1，因此调用table.insert(array,x)会将x插在普通数组array的末尾。

```
local testTab = { 1, 2, 3, 4 }
```

```
--插入一个元素到末尾
table.insert(testTab, 5)
basic.printTable(testTab)        --输出：1  2  3  4  5
--插入一个元素到位置索引2
table.insert(testTab, 2, 10)
basic.printTable(testTab)       --输出：1  10  2  3  4  5
```

上面用了一个新的成员basic.printTable(testTab)，是为了输出数组元素，在basic模块中专门定义了一个新输出方法 _printTable(tab)，然后暴露为printTable。代码如下：

```
--在屏幕上输出table元素
function _printTable(tab)
   local output = ""
   for i, v in ipairs(tab) do
      ngx.say(v .. "  ");
   end
   ngx.say("<br>");
end
```

（4）table.remove(array [, pos])：删除元素

删除array中pos位置上的元素，并返回这个被删除的值。当pos是1到#list之间的整数时，将后面的所有元素前移一位，并删除最后一个元素。

```
testTab = { 1, 2, 3, 4, 5, 6, 7 }
--删除最后一个元素
table.remove(testTab)
basic.printTable(testTab)   --输出：1  2  3  4  5  6
--删除第二个元素
table.remove(testTab, 2)   --输出： 1  3  4  5  6
basic.printTable(testTab)
```

9.3.6 Lua 的控制结构

1. 分支控制结构 if-else

if-else是Java工程师熟知的一种控制结构，有3种类型：单分支结构、两分支结构和多分支结构。

（1）单分支结构：if

以关键词if开头，以关键词end结束。这一点和Java不同，Java中使用右花括号作为分支结构体的结束符号。

```
--单分支结构
Local  x = '疯狂创客圈'
if  x == '疯狂创客圈'  then
    basic.log("单分支演示：", "这个是一个高性能研习社群")
end
```

输出的结果是：

```
单分支演示：这个是一个高性能研习社群
```

（2）两分支结构：if-else

与Java类似，两分支结构的控制语句是在单分支的基础上加入else子句。

```
--两分支
Local  x = '疯狂创客圈'
if  x ==  '这个是一个高性能研习社群'  then
```

```
        basic.log("两分支演示: ", "这儿是疯狂创客圈")
    else
        basic.log("两分支演示: ", "这儿还是疯狂创客圈")
    end
```

输出的结果是:

```
两分支演示: 这儿还是疯狂创客圈
```

（3）多个分支结构：if-elseif-else

多分支结构就是添加elseif条件子句，可以添加多个elseif条件子句。与Java语言的不同之处是else与if不是分开的，是连在一起的。

```
   --多分支
    if  x == '这个是一个高性能研习社群'  then
        basic.log("多分支演示: ", "这儿是疯狂创客圈")
    elseif  x == '疯狂创客圈'  then
        basic.log("多分支演示: ", "这个是一个高性能研习社群")
    else
        basic.log("多分支演示: ", "这儿不是疯狂创客圈")
    end
```

输出的结果是:

```
多分支演示: 这个是一个高性能研习社群
```

2. for 循环控制结构

for循环控制结构分成两类：基础for循环和增强版的foreach循环。

（1）基础的for循环

语法如下：

```
for var = begin, finish, step do
    --body
end
```

基础的for循环的语法中，var表示迭代变量，begin、finish、step表示控制的变量。迭代变量var从begin开始，一直变化到finish循环结束，每次变化都以step作为步长递增。begin、finish、step可以是表达式，但是这3个表达式只会在循环开始时执行一次。其中，步长表达式step是可选的，如果没有设置，默认值就为1。迭代变量var的作用域仅在for循环内，并且循环过程中不能改变迭代变量var的值，否则会带来不可预知的影响。

```
--for循环，步长为2
    for i = 1, 5, 2 do
        ngx.say(i .. " ")
end

    --for循环，步长为1
    ngx.say("<br>");
    for i = 1, 5 do
        ngx.say(i .. " ")
    end
```

输出的结果分别为：

```
1 3 5
1 2 3 4 5
```

（2）增强版的foreach循环

语法如下：

```
for key, value in pairs(table) do
    --body
end
```

前面讲到，在Lua的table内部保存的有一个“键－值对”的列表，foreach循环就是对这个列表中的“键－值对”进行迭代，pairs（table）函数的作用就是取得table内部的“键－值对”列表。

```
-- foreach循环，打印table t中所有的键和值
    local days = {
        "Sunday", "Monday", "Tuesday", "Wednesday",
        "Thursday", "Friday", "Saturday"
    }
    for key, value in pairs(days) do
        ngx.say(key .. ":" .. value .. "; ")
    end
    local days2 = {
        Sunday = 1, Monday = 2, Tuesday = 3, Wednesday = 4,
        Thursday = 5, Friday = 6, Saturday = 7
    }
    for key, value in pairs(days2) do
        ngx.say(key .. ":" .. value .. "; ")
end
```

输出的结果如下：

```
1:Sunday; 2:Monday; 3:Tuesday; 4:Wednesday; 5:Thursday; 6:Friday; 7:Saturday;
Tuesday:3; Monday:2; Sunday:1; Thursday:5; Friday:6; Wednesday:4; Saturday:7;
```

9.3.7 Lua 的函数定义

Lua函数使用关键词function来定义，使用函数的好处如下：

1）降低程序的复杂性：模块化编程的好处是将复杂问题变成一个一个小问题，然后分而治之。把函数作为一个独立的模块或者当作一个黑盒，而不需要考虑函数里面的细节。

2）增强代码的复用度：当程序中有相同的代码部分时，可以把这部分写成一个函数，通过调用函数来实现这部分代码的功能，节约空间、减少代码长度。

3）隐含局部变量：在函数中使用局部变量，变量的作用域（即作用范围）不会超出函数，这样它就不会给外界带来干扰。

首先来看下Lua的函数定义，格式如下：

```
optional_function_scope function function_name( argument1, argument2, argument3...,
argumentn)
    function_body
    return result_params_comma_separated
end
```

参数说明如下：

1）optional_function_scope：该参数表示所定义的函数是全局函数还是局部函数，该参数是可选参数，默认为全局函数，如果定义为局部函数，则设置为关键字local。

2）function_name：该参数指定函数名称。

3）argument1，argument2，argument3，…，argumentn：函数参数，多个参数以逗号隔开，函数也可以不带参数。

4）function_body：函数体，函数中需要执行的代码语句块。

5）result_params_comma_separated：函数返回值，Lua语言中函数可以返回多个值，每个值以逗号分隔开。

下面定义了一个局部函数max()，参数为num1和num2，用于比较两值的大小，并返回最大值：

```
--局部函数,取得最大值
local function max(num1, num2)
    local result = nil;
    if (num1 > num2) then
        result = num1;
    else
        result = num2;
    end
    return result;
end
```

怎么使用Lua的可变参数呢？和Java语言类似，Lua函数可以接收可变数目的参数，在函数参数列表中使用三点（...）表示函数有可变的参数。在函数的内部可以通过一个数组访问可变参数的实参列表，简称可变实参数组。只不过访问可变实参数组前需要将其赋值给一个变量。

```
--在屏幕上打印日志，可以输入多个打印的数据
local function log(...)
    local args = { ... }    --这里的...和{}符号中间需要有空格号，否则会出错
    for i, v in pairs(args) do
        print("index:", i, " value:", v)
        ngx.say(v .. ",");
    end
    ngx.say("<br>");
end
```

这里不得不提一下函数参数值的传递方式。大家知道，主要有两种传递方式：一种是值传递，另一种是引用传递。Lua函数的参数大部分是按值传递的。值传递就是调用函数时，实参把实参的值通过赋值传递给形参，然后形参的改变和实参就没有关系了。在这个过程中，实参和形参是通过在参数表中的位置匹配起来。但是有一种数据类型除外，这就是table数组类型，table类型的传递方式是引用传递。当函数参数是table类型时，传递进来的是实际参数的引用（内存地址），此时在函数内部对该table所做的修改会直接对实际参数生效，而无须自己返回结果和让调用者进行赋值。

怎么使得函数可以有多个返回值呢？这是Lua具有一项与众不同的特性，允许函数返回多个值。比如，Lua的内置函数string.find，在源字符串中查找目标字符串，若查找成功，则返回两个值：一个起始位置和一个结束位置。

```
local s, e = string.find("hello world", "lo")   -->返回值为：4  5
print(s, e)  -->输出：4  5
```

如果一个函数需要在return后面返回多个值时，值与值之间用“,”分隔开。

最后来总结一下定义一个Lua函数要注意的几点：

1）利用名字来解释函数和变量是为了使人通过名字就能看出来函数和变量的作用。让代码自己说话，不需要注释最好。

2）由于全局变量一般会占用全局名字空间，同时也有性能损耗（即查询全局环境表的开销），因此我们应当尽量使用“局部函数”，在开头加上local修饰符。

3）由于函数定义本质上就是变量赋值，而变量的定义总是应放置在变量使用之前，因此函数的定义也需要放置在函数调用之前。

9.3.8 Lua 的面向对象编程

大家知道，在Lua中使用表（table）实现面向对象，一个表就是一个对象。由于Lua的函数（function）也是一种数据类型，因此表可以拥有前面介绍的8大数据类型的成员属性。

下面在DataType.lua模块中定义带有一个成员的_Square类，代码如下：

```
-- 正方形类
_Square = { side = 0 }
_Square.__index = _Square
-- 类的方法getArea
function _Square.getArea(self)
   return self.side * self.side;
end
-- 类的方法new
function _Square.new(self, side)
   local cls = {}
   setmetatable(cls, self)
   cls.side = side or 0
   return cls
end
-- 一个统一的模块对象
local _Module = {
    ...//省略其他的
   Square = _Square;
}
```

在调用的Square类的方法时，建议将点号改为冒号。使用冒号进行成员方法调用时，Lua会隐性传递一个self参数，它将调用者对象本身作为第一个参数传递进来。

```
ngx.say("<br><hr>下面是面向对象操作的演示：<br>");
local Square = dataType.Square;
local square = Square:new(20);
ngx.say("正方形的面积为", square:getArea());
```

输出的结果如下：

```
下面是面向对象操作的演示：
正方形的面积为400
```

Lua的面向对象用到了两个重要的概念：

1）metatable元表：简单来说，如果一个表（也叫对象）的属性找不到，就去它的元表中查找。通过setmetatable（table，metatable）方法设置一个表的元表。

2）上面这一点不完全对。为什么呢？准确来说，不是直接查找元表的属性，而是去原表中的一个特定的属性，名称叫作__index的表（对象）中查找属性。__index也是一个table类型，Lua会在__index中查找相应的属性。

所以，在上面的代码中，_Square表设置了__index属性的值为自身，当为新创建的new对象查找

getArea方法时，需要在原表_Square表的__index的属性中查找，找到的就是getArea方法的定义。这个调用的链条如果断了，新创建的new对象的getArea方法就会导航失败。

9.4 Nginx Lua 编程基础

OpenResty通过汇聚各种设计精良的Nginx模块（主要由OpenResty团队自主开发）将Nginx变成一个强大的通用Web应用平台。这样，Web开发人员和系统工程师可以使用Lua脚本语言调动Nginx支持的各种C以及Lua模块，快速构造出足以胜任10KB乃至1000KB以上单机并发连接的高性能Web应用系统。

OpenResty的目标是让Web服务直接运行在Nginx服务内部，充分利用Nginx的非阻塞I/O模型，不仅对HTTP客户端请求，甚至对远程后端诸如MySQL、PostgreSQL、Memcached以及Redis等都进行一致的高性能响应。

实战案例说明：本节用到的配置文件为源码工程nginx-lua-demo.conf。运行本小节实例前，需要修改openresty-start.bat（或openresty-start.sh）脚本中的PROJECT_CONF变量的值，将它改为nginx-lua-demo.conf，然后重启OpenRestry。

9.4.1 Nginx Lua 的执行原理

在OpenResty中，每个Worker进程使用一个Lua VM，当请求被分配到Worker时，将在这个Lua VM中创建一个协程，协程之间数据隔离，每个协程都具有独立的全局变量。

ngx_lua是将Lua嵌入Nginx，让Nginx执行Lua脚本，并且高并发、非阻塞地处理各种请求。Lua内置协程，可以很好地将异步回调转换成顺序调用的形式。ngx_lua在Lua中进行的IO操作都会委托给Nginx的事件模型，从而实现非阻塞调用。开发者可以采用串行的方式编写程序，ngx_lua会在进行阻塞的IO操作时自动中断，保存上下文，然后将IO操作委托给Nginx事件处理机制，在IO操作完成后，ngx_lua会恢复上下文，程序继续执行，这些操作对用户程序都是透明的。

每个Nginx的Worker进程持有一个Lua解释器或LuaJIT实例，被Worker处理的所有请求共享这个实例。每个请求的Context上下文会被Lua轻量级的协程分隔，从而保证各个请求是独立的，如图9-5所示。

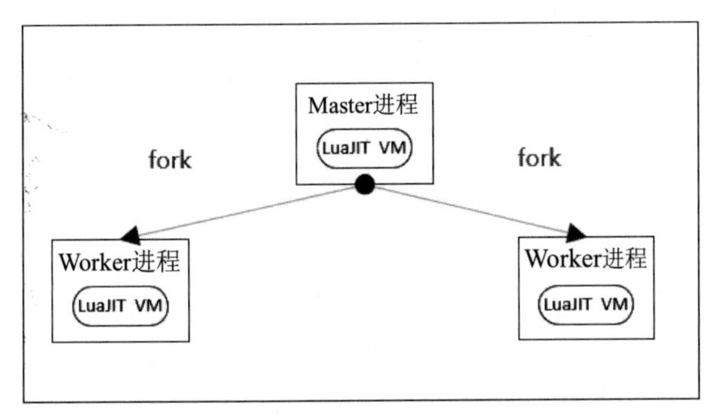

图 9-5 工作进程相互独立

1）每个Worker（工作）进程创建一个Lua VM，Worker内所有协程共享VM。

2）将Nginx I/O原语封装后注入Lua VM，允许Lua代码直接访问。

3）每个外部请求都由一个Lua协程处理，协程之间数据隔离。

4）Lua代码调用I/O操作等异步接口时会挂起当前协程（并保护上下文数据），而不阻塞Worker进程。

5）I/O等异步操作完成时还原协程相关的上下文数据，并继续运行。

ngx_lua采用“one-coroutine-per-request”的处理模型，对于每个用户请求，ngx_lua会唤醒一个协程用于执行用户代码处理请求，当请求处理完成后，这个协程会被销毁。每个协程都有一个独立的全局环境（变量空间），继承于全局共享的、只读的公共数据。所以，被用户代码注入全局空间的任何变量都不会影响其他请求的处理，并且这些变量在请求处理完成后会被释放，这样就保证所有的用户代码都运行在一个“sandbox”（沙箱）中，这个沙箱与请求具有相同的生命周期。得益于Lua协程的支持，ngx_lua在处理10000个并发请求时只需要很少的内存。根据测试，ngx_lua处理每个请求只需要2KB的内存，如果使用LuaJIT则会更少。所以ngx_lua非常适合用于实现可扩展的、高并发的服务。

9.4.2 Nginx Lua 的配置指令

ngx_lua定义了一系列的Nginx配置指令，用于配置何时运行用户Lua脚本以及如何返回Lua脚本的执行结果。

ngx_lua定义的Nginx配置指令大致如表9-2所示。

表 9-2 ngx_lua 定义的 Nginx 配置指令

Nginx Lua 配置指令名称	指令说明
lua_package_path	配置 Lua 外部库的搜索路径，搜索的文件类型为 .lua 文件
lua_package_cpath	配置 Lua 外部库的搜索路径，搜索 C 语言编写的外部库文件。Linux 系统下搜索类型为 .so 文件；Windows 系统下为 .dll 文件
init_by_lua	Master 进程启动时挂载的 Lua 代码块，常用于导入公有模块
init_by_lua_file	Master 进程启动时挂载的 Lua 脚本文件
init_worker_by_lua	Worker 进程启动时挂载的 Lua 代码块，常用来执行一些定时器任务
init_worker_by_lua_file	Worker 进程启动时挂载的 Lua 脚本文件，常用来执行一些定时器任务
set_by_lua	类似于rewrite模块的set指令，将Lua代码块的返回结果设置在Nginx的变量中
set_by_lua_file	类似于 rewrite 模块的 set 指令，将 Lua 脚本文件的返回结果设置在 Nginx 的变量中
content_by_lua	执行在 Content 阶段的 Lua 代码块，执行结果将作为请求响应的内容。Lua 代码块是在 Nginx 字符串中编写的 Lua 脚本，可能需要进行特殊字符转义
content_by_lua_file	执行在 content 阶段的 lua 脚本文件，执行结果将作为请求响应的内容
content_by_lua_block	与 content_by_lua 指令类似，不同之处在于该指令是直接在一对花括号（{}）内联 Lua 源码，而不是在 Nginx 字符串中（它需要特殊字符转义）
rewrite_by_lua	执行在 rewrite 阶段的 Lua 代码块，完成转发、重定向、缓存等功能
rewrite_by_lua_file	执行在 rewrite 阶段的 Lua 脚本文件，完成转发、重定向、缓存等功能

（续表）

Nginx Lua 配置指令名称	指令说明
access_by_lua	执行在 access 阶段的 Lua 代码块，完成 IP 准入、接口权限等功能
access_by_lua_file	执行在 access 阶段的 Lua 脚本文件，完成 IP 准入、接口权限等功能
header_filter_by_lua	响应头部过滤处理的 Lua 代码块，比如可以用于添加响应头部信息
body_filter_by_lua	响应体的过滤处理的 Lua 代码块，比如可以用于加密响应体
log_by_lua	异步完成日志记录的 Lua 代码块，比如既可以在本地记录日志，也可以记录到 ETL 集群

ngx_lua配置指令在Nginx的HTTP请求处理阶段中所处的位置大致如图9-6所示。

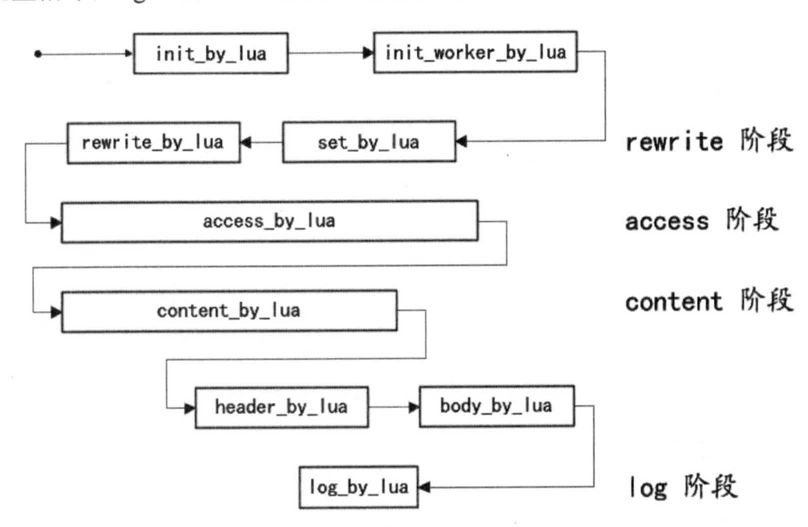

图 9-6　ngx_lua 配置指令在 Nginx 的 HTTP 请求处理阶段中所处的位置

9.4.3　Nginx Lua 的常用配置指令

1）lua_package_path指令，它的格式如下：

```
lua_package_path  lua-style-path-str
```

lua_package_path指令用于设置“.lua”外部库的搜索路径，此指令的上下文为http配置块。其默认值为LUA_PATH环境变量内容或者Lua编译的默认值。lua-style-path-str字符串是标准的lua path格式，“;;”常用于表示原始的搜索路径。下面是一个简单的例子：

```
# 设置纯Lua扩展库的搜寻路径(';;' 是默认路径)
lua_package_path '/foo/bar/?.lua;/blah/?.lua;;';
```

Openresty可以在搜索路径中使用插值变量。例如，可以使用插值变量$prefix或 ${prefix}获取虚拟服务器server的前缀路径，server的前缀路径通常在Nginx服务器启动时通过-p PATH命令行选项来指定。

2）lua_package_cpath指令，它的格式如下：

```
lua_apckage_cpath  lua-style-cpath-str
```

lua_package_path指令用于设置Lua的C语言模块外部库“.so”（Linux）或“.dll”（Windows）外部库的搜索路径，此指令的上下文为http配置块。lua-style-cpath-str字符串是标准的lua cpath格式，“;;”常用于表示原始的cpath。下面是一个简单的例子：

```
# 设置C编写的Lua扩展模块的搜寻路径(也可以用 ';;')
lua_package_cpath  '/bar/baz/?.so;/blah/blah/?.so;;';
```

同样，Openresty可以在搜索路径lua-style-cpath-str中使用插值变量，比如通过$prefix或${prefix}获取服务器前缀的路径。

3）init_by_lua指令，它的格式如下：

```
init_by_lua  lua-script-str
```

init_by_lua指令只能用于http上下文，运行在配置加载阶段。当Nginx的Master进程在加载Nginx配置文件时，在全局Lua VM级别上运行由参数lua-script-str指定的Lua脚本块。当Nginx接收到HUP信号并开始重新加载配置文件时，Lua VM将会被重新创建，并且init_by_lua也将在新的VM上再次运行。

如果Lua脚本的缓存是关闭的，那么每请求一次都运行一次init_by_lua处理程序。通过lua_code_cache指令可以关闭Lua脚本缓存，缓存默认是开启的。

注意 生产场景下都会开启Lua脚本缓存，在init_by_lua调用require所加载的模块文件会缓存在全局的Lua注册表package.loaded中，所以在这里定义的全局的变量和函数可能会污染命名空间，当然也会影响性能。

4）lua_code_cache指令，它的格式如下：

```
lua_code_cache  on | off
```

lua_code_cache用于启用或者禁用Lua脚本缓存，可以使用的上下文有http、server、location配置块。当缓存关闭时，通过ngx_lua提供的每个请求都将在一个单独的Lua VM实例中运行。在缓存关闭的场景下，由set_by_lua_file、content_by_lua_file、access_by_lua_file等指令中引用的Lua脚本都将不会被缓存，所有的Lua脚本都将从头开始加载。

通过该指令，开发人员可以进行编辑刷新模型的快速开发，改动代码后不需要重启Nginx。

在缓存关闭的情况下，在nginx.conf配置文件中编写的内联Lua脚本并不会被重新加载。如由set_by_lua、content_by_lua、access_by_lua和rewrite_by_lua指定的Lua脚本块将不会被反复更新，Lua代码改动后，需要重启Nginx。

关闭缓存会对整体性能产生负面的影响。例如，在禁用Lua脚本缓存后，一个简单的"hello world" Lua示例的性能可能会下降一个数量级。

强烈禁止在生产环境中关闭Lua脚本缓存，仅仅可以在开发期间关闭Lua脚本缓存。

5）set_by_lua指令，它的格式如下：

```
set_by_lua  $destVar  lua-script-str  params
```

set_by_lua指令的功能类似于rewrite模块的set指令，具体来说，是将Lua脚本块的返回结果设置在Nginx的变量中。set_by_lua指令所处的上下文和执行阶段与Nginx的set指令基本相同。

下面是一个简单示例，将Lua脚本的相加结果设置给Nginx变量$sum，具体的代码如下：

```
    location /set_by_lua_demo {
      #set指令定义两个Nginx变量
      set $foo 1;
      set $bar 2;

      #调用内联代码，将结果放入Nginx变量$sum
      set_by_lua  $sum  'return tonumber(ngx.arg[1]) + tonumber(ngx.arg[2])'   $foo
$bar;
       echo $sum;
    }
```

上面代码中的set_by_lua指令调用一段非常简单的Lua脚本，将两个输入参数$a、$b累加起来，然后将相加的结果设置到Nginx变量$sum中。

启动Nginx，访问http://crazydemo.com/set_by_lua_demo，得到的结果如图9-7所示。

图 9-7　set_by_lua 指令通过 Lua 脚本为 Nginx 变量设值

使用set_by_lua配置指令时，可以在Lua脚本的后面带上一个调用参数列表。在Lua脚本中可以通过Nginx Lua模块内置的ngx.arg表容器读取实际参数。

6）access_by_lua指令，它的格式如下：

```
access_by_lua $destVar  lua-script-str
```

access_by_lua执行在HTTP请求处理11个阶段中的access阶段，使用Lua脚本进行访问控制。access_by_lua指令运行于access阶段的末尾，因此总是在allow和deny这样的指令之后运行，虽然它们同属access阶段。一般可以通过access_by_lua进行比较复杂的用户权限验证，因为能借助Lua脚本执行一系列复杂的验证操作，比如实时查询数据库或者其他后端服务。

我们来看一个简单的例子，利用access_by_lua来实现ngx_access模块的IP地址过滤功能：

```
location /access_demo {
  access_by_lua '
    ngx.log(ngx.DEBUG, "remote_addr ="..ngx.var.remote_addr);
    if ngx.var.remote_addr == "192.168.233.128" then
       return;
    end
    ngx.exit(ngx.HTTP_UNAUTHORIZED);
  ';
  echo "hello world";
}
```

以上代码中能放行的IP地址为192.168.233.128，此IP地址为笔者机器上的虚拟CentOS地址。重启Nginx，在CentOS上通过curl命令访问/access_demo，得到的结果如下：

```
[root@localhost ~]# curl http://192.168.233.1/access_demo
hello world
```

如果请求的来源IP地址不是192.168.233.128，则通过ngx_lua模块提供的Lua函数ngx.exit中断当前的整个请求处理流程，直接返回401未授权错误给客户端。如果是access_by_lua指令没有中断HTTP请求处理流程，则处于access阶段后面的content阶段就会顺利执行，echo指令的结果就能输出给客户端。

7）content_by_lua指令，它的格式如下：

```
content_by_lua  lua-script-str
```

content_by_lua指令用于设置执行在content阶段的Lua代码块，执行结果将作为请求响应的内容。该指令可以用于location上下文，执行于content阶段。

需要注意的是，lua-script-str代码块是在Nginx配置文件中编写的字符串形式的Lua脚本，可能需要进行特殊字符转义，所以在Openresty v0.9.17发行版之后的版本不鼓励使用此指令，改为使用content_by_lua_block指令。content_by_lua_block指令在Lua代码块中使用花括号（{}）定义，不再使用字符串分隔符。

至此，主要的Nginx Lua配置指令介绍完了，但是，以上只介绍了set_by_lua、access_by_lua、content_by_lua，没有介绍set_by_lua_file、access_by_lua_file、content_by_lua_file等指令。后面的系列指令和前面对应的指令功能是一样的，只是Lua脚本所在的位置不是内联在Nginx配置文件中，而是写在了单独的脚本文件中。

9.4.4 Nginx Lua 的内置常量和变量

Nginx Lua常用的内置变量如表9-3所示。

表 9-3 Nginx Lua 常用的内置变量

Nginx Lua 内置变量	内部变量说明
ngx.arg	ngx.arg 的类型为 Lua table，ngx.arg.VARIABLE 用于获取 ngx_lua 配置指令后面的调用参数值。例如，可以用此 table 获取跟在 set_by_lua 指令后面的调用参数值
ngx.var	ngx.arg 的类型为 Lua table，ngx.var.VARIABLE 引用某个 Nginx 变量。 如果需要对 Nginx 变量进行赋值，如 ngx.var.b = 2，则变量 b 必须提前声明。另外，可以使用 ngx.var [捕获组序号]的格式，引用 location 配置块中被正则表达式捕获的捕获组
ngx.ctx	ngx.ctx 的类型为 Lua table，可以用来访问当前请求的 Lua 上下文数据，其生存周期与当前请求相同（类似 Nginx 变量）
ngx.header	ngx.header 的类型为 Lua table，用于访问 HTTP 响应头，可以通过 ngx.header.HEADER 形式引用某个头，比如通过 ngx.header.set_cookie 可以访问响应头部的 Cookie 信息
ngx.status	用于设置当前请求的 HTTP 响应码

Nginx Lua常用的内置常量如表9-4所示。

表 9-4 Nginx Lua 常用的内置常量

内置常量类型	常量值说明
核心常量	ngx.OK (0) ngx.ERROR (-1) ngx.AGAIN (-2) ngx.DONE (-4) ngx.DECLINED (-5) ngx.null

（续表）

内置常量类型	常量值说明
HTTP 方法常量	ngx.HTTP_GET ngx.HTTP_HEAD ngx.HTTP_PUT ngx.HTTP_POST ngx.HTTP_DELETE ngx.HTTP_OPTIONS ngx.HTTP_MKCOL ngx.HTTP_COPY ngx.HTTP_MOVE ngx.HTTP_PROPFIND ngx.HTTP_PROPPATCH ngx.HTTP_LOCK ngx.HTTP_UNLOCK ngx.HTTP_PATCH ngx.HTTP_TRACE
HTTP 状态码常量	ngx.HTTP_OK (200) ngx.HTTP_CREATED (201) ngx.HTTP_SPECIAL_RESPONSE (300) ngx.HTTP_MOVED_PERMANENTLY (301) ngx.HTTP_MOVED_TEMPORARILY (302) ngx.HTTP_SEE_OTHER (303) ngx.HTTP_NOT_MODIFIED (304) ngx.HTTP_BAD_REQUEST (400) ngx.HTTP_UNAUTHORIZED (401) ngx.HTTP_FORBIDDEN (403) ngx.HTTP_NOT_FOUND (404) ngx.HTTP_NOT_ALLOWED (405) ngx.HTTP_GONE (410) ngx.HTTP_INTERNAL_SERVER_ERROR (500) ngx.HTTP_METHOD_NOT_IMPLEMENTED (501) ngx.HTTP_SERVICE_UNAVAILABLE (503) ngx.HTTP_GATEWAY_TIMEOUT (504)
日志类型常量	ngx.STDERR ngx.EMERG ngx.ALERT ngx.CRIT ngx.ERR ngx.WARN ngx.NOTICE ngx.INFO ngx.DEBUG

9.5 Nginx Lua 编程实例

本节介绍几个使用Nginx Lua编程的简单实例。

实战案例运行准备：本节涉及的配置文件为源码工程nginx-lua-demo.conf文件。在运行本节实例前，需要修改启动脚本openresty-start.bat（或openresty-start.sh）中的PROJECT_CONF变量的值，将其改为nginx-lua-demo.conf，然后重启OpenRestry。

9.5.1 Lua 脚本获取 URL 中的参数

下面的例子通过Lua脚本从URL中获取了两个参数，然后进行简单相加，代码如下：

```
location /add_params_demo {
  set_by_lua  $sum  '
        local args = ngx.req.get_uri_args();
        local a = args["a"];
        local b = args["b"];
        return a + b;
     ';
  echo "$arg_a + $arg_b = $sum";
}
```

以上Lua脚本通过ngx_lua模块的内置方法ngx.req.get_uri_args() 获取了URL后面的请求参数并保存在Lua变量args中，然后分别通过该变量获取a、b参数值并且相加，相加之后的结果返回之后被set_by_lua指令设置在Nginx变量$sum中。

以上的代码位于nginx-lua-demo.conf文件，修改后需重启OpenRestry，然后可以通过浏览器访问/add_params_demo，具体的访问结果如图9-8所示。

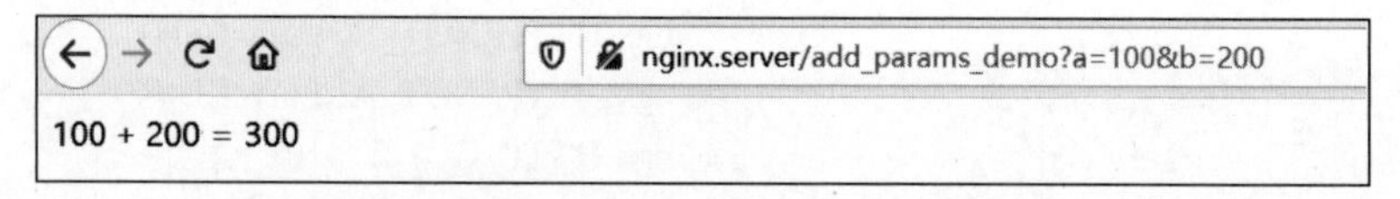

图 9-8 Lua 脚本从 URL 获取的 a 与 b 两个参数的和

除了通过ngx.req.get_uri_args()模块方法获取参数，还可以通过Nginx内置变量$arg_PARAMETER获取请求参数的值，然后传递给set_by_lua指令，具体的代码如下：

```
location /add_params_demo {
  set_by_lua  $sum  "
      local a = tonumber(ngx.arg[1]);
      local b = tonumber(ngx.arg[2]);
      return a + b;
  " $arg_a $arg_b;
  echo "$arg_a + $arg_b = $sum";
}
```

以上代码中使用了内置变量$arg_a和$arg_b获取请求参数的值，然后通过set_by_lua指令将值传递给了Lua脚本。脚本中通过ngx.arg[n]变量获取传入的指令参数，相加之后的结果返回后被set_by_lua指令设置在Nginx变量$sum中。

以上的代码位于nginx-lua-demo.conf文件，改动后需重启OpenRestry，然后可以通过浏览器访问/add_params_demo_2，具体的访问结果如图9-9所示。

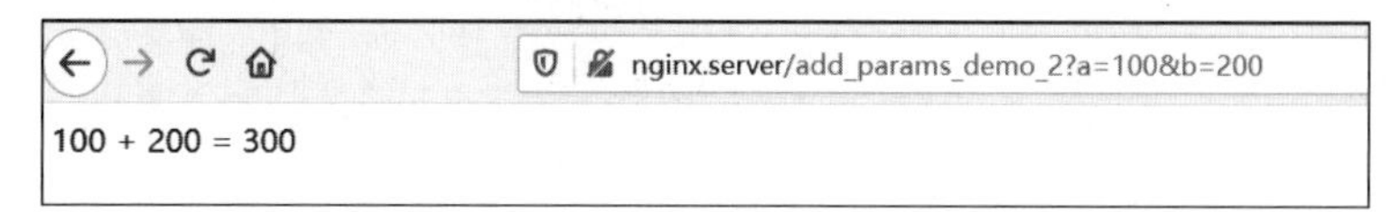

图 9-9　访问结果

9.5.2　Nginx Lua 的内置方法

Nginx Lua的内置方法及其说明如表9-5所示。

表 9-5　Nginx Lua 的内置方法及其说明

ngx_lua 内置方法	方法说明
ngx.log(log_level, ...)	按照 log_level 设定的等级输出到 error.log 日志文件
Print(…)	输出到 error.log 日志文件，等价于 ngx.log(ngx.NOTICE, ...)
ngx.print(…)	输出响应内容到客户端
ngx.say(…)	输出响应内容到客户端，自动添加 '\n' 换行符
ngx.exit (status)	如果 status >=200，此方法会结束当前请求处理，并且返回 status 状态到客户端；如果 status==0，此方法会结束当前请求处理的当前阶段，进入到下一个请求处理阶段
ngx.send_headers()	显式地发送响应头；当调用 ngx.say/ngx.print 时，ngx_lua 模块会自动发送响应头；可以通过 ngx.headers_sent 内置变量的值判断是否发送了响应头
ngx.exec (uri, args?)	内部跳转到 uri 地址
ngx.redirect(uri, status?)	外部跳转到 uri 地址
ngx.location.capture (uri, options?)	发起一个子请求
ngx.location.capture_multi (uris)	发起多个子请求。参数 uris 是一个 table，其格式为：{ {uri, options?}, {uri, options?}, ... }
ngx.is_subrequest()	当前请求是否是子请求
ngx.sleep (seconds)	无阻塞的休眠（使用定时器实现）秒数
ngx.get_phase()	获取当前的 Lua 脚本的执行阶段名称。为以下 Lua 脚本的执行阶段之一：init 、init_worker、ssl_cert 、ssl_session_fetch、ssl_session_store、set、rewrite、balancer、access、content、header_filter 、body_filter、log 、timer
ngx.req.start_time()	请求的开始时间
ngx.req.http_version()	请求的 HTTP 版本号
ngx.req.raw_header()	获取原始的请求头（包括请求行）
ngx.req.get_method()	获取请求方法
ngx.req.set_method (method)	覆盖当前请求的方法
ngx.req.get_uri_args()	获取请求参数
ngx.req.get_post_args()	获取 post 请求内容体，其用法和 ngx.req.get_headers() 类似，调用此方法之前，必须调用 ngx.req.read_body() 来读取 body 体

（续表）

ngx_lua 内置方法	方法说明
ngx.req.get_headers()	获取请求头，默认只获取前 100 个；如果当前请求有多个 header 头，则返回的是 table；如果想要获取全部请求头，可以调用 ngx.req.get_headers(0)
ngx.resp.get_headers	获取响应头，使用的方式类似于 ngx.req.get_headers()
ngx.req.read_body()	读取当前请求的请求体
ngx.req.set_header(name, value)	为当前请求设置一个请求头 header，name 为名称，value 为值。如果名称 name 的 header 已经存在，则进行覆盖
ngx.req.clear_header (name)	为当前请求删除名称为 name 的请求头 header
ngx.req.set_body_data（data）	设置当前请求的请求体为 data
ngx.req.init_body(buffer_size?)	为当前请求创建一个空的请求体。如果 buffer_size 参数不为空，则新请求体的大小为 buffer_size。如果 buffer_size 参数为空，则新请求体的大小为 client_body_buffer_size 指令设置的请求体大小。如果未做特定设置，默认的请求体大小为 8KB（32 位系统、x86-64）或者 16KB（其他的 64 位系统）
ngx.escape_uri(str)	对 uri 字符串进行编码
ngx.unescape_uri(str)	对编码过的 uri 字符串进行解码
ngx.encode_args(table)	将 Lua table 编码为一个参数字符串
ngx.decode_args(str)	将参数字符串解码为一个 Lua table
ngx.encode_base64 (str)	将字符串 str 编码成 Base 64 摘要
ngx.decode_base64(str)	将 Base 64 摘要解码成原始字符串
ngx.hmac_sha1 (secret, str)	将字符串 str 编码成二进制格式的 hmac_sha1 哈希摘要 digest，并使用 secret 进行加密。该二进制摘要可使用 ngx.encode_base64 (digest) 方法进一步编码成字符串
ngx.md5(str)	将字符串 str 编码成十六进制 MD5 摘要
ngx.md5_bin(str)	将字符串 str 编码成二进制 MD5 摘要
ngx.quote_sql_str(str)	SQL 语句转义，按照 MySQL 的格式进行转义
ngx.today()	获取当前日期
ngx.time()	获取 UNIX 时间戳
ngx.now()	获取当前时间
ngx.update_time()	刷新时间后再返回
ngx.localtime()	获取 yyyy-mm-dd hh:mm:ss 格式的本地时间
ngx.cookie_time()	获取可用于 Cookie 值的时间
ngx.http_time()	获取可用于 HTTP 头的时间
ngx.parse_http_time()	解析 HTTP 头的时间
ngx.config.nginx_version()	获取 Nginx 版本号
ngx.config.ngx_lua_version()	获取 ngx_lua 模块版本号
ngx.worker.pid()	获取当前 Worker 进程的 pid

9.5.3　通过 ngx.header 设置 HTTP 响应头

ngx_lua模块可以通过内置变量ngx.header来访问和设置HTTP响应头字段，ngx.header的类型为table，可以通过ngx.header.HEADER形式引用某个头。下面是一个简单的使用ngx.header设置响应头的例子，代码如下：

```
content_by_lua_block {
  ngx.header["header1"]="value1";
  ngx.header.header2=2;
  ngx.header.set_cookie = {'Foo = bar; test =ok; path=/', 'age = 18; path=/'}
  ngx.say("演示程序: ngx.header的使用")
}
```

以上代码设置了响应头header1的值为value1、响应头header2的值为2。前面介绍过，ngx.header.set_cookie变量用于设置响应头set-cookie的值，使用table类型的对象可以一次设置多个set-cookie值。

以上的代码位于nginx-lua-demo.conf文件，修改该文件后重启OpenRestry，然后可以通过火狐浏览器访问/header_demo?foo=bar并查看响应头信息，具体的访问结果如图9-10所示。

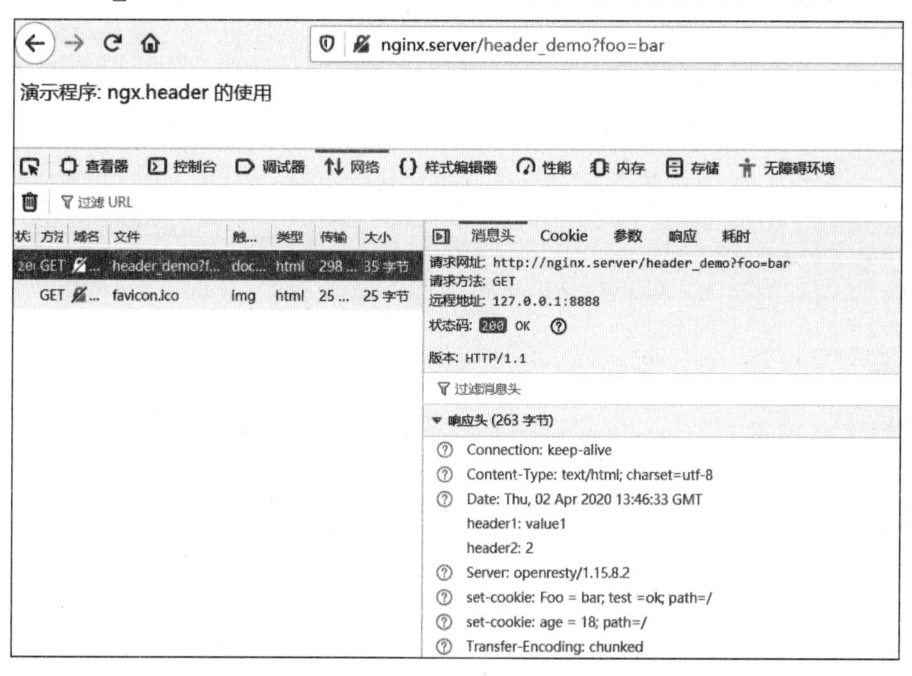

图 9-10　通过火狐浏览器访问/header_demo?foo=bar 并查看响应头信息

作为案例，本小节将重点介绍如何通过ngx.header.set_cookie访问保存在响应头部的Cookie信息。熟悉HTTP协议的应该都知道，Cookie是通过请求的set-cookie响应头来保存的，HTTP响应内容中可以包含多个set-cookie响应头，一个set-cookie响应头的值通常为一个字符串，该字符串大致包含如表9-6所示的Cookie信息或属性（不区分字母大小写）。

表9-6　Cookie信息或属性及其描述

Cookie 信息（或属性）	说　明
Cookie 名称	Cookie 名称的组成字符，只能使用能用于 URL 中的字符，一般为字母及数字，不能包含特殊字符，如有特殊字符则先要进行转码。Cookie 名称为 Cookie 字符串的第一组“键－值对”中的键
Cookie 值	Cookie 值的字符组成规则，和 Cookie 名称相同，如有特殊字符则先要进行转码。Cookie 值为 Cookie 字符串的第一组“键－值对”中的值
expires	Cookie 过期日期，这是一个 GMT 格式的时间，当过了这个日期之后，浏览器就会将这个 Cookie 删除，当不设置 expires 属性值时，Cookie 在浏览器关闭后消失
path	Cookie 的访问路径，此属性设置指定路径下的页面才可以访问该 Cookie。访问路径的值一般设为“/”，以表示同一个站点的所有页面都可以访问这个 Cookie
domain	Cookie 的访问域名，此属性设置指定域名下的页面才可以访问该 Cookie。例如要让 Cookie 只能在 a.test.com 域名下访问，不能在 b.test.com 域名下访问，则可将其 domain 属性设置成 a.test.com
secure	Cookie 的安全属性，此属性设置该 Cookie 是否只能通过 HTTPS 协议访问。一般的 Cookie 使用 HTTP 协议即可访问，如果设置了 Secure 属性（没有值），则只有使用 HTTPS 协议时 Cookie 才可以被页面访问
HttpOnly	如果 Cookie 设置了 HttpOnly 属性，那么通过程序（JS 脚本、Applet 等）将无法读取到 Cookie 信息。HttpOnly 属性和 Secure 安全属性一样都没有值

前面的演示实例设置了两个Cookie，可以通过Chrome浏览器访问/header_demo?foo=bar，通过其“检查”面板查看所设置的Foo和age这两个Cookie的属性，具体如图9-11所示。

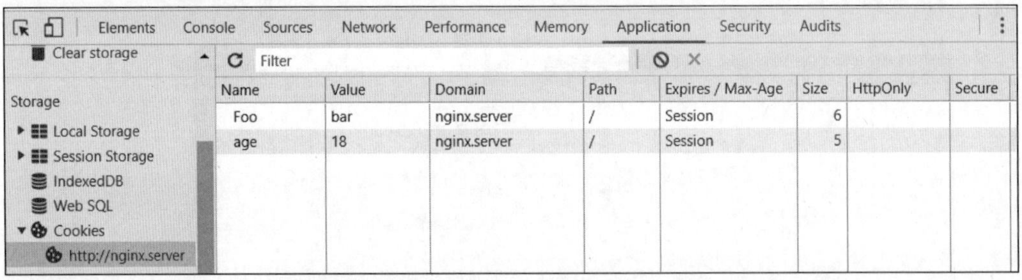

Elements　Console　Sources　Network　Performance　Memory　Application　Security　Audits

Clear storage　Filter

Storage
- Local Storage
- Session Storage
- IndexedDB
- Web SQL
- Cookies
  - http://nginx.server

Name	Value	Domain	Path	Expires / Max-Age	Size	HttpOnly	Secure
Foo	bar	nginx.server	/	Session	6		
age	18	nginx.server	/	Session	5		

图 9-11　通过 Chrome 浏览器查看 Foo 和 age 这两个 Cookie 的属性

Cookie为什么需要设置HttpOnly和Secure属性呢？当设置了HttpOnly属性时，通过脚本将无法获取Cookie信息，主要用于防止XSS攻击。而一旦设置了Secure属性，前后端之间只能在HTTPS协议通信情况下，浏览器才能访问Cookie，使用HTTP协议时浏览器无法获取Cookie信息，这同样是对Cookie信息的保护。

不是所有的场景都需要使用HTTPS通信协议。但是，为了通信安全某些场景下只能在前后端之间使用HTTPS协议通信，如微信小程序的官网要求必须要使用HTTPS协议。这种场景下，在内网环境可以继续使用HTTP通信协议（毕竟开发和测试都方便、性能也更好），然后通过Nginx网关完成外部HTTPS协议到内部HTTP协议的转换。此时，Nginx外部网关可以对Cookie属性进行修改，增加Secure安全属性。

另外，大部分场景下确实不需要在前端脚本中访问Cookie，Cookie信息仅在后端Java容器中访问（如session id），此时，可以对Cookie属性进行修改，增加HttpOnly安全属性。修改完成后，客户端通过程序（JS脚本、Applet等）将无法读取Cookie信息，这将有助于缓解跨站点脚本攻击，降低Cookie信息泄露的风险。

为Cookie增加HttpOnly安全属性的操作，可以通过Servlet过滤器的形式在Java容器中完成，参考代码如下：

```
//过滤器：修改响应中的Cookie头
public class CookieHttpOnlyFilter implements Filter
{
//过滤器的方法，迭代所有的Cookie添加HttpOnly安全后缀
public void doFilter(ServletRequest request, ServletResponse response,
        FilterChain filterChain) throws IOException, ServletException
  HttpServletRequest req = (HttpServletRequest) request;
  HttpServletResponse resp = (HttpServletResponse) response;
  Cookie[] cookies = req.getCookies();
  if(cookies!=null){
  for(Cookie cookie : cookies){
      String name = cookie.getName()
      String value = cookie.getValue();
      StringBuilder builder = new StringBuilder();
      builder.append(name +"=" + value + "; ");
      builder.append(";httpOnly ");
      resp.setHeader("Set-Cookie", builder.toString());
  }
  filterChain.doFilter(request, response);
 }
}
```

为Cookie添加HttpOnly（甚至Secure）安全属性的操作，除了可以在Java容器中完成之外，更好的方式是在反向代理外部网关Nginx中完成，参考代码如下：

```
#模拟上游服务
location /header_demo {
    content_by_lua_block {
      ngx.header["header1"]="value1";
      ngx.header.header2=2;
      ngx.header.set_cookie = {'Foo = bar; test =ok; path=/', 'age = 18; path=/'}
      ngx.say("演示程序: ngx.header的使用")
    }
}
#模拟反向代理外部网关
location /header_filter_demo {
   proxy_pass http://127.0.0.1/header_demo;

   header_filter_by_lua_block {
     local cookies = ngx.header.set_cookie
     if cookies then
        if type(cookies) == "table" then
           local cookie = {}
           for k, v in pairs(cookies) do
              cookie[k]= v..";Secure;httponly"
           end
           ngx.header.set_cookie = cookie
      else
         ngx.header.set_cookie = cookies..";Secure;httponly"
      end
     end
   }
 }
```

以上代码位于nginx-lua-demo.conf文件，修改该文件后重启OpenResty，然后使用Chrome浏览器访问/header_filter_demo?foo=bar，通过其“检查”面板查看所修改的Foo和age这两个Cookie的HttpOnly属性值，具体如图9-12所示。

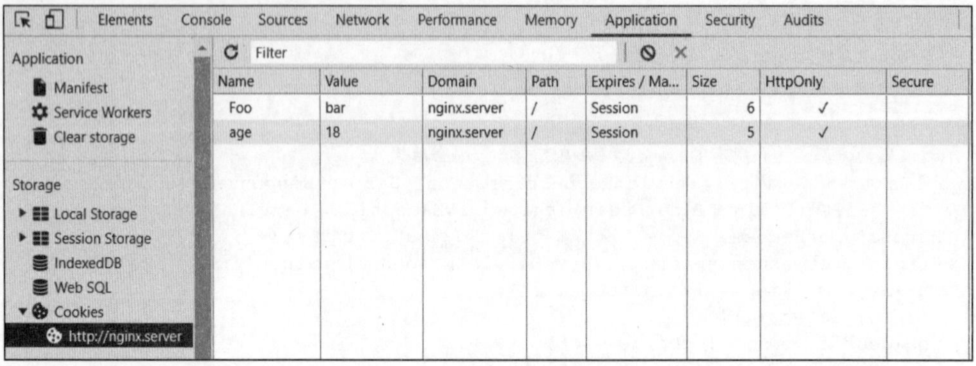

Name	Value	Domain	Path	Expires / Ma...	Size	HttpOnly	Secure
Foo	bar	nginx.server	/	Session	6	✓	
age	18	nginx.server	/	Session	5	✓	

图 9-12　通过 Chrome 浏览器查看 Foo 和 age 这两个 Cookie 的 HttpOnly 属性值

通过Chrome浏览器可以看到，Foo和age这两个Cookie的HttpOnly属性列已经被勾选了，而这两个Cookie的Secure属性列仍然没有被勾选，尽管已经通过Nginx为它们增加Secure属性，原因是以上程序并没有配置HTTPS协议。

9.5.4　Lua 访问 Nginx 变量

前面介绍过Nginx提供了很多内置变量，如：

1）$arg_PARAMETER可以访问请求参数（查询字符串）中名称为PARAMETER的参数值。

2）$args可以访问整个请求参数字符（查询字符串）。

3）$binary_remote_addr可以获取二进制码形式的客户端地址。

4）$uri可以获取当前请求的URI（不带请求参数）。

5）$request_method可以获取当前请求的HTTP协议方法，通常为GET或POST。

6）$server_protocol可以获取请求使用的协议，通常是HTTP/1.0或HTTP/1.1。

除了内置变量，还可以在配置文件中使用set指令定义一些Nginx变量，无论是内部变量还是自定义变量都可以在Lua代码中通过ngx.var进行访问。下面是一个通过ngx.var访问Nginx变量的实例，具体如下：

```
#演示通过Lua访问Nginx变量
 location /lua_var_demo {
   #set指令自定义一个Nginx变量
   set  $hello  world;

   content_by_lua_block {
     local basic = require("luaScript.module.common.basic");
     -- 定义一个Lua table，暂存需要输出的Nginx内置变量
     local vars = {};
     vars.remote_addr =  ngx.var.remote_addr;
     vars.request_uri =  ngx.var.request_uri;
     vars.query_string =  ngx.var.query_string;
     vars.uri = ngx.var.uri;
```

```
        vars.nginx_version = ngx.var.nginx_version;
        vars.server_protocol = ngx.var.server_protocol;
        vars.remote_user = ngx.var.remote_user;
        vars.request_filename = ngx.var.request_filename;
        vars.request_method = ngx.var.request_method;
        vars.document_root = ngx.var.document_root;
        vars.body_bytes_sent = ngx.var.body_bytes_sent;
        vars.binary_remote_addr = ngx.var.binary_remote_addr;
        vars.args = ngx.var.args ;
        -- 通过内置变量访问请求参数
        vars.foo = ngx.var.arg_foo ;
        ngx.say("演示程序：将内置变量返回给客户端<br>");
        -- 使用自定义函数，将Lua table转换成字符串，然后输出
        local str=basic.tableToStr(vars,",<br>");
        ngx.say(str);
        ngx.say("<br>演示程序：将普通变量返回给客户端<br>");
        -- 访问自定义Nginx变量hello
        local hello= ngx.var.hello;
        ngx.say("hello="..hello);
    }
}
```

以上代码位于nginx-lua-demo.conf文件，修改后需要重启OpenRestry，然后可以使用浏览器访问/lua_var_demo?foo=bar，具体的访问结果如图9-13所示。

图 9-13 通过 ngx.var 访问 Nginx 变量

9.5.5 Lua 访问请求上下文变量

Nginx执行Lua脚本会涉及很多的阶段，如init、init_worker、ssl_cert、ssl_session_fetch、ssl_session_store、set、rewrite、balancer、access、content、header_filter、body_filter、log、timer。每一个阶段都可以嵌入不同的Lua脚本，不同阶段的Lua脚本可以通过ngx.ctx进行上下文变量的共享。

ngx.ctx上下文实质是一个Lua table，其生存周期与当前请求相同，当前请求不同阶段嵌入的Lua脚本都可以读写ngx.ctx表中的属性。一个简单的实例如下：

```
#Lua访问请求上下文变量
location /ctx_demo {
  rewrite_by_lua_block {
    -- 在上下文设置属性var1
    ngx.ctx.var1 = 1;
  }
  access_by_lua_block {
```

```
    -- 在上下文设置属性var2
    ngx.ctx.var2 = 10;
  }
  content_by_lua_block {
    local basic = require("luaScript.module.common.basic");
    -- 在上下文设置属性var3
    ngx.ctx.var3 = 100;
    -- 三个上下文属性值求和
    local result = ngx.ctx.var1 + ngx.ctx.var2 + ngx.ctx.var3;
    ngx.say(result);
    ngx.ctx.sum = result;
    -- 使用自定义函数，将Lua table转换成字符串
    local str = basic.tableToStr(ngx.ctx, ",<br>");
    ngx.say("<br>");
    ngx.say(str);
  }
}
```

以上代码位于nginx-lua-demo.conf文件，修改后需重启OpenRestry，然后可以使用浏览器访问/ctx_demo，具体的访问结果如图9-14所示。

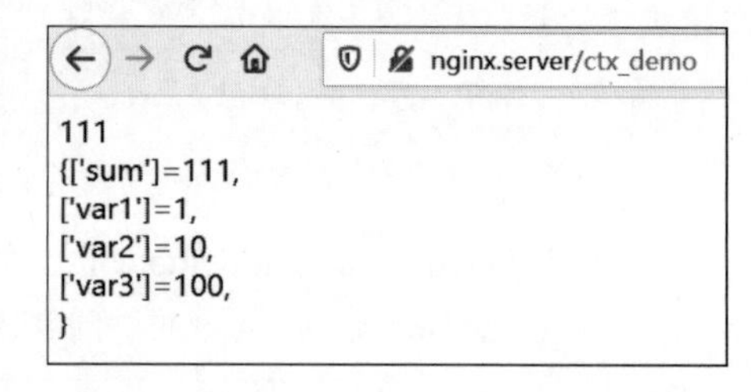

图 9-14　通过 ngx.ctx 上下文设置变量

通过上面的例子可以看出，ngx.ctx表中定义的属性可以在请求处理的rewrite（重写）、access（访问）、content（内容）等各处理阶段进行共享。另外，在ngx_lua模块中，每个请求（包括子请求）都有一份独立的ngx.ctx表。

9.6　重定向与内部子请求

Nginx的rewrite指令不仅可以在Nginx内部的server、location之间进行跳转，还可以进行外部链接的重定向。通过ngx_lua模块的Lua函数，除了能实现Nginx的rewrite指令的功能之外，还能顺利完成内部子请求、并发子请求等复杂功能。

本节实战案例运行准备：本节涉及的配置文件为源码工程nginx-lua-demo.conf。在运行本节实例前，需要修改启动脚本openresty-start.bat（或openresty-start.sh）中的PROJECT_CONF变量的值，将其改为nginx-lua-demo.conf，然后重启OpenRestry。

9.6.1　Nginx Lua 内部重定向

ngx_lua模块可以实现Nginx的rewrite指令的类似功能，该模块提供了两个对应的API来实现重定向的功能，主要有：

1）ngx.exec(uri, args?)：内部重定向。

2）ngx.redirect(uri, status?)：外部重定向。

首先看第一个ngx.exec(uri, args?)内部重定向方法，它等价于下面的rewrite指令：

```
rewrite  regrex  replacement  last;
```

下面是三个使用ngx.exec进行重定向的例子，第一个例子是不带参数的重定向：

```
# 重定向到 /internal/sum
ngx.exec('/internal/sum');
```

第二个例子是使用字符串作为追加参数的重定向例子：

```
# 重定向到 /internal/sum?a=3&b=5，并且追加参数c=6
ngx.exec('/internal/sum?a=3&b=5', 'c=6');
```

第三个例子是使用Lua table作为追加参数的重定向例子：

```
# 重定向到 /internal/sum，并且追加参数 ?a=3&b=5&c=6
ngx.exec('/internal/sum', {a=3, b=5,c=6});
```

下面是一个完整的ngx.exec重定向演示例子，通过内部重定向完成3个参数的累加，具体代码如下：

```
 location /internal/sum {
     internal;  # 只允许内部调用
     content_by_lua_block {
       -- 通过ngx.var访问Nginx变量
       local arg_a = tonumber(ngx.var.arg_a);
       local arg_b = tonumber(ngx.var.arg_b);
       local arg_c = tonumber(ngx.var.arg_c);
       -- 3个参数值求和
       local sum = arg_a + arg_b+ arg_c;
       -- 输出结果
       ngx.say(arg_a, "+", arg_b, "+", arg_c, "=",sum);
     }
   }
   location /sum {
     content_by_lua_block {
       --  local res = ngx.exec("/internal/sum", 'a = 100&b=10&c=1');
       --  内部重定向到 /internal/sum
       return ngx.exec("/internal/sum", {a = 100, b = 10, c = 1});
   }
 }
```

以上代码位于nginx-lua-demo.conf文件，修改后需重启OpenResty，然后可以使用浏览器访问/sum，具体的访问结果如图9-15所示。

图 9-15 Nginx Lua 内部重定向演示

ngx.exec的使用有两点需要注意：

1）如果有args参数，参数可以是字符串的形式，也可是Lua table的形式，如下所示：

```
ngx.exec("/internal/sum",'a=100&b=5');  -- 参数是字符串的形式
ngx.exec("/internal/sum", {a=100, b=5});  -- 参数是Lua table的形式
```

2）该方法可能不会主动返回，因此建议在调用该方法时最好明确加上return，如下所示：

```
return ngx.exec(...)
```

9.6.2 Nginx Lua 外部重定向

ngx_lua模块的外部重定向方法为ngx.redirect，它的语法格式为：

```
ngx.redirect(uri, status?)
```

ngx.redirect外部重定向方法与ngx.exec内部重定向方法不同，外部重定向将通过客户端进行二次跳转，所以ngx.redirect方法会产生额外的网络流量，该方法的第二个参数为响应状态码，可以传递301/302/303/307/308 重定向状态码。其中，301、302是HTTP 1.0协议定义的响应码，303、307、308是HTTP 1.1协议定义的响应码。

如果不指定status值，该方法默认的响应状态为302（ngx.HTTP_MOVED_TEMPORARILY）临时重定向。下面是一个ngx.redirect方法与rewrite指令达到完全一模一样的跳转效果的实例，代码如下：

```
location /sum2 {
  content_by_lua_block {
    -- 外部重定向
    return ngx.redirect("/internal/sum?a=100&b=10&c=1");
  }
}

location /sum3 {
  rewrite ^/sum3 "/internal/sum?a=100&b=10&c=1" redirect;
}
```

以上代码位于nginx-lua-demo.conf文件，修改后需重启OpenRestry，然后可以使用浏览器访问/sum2或者/sum3，具体的访问结果如图9-16所示。

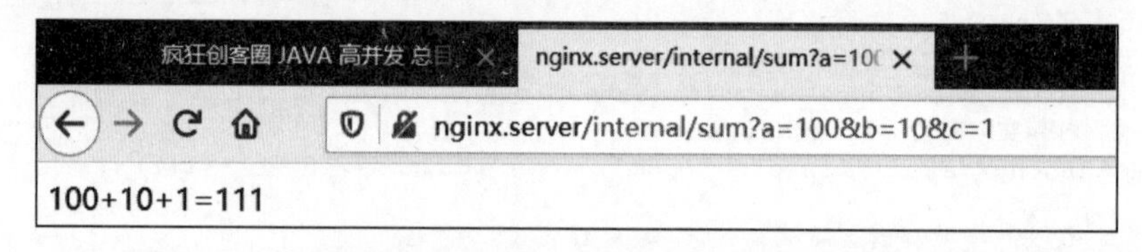

图 9-16 Nginx Lua 外部重定向演示

如果指定status值为 301，对应的常量为（ngx.HTTP_MOVED_PERMANENTLY）永久重定向，对应的rewrite指令标志位为permanent。下面的例子中，ngx.redirect方法与rewrite指令达到了完全一模一样的跳转效果，代码如下：

```
location /sum4 {
  content_by_lua_block {
    -- 外部重定向
    return ngx.redirect("/internal/sum?a=100&b=10&c=1",
ngx.HTTP_MOVED_PERMANENTLY);
  }
}

location /sum5{
  rewrite ^/sum5 "/internal/sum?a=100&b=10&c=1" permanent;
}
```

由于通过浏览器访问时已经发生了二次跳转，因此其“检查”面板已经查看不到跳转前的链接（如/sum4、/sum5）的响应码，但是可以通过抓包工具查看。/sum5的响应码具体如图9-17所示。

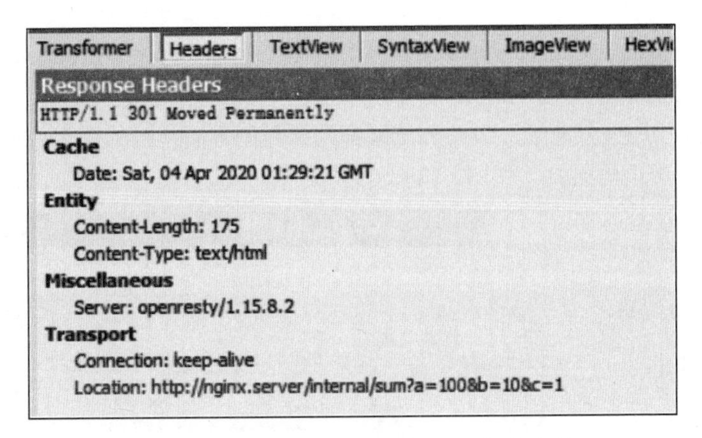

图 9-17　通过抓包工具查看/sum5 的响应码

下面是一个综合性的跳转演示实例，通过ngx.redirect方法与rewrite指令进行了三种方式的外部跳转，跳转到www.cnblogs.com博客园网站。具体的代码如下：

```
# 使用location指令后面的正则表达式进行URL后缀捕获
  location ~* /blog/(.*) {
    content_by_lua_block {
      -- 使用ngx.redirect方法进行外部重定向
      -- 博客URI为正则捕获组1
     return ngx.redirect("https://www.cnblogs.com/"..ngx.var[1]);
    }
}

  location ~* /blog1/* {
    # 使用rewrite指令后面的正则表达式进行URL后缀捕获
    rewrite  ^/blog1/(.*) $1 break;
    content_by_lua_block {
      -- 使用ngx.redirect方法进行外部重定向
      -- 博客URI为正则捕获组1
      return ngx.redirect("https://www.cnblogs.com/"..ngx.var[1]);
    }
  }

  location ~* /blog2/* {
    # 使用rewrite指令进行外部重定向，并捕获博客URI
    rewrite  ^/blog2/(.*)  https://www.cnblogs.com/$1  redirect;
  }

 }
```

以疯狂创客圈社群的博客首页为例，外部跳转演示需要用到的4个地址，分别如下：

```
#以下为疯狂创客圈社群的博客首页原地址
https://www.cnblogs.com/crazymakercircle/p/9904544.html

#以下为 /blog/(.*) 配置块的二次跳转演示地址
http://nginx.server/blog/crazymakercircle/p/9904544.html

#以下为 /blog1/* 配置块的二次跳转演示地址
http://nginx.server/blog1/crazymakercircle/p/9904544.html

#以下为 /blog2/* 配置块的二次跳转演示地址
http://nginx.server/blog2/crazymakercircle/p/9904544.html
```

通过浏览器访问以上的二次跳转演示地址（主机名nginx.server需要指向Nginx的IP），发现都能正常跳转到原地址（疯狂创客圈社群的博客首页）。

以上代码中，通过location指令、rewrite指令进行了正则捕获，并使用ngx.var[捕获组编号]访问捕获到的捕获组，也就是博客地址的URI部分。

通过浏览器访问以上4个地址，最终的结果都为疯狂创客圈社群的博客首页，只是后面的3个经过了跳转而已。跳转的结果具体如图9-18所示。

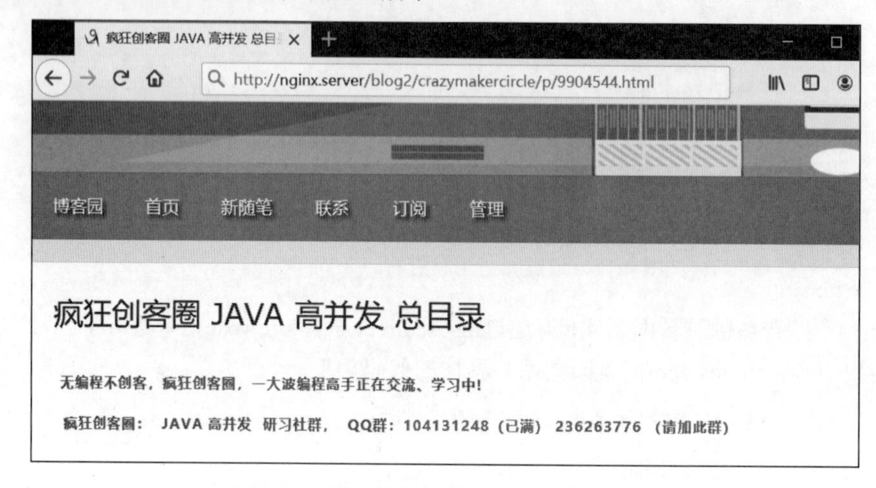

图 9-18　综合性跳转演示实例的跳转结果

ngx.redirect方法不会主动返回，因此建议在调用该方法时明确加上return，具体如下：

```
return ngx.redirect("https://www.cnblogs.com/"..ngx.var[1]);
```

9.6.3　ngx.location.capture 子请求

Nginx子请求并非HTTP协议标准的实现是Nginx所特有的设计，主要是为了提高内部对单个客户端请求处理的并发能力。

如果某个客户端的请求（可以理解为主请求）访问了多个资源，为了提高效率，可以为每一处资源访问建立单个子请求，并让所有子请求同时进行，以提升效率。

子请求并不是由客户端直接发起的，它是由Nginx服务器在处理客户端请求时根据自身逻辑需要而内部建立的新请求。因此子请求只在Nginx服务器内部进行处理，不会与客户端进行交互。

通常情况下，为保护子请求所定义的内部接口，会把这些接口设置为internal，防止外部直接访问。这么做的主要好处是可以让这个内部接口相对独立，不受外界干扰。

发起单个子请求，可以使用的Lua API为ngx.location.capture方法，其格式如下：

```
ngx.location.capture (uri, options?)
```

capture方法的第二个参数options是一个table容器，用于设置子请求相关的选项，大致有如下可以设置的选项：

1）method：子请求的方法，默认为ngx.HTTP_GET常量。

2）body：传给子请求的请求体，仅限于string或nil。

3）args：传给子请求的请求参数，支持string或table。

4）vars：传给子请求的变量表，仅限于table。

5）ctx：父子请求共享的变量表table。

6）copy_all_vars：复制所有变量给子请求。

7）share_all_vars：父子请求共享所有变量。

8）always_forward_body：用于设置是否转发请求体。

下面是一个综合性实例，包含两个请求接口，具体如下：

外部访问接口：/goods/detail/100?foo=bar。

内部访问接口：/internal/detail/100。

外部接口专供外部访问，在准备好必要的请求参数、上下文环境变量、请求体之后，调用内部访问接口获取执行结果，然后返回给客户端。外部接口的演示代码具体如下：

```
#向外公开的请求
location ~ /goods/detail/([0-9]+) {
     set $goodsId $1; #将location的正则捕获组1，赋值到变量 $goodsId
     set $var1 '';
     set $var2 '';
     content_by_lua_block {
       -- 解析body参数之前一定要先读取请求体request body
       ngx.req.read_body();
       -- 组装uri
       local uri = "/internal/detail/".. ngx.var.goodsId;

       local request_method = ngx.var.request_method;
       -- 获取父请求的参数
       local args = ngx.req.get_uri_args();

       local shareCtx = {c1 = "v1", other = "other value"}

       local res = ngx.location.capture(uri,{
            method = ngx.HTTP_GET,
            args = args,  --转发父请求的参数给子请求
            body = 'customed  request body',
            vars = {var1 = "value1", var2 = "value2"}, -- 传递的变量
            always_forward_body = true, -- 转发父请求的请求体
            ctx = shareCtx,  --共享给子请求的上下文table
       });
       ngx.say(" child res.status :", res.status);
       ngx.say(res.body);
       ngx.say("<br>shareCtx.c1 =", shareCtx.c1);

     }
}
```

内部接口用于模拟上游的服务（如Java容器服务），外部客户端是不能直接访问内部接口的。内部接口的演示代码具体如下：

```
#内部请求
location ~ /internal/detail/([0-9]+) {
  internal;
  # 将捕获组1的值放到自定义Nginx变量$goodsId
  set $goodsId $1;

  content_by_lua_block {
    ngx.req.read_body();
    ngx.say(" <br><hr>child start:  ");

    -- 访问父请求传递的参数
    local args = ngx.req.get_uri_args()
    ngx.say(", <br>foo =", args.foo);
```

```
        -- 访问父请求传递的请求体
        local data = ngx.req.get_body_data()
        ngx.say(", <br>data =", data);
        -- 访问Nginx定义的变量
        ngx.say(" <br> goodsId =", ngx.var.goodsId);
        -- 访问父请求传递的变量
        ngx.say(", <br>var.var1 =", ngx.var.var1);
        -- 访问父请求传递的共享上下文，并修改其属性
        ngx.say(", <br>ngx.ctx.c1 =", ngx.ctx.c1);
        ngx.say(" <br>child end <hr>");
        ngx.ctx.c1 = "changed value by child";
      }
    }
```

以上代码位于nginx-lua-demo.conf文件，修改后需重启OpenRestry，然后可以使用浏览器访问/goods/detail/100?foo=bar，具体的访问结果如图9-19所示。

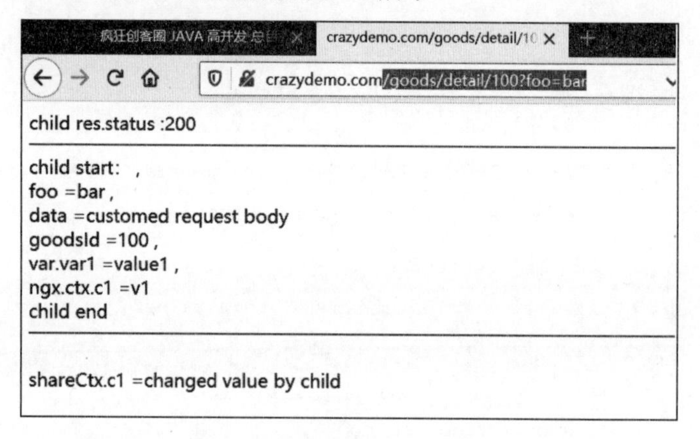

图 9-19　浏览器访问/goods/detail/100?foo=bar 的结果

capture方法的第二个参数options是一个table容器，用于设置子请求的选项。options的method属性用于指定子请求的method类型，具体示例如下：

```
local res = ngx.location.capture(uri,{
   method = ngx.HTTP_PUT, -- method为PUT类型的请求
   ...
});
```

method属性值只接收Nginx Lua内部定义的请求类型的常量，如ngx.HTTP_POST表示POST类型的请求，ngx.HTTP_GET表示GET类型的请求。

options的body属性指定子请求的请求体（仅接收字符串值），其请求体的内容仅限于string或nil，具体示例如下：

```
local res = ngx.location.capture(uri,{
     body = ' customed request body', -- 转发给子请求的请求体
   ...
});
```

options的args属性用于指定子请求的URI请求参数（可以是字符串或者Lua表容器），具体示例如下：

```
local res = ngx.location.capture(uri,{
```

```
    args  = ngx.req.get_uri_args(), -- 将父请求的参数table，转发给子请求
    ...
});
```

上面的例子假定了父请求的类型为HTTP GET，使用ngx.req.get_uri_args()获取父请求的参数列表，原样转发给子请求。

options的vars属性是一个Lua表容器，用于设置传递给子请求的Nginx变量。具体示例如下：

```
...
set $var1 ''; # 提前定义好变量
set $var2 ''; # 提前定义好变量
content_by_lua_block {
    ...
    local res = ngx.location.capture(uri,{
          vars = { var1 = "value1", var2 = "value2"},  -- 传递的Nginx变量
        ...
    });
}
```

在通过vars向子请求中传递Nginx变量时，变量需要提前定义，否则将报出变量未定义的错误。

options的ctx上下文属性指定一个Lua表作为子请求的ngx.ctx表。当然，可以直接将ctx属性值设置为当前请求的ngx.ctx上下文表。options的ctx的使用示例如下：

```
local c = {c1="v1",other="other value"}
local res = ngx.location.capture(uri,{
    ...
    ctx = c,  -- 设置子请求的ngx.ctx上下文表
});
```

父请求如果修改了ctx表中的成员，子请求可以通过ngx.ctx获取；反过来，子请求也可以修改ngx.ctx中的成员，父请求通过ctx表获取。通过ctx属性值，可以方便地让父请求和子请求进行上下文变量共享。

options的always_forward_body属性用于设置是否转发请求体。当设置为true时，父请求中的请求体将转发到子请求。always_forward_body属性的使用示例如下：

```
local res = ngx.location.capture(uri,{
    method = ngx.HTTP_GET,
    always_forward_body = true,  --转发父请求的request body
});
```

ngx.location.capture只能发起到当前Nginx服务器的内部路径的子请求，假如需要发起外部HTTP路径的子请求，则需要与location（或者upstream）反向代理配置去配合实现。

9.6.4 ngx.location.capture_multi 并发子请求

经过解耦之后，微服务架构将提供大量的细粒度的接口，一次客户端（例如App、网页端）请求往往要调用多个微服务接口才能获取完整的页面内容。这种场景下可以通过网关（如Nginx）进行上游接口合并。

在OpenResty中，ngx.location.capture_multi可以用于上游接口合并的场景，该方法可以完成内部多个子请求的并发访问。其格式如下：

```
ngx.location.capture_multi ({ {uri, options?}, {uri, options?}, ... })
```

capture_multi可以一次发送多个内部子请求，每一个子请求的参数使用方式与capture方法相同。调用capture_multi前，可以把所有的子请求加入一个table容器表中作为调用参数传入；capture_multi返回后，可以将其结果再用花括号（{}）包装成一个table，方便后面的迭代处理。

下面是一个综合性实例，通过capture_multi方法一次并发地请求两个内部接口，具体代码如下：

```
#发起两个子请求，一个get，一个post
location /capture_multi_demo {
  content_by_lua_block  {
  local postBody = ngx.encode_args({post_k1 = 32, post_k2 = "post_v2"});
  local reqs = {};
  table.insert(reqs, { "/print_get_param", { args = "a=3&b=4"   }});
  table.insert(reqs, { "/print_post_param",{ method = ngx.HTTP_POST, body =
postBody}});
  -- 统一发并发请求，然后等待结果
  local resps = {ngx.location.capture_multi(reqs)};
  -- 迭代结果列表
  for i, res in ipairs(resps) do
    ngx.say(" child  res.status :", res.status,"<br>");
    ngx.say(" child  res.body :", res.body,"<br><br>");
  end
  }
}
```

两个内部接口用于模拟上游的服务（如Java容器服务），客户端是不能直接访问内部接口的。两个内部接口的代码具体如下：

```
#模拟上游接口一：输出get请求的参数
location /print_get_param {
  internal;
  content_by_lua_block {
    ngx.say(" <br><hr>child start:  ");
    local arg = ngx.req.get_uri_args()
    for k, v in pairs(arg) do
       ngx.say("<br>[GET ] key:", k, " v:", v)
    end
    ngx.say(" <br>child end <hr>");
  }
}
#模拟上游接口二：输出post请求的参数
location /print_post_param {
  internal;
  content_by_lua_block {
    ngx.say(" <br><hr>child start:  ");
    ngx.req.read_body() -- 解析body参数之前一定要先读取body
    local arg = ngx.req.get_post_args();
    for k, v in pairs(arg) do
       ngx.say("<br>[POST] key:", k, " v:", v)
    end
    ngx.say(" <br>child end <hr>");
  }
}
```

两个内部接口的功能很简单，主要为获取请求参数（或者请求体），然后输出到客户端。以上代码位于nginx-lua-demo.conf文件，修改后需重启OpenRestry，然后可以使用浏览器访问外部接口/capture_multi_demo，具体的访问结果如图9-20所示。

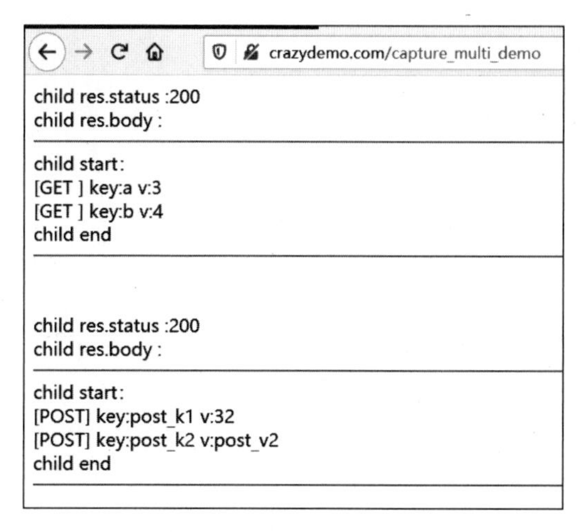

图9-20 外部接口/capture_multi_demo的访问结果

在所有子请求终止之前，ngx.location.capture_multi(…)函数不会返回。此函数的耗时是单个子请求的最长延迟，而不是所有子请求的耗时总和，因为所有的子请求是并发执行的。

在上面的例子中，利用ngx.location.capture_multi(…)完成了两个子请求的并发执行。当两个请求没有先后依赖时，这个方法可以极大提高请求效率。如果两个请求各自需要500毫秒，顺序执行需要1000毫秒，但是通过并发子请求，完成两个请求只需要500毫秒。

9.7 Nginx Lua操作Redis

本节介绍如何使用开源的lua-resty-redis模块在Lua脚本中连接和访问Redis。

本节实战案例运行准备：本节涉及的配置文件为源码工程nginx-redis-demo.conf。在运行本节实例前，需要修改启动脚本openresty-start.bat（或openresty-start.sh）中的PROJECT_CONF变量的值，将其改为nginx-redis-demo.conf，然后重启OpenRestry。

9.7.1 Redis的CRUD基本操作

使用Lua模块lua-resty-redis之前，需要在官方网址下载resty/redis.lua库文件，然后将该库文件加入项目工程所在的Lua外部库路径。lua-resty-redis官方已经声明，大部分的Redis操作命令都实现了同名的Lua API方法。有关Redis的安装使用及其具体的操作命令和命令参数，可以参考笔者的《Java高并发核心编程 卷1（加强版）：NIO、Netty、Redis、ZooKeeper》一书。

下面是一个简单的使用Lua模块lua-resty-redis操作Redis的实例，代码如下：

```
local redis = require "resty.redis"
local config = require("luaScript.module.config.redis-config");
--- 启动调试
local mobdebug = require("luaScript.initial.mobdebug");
mobdebug.start();

-- 设置超时时长
local red = redis:new()
-- 设置超时时长，单位为毫秒（ms）
red:set_timeouts(config.timeout, config.timeout, config.timeout)
```

```
-- 连接服务器
local ok, err = red:connect(config.host_name, config.port)
if not ok then
   ngx.say("failed to connect: ", err)
   return
end
-- 设置值
ok, err = red:set("dog", "an animal")
if not ok then
   ngx.say("failed to set dog: ", err, "<br>")
   return
else
   ngx.say("set dog: ok", "<br>")
end

-- 取值
local res, err = red:get("dog")
-- 判空演示
if not res or res == ngx.null then
   ngx.say("failed to get dog: ", err, "<br>")
   return
else
   ngx.say("get dog: ok", "<br>", res, "<br>")
end

-- 批量操作，减少网络IO次数
red:init_pipeline()
red:set("cat", "cat 1")
red:set("horse", "horse 1")
red:get("cat")
red:get("horse")
red:get("dog")
local results, err = red:commit_pipeline()
if not results then
   ngx.say("failed to commit the pipelined requests: ", err)
   return
end
for i, res in ipairs(results) do
   if type(res) == "table" then
       if res[1] == false then
           ngx.say("failed to run command ", i, ": ", res[2], "<br>")
       else
           --处理表容器
           ngx.say("succeed to run command ", i, ": ", res[i], "<br>")
       end
   else
       -- 处理变量
       ngx.say("succeed to run command ", i, ": ", res, "<br>")
   end
end

--简单的关闭连接
local ok, err = red:close()
if not ok then
   ngx.say("failed to close: ", err)
   return
else
   ngx.say("succeed to close redis")
end
```

以上Lua脚本位于工程目录下的luaScript/redis/RedisDemo.lua文件，大致完成了如下Redis的操作：

1）连接Redis服务器。

2）根据键（Key）设置缓存值。

3）根据键（Key）获取缓存值。

4）批量Redis操作。

5）简单地关闭Redis连接。

在nginx-redis-demo.conf配置文件中编写一个location配置块来使用该脚本，具体代码如下：

```
# redis CRUD简单操作演示
location /redis_demo {
 content_by_lua_file  luaScript/redis/RedisDemo.lua;
}
```

修改了nginx-redis-demo.conf文件后需要重启OpenResty，然后可以使用浏览器访问其地址/redis_demo，具体的访问结果如图9-21所示。

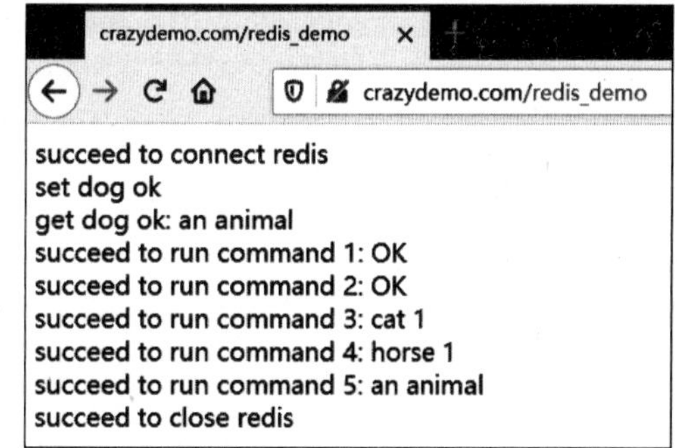

图 9-21　Redis CRUD 简单操作演示的访问结果

RedisDemo.lua通过require导入了redis-config.lua配置文件，该文件定义了整个项目都需要使用的全局Redis配置信息，其代码如下：

```
-- 定义一个统一Redis配置模块
-- 统一的模块对象
local _Module = {
    -- Redis服务器的地址
    host_name = "192.168.233.128";
    -- redis服务器的端口
    port = "6379";
    -- Redis服务器的数据库
    db = "0";
    -- Redis服务器的密码
    password = '123456';
    --连接超时时长
    timeout = 20000;
    -- 线程池的连接数量
    pool_size = 100;
    -- 最大的空闲时间，单位为毫秒
    pool_max_idle_time = 10000;
}
return _Module
```

9.7.2　实战：封装一个操作 Redis 的基础类

通过Lua操作Redis会涉及获取连接、操作数据、连接回收等基础性工作，这里建议将这些基础性工作封装到一个Redis操作的基础类，主要的代码如下：

```
local redis = require "resty.redis"
local basic = require("luaScript.module.common.basic");
local config = require("luaScript.module.config.redis-config");

--连接池大小
local pool_size = config.pool_size;

-- 最大的空闲时间，单位为毫秒
```

```
local pool_max_idle_time = config.pool_max_idle_time;
--一个统一的模块对象
local _Module = {}

_Module.__index = _Module

-- 类的方法new
function _Module.new(self)
    local object = { red = nil }
    setmetatable(object, self)
    return object
end

--获取Redis连接
function _Module.open(self)

    local red = redis:new()
    -- 设置超时的时间为 2 sec,connect_timeout, send_timeout, read_timeout
    red:set_timeout(config.timeout, config.timeout, config.timeout);
    local ok, err = red:connect( config.host_name, config.port)
    if not ok then
        basic.error("连接Redis服务器失败: ", err)
        return false;
    end

    if  config.password  then
        red:auth(config.password)
    end

    if  config.db then
        red:select(config.db)
    end

    basic.log("连接Redis服务器成功")

    self.red = red;
    return true;
end

--缓存值
function _Module.setValue(self, key, value)
    ok, err = self.red:set(key, value)
    if not ok then
        basic.error("Redis缓存设置失败")
        return false;
    end
    basic.log("set result ok")
    return true;
end

--值递增
function _Module.incrValue(self, key)
    ok, err = self.red:incr(key)
    if not ok then
        basic.error("Redis缓存递增失败 ")
        return false;
    end
    basic.log("incr ok")
    return true;
end

--过期
function _Module.expire(self, key, seconds)
    ok, err = self.red:expire(key, seconds)
    if not ok then
```

```
        basic.error("Redis设置过期失败 ")
        return false;
    end
    return true;
end
--获取值
function _Module.getValue(self, key)
    local resp, err = self.red:get(key)
    if not resp then
        basic.error("Redis缓存读取失败 ")
        return nil;
    end
    return resp;
end
... 省略封装的其他Redis操作方法

-- 将连接还给连接池
function _Module.close(self)
    if not self.red then
        return
    end
    local ok, err = self.red:set_keepalive(pool_max_idle_time, pool_size)
    if not ok then
        basic.error("Redis set_keepalive执行失败 ")
    end
    basic.log("Redis连接释放成功")
end
return _Module
```

此基础操作类的名称为RedisOperator，需要使用时通过require("luaScript.redis.RedisOperator")导入即可。

9.7.3 在 Lua 中使用 Redis 连接池

在示例代码RedisDemo.lua脚本中，客户端每请求一次，lua-resty-redis模块都会创建一个新的Redis连接。如果在生产环境，每请求一次都开启一个服务器新连接会导致以下问题：

1）连接资源被快速消耗。

2）网络一旦抖动，会有大量TIME_WAIT连接产生，需要定期重启服务程序或机器。

3）服务器工作不稳定，QPS忽高忽低。

4）性能普遍上不去。

为什么会出现这些性能问题呢？因为每一次传输数据，需要完成创建连接、收发数据、拆除连接三个基本步骤，在低并发场景下每次请求都完整走完这三步基本上不会有什么问题，然而一旦挪到高并发应用场景，性能问题就出现了。

性能优化的第一件事情就是把短连接改成长连接，以减少大量创建连接、拆除连接的时间。从性能上来说长连接肯定要比短连接好很多，但还是有比较大的浪费。

性能优化的第二件事情就是使用连接池。通过一个连接池将所有长连接缓存管理起来，谁需要使用，就从这里取走，干完活立马放回来。

实际上，在开发过程中所用到的连接池是非常多的，比如HTTP连接池、数据库连接、消息推送连接池等，几乎所有的点到点之间的连接资源复用都需要通过连接池完成。

在OpenResty中，lua-resty-redis模块也管理了一个连接池，并且定义了set_keepalive方法完成连接的回收和复用。set_keepalive方法的语法如下：

```
ok, err = red:set_keepalive(max_idle_timeout, pool_size)
```

该方法将当前的Redis连接立即放入连接池。其中，max_idle_timeout参数指定连接在池中的最大空闲超时时长（以毫秒为单位）；pool_size参数指定每个Nginx工作进程的连接池的最大连接数。如果入池成功，则返回1；如果入池出现错误，则返回nil，并返回错误描述字符串。

下面是一个连接回收的示例，具体代码如下：

```
location /pool_demo {
  content_by_lua_block {
    local redis = require "resty.redis"
    local config = require("luaScript.module.config.redis-config");
    --连接池大小
    local pool_size = config.pool_size;
    -- 最大的空闲时间，单位为毫秒
    local pool_max_idle_time = config.pool_max_idle_time;
    local red = redis:new()
    local ok, err = red:connect(config.host_name, config.port)
    if not ok then
       ngx.say("failed to connect: ", err)
       return
    else
       ngx.say("succeed to connect Redis", "<br>")
    end
    red: auth(config.password)
    -- red: set_keepalive(pool_max_idle_time, pool_size)    -- ① 坑
    ok, err = red:set("dog", "an animal")
    if not ok then
       -- red: set_keepalive(pool_max_idle_time, pool_size)   -- ② 坑
       return
    end
    -- ③ 正确回收
    red: set_keepalive(pool_max_idle_time, pool_size)
    ngx.say("succeed to collect Redis connection", "<br>")
  }
}
```

以上代码中，标记① ② ③的地方需要注意，具体介绍如下:

① 坑：只有数据传输完毕、Redis连接使用完成之后，才能调用set_keepalive方法将连接放到连接池里，否则set_keepalive方法会立即将red连接对象转换为closed状态，后面的Redis调用将出错。

② 坑：如果设值错误，则red连接对象不一定可用，不能把可用性存疑的连接放回连接池里，如果另一个请求从连接池里获取一个不能用的连接，会直接报错。

③ 正确回收：此处的set_keepalive方法调用是正确的。

以上代码位于nginx-redis-demo.conf文件，修改后需重启OpenRestry，然后可以使用浏览器访问其地址/pool_demo，具体的访问结果如图9-22所示。

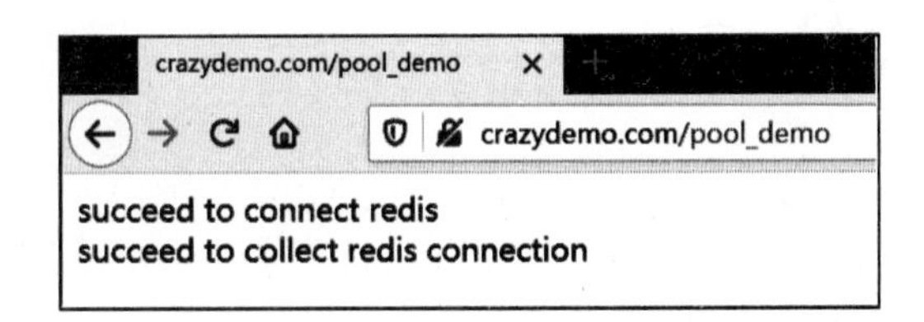

图 9-22 Redis 连接池演示实例的执行结果

set_keepalive方法完成连接回收之后，下一次通过red:connect(...)获取连接时，connect方法在创建新连接前会先在连接池中查找空闲连接，只有查找失败时才会真正创建新连接。

总之，作为一个专业的服务端开发工程师，必须要对连接池有较深理解，其实不论是Redis连接池，HTTP连接池，还是数据库连接池，甚至是线程池，其原理都是差不多的。

9.8 Nginx Lua 编程实战案例

作为实战练习，本节介绍如下3个Nginx Lua编程实战案例：

1）基于Nginx+Redis分布式架构的访问统计实战案例。
2）基于Nginx+Redis+Java容器架构的高并发访问实战案例。
3）基于Nginx + Redis架构的黑名单拦截实战案例。

9.8.1 Nginx+Redis 进行分布式访问统计

接口（或者页面）的访问统计数据是网站运营和优化的一个重要参考数据，对于分布式接口，可以通过Nginx+Redis的架构来简单实现分布式受访统计。

得益于Nginx的高并发性能和Redis的高速缓存，基于Nginx+Redis的受访统计的架构设计比纯Java实现的受访统计的架构设计在性能上会高出很多。

作为参考案例，这里使用前面定义的RedisOperator基础操作类编写了一个简单的受访统计类，具体的代码如下：

```
--- 启动调试，正式环境请注释
local mobdebug = require("luaScript.initial.mobdebug");
mobdebug.start();

--导入自定义的RedisOperator模块
local redisOp = require("luaScript.redis.RedisOperator");

--创建自定义的redis操作对象
local red = redisOp:new();
--打开连接
red:open();

--获取访问次数
local visitCount = red:incrValue("demo:visitCount");

if visitCount == 1 then
    --10s内过期
    red:expire("demo:visitCount", 10);
end

--将访问次数设置到Nginx变量
```

```
ngx.var.count = visitCount;
--归还连接到连接池
red:close();
```

在nginx-redis-demo.conf配置文件中编写一个location配置块来使用该脚本，建议将该脚本执行于access阶段而不是content阶段，具体代码如下：

```
#点击次数统计的演示
location /visitcount {
    #定义一个Nginx变量，用于在Lua脚本中保存访问次数
    set $count 0;
    access_by_lua_file  luaScript/redis/RedisVisitCount.lua;
    echo "10s内总的访问次数为：" $count;
}
```

修改了nginx-redis-demo.conf文件后需重启OpenRestry，然后使用浏览器访问其地址/visitcount，并且在浏览器中不断地刷新，会发现每刷新一次，页面的统计次数会加一，其结果具体如图9-23所示。

图 9-23　访问统计效果图

9.8.2　Nginx+Redis+Java 容器实现高并发访问

在不需要高速访问的场景下，运行在Java后端的容器（如Tomcat）会直接从数据库（如MySQL）查询数据，然后返回给客户端。

由于数据库的连接数限制、网络传输延迟、数据库的IO频繁等多方面原因，Java后端容器直接查询数据库的性能会很低，这时候会进行架构的调整，采用“Java容器+ Redis +数据库”的查询架构。针对那些数据一致性要求不是特别高、但是访问频繁的API接口（实际上大部分都是），可以将数据库数据放入Redis缓存，Java API可以优先查询Redis，如果缓存未命中，则回源到数据库查询，从数据库查询成功后，再将数据更新到Redis缓存。

“Java容器+Redis+数据库”的查询架构，既起到了Redis分流大量查询请求的作用，又大大提升了API接口的处理性能，可谓一举两得。该架构的请求处理流程如图9-24所示。

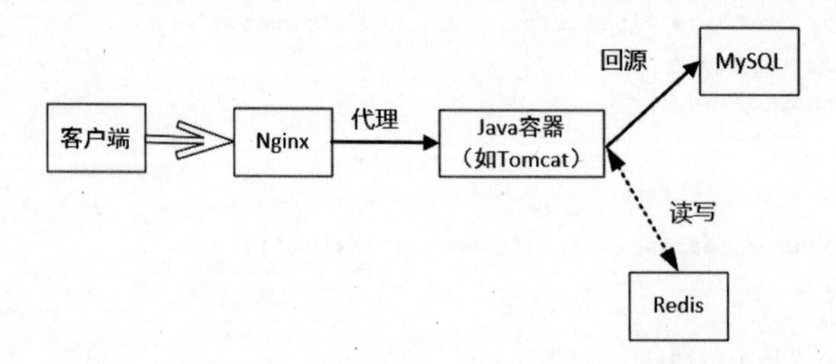

图 9-24　“Java 容器 + Redis + DB”查询架构的请求处理流程

常用的后端Java容器（如Tomcat、Jetty等）的性能其实也不是太高，QPS性能指标一般会在1000以内。从笔者经历过的多次的性能攻关的数据来看，Nginx的性能会是Java容器的10倍左右（甚至更大），并且稳定性更强，还不存在FullGC卡顿。

为了应对高并发，可以将“Java容器+Redis+数据库”查询架构优化为“Nginx+Redis+Java容器”查询架构。新架构将后端Java容器的缓存判断、缓存查询前移到反向代理Nginx，通过Nginx直接进行Redis缓存判断、缓存查询。

“Nginx+Redis+Java容器”的查询架构不仅为Java容器减少了很多请求，而且还能充分发挥Nginx的高并发优势和稳定性优势。该架构的请求处理流程如图9-25所示。

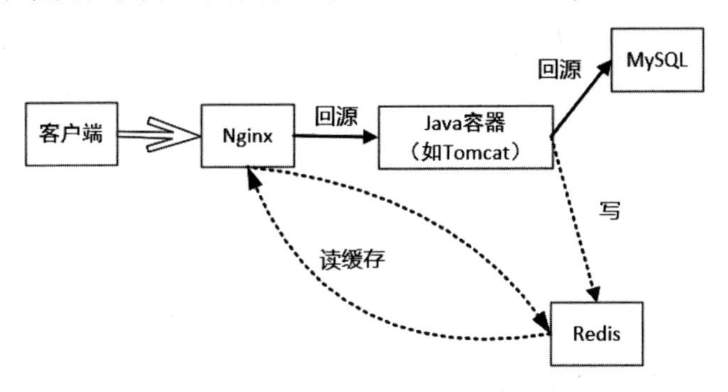

图 9-25　“Nginx+Redis+Java 容器”查询架构的请求处理流程

这里以秒杀系统的商品数据查询为例，提供一个“Nginx+Redis+Java容器”的查询架构的参考实现。首先定义两个接口，一个模拟Java容器的商品查询接口，另一个模拟供外部调用的商品查询接口，具体如下：

模拟Java容器的商品查询接口：/java/good/detail。
模拟供外部调用的商品查询接口：/good/detail。

然后提供一个Lua操作缓存的类RedisCacheDemo，主要定义如下3个方法：

1）getCache(self,goodId)：根据商品id取得Redis商品缓存。
2）goUpstream(self)：通过capture内部请求访问上游接口获取商品数据。
3）setCache(self, goodId ,goodString)：设置商品缓存，此方法用于模拟后台Java代码。

缓存操作类RedisCacheDemo的核心代码具体如下：

```
--- 启动调试，正式环境请注释
local mobdebug = require("luaScript.initial.mobdebug");
mobdebug.start();
--导入自定义的基础模块
local basic = require("luaScript.module.common.basic");
--导入自定义的RedisOperator模块
local redisOp = require("luaScript.redis.RedisOperator");

local PREFIX = "GOOD_CACHE:"

-- RedisCacheDemo类
local _RedisCacheDemo = { }
_RedisCacheDemo.__index = _RedisCacheDemo

-- 类的方法new
function _RedisCacheDemo.new(self)
```

```
    local object = {}
    setmetatable(object, self)
    return object;
end

--根据商品id获取缓存数据
function _RedisCacheDemo.getCache(self,goodId)
    --创建自定义的Redis操作对象
    local red = redisOp:new();
    --打开连接
    if not  red:open() then
        basic:error("Redis连接失败");
        return nil;
    end
    --获取缓存数据
    local json = red:getValue(PREFIX .. goodId);
    red:close();

    if not json or json==ngx.null then
        basic:log(goodId .. "的缓存没有命中");
        return nil;
    end
    basic:log(goodId .. "缓存成功命中");
    return json;
end

--通过capture方法回源上游接口
function _RedisCacheDemo.goUpstream(self)
    local request_method = ngx.var.request_method
    local args = nil
    --获取参数的值
    if "GET" == request_method then
        args = ngx.req.get_uri_args()
    elseif "POST" == request_method then
        ngx.req.read_body()
        args = ngx.req.get_post_args()
    end
    --回源上游接口,比如Java后端rest接口
    local res = ngx.location.capture("/java/good/detail",{
        method = ngx.HTTP_GET,
        args = args  -- 重要：将请求参数原样向上游传递
    })
    basic:log("上游数据获取成功");
    --返回上游接口的响应体
    return res.body;
end

--设置缓存，此方法主要用于模拟Java后台代码
function _RedisCacheDemo.setCache(self, goodId ,goodString)
     --创建自定义的Redis操作对象
    local red = redisOp:new();
    --打开连接
    if not  red:open() then
        basic:error("Redis连接失败");
        return nil;
    end
    --set缓存数据
    red:setValue(PREFIX .. goodId,goodString);
```

```
        --60s内过期
        red:expire(PREFIX .. goodId, 60);
        basic:log(goodId .. "缓存设置成功");
        --归还连接到连接池
        red:close();
        return json;
    end

    return _RedisCacheDemo;
```

在nginx-redis-demo.conf配置文件中，编写一个location配置块来使用该脚本，该配置块为提供给外部调用的商品查询接口/good/detail，具体代码如下：

```
    #首先从缓存查询商品，未命中再回源到Java后台
    location = /good/detail {
      content_by_lua_block {
        local goodId=ngx.var.arg_goodid;

        -- 判断goodId参数是否存在
        if not goodId then
           ngx.say("请输入goodId");
           return;
        end

        -- 首先从缓存根据ID查询商品
        local RedisCacheDemo = require "luaScript.redis.RedisCacheDemo";
        local redisCacheDemo = RedisCacheDemo:new();
        local json = redisCacheDemo:getCache(goodId);

        -- 判断缓存是否被命中
        if not json then
            ngx.say("缓存是否被命中，回源到上游接口<br>");
             --没有命中缓存，则回源到上游接口
            json = redisCacheDemo:goUpstream();
        else
            ngx.say("缓存已经被命中<br>");
        end
        ngx.say("商品信息：",json);
      }
    }
```

为了调试方便，在nginx-redis-demo.conf配置文件中再编写一个location配置块来模拟Java容器的后台商品查询接口/java/good/detail。

理论上，后台接口的业务逻辑是从数据库查询商品信息并缓存到Redis，然后返回商品信息。这里为了方便演示对其进行了简化，具体的代码如下：

```
    #模拟Java后台接口查询商品，然后设置缓存
    location = /java/good/detail {
      #指定规则为internal内部规则，防止外部请求命中此规则
      internal;
      content_by_lua_block {
        local RedisCacheDemo = require "luaScript.redis.RedisCacheDemo";

        -- Java后台将从数据库查找商品，这里简化...
        local json='{goodId:商品id,goodName:商品名称}';

        -- 将商品缓存到Redis
        local redisCacheDemo = RedisCacheDemo:new();
        redisCacheDemo:setCache(ngx.var.arg_goodid, json);
```

```
        -- 返回商品到下游网关
        ngx.say(json);
      }
    }
  }
```

修改了nginx-redis-demo.conf文件后重启OpenRestry，然后使用浏览器访问商品查询外部接口/good/detail，并且多次刷新，发现从第二次请求开始就能成功命中缓存，结果如图9-26所示。

图 9-26　浏览器访问商品查询外部接口/good/detail 的结果

9.8.3　Nginx+Redis 实现黑名单拦截

在日常维护网站时经常会有这样一个需求：对于黑名单之内的IP拒绝提供服务。实现IP黑名单拦截有很多途径，比如以下的方式：

1）在操作系统层面，配置iptables防火墙规则，拒绝黑名单中IP的网络请求。

2）使用Nginx网关的deny配置指令，拒绝黑名单中IP的网络请求。

3）在Nginx网关的access处理阶段，通过Lua脚本检查客户端IP是否在黑名单中。

4）在Spring Cloud内部网关（如Zuul）的过滤器中，检查客户端IP是否在黑名单中。

以上的检查方式都是基于一个静态的、提前备好的黑名单进行的。在实际运行过程中，黑名单往往需要动态计算，系统需要动态识别出大量发起请求的恶意爬虫或者恶意用户，并且将这些恶意请求的IP放入一个动态的IP黑名单中。

Nginx网关可以依据动态黑名单之内的IP进行请求拦截并拒绝提供服务。这里结合Nginx和Redis，提供一个基于动态IP黑名单进行请求拦截的参考实现。

首先是黑名单的组成，黑名单应该包括静态部分和动态部分。静态部分为系统管理员通过控制台设置的黑名单。动态部分主要通过流计算框架完成，具体的方法为：将Nginx的访问日志通过Kafka消息中间件发送到流计算框架，然后通过滑动窗口机制计算出窗口内的相同IP的访问计数，将超出阈值的IP动态加入黑名单中，流计算框架可以选用Apache Flink或者Apache Storm。当然，除了使用流计算框架外，也可以使用RxJava滑动窗口进行访问计数的统计。

这里对黑名单的计算和生成不做研究，并假定IP黑名单已经生成并且定期更新在Redis中。Nginx网关可以直接从Redis获取计算好的IP黑名单，但是为了提升黑名单的读取速度，并不是每一次请求过滤都从Redis读取IP黑名单，而是从本地的共享内存black_ip_list中获取，同时定期更新到本地的共享内存中的IP黑名单。

Nginx+Redis实现黑名单拦截的系统架构具体如图9-27所示。

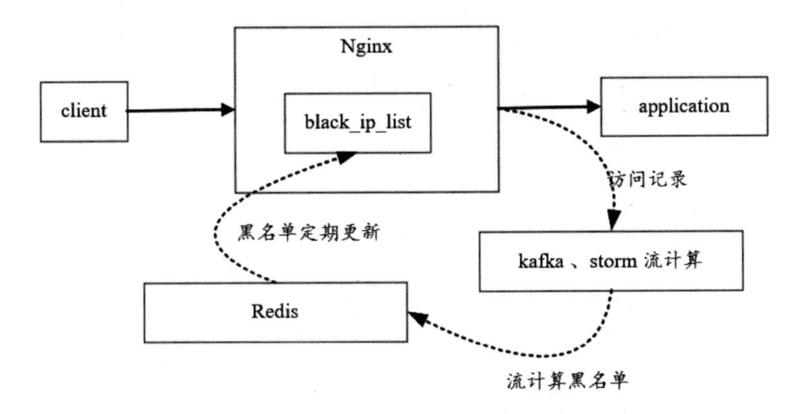

图 9-27 Nginx+Redis 实现黑名单拦截的系统架构

这里提供一个“Nginx + Redis”黑名单拦截的参考实现，具体的Lua脚本如下：

```
--- 启动调试，正式环境请注释
local mobdebug = require("luaScript.initial.mobdebug");
mobdebug.start();
--导入自定义的基础模块
local basic = require("luaScript.module.common.basic");
--导入自定义的RedisOperator模块
local redisOp = require("luaScript.redis.RedisOperator");

local ip = basic.getClientIP();
basic.log("ClientIP:"..ip);
-- lua_shared_dict black_ip_list 1m; #配置文件定义的ip_blacklist共享内存变量
local black_ip_list = ngx.shared.black_ip_list

--获得本地缓存的刷新时间，如果没有过期，则直接使用
local last_update_time = black_ip_list:get("last_update_time");

if last_update_time ~= nil then
   local dif_time = ngx.now() - last_update_time
   if dif_time < 60 then --缓存1分钟，没有过期
      if black_ip_list:get(ip) then
         return ngx.exit(ngx.HTTP_FORBIDDEN) --直接返回403
      end
      return
   end
end

local KEY = "limit:ip:blacklist";
--创建自定义的Redis操作对象
local red = redisOp:new();
--打开连接
red:open();
--获取缓存的黑名单
local ip_blacklist = red:getSmembers(KEY);
--归还连接到连接池
red:close();

if not ip_blacklist then
   basic.log("black ip set  is null");
   return;
else
   --刷新本地缓存
   black_ip_list:flush_all();

   --同步Redis黑名单到本地缓存
   for i,ip in ipairs(ip_blacklist) do
```

```
        --本地缓存Redis中的黑名单
        black_ip_list:set(ip,true);
    end
    --设置本地缓存的最新更新时间
    black_ip_list:set("last_update_time",ngx.now());
end
if black_ip_list:get(ip) then
    return ngx.exit(ngx.HTTP_FORBIDDEN) --直接返回403
end
```

该脚本名称为black_ip_filter.lua，作为测试，在nginx-redis-demo.conf配置文件中编写一个location配置块来执行该脚本，建议将该脚本执行在access阶段而不是content阶段，具体代码如下：

```
location /black_ip_demo {
  access_by_lua_ file luaScript/redis/black_ip_filter.lua;
  echo "恭喜，没有被拦截";
}
```

另外，black_ip_filter.lua使用了名称为black_ip_list的共享内存区进行黑名单本地缓存，所以需要在配置文件中进行共享内存空间的定义，具体如下：

```
#定义存储IP黑名单的共享内存变量
lua_shared_dict  black_ip_list  1m;
```

这里使用lua_shared_dict指令定义了一块1MB大小的共享内存空间，有关该指令的使用方法，下一小节再详细展开。修改了nginx-redis-demo.conf文件后重启OpenRestry，然后使用浏览器访问/black_ip_demo的完整链接地址，第一次访问时客户端IP没有加入黑名单，所以请求没有被拦截，结果如图9-28所示。

图 9-28　第一次访问时客户端 IP 没有加入黑名单

在Redis服务器上新建Set类型的键limit:ip:blacklist，并加入当前的客户端IP。然后再一次访问/black_ip_demo，发现请求已经被拦截，结果如图9-29所示。

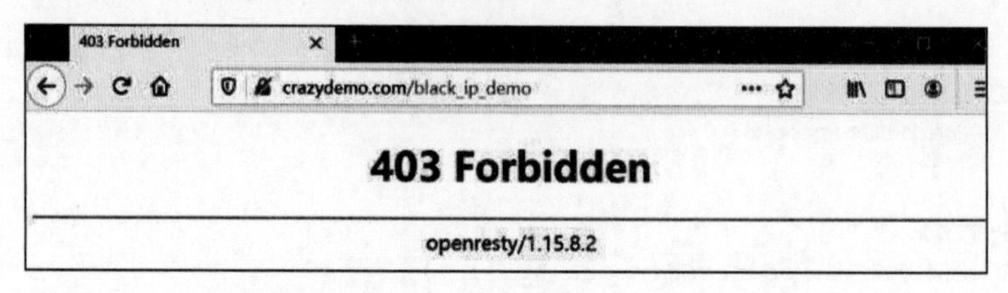

图 9-29　客户端 IP 加入黑名单后请求被拦截

9.8.4　使用 Nginx Lua 共享内存

Nginx Lua共享内存就是在内存块中分配出一个共享内存空间，该共享内存是一种字典结构，类似于Java Map的“键－值对”映射结构。同一个Nginx下的Worker进程都能访问存储在这里面的变量数据。在Lua定义共享内存非常简单，具体的指令如下：

语法：lua_shared_dict　<DICT>　<size>

上下文：http配置块

例子：lua_shared_dict　black_ip_list　1m;　#定义存储IP黑名单的共享内存变量

lua_shared_dict指令用于定义一块名为DICT的共享内存空间，其内存大小为size。通过该命令定义的共享内存对于Nginx中的所有Worker进程都是可见的。对于共享内存的引用，可以使用以下两种形式完成：

方式一：ngx.shared.DICT

方式二：ngx.shared["DICT"]

ngx_lua提供了一系列API来操作共享内存，大致如表9-7所示。

表 9-7　ngx_lua 字典 API 及其方法

字典 API	方法说明
取值	语法：value, flags = ngx.shared.DICT:get(key) 根据 key 从字典中取得值
设值	语法：success, err, forcible = ngx.shared.DICT:set(key, value, exptime?, flags?) 根据 key 在字典中设置值 可选参数 exptime 过期时间的单位为秒，如果不进行设置，则默认为永不过期；可选参数 flags 用于设置额外的缓存内容，如果已经设置，则可以通过 get 方法取出
删除数据项	语法 ngx.shared.DICT:delete(key) 删除数据项
设置过期时间	语法：ngx.shared.DICT:expire(key, exptime) 设置 key 在字典中的生存时间，exptime 单位为秒
查询过期时间	语法：ttl, err = ngx.shared.DICT:ttl(key) 查询 key 在字典中的剩余生存时间，单位为秒
全部过期	语法：ngx.shared.DICT:flush_all() 将字典中所有的数据项设置为过期，此操作并没有真正清除数据项
清除过期数据项	语法：flushed = ngx.shared.DICT:flush_expired(max_count?) 清除字典中的过期数据项，可选参数 max_count 表示清除数量，若没有设置，则表示清空所有的过期数据项

如果熟悉Redis字符串的操作命令和参数，就会发现以上共享内存的API方法和Redis字符串的操作命令及参数有惊人的相似之处。

共享内存的API方法都是原子操作，也就是说，lua_shared_dict定义的同一个共享内存区自带锁的功能，能够避免来自多个Worker进程的并发访问。

有关数据项的过期时间可以在新增数据项的时候进行设置。在新增数据项时，如果字典的内存区域不够，ngx.shared.DICT.set方法会根据LRU算法淘汰一部分内容。当Nginx退出时，共享内存中的数据项都会丢失。

第 10 章 限流原理与实战

在通信领域中，限流技术（Time Limiting）被用来控制网络接口收发通信数据的速率，实现通信时的优化性能、较少延迟和提高带宽等。

互联网领域中也借鉴了通信领域的限流概念，用来控制在高并发、大流量的场景中对服务接口请求的速率，比如双十一秒杀、抢购、抢票、抢单等场景。

举一个具体的例子，假设某个接口能够扛住的QPS为10 000，这时有20 000个请求进来，经过限流模块，会先放10000个请求，其余的请求会阻塞一段时间。不简单粗暴地返回404让客户端重试，同时又能起到流量削峰的作用。

每个API接口都是有访问上限的，当访问频率或者并发量超过其承受范围时，就必须通过限流来保证接口的可用性或者降级可用性，给接口安装上保险丝，以防止非预期的请求对系统压力过大而引起的系统瘫痪。

接口限流的算法主要有3种，分别是计数器限流、漏桶算法和令牌桶算法，接下来为大家一一介绍。

10.1 使用 Redis 实现简单限流策略

首先来看一个常见的简单的限流策略。系统要限定某种请求在指定的时间里只能发生N次，如何使用Redis的数据结构来实现这个限流的功能呢？

我们先来定义这个接口，通过这个接口读者就应该能明白期望达到的功能。

背景：通常在高并发访问的情况下会通过限流的手段来控制流量问题，以保证服务器处于正常压力下，一般对超过的部分不做处理，即丢弃。

10.1.1 3 种限流策略：计数器、漏桶、令牌桶

限流的手段通常有计数器、漏桶、令牌桶。注意限流和限速（所有请求都会处理）的差别，视业务场景而定。

1）计数器：在一段时间间隔内（时间窗）处理请求的最大数量固定，超过部分不做处理。

2）漏桶：漏桶大小固定，处理速度固定，但请求进入速度不固定（在突发情况请求过多时，会丢弃过多的请求）。

3）令牌桶：令牌桶的大小固定，令牌的产生速度固定，但是消耗令牌（即请求）的速度不固定（可以应对某些时间请求过多的情况）。每个请求都会从令牌桶中取出令牌，如果没有令牌则丢弃该次请求。

10.1.2　计数器限流原理和 Java 参考实现

计数器限流的原理非常简单：在一个时间窗口（间隔）内所处理的请求的最大数量是有限制的，对超过限制部分的请求不做处理。

下面的代码是计数器限流算法的一个简单的演示实现和测试用例。

```
package com.crazymaker.Spring Cloud.ratelimit;
...
//计速器，限速
@Slf4j
public class CounterLimiter
{

    //起始时间
    private static long startTime = System.currentTimeMillis();
    //时间区间的时间间隔，单位为毫秒
    private static long interval = 1000;
    //每秒限制数量
    private static long maxCount = 2;
    //累加器
    private static AtomicLong accumulator = new AtomicLong();

    //计数判断，是否超出限制
    private static long tryAcquire(long taskId, int turn)
    {
        long nowTime = System.currentTimeMillis();
        //在时间区间之内
        if (nowTime < startTime + interval)
        {
            long count = accumulator.incrementAndGet();

            if (count <= maxCount)
            {
                return count;
            } else
            {
                return -count;
            }
        } else
        {
            //在时间区间之外
            synchronized (CounterLimiter.class)
            {
                log.info("新时间区到了,taskId{}, turn {}..", taskId, turn);
                //再一次判断，防止重复初始化
                if (nowTime > startTime + interval)
                {
                    accumulator.set(0);
                    startTime = nowTime;
```

```
            }
        }
        return 0;
    }
}
//线程池，用于多线程模拟测试
private ExecutorService pool = Executors.newFixedThreadPool(10);

@Test
public void testLimit()
{
    //被限制的次数
    AtomicInteger limited = new AtomicInteger(0);
    //线程数
    final int threads = 2;
    //每条线程的执行轮数
    final int turns = 20;
    //同步器
    CountDownLatch countDownLatch = new CountDownLatch(threads);
    long start = System.currentTimeMillis();
    for (int i = 0; i < threads; i++)
    {
        pool.submit(() ->
        {
            try
            {

                for (int j = 0; j < turns; j++)
                {

                    long taskId = Thread.currentThread().getId();
                    long index = tryAcquire(taskId, j);
                    if (index <= 0)
                    {
                        //被限制的次数累积
                        limited.getAndIncrement();
                    }
                    Thread.sleep(200);
                }

            } catch (Exception e)
            {
                e.printStackTrace();
            }
            //等待所有线程结束
            countDownLatch.countDown();

        });
    }
    try
    {
        countDownLatch.await();
    } catch (InterruptedException e)
    {
        e.printStackTrace();
    }
    float time = (System.currentTimeMillis() - start) / 1000F;
    //输出统计结果

    log.info("限制的次数为：" + limited.get() +
            ",通过的次数为：" + (threads * turns - limited.get()));
    log.info("限制的比例为：" + (float) limited.get() / (float) (threads * turns));
```

```
            log.info("运行的时长为: " + time);
        }
    }
```

以上代码使用两条线程，每条线程各运行20次，每一次运行后休眠200毫秒，总计耗时4秒运行40次，限流的输出结果具体如下：

```
    [pool-2-thread-2] INFO  c.c.s.ratelimit.CounterLimiter - 新时间区到了,taskId16, turn 5..
    [pool-2-thread-1] INFO  c.c.s.ratelimit.CounterLimiter - 新时间区到了,taskId15, turn 5..
    [pool-2-thread-2] INFO  c.c.s.ratelimit.CounterLimiter - 新时间区到了,taskId16, turn
10..
    [pool-2-thread-2] INFO  c.c.s.ratelimit.CounterLimiter - 新时间区到了,taskId16, turn
15..
    [main] INFO  c.c.s.ratelimit.CounterLimiter - 限制的次数为: 32,通过的次数为: 8
    [main] INFO  c.c.s.ratelimit.CounterLimiter - 限制的比例为: 0.8
    [main] INFO  c.c.s.ratelimit.CounterLimiter - 运行的时长为: 4.104
```

大家可以自行调整参数运行以上自验证程序并观察实验结果，体验一下计数器限流的效果。

计数器限流算法虽然简单，但是有一个十分致命的问题，那就是临界问题。如图10-1所示，假设现在按照每分钟110次请求的速率进行限流，有一个恶意用户在0:59瞬间发送了100个请求，并且在1:00又瞬间发送了100个请求，那么这个用户在1分钟里的一个瞬间其实发送了200个请求，虽然计数器限流策略的速率为每分钟110，但是对此却无能为力了。

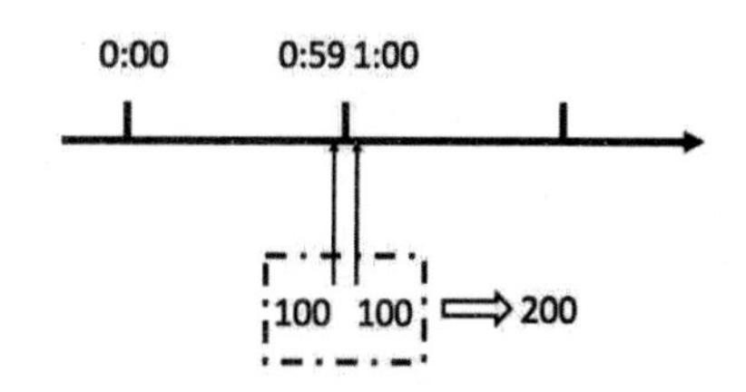

图 10-1　计数器限流算法的临界问题

所以在使用计数器限流策略时，用户通过在时间窗口的连接处突发大量请求，可以瞬间超过速率限制，从而瞬间压垮应用，这就是计数器限流算法的临界问题。

如何解决临界问题呢？答案是漏桶算法或者令牌桶算法。

10.1.3　漏桶算法限流原理和 Java 参考实现

漏桶算法限流的基本原理为：水（对应请求）从进水口进入到漏桶里，漏桶以一定的速度出水（请求放行），当水流入速度过大时，桶内的总水量大于桶容量会直接溢出，请求被拒绝，如图10-2所示。

大致的漏桶限流规则如下：

1）水通过进水口（对应客户端请求）以任意速率流入漏桶。

2）漏桶的容量是固定的，出水（放行）速率也是固定的。

3）漏桶容量是不变的，如果处理速度太慢，桶内水量会超出桶的容量，则后面流入的水滴会溢出，表示请求被拒绝。

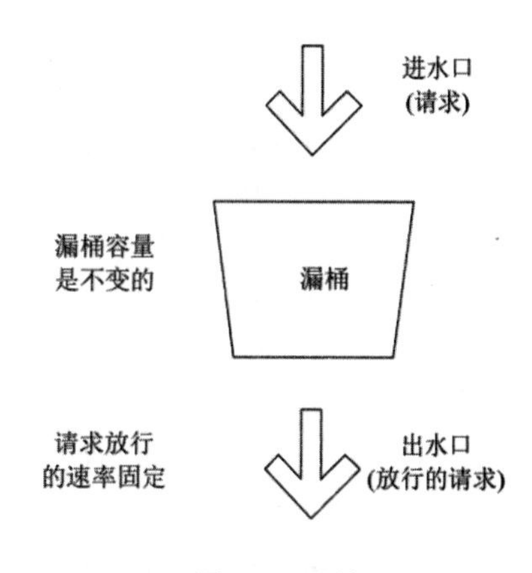

图 10-2　漏桶

漏桶的Java参考实现代码如下：

```
package com.crazymaker.Spring Cloud.ratelimit;
//省略import

//漏桶限流
```

```
@Slf4j
public class LeakBucketLimiter {
    //计算的起始时间
    private static long lastOutTime = System.currentTimeMillis();
    //时间区间的时间间隔毫秒
    private static long interval = 1000;
    //流出速率每秒2次
    private static int leakRate = 2;
    //桶的容量
    private static int capacity = 20;
    //剩余的水量
    private static AtomicInteger waterInBucket = new AtomicInteger(0);
    //返回值说明：
    //false：没有被限流
    //true：被限流
    public static synchronized boolean isLimit(long taskId, int turn) {
        //如果是空桶，则当前时间作为漏出的时间
        if (waterInBucket.get() == 0) {
            lastOutTime = System.currentTimeMillis();
            waterInBucket.addAndGet(1);
            return false;
        }
        //补充遗漏的场景，讲课的意义就是不断地优化代码
        //场景一：当前请求和上次请求在同一个时间区间
        long nowTime = System.currentTimeMillis();
        //当前时间在时间区间之内
        //计算漏水，以时间区间为计算维度，同一个区间没有必要重复去计算漏水
        if (nowTime < lastOutTime + interval) {
            //尝试加水，并且水还未满，放行
            if ((waterInBucket.get()) < capacity) {
                waterInBucket.addAndGet(1);
                return false;
            } else {
                //水满，拒绝加水，限流
                return true;
            }
        }
        //场景二：桶里边有水
        //当前时间在时间区间之外
        //计算漏水，以时间的区间为计算维度
        int waterLeaked = ((int) ((System.currentTimeMillis() - lastOutTime) / 1000))
* leakRate;
        //计算剩余水量
        int waterLeft = waterInBucket.get() - waterLeaked;
        //校正数据
        waterLeft = Math.max(0, waterLeft);
        waterInBucket.set(waterLeft);
        //重新更新leakTimeStamp
        lastOutTime = System.currentTimeMillis();
        //尝试加水，并且水还未满，放行
        if ((waterInBucket.get()) < capacity) {
            waterInBucket.addAndGet(1);
            return false;
        } else {
            //水满，拒绝加水，限流
```

```
            return true;
        }
    }
...
}
```

以上代码使用两条线程，每条线程各运行20次，每一次运行后休眠200毫秒，总计耗时4秒运行40次，部分输出结果如下：

```
[pool-2-thread-1] INFO  c.c.s.r.LeakBucketLimiter - water 0 pastTime 75 outWater 0
...
[pool-2-thread-1] INFO  c.c.s.r.LeakBucketLimiter - water 1 pastTime 601 outWater 1
...
[pool-2-thread-1] INFO  c.c.s.r.LeakBucketLimiter - water 2 pastTime 416 outWater 0
[pool-2-thread-2] INFO  c.c.s.r.LeakBucketLimiter - water 1 pastTime 601 outWater 1
[pool-2-thread-1] INFO  c.c.s.r.LeakBucketLimiter - water 2 pastTime 15 outWater 0
[pool-2-thread-2] INFO  c.c.s.r.LeakBucketLimiter - water 2 pastTime 201 outWater 0
[pool-2-thread-1] INFO  c.c.s.r.LeakBucketLimiter - water 2 pastTime 216 outWater 0
[main] INFO  c.c.s.r.LeakBucketLimiter - 限制的次数为: 32,通过的次数为: 8
[main] INFO  c.c.s.r.LeakBucketLimiter - 限制的比例为: 0.8
[main] INFO  c.c.s.r.LeakBucketLimiter - 运行的时长为: 4.107
```

漏桶的出水速度是固定的，也就是请求放行速度是固定的，故漏桶不能有效应对突发流量，但是能起到平滑突发流量（整流）的作用。

10.1.4　令牌桶限流原理和 Java 参考实现

令牌桶算法以一个设定的速率产生令牌并放入令牌桶，每次用户请求都得申请令牌，如果令牌不足，则拒绝请求。

在令牌桶算法中，新请求到来时会从桶里拿走一个令牌，如果桶内没有令牌可拿，就拒绝服务。当然，令牌的数量也是有上限的。令牌的数量与时间和发放速率强相关，流逝的时间越长，往桶里加入令牌的越多，如果令牌发放速度比申请速度快，则令牌会放入令牌桶，直到占满整个令牌桶，如图10-3所示。

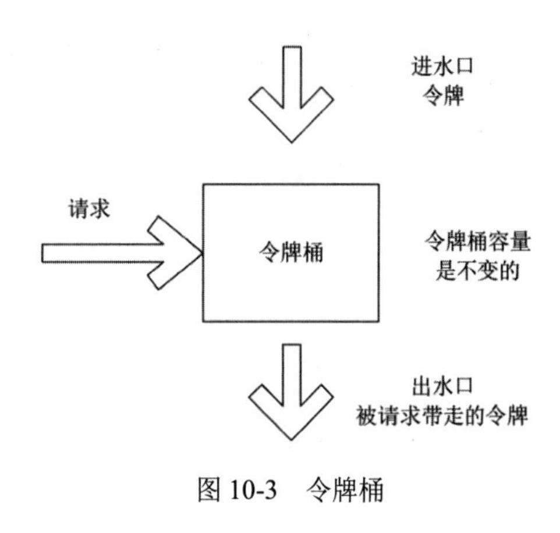

图 10-3　令牌桶

另外，可以设置令牌的发送速率，从而对突发流量进行有效应对。

令牌桶限流大致的规则如下：

1）进水口按照某个速度向桶中放入令牌。

2）令牌桶的容量是固定的，但是放行的速度不是固定的，只要桶中还有剩余令牌，一旦请求过来就能申请成功，然后放行。

3）如果令牌的发放速度慢于请求的到来速度，则桶内就无牌可领，请求就会被拒绝。

令牌桶的Java参考实现代码如下：

```
package com.crazymaker.Spring Cloud.ratelimit;
...
//令牌桶，限速
```

```
@Slf4j
public class TokenBucketLimiter {
    //上一次令牌发放时间
    public long lastTime = 0;
    //桶的容量
    public int capacity = 2;
    //令牌生成速度个/秒
    public int rate = 2;
    //当前令牌数量
    public AtomicInteger tokens = new AtomicInteger(0);
    //返回值说明:
    //false: 没有被限流
    //true: 被限流
    public synchronized boolean isLimited(long taskId, int applyCount) {
        long now = System.currentTimeMillis();
        //时间间隔,单位为 ms
        long gap = now - lastTime;
        //补充遗漏的场景，讲课的意义就是不断地优化代码
        //场景一：当前请求和上次请求在同一个时间区间
        //当前时间在时间区间之内
        //以时间区间为计算维度，同一个区间，没有必要重复去计算令牌数量
        if (lastTime != 0 && gap < 1000/*interval*/) {
            if (tokens.get() < applyCount) {
                //若拿不到令牌，则拒绝
                //log.info("被限流了.." + taskId + ", applyCount: " + applyCount);
                return true;
            } else {
                //还有令牌，领取令牌
                tokens.getAndAdd(-applyCount);

                //log.info("剩余令牌.." + tokens);
                return false;
            }
        }
        System.out.println("时区之外 gap = " + gap);

        if (lastTime == 0) {
            gap = 1000 /*interval*/;
        }
        //计算时间段内的令牌数
        int reverse_permits = (int) (gap * rate / 1000);
        int all_permits = tokens.get() + reverse_permits;
        //当前令牌数
        tokens.set(Math.min(capacity, all_permits));
        log.info("tokens {} capacity {} gap {} ", tokens, capacity, gap);
        lastTime = now;

        if (tokens.get() < applyCount) {
            //若拿不到令牌，则拒绝
            //log.info("被限流了.." + taskId + ", applyCount: " + applyCount);
            return true;
        } else {
            //还有令牌，领取令牌
            tokens.getAndAdd(-applyCount);

            //log.info("剩余令牌.." + tokens);
            return false;
        }

    }
...
}
```

运行这个示例程序，部分结果如下：

```
[pool-2-thread-2] INFO  c.c.s.r.TokenBucketLimiter - tokens 0 capacity 2 gap 104
[pool-2-thread-1] INFO  c.c.s.r.TokenBucketLimiter - tokens 0 capacity 2 gap 114
[pool-2-thread-2] INFO  c.c.s.r.TokenBucketLimiter - tokens 0 capacity 2 gap 314
[pool-2-thread-1] INFO  c.c.s.r.TokenBucketLimiter - tokens 0 capacity 2 gap 314
[pool-2-thread-2] INFO  c.c.s.r.TokenBucketLimiter - tokens 1 capacity 2 gap 515
[pool-2-thread-1] INFO  c.c.s.r.TokenBucketLimiter - tokens 0 capacity 2 gap 0
...
[pool-2-thread-2] INFO  c.c.s.r.TokenBucketLimiter - tokens 0 capacity 2 gap 401
[pool-2-thread-1] INFO  c.c.s.r.TokenBucketLimiter - tokens 0 capacity 2 gap 402
[main] INFO  c.c.s.r.TokenBucketLimiter - 限制的次数为: 34,通过的次数为: 6
[main] INFO  c.c.s.r.TokenBucketLimiter - 限制的比例为: 0.85
[main] INFO  c.c.s.r.TokenBucketLimiter - 运行的时长为: 4.119
```

令牌桶的好处之一就是可以方便地应对突发流量。比如，可以改变令牌的发放速度，算法能按照新的发送速率调大令牌的发放数量，使得突发流量能被处理。

10.2　分布式计数器限流

分布式计数器限流使用Redis存储限流键（Key）的统计计数。这里介绍两种限流的实现方案：Nginx Lua分布式计数器限流和Redis Lua分布式计数器限流。

10.2.1　Nginx Lua 分布式计数器限流

本小节以对用户IP计数器限流为例，实现单IP在一定时间周期（如10秒）内只能访问一定次数（如10次）的限流功能。由于使用到Redis存储分布式访问计数，因此这里将这类型的限流称为Nginx Lua分布式计数器限流。

本小节的Nginx Lua分布式计数器限流案例的具体架构如图10-4所示。

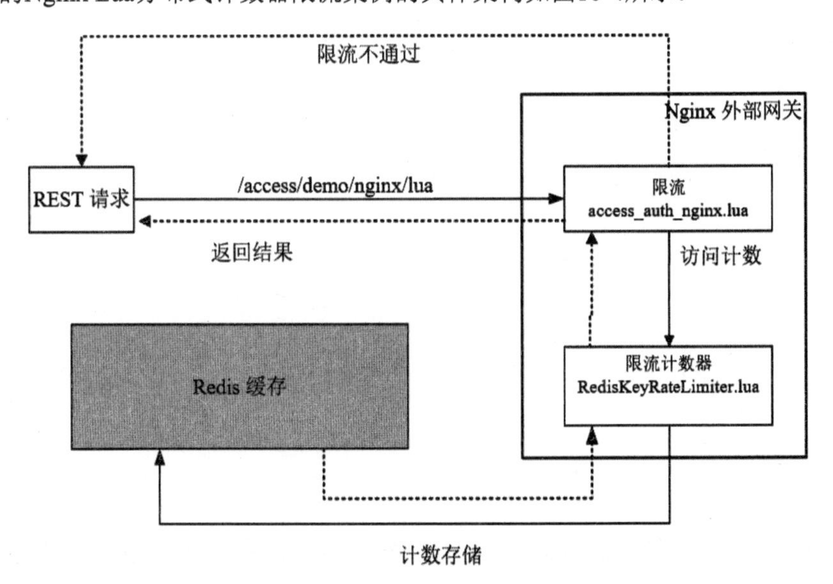

图 10-4　Nginx Lua 分布式计数器限流架构

首先看一下限流计数器脚本RedisKeyRateLimiter.lua，该脚本负责完成访问计数和限流的结果判断，其中涉及Redis的存储访问，具体的代码如下：

```
local redisExecutor = require("luaScript.redis.RedisOperator");
--一个统一的模块对象
local _Module = {}
_Module.__index = _Module
--方法：创建一个新的实例
function _Module.new(self, key)
    local object = { red = nil }
    setmetatable(object, self)
    --创建自定义的redis操作对象
    local red = redisExecutor:new();
    red:open();
    object.red = red;
    object.key = "count_rate_limit:" .. key;
    return object
end
-- 方法：判断是否能通过流量控制
-- 返回值true表示通过流量控制，false表示被限制
function _Module.acquire(self)
    local redis = self.red;
    local current = redis:getValue(self.key);
    -- 判断是否大于限制次数
    local limited = current and current ~= ngx.null and tonumber(current) > 10;  -- 限
流的次数
    -- 被限流
    if limited then
        redis:incrValue(self.key);
        return false;
    end
    if not current or current == ngx.null then
        redis:setValue(self.key, 1);
        redis:expire(self.key, 10);  -- 限流的时间范围
    else
        redis:incrValue(self.key);
    end
    return true;
end

-- 方法：获取访问次数，供演示使用
function _Module.getCount(self)
    local current = self.red:getValue(self.key);
    if current and current ~= ngx.null then
        return tonumber(current);
    end
    return 0;
end
-- 方法：归还Redis连接
function _Module.close(self)
    self.red:close();
end
return _Module
```

以上代码位于练习工程LuaDemoProject的src/luaScript/module/ratelimit/文件夹下，文件名为RedisKeyRateLimiter.lua。

然后介绍access_auth_nginx限流脚本，该脚本使用上面定义的RedisKeyRateLimiter.lua通用访问计数器脚本，完成针对同一个IP的限流操作，具体的代码如下：

```
--- 此脚本的环境: Nginx内部
--- 启动调试
--local mobdebug = require("luaScript.initial.mobdebug");
--mobdebug.start();
--导入自定义的计数器模块
local RedisKeyRateLimiter =
require("luaScript.module.ratelimit.RedisKeyRateLimiter");

--定义出错的JSON输出对象
local errorOut = { resp_code = -1, resp_msg = "限流出错", datas = {} };

-- 获取用户的IP
local shortKey =  ngx.var.remote_addr;
-- 没有限流键（Key），  提示错误
if not shortKey or shortKey == ngx.null then
   errorOut.resp_msg = "shortKey不能为空"
   ngx.say(cjson.encode(errorOut));
   return ;
end
-- 拼接计数的Redis 键（Key）
local key = "ip:" .. shortKey;
local limiter = RedisKeyRateLimiter:new(key);
local passed = limiter:acquire();
-- 如果通过流量控制
if passed then
   ngx.var.count = limiter:getCount();
   -- 注意，在这里直接输出会导致content阶段的指令被跳过
   -- ngx.say( "目前的访问总数: ",limiter:getCount(),"<br>");
end
--回收Redis连接
limiter:close();
-- 如果没有流量控制，终止Nginx的处理流程
if not passed then
   errorOut.resp_msg = "抱歉，被限流了";
   ngx.say(cjson.encode(errorOut));
   ngx.exit(ngx.HTTP_UNAUTHORIZED);
end
return ;
```

以上代码位于练习工程LuaDemoProject的src/luaScript/module/ratelimit/文件夹下，文件名为access_auth_nginx.lua。access_auth_nginx.lua在拼接计数器的key时，使用了Nginx的内置变量$remote_addr获取客户端的IP地址，最终在Redis存储访问计数的key的格式如下：

```
count_rate_limit:ip:192.168.233.1
```

这里的192.168.233.1为笔者的本地测试IP，存储在Redis中的针对此IP的限流计数结果具体如图10-5所示。

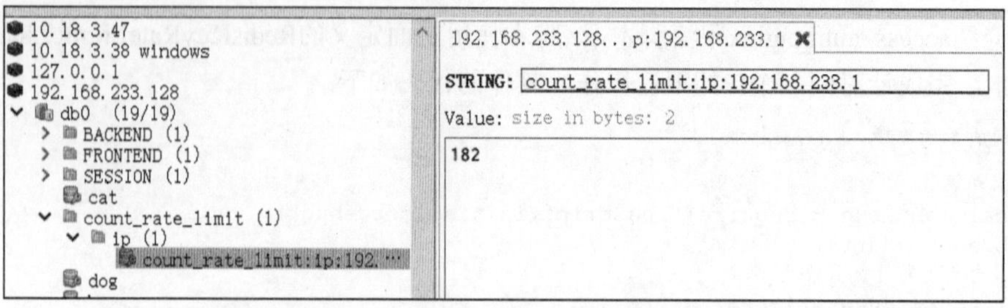

10.18.3.47
10.18.3.38 windows
127.0.0.1
192.168.233.128
db0 (19/19)
BACKEND (1)
FRONTEND (1)
SESSION (1)
cat
count_rate_limit (1)
ip (1)
count_rate_limit:ip:192.…
dog

192.168.233.128...p:192.168.233.1
STRING: count_rate_limit:ip:192.168.233.1
Value: size in bytes: 2
182

图 10-5　存储在 Redis 中的针对 IP 的限流计数

在Nginx的access请求处理阶段，使用access_auth_nginx.lua脚本进行请求限流的配置如下：

```
location = /access/demo/nginx/lua {
   set $count 0;
   access_by_lua_file luaScript/module/ratelimit/access_auth_nginx.lua;
   content_by_lua_block {
     ngx.say( "目前的访问总数：",ngx.var.count,"<br>");
     ngx.say("hello world!");
   }
 }
```

以上配置位于练习工程LuaDemoProject的src/conf/nginx-ratelimit.conf文件中，在使之生效之前，需要在openresty-start.sh脚本中换上该配置文件，然后重启Nginx。

接下来，开始限流自验证。

在上面的代码中，由于RedisKeyRateLimiter所设置的限流规则为单IP在10秒内限制访问10次，因此，在验证的时候，在浏览器中刷新10次之后就会被限流。在浏览器输入如下测试地址：

http://nginx.server/access/demo/nginx/lua?seckillGoodId=1

10秒内连续刷新，第6次的输出如图10-6所示。10秒之内连续刷新，发现第10次之后的请求被限流了，说明Lua限流脚本工作是正常的，被限流后的输出如图10-7所示。

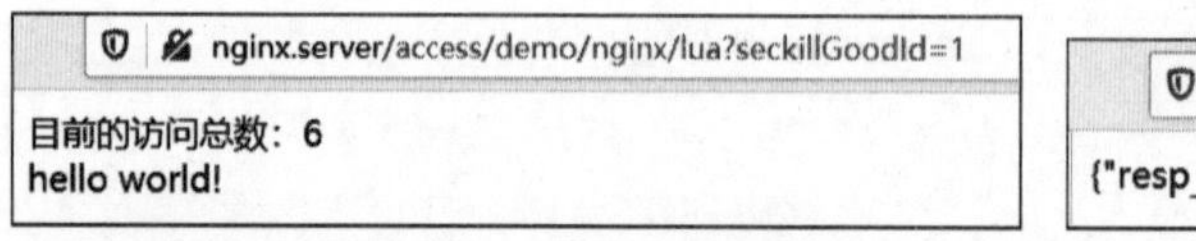

图 10-6　自验证时第 6 次刷新的输出

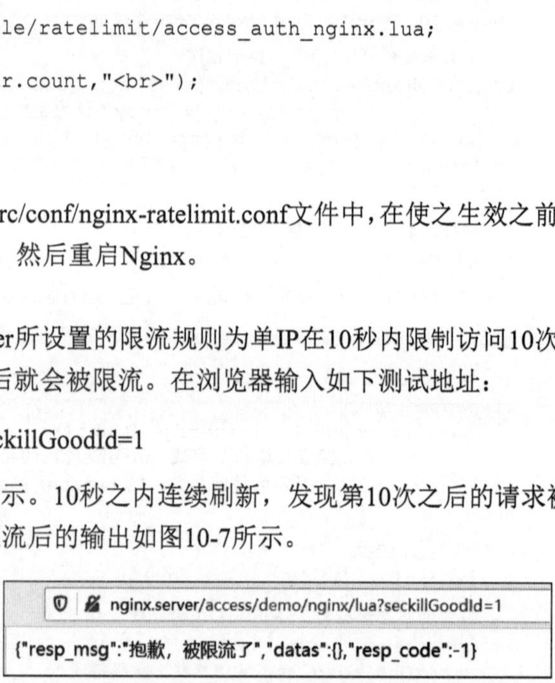

nginx.server/access/demo/nginx/lua?seckillGoodId=1

{"resp_msg":"抱歉，被限流了","datas":{},"resp_code":-1}

图 10-7　自验证时刷新 10 次之后的输出

以上代码有两点缺陷：

1）数据一致性问题：计数器的读取和自增由两次Redis远程操作完成，如果多个网关同时进行限流，就可能会出现数据一致性问题。

2）性能问题：同一次限流操作需要多次访问Redis，存在多次网络传输，大大降低了限流的性能。

10.2.2　Redis Lua 分布式计数器限流

Redis允许将Lua脚本加载到Redis服务器中执行，可以调用大部分Redis命令，并且Redis保证了脚本的原子性。由于既使用Redis存储分布式访问计数，又通过Redis执行限流计数器的Lua脚本，因此这里将这类型的限流称为Redis Lua分布式计数器限流。

本小节的Redis Lua分布式计数器限流案例的具体架构如图10-8所示。

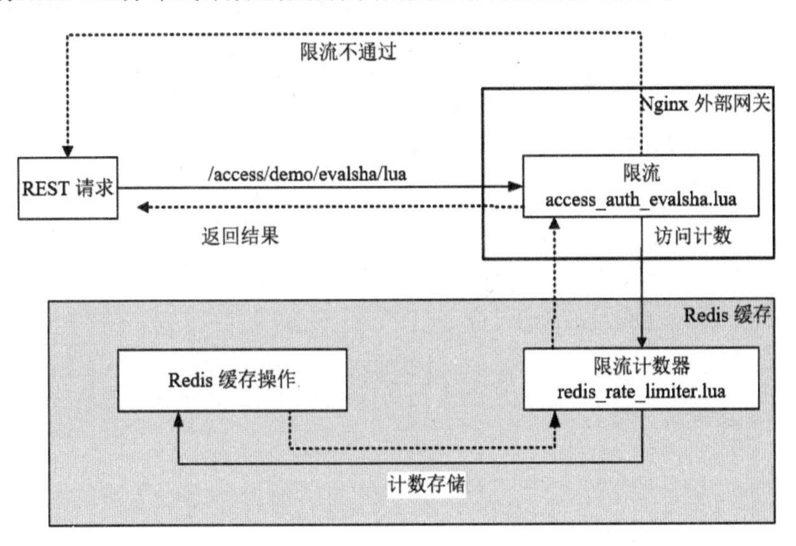

图 10-8　Redis Lua 分布式计数器限流架构

首先来看限流的计数器脚本redis_rate_limiter.lua，该脚本负责完成访问计数和限流结果的判断，其中会涉及Redis计数的存储访问。需要注意的是，该脚本将在Redis中加载和执行。

计数器脚本redis_rate_limiter.lua的代码如下：

```
--- 此脚本的环境：Redis内部，不是运行在Nginx内部
-- 返回0表示被限流，返回其他表示统计的次数
local cacheKey =  KEYS[1]
local data = redis.call("incr", cacheKey)
local count=tonumber(data)
-- 首次访问，设置过期时间
if count == 1 then
   redis.call("expire", cacheKey, 10) -- 设置超时时间为10秒
end
if count > 10 then   -- 设置超过的限制为10人
   return 0; --0表示需要限流
end
--redis.debug(redis.call("get", cacheKey))
return  count;
```

以上代码位于练习工程LuaDemoProject的src/luaScript/module/ratelimit/文件夹下，文件名为redis_rate_limiter.lua。在调用该脚本之前，首先要将其加载到Redis，并且获取加载之后的sha1编码，以供Nginx上的限流脚本access_auth_evalsha.lua使用。

将redis_rate_limiter.lua加载到Redis的Linux Shell命令如下：

```
    [root@localhost ~]#  cd  /work/develop/LuaDemoProject/src/luaScript/module/ratelimit/
    [root@localhost ratelimit]#  /usr/local/redis/bin/redis-cli script load "$(cat
redis_rate_limiter.lua)"
    "2c95b6bc3be1aa662cfee3bdbd6f00e8115ac657"
```

然后来看access_auth_evalsha.lua限流脚本，该脚本使用Redis的evalsha操作指令远程访问加载在Redis上的redis_rate_limiter.lua访问计数器脚本，完成针对同一个IP的限流操作。

access_auth_evalsha.lua限流脚本的代码如下：

```
--- 此脚本的环境：Nginx内部
local RedisKeyRateLimiter = require("luaScript.module.ratelimit.RedisKeyRateLimiter");
--定义出错的JSON输出对象
local errorOut = { resp_code = -1, resp_msg = "限流出错", datas = {} };
--读取get参数
local args = ngx.req.get_uri_args()
-- 获取用户的IP
local shortKey =  ngx.var.remote_addr;
-- 没有限流键（Key），提示错误
if not shortKey or shortKey == ngx.null then
   errorOut.resp_msg = "shortKey不能为空"
   ngx.say(cjson.encode(errorOut));
   return ;
end
-- 拼接计数的Redis键（Key）
local key = "count_rate_limit:ip:" .. shortKey;
local limiter = RedisKeyRateLimiter:new(key);
local passed = limiter:acquire();
-- 如果通过流量控制
if passed then
   ngx.var.count = limiter:getCount();
   -- 注意，在这里直接输出会导致content阶段的指令被跳过
   -- ngx.say( "目前的访问总数: ",limiter:getCount(),"<br>");
end
--回收Redis连接
limiter:close();
-- 如果没有流量控制，终止Nginx的处理流程
if not passed then
   errorOut.resp_msg = "抱歉，被限流了";
   ngx.say(cjson.encode(errorOut));
   ngx.exit(ngx.HTTP_UNAUTHORIZED);
end
return ;
```

以上代码位于练习工程LuaDemoProject的src/luaScript/module/ratelimit/文件夹下，文件名为access_auth_evalsha.lua。在Nginx的access请求处理阶段，使用access_auth_evalsha.lua脚本进行请求限流的配置如下：

```
    location = /access/demo/evalsha/lua {
      set $count 0;
      access_by_lua_file luaScript/module/ratelimit/access_auth_evalsha.lua;
      content_by_lua_block {
        ngx.say( "目前的访问总数: ",ngx.var.count,"<br>");
        ngx.say("hello world!");
      }
}
```

以上配置位于练习工程LuaDemoProject的src/conf/nginx-ratelimit.conf文件中，在使之生效之前，需要在openresty-start.sh脚本中换上该配置文件，然后重启Nginx。

接下来开始限流自验证。在浏览器中访问以下地址：

http://nginx.server/access/demo/evalsha/lua

10秒之内连续刷新，发现第10次刷新之后请求被限流了，说明Redis内部的Lua限流脚本工作是正常的，被限流后的输出如图10-9所示。

图 10-9　自验证时刷新 10 次之后的输出

通过将Lua脚本加载到Redis上执行，有以下优势：

1）减少网络开销：不使用Lua的代码需要向Redis发送多次请求，而脚本只需一次即可，减少了网络传输。

2）原子操作：Redis将整个脚本作为一个原子执行，无须担心并发，也就不需要事务。

3）复用：只要Redis不重启，脚本加载之后会一直缓存在Redis中，其他客户端就可以通过sha1编码去执行。

10.3　Nginx 漏桶限流详解

使用Nginx可从通过配置的方式完成接入层的限流，其ngx_http_limit_req_module模块所提供的limit_req_zone和limit_req两个指令使用漏桶算法进行限流。其中，limit_req_zone指令用于定义一个限流的具体规则（或者计数内存区），limit_req指令则应用前者定义的规则完成限流动作。

假定要配置Nginx虚拟主机的限流规则为单IP限制为每秒1次请求，整个应用限制为每秒10次请求，则具体的配置如下：

```
limit_req_zone  $binary_remote_addr  zone=perip:10m     rate=6r/m;
limit_req_zone  $server_name       zone=perserver:1m   rate=10r/s;

server {
  listen      8081 ;
  server_name  localhost;
  default_type 'text/html';
  charset utf-8;

  limit_req  zone=perip;
  limit_req  zone=perserver;

  location /nginx/ratelimit/demo {
    echo  "-uri= $uri  -remote_addr= $remote_addr"
          "-server_name=  $server_name" ;
  }
}
```

上面的配置通过limit_req_zone指令定义了两条限流规则：第一条规则名为perip，将来自每个相同客户端IP的请求限速在6次/分钟（即1次/10秒）；第二条限流规则名为preserver，用于将同一虚拟主机的请求限速在10次/秒。

以上配置位于练习工程LuaDemoProject的src/conf/nginx-ratelimit.conf文件中，在使之生效之前，需要在openresty-start.sh脚本中换上该配置文件，然后重启Nginx。

接下来开始验证上面的限流配置。在浏览器中输入如下测试地址：

http://nginx.server:8081/nginx/ratelimit/demo

10秒内连续刷新，第1次的输出如图10-10所示。

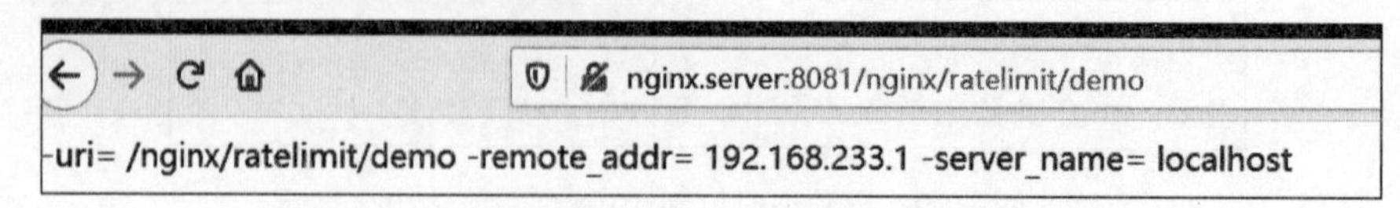

图 10-10　Nginx 限流后 10 秒内连续刷新的第 1 次输出

10秒内连续刷新，第1次之后的输出如图10-11所示。

图 10-11　Nginx 限流后 10 秒内连续刷新第 1 次之后的输出

接下来详细介绍一下Nginx的limit_req_zone和limit_req这两个指令。limit_req_zone用于定义一个限流的具体规则，limit_req应用前者所定义的规则。limit_req_zone指令的格式如下：

语法：limit_req_zone key zone=name:size rate=rate [sync];
上下文：http配置块

limit_req_zone指令的key部分是一个表达式，它在运行时的值将作为流量计数的键（Key），key表达式可以是变量、文本和它们的组合。在上面的配置实例中，$binary_remote_addr和$server_name为两个Nginx变量，$binary_remote_addr为客户端IP地址二进制值，$server_name为虚拟主机名称。在限流规则应用之后，它们的值将作为限流的键，同一个key会在限流的共享内存区域保存一份连接计数，而limit_req_zone限流指令所配置的速度限制只会对同一个键发生作用。

limit_req_zone指令的zone属性用于定义存储相同key的连接计数的共享内存区，格式为name:size，其中，name表示共享内存区域的名称（或者说限流规则的名称），size为内存区域的大小。在上面的配置实例中，perip：10m表示一个名为perip、大小为10MB的内存区域。1MB大约能存储16000个IP地址，10MB大约可以存储16万个IP地址访问信息，也就是可以对16万客户端进行并发限速。当共享内存区域耗尽时，Nginx会使用LRU算法淘汰最长时间未使用的键。

limit_req_zone指令的rate属性用于设置最大访问速率，rate=10r/s表示一个键每秒最多能计数的连接数为10个（10个请求/秒），rate=6r/m表示一个键每分钟最多能计数的连接数为6个（1个请求/10秒）。由于Nginx的漏桶限流的时间计算是基于毫秒的，当设置的速度为6r/m时，转换一下就是10秒内单个IP只允许通过1个请求，在第11秒开始才允许通过第二个请求。

limit_req_zone指令只是定义限流的规则和共享内存区，规则要生效的话，还得靠limit_req限流指令完成。

limit_req指令的格式如下：

语法：limit_req　zone=name　[burst=number]　[nodelay | delay=number];
上下文：http配置块，server配置块，location配置块

limit_req指令的zone区域属性指定的限流共享内存区（或者说限流的规则）与上面限流规则指令limit_req_zone中的name对应。limit_req指令的burst突发属性表示可以处理的突发请求数。

limit_req指令的第二个参数burst是爆发数量的意思，此参数设置一个大小为number的爆发缓冲区，当有大量请求过来时，超过了限流频率的那些请求可以先放到爆发缓冲区内，直到爆发缓冲区满后才拒绝。

limit_req指令的burst参数的配置使得Nginx限流具备了一定的突发流量的缓冲能力（有点像令牌桶）。但是burst的作用仅仅是让爆发的请求先放到队列里，然后慢慢处理，它的处理速度还是由limit_req_zone规则指令所配置的速度（比如1个请求/10秒）决定，在速率低的情况下它的缓冲效果其实并不是太理想。如果想迅速地处理爆发的请求，那么可以再加上nodelay参数，队列中的请求会立即处理，而不再按照rate设置的速度（平均间隔）慢慢处理。

10.4 实战：分布式令牌桶限流

本节的分布式令牌桶限流通过Lua+Java结合完成，首先在Lua脚本完成限流的计算，然后在Java代码中进行组织和调用。

10.4.1 分布式令牌桶限流 Lua 脚本

分布式令牌桶限流Lua脚本的核心逻辑和Java令牌桶的执行逻辑是类似的，只是限流计算相关的统计和时间数据存放于Redis中。

这里将限流的脚本命名为rate_limiter.lua，该脚本既使用Redis存储令牌桶信息，自身又执行于Redis中，所以笔者将该脚本放置于base-redis基础模块中，它的代码如下：

```
--- 此脚本的环境：Redis内部，不是运行在Nginx内部

---方法：申请令牌
--- -1 failed
--- 1 success
--- @param key 限流键
--- @param apply 申请的令牌数量
local function acquire(key, apply)
    local times = redis.call('TIME');
    -- times[1] 秒数   -- times[2] 微秒数
    local curr_mill_second = times[1] * 1000000 + times[2];
    curr_mill_second = curr_mill_second / 1000;

    local cacheInfo = redis.pcall("HMGET", key, "last_mill_second", "curr_permits",
"max_permits", "rate")
    --- 局部变量：上次申请的时间
    local last_mill_second = cacheInfo[1];
    --- 局部变量：之前的令牌数
    local curr_permits = tonumber(cacheInfo[2]);
    --- 局部变量：桶的容量
    local max_permits = tonumber(cacheInfo[3]);
    --- 局部变量：令牌的发放速率
    local rate = cacheInfo[4];
    --- 局部变量：本次的令牌数
    local local_curr_permits = max_permits;

    if (type(last_mill_second) ~= 'boolean' and last_mill_second ~= nil) then
        -- 计算时间段内的令牌数
```

```
            local reverse_permits = math.floor(((curr_mill_second - last_mill_second) / 1000)
* rate);
            -- 令牌总数
            local expect_curr_permits = reverse_permits + curr_permits;
            -- 可以申请的令牌总数
            local_curr_permits = math.min(expect_curr_permits, max_permits);
        else
            -- 第一次获取令牌
            redis.pcall("HSET", key, "last_mill_second", curr_mill_second)
        end
        local result = -1;
        -- 有足够的令牌可以申请
        if (local_curr_permits - apply >= 0) then
            -- 保存剩余的令牌
            redis.pcall("HSET", key, "curr_permits", local_curr_permits - apply);
            -- 保存时间，下次获取令牌时使用
            redis.pcall("HSET", key, "last_mill_second", curr_mill_second)
            -- 返回令牌获取成功
            result = 1;
        else
            -- 保存令牌总数
            redis.pcall("HSET", key, "curr_permits", local_curr_permits);
            -- 返回令牌获取失败
            result = -1;
        end
        return result
    end

    ---方法：初始化限流器
    --- 1 success
    --- @param key key
    --- @param max_permits 桶的容量
    --- @param rate  令牌的发放速率
    local function init(key, max_permits, rate)
        local rate_limit_info = redis.pcall("HMGET", key, "last_mill_second",
"curr_permits", "max_permits", "rate")
        local org_max_permits = tonumber(rate_limit_info[3])
        local org_rate = rate_limit_info[4]
        if (org_max_permits == nil) or (rate ~= org_rate or max_permits ~= org_max_permits)
then
            redis.pcall("HMSET", key, "max_permits", max_permits, "rate", rate,
"curr_permits", max_permits)
        end
        return 1;
    end

    ---方法：删除限流的键
    local function delete(key)
        redis.pcall("DEL", key)
        return 1;
    end

    local key = KEYS[1]
    local method = ARGV[1]
    if method == 'acquire' then
        return acquire(key, ARGV[2], ARGV[3])
    elseif method == 'init' then
        return init(key, ARGV[2], ARGV[3])
    elseif method == 'delete' then
        return delete(key)
```

```
else
    --ignore
end
```

该脚本有3个方法，其中2个方法比较重要：

1）限流器初始化方法init(key, max_permits, rate)，此方法在限流开始时被调用。

2）限流检测方法acquire(key, apply)，此方法在请求到来时被调用。

10.4.2 Java 分布式令牌桶限流

rate_limiter.lua脚本既可以在Java中调用，也可以在Nginx中调用。本小节先介绍它在Java中的使用，下一章再介绍它在Nginx中的使用。

Java分布式令牌桶限流器的实现就是通过Java代码向Redis加载rate_limiter.lua脚本，然后封装其令牌桶初始化方法init(…)和限流监测方法acquire(…)，以供外部调用，它的代码如下：

```
package com.crazymaker.Spring Cloud.standard.ratelimit;
...
/**
 * 实现：令牌桶限流服务
 * create by尼恩 @ 疯狂创客圈
 **/
@Slf4j
public class RedisRateLimitImpl implements RateLimitService, InitializingBean
{
    /**
     * 限流器的Redis key前缀
     */
    private static final String RATE_LIMITER_KEY_PREFIX = "rate_limiter:";

//private ScheduledExecutorService executorService =
Executors.newScheduledThreadPool(1);

    private RedisRateLimitProperties redisRateLimitProperties;

    private RedisTemplate redisTemplate;

    //Lua脚本的实例
    private static RedisScript<Long> rateLimiterScript = null;

    //Lua脚本的类路径
    private static String rateLimitLua = "script/rate_limiter.lua";

    static
    {
        //从类路径文件中加载令牌桶Lua脚本
        String script = IOUtil.loadJarFile(RedisRateLimitImpl.class.getClassLoader(),
rateLimitLua);

        if (StringUtils.isEmpty(script))
        {
            log.error("lua script load failed:" + rateLimitLua);

        } else
        {
            //创建Lua脚本实例
            rateLimiterScript = new DefaultRedisScript<>(script, Long.class);
        }
    }

    public RedisRateLimitImpl(
            RedisRateLimitProperties redisRateLimitProperties,
```

```
        RedisTemplate redisTemplate)
{
    this.redisRateLimitProperties = redisRateLimitProperties;
    this.redisTemplate = redisTemplate;
}
private Map<String, LimiterInfo> limiterInfoMap = new HashMap<>();
/**
 * 限流器的信息
 */
@Builder
@Data
public static class LimiterInfo
{
    /**
     * 限流器的键，如秒杀的ID
     */
    private String key;
    /**
     * 限流器的类型，如seckill
     */
    private String type = "default";
    /**
     * 限流器的最大桶容量
     */
    private Integer maxPermits;
    /**
     * 限流器的速率
     */
    private Integer rate;
    /**
     * 限流器的Redis键（Key）
     */
    public String fullKey()
    {
        return RATE_LIMITER_KEY_PREFIX + type + ":" + key;
    }
    /**
     * 限流器的在map中的缓存键（Key）
     */
    public String cashKey()
    {
        return type + ":" + key;
    }
}
/**
 * 限流检测：是否超过Redis令牌桶限速器的限制
 *
 * @param cacheKey计数器的键
 * @return true or false
 */
@Override
public Boolean tryAcquire(String cacheKey)
{
    if (cacheKey == null)
    {
        return true;
    }
```

```
        if (cacheKey.indexOf(":") <= 0)
        {
            cacheKey = "default:" + cacheKey;
        }
        LimiterInfo limiterInfo = limiterInfoMap.get(cacheKey);
        if (limiterInfo == null)
        {
            return true;
        }
        Long acquire = (Long) redisTemplate.execute(rateLimiterScript,
                ImmutableList.of(limiterInfo.fullKey()),
                "acquire",
                "1");
        if (acquire == 1)
        {
            return false;
        }
        return true;
    }
    /**
     * 重载方法：限流器初始化
     *
     * @param limiterInfo限流的类型
     */
    public void initLimitKey(LimiterInfo limiterInfo)
    {
        if (null == rateLimiterScript)
        {
            return;
        }
        String maxPermits = limiterInfo.getMaxPermits().toString();
        String rate = limiterInfo.getRate().toString();
        //执行redis脚本
        Long result = (Long) redisTemplate.execute(rateLimiterScript,
                ImmutableList.of(limiterInfo.fullKey()),
                "init",
                maxPermits,
                rate);
        limiterInfoMap.put(limiterInfo.cashKey(), limiterInfo);
    }

    /**
     * 限流器初始化
     *
     * @param type       类型
     * @param key        ID
     * @param maxPermits上限
     * @param rate       速度
     */
    public void initLimitKey(String type, String key,Integer maxPermits, Integer rate)
    {
        LimiterInfo limiterInfo = LimiterInfo.builder()
                .type(type)
                .key(key)
                .maxPermits(maxPermits)
                .rate(rate)
                .build();
        initLimitKey(limiterInfo);
```

```
    }

    /**
     * 获取Redis Lua脚本的SHA1编码，并缓存到Redis
     */
    public String cacheSha1()
    {
        String sha1 = rateLimiterScript.getSha1();
        redisTemplate.opsForValue().set("lua:sha1:rate_limiter", sha1);
        return sha1;
    }
}
```

10.4.3 Java 分布式令牌桶限流的自验证

自验证的工作：首先初始化的分布式令牌桶限流器，然后使用两条线程不断进行限流的检测。自验证的代码如下：

```
package com.crazymaker.Spring Cloud.ratelimit;
...
@Slf4j
@RunWith(SpringRunner.class)
//指定启动类
@SpringBootTest(classes = {DemoCloudApplication.class})
/**
 * Redis分布式令牌桶测试类
 */
public class RedisRateLimitTest
{
    @Resource(name = "redisRateLimitImpl")
    RedisRateLimitImpl limitService;

    //线程池，用于多线程模拟测试
    private ExecutorService pool = Executors.newFixedThreadPool(10);

    @Test
    public void testRedisRateLimit()
    {
        //初始化的分布式令牌桶限流器
        limitService.initLimitKey(
                "seckill",   //Redis key中的类型
                "10000",     //Redis key中的业务key，比如商品id
                2, //桶容量
                2); //每秒令牌数
        AtomicInteger count = new AtomicInteger();
        long start = System.currentTimeMillis();

        //线程数
        final int threads = 2;
        //每条线程的执行轮数
        final int turns = 20;
        //同步器
        CountDownLatch countDownLatch = new CountDownLatch(threads);
        for (int i = 0; i < threads; i++)
        {
            pool.submit(() ->
            {
                try
                {
                    //每个用户访问轮次（turns）
```

```
                for (int j = 0; j < turns; j++)
                {
                    boolean limited = limitService.tryAcquire("seckill:10000");
                    if (limited)
                    {
                        count.getAndIncrement();
                    }
                    Thread.sleep(200);
                }
            } catch (Exception e)
            {
                e.printStackTrace();
            }
            countDownLatch.countDown();
        });
    }
    try
    {
        countDownLatch.await();
    } catch (InterruptedException e)
    {
        e.printStackTrace();
    }
    float time = (System.currentTimeMillis() - start) / 1000F;
    //输出统计结果
    log.info("限制的次数为: " + count.get() + " 时长为: " + time);
    log.info("限制的次数为: " + count.get() +
            ",通过的次数为: " + (threads * turns - count.get()));
    log.info("限制的比例为: " + (float) count.get() / (float) (threads * turns));
    log.info("运行的时长为: " + time);
    try
    {
        Thread.sleep(Integer.MAX_VALUE);
    } catch (InterruptedException e)
    {
        e.printStackTrace();
    }
  }
}
```

两条线程各运行20次，每一次运行后休眠200毫秒，总计耗时4秒运行40次，部分输出结果如下：

```
[main] INFO  c.c.s.r.RedisRateLimitTest - 限制的次数为: 32 时长为: 4.015
[main] INFO  c.c.s.r.RedisRateLimitTest - 限制的次数为: 32,通过的次数为: 8
[main] INFO  c.c.s.r.RedisRateLimitTest - 限制的比例为: 0.8
[main] INFO  c.c.s.r.RedisRateLimitTest - 运行的时长为: 4.015
```

大家可以自行调整参数运行以上自验证程序并观察实验结果，体验一下分布式令牌桶限流的效果。

第 11 章 Spring Cloud Nginx秒杀实战

在开发高并发系统时有三把利器——缓存、降级和限流来保护系统。缓存的目的是提升系统访问速度和增大系统能处理的容量，可谓是抗高并发流量的银弹；降级是当服务出问题或者影响到核心流程的性能时需要暂时屏蔽掉服务请求，待高峰或者问题解决后再打开；而有些场景并不能用缓存和降级来解决，比如稀缺资源（秒杀、抢购）、写服务（如评论、下单）、频繁的复杂查询（评论的最后几页），因此需有一种手段来限制这些场景的并发/请求量，即限流。

本章将通过一个综合性的实战——Spring Cloud Nginx秒杀实战，介绍缓存、降级和限流的综合应用。

11.1 秒杀业务特定和技术难点

秒杀和抢购类的案例在生活中随处可见，比如商品抢购、春运抢票和微信群抢红包。

从业务的角度来说，秒杀业务非常简单：根据先后顺序下订单减库存。主要有以下特点：

1）秒杀一般是访问请求数量远远大于库存数量，只有少部分用户能够秒杀成功，在这种场景下，需要借助分布式锁等保障数据一致性。

2）秒杀时大量用户会在同一时间同时进行抢购，网站瞬时访问流量激增，这就需要进行削峰和限流。

11.1.1 秒杀系统的业务功能

从系统角度来说，秒杀系统的业务功能分成两大维度：

1）商户维度的业务功能。
2）用户维度的业务功能。

秒杀系统的业务功能具体如图11-1所示。

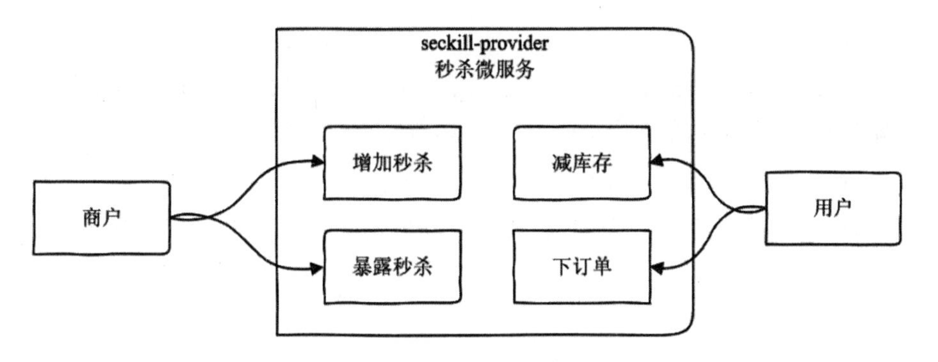

图 11-1 秒杀系统的业务功能

1. 商户维度的业务功能

商户维度的业务功能主要涉及两个操作。

（1）增加秒杀

通过后台的管理控制台界面增加特定商品、特定数量、特定时段的秒杀。

（2）暴露秒杀

将符合条件的秒杀暴露给用户，以便互联网用户能参与商品的秒杀。这个操作可以由商户手动完成，在生产场景下，更合理的方式是系统自动维护。

2. 用户维度的业务功能

用户维度的业务功能主要涉及两个操作。

（1）减库存

减库存简单来说就是减少被秒杀到的商品的库存数量，这也是秒杀系统中的一个处理难点。为什么呢？这不仅仅需要考虑如何避免同一用户重复秒杀的行为，而且在多个微服务并发情况下需要保障库存数据的一致性，避免超卖的情况发生。

（2）下订单

减库存后需要下订单，也就是在订单表中添加订单记录，记录购买用户的姓名、手机号、购买的商品id等。与减库存相比，下订单相对比较简单。

说明 这里为了聚焦高并发技术知识体系的介绍，对秒杀业务功能进行了瘦身，去掉了一些其他的但是也非常重要的功能，比如支付功能、提醒功能等。同时，由于商户维度的业务功能比较简单，更多的是模型对象的CRUD操作逻辑，因此这里也对其进行了简化。

11.1.2 秒杀系统面临的技术难题

总体来说，秒杀系统面临的技术难题大致有如下几点。

（1）限流

鉴于只有少部分用户能够秒杀成功，所以要限制大部分流量，只允许少部分流量进入服务后端。

（2）分布式缓存

秒杀系统最大的瓶颈一般都是数据库读写，由于数据库读写属于磁盘IO，性能很低，如果能够把部分数据或业务逻辑转移到分布式缓存中，那么效率会有极大的提升。

（3）可拓展

秒杀系统的服务节点一定是可以弹性拓展的。如果流量来了，可以按照流量预估进行服务节点的动态增加和删除。比如淘宝、京东等双十一活动时，会增加大量机器应对交易高峰。

（4）超卖或者少卖问题

比如10万次请求同时发起秒杀请求，正常需要进行10万次库存扣减，但是由于某种原因造成了多减库存或者少减库存，就会出现超卖或少卖问题。

（5）削峰

秒杀系统是一个高并发系统，采用异步处理模式可以极大地提高系统并发量，实际上，削峰的典型实现方式就是通过消息队列实现异步处理。限流完成之后，对于后端系统而言，秒杀系统仍然会瞬时涌入大量请求，所以在抢购一开始会有很高的瞬间峰值。高峰值流量是压垮后端服务和数据库的很重要的原因，秒杀后端需要将瞬间的高流量变成一段时间内的平稳流量，常用的解决方法是利用消息中间件进行请求的异步处理。

11.2 秒杀系统的系统架构

本节分多个维度介绍crazy-Spring Cloud开发脚手架的架构，包括分层架构、限流架构、分布式锁架构、削峰的架构。

11.2.1 秒杀的分层架构

从分层的角度来说，秒杀系统架构可以分成3层，大致如下：

1）客户端：负责内容提速和交互控制。
2）接入层：负责认证、负载均衡、限流。
3）业务层：负责保障秒杀的数据一致性。

1. 客户端负责内容提速和交互控制

客户端需要完成秒杀商品的静态化展示。无论是在桌面浏览器还是移动端APP上展示秒杀商品，秒杀商品的图片和文字元素都需要尽可能静态化，尽量减少动态元素，这样就可以通过CDN来提速和抗峰值。

另外，在客户端这一层的用户交互上需要具备一定的控制用户行为和禁止重复秒杀的能力。比如，当用户提交秒杀请求之后，可以将秒杀按钮置灰，禁止重复提交。

2. 接入层负责认证、负载均衡、限流

秒杀系统的特点是并发量极大，但实际的优惠商品有限，秒杀成功的请求数量很少，所以如

果不在接入层进行拦截，则大量请求会造成数据库连接耗尽、服务端线程耗尽，导致整体雪崩。因此，必须在接入层进行用户认证、负载均衡、接口限流。

对于总流量较小的系统，可以在内部网关（如Zuul）完成认证、负载均衡、接口限流的功能，具体的分层架构如图11-2所示。

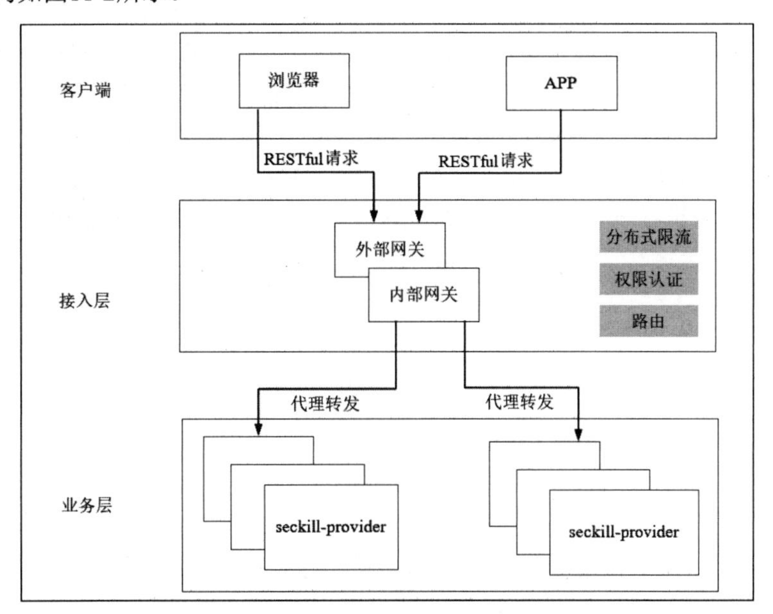

图 11-2　内部网关（如 Zuul）完成认证、负载均衡、接口限流

对于总流量较大的系统，会有一层甚至多层外部网关，因此，限流的职责会从内部网关剥离到外部网关，内部网关（如Zuul）仍然具备权限认证、负载均衡的能力，具体的分层架构如图11-3所示。

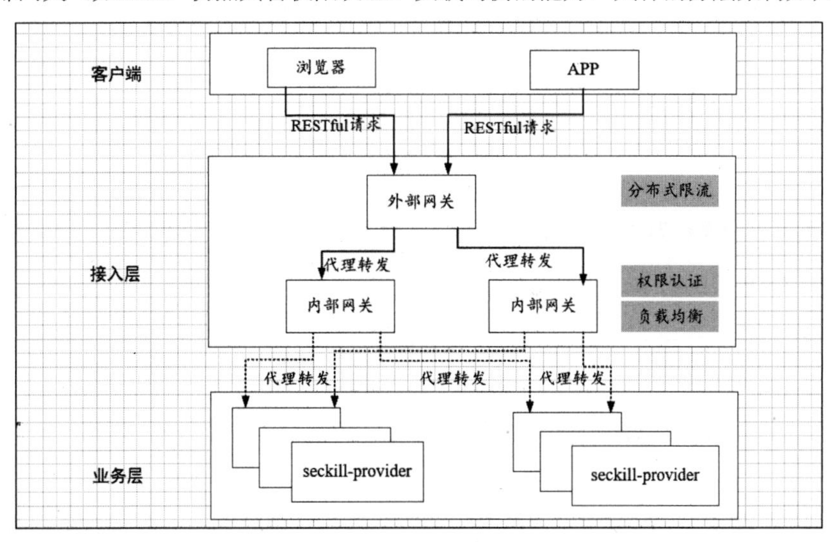

图 11-3　外部网关与内部网关相结合完成认证、负载均衡、接口限流

3. 业务层负责保障数据一致性

秒杀的业务逻辑主要是下订单和减库存，都是数据库操作。大家都知道，数据库层只能承担“能

力范围内”的访问请求，是最脆弱的一层，也是需要进行事务保护的一层。在业务层，还需要防止超出库存的秒杀（超卖和少买），为了安全起见，可以使用分布式锁对秒杀的数据库操作进行保护。

11.2.2 秒杀的限流架构

前面提到，秒杀系统中秒杀商品总是有限的。除此之外，服务节点的处理能力、数据库的处理能力也都是有限的，因此，需要根据系统的负载能力进行秒杀限流。

总体来说，在接入层可以进行两个级别的限流策略：应用级别的限流和接口级别的限流。

什么是应用级别的限流策略呢？对于整个应用系统来说，一定会有一个QPS的极限值，如果超过了极限值，则整个应用就会不响应或响应得非常慢，因此需要在整个应用的维度做好应用级别的限流配置。

应用级别的限流应该配置在最顶层的反向代理，具体如图11-4所示。

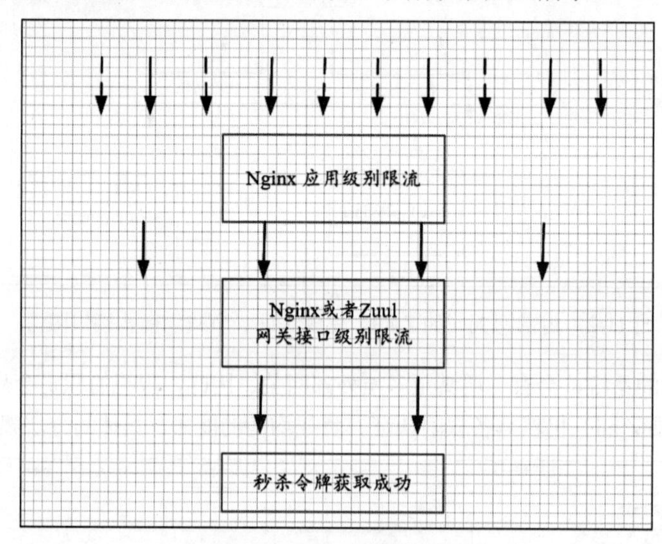

图 11-4 接入层的限流架构

应用级别的流量可以通过Nginx的limit_req_zone和limit_req两个指令完成。假定要配置Nginx虚拟主机的限流规则为单IP限制为每秒1次请求，整个应用限制为每秒10次请求，则具体的配置如下：

```
limit_req_zone  $binary_remote_addr  zone=perip:10m     rate=1r/s;
limit_req_zone  $server_name        zone=perserver:1m   rate=10r/s;

server {
    ...
    limit_req  zone=perip  burst=5;
    limit_req  zone=perserver  burst=10;
}
```

什么是接口级别的限流策略呢？如果单个接口有突发访问情况，可能会由于突发访问量太大造成系统崩溃，典型的就是本章所介绍的秒杀类接口。接口级别的限流就是配置单个接口的请求速率，是细粒度的限流。

接口级别的限流也可以通过Nginx的limit_req_zone和limit_req两个指令配合完成，对获取秒杀令牌的接口，同时进行用户id和商品id限流的配置大致如下：

```
limit_req_zone  $arg_goodId  zone=pergood:10m  rate=100r/s;
limit_req_zone  $arg_userId  zone=peruser:1m   rate=1r/s;

server {

 #  lua: 获取秒杀令牌
    location  = /seckill-provider/api/seckill/redis/token/v2 {
       limit_req  zone=peruser  burst=5;
       limit_req  zone=pergood  burst=10;

      # 获取秒杀令牌lua脚本
      content_by_lua_file luaScript/module/seckill/getToken.lua;
    }

}
```

以上定义了两个限流规则pergood和peruser：pergood规则根据请求参数的goodId值进行限流，同一个goodId值的限速为每秒100次请求；peruser规则根据请求参数的userId值进行限流，同一个userId值的限速为每秒1次请求。

Nginx的限流指令只能在同一块内存区域有效，而在生产场景中秒杀的外部网关往往是多节点部署，所以这就需要用到分布式限流组件。高性能的分布式限流组件可以使用Redis+Lua来开发，京东的抢购就是使用Redis+Lua完成限流的，并且无论是Nginx外部网关还是Zuul内部网关，都可以使用Redis+Lua限流组件。

理论上，接入层的限流有多个维度：

1）用户维度限流：在某一时间段内只允许用户提交一次请求，比如可以采取客户端IP或者用户id作为限流的键（Key）。

2）商品维度的限流：对于同一个抢购商品，在某个时间段内只允许一定数量的请求进入，可以采取秒杀商品id作为限流的键（Key）。

无论是哪个维度的限流，只要掌握其中的一个，其他维度的限流在技术实现上都是差不多的。本书的秒杀练习，使用的是接口级别的限流策略，在获取秒杀令牌的REST接口时，针对每一个秒杀商品的ID配置限流策略，限制每一个商品id每秒内允许通过的请求次数。

如果大家对用户维度限流感兴趣，可以自行修改配置进行尝试。

11.2.3 秒杀的分布式锁架构

前面提到了超卖或少卖问题：比如10万次请求同时发起秒杀请求，正常需要进行10万次库存扣减，但是由于某种原因造成了多减库存或者少减库存，这就会出现超卖或少卖问题。

解决超卖或者少卖问题有效的办法之一就是利用分布式锁对同一个商品的并行数据库操作予以串行化。秒杀场景的分布式锁应该具备的条件如下：

1）一个方法在同一时间只能被一个机器的一个线程执行。

2）高可用地获取锁与释放锁。

3）高性能地获取锁与释放锁。

4）具备可重入特性。

5）具备锁失效机制，防止死锁。

6）具备非阻塞锁特性，即没有获取到锁将直接返回获取锁失败。

常用的分布式锁有两种：ZooKeeper分布式锁和Redis分布式锁。使用ZooKeeper分布式锁来保护秒杀的数据库操作的架构图大致如图11-5所示。

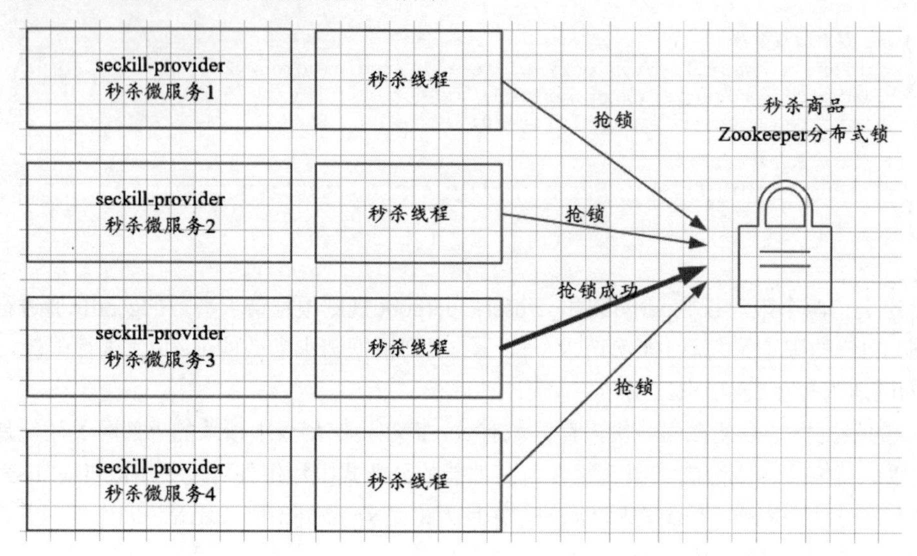

图 11-5 使用 ZooKeeper 分布式锁来保护秒杀数据库操作

实际上，除了提供分布式锁外，ZooKeeper还具有提供高可靠的分布式计数器、高可靠的分布式ID生成器的基础能力。ZooKeeper分布式计数器、分布式锁、分布式ID生成器等基础知识，也是大家必须系统学习和掌握的知识，但是不在这里介绍，如果对这一块不了解，请翻阅本书姊妹篇书籍《Java高并发核心编程 卷1（加强版）：NIO、Netty、Redis、ZooKeeper》。

ZooKeeper分布式锁虽然高可靠，但是性能不高，不能满足秒杀场景分布式锁的第三个条件（高性能地获取锁与释放锁），所以在秒杀的场景建议使用Redis分布式锁来保护秒杀的数据库操作。

11.2.4 秒杀的削峰架构

通过接入网关的限流能够拦截无效的刷单请求和超出预期的那部分请求，但是，当秒杀的订单量很大时，比如有100万商品需要参与秒杀，这时后端服务层和数据库的并发请求压力至少为100万，这种请求下需要使用消息队列进行削峰。

削峰从本质上来说就是更多地延缓用户请求，以及层层过滤用户的访问需求，遵从“最后落地到数据库的请求数要尽量少”的原则。通过消息队列可以大大地缓冲瞬时流量，把同步的直接调用转换成异步的间接推送，中间通过一个队列在入口承接瞬时的流量洪峰，在出口平滑地将消息推送出去。消息队列就像“水库”一样，拦蓄上游的洪水，削减进入下游河道的洪峰流量，从而达到减免洪水灾害的目的。使用消息队列对秒杀进行削峰的具体架构如图11-6所示。

对于秒杀消息的入队，可以直接在内部网关完成。内部网关在完成用户的权限验证、秒杀令牌的有效性验证之后，将秒杀消息发往消息队列即可。秒杀服务通过消息队列的订阅完成秒杀消息的消费。

常用消息队列系统：Kafka、RocketMQ、ActiveMQ、RabbitMQ、ZeroMQ、MetaMQ等。本书的内容主要聚焦在Spring Cloud和Nginx，对于消息队列在这里不做过多的介绍，使用消息队列进行削峰的秒杀实现版本，可参见疯狂创客圈社群博客。

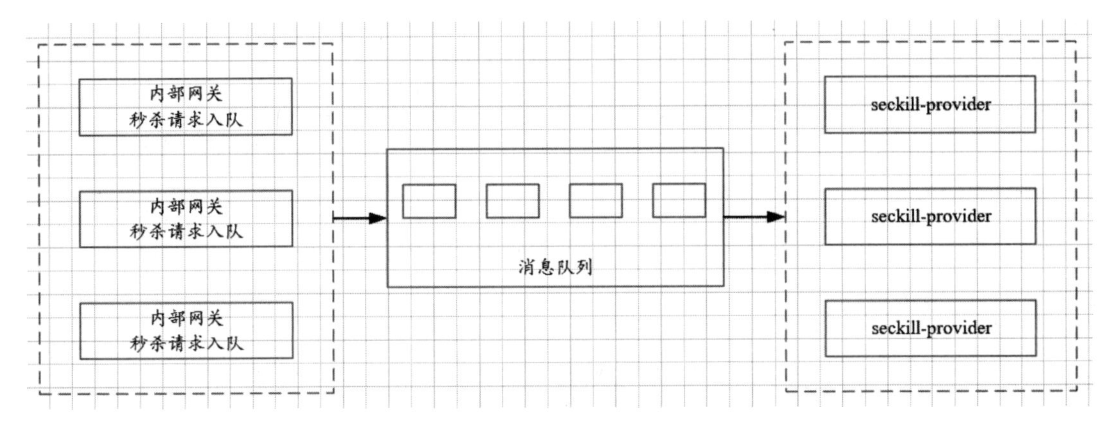

图 11-6 使用消息队列对秒杀进行削峰

11.3 秒杀业务的参考实现

本节从功能入手重点介绍Spring Cloud秒杀实战的业务处理的3层实现：dao层、service层、controller层。

11.3.1 秒杀的功能模块和接口设计

秒杀系统的实现会有多种多样的版本，本书从方便演示的角度出发，设计了一个相当简单的秒杀练习版本，具体分为3个主要的模块。

（1）seckill-web模块

此模块是一个独立的Spring Boot程序，作为一个静态的Web服务器独立运行，主要运行秒杀的前端页面、脚本。在生产场景中，为了提高性能，可以将这个模块的所有静态资源全部迁移到Nginx高性能Web服务器。

（2）seckill-provider模块

秒杀的后端Spring Cloud微服务提供者主要运行获取秒杀令牌、秒杀订单等后端相关接口。

（3）uaa-provider模块

用户账号与认证（UAA）的后端Spring Cloud微服务提供者主要运行用户认证、用户信息相关的后端接口。

以上3个模块的关系为：seckill-web模块作为静态资源程序会将秒杀的操作页面呈现给用户，seckill-web的页面会根据用户的操作将相应的URL接口通过Nginx外部网关跳过内部网关Zuul直接发送给后端的uaa-provider和seckill-provider微服务提供者。为什么要跳过Zuul内部网关呢？内部网关需要对请求的URL做用户权限验证，如果请求没有带token或者没有通过验证，则会被拦截并返回未授权的错误。这里为了在练习时调试方便，建议直接跳过Zuul内部网关的权限验证功能，通过Nginx的反向代理将请求直接代理到后端的微服务提供者。

秒杀练习系统中，3个模块的关系如图11-7所示。

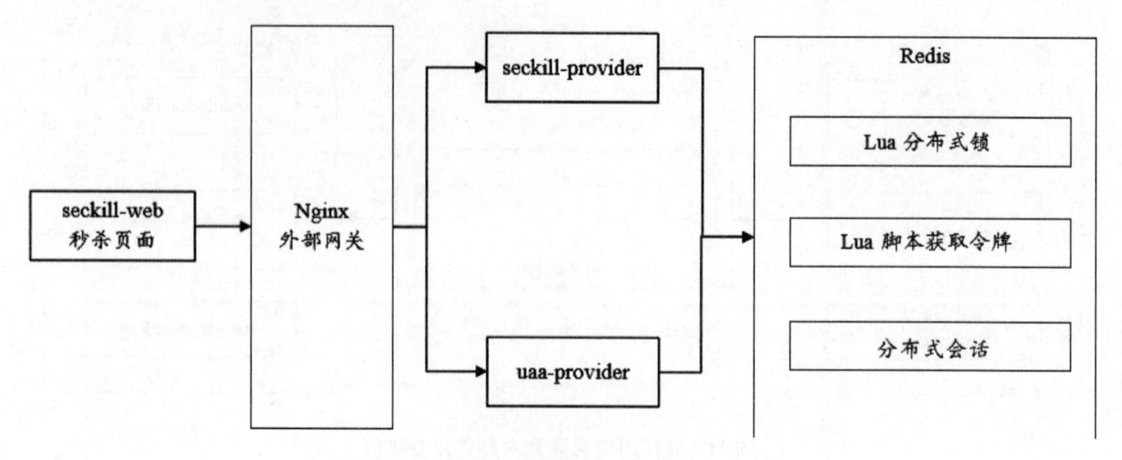

图 11-7 秒杀练习系统中 3 个模块的关系

本秒杀练习系统中的秒杀操作流程，大致有以下4步：

（1）前端设置秒杀用户

在用户点击后，seckill-web的前端页面将通过请求uaa-provider服务的/api/user/detail/v1接口获取用户信息。在实际的秒杀场景中这一步是不需要的，因为这一步所获取的用户信息就是当前登录用户本人的信息。

（2）前端设置秒杀商品

seckill-web的前端页面通过请求seckill-provider服务的/api/seckill/good/detail/v1接口获取所需要的秒杀商品。而在seckill-provider服务后端，会将商品的库存信息缓存到Redis方便下一步的秒杀令牌的获取。

（3）前端获取秒杀令牌

seckill-web的前端页面通过请求seckill-provider服务的/api/seckill/redis/token/v1接口获取商品的秒杀令牌，执行秒杀操作，减少商品的Redis库存。后端接口首先减Redis库存量，如果减库存成功，则生成秒杀专用的令牌存入Redis，在下一步用户下单时拿来进行验证。如果减Redis库存失败，则返回对应的错误提示。这一步操作没有涉及数据库，对库存的减少操作直接在Redis中完成，所减少的并不是真正的商品库存。

（4）前端用户下单

seckill-web的前端页面通过请求seckill-provider服务的/api/seckill/redis/do/v1接口执行真正的下单操作。后端接口会判断秒杀专用的令牌是否有效，如果有效，则执行真正的下单操作，在数据库减库存和生成秒杀订单，然后返回给前端。

秒杀练习系统的秒杀业务流程大致如图11-8所示。

开发过程中，为了使得来自seckill-web前端页面的请求能够顺利地跳过内部网关Zuul直接发送给后端的微服务提供者uaa-provider和seckill-provider，这里特意配置了一份专门的Nginx配置文件nginx-seckill.conf，对秒杀练习的3大模块进行了定制化的反向代理配置，在启动Nginx的脚本openresty-start.sh文件中使用这份配置文件即可。

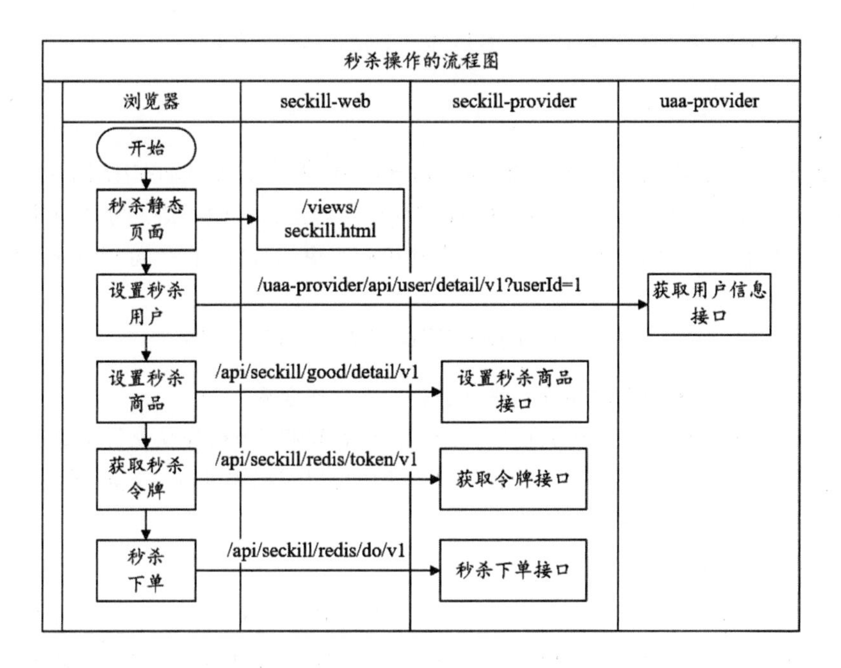

图 11-8 秒杀练习中的秒杀执行流程

配置文件nginx-seckill.conf的核心配置如下：

```
server {
   listen      80 default;
   server_name  nginx.server *.nginx.server;
   default_type 'text/html';
   charset utf-8;

   #默认的代理
   location / {

     proxy_set_header X-Real-IP $remote_addr;
     proxy_set_header X-Forward-For $proxy_add_x_forwarded_for;
     proxy_set_header Host $http_host;
     proxy_set_header X-Nginx-Proxy true;

     #代理到配置的上游Zuul网关
     proxy_pass http://Zuul;
   }

   #用户服务：开发调试的反向代理配置
   location  ^~ /uaa-provider/ {
     #代理到Windows开发环境
     #proxy_pass http://192.168.233.1:7702/;
     #代理到自验证CentOS环境
     proxy_pass http://192.168.233.128:7702/uaa-provider/ ;
   }

   #秒杀服务：开发调试的反向代理配置
   location  ^~ /seckill-provider/ {
    #代理到Windows开发环境
     proxy_pass http://192.168.233.1:7701/seckill-provider/ ;
   }

   #秒杀Web页面：开发调试的反向代理配置
   location  ^~ /seckill-web/ {
    #代理到Windows开发环境
```

```
        proxy_pass http://192.168.233.1:6601/seckill-web/ ;
      }
    ...
  }
```

由于笔者在开发过程中将seckill-web、seckill-provider两个进程启动在IDEA中（Windows开发环境），而uaa-provider进程运行在自验证CentOS环境（虚拟机）中，因此才进行上面的反向代理配置。更多有关环境和运行的内容使用视频方式介绍起来更加直接，读者可查看疯狂创客圈社群的秒杀练习演示视频。

接下来，为大家介绍一下秒杀练习的操作流程的特点，有以下3点。

（1）增加了获取秒杀令牌的环节，将秒杀和下单操作分离

这样做的好处有两个方面：一方面，可以让秒杀操作和下单操作从执行上进行分离，使得秒杀操作可以独立于订单相关业务；另一方面，秒杀接口可以阻挡大部分并发流程，从而避免让低效率的下单操作耗费大量的计算资源。

（2）前端缺少了轮询环节

在生产场景中，用户获取令牌后，前端应该会自动发起下单操作，然后通过前端Ajax脚本轮询是否下单成功。本练习实例为了清晰地展示秒杀操作过程，将自动的下单操作修改成了手动下单操作，由于后端下单没有经过消息队列做异步处理，因此前端也不需要做结果的轮询。

（3）后端缺少失效令牌的库存恢复操作

在生产场景中，存在用户拿到令牌而不去完成下单导致令牌失效的情况。所以，后端需要有定时任务对秒杀令牌进行有效性检查，如果令牌没有被使用或者生效，则需要恢复Redis中的秒杀库存,方便后边的请求去秒杀。无效令牌检查的定时任务可以设置为每分钟一次或者每两分钟一次，以保障被无效令牌消耗的库存能够得到及时恢复。

11.3.2 数据表和 PO 实体类设计

秒杀系统的表设计还是相对简单清晰的，主要涉及两张核心表：秒杀商品表和订单表。

当然，实际秒杀场景肯定不止这两张表，还有比如与付款信息相关的其他配套表，出于学习目的，这里我们只考虑秒杀系统的核心表，不考虑实际系统所涉及的其他配套表。

为了与两个核心表相对应，在系统中设计了两个PO实体类：秒杀商品PO类和秒杀订单PO类。本书的命名规范：Java实体类统一使用PO作为后缀，Java传输类统一使用DTO作为后缀。

由于本案例使用JPA作为持久层框架，可以基于PO类逆向生成数据库的表，因此这里就不对数据表的结构进行展开说明，而是对PO类进行说明。

秒杀商品PO类SeckillGoodPO的代码如下：

```
package com.crazymaker.Spring Cloud.seckill.dao.po;
//省略import

/**
 * 秒杀商品PO
 * 说明：秒杀商品表（PO）和主商品表（PO）不同
 */

@Entity
@Table(name = "SECKILL_GOOD")
```

```
@Data
@AllArgsConstructor
@NoArgsConstructor
@Builder
public class SeckillGoodPO implements Serializable
{
    //商品id
    @Id
    @GenericGenerator(
            name = "snowflakeIdGenerator",
            strategy = "com.crazymaker.Spring Cloud.standard.hibernate.
CommonSnowflakeIdGenerator")
    @GeneratedValue(strategy = GenerationType.IDENTITY, generator =
"snowflakeIdGenerator")
    @Column(name = "GOOD_ID", unique = true, nullable = false, length = 8)
    private Long id;

    //商品标题
    @Column(name = "GOOD_TITLE", length = 400)
    private String title;

    //商品标题
    @Column(name = "GOOD_IMAGE", length = 400)
    private String image;

    //商品原价格
    @Column(name = "GOOD_PRICE")
    private BigDecimal price;

    //商品秒杀价格
    @Column(name = "COST_PRICE")
    private BigDecimal costPrice;

    //创建时间
    @DateTimeFormat(pattern = "yyyy-MM-dd HH:mm:ss")
    @JsonFormat(pattern = "yyyy-MM-dd HH:mm:ss", timezone = "GMT+8")
    @Column(name = "CREATE_TIME")
    private Date createTime;

    //秒杀开始时间
    @DateTimeFormat(pattern = "yyyy-MM-dd HH:mm:ss")
    @JsonFormat(pattern = "yyyy-MM-dd HH:mm:ss", timezone = "GMT+8")
    @Column(name = "START_TIME")
    private Date startTime;

    //秒杀结束时间
    @DateTimeFormat(pattern = "yyyy-MM-dd HH:mm:ss")
    @JsonFormat(pattern = "yyyy-MM-dd HH:mm:ss", timezone = "GMT+8")
    @Column(name = "END_TIME")
    private Date endTime;

    //剩余库存数量
    @Column(name = "STOCK_COUNT")
    private long stockCount;
    //原始库存数量
    @Column(name = "raw_stock")
    private long rawStockCount;
}
```

秒杀订单PO类SeckillOrderPO的代码如下：

```
package com.crazymaker.Spring Cloud.seckill.dao.po;
//省略import
/**
 * 秒杀订单PO（对应于秒杀订单表）
```

```
 */
@Entity
@Table(name = "SECKILL_ORDER")
@Data
@AllArgsConstructor
@NoArgsConstructor
@Builder
public class SeckillOrderPO implements Serializable
{
    //订单ID
    @Id
    @GenericGenerator(
            name = "snowflakeIdGenerator",
            strategy = "com.crazymaker.Spring Cloud.standard.hibernate.
CommonSnowflakeIdGenerator")
    @GeneratedValue(strategy = GenerationType.IDENTITY, generator =
"snowflakeIdGenerator")
    @Column(name = "ORDER_ID", unique = true, nullable = false, length = 8)
    private Long id;

    //支付金额
    @Column(name = "PAY_MONEY")
    private BigDecimal money;

    //秒杀的用户id
    @Column(name = "USER_ID")
    private Long userId;

    //创建时间
    @DateTimeFormat(pattern = "yyyy-MM-dd HH:mm:ss")
    @JsonFormat(pattern = "yyyy-MM-dd HH:mm:ss", timezone = "GMT+8")
    @Column(name = "CREATE_TIME")
    private Date createTime;

    //支付时间
    @DateTimeFormat(pattern = "yyyy-MM-dd HH:mm:ss")
    @JsonFormat(pattern = "yyyy-MM-dd HH:mm:ss", timezone = "GMT+8")
    @Column(name = "PAY_TIME")
    private Date payTime;

    //秒杀商品id
    @Column(name = "GOOD_ID")
    private Long goodId;

    //订单状态，-1表示无效，0表示成功，1表示已付款
    @Column(name = "STATUS")
    private Short status;
}
```

在秒杀系统中，SECKILL_GOOD商品表的GOOD_ID字段和SECKILL_ORDER订单表中的GOOD_ID字段在业务逻辑上存在一对多的关系，但是不建议在数据库层面使用表与表之间的外键关系。为什么呢？因为如果秒杀订单量巨大，则必须进行分库分表，这时SECKILL_ORDER表和SECKILL_GOOD表中GOOD_ID相同的数据可能分布在不同的数据库中，所以数据库表层面的关联关系可能会导致维护起来非常困难。

11.3.3 使用分布式 ID 生成器

在实际的开发中，很多的项目为了应付交付和追求速度，简单粗暴地使用了Java的UUID作为数据的ID。实际上，由于UUID非常长，除了占用大量存储空间外，主要的问题是在索引上，在建

立索引和基于索引进行查询时都存在性能问题。有关UUID的不足和分布式ID生成器的原理，笔者在《Java高并发核心编程 卷1（加强版）：NIO、Netty、Redis、ZooKeeper》一书中做了非常细致的总结，这里不再赘述。

这里使用主流的ZooKeeper+Snowflake算法的方式实现了高性能的Long类型分布式ID生成器，并且封装成了一个通用的Hibernate的ID生成器类CommonSnowflakeIdGenerator，具体的代码如下：

```
package com.crazymaker.Spring Cloud.standard.hibernate;
...
/**
 * 通用的分布式Hibernate ID生成器
 * build by尼恩 @ 疯狂创客圈
 **/
public class CommonSnowflakeIdGenerator extends IncrementGenerator
{
    /**
     * 生成器的map缓存
     * key为PO类名，value为分布式ID生成器
     */
    private Map<String, SnowflakeIdGenerator> generatorMap = new LinkedHashMap<>();

    /**
     * 从父类继承方法：生成分布式ID
     */
    @Override
    public Serializable generate(
            SharedSessionContractImplementor sessionImplementor, Object object)
            throws HibernateException
    {
        /**
         *  获取PO的类名
         *  作为ID的类型
         *  每一个PO类型对应一个分布式ID生成器
         */
        String type = object.getClass().getSimpleName();

        Serializable id = null;

        /**
         * 从map中获取分布式ID生成器
         */
        IdGenerator idGenerator = getFromMap(type);
        /**
         * 调用生成器的ZooKeeper+Snowflake算法生成ID
         */
        id = idGenerator.nextId();
        if (null != id)
        {
            return id;
        }

        /**
         * 如果生成失败，则通过父类生成
         */
        id = sessionImplementor.getEntityPersister(null, object)
                .getClassMetadata().getIdentifier(object, sessionImplementor);
        return id != null ? id : super.generate(sessionImplementor, object);
}

    /**
```

```
    * 从map中获取缓存的分布式ID生成器，没有则创建一个
    *
    * @param type生成器的绑定类型为PO类名
    * @return分布式ID生成器
    */
   public synchronized IdGenerator getFromMap(String type)
   {
       if (generatorMap.containsKey(type))
       {
           return generatorMap.get(type);
       }

       /**
        * 创建分布式ID生成器，并且存入map
        */
       SnowflakeIdGenerator idGenerator = new SnowflakeIdGenerator(type);
       generatorMap.put(type, idGenerator);
       return idGenerator;
   }
}
```

以上的Hibernate ID生成器仅仅是对ZooKeeper+Snowflake算法分布式ID生成器的简单封装，有关ZooKeeper+Snowflake算法分布式ID生成器的原理，可参考《Java高并发核心编程 卷1（加强版）：NIO、Netty、Redis、ZooKeeper》一书，这里不再赘述。

11.3.4 秒杀的 controller 层设计

本节首先介绍一下秒杀练习的REST接口设计，然后介绍其controller层的大致实现逻辑。启动秒杀服务seckill-provider，然后通过Swagger UI界面访问其REST接口清单，如图11-9所示。

图 11-9 秒杀练习的 REST 接口示意图

秒杀服务seckill-provider的controller层的REST接口分为4个部分：

（1）秒杀练习RedisLock版本

此秒杀版本含有两个接口，一个获取令牌接口和一个执行秒杀接口。此版本使用RedisLock分布式锁保护秒杀数据库操作。

（2）秒杀练习ZkLock版本

此秒杀版本也包含两个接口，一个获取令牌接口和一个执行秒杀接口。此版本使用ZkLock分布式锁保护秒杀数据库操作。此版本的意义是为大家学习和使用ZooKeeper分布式锁提供案例。

（3）秒杀练习商品管理

此部分REST接口主要对秒杀的商品进行CRUD操作。

（4）秒杀练习订单管理

此部分REST接口主要对秒杀的订单进行查询、清除操作。

由于各部分REST接口所涉及的知识体系大致相同，因此本书仅介绍秒杀练习RedisLock版本的controller层实现，其他的controller层接口大家可自行分析和研究。

秒杀练习RedisLock版本的controller层类的代码如下：

```
package com.crazymaker.Spring Cloud.seckill.controller;
//省略import
@RestController
@RequestMapping("/api/seckill/redis/")
@Api(tags = "秒杀练习  RedisLock版本")
public class SeckillByRedisLockController
{
    /**
     * 秒杀服务实现Bean
     */
    @Resource
    RedisSeckillServiceImpl redisSeckillServiceImpl;

    /**
     * 获取秒杀的令牌
     */
    @ApiOperation(value = "获取秒杀的令牌")
    @PostMapping("/token/v1")
    RestOut<String> getSeckillToken(
            @RequestBody SeckillDTO dto)
    {

        String result = redisSeckillServiceImpl.getSeckillToken(
                dto.getSeckillGoodId(),
                dto.getUserId());
        return RestOut.success(result).setRespMsg("这是获取的结果");

    }

    /**
     * 执行秒杀的操作
     *
     * @return
     */
    @ApiOperation(value = "秒杀")
    @PostMapping("/do/v1")
    RestOut<SeckillOrderDTO> executeSeckill(@RequestBody SeckillDTO dto)
    {
        SeckillOrderDTO orderDTO = redisSeckillServiceImpl.executeSeckill(dto);
        return RestOut.success(orderDTO).setRespMsg("秒杀成功");
    }
}
```

以上的SeckillByRedisLockController仅做了REST服务的发布，真正的秒杀逻辑在服务层的RedisSeckillServiceImpl类中实现。

11.3.5 service 层逻辑：获取秒杀令牌

本书的秒杀案例特意删除了服务层的接口类，只剩下了服务层的实现类，表面上违背了“面向接口编程”的原则，实际上这样做能使代码更加干净和简洁，也减少了代码维护的工作量。之所以可以这样简化，主要的原因是删除的那些接口类都是单实现类接口（一个接口只有一个实现类），那些接口在使用时也不会存在将多种实现对象赋值给同一个接口变量的多态情况。笔者从事开发多年，可谓经历项目无数，发现有很多实际项目出于“面向接口编程”的原则，写了无数个单实现类接口，将“面向接口编程”的编程原则僵化和教条化。

回到主题，下面给大家介绍RedisSeckillServiceImpl秒杀实现类，该类主要有两个功能：获取秒杀令牌和完成秒杀下单。

本小节介绍第一个功能——获取秒杀令牌，该功能由getSeckillToken方法实现，具体的流程图如图11-10所示。

获取秒杀令牌方法的输入为用户的userId和秒杀商品的seckillGoodId，其输出为一个代表秒杀令牌的UUID字符串，获取秒杀令牌方法的重点是进行以下3个判断：

1）判断秒杀的商品是否存在，如果不存在，则抛出对应异常。

2）判断秒杀商品的库存是否足够，如果没有足够库存，则抛出对应异常。

3）判断用户是否已经获取过商品的秒杀令牌，如果获取过，则抛出对应异常。

只有秒杀商品存在、库存足够，而且之前没有被userId代表的用户秒杀过这三个条件都满足的情况下，才能允许用户获取商品的秒杀令牌。

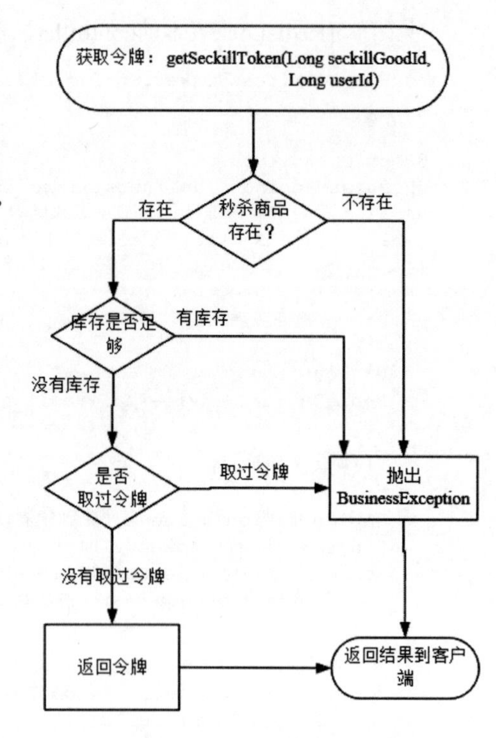

图 11-10 获取秒杀令牌流程图

获取秒杀令牌的代码节选如下：

```java
package com.crazymaker.Spring Cloud.seckill.service.impl;
//省略import
@Configuration
@Slf4j
@Service
public class RedisSeckillServiceImpl
{

    /**
     * 秒杀商品的DAO数据操作类
     */
    @Resource
    SeckillGoodDao seckillGoodDao;
    /**
     * 秒杀订单的DAO数据操作类
     */
    @Resource
    SeckillOrderDao seckillOrderDao;

    /**
     *Redis分布式锁实现类
     */
    @Autowired
    RedisLockService redisLockService;

    /**
     * 缓存数据操作类
     */
    @Resource
    RedisRepository redisRepository;
```

```
    /**
     * 秒杀令牌操作的脚本
     */
    static String seckillLua = "script/seckill.lua";
    static RedisScript<Long> seckillScript = null;

    {
        String script = IOUtil.loadJarFile(RedisLockService.class.getClassLoader(),
seckillLua);
        seckillScript = new DefaultRedisScript<>(script, Long.class);
    }

    /**
     * 获取秒杀令牌
     *
     * @param seckillGoodId秒杀id
     * @param userId 用户id
     * @return令牌信息
     */
    public String getSeckillToken(Long seckillGoodId, Long userId)
    {

        String token = UUID.randomUUID().toString();
        Long res = redisRepository.executeScript(
                    seckillScript,                      //Lua脚本对象
  Collections.singletonList("setToken"),                //执行Lua脚本的key
                   String.valueOf(seckillGoodId),       //执行Lua脚本的value 1
                   String.valueOf(userId),              //执行Lua脚本的value  2
                   token                                //执行Lua脚本的value  3
        );

        if (res == 2)
        {
            throw BusinessException.builder().errMsg("秒杀商品没有找到").build();
        }

        if (res == 4)
        {
            throw BusinessException.builder().errMsg("库存不足,稍后再来").build();
        }

        if (res == 5)
        {
            throw BusinessException.builder().errMsg("已经排队过了").build();
        }

        if (res != 1)
        {
            throw BusinessException.builder().errMsg("排队失败,未知错误").build();

        }
        return token;
    }
    //省略下单部分代码
}
```

通过上面的代码可以看出，getSeckillToken方法并没有获取令牌的核心逻辑，仅调用缓存在Redis内部的seckill.lua脚本的setToken方法去判断和设置秒杀令牌，然后对seckill.lua脚本的返回值进行判断，并根据不同的返回作出不同的响应。

设置令牌的核心逻辑存在于seckill.lua脚本中，为什么要用Lua脚本呢？

1）由于Lua脚本在Redis内部作为一个整体执行，中间不会被其他命令插入，天然具备分布式锁的特点，不需要使用专门的分布式锁对设置令牌的逻辑进行并发控制。

2）秒杀令牌在Redis中进行缓存，在设置新令牌之前，需要查找旧的令牌并进行是否存在的判断，如果这些逻辑都写在Java程序中，则完成查找旧令牌和设置新令牌需要多次的Redis往返操作，也就是说需要进行多次网络传输。大家知道，网络的传输延迟是损耗性能的大户，所以使用Lua脚本能减少网络传输次数，从而提高性能。

在seckill.lua脚本中，除了有setToken方法外，还有其他的方法如checkToken方法，该脚本稍后再为大家统一介绍。

11.3.6 service 层逻辑：执行秒杀下单

前面讲到RedisSeckillServiceImpl秒杀实现类主要有两个功能：获取秒杀令牌和完成秒杀下单。下面来看秒杀下单的业务逻辑。

秒杀下单很简单、很清晰，就是两点：减库存和存储用户秒杀订单明细。但是其中会涉及两个问题：

1）数据一致性问题：同一商品在秒杀商品表中的库存数和在订单表中的订单数需要保持一致。

2）超卖问题：秒杀商品的剩余库存数不能为负数。

以上两个问题主要借助Redis分布式锁解决。另外，由于代码中存在减库存和存储秒杀订单两次数据库操作，为了防止出现一次失败一次成功的情况，需要通过数据库事务对这两次操作进行数据一致性保护。

秒杀下单的执行流程具体如图11-11所示。

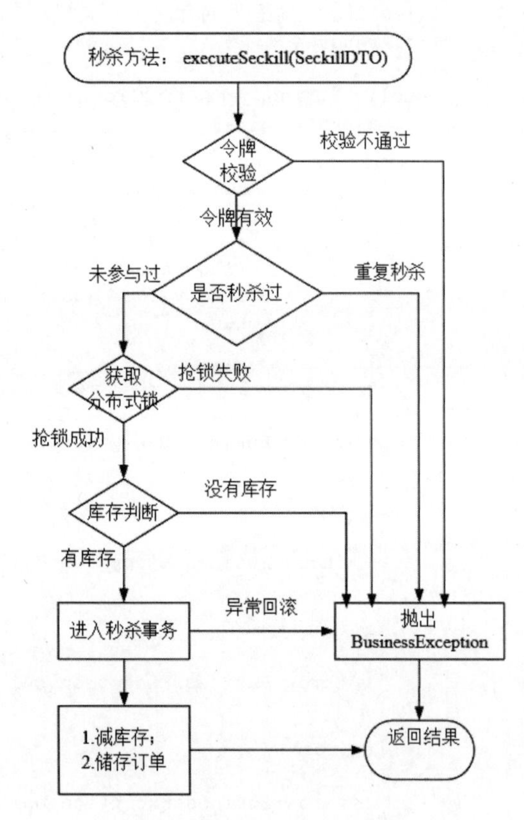

图 11-11　秒杀下单的流程图

由于存在数据库事务，因此将秒杀下单的整体流程分成两个方法来实现：

1）executeSeckill(SeckillDTO)：负责下单前的分布式锁获取和库存的检查。

2）doSeckill(SeckillDTO)：负责真正的下单操作（1，减库存；2，存储秒杀订单）。

秒杀下单流程的实现代码如下：

```
package com.crazymaker.Spring Cloud.seckill.service.impl;
//省略import
@Configuration
@Slf4j
@Service
public class RedisSeckillServiceImpl
{
```

```
/**
 * 秒杀商品的DAO数据操作类
 */
@Resource
SeckillGoodDao seckillGoodDao;
/**
 * 秒杀订单的DAO数据操作类
 */
@Resource
SeckillOrderDao seckillOrderDao;

/**
 * Redis分布式锁实现类
 */
@Autowired
RedisLockService redisLockService;

/**
 * 执行秒杀下单
 *
 * @param inDto
 * @return
 */
public SeckillOrderDTO executeSeckill(SeckillDTO inDto)
{
    long goodId = inDto.getSeckillGoodId();
    Long userId = inDto.getUserId();
    //判断令牌是否有效
    Long res = redisRepository.executeScript(
            seckillScript, Collections.singletonList("checkToken"),
            String.valueOf(inDto.getSeckillGoodId()),
            String.valueOf(inDto.getUserId()),
            inDto.getSeckillToken()
    );

    if (res != 5)
    {
        throw BusinessException.builder().errMsg("请提前排队").build();
    }

    /**
     * 创建订单对象
     */
    SeckillOrderPO order =
            SeckillOrderPO.builder()
                    .goodId(goodId).userId(userId).build();

    Date nowTime = new Date();
    order.setCreateTime(nowTime);
    order.setStatus(SeckillConstants.ORDER_VALID);

    String lockValue = UUID.randomUUID().toString();
    SeckillOrderDTO dto = null;

    /**
     * 创建重复性检查的订单对象
     */
    SeckillOrderPO checkOrder =
            SeckillOrderPO.builder().goodId(
                    order.getGoodId()).userId(order.getUserId()).build();

    //记录秒杀订单信息
```

```
        long insertCount = seckillOrderDao.count(Example.of(checkOrder));
        //唯一性判断：goodId,id保证一个用户只能秒杀一件商品
        if (insertCount >= 1)
        {
            //重复秒杀
            log.error("重复秒杀");
            throw BusinessException.builder().errMsg("重复秒杀").build();
        }
        /**
         * 获取分布式锁
         */
        String lockKey = "seckill:lock:" + String.valueOf(goodId);
        boolean locked = redisLockService.acquire(lockKey, lockValue, 1,
TimeUnit.SECONDS);
        /**
         * 执行秒杀，秒杀前先抢到分布式锁
         */
        if (locked)
        {
            Optional<SeckillGoodPO> optional = seckillGoodDao.findById
(order.getGoodId());
            if (!optional.isPresent())
            {
                //秒杀不存在
                throw BusinessException.builder().errMsg("秒杀不存在").build();
            }

            //查询库存
            SeckillGoodPO good = optional.get();
            if (good.getStockCount() <= 0)
            {
                //重复秒杀
                throw BusinessException.builder().errMsg("秒杀商品被抢光").build();
            }
            order.setMoney(good.getCostPrice());
            try
            {
                /**
                 * 进入秒杀事务
                 * 执行秒杀逻辑：1，减库存；2，存储秒杀订单
                 */
                doSeckill(order);
                dto = new SeckillOrderDTO();
                BeanUtils.copyProperties(order, dto);
            } finally
            {
                try
                {
                    /**
                     * 释放分布式锁
                     */
                    redisLockService.release(lockKey, lockValue);
                } catch (Exception e)
                {
                    e.printStackTrace();
                }
            }
        } else
```

```
            {
                throw BusinessException.builder().errMsg("获取分布式锁失败").build();
            }

            return dto;
        }

        /**
         * 下单操作，加上了数据库事务
         *
         * @param order订单
         */
        @Transactional
        public void doSeckill(SeckillOrderPO order)
        {
            /**
             * 插入秒杀订单
             */
            seckillOrderDao.save(order);
            //减库存
            seckillGoodDao.updateStockCountById(order.getGoodId());
        }
    }
```

executeSeckill在执行秒杀前，调用seckill.lua脚本中的checkToken方法判断令牌是否有效。如果Lua脚本的checkToken方法的返回值不是5（令牌有效标识），则抛出运行时异常。

11.3.7 秒杀的 Lua 脚本设计

前面讲到，在seckill.lua脚本中完成设置令牌和令牌检查的工作有两大优势：一是在Redis内部执行Lua脚本天然具备分布式锁的特点，二是能减少网络传输次数提高性能。

seckill.lua脚本中定义了两个方法：setToken（令牌设置）方法和checkToken（令牌检查）方法。其中，setToken方法的执行流程如下：

1）检查秒杀令牌是否存在，如果存在，则返回标志5，表明排队过了。

2）检查以JSON格式缓存的秒杀商品的库存是否足够，如果库存不够，则返回标志4，表明库存不足。

3）为秒杀商品减少一个库存，并编码成JSON格式，再一次缓存起来。

4）使用hset命令将用户的秒杀令牌保存在Redis哈希表结构中，它的哈希键为用户的userId。

5）最终返回标志1，表明排队成功。

checkToken方法的执行流程如下：

1）使用hget命令从保存秒杀令牌的Redis哈希表结构中，以用户的userId作为哈希键，取出之前缓存的秒杀令牌。

2）如果令牌获取成功，则返回标志5，表明排队成功。

3）如果令牌不存在，则返回标志-1，表明没有排队。

seckill.lua脚本的代码如下：

```
--返回值说明
--1 排队成功
--2 排队商品没有找到
--3 人数超过限制
--4 库存不足
--5 排队过了
--6 秒杀过了
-- -2 Lua方法不存在

local function setToken(goodId, userId, token)
    --检查秒杀令牌是否存在
    local oldToken = redis.call("hget", "seckill:queue:" .. goodId, userId);
    if oldToken then
        return 5; --返回 5 说明之前已经排队过了
    end

    --获取商品缓存次数
    local goodJson = redis.call("get", "seckill:goods:" .. goodId);
    if not goodJson then
        --redis.debug("秒杀商品没有找到")
        return 2;  --返回2说明秒杀商品没有找到
    end
    --redis.log(redis.LOG_NOTICE, goodJson)
    local goodDto = cjson.decode(goodJson);
    --redis.log(redis.LOG_NOTICE, "good title=" .. goodDto.title)
    local stockCount = tonumber(goodDto.stockCount);
    --redis.log(redis.LOG_NOTICE, "stockCount=" .. stockCount)
    if stockCount <= 0 then
        return 4;  --返回4说明库存不足
    end

    stockCount = stockCount - 1;
    goodDto.stockCount = stockCount;

    redis.call("set", "seckill:goods:" .. goodId, cjson.encode(goodDto));
    redis.call("hset", "seckill:queue:" .. goodId, userId, token);
    return 1; --返回1说明排队成功

end

--返回值说明
--5 排队过了
-- -1 没有排队
local function checkToken(goodId, userId, token)
    --检查令牌是否存在
    local oldToken = redis.call("hget", "seckill:queue:" .. goodId, userId);
    if oldToken and (token == oldToken) then
        --return 1 ;
        return 5; --返回5说明排队过了
    end
    return -1; -- 返回-1说明没有排队
end

local method = KEYS[1]       -- 执行Lua脚本时传入的key1
local goodId = ARGV[1]       -- 执行Lua脚本时传入的value1
local userId = ARGV[2]       -- 执行Lua脚本时传入的value2
local token = ARGV[3]        -- 执行Lua脚本时传入的value3

if method == 'setToken' then
   return setToken(goodId, userId, token)
elseif method == 'checkToken' then
   return checkToken(goodId, userId, token)
else
```

```
  return -2; -- Lua方法不存在
end
```

以上的seckill.lua脚本在Java中可以通过spring-data-redis包的以下方法执行：

```
RedisTemplate.execute (RedisScript<T> script, List<K> keys, Object... args)
```

在开发脚本的过程中往往需要进行脚本调试，可以通过Shell指令redis-cli --eval直接执行seckill.lua脚本，具体的调试执行过程可查看疯狂创客圈社群的秒杀练习演示视频。

11.3.8 BusinessException 业务异常定义

减库存操作和插入购买明细操作都会产生很多业务异常，比如库存不足、重复秒杀等，这些业务异常与crazy-Spring Cloud脚手架中其他业务异常一样，全部被封装成BusinessException通用业务异常实例抛出。

一般的项目都是怎么划分自定义异常的呢？大致有两种方式：

1）按异常来源所处的controller、service、dao的层次来划分业务异常，例如DaoException、ServiceException、ControllerException等。

2）按异常来源所处的模块组件（如数据库、消息中间件、业务模块）来划分业务异常，例如MysqlExceptioin、RedisException、ElasticSearchException、SeckillException等。

无论按照哪个维度划分都出于同一个目的：一旦出现异常，就可以很容易定位到是哪个层或组件出现了问题。

在实际开发过程中，定义太多的异常类型之后，需要不厌其烦地将异常一层层抛出，一层层捕获，反而会提升代码的复杂度。所以，虽然crazy-Spring Cloud脚手架和其他项目一样定义了一个自己的全局的异常基类BusinessException ，但是crazy-Spring Cloud脚手没有定义太多的业务异常子类。一般情况下，重新定义一个异常的子类其实没有太多必要，因为可以根据异常的编码和异常的消息进行区分。

crazy-Spring Cloud脚手架的基础业务异常类BusinessException的代码如下：

```
package com.crazymaker.Spring Cloud.common.exception;
//省略ipmort
@Builder
@Data
@AllArgsConstructor
public class BusinessException extends RuntimeException
{
   private static final long serialVersionUID = 1L;

   /**
    * 默认的错误编码
    */
   private static final int DEFAULT_CODE = -1;

   /**
    * 默认的错误提示
    */
   private static final String DEFAULT_MSG = "业务异常";

   /**
    * 业务错误编码
    */
```

```
    @lombok.Builder.Default
    private int errCode = DEFAULT_CODE;
    /**
     * 错误的提示信息
     */
    @lombok.Builder.Default
    private String errMsg = DEFAULT_MSG;
    public BusinessException()
    {
        super(DEFAULT_MSG);
    }

    /**
     * 带格式设置异常消息
     * @param format  格式
     * @param objects  替换的对象
     */
    public BusinessException setDetail(String format, Object... objects) {
        format = StringUtils.replace(format, "{}", "%s");
        this.errMsg = String.format(format, objects);
        return this;
    }
}
```

该类有errCode和errMsg两个属性，其中，errCode属性用于存放异常的编码，errMsg属性用于存放一些错误附加信息。

注意BusinessException类继承了RuntimeException运行时异常类，而不是Exception受检异常基类，表明该类其实是一个非受检的运行时异常类。

为什么要这样呢？有两个原因：

1）默认情况下，Spring Boot事务只有检查到RuntimeException运行时异常才会回滚，如果检查到的是普通的受检异常，Spring Boot事务是不会回滚的，除非经过特殊配置。

2）简化编程的代码，若无必要，不需要在业务程序中对异常进行捕获，而是由项目中的全局异常解析器统一负责处理。

crazy-Spring Cloud脚手架的全局异常解析器ExceptionResolver的代码如下：

```
package com.crazymaker.Spring Cloud.standard.config;
//省略import

/**
 * ExceptionResolver
 */
@Slf4j
@RestControllerAdvice
public class ExceptionResolver
{
    /**
     *  其他异常
     */
    private static final String OTHER_EXCEPTION_MESSAGE = "其他异常";
    /**
     *  业务异常
     */
    private static final String BUSINESS_EXCEPTION_MESSAGE = "业务异常";

    /**
     * 业务异常处理
```

```
         *
         * @param request请求体
         * @param e      异常实例
         * @return  RestOut
         */
        @Order(1)
        @ExceptionHandler(BusinessException.class)
        public RestOut<String> businessException(HttpServletRequest request,
BusinessException e)
        {
            log.info(BUSINESS_EXCEPTION_MESSAGE + ":" + e.getErrMsg());
            return RestOut.error(e.getErrMsg());
        }
        /**
         * 业务异常之外的其他异常处理
         *
         * @param request请求体
         * @param e  异常实例
         * @return RestOut
         */
        @Order(2)
        @ExceptionHandler(Exception.class)
        public RestOut<String> finalException(HttpServletRequest request, Exception e)
        {
            e.printStackTrace();
            log.error(OTHER_EXCEPTION_MESSAGE + ":" + e.getMessage());
            return RestOut.error(e.getMessage());
        }
    }
```

上面的ExceptionResolver全局异常解析器使用了Spring Boot的@RestControllerAdvice注解，该注解首先会对系统的异常进行拦截并且交给对应的异常处理方法进行处理，然后将异常处理结果返回给客户端。

ExceptionResolver的每个异常处理方法都使用@ExceptionHandler注解配置自己希望处理的异常类型，传入的参数为异常类型的class实例，如果要处理多个异常类型，其参数可以是一个异常类型class实例数组。需要注意的是，不能在两个异常处理方法的@ExceptionHandler注解中去配置同一个异常类型，如果一种异常类型被处理多次，则在初始化全局异常解析器时会失败。

11.4 Zuul内部网关实现秒杀限流

秒杀限流操作既可以在内部网关Zuul中完成，又可以在外部网关Nginx中完成。内部网关Zuul可以以ZuulFilter过滤器的形式对获取秒杀令牌的请求进行拦截，然后通过Redis令牌桶限流服务实现分布式限流。

从前面的内容可知，Redis中存储限流令牌桶信息的是一个哈希表结构，其内部的“键－值对”包括max_permits、curr_permits、rate、last_mill_second四个哈希键，而整个令牌桶哈希表结构的缓存键的格式为“rate_limiter:seckill:1”（1为商品id），其中重要的部分是秒杀商品id，该id表示限流统计的范围是针对一个秒杀商品的，而不是针对整个秒杀接口。

秒杀商品（假设ID为1）的限流令牌桶的Redis哈希表结构具体如图11-12所示。

在秒杀没有开始之前，需要初始化限流令牌桶的Redis哈希表结构，虽然真正的初始化工作是在rate_limit.lua脚本中完成的，但是需要通过Java程序进行调用，并传入相关的初始化参数。

什么时候进行限流令牌桶的初始化呢？在生产环境中的秒杀开始之前，应该有一个秒杀商品暴露（或者启动）的动作，该动作可以手动或者自动完成，限流的初始化工作可以在秒杀暴露时完成。

HASH: rate_limiter:seckill:1

row	key	value
1	last_mill_second	1580888777456.571
2	max_permits	50
3	rate	2
4	curr_permits	50

图 11-12　存储令牌桶限流信息的 Redis 哈希表结构

下面是一个限流初始化的简单示例：

```
package com.crazymaker.Spring Cloud.seckill.controller;
//省略import
@RestController
@RequestMapping("/api/seckill/good/")
@Api(tags = "秒杀练习 商品管理")
public class SeckillGoodController
{
    /**
     *开启商品秒杀
     *
     *@param dto商品id
     *@return商品goodDTO
     */
    @PostMapping("/expose/v1")
    @ApiOperation(value = "开启商品秒杀")
    RestOut<SeckillGoodDTO> expose(@RequestBody SeckillDTO dto)
    {
        Long goodId = dto.getSeckillGoodId();
        SeckillGoodDTO goodDTO = seckillService.findGoodByID(goodId);
        if (null != goodDTO)
        {
            //初始化秒杀的限流器
            rateLimitService.initLimitKey(
                    "seckill",
                    String.valueOf(goodId),
                    SeckillConstants.MAX_ENTER,
                    SeckillConstants.PER_SECKOND_ENTER
            );
            /**
             *缓存限流Lua脚本的SHA1编码，方便在其他地方获取
             */
            rateLimitService.cacheSha1();
            /**
             *缓存秒杀Lua脚本的SHA1编码，方便在其他地方获取
             */
            redisSeckillServiceImpl.cacheSha1();
            return RestOut.success(goodDTO).setRespMsg("秒杀开启成功");
        }
        return RestOut.error("秒杀开启失败");
    }
    ...
}
```

限流初始化之后，就可以在Zuul内部网关或者Nginx外部网关进行请求拦截，使用分布式限流器进行限流。Zuul内部网关的限流拦截过程具体如图11-13所示。

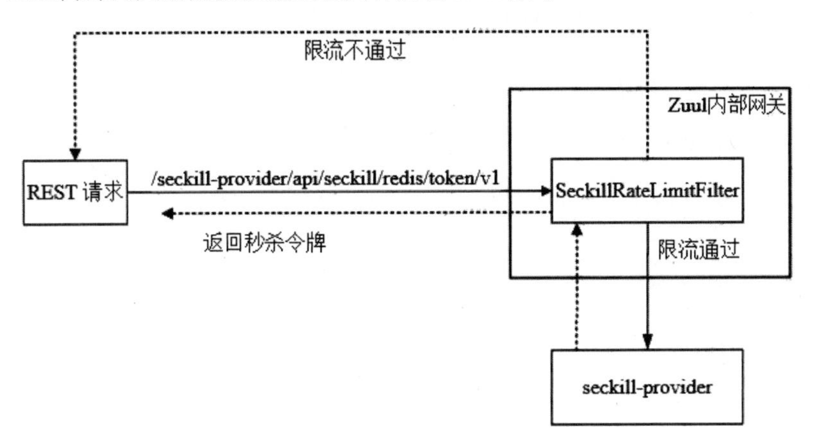

图 11-13　Zuul 内部网关限流拦截示意图

Zuul网关限流过滤器类SeckillRateLimitFilter的代码如下：

```
package com.crazymaker.Spring Cloud.cloud.center.zuul.filter;

//省略import

@Slf4j
@ConditionalOnBean(RedisRateLimitImpl.class)
@Component
public class SeckillRateLimitFilter extends ZuulFilter
{

    /**
     * Redis限流服务实例
     */
    @Resource(name = "redisRateLimitImpl")
    RateLimitService redisRateLimitImpl;

    @Override
    public String filterType()
    {
        return "pre"; //路由之前
    }

    /**
     * 过滤的顺序
     */
    @Override
    public int filterOrder()
    {
        return 0;
    }

    /**
     * 这里可以写逻辑判断，是否要过滤，true为永远过滤
     */
    @Override
    public boolean shouldFilter()
    {
        RequestContext ctx = RequestContext.getCurrentContext();
        HttpServletRequest request = ctx.getRequest();
```

```
        /**
         * 如果请求已经被其他的过滤器终止，则本过滤器也不做处理
         **/
        if (!ctx.sendZuulResponse())
        {
            return false;
        }
        /**
         * 对秒杀令牌进行限流
         */
        if (request.getRequestURI().startsWith("/seckill-provider/api/seckill/redis/
token/v1"))
        {
            return true;
        }

        return false;
    }
    /**
     * 过滤器的具体逻辑
     */
    @Override
    public Object run()
    {
        RequestContext ctx = RequestContext.getCurrentContext();
        HttpServletRequest request = ctx.getRequest();

        String goodId = request.getParameter("goodId");
        if (goodId != null)
        {
            String cacheKey = "seckill:" + goodId;
            Boolean limited = redisRateLimitImpl.tryAcquire(cacheKey);

            if (limited)
            {
                /**
                 * 被限流后的降级
                 */
                String msg = "参与抢购的人太多，请稍后再试一试";
                fallback(ctx, msg);
                return null;
            }

            return null;
        } else
        {
            /**
             * 参数输入错误时的降级处理
             */
            String msg = "必须输入抢购的商品";
            fallback(ctx, msg);
            return null;
        }

    }
    /**
     * 被限流后的降级处理
     *
     * @param ctx
     * @param msg
     */
    private void fallback(RequestContext ctx, String msg)
```

```
        {
            ctx.setSendZuulResponse(false);
            try
            {
                ctx.getResponse().setContentType("text/html;charset=utf-8");
                ctx.getResponse().getWriter().write(msg);
            } catch (Exception e)
            {
                e.printStackTrace();
            }
        }
    }
```

11.5　Nginx 高性能秒杀和限流

从性能上来说，内部网关Zuul限流理论上会比外部网关Nginx限流的性能会差一些。和Zuul一样，外部网关Nginx也可以通过Lua脚本的形式执行缓存在Redis内部的令牌桶限流脚本来实现分布式限流。

Nginx秒杀限流有两种架构：

（1）Nginx限流+Zuul认证和路由+seckill-provider微服务秒杀

这种架构属于非常典型的Nginx+Spring Cloud微服务架构，限流的逻辑处于外部网关Nginx中，用户的权限认证处于内部网关Zuul中，而获取秒杀令牌的逻辑处于seckill-provider微服务中。

这种典型的Nginx+Spring Cloud微服务架构的秒杀流程具体如图11-14所示。

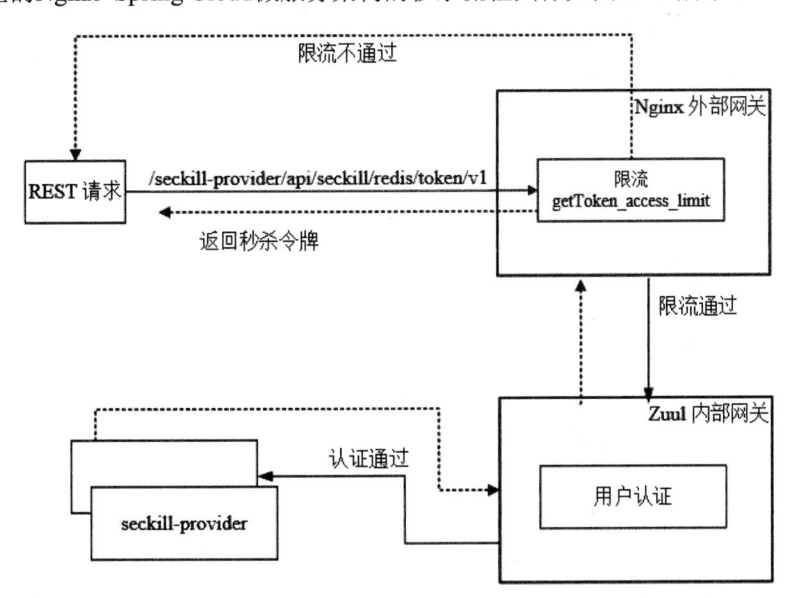

图 11-14　Nginx+Spring Cloud 微服务架构的秒杀流程

（2）Nginx限流+Lua脚本秒杀

这种架构属于高性能的秒杀架构，不仅限流逻辑处于外部网关Nginx中，就连获取秒杀令牌逻辑也处于外部网关Nginx中。和上一种秒杀架构相比，这种纯Nginx+Lua架构绝对能提高不少的性能。为什么呢？因为除了Nginx本身的高性能之外，纯Nginx+Lua的架构还减少了两次网络传输，而网络传输都是耗时较高的操作。

Nginx+Lua架构的秒杀流程具体如图11-15所示。

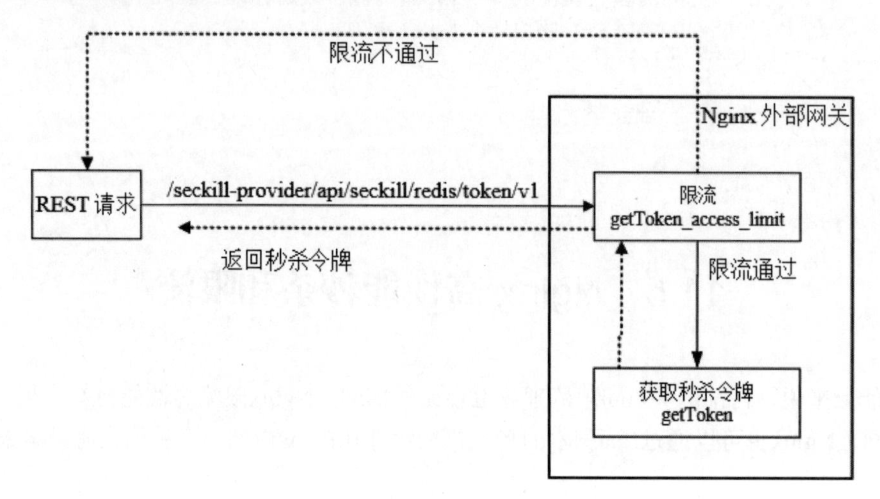

图 11-15 Nginx+Lua 的架构的秒杀流程

学会了第二种纯Nginx+Lua架构的实现，第一种架构的实现也就迎刃而解了，所以这里为大家展开介绍第二种架构的具体实现。纯Nginx+Lua架构的实现涉及以下两个Lua脚本：

1）getToken.lua：此脚本完成秒杀令牌的设置和获取。
2）getToken_access_limit.lua：此脚本完成分布式限流。

以上两个脚本，getToken.lua执行在Nginx请求处理的content阶段，getToken_access_limit.lua执行在Nginx请求处理的access阶段。这两个脚本在nginx-seckill.conf文件中的具体配置如下：

```
# Nginx+lua秒杀：获取秒杀令牌
location  = /seckill-provider/api/seckill/redis/token/v2 {
  default_type 'application/json';
  charset utf-8;
  # 限流的Lua脚本
  access_by_lua_file luaScript/module/seckill/getToken_access_limit.lua;
  # 获取秒杀令牌的Lua脚本
  content_by_lua_file luaScript/module/seckill/getToken.lua;
}
```

11.5.1 Lua 脚本：获取秒杀令牌

获取秒杀令牌脚本getToken.lua的逻辑与seckill-provider微服务模块中的getSeckillToken方法基本类似，该脚本并没有判断和设置秒杀令牌的核心逻辑，仅仅调用缓存在Redis内部的seckill.lua脚本的setToken方法设置和获取秒杀令牌，然后对seckill.lua脚本的返回值进行判断，并根据不同的返回值做出不同的响应。

getToken.lua脚本和seckill.lua脚本都是Lua脚本，但是执行的地点不同：getToken.lua脚本执行在Nginx中，而seckill.lua脚本执行在Redis中；getToken.lua通过evalsha方法去调用缓存在Redis中的seckill.lua脚本。getToken.lua脚本和seckill.lua脚本的关系如图11-16所示。

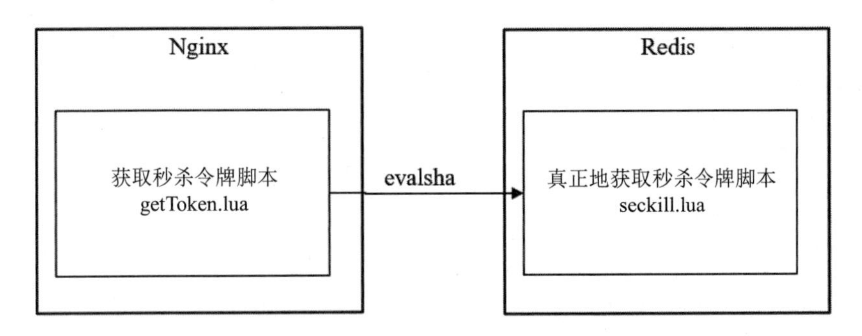

图 11-16 getToken.lua 脚本和 seckill.lua 脚本的关系

什么时候在Redis中加载seckill.lua脚本呢？和限流脚本一样，该脚本是在Java程序启动商品秒杀时完成其在Redis的加载和缓存的，并且Java程序会将seckill.lua脚本加载完成之后的SHA1编码通过自定义的key（具体为lua:sha1:seckill）缓存在Redis中，以方便Nginx中的getToken.lua脚本去获取，并在调用evalsha方法时使用。

什么是SHA1编码呢？Redis在缓存完Lua脚本后，会返回该脚本的固定长度的SHA1编码，作为Lua脚本的摘要提供给外部调用Lua脚本使用。SHA-1摘要是通过SHA-1（Secure Hash Algorithm 1，即安全散列算法1，也被称为安全哈希算法1）算法生成的。SHA-1算法是第一代"安全散列算法"的缩写，它的本质就是一个哈希（Hash）算法，主要用于生成字符串摘要（摘要经私有密钥加密后就可成为数字签名），该算法曾被认为是MD5算法的后继者。SHA-1算法能将一个最大2^{64}比特的字符串散列成一串160位（20字节）的散列值（即哈希值），散列值通常的呈现形式为40个十六进制数。SHA-1算法始终能保证任何两组不同的字符串产生的摘要是不同的。

getToken.lua获取秒杀脚本的代码如下：

```
--- 此脚本的环境: Nginx内部, 不是运行在Redis内部

--- 启动调试
--local mobdebug = require("luaScript.initial.mobdebug");
--mobdebug.start();
--导入自定义的基础模块
--local basic = require("luaScript.module.common.basic");
--导入自定义的RedisOperator模块
local redisExecutor = require("luaScript.redis.RedisOperator");
--导入自定义的uuid模块
local uuid = require 'luaScript.module.common.uuid'
--ngx.print("======" .. uuid.generate())

--读取post参数
ngx.req.read_body();
local data = ngx.req.get_body_data(); --获取消息体

-- 字符串转成JSON
local args = cjson.decode(data);
local goodId = args["seckillGoodId"];
local userId = args["userId"];

-- 生成令牌的uuid
local token = uuid.generate();

local restOut = { resp_code = 0, resp_msg = "操作成功", datas = {} };
local errorOut = { resp_code = -1, resp_msg = "操作失败", datas = {} };

local seckillSha = nil;
```

```
--创建自定义的Redis操作对象
local red = redisExecutor:new();
--打开连接
red:open();

-- 获取Lua脚本的SHA1 编码
seckillSha=red:getValue("lua:sha1:seckill");

-- redis没有缓存秒杀脚本
if not seckillSha or seckillSha == ngx.null then
   errorOut.resp_msg="秒杀还未启动";
   ngx.say(cjson.encode(errorOut));
   --归还连接到连接池
   red:close();
   return ;
end
--执行秒杀脚本
local rawFlag = red:evalSeckillSha(seckillSha, "setToken", goodId, userId, token);
--归还连接到连接池
red:close();
if not rawFlag or rawFlag == ngx.null then
   ngx.say(cjson.encode(errorOut));
   return ;
end

local flag = tonumber(rawFlag);

if flag == 5 then
   errorOut.resp_msg = "已经排队过了";
   ngx.say(cjson.encode(errorOut));
   return ;
end

if flag == 2 then
   errorOut.resp_msg = "秒杀商品没有找到";
   ngx.say(cjson.encode(errorOut));
   return ;
end

if flag == 4 then
   errorOut.resp_msg = "库存不足，稍后再来";
   ngx.say(cjson.encode(errorOut));
   return ;
end

if flag ~= 1 then
   errorOut.resp_msg = "排队失败，未知错误";
   ngx.say(cjson.encode(errorOut));
   return ;
end

restOut.datas = token;
ngx.say(cjson.encode(restOut));
```

11.5.2 Lua 脚本：执行令牌桶限流

Nginx的令牌桶限流脚本getToken_access_limit.lua执行在请求的access阶段，但是，该脚本并没有实现限流的核心逻辑，仅仅调用缓存在Redis内部的rate_limiter.lua脚本进行限流。

getToken_access_limit.lua脚本和rate_limiter.lua脚本的关系具体如图11-17所示。

什么时候在Redis中加载rate_limiter.lua脚本呢？和秒杀脚本一样，该脚本是在Java程序启动商品秒杀时在Redis加载和缓存的。还有一点非常重要，Java程序会将脚本加载完成之后的SHA1编码通过自定义的键（具体为"lua:sha1:rate_limiter"）缓存在Redis中，以方便Nginx的getToken_access_limit.lua脚本去获取，并且在调用evalsha方法时使用。

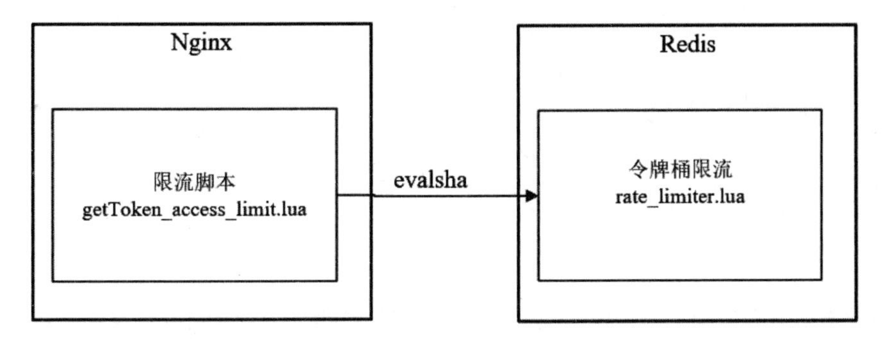

图 11-17　getToken_access_limit.lua 脚本和 rate_limiter.lua 脚本的关系

getToken_access_limit.lua脚本的源码如下：

```
--- 此脚本的环境：Nginx内部，不是运行在Redis内部

--- 启动调试
--local mobdebug = require("luaScript.initial.mobdebug");
--mobdebug.start();
--导入自定义的基础模块
--local basic = require("luaScript.module.common.basic");
--导入自定义的RedisOperator模块
local redisExecutor = require("luaScript.redis.RedisOperator");

--读取post参数
ngx.req.read_body();
local data = ngx.req.get_body_data(); --获取消息体

local args = cjson.decode(data);
local goodId = args["seckillGoodId"];
local userId = args["userId"];

local errorOut = { resp_code = -1, resp_msg = "限流出错", datas = {} };

local key="rate_limiter:seckill:"..goodId;

local rateLimiterSha = nil;
--创建自定义的Redis操作对象
local red = redisExecutor:new();
--打开连接
red:open();

-- 获取限流Lua脚本的SHA1编码
rateLimiterSha=red:getValue("lua:sha1:rate_limiter");

-- Redis没有缓存秒杀脚本
if not rateLimiterSha or rateLimiterSha == ngx.null then
   errorOut.resp_msg="秒杀还未启动，请先设置商品";
   ngx.say(cjson.encode(errorOut));
   --归还连接到连接池
   red:close();
   return ;
end

local connection=red:getConnection();
--执行令牌桶限流
local resp, err = connection:evalsha(rateLimiterSha, 1,key,"acquire","1");
--归还连接到连接池
red:close();
```

```
if not resp or resp == ngx.null then
    errorOut.resp_msg=err;
    ngx.say(cjson.encode(errorOut));
    return ;
end

local flag = tonumber(resp);
--ngx.say("flag="..flag);
if flag ~= 1 then
    errorOut.resp_msg = "抱歉，被限流了";
    ngx.say(cjson.encode(errorOut));
    ngx.exit(ngx.HTTP_UNAUTHORIZED);
end
return;
```

细心的读者可能会发现，本书的Nginx+Lua秒杀架构缺少了用户JWT认证环节，主要原因是作为高性能学习教程的秒杀案例，用户的认证已经不是重点。目前已经有非常成熟的开源插件完成Nginx上的JWT认证，如果对此感兴趣，可自行在OpenResty上安装jwt-lua插件尝试一下用户的认证过程。

有关秒杀系统中的分布式锁、高并发测试，可关注疯狂创客圈的社群博客。